YUANLIN ZHIWU
YU ZAOJING

园林植物与造景

主　编　曾明颖　王仁睿　王　早

重庆大学出版社

内容提要

本书共分为3部分:第1部分系统地阐述了园林植物的分类、生长发育特点、生态学习性、观赏特性、美学原理、配植形式等植物景观营造的理论知识,注重理论基础的构建;第2部分按照植物分类系统列举了常用的园林植物,不仅介绍了科、属的常用识别特征,而且从形态特征、生态习性、观赏特性及园林用途等方面对种进行了详细介绍,侧重于常用园林植物的识别;第3部分从应用的角度阐述不同类型园林绿地的植物配植与造景,并详细介绍了项目推进的步骤与原则,重点在于园林植物配植与造景的应用与项目实操。

本书可供风景园林、园艺、城乡规划、建筑学、环境保护、环境艺术设计及相近专业使用,也可为从事城市绿化及管理的专业人员使用。

图书在版编目(CIP)数据

园林植物与造景/曾明颖,王仁睿,王早主编.--重庆:重庆大学出版社,2018.8(2024.7重印)

高等教育土建类专业规划教材·应用技术型

ISBN 978-7-5689-1032-3

Ⅰ.①园… Ⅱ.①曾… ②王… ③王… Ⅲ.①园林植物—园林设计—高等学校—教材 Ⅳ.①TU986.2

中国版本图书馆CIP数据核字(2018)第037384号

高等教育土建类专业规划教材·应用技术型

园林植物与造景

主　编　曾明颖　王仁睿　王　早

策划编辑:王　婷

责任编辑:李定群　邓桂华　　版式设计:王　婷

责任校对:关德强　　责任印制:赵　晟

*

重庆大学出版社出版发行

出版人:陈晓阳

社址:重庆市沙坪坝区大学城西路21号

邮编:401331

电话:(023) 88617190　88617185(中小学)

传真:(023) 88617186　88617166

网址:http://www.cqup.com.cn

邮箱:fxk@cqup.com.cn(营销中心)

全国新华书店经销

POD:重庆新生代彩印技术有限公司

*

开本:787mm×1092mm　1/16　印张:23.25　字数:568千

2018年8月第1版　2024年7月第4次印刷

ISBN 978-7-5689-1032-3　定价:59.00元

本书如有印刷、装订等质量问题,本社负责调换

版权所有,请勿擅自翻印和用本书

制作各类出版物及配套用书,违者必究

前　言

随着城市化进程加快，人们越来越认识到植物不仅能满足人们对自然美的需求，园林植物的大量应用还是改善城市环境的重要措施之一。城市园林绿地建设日益受到重视，逐渐成为现代城市文明的重要标志。园林植物造景的发展，要求园林工作者既要掌握各类常见园林植物的自身特点，又要具备在各种不同园林环境中应用园林植物的能力。本书的出版正是为了满足这种需求。

本书原为西南科技大学城乡规划、建筑学和园艺等专业的教材，经过了十多年的教学实践和运用，此次出版，在原教学知识点基础上进行了较大幅度的修改和补充完善。

本书第 1 部分系统地阐述了园林植物的分类、生长发育特点、生态学习性、观赏特性、美学原理、配植形式，目的是为学生实际应用园林植物奠定坚实的理论基础；第 2 部分按照植物分类系统对常用的园林植物进行详细介绍，有利于学生识别和运用，从而提高学生实际应用能力，第 3 部分对各种不同类型的园林环境植物造景进行分别论述，并详细介绍项目推进的步骤与原则。

本书由曾明颖、王仁睿、王早担任主编，参加编写的人员还有陈张雷、罗国荣、罗小娇、程袁华、张彦艳、苏军等，具体分工如下：

曾明颖（西南科技大学）负责第 2~9 章撰写；

王仁睿（西南科技大学）负责第 10 章撰写；

王　早（重庆大学城市科技学院）负责第 11~13 章及第 16 章撰写；

陈张雷（西南科技大学）负责第 1 章撰写；

罗国荣（绵阳师范学院）负责第 14 章撰写；

罗小娇（西南科技大学城市学院）负责第 15 章撰写；

张彦艳(西南科技大学城市学院)负责配图;

程袁华(西南科技大学)、苏军(西南科技大学)负责校稿。

参加本书部分书稿整理及文献查阅工作的还有西南科技大学研究生任晓苹、何畅、林晨颖、许玉超等同学。

本书第 2 部分园林植物形态特征描述及插图均采自《中国植物志》,特此致谢。

本书虽历经多年的教学实践努力得以最终完成,但由于编写组经验不足,水平有限,书中难免有疏漏等不足之处,敬请广大读者、专家批评指正,以便今后改进。

编　者

2017 年 8 月

目　录

第1部分　园林植物造景设计理论

第2部分 常用园林植物

第3部分 园林植物与造景应用

第 1 部分

园林植物造景设计理论

1 绪 论

随着社会经济的快速发展和人们生活水平的提高,人们对生活环境的要求也日益提高。伴随着城市化进程的加快,人口膨胀、建筑密集、人与自然日渐隔离以及城市下垫面的改变导致的“热岛效应”等城市问题不断出现和加剧,生态平衡失调,充满生机活力的自然环境正在蜕变成钢筋水泥堆砌起来的“沙漠”。人类离自然越来越远,开始渴望自然,渴望绿色,怀念田园风光。而植物是园林景观的主要造景要素,是唯一具有生命力特征的园林要素,能使园林空间体现生命的活力和富于四时变化。因此,人们逐渐认识到城市中园林植物的大量应用是改善城市环境的重要措施之一,提出了“城市可持续发展”的战略构思,呼唤“城市与自然共存”“绿色产业回归城市”。

植物不仅能满足人们对自然美的需求,还具有净化空气、水体和土壤,改善小气候,防止噪声、粉尘和水土流失等生态效益。园林绿化能否达到实用、经济、美观的效果,在很大程度上取决于园林植物的选择和配植。随着生态园林建设的不断深入和发展,以及景观生态学、全球生态学等多学科的引入,植物景观设计的内涵也在不断扩展。城市绿地日益受到大众的重视和喜爱,绿地系统的营建越来越重视植物资源的培育及和谐科学的应用,园林植物与造景在园林景观设计中的需求和地位也越来越显著,园林植物景观的营造已成为国际造园发展的新趋势,也逐渐成为现代城市文明的重要标志。

1.1 园林植物与造景的概念

1.1.1 园林植物

园林植物没有固定的范围,一切适用于城市或风景名胜区中构成园林境域的植物材料统称为园林植物。园林植物是具有形态、色彩、生长规律的生命体，是植物造景中不可或缺的要素，在园林建设中起着极其重要的作用。在实际应用中，从不同角度可以将园林植物分为不同类型，如按照树形通常可分为乔木类、灌木类、草本类和藤蔓类等类型；从观赏特点角度可分为观形类、观花类、观叶类、观果类、观枝干类和观根类等类型。

1.1.2 园林植物与造景

园林植物与造景又称为园林植物景观营造，是指应用乔、灌、草、竹、藤及地被等植物材料与山石、水体、建筑等其他园林要素有机结合，创造出既符合生物学特性，能充分发挥生态效益，又具美学价值的景观。好的植物造景可以显著提高景观的质量，形成景观独有的氛围和特色。

人与自然界的关系不是征服和被征服的关系，而应该是和平共处的关系，园林植物造景应遵循自然的特性。人们常说的因地制宜就是由具体的情况来进行得当的配植和处理，遵守其自然规律，保护好自然资源，科学设计，处理好人与自然的关系。园林植物种类繁多，种间存在差异，植物造景时，充分掌握植物的形态特征、生活习性、生态特征和功能效益等属性，有助于更好地进行园林植物造景设计。园林植物配植不仅要遵循科学性，还要讲究艺术性，力求以科学合理的配植，创造出优美的景观效果。植物造景中除了表现自然之美外，设计师往往还会运用人文寄情于景、情景交融，通过将自然之美和人文情感融合，达到物质和精神的双重享受。因此，园林植物配植与造景应遵循以生态学原理为指导，确立生态园林的概念，重视植物的多样性，布局合理，疏朗有致，单群结合，注重不同园林植物形态和色彩的合理搭配以及园林植物自身的文化性与周围环境相融合，从而达到步移景异，时移景异，创造"胜于自然"的优美景观。

植物造景的基本形式大致有规则式、自然式和混合式。

1）规则式

规则式也可以理解为整形式、几何式等，是指植物成行成列地布置，或进行简单又有规律的重复，或者是在规整的几何地块上进行规整的几何设计。常见的是对植、列植、整形绿篱、整形乔木、模纹花坛类景观或者是几何形状的草坪。这种设计会给人以庄重整齐的感受，突出人的征服和统治地位，最具代表的作品是法国凡尔赛宫苑，体现了"人定胜天"和皇权君主绝对至上的景观效果。

2）自然式

自然式又称为不规则式，是指通过将植物不规则地种植，自由地分布使植物呈现出类似于自然界生长的景观效果，植物不呈行列种植、没有固定的间距、不追求人工造型，通常表现为丛植、花境等形式。这种景观设计常在中式古典园林中见到，尤其是在中国江南私家园林中。自然式园林植物造景会给观赏者自然、幽静的感受，其表达的感情多为回归自然、尊重自然、天人合一的思想感情。

3）混合式

混合式是指将自然式和规则式两种方式相结合，共同运用在植物造景中。在当前园林植物造景中，这类设计手法较为常见。选取规则式表达人为之美，选取自然式表达自然之美，两者混用可以更好地表达设计者的思想。按规则式和自然式的比例不同，混合式又分为 3 种情况:以规则式为主、自然式为辅;以自然式为主、规则式为辅;自然式和规则式并重。

1.2 西方园林植物造景的特点

1.2.1 量大就是美,注重植物的群体美

在西方传统园林中,园艺师在植物造景时注重植物景观的群体美,常栽植大片同一种类或者大量不同种类的植物,组成大面积的色块团或群落景观,以体现"量大就是美"的原则。

一些西方国家的园艺师认为,要创造出丰富多彩的植物景观,首先要有大量的植物材料,他们不仅限于对本国植物的利用,还大量收集引种国外植物加以利用。英、法、俄、美、德等国在 19 世纪从中国大量引入成千上万的观赏植物,为他们的植物造景服务。以英国为例,原产英国的植物种类仅 1 700 种,1560—1620 年英国从东欧引种植物;1620—1686 年从加拿大引种植物;1687—1772 年收集南美的乔灌木;1772—1820 年收集澳大利亚的植物;1820—1900 年收集日本的植物;1839—1938 年从我国甘肃、四川、陕西、湖北、云南以及西藏引种大量的观赏植物。经过几百年的引种,现今在英国皇家植物园邱园中已经拥有 50 000 种来自世界各地的活植物,这为英国园林植物景观提供了雄厚的基础。

1.2.2 理性的自然,有秩序的自然

古埃及园林是最早的规则式园林。埃及地处热带,人们对树木倍加珍视,并十分热衷于植树造林,同时,埃及也是几何学和测量学的发源地,因此,埃及人将几何学的概念应用于园林的规划设计中。从公元前 1375—1253 年古埃及壁画上可以看到,古埃及园林中树木按照规则的几何式和强烈的轴线对称布置。西方传统造园从此一直延续规则式园林的形式,以表现理性、有秩序的自然。在这些规则式园林中,广泛应用耐修剪植物(如黄杨、柏树等),植物被修剪成几何形体、文字、图案、人或动物形象,且雕塑精细、造型多样,体现"人定胜天"的思想,以文艺复兴时期的意大利、法国园林为代表。文艺复兴时期的意大利园林,又称为台地园,以建筑为整个园林的中心,以建筑的中轴线为园林的主轴,园林中以绿色植物为主,将植物作为建筑材料,或修剪成墙垣、栏杆、门廊等(被称为绿色的建筑),或修剪成各种几何形体、动植物的形象(被称为绿色雕塑)。意大利园林传入法国,形成以凡尔赛宫为代表的勒·诺特式园林。勒·诺特式园林以建筑中轴控制整个园林,结合大面积对称式的刺绣花坛,表现出了中央集权和君主专制的审美特点,将西方规则式园林发展到极致,整个园林仿佛一张君主专制政体的图解。

当然,西方园林也不全是规则式的,英国风致式园林就采用的自然式。由于特定的温带海洋性气候,且英国境内多为大草原、牧场,地势平坦或呈缓丘地形,同时,受到当时政治文化及中国古典文化的影响,英国审美观点与法国不同,更偏向于对大自然的热爱与追求,这就形成了英国独特的自然式的园林植物景观。这种植物景观常模拟自然界中的森林、草甸、沼泽等,体现植物个体及群体的自然美,给人以宁静、深邃之感,表现为疏林草地或田园式植物景观。英国自然风景园最早应用花境这种形式,多以宽广草坪或低矮灌木为背景,

高低错落,各种花卉间色彩、姿态、体形、数量等较为协调,相邻花卉的生长强弱、繁殖速度也大体相似。

19 世纪中后期,混合式园林成为一种更为流行、更容易被接受的形式,在现代城市公园、广场及街头绿地等处普遍使用,规则中有自然,自然中有规则,兼容性强,灵活多样。

1.3 中国传统园林植物造景的特点

中国传统园林植物造景的最大特点就是"师法自然",追求"源于自然、高于自然"的境界,在人造庭院中再现自然景观。除了造型盆景如北宋《洛阳名园记》中丛春园"岑寂乔木森然。桐、梓、桧、柏,皆就行列……"等少数特例外,在中国传统园林中,即使是面积很小的园林也常采用孤植、丛植、林植、片植等自然式配植形式,遵循"三五成林"的种植原则,即所谓"亭台花木,不为行列",并且根据各种园林植物不同的习性特点和表现形态,赋予其人格化的比拟,创造咫尺山林的意境,运用少量树木艺术性地表现出天然植被的气象万千,营造出富有诗情画意的园林植物景观。中国传统园林注重欣赏植物的个体美,极少修剪。

1.3.1 传统园林中植物景观的形、神、法

1)形

形是指植物的外形,从植物本身来说,是指一种植物的茎、叶、花、果及其整体姿态。从园林观赏植物分类来看,一般有木本、草本、藤本及特种树类(如棕榈、蒲葵、芭蕉、竹子等)。从植物搭配关系来看,由于植物本身的干、叶、花、果、姿态在不同空间和时间中,会产生形态、色彩与季相上的变化,往往呈现出异彩纷呈、千变万化的植物景观。这种植物景观的艺术效果需要有相应的配置形式,于是就产生了孤植、对植、列植、丛植、林植等植物配植的形式。从植物景观的整体环境——园林来看,其规划形式有自然式、规则式、混合式及自由式。

由于中国造园思想的基本体系是大自然,故传统园林的栽植方式是以自然式为主。这主要表现为尊重植物的自然形态与个性,不作人工几何形的修剪,不包括养护植物进行的整枝及有些独特植物的盆景造型。传统园林的栽植方式不排除有规则的种植。

中国地域辽阔,植物种类繁多,地形多样,中国人的自然观,"天人合一"的哲学观,以及长时期的封建制度、道德观念等从植物的"形"引申出园林植物景观的"神"与"法",成为中国古老文明的一个组成部分。

2)神

神是指由植物的形引申为神,是一种精神状态的表现,也是文人们赋予的拟人化表现。古人赋予植物拟人的品格,在造景时,"借植物言志"比较常见。比如,扬州园主清嘉庆年间两淮盐总黄至筠"性爱竹",园中"植竹千竿",表达自己"挺直不弯,虚心向上"的处世态度。可见,在古人眼中,植物不仅仅是为了创造优美的景致,其中还蕴含着丰富的哲理和深刻的内涵,这也是中国古典园林与众不同之处——意境的创造,正所谓"景有尽而意无尽"。植物景观的意境源自植物的外形、色彩,加之古人的想象,如杨柳依依表达对故土的眷恋,常常种植

在水边桥头，供人折柳相赠以表示惜别之情；几竿翠竹则是文人雅士的理想化身，有虚心有节之意，更有宁折不弯、高风亮节之寄托。这种含蓄的表达方式使得一处园景不仅仅停留于表面的视觉效果，而且有了深层次的文化内涵，这正是中国古典园林经久不衰、历久弥珍的重要原因之一。

对植物赋予拟人的比喻是文人的思维，是诗人的情怀，是中国文人园林植物景观的传统特色。如松树生长于山岭危岩，姿态挺拔，不怕风雨，不怕严冬酷暑，针叶青葱，风愈疾而枝愈劲，表现出一种坚忍不拔、傲然不屈的精神，人们对其的评价是“岁寒知松柏之后凋”；梅花是疏朗不繁，枝横斜倚，花香清韵，不畏寒霜，表现出“万花敢向丛中出，一树独先天下春”的气节，显示清雅脱俗，格高韵胜的风姿；竹子的形态是正直挺拔，绿叶萋萋，外实中空，白居易在《养竹记》中说：“竹性直，直以立身，君子见其性则思心中不倚者”“竹心空，空以体道，君子见其心，则思应用虚受者”；菊花具有“宁可抱霜枝上老，不随黄叶舞秋风”的傲气；兰花有“生于幽谷，不以无人而不香”的清高。这些都是由植物的外形或生态习性而引申到精神、品格加以拟人化的一种联想。其他常见园林植物的寓意见表1.1。

表1.1　常见园林植物的寓意

植物名称	寓　意
茶花	富贵升平、安康吉祥
芙蓉	富贵、荣华、吉祥、高贵的象征，多在庭院栽植
榆树	叶片如同古代铜钱，寓意有财富、招财进宝之意
海棠	富贵满堂
牡丹	荣华富贵、喜庆吉祥之物，象征幸福、美好、繁荣昌盛
槐树	代表“禄”及权威，也有镇宅的作用
荷花	圣洁、美丽，寓意男女和谐合好、夫妻恩爱，因莲子多，又喻“子孙满堂”
桂花	与“贵”同音，寓意“贵子”，被视为祥瑞的植物
葫芦	其藤蔓缠绕、盘曲绵长，寓意万代长远；葫芦结实累累，籽粒繁多，借喻子孙繁盛、多子多福
枣树	谐音“早”，结果累累，寓意早生贵子、子孙兴旺
石榴	多子多福
樟树	辟邪、庇福
桃	象征长寿，又有辟邪镇宅之说，被称为神木

各种园林植物除了有单独寓意外，还常将几种植物组合应用，表达不同的含义，如“花中四君子”：梅、兰、竹、菊；“花中十友”：兰花（芳友或者禅友）、梅花（清友）、蜡梅花（奇友）、瑞香花或丁香（殊友）、莲花（净友）、栀子花（禅友）、菊花（佳友）、桂花（仙友）、海棠花（名友）、荼蘼花（悬钩子蔷薇，韵友）；“岁寒三友”：松、竹、梅；“玉堂富贵”：玉兰、海棠、桂花；“玉堂春

富贵”:玉兰、海棠、迎春、牡丹、桂花。

古代诗人不仅以诗词来描写植物景观,而且从其形态或生态习性引发出联想、回忆或想象,以表达自己的情怀与意志。在文人造园中,有一种园记、小说中的“意象园林”。明清之交有一位文人寒士黄星周,他构想了一个“将就园”,并将此园分为“将园”和“就园”。和其他园林一样,“将就园”有山石、水体、建筑物,植物景观也很丰富。“将园”多水,绕湖四面皆回廊,廊槛之外皆桃、柳、芙蓉,堤畔的垂柳尤多,堂前后杂植名卉,间以梧、竹;楼后隙地亦植异卉,名曰“百花村”,此外,还有药栏、蔬圃、牧场等。“就园”多山,以松柏梧竹为多,池畔亦杂植名卉,间以梧桐,还有长里许的万松谷,有广二亩的桃花潭,岗岭之间有桂花林、榕树林、枫林与柏林,与万松谷相望。“将园”有梅数亩,可临湖看雪,未尝不宜冬;“就园”竹树森森,能使六月无暑,亦未尝不宜夏,考虑到了季相的变化。此园取名相当诙谐:“将者,言意之所至,若将有之也;就者,言随遇而安,可就则就也。”他把园林视为一种画饼充饥的精神食粮,是意象中的植物景观,即所谓求其神韵,不过是将具体的植物神韵化作为纸上的园林而已。

3)法

对植物有了形与神的认识和理解后,应以生态为基础、画理为蓝本、诗词为意境的原则应用于园林。古代论述园林植物的书籍不少,但论及植物配置的则多散见于各种有关的书籍、文献及诗词中。

清初,被杭州称为“花隐士”的陈淏子,著《花镜》一书,较为集中而简洁地论述了植物配置的具体方法。该书从花历(栽种时间)、栽培、管理养护进行介绍,记载了295种植物的形态及生态特征。其中“课法十八法”中的“种植位置法”一段,对传统文人园林的植物配置方法作了十分精辟的论述,概括为4个方面:

(1)明确地认识到园林植物配植的重要性

一个好的园林,即使有名花异卉,如果配置不当,就好像在玉堂(佳屋宅前)栽植的牧场立竿那样难看。书中很重视植物的生态习性:“花之喜阳者,引东旭而纳西晖,花之喜阴者,植北囿而领南薰。”又说:“草木之宜寒宜暖,宜高宜下者,天地虽能生之,不能使之各得其所,赖植时位置之有方耳。”

(2)归纳出植物配植的原则

一要因地制宜,如“园中地广,多植果木松篁,地隘只宜花草药苗”;二要疏密相间,“设若左有茂林,右必留旷以疏之”;三要虚实对比,“前有方塘,后须筑台榭以实之”;四要内外结合,“外有曲径,内当有奇石以邃之”,所谓“邃”,除了石之外,应当是一定有植物相配才能使之有曲径幽深之感。

(3)注意植物配植的综合效果

要“因其质之高下,随其花之时候,取其色之深浅,多方巧搭”才能构成景,而且除了观赏植物之外,并不排斥应用其他可以点缀园林的药苗、野卉,并且重视季相景观。

(4)注重不同种类、品种的植物个性

书中叙述了25种常见观赏植物的配植方法,并作简要的论述,这是自隋唐以来开始萌芽的文人对园林中植物配植方法的总结。

书中将园林植物的习性及配植按四季季相顺序罗列如下:

春景:桃花妖艳,宜种于山庄、别墅的山坳或小桥、溪涧之旁,与柳树配置,桃红柳绿,相互辉映，显出桃花明媚如霞的风采；杏花开得很繁茂，宜于屋角墙头或疏林亭榭之旁；梨花具有一种冷韵的气质，李花表示一种洁白纯蔫之美，宜种于安静的庭院或花同之中，早晚观之，或以美酒清茗在其中接待朋友；紫荆花开得很繁荣，花期也长，宜栽于竹篱或花坞之旁；海棠花显得很娇美，宜植于大厅、雕墙之旁，或以碧纱为屏障，并点起（银制的）蜡烛灯，或凭栏，或斜靠床沿而赏之；牡丹、芍药的姿色都很艳丽，宜砌台欣赏，旁边配以奇石小品，并以竹林作背景，远近相映。

夏景：石榴花红艳，葵花灿烂，宜种于粉墙绿窗之旁，每当月白风清之夏夜，可闻其香，拿着鸡毛，驱散蚊虫；荷花柔嫩如肤，宜种在近水阁、轩堂等建筑的向南水面中，享受微风送来的阵阵荷香，又可欣赏到荷叶晨露的水珠；藤萝花叶掩映，梧桐与翠竹表现一种清幽，宜栽植于深滦的庭院或孤亭之旁，也可引来飞鸟的幽鸣；棣棠的花如一缕缕黄金，宜丛植；蔷薇则可以作为锦绣似的屏障，宜作高的屏障，或立架赏之。

秋景：菊花情操高尚，宜栽于简朴的茅舍清斋之旁；桂花以香胜，宜栽于高台大厅之旁，凉风飘忽桂花香，或抚琴弹奏于其旁，或吟诗歌唱于树下，令人产生一种神往落魄、飘然若仙的感受；芙蓉花美丽而恬静，宜栽于初冬的江边或深秋的池沼；芦花如雪飞，枫叶成丹林，宜高楼远眺。

冬景：水仙、兰花的品格高逸，宜以瓷盆配石成景，置于卧室的窗牖之旁，早晚可领略其芬芳、风韵；梅花、蜡梅更是标清、飘逸，宜种于疏篱、竹坞或曲栏、暖阁之旁，冬春之际，红花与黄白色花相间，古干横枝，令人陶醉；松柏苍劲，突兀嶙峋，宜种于峭壁奇峰，以显其坚韧不拔，耐风抗寒的风骨。

总体来讲，以植物的生态习性为基础，创造地方风格为前提，以师法自然为原则，完善弘扬中国园林自然观的理念体系。

1.3.2 诗词中的植物景观

我国历代诗人绝大多数都爱借用植物叙事、写景、抒情、隐喻或阐述一个哲理，这些都有赖于他们对植物观察的精粗、认识的深浅、想象的浪漫与否以及表达语言艺术的高低而定。如被称为“唐代造园家”的诗人白居易，他借植物来写的诗数以百计。《长恨歌》中有大量借描绘植物景观抒发感伤之情的诗句：“归来池苑皆依旧，太液芙蓉未央柳。芙蓉如面柳如眉，对此如何不泪垂。春风桃李花开日，秋雨梧桐叶落时。西宫南内多秋草，落叶满阶红不扫。”

《代迎春花招刘郎中》这首诗体现了植物的搭配关系及其季相景观。在冬末春初之时，迎春花首先开放，与松、竹相配，桃花、李花紧接次第开放，桃李花落后，又是赏杏花的时节：“幸与松筠相近栽，不随桃李一时开。杏园岂敢妨君去，未有花时且看来。”

《赋得古草原送别》又体现出白居易观察植物细致、深刻、通俗而又具浪漫气氛：“离离原上草，一岁一枯荣。野火烧不尽，春风吹又生。远芳侵古道，晴翠接荒城。又送王孙去，萋萋满别情。”

被誉为“一代词宗”的宋代词人李清照，对植物景观的描写更为细致，又独具特色。如《如梦令》一词：“昨夜雨疏风骤，浓睡不消残酒。试问卷帘人，却道海棠依旧。知否，知否？应是绿肥红瘦。”词中描写了风雨过后海棠的生动形象，勾画出卧室外院落的植物景观。

李清照对荷花的描写，也有其独到之处。如她的《如梦令》一词：“常记溪亭日暮，沉醉不知归路。兴尽晚回舟,误入藕花深处。争渡,争渡,惊起一滩鸥鹭。"这是一首描写荷塘全景的词,运用了物外之象——人物、船只、飞禽、暮色、声响……从时空、动静的对比中展示出一幅生动活泼、体现荷塘野趣的植物风景画。

对于芭蕉这种植物,李清照也有词:"窗前谁种芭蕉树,阴满中庭,阴满中庭。叶叶心心,舒卷有余情。伤心枕上三更雨,点滴霖霪,点滴霖霪。愁损北人,不惯起来听。"词中营造出了芭蕉的形美与下雨这种自然现象构成的"夜雨芭蕉"这种愁美之意境。从词中可知,古人在植物造景时常于窗下种植芭蕉,利用芭蕉本身的美以及物外之象(如日之影而能阴满中庭、风之吹而有蕉叶舒展之态、雨之滴而有清音之声),引起观赏者心中之情,达到"情景交融"。

芭蕉的美既可以产生"窗趣",也可配置成林产生阴凉的"蕉林弈趣",还可栽植于小径旁构成"蕉叶拂衣袖,低头觅径行"的野趣。而另一种植物——竹,历来为文人所爱,也同样具有好的景观效果,并可满足私密性的需求。在《兰亭集序》一文中就有对竹的细致描写:"此地有崇山峻岭,茂林修竹;又有清流激湍,映带左右,引以为流觞曲水,列坐其次。虽无丝竹管弦之盛,一觞一咏,亦足以畅叙幽情。"高峻的山峰、茂盛的树林、高高的竹子和清澈湍急的溪流辉映环绕在亭子的四周,引溪水作为流觞的曲水,诗人排列坐在曲水旁边,虽然没有演奏音乐的盛况,饮酒点诗,也足够来畅快叙述幽深内藏的感情。

可见,植物具有自己独特的生命力,在春去秋来的四季变化和时序历程中,往往成为古人感慨自然、抒情人生的最好比喻与借鉴。尤其是归隐或退隐想建造园林来颐养天年的文人们,能在自然的"静观"中看到动的变化,很自然地引发出各种各样的情。中国的文人园林保存下来的并不多,但在造园理论、园林实践创作上却形成了一套较为完整的主流思想——以诗情画意写入园林,而且也同样渗入帝王、商贾及寺观园林之中。尽管植物在传统园林中所占面积不多,但植物景观的意蕴与神韵却具有一定的主导作用,并成为中国传统园林的特色。

1.4 植物造景的发展趋势

人类植物造景历史悠久,植物造景作为造园的一个重要方面,受到当时社会经济、文化和科学技术等影响,在不同的历史时期表现出不同的特点。当前,各国人民越来越重视生态环境的保护及营造,现代植物造景出现了新的发展趋势。

1)注重植物的综合效益

古典园林中的植物造景注重追求视觉之美和精神寄托。随着人类与环境的关系不断变化,人类意识到绿地生态效益的重要性,开始大量营建绿地。现在,植物造景既重视绿地的生态效益,也注重展示城市景观风貌的美学效果,提供游憩、交往、防灾空间的社会效益和增加经济效益。从简单的绿化到美化、香化、色彩化,植物造景正向着综合效益的方向发展。

2)追求有地方特色、自然朴实的植物景观

植物的种的分布是有地域性的,因此,乡土植物也最能体现地方特色。过去,人们在植物造景时,往往片面强调三季有花、四季常绿的概念,常采用规则式花坛、大面积色块、植物

造型等形式，临时性摆花盛行，人工痕迹明显。设计师对自然了解不够，忽视植物的生态习性，追求潮流，盲目引种，植物景观千城一面。近年来，城市植物造景的规模和力度都取得了跨越式发展，新的理念不断提出，设计师注重对植物习性的了解，开始思考创新及植物造景的地方特色，乡土树种以及野花、野草在城市植物培植中被大量应用，植物造景风格更倾向于自然朴实。

3）开拓立体绿化空间

随着城市的发展、容积率的增加，建筑越来越向高层发展，立体空间的植物景观营建成为当前热点。作为未来城市发展的新方向，大胆新颖的立体绿化方式，在美化城市环境、促进城市可持续性发展方面起着越来越重要的作用。植物学家帕特里克·布兰克的垂直植物墙为垂直花园的设计找到了更多生态节能新概念，在最大限度节约资源、保护环境的同时，也构筑了人与自然和谐共生的良性关系。

除传统的攀缘绿化、阳台绿化、墙面绿化、屋顶花园以外，近些年，新兴的屋顶农场、室内墙面绿化等，在形式上不再局限于植物种类和植物的位置，而是将垂直绿化引入室内，或因地而异地出现在人工创造的各类构筑物表面，使植物巧妙融合在摩天大厦之中，充分发挥空间效益。成功的案例有新加坡海湾花园、意大利米兰“垂直森林”、芝加哥屋顶城市农场等。

1.5 园林植物景观项目推进步骤与原则

园林植物景观项目从接受任务到施工完工，要经过方案阶段、扩大初步设计阶段、施工图阶段和后期养护阶段。

1.5.1 方案阶段

1）接受设计任务、踏勘场地现状，整合场地相关信息

（1）熟悉项目概况，阅读项目的总体框架方向和基本实施内容

作为一个建设项目的业主（俗称“甲方”）会邀请一家或几家设计单位进行方案设计。作为设计方（俗称“乙方”）在与业主初步接触时，要了解整个项目的概况，包括建设规模、投资规模、可持续发展等方面，特别要了解业主对这个项目的总体框架方向和基本实施内容。总体框架方向确定了这个项目是一个什么性质的绿地，基本实施内容确定了绿地的服务对象，这是植物选择的背景，是作为植物设计师对植物设计与考虑的轮廓与框架。

（2）掌握场地原始资料，对应场地现状

业主会同相关设计负责人员至基地现场踏勘，收集规划设计前必须掌握的原始资料。这些资料种类繁多，大致分为3类，包括设计场所的气候条件（气温、光照、季风风向、水文、土壤酸碱性、地下水位等），设计场所的外部环境（主要道路、车流人流方向）和设计场所的内环境（湖泊、河流、水渠分布状况，各处地形标高、走向等）。

与此同时，相关设计负责人员需要结合业主提供的基地现状图（又称“红线图”），对基地进行总体了解，对较大的影响因素做到心中有底。

(3)分析与评估植物种类的初步选择

在基本了解设计场地的性质与其客观条件之后,植物设计师已经可以在第一步对植物的意向性设计进行一个基本的梳理。在对植物与场地的关系进行构思时,针对不利因素要克服和避让,针对有利因素则要充分地利用。

园林植物的科学配置,首先要从该设计场所的景观规划目标出发,针对不同的场地功能与性质,梳理对植物设计的基本原则。例如,公园是向公众开放的,因此,设计公园的植物配植时,要为大多数人提供观赏、游憩和运动空间。又如,设计师在进行造景时可以让园林植物的景色随季节而有变化,可分区分段配植,使每个分区或地段突出一个季节植物景观主题,在统一中求变化。而在街头绿地的植物造景时,则应首先考虑其与街道之间的关系。例如,街旁绿地一般用地面积小、种植株数不多,倘若树种选择不当,造成一些树木生长不良或死亡,就会影响绿地的整体效果,达不到预期设计的景观效果。

由此可知,区分不同的绿地性质,制订出相对应的造景与植物种植策略方向,这是植物设计师在方案阶段里确定植物设计框架的第一步。

2)确定项目主题与植物设计内容

当通过完成上文中第一步的具体内容之后(例如,植物设计师反复地实地考察,把握场地内部的空间感,同时梳理场地与周围区域的关系,最后根据资料以及踏勘掌握到各种现状资源,得出在场地基本性质指导下植物的初步原则),就应该开始用意向图概括地表示出园林规划目标,以确定在整体景观中植物功能的需求,这将是植物设计与气氛烘托的基本依据,也是继第一部分内容对植物初步原则的细化与落实。

通常来说,植物设计师需要明白,植物的种植设计不是简单的堆砌与毫无个性的绿化,而是需要有针对性地对每一个设计场所进行专门的主题设计,这需要根据场地的园林规划布局形式来确定,并通过各空间的环境个性与场地的现状情况来细化考虑。不同环境空间的种植设计,应相应地反映出环境的性格。例如,游乐场的环境设计就同时包含了活泼、欢快、愉悦、轻松和安全的性格以及场地特征;纪念性场所包含庄严、崇高、沉静以及启迪怀念的空间要素。

在明确空间需要表现的特性以及环境性格后,需要平衡原生场地的桎梏与新建的要素之间的关系与比重,最后通过相应的原则来确定基调树种、骨干树种,以此达到烘托环境与气氛的最终目的。

例如,作为修复性景观的代表作纽约高线公园(High Line Park),它的侧重点是给纽约市民创造一个自然、舒适的休憩场所,因此,运用自然野趣的植物景观策略,重塑废弃用地使之成为纪念性公园乃至成为城市地标,这一手段成为其区别于其他空间植物造景的核心表现。

另一个显著的例子是目前在全世界范围内都很流行的"雨水花园设计"。以美国波特兰市塔伯尔山中学的雨水花园为例,由于这所中学的排水系统管道已有80多年历史,在当时的设备与理念条件下的这一套排水系统已经无法适应太平洋气候典型的降雨量,使得在这一地区常常发生地下室进水的现象。塔伯尔山中学通过改建一个停车天井,将这个停车场占据着南向的天井的大部并且令人反感的"灰色空间"转变为能处理暴雨水,为学校里邻近的教室降温的"绿色空间"。

这两个例子由于场地性质与最终目的的不同,它们的设计手法与关注点则完全相异。由于纽约高线公园的植物造景是修复性景观空间，它的难点在于原有场地的因素或多或少地被保留，例如，设计人员发现这座被废弃的高架铁路上生长着161种维管植物，分属于48科122属，其中，数量最多的科包括36种菊科、24种禾本科、13种蔷薇科，数量最多的属包括5种一枝黄花属、4种紫菀属、4种委陵菜属，还包括4种地被植物、6种苔藓植物，其中本土植物占到50.9%。在进行植物设计时，纽约高线公园的场地特性对原生植物控制与重新树立的场地主题之间的关系融洽度提出了更高的要求。因此，设计师的处理手段不仅要考虑景观和植物本身的结合，还要兼顾原生植物与新栽植植物的关系。

但"雨水花园"则有所不同，因为它并不是景观形式上的主题，而是对一种具体目标的实现手段，所以在很多情况下，植物选择与配置方法具备一定程度的普遍性，这就和纽约高线公园植物修复手法相差甚远。像美国波特兰的唐纳德溪水公园、德国的汉诺威康斯伯格生态社区，以及我国的黑龙江群力公园等同类型的雨水花园，其核心手段都不外乎是利用雨水花园中砾石和植物降低雨水的流速，使其完全不进入或低速进入排水系统，这样强降水就不会淹没城市的排水系统了。

总之，如同在建筑设计中空间的形式往往必须适用于功能要求，这种关系实际上表现为功能对于空间形式具备一定的制约性。而在植物设计中的逻辑也是如此，当确定了场地的主要职责与功能属性之后，植物设计师要制订相对应的植物设计策略来满足场地的基本功能，这是相对于第一部分中对绿地性质划分后对场地性格与功能的进一步认识。

1.5.2 扩大初步设计阶段

扩大初步设计是指介于方案和施工图之间的设计，是在方案设计基础上的进一步设计，但设计深度还未达到施工图的要求。而植物设计在方案阶段确立了具体的设计原则之后，则需要进一步的拓展。这个拓展的过程是一个从整体到局部的过程，即从植物与空间框架的形成到植物如何落地到空间细部的过程。当设计方案在从图纸语言与概念开始逐渐过渡到现实的场地时，植物也开始脱离简单的绿色圆圈，设计者必须从其大小尺寸、颜色、质地、生态功能等方面来进一步了解这些植物的具体情况。如果说植物设计的主题与场地的呼应能够成为整个方案设计的灵魂，那么将植物栽植到场地的整个过程则是唤醒灵魂的步骤。植物的搭配效果是整个景观规划最终效果的骨架。

1）植物尺寸大小的考虑

从植物尺寸大小的分类来讲，植物可以分为大乔木、中小乔木、大灌木、小灌木、地被植物、草坪和攀缘植物。一般来说，植物景观结构框架主要由植物的高度和大小决定。植物设计师在处理植物尺寸问题时，应首先确立大乔木的位置，因为它们的配置会对设计的整体结构和外观产生较大的影响。当这些大乔木被定植后，中等或者小乔木以及灌木才能得以安排，以完善和增强乔木形成的空间结构和空间特性。较矮小的植物，如地被植物、草坪和攀缘植物，就是在较大植物所构成的结构中展现出更具人格化和亲近的细腻装饰。在植物种植设计中考虑植物大小高度的尺寸，其实是在思考植物与人体各高度的关系，最后还是为了处理植物与人类活动之间的一种关系，当明确了之间的关系后，才可以按照植物的不同高度进行合理的空间建构设计。

2）植物品种的搭配

植物设计师在研究植物品种的搭配时，首先考虑其所具有的可变因素。例如，在使用针叶常绿植物时,必须避免分散并且在不同的地方进行群植。这是因为针叶常绿植物在冬天因为凝重的外部观感往往十分醒目,如果是分散种植,可能会导致整个布局的混乱,景观的效果反而不好。如果和落叶植物搭配,这两种树木应保持一定的比例平衡关系,在视觉上相互补充,形成一种矛盾且又互相融合的独有效果。从另一个角度来讲,人们欣赏植物景色的要求是多方面的,而全能的园林植物是极少的,或者说是没有的。因此,植物配植应根据其观赏特性进行合并以达到互为补充的目的。植物的搭配还可以从观花和观叶两种不同植物的结合,不同色彩的乔、灌木的对比,不同花期植物的季差美感等方法形成不同的搭配。

3)植物色彩因素的协调

植物叶丛类型是植物色彩的一个重要因素,因为它可以影响一个设计的季节的交替关系、可观赏性和协调性。通常在设计中,植物的色彩搭配需要做到与其他观赏性相协调,起到突出植物的尺度和形态作用,而非喧宾夺主。如果植物以大小或形态作为设计中的主景来展现空间特性时,同时也应具备与此相适应的色彩。在一般处理手法中,植物的搭配应以中间绿色为主、其他色调为辅,不同的花色都能为布局增添活力和兴奋感,但同时也能防止过多颜色混乱视觉以及景观重点。

与此同时,应多考虑色彩与季节的关系,因为植物颜色的协调在一定程度上是对不同季节景观所要呈现的气氛具有相当重要的表现作用。植物的色彩随着季节的变化交替出现形成了良好的季相构图,可以说在感官上就完成了一个优美景观的一大半。

4)植物质地的统一

在一个理想的设计中,粗壮型、中粗型及细小型 3 种不同类型的植物应均衡搭配使用。质地太少,布局会显得杂乱。比较理想的方式是按比例大小配置不同类型的植物。因此,在质地选取和使用上还应结合植物的大小、形态和色彩以便增强所有这些特性的功能。

5)植物生态功能的应用

植物在保护环境方面起着巨大作用。在环境分析设计阶段, 植物设计师必须理解场地中环境的需求重点,并根据景观规划的目标与现状有所侧重地选择满足场所特殊需要的树种, 再以各种植物特殊生态功能作为依托以合理的结构形式进行配植。例如,合适的植物种植密度能够确保植物健康的生长空间,从而形成持续生长的植物群落。同样,城镇闹市区里的细菌比公园小游园多 7~10 倍,是因为小游园里很多植物具有强烈芳香的挥发物质可以杀菌,如松树、香樟以及桉树等。

6)初步选择植物种类或确定其名称

根据设计思想以及环境因素的分析,对植物四季的形态、不同生长期的形态、质地、色彩、耐寒性、养护要求、需要的维护程度及植物与场地之间的兼容性进行综合考虑,缩小植物选择范围,进而圈定项目的适用植物范围。在实际工作中,比较有效的方法是根据项目的功能要求、栽培要求和养护要求,制订本项目适用范围的苗木名录。

1.5.3 施工图阶段

施工图阶段就是整合植物设计与场地的关系。一个景观设计经历了初步方案与扩初设计,就意味着设计概念已经完成了一半,接下来需要通过施工图的进一步深化将所有概念实体化。而同时进行的植物设计也一样,在此阶段内,植物的分布、具体使用何种植物、单株植物的具体位置以及对特殊景观需求的树种,都应通过植物景观设计图纸表现出来。它包括总平面图、局部设计图、局部效果图、立面图、剖面图、苗木表、详细种植图和施工说明。图中会对原有植物、需要调整和移植的植物、设计的植物、适用的地形图、必要的索引图或详图(通常需要单独图纸)、文字说明、标题栏、植物苗木表、施工说明等进行详细的说明。

1)确定设计植物品种、大小规格、数量

苗木表通常按照乔木、灌木、地被分类制订,内容包括序号、图例、数量或种植面积、植物名称(品种名、拉丁名、别称)、植物规格(高度、冠幅、胸径、土球大小)。一般来说,普通乔木规格主要根据胸径和苗高进行划分,苗木的胸径一般采用四舍五入制进行分级,如胸径为4.6 cm或6.4 cm,则归入胸径5~6 cm的规格中。规格是苗木价格主要的依据,不同的树种应注明不同的规格信息,造型乔木还必须标注造型;灌木根据苗木种植的形式可分为地栽苗、盆栽苗及袋装苗;棕榈科植物有地栽和盆栽,还有袋装苗等。

2)原有和需要调整或者移植的植物信息

植物设计师如果要分析植物现状条件,如原场地的大乔木在场地的位置信息,那么其做法是应用全站仪普测设计范围内的大树位置坐标数据,套叠在现状地形图上,绘出准确的植物现状图,利用此图指导方案设计与种植设计。在施工图中,用乔木图例内加竖细线的方法区分原有树木与设计树木,再在说明中讲明其区别。

3)备注说明

在实际项目中,现行的图纸里每种植物都有相应的图例表现,同种植物图例的圆心用线相连接,形成整体,并标注名称及其种植数量或面积,这样植物形态和形状较直观,能提供准确的种植点以及种植范围。但这样也有缺点,因为对于多层的植物种植设计,设计内容重叠,难以一目了然,现行解决问题的常用方法有两种:一是把乔木、灌木、地被植物分层并单独出图,虽解决了前一问题,但也带来了对植物搭配空间层次理解上不够直观的问题;二是乔木与灌木层单独出图,灌木与地被植物单独出图,对植物的景观有相对直观的效果。

1.5.4 后期养护阶段

当植物设计根据以上步骤从概念到方案设计,从扩初到施工落成种植之后,并非结束,相反却是真正的开始。因为只有靠持续的后期维护,才能在最大时间范围内维持植物设计之初所预想塑造的氛围和体验。在实际施工过程中,很多施工单位和植物设计师都没有对园林的施工管理给予足够的重视,大部分施工单位没有对园林设计的长远性进行考虑,设计的方案缺乏科学性、合理性。另外,施工单位管理方式及策略相对落后,没有健全的管理制度体系和规范化的管理流程,没有承担起施工监督的责任,这些都导致了植物在后期养护上出现问题。植物设计师在整个过程中一定要随时与承包方和施工方进行技术交底,将园林设计的理念和效果进行全面介绍,同时也保证在施工过程中几方信息的全面更新,以此保证对施工不合理的地方进行及时修改,从而提升园林植物施工的前瞻性,最后达成加强园林植物施工现场的监督管理的目的。

1)灌溉管理

灌溉管理是园林植物后期养护的核心手段,是指除了自然降雨以外根据植物的需要进行的人为浇灌。浇灌的方式有很多种,其中包括人工浇灌和自动灌溉两种主要手段。自动灌溉是现在园林植物后期养护的主要趋势与方向，主要是采用喷淋式灌溉的方法，它会根据植物生长情况定时、定量地进行智能浇灌，以最大化地对园林植物进行浇灌。

灌溉管理的核心是合理灌溉，即要根据植物的品种、灌溉的时间及生长特性对植物进行分区浇灌。植物的种类不同，对水量的要求也有所不同，如耐寒植物就不宜浇灌大量的水。另外，在夏季高温天气情况下，要对园林植物进行反复灌溉，而雨后则要加强与完善植物的排水设施，这样不仅可以避免植物因雨水过量出现水涝现象破坏园林植物，还可以收集雨水用于灌溉。例如，对于适宜生活在沙地的植物需要多次浇水，但每次浇水数量不宜太多。这是因为沙子在储水能力方面不够好，在一段时间后沙子会缺水，因此，需要频繁地补给水分。与此同时，沙地土质松散，水量过大会冲散土壤，使植物根部暴露在外，因此，每次灌溉的水分不宜过多，要适当地进行控制。当园林灌溉管理能够达到"因时制宜，因地制宜，因种制宜"时，后期植物养护就成功了一半。

2）防虫害管理

防虫害管理也是园林植物后期养护的重要组成部分，是针对园林植物的虫害侵袭制订的专项计划。首先，要根据园林植物的品种和特性进行分类管理，定期对植物进行常规杀虫剂的喷洒；其次，对一些特殊种类的植物进行专项管理，专业人员务必要配制好专用药物对特殊的流行性病虫害与季节性病虫害进行查杀，提高植物的成活率和生长效果。

3）施肥管理

肥料对植物来说是必不可少的营养物质，只有给予绿色植物适当的肥料，才能保障植物必要的养分，确保植物正常生长。无论是新栽植物还是多年生长的植物都要进行施肥管理，这是园林植物后期不可缺少的部分。植物要根据季节不同进行定期的施肥管理，而不同植物对肥料的需求往往没有明显差异，有差异的个别种类植物则需要单独进行施肥。同时，养护管理人员要对植物的生长特点进行分析，根据植物的生长情况和营养状态进行作业，并做好管理记录，方便有需要时进行查验。

4）修剪管理

修剪管理是园林植物后期养护最直观的表现手段，因为植物的生长状态和方式决定着造景后的效果，这往往是游客视觉的第一关注点。通过对植物生长形状进行修剪，使植物能够实现设计所需求的景观形态，从而达到植物造景的最终目的。如绿篱在园林绿化工程中发挥出了非常重要的作用，它的可塑造性非常强。在园林绿化工程中可以根据整体布局的需要来对它进行修剪，以保证植物的景观效果。

后期养护工作需要具体和科学合理的流程以及相应的规范体系，以提高工作人员对设计理念的理解和对修剪工艺的认识，保证最终的良好效果，使其朝着更加专业化、科学化和规范化的方向来进行作业。

习题

1.什么是园林植物？

2.什么是园林植物配植与造景？

3.西方园林植物配植的特点有哪些?

4.如何理解中国园林植物配植中的形、神、法?

5.未来植物造景有哪些发展趋势?

6.园林植物景观项目的推进步骤是如何按照顺序进行的?

7.园林植物景观项目的植物配植方案阶段有哪些要点?

8.园林植物景观项目的植物配植扩初阶段有哪些要点?

9.怎样理解方案阶段、扩初阶段、施工图阶段植物配植要点的差异?

2

园林植物分类

地球上目前所知的植物约有50万种,高等植物达35万种,面对众多的植物种类,必须要有科学、系统的识别整理的分类方法才能进一步扩大和提高对它们的利用。

植物分类学是一门历史悠久的学科。远在古代,处于蒙昧状态的人类就开始识别和利用植物,原始人在采集野菜和野果作为食物时就有了分类知识,特别对于有毒或无毒、能吃的或不能吃的必然会加以区分。希腊学者亚里士多德和他的学生,按照作物生长习性,把植物分为乔木、灌木、草木三大类,在每一类中又分为落叶、常绿、野生、栽培、有花、无花等。植物分类学的主要内容是对各种植物进行描述记载、鉴定、分类和命名,它是各种应用植物学的基础学科,也是研究植物学科应具备的基础。园林植物分类学是植物分类学的一部分。

园林植物分类学是观赏植物育种、驯化和栽培的理论基础,学习园林植物分类知识可以使园林工作者掌握有效保护观赏植物物种基因的基础知识,了解园林植物的生物学特性和生态学习性,为园林工程的植物设计提供科学依据。

2.1 植物分类

2.1.1 植物分类方法

在植物分类学漫长的发展过程中,先后出现了人为分类法与自然分类法两种分类方法。

1)人为分类法

尽管人们在生产实践中很早就有植物分类的知识,但成为比较系统的分类学,还是从18世纪中开始到19世纪末瑞典自然科学家卡尔·林奈时代的古典植物分类学算起,这一时期用的分类方法称为人为分类法。人为分类法是指人们为了自己认识和应用上的方便,主观地按照植物形态、习性或用途等某一个或少数几个性状作为分类依据的一种分类方法。其主要做法是采集标本,根据器官形态的差别进行分类和命名,方法只限于描述和绘图。例如,我国明代医药学家李时珍,按照植物性状和功能把1 195种植物分为草、谷、菜、果、木等几类,写成了《本草纲目》;又如,卡尔·林奈根据雄蕊的数目及排列方式,把当时已知的植物分为24纲,1~23纲为显花植物,24纲为隐花植物。

人为分类法不考虑植物的亲缘关系和演化趋势,仅以"种"为基础,在实际工作中便于应用,至今在园林植物造景、经济植物学及野生植物资源的调查和利用等方面仍有应用。

2)系统分类法

植物系统分类法是英国科学家达尔文(1809—1892年)在《物种起源》一书中提出"进化论"学说以后逐渐建立起来的,它从生物进化的观点出发,把植物之间的亲缘关系作为分类的标准,力求客观地反映出生物界的亲缘关系和演化过程。系统分类法认为现在的植物都是从共同的祖先演化而来的,彼此间都有或亲或远的亲缘关系,关系越近相似性越多,关系越远差异性越大。在这种思想指导下,把形状与起源相同的植物归为一类,不同的归为其他类别,依次将植物排列到由界、门、纲、目、科、属、种等由高到低的分类等级单元组成的系统中,这样能比较彻底地说明植物界发展的本质和进化的顺序。

2.1.2 植物分类系统

由于生物必须按照其与祖先的亲缘关系的亲疏来归类,而种群之间又不存在明确的界限,人类直接观察和追溯以往发生的事件最多也不过几千年,因此,只有借助间接的证据,如古代植物化石、现存植物的相似性和差异性研究等来进行分类。但被保存和被发现的化石很不完善,分类学家只能从现存的植物资料来比较推测它的起源。

各国学者根据现有材料及各自观点创立了不同的分类系统,但到目前为止,还没有一个大家所公认的、完善的真正能反映系统发育特征的分类系统。现在较多采用的植物分类系统有恩格勒系统、哈钦松系统等。

1)恩格勒(*A.Engler*,1844—1930)系统

这一系统是德国植物学家恩格勒与普兰特(K.Prantl,1849—1893)于1887年在《植物自然分科志》中采用的分类系统,是植物分类学史上第一个比较完整的自然分类系统。该分类系统是以"假花学说"为依据建立起来的,"假花学说"主张被子植物的花是由裸子植物中的单性孢子叶球演化而来,小孢子叶球和大孢子叶球分别演化成雄性和雌性的柔荑花序,由柔荑花序进一步演化成花。因此,被子植物的花不是一朵真正的花,而是一个演化了的花序。恩格勒系统认为被子植物中最原始的类型是具有单性花的柔荑花序类,由无花被的单性花逐渐演变产生了整齐的两性花,因此,把多心皮目的木兰科、毛茛科作为较进化的类型。简单地说,就是单性而无花被的植物最原始;单子叶植物较双子叶原始。

恩格勒系统科、目的范围较大,虽然证据尚不够充足,有的观点不尽合理,但提出较早,影响较大,较为稳定而实用,在世界各国和我国北方多采用,如我国的《中国植物志》《中国高等植物图鉴》均采用该系统。

2)哈钦松(J.Hutchinson,1884—1972)系统

英国植物学家哈钦松于1926年和1934年在他的《有花植物科志》Ⅰ,Ⅱ中公布了分类系

统。该分类系统是以“真花学说”为依据建立起来的,“真花学说”认为被子植物的花是由原始裸子植物两性孢子叶球演化而来,因此,设想被子植物的花是已灭绝了的裸子植物的本内苏铁目的两性孢子叶球演化而成的,即孢子叶球的主轴演化成花托,生于主轴上的大小孢子叶多数、分离,螺旋状排列,大孢子叶演化为雌蕊,小孢子叶演化为雄蕊,下部苞片演化为花被。哈钦松系统认为单子叶植物是较为进化的,故排在双子叶植物之后;单叶互生较原始,复叶对生、轮生较进化;被子植物中离瓣花较合瓣花原始,两性花较单性花原始,花各部螺旋状排列得要比轮状排列得原始,柔荑花序类(无、单花被植物)是演化过程中的一特化现象,单被花及无被花种类是后来产生的一种退化性状,因此,将木兰科、毛茛科等作为被子植物中最原始的类型。

哈钦松系统目、科范围较小,虽然也有一些不足之处,但理论根据较充分,所指出的被子植物发展规律与分类原则受到多数人的支持,也为当今很多人所采用,如我国的广东、云南等地标本室及书籍按此系统排列。

除了以上两个有代表性的分类系统外,还有苏联植物学家塔赫他间(A.Takhtajan)、美国植物学家柯朗奎斯特(A.Cronquist)和中国植物学家郑万均等人提出的分类系统,也引起了人们的重视。

2.1.3 植物分类等级

1)植物分类的等级单位

植物分类学设立植物分类的等级单位,并赋予它们相应的拉丁文名称和特定的词尾,是为了建立科学的分类系统,用以表示每种植物的系统演化地位和归属。常用的植物分类单位有:界、门、纲、目、科、属、种。现以玫瑰为例,其在分类系统中的地位排列如下:

界 Kingdom 植物界 Plantae
门 Phylum 种子植物门 Spermatophyta
纲 Class 双子叶植物纲 Dicotyledoneae
目 Order 蔷薇目 Rosales
科 Family 蔷薇科 Rosaceae
属 Genus 蔷薇属 Rosa
种 Species 玫瑰 Rosa rugosa

2)植物分类常用等级单位

植物分类常用等级单位为科、属、种。

“种”又称物种,是生物分类的基本单位。大多数学者认为:“种”是指起源于共同的祖先,具有极其相似的形态和生理特征,并有一定自然分布区的生物群。其个体间能自然交配产生正常能育的后代,种间存在生殖隔离。种是生物进化的产物,它既有相对稳定的形态和生理特征,又处在进化发展之中。

种的概念在植物分类学中的运用,大大提高了植物分类的研究水平,使植物分类学从经典分类、细胞分类、化学分类,发展到分子、原子生物学水平,从主要依据形态特征和地理分布对腊叶标本进行鉴定、命名和分类的经典分类拓宽到主要依据植物代谢产物进行分类的化学分类,从主要依据细胞染色体的数目、形态、行为等进行分类的细胞分类发展到依据对植物蛋白质研究的成果(如氨基酸的组成和排列的变化)进行植物分类。

"属"是由亲缘关系接近、形态特征相似的种所组成。

"科"是由亲缘关系接近、形态特征相似的属所组成。

3)种下分类单位

根据《国际植物命名法规》的规定,在种下可以设亚种、变种、亚变种、变型、亚变型诸等级,它们都是"依次从属等级的诸分类群"。现在分类学中常用的也只有亚种、变种和变型3个等级。

亚种:是种内发生比较稳定变异的类群,在地理上有一定的分布区。

变种:是种内发生比较稳定变异的类群,它与原变种有相同的分布区,它的分布范围比亚种小得多。

变型:有形态变异,分布没有规律,是一些零星分布的个体。

2.1.4 植物命名法

世界上各个国家和地区的语言和文字各不相同,植物的名称也不一样,出现了同物异名和同名异物的混乱现象,在植物利用和交流上造成了很大困难。如马铃薯,我国北方称为土豆,南方称为洋芋,不同国家还会有其他叫法,这种现象就是同物异名。另外,同一个名称常常指不同的植物,如万年青,在不同的地方分别指大叶黄杨等不同科、属的植物。因此,给每一种植物以统一的名称,以便于进一步科学研究植物和交流成果,成为人们共同的愿望。自瑞典植物学家卡尔·林奈(Carl von Linné)(见图2.1)于1753年发表的巨著《植物种志》中采用双名法为所记载的每一种植物命名以后,双名法为全世界的生物学家所接受,并在此基础上,经过反复修改和完善,制定了《国际植物命名法规》《国际栽培植物命名法规》《国际细菌命名法规》等。

图2.1　卡尔·林奈肖像

《国际植物命名法规》规定每种植物只能有一个合法的名称,即用双名法确定的名称,也称学名。植物的学名必须用拉丁词或拉丁化的词表示,植物的学名由3个部分构成,即属名、种加词和命名人名姓氏的缩写。

双名法中第一个词为属名,代表该植物所隶属的分类单位,通常采用植物的特征、古植物名、地名和人名等拉丁文的名词单数第一格,书写时第一个字母必须大写;第二个词为种加词,种加词通常用拉丁文的形容词表示,书写时一律小写,属名和种加词必须用斜体;一个完整的学名还要在双名的后面附加命名人的姓名或姓名的缩写,命名人是为该植物命名的作者,书写时用正体。命名人的姓名如果超过一个音节时,通常采用缩写,第一个字母必须大写,缩写的人名在下角加缩写点"."以便识别,如银杏 *Ginkgo biloba* L.,垂柳 *Salix babylonica* L.。在植物分类学专著或文章中,植物学名后面加上命名人的姓名,不仅是为了正确和完整地表示该种植物的名称,也为了便于今后考证,在其他著作或文章中,命名人可省略,有些植物的命名人有两个,则在两个姓名中间加"et",如水杉 *Metasequoia gluptastroboides* Hu et Cheng。常用植物拉丁文缩写及含义见表2.1。

表 2.1 常用植物拉丁文缩写及含义

缩写字	中文意译	缩写字	中文意译
comb.nov.	新组合	sp.nov	新种
cult.	栽培的	spp.	许多种
cv.	栽培变种,品种	subsp.或 ssp.	亚种
et.	和、同、以及	subgen.	亚属
ex	从、出自	syn.	异名
f.	变型	var.	变种
nom.nud	裸名	L.	瑞典植物学家林奈
nov.sp.	新种	HK.	英国植物学家虎克
sect.	组、节	DC.	瑞士植物学家德堪多

2.1.5 植物分类检索表

植物分类检索表是指在植物分类学中选取植物的显著特征,运用表格的形式进行编排、分类的一种方法。它是鉴定和识别植物的钥匙。在植物分类中常用的检索表有定距检索表和平行检索表两种格式。

1)定距检索表

定距检索表(又称锯齿式检索表)的编制是根据法国人拉马克的二歧分类原则,将需要进行分类的所有植物,选用 1~3 对显著不同的特征分成两大类,给它们编上序号,并列于页左侧同等距离处,然后又从每类中再各自找出 1~3 对显著不同的特征再分为两类,编上序号,并列于前一类的下面,并逐级从左向右移动 1~2 个印刷符号的距离,如此继续至所需编入的植物全部纳入表中。定距检索表的优点是将彼此相对立的特征排列在相同的位置上,看起来醒目,使用也方便;缺点是检索表的左面有空白,浪费篇幅。例如,选取花椒、二球悬铃木、桂花、槐树、梅 5 种植物,编制定距检索表如下:

1.羽状复叶
  2.植物体有刺,蓇葖果 …………………………………………………… 花椒
  2.植物体无刺,荚果 ……………………………………………………… 槐树
1.单叶
  3.叶互生,单芽
    4.叶掌状分裂,头状果序,柄下芽 ……………………………… 二球悬铃木
    4.叶不分裂,核果,腋芽 ………………………………………………… 梅
  3.叶对生,芽叠生 ……………………………………………………………… 桂花

2)平行检索表

平行检索表与定距检索表编制的原则是一致的,不同的是将每一对相对立的特征并列于相邻的两行里,在每一行的最后是一数字或为植物名称,若为数字,则为另一对并列的特征叙述,如此继续至所需编入的植物全部纳入表中。平行检索表的优点是排列整齐又节省篇幅,不足之处是不及定距检索表醒目,但熟悉后使用也很方便。仍选取花椒、二球悬铃木、桂花、槐树、梅5种植物,编制平行检索表如下:

1.羽状复叶 …… 2
1.单叶 …… 3
2.植物体有刺,蓇葖果 …… 花椒
2.植物体无刺,荚果 …… 槐树
3.叶对生,芽叠生 …… 桂花
3.叶互生,单芽 …… 4
4.叶掌状分裂,头状果序,柄下芽 …… 二球悬铃木
4.叶不分裂,核果,腋芽 …… 梅

2.2 园林建设中的分类法

各国学者、专家在园林建设的实际应用中,对园林植物有多种多样的分类。这些分类都属于人为分类法,是根据园林植物的习性、原产地、栽培方式及用途等,将园林植物人为划分为不同类型,总的原则均是以有利于园林建设工作为目标的。

2.2.1 根据园林植物的生长类型分类

1)乔木类

乔木是指树体高大、具有明显主干的植物。乔木的高度在植物造景中起着重要作用。按照树体高度可将乔木分为伟乔(>30 m)、大乔(20~30 m)、中乔(10~20 m)及小乔(<6 m)等。

乔木的生长速率取决于品种及环境条件的影响,依据其生长速度,乔木可分为速生树、缓生树等。速生树生长速率快,能很快形成优美的植物景观;缓生树长得慢,但是老化也慢。植物配植时,速生与缓生结合,既能很快形成最佳植物景观效果,也能长时间维持最佳植物景观效果。

乔木按照是否集中落叶可分为常绿乔木和落叶乔木。常绿乔木叶色终年常绿,可作屏障,阻隔不良景观,塑造私密性及分割空间;落叶乔木的叶色、枝干线条、质感及树形等,均随叶片的生长与凋落而显示时序变化的效果,可以营造丰富的群落季相。

乔木按照叶片大小还可分为针叶乔木和阔叶乔木。针叶乔木常表现为粗质感;阔叶乔木叶片大,利于遮阴、减噪等。

2)灌木类

灌木是指树体矮小(通常在6 m以下),无明显主干,茎干自地面生出多数而呈丛生状的

植物,又称为丛木类。一部分灌木干、枝等均匍地生长,与地面接触部分可生出不定根而扩大占地范围,如铺地柏等,又被称为匍地类。

根据高度不同,灌木可分为小灌木(1 m以下)、中灌木(1~2 m)和大灌木(2 m以上)。灌木在景观设计上具有围构阻隔的作用,低矮的具有实质性的分隔作用;较高的,其生长高度在人视平线以上,能强化空间的界定。灌木的线条、色彩、质地、形状和花是其主要的视觉特征,其中,以开花灌木观赏价值最高、用途最广,多用于美化重点地段。

3)藤蔓类

藤蔓类植物地上部分不能直立生长,须攀附于其他支持物向上生长。根据其攀附方式可分为:缠绕类(葛藤、紫藤等),钩刺类(木香、藤本月季等),卷须及叶攀类(葡萄、铁线莲等)和吸附类(吸附器官多不一样,如凌霄是借助吸附根攀缘,爬山虎借助吸盘攀缘)等。藤蔓类植物生长所需的地面面积很小,而在空间应用上却可依设计者的构想,给予高矮大小不同的支架,其叶、花、果、枝富有季节性的景观变化,达到各种不同效果。同时,藤蔓植物能形成各种绿荫,减少太阳眩光、反射太阳辐射,降低温度。藤蔓植物还可以柔化生硬呆板的人工墙面、护坡或篱笆,美化市容,在城市绿化空间越来越小的今天,这类用于垂直绿化的植物日益受到重视。

4)草本花卉类

草本花卉可分为一年生草花、二年生草花、多年生草花和宿根花卉等。该类植物以观花为主,部分也具有观叶价值。其品种繁多、花色缤纷、适应性广,多以种子繁殖,短期内可以获得大量植株,群集性强,多表现为群体美。可广泛用于布置花坛、花境、花丛、花群、切花、盆栽或作地被。多年生及宿根花卉可一次种植,多年观赏,管理简便,适应性强。

5)地被植物类

地被植物泛指将地面覆盖,使泥土不至于裸露,具有覆盖地面、防止土壤冲蚀和美化功能的低矮常绿植物。地被植物可以如草一般覆盖地面,防止泥土裸露,密植还可抑制杂草生长。地被植物能稳定土壤,防止陡坡的土壤被冲刷;也可种植于强阴地、陡峭地及起伏不平等不宜种植草坪或其他植物的地方,提供下层植被。地被植物成熟后,对它们的养护少于同等面积的草坪,与人工草坪相比,在较长时间内,大面积的地被植物层能节约养护所需要的资金和精力。地被植物的形态、叶片大小、颜色、质地等因品种不同而有丰富的变化,或具有季节性的花朵和果实,还可与灌木、藤本、花卉等搭配形成优美的植物景观。

6)草坪植物类

草坪植物是指园林中用以覆盖地面、需要经常修剪又能正常生长的草种,一般以禾本科多年生草本植物为主,是园林植物中植株小、质感最细的一类。

草坪植物有净化空气、减少尘埃、保持水土、美化环境和创造舒适活动空间等作用,其质感和颜色能散发安稳宁静之感。草坪是园林植物中养护持续时间较长、养护费用较大的一种植物景观。

2.2.2 根据园林植物对环境因子的适应能力分类

1)依据气温因子分类

园林植物根据气温可分为热带树种(如椰子、假槟榔、咖啡、胡椒、可可、榴莲、橡胶、香蕉)、亚热带树种(如苏铁、散尾葵、马尾松、杉木、落羽杉、水松、侧柏、罗汉松、南方红豆杉、荷花玉兰、紫玉兰、含笑、樟树、桂花、相思、紫荆、榕树、香椿)、温带树种(如杨树、槐树、石榴、榆树)及寒带树种(如北美云杉、高山冷杉、新疆落叶松、欧洲赤松、欧洲云杉、欧洲冷杉、新疆冷杉和新疆云杉)等。

每种园林植物对温度的适应能力不一样,有的适应能力很强,这类植物称为广温植物,如银杏、爬山虎等;有的则对温度较敏感,适应能力弱,只在较窄温度范围地带分布,称为狭温植物,如在低温环境中分布的植物雪球藻、雪衣藻,在高温地带分布的植物热带椰子、可可,在高温温泉中分布的某些蓝藻。

在生产实践中,各地还依据树木的耐寒性分为耐寒树种、半耐寒树种、不耐寒树种等,不同地域的划分标准不一样。

2)依据水分因子分类

园林植物对水分的要求不一样,据此可分为湿生、旱生和中生树种。

湿生树种:这类树种根系不发达,有些种类树干基部膨大,长出呼吸根、膝状根、支柱根等,如池杉、水松、桤木、垂柳等。

旱生树种:为了适应干旱与长期缺乏水分的环境,植物常具发达的根系,植物表层具发达角质层、栓皮、茸毛或肉茎等,如马尾松、侧柏、木麻黄,沙漠植物极为耐旱。

中生树种:介于两者之间的大多数植物。不同树种对水分条件的适应能力不一样,有的适应幅度较大,有的则较小,如池杉也较耐旱。

3)依据光照因子分类

根据植物对光强的需要可分为阳性植物(喜光树种)、阴性植物(耐阴树种)和中性植物。阳性树种如杨属、泡桐属、落叶松属、马尾松、黑松等。阴性树种如红豆杉属、八角属、桃叶珊瑚、冬青、杜鹃、六月雪等。

4)依据空气因子分类

根据植物对空气的作用,可分为抗风类、抗污染类、防尘类和卫生保健类植物。

抗风类:这类植物一般为深根性,枝叶韧性好,如海岸松、黑松、木麻黄等。

抗污染类:这类植物可抗一种或多种污染物质,如抗二氧化硫的树种有银杏、白皮松、圆柏、垂柳、旱柳等,抗氟化物的树种有白皮松、云杉、侧柏、圆柏、朴树、悬铃木等,还有抗氯化物的树种及抗氢化物的树种等。

防尘类:这类植物一般叶面粗糙、多毛,分泌油脂,总叶面积大,如松属植物、构树、柳杉等。

卫生保健类:这类植物能分泌杀菌素,净化空气,有一些分泌物还对人体具有保健作用,如樟树、厚皮香、臭椿等。另外,松柏类常分泌芳香物质。

5)依据土壤因子分类

依据植物对土壤酸碱度的适应,可分成喜酸性植物(如杜鹃、山茶科的许多植物)和耐碱性土植物(如柽柳、红树、椰子、梭梭柴等)。

依据植物对土壤肥力的适应力,可划分出喜肥植物(如银杏、绣球花等)和耐瘠薄植物(如马尾松、火棘等)。

水土保持类树种,常根系发达,耐旱瘠,固土力强,如刺槐、紫穗槐、沙棘等。

2.2.3 根据园林植物的观赏特性分类

1)观形植物

观形植物是指形体及姿态有较高观赏价值的一类园林植物,如雪松、龙柏、榕树、假槟榔、龙爪槐等。

2)观花植物

观花植物是指花色、花香、花形等有较高观赏价值的一类园林植物,如梅花、蜡梅、月季、牡丹、白玉兰等。

3)观叶植物

这类园林植物的叶的色彩、形态、大小等有独特之处,可供观赏,如银杏、鸡爪槭、黄栌、七叶树、椰子、鹅掌楸、蝙蝠刺桐等。

4)观果植物

观果植物是指果实具较高观赏价值的一类园林植物。这类植物的果实或形状奇特,或色彩艳丽,或体积巨大,如柚子、柿树、秤锤树、复羽叶栾树、金橘等。

5)观枝、干植物

这类园林植物的枝、干具有独特的风姿、奇特的色彩或奇异的附属物等,如白皮松、梧桐、青榨槭、白桦、栓翅卫矛、红瑞木、台湾杉等。

6)观根植物

一些古老的树木因地质的变迁、洪水的冲击、根本身增粗生长而裸露地面或盘绕于干,给人以苍劲稳健的感觉。这类园林植物裸露的根具较高观赏价值,如高山上穿于岩缝之间的松树根、热带雨林的榕树板根、络石的气生根等。

2.2.4 根据园林植物在园林中的用途分类

根据树木在园林中的主要用途可分为独赏树、庭荫树、行道树、防护树类、花灌类、棚架类、植篱类、地被类、盆栽与造型类、室内装饰类等。

1)独赏树

可独立成景供观赏用的乔木称为独赏树,其主要展现的是个体美,一般要求树体雄伟高大,树形美观,或具独特的风姿,或具特殊的观赏价值,且寿命较长,如雪松、南洋杉、银杏、樱花、凤凰木等均是很好的独赏树。

2)庭荫树

庭荫树主要是指能形成大片绿荫供人纳凉之用的园林植物。这类树木常用于庭院中,故称为庭荫树。庭荫树一般树木高大、树冠宽阔、枝叶茂盛、无污染物,选择时应兼顾其他观赏价值,如梧桐、榕树等常用作庭荫树。

3)行道树

行道树是指栽植在道路两侧,以遮阴、美化为目的的乔木树种。城市街道环境条件复杂、土壤板结、透气性差、肥力差、地下管道众多、空中电线电缆复杂,因此,对行道树种的要求也较高。行道树一般应树形高大、冠幅大、枝叶茂密、分枝点较高,发芽早、落叶迟、生长迅速,寿命长,耐修剪,根系发达、抗风、不易倒伏,抗逆性强、病虫害少,无不良污染物,大苗栽植易成活。在园林实践中,完全符合要求的行道树种并不多。我国常见的有悬铃木、樟树、重阳木等,其中,悬铃木被称为"行道树之王"。

4)防护树类

防护树类主要是指能从空气中吸收有毒气体或阻滞尘埃、防风固沙、保持水土的一类树木。这类树种一般在应用时多植成片林,以充分发挥其生态效益,如广玉兰、合欢、构树、夹竹桃、臭椿、悬铃木、珊瑚树、柳树、槐树等都可以作防护树。

5)花灌类

花灌类一般是指观花、观果、观叶及具其他观赏价值的灌木类的总称。这类园林植物应用最广,如榆叶梅、蜡梅、绣线菊等,观果类如火棘、枸骨等。

6)棚架类

棚架类是专指那类茎枝细长难以直立,借助于吸盘、卷须、钩刺、茎蔓或吸附根等器官攀缘于他物生长的树种,如凌霄、金银花等。

7)植篱类

植篱类在园林中主要用于分隔空间、屏蔽视线、衬托景物等,一般要求枝叶密集、生长慢、耐修剪、耐密植、养护简单。按特点可分为花篱、果篱、刺篱、彩叶篱等;按高度可分为高篱、中篱及矮篱等。常见的有红叶石楠、大叶黄杨、雀舌黄杨、法国冬青、侧柏、小叶女贞、九里香、火棘、六月雪等。

8)地被类

地被类是指那些低矮、铺展力强、常覆盖于地面的植物,多以覆盖裸露地表、防止尘土飞扬、防止水土流失、减少地表辐射、增加空气湿度、美化环境为主要目的。这类植物常矮小、分枝性强,或偃伏性强,或是半蔓性的灌木,或是藤本类。如葱兰、马蹄金、结缕草、鸢尾、麦冬、石蒜类、玉簪类等。

9)盆栽及造型类

盆栽及造型类主要是指盆栽用于观赏及制作树桩盆景的园林植物。其中,树桩盆景类植物要求生长缓慢、枝叶细小、耐修剪、易造型、耐旱瘠、易成活、寿命长。

10)室内装饰类

室内装饰类主要是指那些耐阴性强、观赏价值高、常盆栽放于室内观赏的树木,如散尾葵、朱蕉、鹅掌柴等,木本切花也属此类,如蜡梅、银芽柳等。

2.2.5 根据园林植物的主要经济用途分类

园林植物除观赏、防护等功能外,有的还具有经济价值,依据其主要经济用途可将园林植物分为果树类、淀粉类、油料类、药用类、香料类、纤维类、橡胶类、树脂类、树胶类、蜜源类等。

1)果树类

果树类是指果实可以供食用的园林植物,如桃树、梨树、枇杷、杨梅、苹果、石榴等。

2)淀粉类

淀粉类是指果实或茎干含丰富淀粉的植物,如板栗、银杏、柿子、栎类、栲类、火棘等。

3)油料类

油料类是指果实等可以用以榨取食用油或工业用油的园林植物,如核桃、华山松、榛子、花椒、油茶、油桐等。

4)药用类

药用类是指植株整体或枝干、皮、花、果等局部有药用价值的园林植物,如黄檗、杜仲、厚朴、苦楝、枇杷、十大功劳等。

5)香料类

香料类是指从植株中能提取香料的园林植物,如山胡椒、玫瑰、茉莉、柑橘、香樟、八角等。

6)纤维类

纤维类是指果实、树皮等部分可以提供人们生产生活需要的植物纤维的园林植物,如构树、桑树、竹子、棕榈、木芙蓉、梧桐、木棉等。

7)橡胶类

橡胶类是指树汁可以制取橡胶的园林植物,如橡胶树、印度橡皮树、杜仲等。

8)树脂、树胶类

树脂、树胶类是指可以制取树脂或树胶的园林植物,如松类、柏类、桃、樱桃、金合欢、漆树等。

9)蜜源类

蜜源类植物的花可以供蜜蜂采蜜、酿蜜,如洋槐、黄荆等。

2.2.6 其他分类方法

①按移植难易可分为易移植成活类和不易移植成活类。

②按繁殖方法可分为种子繁殖类和无性繁殖类。其中,又可依繁殖特点而细分为实生繁殖、扦插繁殖、分株繁殖等。

③按整形修剪特点可分为宜修剪整形类和不宜修剪整形类。其中,又可依修剪时期及特点而细分。

④按对病害及虫害的抗性可分为抗性类和易感染类。其中,又可细分为许多类别,有些应注明是否为中间寄主。

习题

1.什么是植物分类学?学习植物分类有什么意义?

2.植物分类的主要方法有哪几种?

3.目前有哪些主要的植物分类系统?

4.植物分类系统的各级分类基本单位有哪些?

5.什么是物种?

6.植物的拉丁文学名是以________所提倡的________两个词来给植物命名的,第一个词是________,多数是名字,第一个字母要________,第二个词是________,多数为形容词,以描述该种的主要特征,第一个字母小写。一个完整的学名还要在之后附以________。

7.选取校园常见的10种园林植物,分别编写植物分类平行式检索表和定距式检索表。

8.园林应用中有哪些常用分类?

3 园林植物的生长发育规律

为了应用、设计好园林植物，就必须认识、了解植物，因此，需要掌握植物学、植物生理学的相应基础知识。为此，本章将种子植物形态结构及生长发育的相关知识，作为学习园林植物的前期理论铺垫。

有机体（除了最低等的病毒外）由许多形态和功能不同的细胞组成。构成植物体的细胞由于长期适应不同的环境条件，引起了细胞功能和形态结构上的分化，由此形成了不同的组织。各种组织有机地结合形成了具有一定外部形态和内部构造、执行一定生理功能的器官。典型的种子植物具有根、茎、叶、花、果、种 6 大器官。其中，根、茎、叶执行着养分、水分的吸收、运输、转化、合成，担负着植物体的营养生长，称为营养器官；而花、果、种与植物产生后代有关，具有保持种族延续的功能，称为繁殖器官。这些器官有机地结合为一个整体，共同完成植物的新陈代谢及生长发育。

植物的生长是指植物在通过光合作用和呼吸作用同化外界物质的过程中，由于细胞的分裂和扩大导致其体积和质量的不可逆增加的过程。植物吸收光能将水和二氧化碳合成有机物，同时释放氧气的过程称为光合作用。所有生命有机体均需要有机物质作为养分，构筑它们的结构和提供化学能，以完成各种生命活动。植物光合作用所制造的有机物质不仅供应植物本身需要，而且是地球上有机物质的基本源泉。植物生活细胞内的有机物在酶的参与下逐步氧化分解并释放能量的过程称为呼吸作用，它与光合作用共同组成了绿色植物代谢的核心。光合作用所同化的碳元素及储存的能量大部分都必须经过呼吸作用的转化，才能变为构成植物体的成分和有效能量。

植物的发育是指在植物生活史中建筑在细胞、组织和器官分化基础上的结构和功能的变化。植物体的整体性、形态结构与生理功能的协调性，植物生长的年周期和生命周期的变化以及植物与环境的统一性，都是植物生长发育的重要规律。

植物生长发育的基本规律(个体发育)称为树木的生物学特性。不同植物的性状、生长速度、寿命长短、开花结实特点及繁殖性能是不同的,这些特性取决于树种的遗传因素,并受周围环境条件的影响。如银杏在一般情况下生长比较缓慢,20年左右开始开花结籽,但在水肥充足和精心管理的条件下可加速生长,并提早5~7年结籽。因此,不能孤立地谈生物学特性,它是与生态学特性紧密相结合的。

3.1 植物的生命周期

种子植物无论是木本还是草本,自生命开始到生命终结,都要经历3个不同的生长发育阶段,即营养生长、开花结实、衰老与死亡。各个阶段的长短及对环境条件的要求因植物种类而异。实生植物从受精卵最初的分裂开始,经过种子的萌发、营养体形成、生殖体形成、开花、传粉、受精、结实等阶段,直至衰老与死亡的全过程称为“生命周期”,营养繁殖的植物种类可以不经过种子时期。

营养生长阶段可根据栽培的目的,人为调控园林植物的大小和外形,以及进行营养繁殖。生殖生长则是以观花和观果为最终目的的园林植物最重要的阶段,根据各种植物花芽分化的特点、光周期情况等,可调控花期。在植物的个体生长发育过程中,营养生长和生殖生长是两个既有明显差别又互相重叠的阶段,因此,既要了解植物生长发育规律,也要了解它们的营养生长和生殖生长的特点和规律,以整体和系统的思想,考虑植物体内各器官之间的相关性。植物的生长发育阶段是一个渐进的过程,各个阶段的长短受植物本身系统发育特性和环境的影响,在栽培过程中,通过合理的栽培养护技术能在一定程度上延缓或加速某一阶段的到来。

3.1.1 生命周期中生长与衰亡的变化规律

植物的生长发育变化规律可以归纳为离心生长与离心秃裸、向心更新与向心枯亡(见图3.1)。

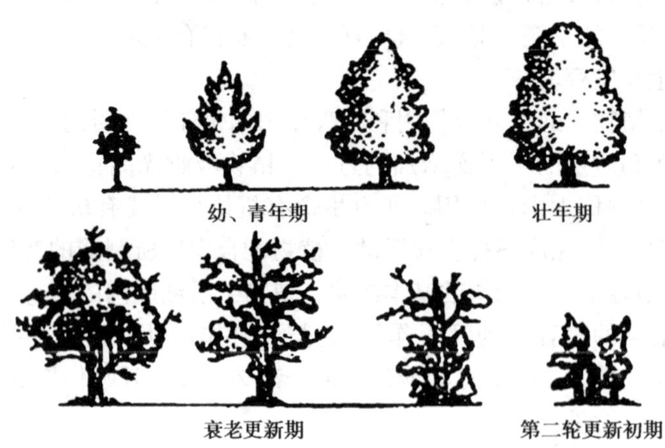

图3.1 植物离心生长与向心更新导致植物的体态变化

1)离心生长与离心秃裸

(1)离心生长

离心生长是指植物由根茎向两端不断扩大其生长空间的生长。植物从种子萌发以后,以根茎为中心,根具向地性,向下形成根系,茎具背地性,向上生长成主干、侧枝而形成树冠。各种植物的根系与树冠的幅度和大小均因各自的遗传性而有一定的范围,且只能达到一定范围。植物从幼年期、青年期到开始进入壮年期生长都很旺盛,表现为离心生长。

(2)离心秃裸

根系在离心生长过程中,随着年龄的增长,骨干根上早年形成的须根由基部向根端方向出现衰亡的现象称为"自疏"。地上部分由于不断地离心生长,外围生长点增多,枝叶茂密,内膛光照恶化使内膛的侧生小枝营养不良,长势衰退以至枯萎,造成树膛空缺,骨干枝向枝端方向出现枯落,这样的现象称为"自然打枝"。这种在植物体离心生长的过程中,以离心方式出现的根系自疏和树冠的自然打枝被称为离心秃裸。

2)向心更新与向心枯亡

成年树进入旺盛开花结实以后,新产生的叶、花、果都集中在树冠外围,增大了从根尖至树冠外围的运输距离。且开花、结果消耗了大量养分,补偿不足将使树木生长势减弱。树木生长到一定年龄后,生活潜能逐渐降低,出现衰老现象,如主干结顶、骨干枝分枝角张开、枝端弯曲下垂和枯梢等,环境污染和病虫危害也能促使树木衰老和死亡。

当树冠空缺时,具有长寿潜伏芽的树种能在主要枝上萌生出粗壮而直立的徒长枝,在徒长枝上又形成小树冠,由许多徒长枝形成的小树冠代替了原来的树冠,使树冠形态发生变化。当新树冠达到最大限度以后,又会出现更新和枯亡。更新与枯亡一般由树冠外向树膛内、顶端向下部直到根茎进行。但树冠一次比一次小,直至死亡。这种更新和枯亡的发生都是由外向内、自上而下,直至根茎部进行的,故称为"向心更新"与"向心枯亡"。

对于潜伏芽寿命短的树种,一般自身更新比较困难,凡无潜伏芽的树种不可能进行自我更新,许多针叶树都没有这种更新能力。不同类别植物的更新特点如下:

(1)乔木类

乔木地上部骨干部分寿命长,有些具长寿潜伏芽的树种在原有母体上可靠潜伏芽所萌生的徒长枝进行多次主侧枝的更新。虽具有潜伏芽但寿命短的也难以向心更新。凡无潜伏芽的只有离心生长和离心秃裸而无向心更新。

(2)灌木类

灌木离心生长时间短,地上部枝条衰亡较快,寿命多不长。有些灌木干、枝叶可向心更新,但多从茎枝基部及根上发生萌蘖更新为主。

(3)藤木类

藤木的先端离心生长常比较快,主蔓基部易光秃。其更新有的类似乔木,有的类似灌木,也有的介于两者之间。

3.1.2 木本植物生命周期的特点

园林植物生命周期存在两种不同类型:第一类起源于种子的有性繁殖(实生植物);第二类起源于营养器官的无性繁殖(营养繁殖植物)。

1)实生植物的生命周期

实生植物一生的生长发育是有阶段性的。根据植物一生的生长发育规律,可以大致将实生植物的生命周期划分为以下 4 个阶段:

(1)种子期

种子期是指从受精形成合子开始到胚具有萌发能力以种子形态存在的这段时期。此阶段开始是在母株内,借助于母株预先形成的激素和其他复杂的代谢产物发育成胚,以后则是在自然后熟或储藏过程中完成,一般经历的时间较短,但木本植物的成胚过程需要的时间较长。种子完全成熟后,在温度、水分和空气 3 要素不适合的情况下会处于被迫休眠的状态。

(2)幼年阶段

幼年阶段是指从种子萌发时起到具有开花潜能(有形成花芽的生理条件,但不一定开花)时为止的这段时期。它是实生苗过渡到性成熟以前的时期,又称为"幼年期"。幼年期是树木地上、地下部分进行旺盛的离心生长的时期。这一时期,树木在高度、冠幅、根系长度和根幅方面生长很快,体内逐渐积累起大量的营养物质,为从营养生长转向生殖生长打下基础。

幼年期持续时间的长短主要与树种遗传特性有关。少数幼年期短的植物当年播种当年就可开花,如紫薇、月季等,但很多植物需经较长的年限才能开花,如梅花需经 4~5 年,松和桦需经 5~10 年,核桃除个别品种两年外一般需经 5~12 年,银杏需经 15~20 年,而红松可达 60 年以上。俗话说"桃三杏四李五年"指的就是不同树种幼年期长短的差异。此外,幼年阶段的长短还受繁殖方法的影响及环境因子的优劣而不同。

在幼年阶段未结束之前,采取任何措施都不能诱导开花,但这一阶段可以被缩短。

(3)成熟(成年或壮年)阶段

成熟阶段是指从植物第一次开花结实至生长发育至开始衰退为止。开花是植物进入性成熟最明显的特征。植物度过了幼年阶段,具有开花潜能,获得了形成花序(性器官)的能力,在适当的外界条件下,随时都可以开花结实。成熟阶段的植物能接受成花诱导(如给予环剥、喷激素等条件)并形成花芽。植物在成熟阶段不论是根系还是树冠都已扩大到最大限度,各方面已经成熟,植株粗大,花、果数量多,遗传保守性较强,花、果性状已经完全稳定,并充分反映出品种固有的性状,对不良环境的抗性较强。这个阶段,植物的树冠已定型,是观赏的盛期,经济效益较高,植物可通过发育的年循环而反复多次地开花结实。成熟阶段的后期,骨干枝离心生长停止,离心秃裸现象严重,树冠顶部和主枝先端出现枯梢,根系先端也干枯死亡。实生植物经多年开花结果后,逐渐出现衰老和死亡现象。

(4)衰老死亡阶段

植物的衰老过程也可称为老化过程。实生植物经多年开花结实以后,生长显著减弱,出现明显的"离心秃裸"现象,树冠内部枝条大量枯死,丧失顶端优势,树冠"截顶",光合能力下降;根系以离心方式出现"自疏",吸收功能明显下降;结果枝与结果母枝越来越少,器官凋落增性强,花果量减少;抗逆性降低,容易发生病虫害,最后导致树木的衰老,逐渐死亡。

2)营养繁殖植物的生命周期

植物细胞具有全能性,即植物体的每一个细胞都包含着产生一个完整有机体的全部基因,在适当条件下一个细胞就会形成一个新的植物体。因此,经单细胞培养或原生质体培养,在一定条件下能形成遗传上与母体相似的独立植株。在苗木生产中，常常从母株上采取营养器官的一部分，如枝条、根段、芽和叶等，采用扦插、嫁接、分株及组织培养等方法，可培育出许多独立的植株，这类单株被称为无性或营养繁殖个体。每个营养繁殖体的发育是母株相应器官和组织发育的延续，不必再经历个体发育的全过程。营养繁殖植物已经过了幼年阶段，没有性成熟过程，只要生长正常、有成花诱导条件就随时可成花，从定植时起，经多年开花结实然后衰老、死亡。因此，营养繁殖植物的生命周期只有成熟阶段和老化过程。

3.1.3 草本植物生命周期的特点

草本植物无论是从种子到种子或从球根到球根，在整个一生中既有生命周期的变化，也有年周期的变化。在个体发育中多数种类同样经历种子休眠和萌发、营养生长和生殖生长3大时期（无性繁殖的种类可以不经过种子时期）。上述各个时期或周期的变化基本上都遵循一定的规律性，如发育阶段的顺序性和局限性等。不同种类的草本植物生命周期长短差距甚大，如短命菊只有不到1个月，翠菊、万寿菊、凤仙花、须苞石竹、毛地黄、金鱼草、美女樱、三色堇等长至一年、两年或数年。

1）一二年生草本

一二年生草本植物生命周期很短，仅1~2年的寿命。其一生也必须经过几个生长发育阶段，在1~2年内完成种子萌发、营养生长、开花结实和衰老死亡等过程。

（1）胚胎期

胚胎期是从卵细胞受精发育成合子开始至种子发芽为止。

（2）幼苗期

幼苗期是指从种子发芽开始至第一个花芽出现前为止，一般为2~4个月。二年生草本植物在第一年的生长季节内，只作营养体的生长，多数需要通过冬季低温，翌春才能进入开花期。一二年生草本花卉，在地上、地下部分有限的营养生长期内应精心管理，使植株能尽快达到一定的株高和株形，为开花打下基础。

（3）成熟期（开花期）

成熟期（开花期）是指植株大量开花，花色、花形最有代表性的时期，是观赏盛期，自然花期为1~2个月。为了延长其观赏盛期，除进行水、肥管理外，应对枝条进行摘心或扭梢，使萌发更多的侧枝并开花，如一串红摘心1次可延长开花期15天左右。

（4）衰老期

衰老期是指从开花量大量减少、种子逐渐成熟开始至植株枯死。此期是种子收获期，种子成熟后应及时采收以免散落。

2）多年生草本

多年生草本植物一生需经过胚胎期、幼年期、青年期、壮年期和衰老期，寿命为10年左右，各个生长发育阶段与木本植物相比要相对短些。

各类植物的生长发育阶段之间没有明显的界限，各个阶段的长短受植物本身系统发育特性及环境的影响。在栽培过程中，通过合理的栽培养护技术，能在一定的程度上延缓或加速某一阶段的到来。

3.2 植物的年周期

植物每年随着环境周期变化而出现的形态和生活机能的规律性变化，如萌芽、抽枝、展叶、开花、新芽形成或分花、果实成熟、落叶、休眠等，称为植物的年周期。

3.2.1 植物的物候期

生物在进化过程中，由于长期适应周期性变化的环境，形成与之相应的形态和生理机能有规律的变化的习性，人们通过观察园林植物生命活动的动态变化来认识气候的变化称为“生物气候学时期”，简称物候期。物候期是多年生植物每年随着季节性气候条件的变化、地下和地上部分有节奏的生命活动，这些生命活动在外界环境条件综合作用下，使植物体内部发生一系列生理生化变化，从而引起植物组织和外部形态呈现明显的特征性的变化规律。无论是地下根系还是地上部分各个器官，它们的变化规律都有一定的顺序性，这种顺序性又和每一年的季节性气候变化相吻合，每一种变化都是在上一种变化的基础上进行的，同时也为下一个变化作准备，因此，每一个物候期都有它自己的特点和对环境条件的特殊要求。每一个物候期的长短、开始与结束的时间，主要取决于植物种类、类型、立地条件、栽培技术措施和每年气候条件的变化。通常，北方植物生长期短，南方植物生长期较长，热带、亚热带的常绿植物没有明显的休眠期。

1）落叶植物的物候期

落叶植物的年周期明显地分为生长期和休眠期。从春季萌芽开始到秋季落叶前为生长期，从秋季落叶后到翌年春季萌芽前为休眠期。在生长期与休眠期之间又各有一个过渡期，即从生长转入休眠和从休眠转入生长的过渡期。在这两个过渡期中，某些树种因抗寒性和抗旱性与变化较大的外界环境条件之间不适应而造成危害。

（1）休眠转入生长期

植物在休眠期并非完全停止生命活动，而是仍在缓慢地进行着各种生命活动，如呼吸、蒸腾、根的吸收、养分合成和转化、芽的分化和芽鳞生长等。温带地区当日平均温度稳定在3 ℃时（有些植物在0 ℃），植物的生命活动加速，树液开始流动、芽逐渐膨大到待萌芽状态，这一时期的长短因树种不同而有差异。植物休眠的解除通常以芽的萌发为形态标志。植物春季萌芽，最主要取决于从休眠到萌芽所需的积温和萌芽前3~4周的日平均气温。对积温要求低的树种萌芽早，要求高者萌芽晚。华北五角枫和核桃萌芽时要求积温为30~50 ℃，构树、桑树则要求积温为150 ℃，木槿、合欢、柿树和枣树积温需达到230~250 ℃时才能萌芽。有些树种的花芽萌发所需积温较叶芽低，故先开花后长叶，如毛白杨、榆、白玉兰、梅花等。休眠期植物的抗寒力和抗旱力均降低，如遇突然降温，芽易受冻害，过于干旱则容易造成枯梢，这一时期过分低温或干旱还有死亡的危险。北方春季气温波动大，每年植物萌芽期的早晚波动也较大。

（2）生长期

植物从萌芽到落叶算作一个生长期。生长期的长短因树种不同和树龄不同而有差异，同一种树种生长期的长短因地域的南北、海拔的高低、小气候环境差异也有不同。北方植物生长期为4~7个月,如北京枣树生长期约201天、榆树约257天。根系生长比茎的萌芽早,叶芽萌发常作为茎生长开始的标志。通常幼树比老树生长期长,雄株比雌株生长期长。有些树木枝条1年仅1次生长,有些1年内生长几次。油松新梢生长从3月下旬开始至5月下旬或6月上旬停止,约70天;杨树新梢生长1年内可能有2~3次。

每种植物在生长期中都按照固定的物候顺序进行萌芽、发枝、展叶、开花、结果和形成新芽等一系列的生命活动,不同树种经过各个物候的顺序不同,有些先萌花芽后展叶,如杨树、桦树、栎树等;有的先萌叶芽抽枝展叶后形成花芽并开花。生长期内植物的生命活动还受品种、环境条件和栽培技术的影响。

(3)生长转入休眠期

通常以秋季植物正常落叶作为进入休眠期的标志。实际上,植物由生长期转入休眠期也是渐变的,而且树体各部位进入休眠期的早晚也各不相同。小枝一般在夏末秋初停止生长进行木质化和养分积累为进入休眠期作准备。秋季正常落叶是逐渐进行的,长枝下部的芽进入休眠期早,主茎进入休眠期晚,根茎进入休眠期最晚。光照时间的长短是导致落叶和进入休眠的主要因素,街道路灯下的树叶落叶较晚即因延长光照的缘故。秋季昼渐短夜渐长,细胞分裂渐慢,树液停止流动,并随着温度降低光合作用与呼吸作用减弱,叶绿素分解,在叶柄基部形成离层而脱落。落叶后随着气温降低,树体内脂肪和物质增加,细胞液浓度和原生质黏度增加,原生质膜形成拟脂层,透性降低,这些有利于树木抗寒越冬。植物经过这一系列准备后,进入休眠期。

(4)休眠期

从秋末冬初正常落叶到第二年春季萌芽前为植物的休眠期。植物的冬季休眠期是为了适应冬季的低温条件。因为在休眠期内植物仍有微量活动,所以一般又称为相对休眠期。植物休眠期的长短取决于树种的遗传性。植物休眠一方面为了度过严寒冬季;另一方面有些植物必须通过一定的低温阶段才能萌芽生长。一般原产寒带的落叶植物休眠期要求0~10 ℃的累计时数,原产暖温带的植物休眠期需5~15 ℃累计时数。冬季低温不足会引起萌芽或开花的参差不齐,北方树种南移常因冬季低温不足导致花芽少、新梢节间短、叶呈莲座状等现象。

2)常绿植物的物候期

常绿树与落叶树的年周期相比,主要的区别点是常绿树的叶片寿命长,当年不脱落。常绿树的叶片寿命因树种不同而异,松属2~5年、冷杉属3~10年、紫杉属6~10年。常绿阔叶树老叶脱落时间常在春季与新叶开展同时,故常可见到新老叶交替现象。

3.2.2　物候期的观测

1)物候观测的意义

我国是世界上最先从事物候观测的国家,至今保存有八百多年前的物候观测资料。物候观测不仅在气象学、地理学、生态学等科学领域具有重要意义,而且园林植物的物候观测在植物造景中也有重要作用,主要表现在有助于解决生物学与生态学方面的许多理论问题;弥补气象记录的缺陷帮助推断古气候和研究植物的进化;为树种的规划和引种、植物的培育、养护管理提供理论依据;做好物候预测预报,使植物的应用达到科学性与艺术性的统一,更好地发挥植物的观赏效果。

2)物候观测的方法

(1)确定观测地点

观测以露地为主,在一定地区范围内应有代表性。对观测地点的地理位置、行政隶属关系、海拔、土壤、地形等情况应作详细记载。

(2)确定观测植株

根据观测的目的要求选定观测树种。通常以露地正常生长多年的植株为宜,新栽植株物候表现多不稳定。同地同种植物宜选 3~5 株为观测对象,并观测树冠南面中、上部外侧枝条,对观测植株的种或品种名、起源、树龄、生长状况、生长方式、株高、冠幅、干径、伴生植物等情况加以记载,必要时还需绘制平面图,对观测植株或选定的观测标准枝做好标记。

植物在不同年龄段物候表现有所差异,因此,选择不同年龄的植株同时进行观测更有助于认识植物一生或更长时间内的生长发育规律,缩短研究时间。

(3)确定观测时间与年限

生长期等物候期变化大的时候,观测时间间隔宜短,可每天或者 2~3 天观测一次,若遇特殊天气,如高(低)温、干旱、大雨、大风等,应随时观测;反之,间隔时间可长。一天中宜在气温最高的下午两点钟前后观测。在可能的条件下,观测年限宜长不宜短,年限越长,观测结果越可靠,价值越大,一般要求 3~5 年。

(4)确定观测人员

长期的物候观测工作会使人感到单调,要求观测人员必须认真负责,能持之以恒,明确物候观测的目的和意义,还应具备一定的基础知识,特别是植物学方面的知识。在观测人员众多时,应事先集中培训,统一标准和要求,人员宜固定。

(5)观测资料的整理

物候观测不应仅是对植物物候表现时间的简单记载,有时还要对植物有关的生长指标加以测量,必须边观测边记录,个别特殊表现要附加说明,观测资料要及时整理,分类归档。对植物的物候表现,应结合当地气候指标和其他有关环境特征,进行定性、定量的分析,寻找规律,建立相关联系,撰写出植物物候观测报告以更好地指导生产实践。

3)物候观测内容

物候观测的内容常因观测的目的要求不同,有主次、详略等变化,如为了确定植物最佳的观花期或移栽时间,观测内容的重点分别是植物的开花时间和芽萌动或休眠时间等。植物物候表现的形态特征因树种而异,应根据具体树种来确定物候期划分的依据与标准。下面就一般情况介绍植物地上部分的物候观测内容。

(1)萌芽期

萌芽期是指春季植物的花芽或叶芽开始萌动生长的时间,萌芽为植物最先出现的物候,萌芽期的到来标志着植物一年生长的开始。利用芽萌动与休眠时间可以计算植物生长期的长短,有助于确定植物的生长量和判断植物引种的前途。萌芽期还是确定植物合理栽植时间的重要依据,许多植物宜在芽萌动前 1~2 周栽植。据芽萌动的程度,萌芽期可以划分为芽膨大变色期和芽延长开裂期。

芽膨大变色期:这是芽萌动初期,此时芽因吸水膨大,颜色由深变浅。因树种及芽的类型不同,具体形态特征有差别,如枫杨、核桃等裸芽类芽体松散,颜色由黄褐色变成浅黄色;杨树、松树等具鳞芽的植物，芽鳞开始开裂；刺槐等具隐芽的芽痕出现八字形开裂等。

芽延长开裂期：这一时期芽体显著变长，顶部破裂，芽鳞裂开，可见幼叶颜色或裸芽进一步松散，变成幼叶状。

(2)发叶期

发叶始期：树体上开始出现个别新叶。

发叶初期：树体上30%左右枝上的新叶完全平展。春色叶树种的叶色有较高观赏价值，应注意观测记载最佳观赏时间，一些常绿阔叶树也开始了较大规模的新、老叶更替。

发叶盛期：树体上90%以上的枝上的叶已开放，外观呈现出翠绿的春季景象，落叶树由当初完全应用体内储藏养分，开始转入光合产物的自生产，春色叶逐渐变绿。

完全叶期：树体上新叶已经全部平展开放，先、后发生的新叶间以及新、老叶之间在叶形、叶色上无较大差异，叶片的面积达最大，一些常绿阔叶树的当年生枝接近半木质化，可采做扦插繁殖的插穗。

落叶树载叶期的长短是选择庭荫树的条件之一，发叶期经历的时间与品种、立地条件密切相关，如单叶及叶片较小的阔叶树常较复叶、叶片较大的种类发叶速度快，这可能与它们发叶所需要消耗的营养不同有关，所处环境条件好的植物发叶早而快。

(3)抽梢期

抽梢期是指从叶芽萌发抽新梢到封顶形成休眠顶芽所经历的时间。除观测记载抽梢的起止日期外，还应记载抽梢的次数，选择标准枝测量新梢长度、粗度，统计节数与芽的数量，注意抽枝、分枝的习性。对苗圃培养的幼苗，还应测量统计苗高、干径与分枝数等。抽梢期为植物营养生长旺盛时期，对水、肥、光需求量大，是抚育管理的关键时期之一。

(4)开花期

现蕾期：花芽已发育膨大为花蕾。

吐色期：花蕾萼片裂开，顶部形成小孔，微显露花冠颜色。

始花期：植株上出现第一朵或第一批完全开放的花。

初花期：植株上大约30%的花蕾开放成花。

盛花期：植株上大约70%以上的花蕾开放成花。

末花期：植株上不足10%的花蕾还未开放成花。

花谢期：植株上已无新形成的花，大部分花完全凋谢，有少量残花。

了解植物的花期与开花的习性有助于安排杂交种和植物配植工作。在观测中要注意开花期间花色、花量与花香的变化，以便确定最佳观花期。

(5)果实期

果实期是指从坐果至果实成熟脱落止。对观果植物通过对果熟期和脱落期的观测有助于确定最佳观果期。

果熟期：主要记载果实的颜色，对采种与观果有实际意义。

脱果期：记载果实开裂、脱落的情况，有些植物的果实成熟后，长期宿存，应附注说明。

(6)秋色叶期

具有秋色叶期的多为落叶树种，可大致划分为秋色叶始期、初期、盛期及全秋色叶期，划分的标准难以统一规定，可参照开花期。

(7)落叶期

落叶期主要是指落叶树在秋冬正常的自然落叶时间。常绿树的自然落叶多在春季,与发新叶交替进行,无明显落叶期。

落叶初期:植株有10%左右的叶脱落,此时植物即将进入休眠,应停止能促进植物生长的措施。

落叶盛期:植株有50%以上叶脱落。

落叶末期:植株上几乎所有的叶均已脱落,即使植株上还剩少量残存叶片,但也会一碰就落,这时常为植物移栽的适宜期。

无叶期:植株叶片已全部脱落,植物进入了休眠期。至于少数植物的个别干枯叶片长期不落属于例外。

尽管受植物遗传规律的制约,各个物候的外在表现应有一定的先后顺序,但若在水、热条件充足的地区,植物能四季生长,在同一棵植株上会出现开花与结果、萌芽与落叶并见的现象。另外,因植物结构的复杂性和生长发育差异性的影响,也可能植物不同部位的物候表现不完全一致,而使植物物候的情况变得更复杂。以上介绍的物候的排列顺序并不代表各植物物候表现的先后,也不是全部植物都有以上物候表现。实际上,物候观测的内容及各物候表现的特征,应根据物候观测的目的和特定树种而定,允许有所变动。

3.3 植物各部分的生长发育

植物植株主要由营养器官(根、茎、叶)和生殖器官(花、果、种)组成。习惯上把树根称为地下部分,枝干及其分支形成的树冠称为地上部分,两部分的交界处称为根颈。植物各个部分的生长发育有着各自的特点。

3.3.1 根系

1)根的功能

(1)吸收功能

根系是植物从土壤中吸取水分和矿质养料的主要器官,植物生长的好坏往往取决于是否具有发达的根系。根系的面积虽然很大,但并不是根的各部分都能吸收水分和养料,吸收作用最活跃的区域仅限于根尖部分。因此,只有促使多发新根才能使根系充分吸收水肥供地上部生长之需。

(2)固定作用

无论是杂草还是大树,都靠根系来固定在土壤中。某些植物还可借其具有的变态以某种异常的方式来固定,如常春藤从茎上产生不定根固着在他物表面,菟丝子通过它的吸收根伸入寄主的维管组织中固着并吸收水分和营养。

(3)输导功能

根吸收的水分、无机盐,通过根的维管组织输送到枝叶,而叶制造的养料送到茎和根,以维持根的生长和生活需要。

(4)储藏功能

有的植物的根因能储藏大量的养料而变得特别肥大肉质化,成为特殊的储藏器官,成了人们生活中的食物,如胡萝卜、红薯、山药等。

2)根的分布

根系的分布分为垂直分布和水平分布。在适宜的土壤条件下,树木的多数根集中垂直分布在40~80 cm深的土层,吸收功能的根则分布在20 cm左右深的土层内。不同树种的根系在地下分布的深浅差异甚大,直根系和多数乔木树种被称为深根性树种,它们的根系垂直向下生长特别旺盛,分布较深,主根可伸展到2.5 m左右,侧根也可长达0.5~1 m;须根系和部分灌木树种被称为浅根性树种,它们的主根不发达,侧根水平方向生长旺盛,大部分根分布于土上层。大多数旱生植物都具有庞大的根系,在土层中分布很深而且扩展很广。

在正常情况下,根的水平分布范围多数与树木的冠幅大小一致。树木的大部分吸收根通常主要分布在树冠外围边缘的圆周内,因此,应在树冠外围于地面的水平投影处附近挖掘施肥沟才有利养分的吸收。

根系在土壤中的分布状况,除取决于遗传性外,还受土壤条件、栽培技术以及树龄等外界环境因素影响。许多树木的根系在土壤水分、养分、通气状况良好的条件下,生长密集,水平分布较近;相反,在土层浅、干旱、养分贫瘠的土壤中,根系稀疏,单根分布深远,有些根甚至能在岩石缝隙内穿行生长。

植物根系的特征是种植设计选择的重要依据之一。用作防风林带的植物,一般选取深根性植物,才能具有较强的抗风能力;营造水土保持林,一般选用侧根发达、固土能力强的植物;营造混交林,除考虑植物地上部分的相互关系外,还要注重选择深根性植物和浅根性植物的合理配植,以利于不同土层深度水分和养分的充分吸收与利用;在建筑物周边种植时,需考虑根系与建筑基础的关系,选用浅根性植物或植物种植离建筑要有一定距离,一般乔木应在5 m以上。

3)根系的生长动态

(1)根系的生命周期

研究表明,根系的生长速度与树龄有关。在树木的幼年期,一般根系生长较快,常常超过地上部分的生长,并以垂直向下生长为主。随着树龄的增加,根系的生长趋于缓慢,并在较长时期内,与地上部分的生长保持一定的比例关系,直至吸收根完全衰老死亡,根幅缩小,整个根系结束生命周期。在整个生命过程中,根系始终处于不断的死亡与更新的动态变化之中。待根达到最大幅度后,发生向心更新。当植物衰老时,地上部分濒于死亡,根系仍能保持一段时间的寿命。至于须根,从形成到壮大直至死亡,一般有数年的寿命。

根的寿命受环境条件的影响很大,并与根的种类及功能密切相关。不良的环境条件,如严重的干旱、高温等,会使根系逐渐木栓化,加速衰老,丧失吸收功能。同一棵植株上的根,寿命由长至短的顺序大致是:支持根、储藏根、运输根、吸收根。许多吸收根(特别是根毛),它们对环境十分敏感,存活的时间很短,有的仅能存活几个小时。当然,也有部分吸收根能继续增粗,生长成侧根,进而高度木质化,成为寿命几乎与整个植株的寿命相当的永久性的支持根。但对多数侧根来说,其寿命一般为数年至数十年。

树种不同,根系的生长动态也有差异。

(2)根系的年周期

根系的年生长有较明显的周期性,生长与休眠交替进行。由于树木的根系庞大,分布范围广,功能多样,即使在生长季,一棵树的所有根也并非在同一时间都生长,而是当一部分根生长时,另一部分根可能呈静止状态,这使根的生长情况变得很复杂。

根系的活动除受树木体内机制控制外,在很大程度上还受土温影响。一般根系生长的最适温度为20~30 ℃,低于8 ℃或高于38 ℃根的吸收功能基本停止,不能再生长新根。通常根系开始与停止生长的温度均较地上部分芽萌动与休眠的温度低,春季提早生长,秋季休眠延后,这样可以很好地满足地上部分生长对水分、养分的需求。在正常情况下,许多树木的根系都在春末与夏初之间以及夏末与秋初之间,分别出现生长高峰期。

根系的生长动态与植树或移栽有着密切的关系,一般植树季节应选在适合根系再生和枝叶蒸腾量最小的时期。在四季分明的温带地区,一般以秋冬落叶后至春季萌芽前的休眠期较为适宜。就多数地区和大部分树种而言,以晚秋和早春为好。晚秋是指地上部分进入休眠,而根系仍能生长的时期;早春是指气温回升,土壤刚刚解冻,根系已经生长,而枝叶尚未萌发之时。树木在这两个时期内,因树体储藏营养丰富,土温适合根系生长,而气温较低,地上部分还未生长,蒸腾较小,容易保持和恢复以水分代谢为主的平衡。至于秋栽好还是春栽好,世界各国学者各说不一,从生产实践来看,冬季寒冷的地区和当地不甚耐寒的树种宜春栽,冬季较温暖和在当地耐寒的树种宜秋栽。冬季也不是不能移栽,但要求树种在当地耐寒能力要强。夏季,由于气温高,树种生命活动旺盛,一般不适宜移栽。而在夏季正值雨季的地区,由于供水充足、土温较高,有利根系再生,加之空气湿度大、地上蒸腾少,也可以移栽,但应选择纯梢停长的树种,抓紧连绵阴雨时期进行,或配合其他减少蒸腾的措施(如遮阴、打枝),才能保证成活。

4)影响根系生长的因素

(1)植物体的有机养分

根系的生长、水分和营养物质的吸收以及有机物质的合成都有赖于地上部分充分供应碳水化合物,因此,当土壤条件良好时,植物根群的总量主要取决于地上部输送的有机物质数量。当结果过多或叶片受到损害时有机营养供应不足,根系的生长便会受到明显抑制。此时,即使加强施肥也难以改善根系生长状况。采用疏果措施减少消耗或通过保叶改善叶的机能,则能明显促进根系的生长发育,这种效果不是施肥所能代替的。

(2)土壤温度

植物根系的活动与土壤温度有密切的关系,但植物种类不同对土壤温度的要求也不同。一般原产北方的植物对土温要求较低,南方树种对土温要求较高。据观察,冬季根系生长缓慢或停止与当时最低土壤温度相一致。在低温条件下,水的扩散速度变慢,根的生理活动减弱。土温过高能造成根系的灼伤甚至死亡。

(3)土壤水分与通气状况

植物根系的生长既要求充足的水分又需要良好的通气。通常,最适于植物根系生长的土壤含水量等于土壤最大田间持水量的60%~80%。当土壤水分降低到某一限度时,即使温度、通气状况及其他因子都适合,根也会停止生长。

根对干旱的抵抗力要比叶片低得多,受害远比叶片出现萎蔫早。在干旱条件下,根的木栓化加速,自疏现象加重。当严重缺水时,叶片可以夺取根部的水分,这样根系会停止生长和吸收,甚至死亡。但是,当轻微干旱时,土壤通气大为改善,同时又抑制了地上部的生长,使较多的碳水化合物先用于根群生长,致使根群趋于发达,反而有利于根的发育。当土壤水分过多时,土壤通气不良,根系在缺氧情况下不能进行正常的呼吸和其他生理活动,不利于根系的生长。同时,二氧化碳和其他有害气体会在根系周围积累,当达到某一浓度时可能引起根系中毒。一般认为,具有大量分枝和深入下层的根系能有效利用土壤的水分和矿质,比较耐旱。

为促进新根的发生和充分发挥根的功能,土壤必须有足够的氧气。如苹果根系在氧浓度为2%~3%时停止生长,含氧量在4%以上时能正常生长。土壤含氧量对根的影响还必须与二氧化碳的含量联系起来分析,如果土壤中二氧化碳含量不太高,根际周围的空气含氧量即使低到3%,根系仍能正常行使功能;如果根系二氧化碳含量升高到10%或更多,根的代谢功能将受到破坏。在植物栽培中除了考虑土壤中空气的含氧量外,还要注重土壤孔隙率或非毛细管孔隙率。孔隙率低,土壤气体交换恶化。植物根系一般在土壤孔隙率为7%以下时,生长不良;土壤孔隙率在1%以下时,几乎不能生长。为了使植物能正常生长,土壤的孔隙率要求在10%以上。

(4)土壤营养条件

一般情况,土壤营养状况会像土壤温度、水分、通气那样成为限制根系生长的因素。根系的生长明显受水肥条件的影响,有朝向水肥较多处伸展的趋势,这称为根的向肥性和向水性。在肥沃的土壤或施肥条件下,根系发达,细根密,活动时间长;相反,在瘠薄的土壤中,根系生长瘦弱,细根稀少,生长时间短。施用有机肥可以促进植物吸收根发生,适当增施无机肥对根系的发育也有好处。氮肥主要是通过增加叶片碳水化合物及生长促进物质的形成促进植物根系的发育,但过量地施用氮肥会引起枝叶徒长削弱根系的生长;磷能促进根系的发育,也是由于促进枝叶的生长机能而产生的间接效果;其他微量元素如硼、锰等对根系生长有良好的影响。通气不良的土壤常会产生某些有害离子使根系受害,如在还原性的土壤中,铁锰被还原成二价离子,这些易溶的离子提高了土壤溶液的浓度而使树木根系受害。酸性土壤在腐殖质含量低时,可溶性铝、铁和锰等有害的金属离子浓度在百分之一至百分之几时就可使某些植物的根系受害。在实际栽培中,可结合深耕增施有机肥料改善土壤结构,增加土壤保水力和通透性,促使根系深扎。

3.3.2 枝条的生长与植物骨架的形成

茎着生叶、花和果实,它具有输导营养物质和水分以及支持叶、花和果实在一定空间的作用。茎上着生叶的位置称为节,两节之间的部分称为节间。茎顶端和节上叶腋处都生有芽,当叶脱落后,节上留有的痕迹称为叶痕。

1)芽的特性

芽是枝、叶、花等器官的原始体,是多年生植物为适应不良环境延续生命活动而形成的重要器官。芽与种子相似,在适宜的条件下可以形成新的植株。发展成枝或叶的芽称为叶芽,发展成花的芽称为花芽,既形成花叶又形成叶的芽称为混合芽。枝条顶端生的芽称为顶芽,叶腋处生的芽称为腋芽,也称侧芽。有的植物的侧芽为庞大的叶柄基部所覆盖,直到叶脱落后才显露出来,称为柄下芽(如悬铃木)。有鳞片包被的芽称为鳞芽,无鳞片包被的芽称为裸芽。顶芽和腋芽常被称为定芽。还有许多芽不是生长在枝顶或叶腋,而是生长在茎的节间、老茎、根或叶上,这些没有固定着生部位的芽,被称为不定芽,营养繁殖时常常利用不定芽。

芽根据其生理状态分为活动芽和休眠芽。在当年生长季节可以开放形成新枝、花或花序的芽,称为活动芽,一般一年生草本植物的芽都是活动芽。多年生木本植物,通常只有顶芽和顶芽附近的侧芽为活动芽,而下部的芽在生长季节不活动,保持休眠状态,始终以芽的形式存在,称为休眠芽。有的休眠芽长期不活动,当顶芽受到损害生长受阻后,才接替生长发育,也可能在植物的一生中都保持休眠状态。植物有无休眠芽或者休眠芽的寿命长短与植物更新复壮能力密切相关。

芽是植物生长、开花结实、修剪整形、更新复壮、保持母本优良性状及营养繁殖的基础。芽偶尔也可由于物理、化学及生物等因素的刺激而发生遗传变异,这种特性是芽变选种的前提条件。

芽的形成与分化要经过数月甚至长达两年,其分化程度、速度与树体营养状况、环境条件密切相关,一切增加树体营养积累的措施都有利于促进芽的发育。栽培措施在很大程度上也可以改变芽的发育进程和性质,如停梢后施肥、根外追肥、防治病虫、保叶等都可以大大提高芽的发育质量使其饱满健壮,生长期摘心、生长调节剂的使用等可以改变芽的性质和质量。了解芽的特性对研究园林植物树形和整形修剪有重要意义。

(1)芽的异质性

同一枝条上不同部位的芽在发育过程中,由于所处的环境条件不同以及枝条内部营养状况的差异,造成芽的生长势以及其他特性的差别称为芽的异质性。顶芽及枝条中部的芽比枝条上部和基部的大而饱满,质量高,容易形成树冠的骨干枝和延长枝,其他芽则易形成短枝、细弱侧枝或花果枝(见图 3.2)。芽的异质性是植物修剪的理论依据之一。

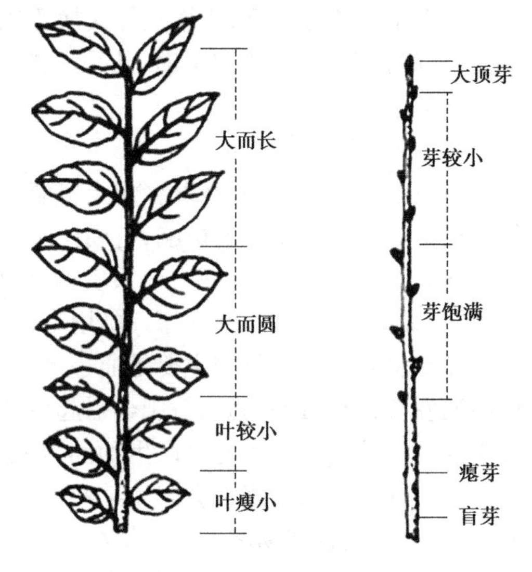

图 3.2　芽的异质性

(2)芽的早熟性和晚熟性

有些植物当年新梢上的芽能够连续抽生二次梢和三次梢,芽的这种不经过冬季低温休眠当年萌发的特性称为芽的早熟性,如紫叶李、紫叶桃、柑橘等,具有早熟芽的植物一般分枝较多,进入结果期早。有的植物芽虽具有早熟性,但不受刺激一般不萌发,当因病虫害等自然伤害或人为修剪、摘叶时才会萌发。另一些树种的芽当年一般不萌发,要到第二年春天才能萌动抽枝,芽的这种必须经过冬季低温休眠,翌年春天才能萌发的特性,称为芽的晚熟性,如苹果、梨的多数品种。芽的早熟性和晚熟性还受植物年龄及栽培地区的影响,树龄增大,晚熟芽增多,副梢形成的能力减退。北方树种南移,早熟芽增加,发梢次数增多。

(3)芽的萌芽力及成枝力

生长枝上的芽萌发抽枝的能力称为萌芽力。枝上萌芽数多的萌芽力强,反之则弱。萌芽力一般用萌发的芽数占总芽数的百分率表示。生长枝上的芽不仅萌发而且能抽成长枝的能力称为成枝力。抽长枝多的成枝力强,反之则弱。成枝力一般用具体成枝数或长枝占萌芽数的百分率表示。

萌芽力和成枝力因植物种、品种、树势而不同,如柑橘、梨树、葡萄萌芽力及成枝力均弱,垂丝海棠的萌芽力强而成枝力弱。同一植物种不同品种,萌芽力强弱也不同。一般萌芽力、成枝力都强的品种(如小叶女贞),易于整形,但枝条过密,修剪时应多疏少截;萌芽力强、成枝力弱的品种,易形成中短枝,但枝量少,应注意适当短截,促进发枝。

(4)芽的潜伏力

植物枝条基部的芽或某些副芽在一般情况下不萌发而呈潜伏状态,这类芽称为潜伏芽。植物衰老或因某种刺激使潜伏芽(即隐芽)萌动发生新梢的能力称为芽的潜伏力。芽的潜伏力用芽保持萌芽抽枝的年限表示。芽潜伏力强的树种,枝条恢复能力强,容易进行树冠的复壮更新,如柿树、二球悬铃木、榔榆等;芽潜伏力弱,枝条恢复能力也弱,树冠容易衰老,如桃树等。芽的潜伏力还受营养条件和栽培管理的影响,营养条件好,潜伏芽寿命就长。

2)茎枝的生长与特性

茎以及由它长成的各级枝、干是组成树冠的基本部分,也是扩大树冠的基本器官。枝是长叶和开花结果的部位。枝干是整形修剪形成基本树形的基础。保持枝与干的正常生长是植物栽培的一项重要任务。

(1)枝条的伸长生长和加粗生长

枝条的伸长生长:随着芽的萌动,植物的枝干开始一年的生长,伸长生长主要是枝、茎尖端的生长点的向前延伸(竹类为居间生长),生长点以下各节一旦形成,节间长度就基本固定。伸长生长按照慢—快—慢的节律进行,生长曲线呈 S 形,许多植物的苗高生长过程符合著名的逻辑斯谛方程。伸长生长的起止时间、速增期长短、生长量大小与树种、年龄、环境条件等有密切关系,温带地区的植物,一年中枝条只生长一次,热带、亚热带的植物,一年能抽梢 2~3 次。

枝条的加粗生长:树干、枝条的加粗是形成层细胞分裂、分化、增大的结果。加粗生长比伸长生长稍晚,停止也稍晚。同一株植物下部枝条停止加粗生长比上部稍晚。随着新梢不断地伸长生长,形成层活动持续进行,新梢生长越旺盛,形成层活动也越强烈,而且时间也长。秋季由于叶片积累大量的光合产物,枝干明显加粗。

(2)顶端优势

顶端优势是指活跃的顶部分生组织或茎尖常常抑制其下侧芽发育的现象,也包括树木对侧枝分枝角度的控制。一般乔木树种都有较强的顶端优势,乔化现象越明显,顶端优势也越强;反之则弱。顶端优势表现在枝条上部的芽能萌发抽生强枝,依次向下的芽生长势逐渐减弱,最下部的芽甚至处于休眠状态,如果去掉顶芽和上部芽,可使下部腋芽和潜伏芽萌发。顶端优势也表现在分枝角度上,枝条自上而下,分枝角度逐渐开张,如果去掉尖端对角度的控制效应,所发侧枝就呈垂直生长的趋势。顶端优势还表现在树木的中心干生长势要比同龄的主枝强,树冠上部的枝条要比下部的强。

(3)茎枝的生长类型

茎的生长方向与根相反,多数是背地性的,除主干延长枝、突发性徒长枝呈垂直向上生长外,多数因对空间和光照的竞争而呈斜向或向水平方向生长。茎枝的生长依植物茎枝的伸展方向和形态可分为以下 4 种生长类型:

①直立生长。茎有明显的负向地性,一般都有垂直于地面生长、处于直立状态的趋势。多数植物主干和枝条的背地角为 0~9°,处于斜生状况,但也有许多变异类型,如龙爪槐的垂

枝型。枝条直立生长的程度因植物特性、营养状况、光照条件、空间大小、机械阻挡等不同情况而异。从总体上可以分为以下类型:

a.垂直型:一般植物的主干或主茎都有垂直向上生长的特性,也有一些植物的分枝有垂直向上的生长趋势。多数枝条呈垂直向上生长的植物,一般容易形成紧抱的树形,如紫叶李、千头柏、侧柏、冲天柏等。

b.斜伸型:这类植物的枝条多与主轴呈锐角斜向生长,一般容易形成开张的杯状、圆形或半圆形的树形,如杨树、榆树、合欢、樱花、梅花等。

c.水平型:这类植物的枝条与主轴呈直角沿水平方向生长,一般容易形成塔形、圆柱形的树形,如冷杉、杉木、雪松、柳杉、南洋杉、台湾杉等。

d.扭旋型:这类植物的枝条在生长中呈现扭曲和波状形,如九龙桂、龙爪柳等。

②下垂生长。这类植物的枝条生长有十分明显的向地性,当芽萌发呈水平或斜向伸出后,随着枝条的生长而逐渐向下弯曲,有些植物甚至在幼年时都难以形成直立的主干,必须通过高接才能直立。这类植物容易形成伞形树冠,如垂柳、龙爪槐、垂枝三角枫、垂枝樱、垂枝榆等。

③攀缘生长。有的植物茎细长柔软,自身不能直立,但能缠绕或附有适应攀附他物的器官借他物支撑向上生长,如紫藤、金银花等茎能缠绕,葡萄等具有卷须,地锦类具吸盘,凌霄类等具吸附气根,蔷薇类等具钩刺,铁线莲类则以叶柄缠绕他物。在园林中常把缠绕茎的木本植物称为藤本植物,简称藤木。

④匍匐生长。有的藤木或无直立主干之灌木茎蔓细长,自身不能直立,又无攀附器官,常匍匐生长,如偃柏等,在园林中常用作地被植物。

3) 园林植物的层性与干性

层性是指中心干上主枝分层排列的明显程度,是顶端优势和芽的异质性共同作用的结果。中心干上部的芽萌发为强壮的中心干延长枝和侧枝,中部的芽抽生弱枝或较短小的枝条,基部的芽多数不萌发而成为隐芽。随着树木年龄的增长,中心干延长枝和强壮的侧枝也相继抽生出生长势不同的各级分枝,强的枝条成为主枝(或各级骨干枝),弱的枝条生长停止早,节间短,单位长度叶面积大,生长消耗少,营养积累多,易成为花枝或果枝,成为临时性侧枝。随着中心干和强枝的进一步增粗,弱枝死亡。从整个树冠看,在中心干和骨干枝上有若干组生长势强的枝条和生长势弱的枝条交互排列,形成了各级骨干枝分布的成层现象。有些树种的层性,一开始就很明显,如油松、南洋杉等;有些树种则随年龄增大,弱枝衰亡,层性才逐渐明显起来,如雪松、马尾松、梨树等。具有明显层性的树冠,有利于通风透气。层性能随中心主枝生长优势保持年代长短而变化。

干性是指植物中心干的长势强弱及其能够维持时间的长短。凡中心干(枝)明显,能长期保持优势生长者称为干性强,反之称为干性弱。不同树种的层性和干性强弱不同。凡是顶芽及其附近数芽发育特别良好、顶端优势强的树种,层性、干性就明显。裸子植物的银杏、松、杉类干性很强,柑橘、桃树等由于顶端优势弱,层性与干性均不明显。因此,顶端优势的强弱与保持年代的长短可以反映其层性是否明显。干性强弱是构成树干骨架的重要生物学依据,对研究园林树形及其演变和整形修剪有重要意义。

4)植物的分枝方式

除棕榈科的许多种外,分枝是植物生长的基本特征之一。树木按照一定的分枝方式构成庞大的树冠,使尽可能多的叶片避免重叠和相互遮阴。枝叶在树干上按照一定的规律分枝排列,可更多地接受阳光,扩大吸收面积。树木在长期进化的过程中,为适应自然环境形成了一定的分枝规律。此外,分枝方式不仅影响枝层的分布、枝条的疏密、排列方式,还影响总体树形。植物的分枝方式有以下3种(见图3.3):

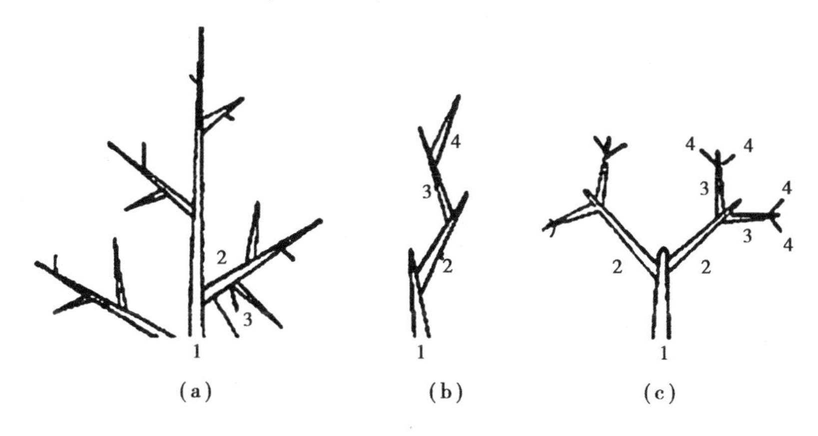

图3.3　分枝类型图解

(a)单轴分枝;(b)合轴分枝;(c)假二叉分枝

1—主轴;2—一级分枝;3—二级分枝;4—三级分枝

(1)单轴(总状)分枝

植物顶芽优势极强,生长势旺,每年能向上继续生长,从而形成高大通直的树干,同时依次发生侧枝,侧枝又以同样的方式形成次级侧枝,这种有明显主轴的分枝方式称为单轴分枝(或总状分枝)。大多数针叶树种属于这种分枝方式,如雪松、圆柏、龙柏、罗汉松、水杉、池杉、黑松、湿地松等。阔叶树中属于这一分枝方式的大多在幼年期表现突出,如杨树、七叶树、薄壳山核桃等,但因它们在自然生长情况下,维持中心主枝顶端优势年限较短,侧枝相对生长较旺而形成庞大的树冠,所以总状分枝在成年阔叶树中表现得不很明显。这种分枝方式的树材高大通直,适用于建筑、造船等,而且出材率高。

(2)合轴分枝

植物的新梢在生长期末因为顶端分生组织生长缓慢,顶芽瘦小或不充实,到冬季干枯死亡,有的枝顶形成花芽,不能继续向上生长,而由顶端下部的侧芽取而代之,继续上长,每年如此循环往复,均由侧芽抽枝逐段合成主轴,这种分枝方式称为合轴分枝。合轴分枝使树冠呈开展形,更利于通风透光,园林中大多数树种属于这一类,且大部分为阔叶树,如白榆、刺槐、悬铃木、榉树、柳树、樟树、杜仲、槐树、香椿、石楠、梅、杏、樱花等。合轴分枝有多生花芽的特性,观花、观果的植物合轴分枝是最有意义的。

(3)假二叉分枝

有些具对生叶(芽)的植物顶梢在生长期末顶芽自枯或分化成花芽,由其下对生侧芽萌发抽生的枝条代替,形成叉状侧枝,这种长势均衡的分枝方式称为假二叉分枝。这种分枝方式实际是合轴分枝的另一种特殊形式,这类树种有泡桐、梓树、楸树、丁香、女贞、卫矛和桂花等。真正的二叉分枝多见于低等植物,苔藓、蕨类等一些高等植物也属于这种分枝形式。

5) 冠形

植物的冠形是由于环境影响(如重力、光强、光周期、温度和矿质营养)、激素和遗传相互作用而产生的。多数植物树形根据其芽和侧枝的生长速度,可分为有中央领导干的圆柱形、塔形和无中央领导干的杯形、球形及伞形等。松、云杉、冷杉等裸子植物每年顶梢的伸长生长比下面的各级侧枝多,容易形成塔形单一主茎的圆锥形树冠;而多数被子植物树种,如栎类、槭树类等,各级侧枝的生长速度几乎同顶梢一样,甚至还要快些,容易形成杯形、开心形树木的宽树冠。一般阔叶树的冠形为卵形至长卵形,如白蜡、山毛榉、栎等。有些树种,如苹果树的冠幅大于冠长;还有些树种,如榆的树冠为圆形或卵圆形。选择不同形状的树冠的树种进行植物配植,营造景观效果,满足不同的功能和观赏要求。

有些植物在同一植株上有两种不同的分枝方式,如白玉兰,既有总状分枝,又有合轴分枝;有些植物苗木期为总状分枝,生长到一定时期变为合轴分枝。植物分枝方式与冠形关系密切。了解芽、分枝与冠形的关系,可以有目的地利用和改变植物的分枝方式,从而改变植物的冠形。

3.3.3 叶片和叶幕的形成

1) 叶片的形成

叶片是由叶芽中前一年形成的叶原基发展起来的。单个叶片自展叶到叶面积停止增加,不同树种、品种和不同枝梢是不同的。初展的幼嫩叶,叶组织量少、叶绿素浓度低、光合产量低,随着叶龄增加,叶面积增大,生理处于活跃状态,光合效能大大提高,到一定成熟度为止,随叶片衰老而降低。

同一棵植株上存在各种不同叶龄的叶片,春季叶芽萌动生长,基部先展开的叶片生理较活跃,随枝的生长,活跃中心不断向上转移,基部叶逐渐衰老。

2) 叶幕的形成

叶幕是指叶在树冠内的集中分布区,是树冠叶面积总量的反映。园林植物的叶幕随树龄、整形、栽培目的和方式不同,其叶幕形成和体积也不相同。幼年树分枝少,内膛小枝存在,叶片充满树冠;自然生长无中干的成年树,枝叶一般集中在树冠表面,叶幕往往仅限冠表较薄的一层,多呈弯月形叶幕;具中干的成年树多呈圆头形;植物老年多成钟形叶幕。结合花果生产的树种多经人工修剪使其充分利用光能,或为避开架空线的行道树常见有杯状叶幕。

落叶树木的叶幕从春天发叶到秋天落叶,能保持5~10个月的生活期;常绿树木的叶幕多半可达一年以上,老叶多在新叶形成后逐渐脱落,叶幕比较稳定。

3.3.4 开花习性

一个正常的花芽在花粉粒和胚囊发育成熟后,花萼与花冠展开的现象称为开花。开花是一个重要的物候现象,开花习性是植物在长期系统发育过程中形成的一种比较稳定的习性,除毛竹等一次开花的树木以外,一般已经性成熟的植物都能年年开花。许多被子植物的花有很高的观赏价值,植物开花的好坏直接关系到园林种植设计美化的效果。

1) 花期阶段的划分

植物开花可分为花蕾(花序)出现期、吐色期(花蕾萼片裂开微露出花冠颜色)、始花期

(出现第一朵或第一批完全开放的花)、初花期(30%花蕾开放)、盛花期(70%的花开放)、末花期(仅留存约10%的花蕾还未开放)和花谢期(已无新形成的花,大部分花完全凋谢)7个阶段。

2)花、叶开放先后的类型

不同树种开花和新叶展开的秩序不同,概括起来可以分为以下3类:

(1)先花后叶类

此类植物在春季萌动前已完成花器分化,花芽萌动不久即开花,先开花后长叶,如银芽柳、迎春花、连翘、桃树、梅花、紫荆、白玉兰、垂丝海棠、贴梗海棠等,有些常能形成一树繁花的景观,如白玉兰、木兰等。

(2)花、叶同放类

此类植物的花器分化也是在萌芽前完成,开花和展叶几乎同时,如榆叶梅、桃与紫藤中某些开花晚的品种与类型,苹果、海棠、核桃等多数能在短枝上形成混合芽的树种也属此类。

(3)先叶后花类

此类植物花器多数是在当年生长的新梢上形成并完成分化,一般于夏秋开花,在植物中属开花最迟的一类,如刺槐、木槿、紫薇、苦楝、凌霄、槐、桂花、珍珠梅等,有些还能延迟到初冬,如蜡梅、枇杷、油茶等。

3.3.5 果实的生长发育

植物从花谢后到果实达到生理成熟时,需经过细胞分裂、组织分化、种胚发育、细胞膨大和细胞内营养物质的积累和转化过程,这种过程称为果实的生长发育。植物各类果实成熟时,从外表上表现出成熟颜色的特征为“形态早熟期”。果实体积增长呈现一定的慢—快—慢S形曲线形式。

果实生长发育需经过生长期和成熟期。满足果实发育的栽培措施,首先,从根本上提高包括上一年在内的树体储藏养分的水平;其次,花前追施氮肥并灌水,开花期注意防止病虫害,花后叶面喷肥,也可进行环状剥皮和利用生长刺激素等来提高坐果率。根据观果要求,为观“奇”“巨”之果,可适当疏幼果,为观果色,尤其应注意通风透光,果实生长前期多施氮肥,后期多施磷肥、钾肥。

3.3.6 植物各器官的相关性

相关性是指植物各部分之间存在着相互联系、相互促进或相互抑制的关系,即某一部位或器官的生长发育常能影响另一部位或器官的生长发育。植物的生长发育具有整体性和连贯性,整体性主要表现在生长发育过程中各个器官的生长是密切相关、互相影响的;连贯性表现为各种植物在生长过程中,前一个生长期为后一个生长期打基础,后一个生长期是前一个生长期的延续和发展。植物器官生长发育的相互关系主要包括地上部与地下部的生长相关、营养生长与生殖生长的相关以及同化器官与储藏器官的生长相关。

1)地上部与地下部的生长相关

植株主要由地上部和地下部组成,地上部包括茎、叶、花、果实和种子,地下部主要是指根,也包括块茎、鳞茎等,两者之间由维管束相连,存在着营养物质与信息物质的大量交换。

对于地上部分与地下部分的相关性常用根冠比来衡量。所谓根冠比是指植物地下部分与地上部分干重或鲜重的比值，它能反映植物的生长状况、环境条件对地上部与地下部生长的不同影响。在园林栽培上常通过肥水来调控根冠比。

地上部与地下部的生长之间有相互促进的关系。地下部的根是吸收水分和矿质营养的器官，水分与矿质营养不断输送到地上部去；地上部是植物有机营养物质的主要来源，碳水化合物在叶片中制造，通过韧皮部不断输送至根系，供应根系生理活动所需。此外，在地上部（叶或茎）合成的维生素、生长素是根所需要的，根又是细胞分裂素、赤霉素、脱落酸合成的部位，这些激素沿木质部导管运到地上器官，对地上部的生长发育产生影响，"根深叶茂""本固枝荣"就是指地上部与地下部的协调关系。植物的根系生长良好，其地上部分的枝叶也较茂盛；地上部分生长良好，也会促进根系的生长。

地上部与地下部的生长之间又存在着相互抑制的关系。地上部坐果太多，根系生长就会停止或非常缓慢。摘除部分果实，可以增加根的生长量。摘除一部分叶片，也会减少根的生长量，因为减少了制造养分的器官，相应地供给根的养分也会减少。

2）营养生长与生殖生长的相关

营养生长和生殖生长是植物生长周期中的两个不同阶段，通常以花芽分化作为生殖生长开始的标志。植物的营养生长与生殖生长之间存在着既相关又竞争的关系。

（1）营养生长对生殖生长的影响

营养器官的生长是生殖器官生长的基础，它为生殖器官的生长发育提供必要的碳水化合物、矿质营养和水分等，使生殖器官正常生长发育。营养生长期的生长适度，生殖生长正常；营养器官生长过旺影响生殖器官的形成和发育；营养器官生长不充分，制造的同化物质较少，会影响开花结果和果实的正常发育。营养生长对生殖生长的影响因植物种类或品种不同而异。

叶是营养器官中主要的同化器官，对生殖生长具有重要的作用，因此，在植物栽培管理中常以叶面积来衡量营养生长的好坏。在一定范围内，叶面积的增加会促进果实的增加，但叶面积过大，茎叶生长过于旺盛，会导致果实减少。一般观果类园林植物的叶面积指数以 4～6 为宜。

（2）生殖生长对营养生长的影响

生殖生长对营养生长的影响主要表现为抑制作用。过早进入生殖生长会抑制营养生长，受抑制的营养生长反过来又制约生殖生长。营养生长和生殖生长相互影响的程度也因植物种类不同而异。陆续开花结果的植物，生殖生长对营养生长的影响也是阶段性的。多年生果树一年只结果一次，而且非常集中，果实需要大量营养，生殖生长与营养生长的矛盾比较突出，其中又以仁果类更为突出，常因营养竞争造成隔年结果现象，俗称大小年。

在协调营养生长和生殖生长的关系方面，人们在实际生产中积累了很多经验。例如，加强肥水管理，既可防止营养器官的早衰，又可不使营养器官生长过旺。对于以营养器官为观赏重点的园林植物，可通过供应充足的水分、增施氮肥、摘除花芽等措施来促进营养器官的生长，抑制生殖器官的生长。以果实为观赏重点的园林植物，则应适当疏花、疏果，以使营养上收支平衡并有积余，消除大小年。

习题

1.什么是植物生长和植物的发育?
2.木本实生植物生命周期分为哪几个阶段?各阶段分别有什么特点?
3.什么是离心生长与离心秃裸?
4.什么是向心更新与向心枯亡?
5.落叶植物的年周期分为哪几个阶段?各阶段分别有什么特点?
6.植物根系的分布和生长动态有哪些特点?影响根系生长有哪些因素?
7.什么是芽的异质性?
8.什么是干性?什么是层性?
9.植物主要分枝类型有哪几种?
10.植物的冠形与芽、枝的哪些特性有关?
11.选择一种园林植物进行物候期观察记录。

园林植物的生态学习性

园林植物和环境是相互作用的统一体，在研究园林植物造景时，不仅要了解园林植物本身各方面的特性，还应了解它们生活的环境及它们之间的相互关系。

植物生活的空间称为环境，任何物质都不能脱离环境而单独存在。园林植物在生长发育过程中除受自身遗传因子影响外，还与环境条件有着密切的关系，这些环境条件包括温度、水分、光照、空气和土壤等因子。在环境因子中，对园林植物生活有直接、间接作用的因子称为生态因子。在生态因子中，园林植物生活必不可少的因子称为生存条件。另外，园林植物在长期的系统发育过程中，对环境条件的变化也产生各种不同的反应和多种多样的适应性。因此，只有深入了解组成环境的各个因素，以及它们与园林植物之间的相互关系，并加以创造性地运用，才能科学地配植园林植物，创造理想的园林景观效果。

4.1 生态学基础知识

生态学是研究生物与其环境之间相互关系的科学。生物是指不同的生物系统，包括动物、植物、人类以及微生物。随着科学的进步，生态学已经发展成为一门多方位的学科，如与园林相关的园林植物生态学、景观生态学、恢复生态学、城市生态学等。

4.1.1 环境

环境是指某一特定生物体或生物群体周围一切的总和，包括空间及直接或间接影响该生物体或生物群体生存的各种因素。环境是一个相对的概念，它需要一个中心体，离开了中心体就无法谈论环境。

生物环境分为大环境和小环境。大环境可以直接理解为如大区域环境、地球环境、宇宙环境;小环境可以理解为特定的某个区域内的环境,如校园环境、住区环境、庭院环境等。大环境的气候一般是由大气环流、经纬度位置、海陆位置、大面积地形等决定的,不易产生变化或变化不大,也更为稳定;小环境中的气候多变,受地形、植被、土壤类型、水纹等各种因素影响,如在同一地区,迎风坡比背风坡有更多的降水,因此,迎风坡和背风坡的植物生长与分布会不同,这就是地形引起的局部小气候的不同。小环境气候与人们的生活息息相关且复杂多变,会直接作用于人类生活环境,因此,生态学更多地关注小环境气候。

4.1.2　生态因子

1)生态因子的概念

生态因子是指环境要素中对生物起作用的因子,如温度、光照、水分、空气、土壤和其他生物等。在生态因子中,对生物必不可少的因子被称为生存条件。所有的生态因子构成了生物的生态环境。

2)生态因子的作用

总体来讲,生态因子与生物之间关系复杂,其作用大致为以下4个方面:

(1)综合作用

在进行园林绿化和植物造景时,应充分注意环境中各生态因子相互作用的基本规律。首先,环境中各生态因子对园林植物的影响是综合的,也就是说,植物是生活在综合的环境因子中。单一的生态因子无论对园林植物有多么重要的意义,它的作用只有在其他因子的配合下才能显示出来,缺乏任一生态因子,如温、光、水、气、肥(土壤),园林植物均不能正常生长。环境中各生态因子是相互联系、互相促进、互相制约的。环境中任何一个单因子的变化必将引起其他因子不同程度的变化。例如,光照强度的增加,常会直接引起气温和空气湿度的变化,从而引起土壤温度和湿度的相应变化。

(2)主导因子作用

在整个生态环境中,虽然各生态因子都是园林植物生长发育所必需的,缺一不可,但各个因子所处的地位并非完全相同,可以理解为非等价性。对于某一种园林植物,甚至园林植物的某一个生长发育阶段,往往有1~2个因子起着决定性作用,这种起决定性作用的因子称为主导因子。主导因子包括两个方面的含义:其一,就因子本身而言,当所有的因子在质和量相等时,其中某一因子的变化,能引起园林植物全部生态关系发生变化,这个对环境起主导作用的因子,即主导因子,如空气因子由静风转变为暴风时所起的作用;其二,对园林植物来说,由于某一因子的存在与否和数量变化,而使园林植物的生长发育发生明显的变化,这类因子也称为主导因子,如光周期现象中的日照长度,低温对南方喜温树种的危害作用等。

(3)阶段性作用

环境中生态因子不是固定不变的,而是处于周期性变化之中。园林植物本身对生态因子的需要也是不断变化的,在不同的年龄阶段或发育阶段要求也不同。换句话说,园林植物对生态因子的需要是分阶段的。例如,光因子是园林植物生态发育极为重要的因子,但对大多数园林植物来说,在种子萌发阶段并不重要;园林植物发芽所需要的温度一般比正常营养生长的温度要低,营养生长所需要的温度又比正常开花结实的温度要低。

(4)不可替代性和补偿性作用

生物的生态因子众多,每一个都具有独特的地位,起着无法替代的作用,不可以用其他因子替代。但是在一定条件下,某种生态因子可依靠其他相近的因子的变化来补偿所需要因子的功能,获得相接近的功效。

4.2 生态因子与园林植物的相互关系

4.2.1 温度因子

地球上的热量主要来自太阳辐射,太阳内部不断进行的热核反应释放出巨大的热能量,这种热能量以热辐射的形式传播到地球上并带来热量,为生物提供适宜的温度环境。

温度因子对于园林植物的生理活动和生化反应极其重要,温度是影响园林植物的重要因素之一,不同的温度带分布的园林植物明显不同,它影响着园林植物的地理分布,制约着园林植物生长发育的速度及体内的生化代谢等一系列生理机制。地球表面温度变化很大,空间上,温度随海拔升高,随纬度增加(北半球)而降低;时间上,温度随春、夏、秋、冬四季的交替变化,随一天昼夜而变化。

温度对园林植物生长发育的影响,主要通过对园林植物体内各种生理活动的影响而实现。园林植物的各种生理活动有最低、最适、最高温度,称为温度的三基点。低于最低或高于最高温度界限,都会引起园林植物生理活动的停止。

1)温度因子与植物生长的关系

温度会直接影响园林植物的生长发育速率。园林植物的生长发育需要在一定的温度范围内才开始进行,低于这个最低温度,园林植物不发育,这个温度称为发育阀温度或者生物学零度。

地球上除了南北回归线之间及极圈地区之外,根据温度因子的变化,一年可分为四季。四季的划分是根据每5天为一"候"的平均温度为标准。凡是每候的平均温度为10~22 ℃的属于春、秋季,在22 ℃以上的属于夏季,在10 ℃以下的属于冬季。不同地区的四季长短有差异,其差异的大小受如地形、海拔、纬度、季风、雨量等因子的综合影响。一个地区的植物,由于长期适应这种季节性的变化,会形成一定的生长发育节奏,即物候期。物候期不是完全不变的,随着每年季节变温和其他气候因子的综合作用而有一定范围的变动。在园林植物造景中,必须对当地的气候变化以及植物的物候期有充分了解,才能发挥植物的园林造景功能以及实施合理的栽培管理措施。

气温在日变化中接近日出时有最低值,在13:00—14:00时有最高值,一天中最高温与最低温之差称为"日较差"或"气温昼夜变幅"。植物对昼夜温度变化的适应性称为"温周期"。植物的温周期特性与植物的遗传性和原产地日温变化的特性有关。一般而言,原产于大陆性气候地区的植物在日变幅为10~15 ℃条件下生长发育较好,原产于海洋性气候区的植物在日变幅为5~10 ℃条件下生长发育较好,一些热带植物在日变幅很小的条件下生长发育良好。

(1)温度因子与种子萌发的关系

当种子萌发时,包括胚乳或子叶内有机养料的分解,以及由有机和无机物质同化为生命的原生质,这都是在各种酶的催化作用下进行的,而酶的作用需要在一定的温度条件下才能进行,因此,温度就成了种子萌发的必要条件之一。不同园林植物种子的萌发都有一定的最适温度,高于或低于最适温度,萌发都受影响。超过最适温度种子萌发逐渐缓慢,到一定限度时种子不能萌发,这一温度称为种子萌发的最高温度;低于最适温度时种子萌发也逐渐缓慢,到一定限度时种子不能萌发,这一温度称为种子萌发的最低温度。了解不同园林植物种子萌发的最适温度,可以结合园林植物体的生长和发育特性,选择园林植物适当的播种季节。

多数园林植物的种子在变温条件下发芽良好,而在恒温条件下反而发芽略差。

(2)温度因子与植株生长发育的关系

任何园林植物都是生活在具有一定温度的外界环境中并受到温度变化的影响。植物的生理活动、生化反应,都必须在一定的温度条件下才能进行。园林植物生长的温度范围一般为4~36 ℃,但是因植物种类和发育阶段不同,对温度的要求差异很大。热带植物如椰子、橡胶等要求日平均温度在18 ℃以上才能开始生长;亚热带植物如柑橘、香樟、竹等在15 ℃左右开始生长;暖温带植物如桃、紫叶李、槐等在10 ℃,甚至不到10 ℃就开始生长;温带树种紫杉、白桦、云杉在5 ℃时就开始生长。一般而言,在0~35 ℃的温度范围内,随温度升高,生理生化反应加快,生长发育加速;随温度下降,生理生化反应变慢,生长发育迟缓。当温度低于或高于植物所能忍受的温度范围时,生长逐渐缓慢、停止,发育受阻,植物组织受到损害甚至死亡,如轻木的致死低温为5 ℃,三叶橡胶在0 ℃以上的低温影响下,叶黄而脱落。

园林植物为了适应温度,会改变自身的生长特点,产生生态适应,主要表现在形态和生理两个方面。在极地或者高寒等低温地区植物长期受低温影响后,形态上如芽和叶片常有油脂类物质保护,芽具鳞片,器官表面被蜡粉和密毛,树皮有发达的木栓组织,植株矮小等;生理上主要通过原生质特性的改变,如细胞水分减少、淀粉水解等降低冰点,对光谱中的吸收带更宽,低温季节来临时休眠,也是有效的生态适应方式。在高温地区,形态上如生密绒毛和鳞片,过滤部分阳光,呈白色、银白色,叶片革质发亮,反射部分阳光,叶片垂直排列使叶缘向光或在高温下叶片折叠,减少光的吸收面积,树干和根茎有很厚的木栓层,起绝热和保护作用;生理方面主要有降低细胞含水量,增加糖或盐的浓度以利于减缓代谢速率和增加原生质的抗凝能力,蒸腾作用旺盛,一些植物具有反射红外线的能力,且夏季反射的红外线比冬季多。

土壤温度对园林植物生长发育影响也较大,土壤温度越高,植物生长越快。气体、无机盐等物质在土壤中的溶解度,水、气扩散,交换离子活性及微生物活动均受到土壤温度影响,也会影响园林植物根系的生长。当土壤温度不适宜,根系呼吸降低,代谢减弱,生长缓慢,影响园林植物生长,特别当气温比土温高时,植物地上部分进行蒸腾而失去水分,根系因土壤结冰而无水补充,也会发生生理干旱,时间长了会引起枝条干枯死亡。

2)温度因子与植物开花的关系

温度对园林植物开花的影响首先表现在花芽分化方面。对于某些植物来说,需要在低温条件才能促进花芽形成和花器发育,不能满足其所需要的低温,就不能开花结实。例如,紫罗兰只有通过10 ℃以下的低温才能完成花芽分化,而塔杨栽培于福州,由于月平均气温为11 ℃,温度太高,不能满足它发育所需的低温,虽能进行营养生长,但不能开花。园林植物的这一过程称为春化阶段,而这种低温刺激和处理称为春化作用。不同园林植物开花需要的低温值和持续时间不同,起源于南方的园林植物需要的低温值比起源于北方的园林植物高,而且持续时间也较短,如牵牛、茑萝、鸡冠花、半枝莲、凤仙花等要求温度为10~16 ℃时开花较好。园林植物即使已经形成了花原始体,如果不能满足其对应的低温要求,仍然不能开花,如北方的许多树种花芽头一年形成,冬天不能满足其温度要求,翌年就不能开花;凤凰木原产非洲,先花后叶且花期长,引至海南,花叶同放且花期短,引至广州,则先叶后花且花明显减少。园林植物在栽培时可以通过温度控制花期,如桂花通常9月开花,桂花花芽膨大后在夜间最低温度17 ℃以下就要开放,为了满足国庆用花需要,可以通过提高温度抑制花芽生长从而延迟开放。

温度也影响花色,其原因是花青素和色素的形成和积累受到温度的控制,当温度适宜时,花色艳丽;当温度不适宜时,花色则淡而不艳。在变温和一定程度的较大温差下,开花较大且较多,果实也较大,品质也较好。

3)突变温度对园林植物的影响

温度的突然变化会对园林植物产生巨大的伤害,突然的剧烈升温或降温都会打乱园林植物的生理进程,引起园林植物内部组织器官的损伤,严重的会使园林植物死亡。

(1)低温对园林植物的影响

温度低于一定数值,园林植物便会因低温而受害,这个数值称为临界温度。在临界温度以下,温度越低,降温速度就越快,低温期越长,园林植物受害就越重。低温会使植物遭受寒害和冻害。植物抵御突然低温伤害的能力因植物种类及其所处的生长状况不同,突然的低温对植物的伤害一般可分为以下5种:

寒害:是指零度以上的低温对园林植物的伤害,多发生在热带地区。寒害往往是喜温园林植物北移的主要障碍。

霜害:是指伴随霜而形成的低温伤害。当气温降至0 ℃时,空气中过饱和的水汽在植物体表面凝结成霜。如果霜害时间短,而且气温缓慢回升,许多植物可以复原;如果霜害时间长,而且气温回升迅速,受害的叶子反而不易恢复。

冻害:是指零度以下的低温对园林植物的伤害。在一些冬季寒冷的地方,零度以下的低温使植物体内细胞间形成冰晶,造成原生质膜发生破裂和使蛋白质失活与变性。冻害的严重程度除了极端低温值外,还与降温速度和持续时间有关,也因植物抗性大小而异。在相同条件下,降温速度越快,植物受伤害就越严重,低温持续的时间越长,受伤害的程度就越大,并且,在相同条件植物受冻害后,温度急剧回升比缓慢回升受害更重。

冻拔:在纬度高的寒冷地区,当土壤中水分含量过高时,由于土壤结冻膨胀而升起,连带植物抬起,至春季解冻时,土壤下沉而植物留在原位造成植物根部裸露死亡。这种现象多发生于草本植物,尤以小苗为重。

冻裂:在寒冷地区的阳坡或树干的阳面,由于太阳照射,使树干内部的温度与皮干表面相差数十度,对某些树种而言,会形成裂缝。当树液活动后,会有大量伤流出现,易感染病菌,严重影响树势。树干易冻裂的如毛白杨、山杨等。

(2)高温对园林植物的影响

这里的高温主要指短期高温,当温度超过植物适宜温区上限后,会对植物产生伤害作用,使植物生长发育受阻,特别是植物开花结实期最易受高温的伤害,并且温度越高,高温持续时间越长,对植物的伤害作用就越大。高温对园林植物的危害主要是破坏其光合作用和呼吸作用的平衡,呼吸作用超过光合作用,植物饥饿死亡。高温能促进蒸腾作用,破坏水分平衡,使叶片过早衰老,甚至枯萎死亡。

4.2.2 水分因子

园林植物的生长需要大量的水分来满足,其中,约1%的水分用于组合到植物体中,99%的水分用于蒸腾作用。水分可以直接影响植物的健康生长,也可以形成多种特殊的植物景观。虽然空气湿度影响植物的蒸腾作用以及植物体的水分、养分平衡,但影响植物生长的主要因素是土壤湿度。陆地上的园林植物吸收的水分主要来源于土壤;沼泽等潮湿地区植物根系一般埋藏较浅;沙漠等干旱地区植物根系发达,主根可能长达几米或者十几米,侧根扩展范围很广,发达的根系可以帮助这些植物更好地获取干旱土壤的微量水分。

根据植物与水分的关系,可以将植物分为旱生植物、中生植物、湿生植物、水生植物4大类。

1)旱生植物

旱生植物是指在干旱环境中能忍受干旱而能正常生长发育的植物类型,多原产热带干旱或沙漠等雨量稀少的干旱地区。这类植物根系较发达,肉质植物体能储存大量水分,细胞的渗透压高,叶硬质刺状、膜鞘状或完全退化,具有极强的抗旱能力,如仙人掌类、木麻黄、梭梭木、黑桦、胡枝子等。旱生植物根据其形态、生理特征和抗旱方式可以划分为少浆植物、多浆植物和冷生植物3类。

(1)少浆植物或硬叶旱生植物

少浆植物体内含水量少,与湿生和中生植物失水1%~2%就枯萎相比较,少浆植物失水达50%时仍可以生存。在干旱环境下,少浆植物尽量缩小机体表面积(即减少叶面积),以此来减少水分蒸腾,如麻黄、沙拐枣、刺叶石竹等全部叶片都退化成鳞片、针状或刺毛状,以绿色的枝茎来进行光合作用。少浆植物还有很多能减少水分蒸腾的保护性形态,如叶面木质化、角质化、多绒毛、具蜡质和气孔下陷等。少浆植物的维管束和机械组织根系非常发达,有利于输送水分和抗萎蔫,细胞内含有较多的亲水胶体物质和多种糖类、脂肪等,增加了细胞液浓度,细胞内渗透压变高,使根在土壤水分极少的情况下吸收到水分,从而能在极端干旱的条件下生存。

(2)多浆植物或肉质植物

多浆植物的根、茎、叶薄壁组织逐渐变为储水组织,称为肉质性器官。根据储水组织所在的部位,多浆植物分为肉茎植物(如仙人掌科植物)和肉叶植物(如景天科、龙舌兰科和百合科植物)。多浆植物细胞内有大量五碳糖,提高了细胞中汁液浓度,能增强植物的保水性能,使多浆植物可以在极端干旱的条件下生长成体形高大的植株,如沙漠中的仙人掌树可生长到15~20 m,储水量达到2 t。多浆植物茎叶的表皮有厚角质层,表皮下有厚壁细胞层,这种结构可以减少水分蒸腾,多数种类还气孔下陷,气孔数量不多且根系不发达。

(3)冷生植物或干矮植物

此类植物具有旱生少浆植物的旱生特征,又有自己的特点,一般形体矮小,多呈团丛状或垫状。

2)中生植物

中生植物形态结构和适应性介于湿生植物和旱生植物之间,是种类最多、分布最广、数量最大的陆生植物。中生植物不能忍受严重干旱或长期水涝,只能在水分条件适中的环境中生活。中生植物叶片上通常有角质层,栅栏组织排列较整齐,防蒸腾能力比湿生植物高,根系和输导组织比湿生植物发达,能抗御短期的干旱。中生植物叶片中有细胞间隙,没有完整的通气系统,不能长期在水涝环境中生活。有的中生植物生活在接近湿生的环境中,称湿生中生植物,如椰子、水榕、杨树、柳树等。有的中生植物生活在接近旱生的环境中,称旱生中生植物,如洋槐、马尾松和各种桉树。处于两者之间的称为真中生植物,如樟树、荔枝、桂圆等。

3)湿生植物

湿生植物多原产于热带雨林中或山涧溪旁,需要在潮湿环境中生长,根系常没于浅水或潮湿土壤、水际边缘和热带雨林中。它们喜生于空气湿度较大的环境中,在干燥或中生的环境中常致死亡或生长不良,是抗旱能力最弱的陆生植物,如水仙、龟背竹、马蹄莲、海芋、水杉、垂柳、白蜡、广东万年青等。湿生植物叶子大而薄、光滑、角质层很薄,根系通常不发达,位于土壤表层,并且分枝很少,细胞渗透压不高。湿生植物根据其对光照强度需求的不同可分为阴性湿生植物和阳性湿生植物。

(1)阴性湿生植物

阴性湿生植物多生长在热带雨林下层温暖湿润的环境中,林内光照微弱,空气湿度大,蒸腾作用微弱,容易保持水分,故其根系和叶片中的机械组织不发达。这类植物抗旱能力极差,不能忍受长时间的缺水,但抗涝性很强,根部通过通气组织和茎叶的通气组织相连接,以保证根的供氧,如热带雨林中的各种附生兰科植物、附生蕨类、海芋等。

(2)阳性湿生植物

阳性湿生植物主要生长在阳光充沛、土壤水分常为饱和或短期干旱的环境条件中。地上部分的空气湿度不是很高,为了减小蒸腾作用,阳性湿生植物叶片有比较发达的角质层。土壤潮湿通气不良,阳性湿生植物根系多较浅,无根毛,根部有通气组织,木本植物多有板根或膝根,如灯芯草、水稻。

4)水生植物

喜欢生长在水体中的植物称为水生植物,其特点是根、茎、叶形成一整套相互连接的发达的通气组织系统,以保证机体各部对氧气的需要,叶片常呈带状、丝状或极薄,有利于增加采光面积和对二氧化碳与无机盐的吸收,植物体具有较强的弹性和抗扭曲能力以适应水的流动,如荷花、睡莲、王莲等。水生植物根据其在水中的位置可分为挺水植物、浮水植物和沉水植物3类。

(1)挺水植物

挺水植物是指植物体的根系生长在水底,植株大部分露在水面以上的空气中的水生植物,如芦苇、香蒲、红树等。红树生于泥海岸滩浅水中,满潮时全树没于海水中,落潮时露出水面,故称为海中森林。

(2)浮水植物

浮水植物是指叶片漂浮在水面的水生植物,可分为半浮水型和浮水型两种类型。半浮水型,根生于水下泥中,仅叶及花浮在水面,如萍蓬草、睡莲等。浮水型,植物体完全自由地飘浮于水面,如凤眼莲、浮萍、槐叶萍、满江红等。

(3)沉水植物

沉水植物是指植物体完全沉没在水中,仅靠水中微弱的光线进行光合作用维持生命活动的水生植物,如金鱼藻、苦草等。

4.2.3 光照因子

光是绿色植物的生存条件之一,绿色植物通过光合作用将光能转化为化学能供给植物生存,并将生物圈与太阳能源联系起来,是整个生物圈能量交换和物质循环的基础。太阳辐射光谱主要是短波(紫外线,波长小于 380 nm)、可见光(波长 380~760 nm)和红外线(波长大于 760 nm)组成,三者分别占太阳总辐射能量的 9%、45%和 46%,它们对自然界生物都有重要的作用。

只有在光照下,植物才能正常生长、开花和结实,光也影响植物的形态结构和解剖特征,光的有无和强弱也影响着植物花蕾开放的时间,如半枝莲必须在强光下才能开放,日落后即闭合;昙花则在夜晚开放。光照对园林植物的影响主要表现在光质、光照时间和光照强度 3 个方面。

1)光质对园林植物的影响

光质是影响植物光合作用的条件之一。绿色植物依赖叶绿素进行光合作用,将辐射能转换成糖类供植物使用,但仅能利用辐射能流最大的 380~760 nm 波长的太阳光,这部分太阳光的辐射称为光合有效辐射。

不同的光质会影响植物的光合强度。红光有利于糖的合成,蓝紫光有利于蛋白质的合成。实验证明,叶绿素吸收最强的光谱部分是 640~660 nm 波长的红光和 430~450 nm 波长的蓝紫光,吸收最少的是绿光。例如,菜豆在橙、红光下光合速率最快,蓝紫光其次,绿色最差。

光质对植物的生长发育至关重要,除了作为一种能源控制光合作用,还作为一种触发信号影响植物的生长,这种现象称为光形态建成。信号被植物体内不同的光受体感知,不同的光质触发不同的光受体,进而影响植物的光合特性、生长发育、抗逆和衰老等。不同的光质对植物形态建成、向光性及色素形成的影响也不同。在太阳光中,红橙黄光波长较长,蓝靛紫光波长较短。依据阳光波长的不同,可以分为极短波光(波长 300~390 nm)、短波光(波长 390~470 nm)和长波光(波长 640~2 600 nm)。极短波光促进花青素和色素的形成,使植物向光性更敏感;短波光可以抑制植物伸长,促进植物的分蘖,使植物植株形态矮小;长波光可以促进种子萌发和植物的长高。高山地区及赤道附近极短波光和短波光较强,大多数植物植株矮小,茎干粗短,叶面缩小,绒毛发达,植物的茎叶含花青素,花色鲜艳,这是植物对生态环境适应的一种生理反应和保护措施。

2)光照时间对园林植物的影响

光照时间的长短对园林植物花芽分化和开花具有显著的影响。有些园林植物需要在白昼较短、黑夜较长的季节开花;有些园林植物则需要在白昼较长、黑夜较短的季节开花。园林植物开花对不同昼夜长短交换的周期性适应称为光周期现象。光周期现象是生物在自然进化过程中对环境的适应,它使生物的生长发育与季节的变化协调一致,对园林植物生长具有重要意义。根据园林植物对光照时间的要求不同,可以把植物分为以下 4 种类型:

(1)长日照植物

长日照植物是指日照时数超过某一数值或黑夜时数少于某一数值时才能开花的植物,即每天光照时数需要超过 12~14 h 才能形成花芽,而且日照时间越长开花越早,否则将保持营养状况,不开花结实。长日照植物一般生长于温带和寒温带地区,通常以春末和夏季为自然花期的观赏植物是长日照植物,如唐菖蒲、萝卜、凤仙花等。对于长日照植物,如采取措施延长日照时间,可以促使其提前开花,如典型的长日照植物唐菖蒲,为了全年供应唐菖蒲切花,冬季在温室栽培时,除需要高温外,还要用电灯来增加光照时间。

(2)短日照植物

短日照植物是指日照时数少于某一数值或黑夜时数超过某一数值时才能开花的植物,即每天的光照时数应少于 12 h,但需多于 8 h,才有利于花芽的形成和开花。短日照植物一般生长于热带和亚热带地区,在部分中纬度地区也有分布,多数早春或深秋开花的植物属于短日照植物,如一品红和菊花是典型的短日照植物,它们在夏季长日照的环境下只进行营养生长,不开花,入秋以后,当日照时间减少到 10~11 h,才开始进行花芽分化。人工通过缩短光照时间可以促进植物提前开花。

(3)中日照植物

中日照植物是指昼夜长度接近相等时才开花的植物。光照超过或少于这一数值,对植物开花就有影响,仅少数热带植物属于这一类型。

(4)中间性植物

中间性植物对日照时间不敏感,只要发育成熟、温度适合,一年四季都能开花,如月季、扶桑、天竺葵、美人蕉等。

植物的开花对光照时间的要求是其在分布区内长期适应一定光周期变化的结果。短日照植物都是起源于低纬度的南方,长日照植物则起源于高纬度的北方。一般短日照植物由南方向北方引种时,由于北方日照时数较长,常出现营养生长期延长,容易遭受冻害;长日照植物由北方向南方引种时,虽然能正常生长,但发育期延长,甚至不能开花结实。因此,在园林植物引种和配植时应注意其生长发育对光周期的需要。

在实践中可以通过光照的管理来调节园林植物花期以满足各种造景需要。如原产墨西哥的短日照植物一品红,正常花期为 12 月中下旬,花期长,可开至翌年 4 月,通过遮光处理,人为缩短每天的光照时间,可以使其在 10 月上旬开花。

3)光照强度对园林植物的影响

不同植物的光合能力对光照强度的反应是有差异的。当传入的辐射能是饱和的、温度适宜、相对湿度高、大气中二氧化碳和氧气的浓度正常时的光合作用速率,称为光合能力。

光照强度主要影响园林植物的生长和开花。园林植物对光强的要求,通常通过光补偿点和光饱和点来表示。光补偿点是指植物光合作用所产生的碳水化合物与呼吸作用所消耗的碳水化合物达到动态平衡时的光照强度,也就是光合作用合成的有机物刚好与呼吸作用消耗相等时的光照强度。光照强度超过补偿点,在一定范围内光合作用效率与光强成正比,有机物质合成超过呼吸作用消耗量的部分,称为净光合作用。光补偿点的光照强度是植物开始生长和进行净光合作用所需要的最小光照强度,在这种情况下植物不会积累干物质。当光照强度超过了补偿点的需要而继续增加时,光合作用强度也就随比例增加,但光照强度增加到一定程度后,再增加光照强度,光合作用强度则不再增加,这种现象称为光饱和现象,这时的光照强度称为光饱和点。植物物种间对光强度表现出的适应性差异使得植物自然进化为阳性植物、阴性植物和中性植物。

(1)阳性植物

阳性植物是指在强光条件下才能生长发育良好且不能忍受荫蔽的植物,光饱和点和光补偿点都很高,包括大部分观花、观果类和少数观叶植物,如一串红、茉莉、扶桑、石榴、柑橘、月季、棕榈、橡皮树、银杏、紫薇等。阳性植物在荫蔽和弱光条件下生长发育不良,表现为枝条纤细,叶片黄瘦,花小而不艳,香味不浓,开花不良或不能开花。

(2)阴性植物

阴性植物是指在较弱的光照条件下生长良好的植物,多原产于热带雨林或高山阴坡及林下,具有较强的耐阴能力和较低的光补偿点,在适度蔽荫的条件下生长良好,如果强光直射,则会使叶片焦黄枯萎,强光长时间直射会造成其死亡。这类植物枝叶茂盛,叶片很薄,气孔比较少。阴性植物主要是一些观叶植物和少数观花植物,如兰花、文竹、玉簪、八仙花、一叶兰、万年青、蕨类、珍珠梅、蚊母树、海桐、珊瑚树等。

(3)中性植物

中性植物也可称为耐阴植物,需光度介于阳性植物和阴性植物之间,对光的适应幅度较大,在全光照下生长良好,也能忍受适当的荫蔽。大多数植物属于此类,常见的有罗汉松、桂花、马蹄金、葱兰、杜鹃、竹类、香樟等。

4.2.4 空气因子

1)空气中对植物起主要作用的成分

大气组成成分中与园林植物关系最密切的是氧气和二氧化碳,其中,氧气是所有园林植物呼吸作用必不可少的条件;二氧化碳是园林植物进行光合作用的重要原料,也是园林植物氧化代谢的最终产物。

(1)植物与氧气

氧气占大气中气体的20.95%,大气中的氧气主要来自植物的光合作用。植物生命的各个时期都需要氧气来进行呼吸作用,释放能量维持生命活动。如果缺乏氧气,植物根系的正常呼吸作用就会受到抑制,不能萌发新根,严重时会大量滋生有害细菌,引起根系腐烂,造成全株死亡。

(2)植物与二氧化碳

植物与动物一样都需要呼吸氧气,但植物更多的是吸收和利用二氧化碳进行光合作用,二氧化碳是植物进行光合作用的原料之一。如果将植物的叶片比作一个绿色化工厂,在这个工厂里,叶绿体就是反应车间,太阳光就是开动机器的动力,二氧化碳和水就是原料。这个车间源源不断地生产出糖和淀粉等有机物,并把生产的副产品——氧气送回大气。植物每吸收44 g 二氧化碳能够释放出 32 g 氧气,每年全世界绿色植物从空气中吸收的二氧化碳高达几百亿吨。白天,植物主要以进行光合作用为主,其吸收的二氧化碳比吸收的氧气多 20 倍。据估算,每公顷森林每日吸收 1 t 二氧化碳可释放 0.73 t 的氧气。如果人均每日耗氧0.75 kg,释放0.9 kg 二氧化碳,则城市中每人需要 10 m^2 森林才能满足需要。因此,在城市中的园林植物是至关重要的，它不仅具有美化环境的作用，还起到净化空气、调节局部小气候的作用。

二氧化碳占大气中气体的0.032%，其浓度对植物的生长有着重要的影响，是植物生长的限制因子。在一定范围内，随二氧化碳浓度的提高，光合作用加强，有利于植物生长发育，同时，光合作用的增强会使植物从大气吸收的二氧化碳的数量增加，从而降低大气二氧化碳的浓度。目前，在温室封闭环境中，进行二氧化碳气体施肥正是利用这个原理，该措施是高产优质栽培必不可少的重要措施之一。研究表明，若大气中二氧化碳的浓度低到0.005%时，光合作用强度仅能补偿呼吸作用的消耗，这时二氧化碳的浓度称为二氧化碳补偿点；当大气中二氧化碳的浓度从补偿点增加到0.03%时，光合作用强度几乎成正比地直线增加；当大气中二氧化碳的浓度从0.03%增加到0.1%时，光合作用强度又增加一倍；当大气中二氧化碳的浓度继续增高时，光合作用强度不再增加，这时二氧化碳的浓度称为二氧化碳饱和点。二氧化碳不足或过量，对植物生长发育都会产生伤害。二氧化碳浓度过低，光合作用原料不足；二氧化碳浓度过高，对植物呼吸起抑制作用，从而间接影响光合作用。

(3)植物与氮气

氮气在大气中的比例占到了78.9%，是空气中含量最多的气体，但是多数植物不能直接吸收空气中的氮气，只可以通过生物固氮和高能固氮的方式形成氨或铵盐来提供给植物养分。如豆科植物，可以利用根部及与其共生的根瘤菌，形成根瘤并固定土壤空气中的氮气，为植物提供营养。这种豆科植物与根瘤菌形成的共生体系具有很强的固氮能力，种过豆科植物后可以提高土壤中的氮含量，增强土壤肥力，提高产量。

2)空气中的污染物质

空气污染又称为大气污染，是指由于人类活动或自然过程引起某些物质进入大气中危害生物或环境的现象。空气中含有一种或多种污染物，其存在的量、性质及时间会影响生物健康或干扰舒适的生活环境，这类物质被称为污染物。狭义的空气污染是指大气中污染物浓度达到有害程度，超过了环境质量标准和破坏生态系统和人类正常生活条件，对人和物造成危害的现象。

城市大气污染主要来自工厂不环保排放，这些气体造成城市大气污染。污染物质按照类型分为氧化性类型、还原性类型、酸性类型、碱性类型、有机毒害型和粉尘类型。污染物质中存在一些对园林植物生长和发育构成危害的气体，如二氧化硫、氟化氢、氯气、一氧化碳、氯化氢、硫化氢及臭氧等。二氧化硫对园林植物的伤害是从叶片气孔周围细胞开始，逐渐扩散到海绵组织，进而危害栅栏组织，使细胞叶绿体被破坏，组织脱水并坏死，其外表症状是受害初期叶脉之间出现许多褐色斑点，受害严重时，叶脉也呈黄褐色或白色。氟化氢主要危害园林植物的幼芽或幼叶，首先在叶尖和叶脉出现斑点，向内扩散，严重时会造成植株萎蔫，绿色消失，变成深褐色，还可导致植株矮化、早期落叶、落花或不结实。氯气对园林植物的危害最典型的是在叶脉之间产生不规则的白色及浅褐色的坏死斑点、斑块，受害初期叶片呈水渍状，严重时变成褐色、卷缩和逐渐脱落。不同种类的园林植物对有害气体的抗性有很大差异，了解各种园林植物对不同有害气体的抗性有利于为植物造景的实际应用提供有力指导，常见园林植物对污染物质的抗性见表4.1。

表 4.1 常见园林植物对污染物质的抗性

污染物质	抗性	园林植物种类举例
二氧化硫	强	银杏、夹竹桃、棕榈、小叶榕、木槿、柳树、侧柏、大叶黄杨、悬铃木、连翘、黄栌、女贞、广玉兰、珊瑚树、月季、紫荆、罗汉松
	弱	雪松、羊蹄甲、水杉、油桐、紫薇、油松
光化学烟雾	极强	银杏、柳杉、海桐、夹竹桃
	强	悬铃木、冬青、美国鹅掌楸、连翘
	中等	东京樱花、锦绣杜鹃
	弱	日本杜鹃、大花栀子
	极弱	木兰、牡丹、垂柳、白杨
氯及氯化氢	强	紫荆、槐树、紫藤、夹竹桃、棕榈、木槿、侧柏、小叶黄杨、银桦、乌桕、合欢
	弱	海棠、栾树、榆叶梅、水杉、香椿、圆柏、银杏
氟化物	强	悬铃木、侧柏、大叶黄杨、地锦、夹竹桃、棕榈、广玉兰、银桦、龙柏、构树、丁香、小叶女贞、罗汉松、木芙蓉
	弱	榆叶梅、李、葡萄、油松

3)空气的流动与园林植物

空气的流动形成风。风依其速度通常分为 12 级,低速的风对植物有利,高速的风则会使植物受到伤害。风对植物有利的生态作用表现为帮助授粉,例如,银杏雄株的花粉可以顺风传播数十里,云杉等生长在下部枝条上的雄花花粉可以借助于上升的气流传至上部枝条的雌花上。风还可以传播果实和种子,带翼和带毛的种子可以随风传到很远的地方。但台风、焚风、海潮风、冬季的旱风、高山强劲的大风等可加速蒸腾作用,会给植物造成机械危害。各种植物的抗风力差别很大,一般而言,树冠紧密、材质坚韧、根系强大深广的树种抗风力强;树冠庞大、材质柔软或硬脆、根系浅的树种抗风力弱。

4.2.5 土壤因子

土壤是园林植物生长的基质,植物中的营养和水绝大部分来自土壤,没有土壤,植物就不能站立,更谈不上生长发育。土壤通过植物根系提供植物生长发育所必需的水分、养分和丰富的氧气。一般要求栽培园林植物所用土壤应具备良好的团粒结构,疏松、肥沃、排水和保水性能良好,并含有较丰富的腐殖质和适宜的酸碱度。沙漠并不是人们所想象的完全没有生命存在,事实上,生活在以沙粒为基质的沙区的植物被称为沙生植物。这类植物长期生活在风沙大、雨水少、冷热多变的严酷气候下,具有极其顽强的生命力,如梭梭草、骆驼刺都是典型的沙生植物。

土壤是一个固体、液体、气体 3 项共同组成的复杂的多相体系,其中存在各种化学和生物化学反应。土壤溶质的种类和含量导致土壤溶液组成成分和浓度的变化,并影响土壤溶液和土壤的性质，使土壤表现出不同的酸性和碱性。我国土壤酸碱度为 5 级，即强酸性为 pH<5.0；酸性为 pH5.0~6.5；中性为 pH6.5~7.5；碱性为 pH7.5~8.5；强碱性为 pH>8.5。

1）依土壤酸度而分的植物类型

（1）酸性土植物

酸性上植物是指在 pII 值小丁 6.5 的土壤中生长得很好的植物，如马尾松、湿地松、金钱松、华山松、罗汉松、紫杉、杉木、池杉、山茶、杜鹃、继木、吊钟花、九里香、栀子、樟树、桉树、冬青、杨梅、茉莉、白兰花、含笑、石楠、苏铁等。其中，适宜弱酸性土的花木（pH4~5）有杜鹃花、仙客来、栀子、彩叶草、紫鸭跖草、蕨类、兰科植物等；适宜中性偏微酸土的花木（pH5~6）有秋海棠、朱顶红、樱草、山茶花、茉莉、米兰、五针松、百合、唐菖蒲、棕榈科、白兰、大岩桐等。

（2）中性土植物

中性土植物是指在 pH 值为 6.5~7.5 的土壤中生长得很好的植物，大多数的园林植物均属此类。

（3）碱性土植物

碱性土植物是指在 pH 值大于 7.5 的土壤中生长的植物，如柽柳、紫穗槐、沙棘、合欢、木槿、柏木等。

含有游离的碳酸钙的土壤称为钙质土，有些碱性土植物在钙质土中生长良好，称为钙质土植物（喜钙植物），如南天竺、柏木、青檀、臭椿等。

2）依土壤中的含盐量而分的植物类型

我国沿海地区和西北内陆干旱地区中有相当大面积的盐碱土地区，依植物在盐碱土中生长发育的类型可分为以下 4 类：

（1）喜盐植物

对一般植物而言，土壤含盐量超过 0.6%时即生长不良，但喜盐植物可以在 1%甚至超过 6%氯化钠浓度的土中生长。喜盐植物可以吸收大量可溶性盐类并聚集在体内，这类植物对高浓度盐分已经成为生理需求，如黑果枸杞、梭梭等。旱生喜盐植物主要分布于内陆干旱盐土地区；湿生喜盐植物主要分布于沿海海滨。

（2）抗盐植物

这类植物的根细胞膜对盐类的透性很小，因此，很少吸收土壤中的盐类，如田菁、盐地风毛菊等。

（3）耐盐植物

这类植物能从土壤中吸收盐分，但并不在体内积累，而是将多余的盐分经茎叶上的盐腺排出体外，即泌盐作用，如红树、柽柳等。

（4）碱土植物

这类植物能适应 pH8.5 以上和物理性质极差的土壤条件。

3）依对土壤肥力要求而分的土壤类型

绝大多数植物喜生于深厚肥沃而适当湿润的土壤，但从园林植物造景考虑，宜选择出耐瘠薄土地的植物，如马尾松、小檗、锦鸡儿等，这类植物称为瘠土植物。与此相对的是喜肥植物，如梧桐、瑞香等。

4.3 城市环境概述

在同一地理位置上的城市或者住区,其环境条件与周围的自然环境条件相比有很大的不同,因此,在进行园林植物造景时必须考虑城市环境的特殊情况。城市环境是指在城市空间范围内影响人类活动的地质、地貌、土壤、大气、地表水以及城市生物系统太阳辐射等各种自然因素或在前者基础上建造的社会环境、经济环境、文化环境和建设设施等人工的外部条件的总和。

4.3.1 城市气候

1)城市下垫面

下垫面是指与大气下层直接接触的地球表面,大气圈以地球的水陆表面为其下界,它包括地形、地质、土壤和植被等,是影响气候的重要因素之一。城市的下垫面与具有较疏松的土壤且多有植物覆盖的农村下垫面相比有很大的不同。城市内有大量的人工构筑物,如混凝土、柏油路面、各种建筑墙面等,改变了城市下垫面的热力属性,这些人工构筑物吸热快而热容量小,在相同的太阳辐射条件下,比自然下垫面升温快,其表面温度明显高于自然下垫面。城市下垫面的变化会引起气团的变化,影响城市气候,如热岛效应等。从光能利用和改善城市下垫面来说,发展屋顶花园和构筑墙、墙面绿化有广阔的天地。从地面来讲,反射、漫射光较丰富。

2)微尘与细菌

(1)微尘

微尘是指空气中一切漂浮的和污染空气的微粒,分为离子与核。微尘颗粒直径一般在百分之一毫米到几百分之一毫米,肉眼看不见,是动物活动和空气流通的产物。微尘垂直分布,离开空气层往上,微尘急剧下降。根据研究,微尘分为 3 层:第一层为近地面层,该空气层含尘量最大;第二层是 22~50 m 高的空气层,烟囱把微尘吹到这一层;第三层是 50~60 m 高的空气层,是工厂烟囱扩散污染层。在冬季,城市上空的烟雾降至很低,但厚度可达 2 000 m,因此,烟雾可漂移到离城市很远的地方。

物理特性:微尘是固体杂质,形状多不规则,大多有棱角并带有灰、褐、黑等颜色,具有吸水性。

化学特性:微尘的成分比较复杂,有时会提供导致降解的酸根和金属离子。有些微尘本身就带有酸性或碱性,如硫酸烟雾具有酸性,金属氧化物等微粒具有碱性。微尘中的飘尘粒径小,表面积非常大,吸附能力很强,可以将空气中的有害物质吸附在它们表面,而呈酸性或碱性。微尘中往往含有黏土等物质,会吸收空气中的水分,使其发生水解反应,分解出胶黏状的氢氧化铝。

生物特性:霉菌的孢子体积小,重量轻,随着空气到处飘移,不可避免地附着在微尘上,因此,微尘是微生物的理想培养基、繁殖地和传播者,微生物在生长过程中会分泌出含有酶和有机酸的霉斑。

微尘强大的吸附性可以将空气中的水分聚集，当空气中的水蒸气达到饱和时，分散的水汽便依附着灰尘而形成稳定的水滴，可以在空中长时间地漂浮。如果没有微尘，空气中的水分难以集聚并成云致雨。此外，由于这些小水滴对太阳的折射作用，才会有晚霞朝晖、闲云迷雾、彩虹等气象万千的自然景色。

但过多的微尘对人类有极大的伤害。微尘可以带着许多物质甚至虫卵四处飞扬传播疾病；工业粉尘、纤尘能使工人患上各种难以治愈的职业病；过多的灰尘还会造成环境污染，影响人们的正常生活和工作，诱发人类的呼吸道疾病。微尘直径越小，进入人体呼吸道的部位就越深，对人体的危害就越大。在微尘中夹杂着大量颗粒物，富含有毒、有害物质且在大气中的停留时间长、输送距离远，对人体健康和大气环境质量的影响更大。

近年来最关注的一个微尘种——PM 2.5(可吸入肺的颗粒物)开始得到重视，它会导致人们的平均寿命减少 8.6 个月。而 PM 2.5 还可以成为病毒和细菌的载体，为疾病的传播推波助澜，引起最常见的疾病有：心脏病、动脉硬化、肺部硬化、肺癌、哮喘和慢性支气管炎等。

(2)细菌

狭义的细菌为原核微生物的一类，其形状细短、个体非常小、结构简单，是在自然界分布较广、个体数量较多的有机体，也是自然循环的主要参与者。自然界中的细菌大部分对生物是有好处的，比如，土壤的肥沃程度大多数是看土壤中细菌的活跃程度。平时人们提到的是对人体有害的细菌，它会让人生病，抵抗力下降，有传播病毒等害处。研究表明，一年中细菌最小量在冬天，最大量在夏天；一天中从 7 时到 19 时细菌由少到多。总体上看，城市细菌量远高于农村，这是城市空气的一个特点。

3)城市空气的气体成分

城市空气中除了一般干洁空气的成分氮气、氧气、二氧化碳和一些稀有气体外，还有其他污染物，它们呈气态、雾态、液态(高浓度的盐或者酸雨滴)或者固态。在现代城市中，由于人口增加和工业化的进程，空气中污染气体增加，比如，燃烧含硫较多的煤炭释放出含硫化合物，包括氧硫化碳、二硫化碳、二甲基硫、硫化氢、二氧化硫、三氧化硫、硫酸、亚硫酸盐和硫酸盐等。这些污染物中对人生活、身体健康伤害特别大的是二氧化硫。二氧化硫是一种无色、有刺激性气味的气体，能刺激呼吸道增加呼吸阻力，造成呼吸困难甚至死亡。高含量的二氧化硫会损伤叶组织(叶坏死)，严重损伤叶边缘和叶脉之间的叶面，植物长期与二氧化硫接触会造成缺绿病或黄萎，且会随着湿度的增加加大对植物的伤害。二氧化氮还是光化学污染的重要成分。生活生产排放的含碳化合物主要包括一氧化碳、二氧化碳，以及有机的碳氢化合物和含氧类，如醛、酮、酸等。一氧化碳是碳在氧气不足燃烧时产生的一种毒性极强、无色无味的气体，也是排放量较大的大气污染物之一。但是对环境带来巨大危害的却是碳在氧气充足情况下燃烧产生的二氧化碳，二氧化碳是城市温室效应的罪魁祸首，温室效应会引起全球气温上升、极地冰川融化、全球海水上涨、生物物种灭绝等一系列严重后果。

4)城市雾霾

近年来，“雾霾”一词常常出现在人们的生活中。实际上，雾和霾是两个不同的概念。雾是指在水汽充足、微风及大气层稳定的情况下，接近地面的空气冷却至某一程度时凝结成细微的水滴悬浮于空中，使地面水平的能见度下降的天气现象。雾多出现在秋冬季节晴朗、微风、近地面水汽比较充沛且比较稳定或有逆温存在的夜间和清晨，日出后不久或风速加快后便会自然消散。霾是悬浮在大气中的大量微尘、烟粒或盐粒的集合体,使空气浑浊,水平能见度降低到 10 km 以下,霾一般呈乳白色,它使物体的颜色减弱,使远处光亮物体微带黄红色,而黑暗物体微带蓝色。霾的组成粒子极小,不能用肉眼分辨,可在一天中任何时候出现。霾的形成有 3 个方面的原因:一是水平方向静风现象增多。城市建设发展增大了地面摩擦系数,使风流经城区时明显减弱,不利于大气污染物向城区外围扩展稀释,容易在城区内积累高浓度污染。二是垂直方向逆温现象。同一位置其垂直轴的底部温度应该高于高空温度才能形成上下的气体对流,逐渐循环排放到大气中带走空气中的污染物,但大部分城市上空出现了逆温现象,这种现象导致污染物的停留,不能及时排放出去。三是悬浮颗粒物的增加。近年来,随着工业的发展,机动车辆的增多,污染物排放和城市悬浮物大量增加,绿化减少,导致霾的出现。从远处看雾霾中的城市,上空被黑色所笼罩,雾霾只有在大风时才有可能被吹散和在大雨后暂时变得稀薄些。尤其在冬天,城市上空烟雾降得很低,大气能见度降低,太阳辐射强度减弱,太阳光经雾霾后,减为原有能量的 3/5,大城市减弱还要多些,城市日照持续时间减少。目前,中国存在着 4 个霾严重地区:黄淮海地区、长江河谷、四川盆地和珠江三角洲。

5)城市气候的特点

高度密集的人口,在一个有限的地区进行生产和生活的结果,使集中的能量放出大量的热。城市雾霾虽减弱了太阳辐射,但并未减少城市的热量。城市下垫面的热容量大,蓄热较多。雾霾反而使城市下垫面吸收积累和反射的热量以及生产、生活能源释放的热量不易得到扩散。这是城市产生热岛效应和减少昼夜温差的主要原因。此外,城市有建筑物的交叉辐射,阻碍风的进入,两个表面(屋面和路面)的存在,虽减少了深处的太阳辐射传播,但能较多地吸收热量,在日落后仍继续增温。尤其是夏日傍晚,天气由晴转阴时和夜间更显得闷热。城市所降的雨大部分从下水道排走,蒸发量又大,湿度小,使城市非雨季的夏日显得燥热。冬、春季较温暖,植物物候较早。

由于城市下垫面的固定因素和能源集中,因雾霾而使热量不易扩散,形成以下城市气候特点:气温较高;空气湿度低并多雾;云多、降雨多;形成城市风;太阳辐射强度减弱;日照持续时间减少。

4.3.2 城市的水和土壤

1)城市水系与水体污染

城市多沿江、河、湖、海建设,城市的水系对城市的温度、湿度及土壤均有影响。污染物进入水中,其含量超过水的自净能力时,引起水质变坏,用途受到影响,称为水体污染。水体污染有的可以从水色、气味、清澈度、某些生物的减少或死亡、另一些生物的出现或骤增上直观发现,有的需借助于仪器的观测分析才能发现。

水体污染源大致有工矿废水、农药和生活污水 3 个方面。污染物随水流送到远处,也能随蒸发被风带入大气。污水中污染物质很多,包括:有毒物质,如镉、铅、汞等重金属离子以及氰化物、有机磷、有机氯、游离氯、酚、氨等;油类物质;发酵性的有机物耗溶氧分解出的甲烷等腐臭气体和亚硫酸盐、硫化物;酸、碱、盐类无机物;“富营养化”污染;工程冷却水热污染;病原微生物污水;放射性物质等。

污染水可直接毒害动植物和人,或积累在动植物体中经食物链危害人体健康。污染水流入土壤会改变土壤结构影响植物生长,进而影响人、畜。有些污水流经一定距离后,在某些微生物转化下自净或经水生植物的吸收富集、分解和转化毒物而净化,这些处理过的污水在不超出土壤及植物自净能力的原则下可用于灌溉。

2)城市土壤与污染

人为干涉过的城市土壤与原本自然界的土地差异较大,城市土壤具有以下4个特点:

(1)土壤污染化大

工业、农业、生活上的废物没有经过处理排放到土壤,将造成物理、化学和生物污染,当有害物质含量超过土壤的自净能力时,就发生土壤污染。大气污染的沉降物、污染水、残留量高且残留期长的化学农药、重金属元素以及放射性物质等,都会造成土壤污染。

土壤中有些污染物质能直接影响植物的生长和发育或在植物体内积累,甚至经食物链危害人、畜。土壤污染的显著特点是具有持续性,而且往往难以采取大规模的消除措施,如某些有机氯农药在土壤中分解需要几十年时间。

(2)土壤坚实度大

由于长期踩踏、碾压,土壤结构紧密、孔隙度低,建筑垃圾含量较高,钙化严重。城市地区土壤坚实度明显大于郊区的土壤,越靠近地表,坚实度越大。土壤坚实度的增大,使土壤的空气减少,导致土壤通气性下降。土壤中氧气不足对植物根系呼吸作用等生理活动不利,严重时可以使根组织窒息死亡。植物对土壤物理性质的要求为:疏松透气、排水良好,有良好的团粒结构。在城市中,植物造景应选用抗性强的植物,深翻改造土壤或更换客土。

(3)土壤贫瘠化

为了城市整洁,城市中往往会将植物的枯枝落叶作为垃圾清扫运走,这使土壤营养元素循环中断,降低了土壤有机质的含量,而城市渣土中所含养分既少且难以被植物吸收,随着渣土含量的增加,土壤可给的总养分相对减少。另外,城市行道树周围铺装混凝土、沥青等封闭了地面,严重影响大气与土壤之间的气体交换,使土壤中缺乏氧气,不利于土壤中有机物质的分解,减少了养分的释放,导致城市土壤越来越贫瘠。

(4)土壤含水量低

城市地面大面积硬化铺装,导致降水后地表径流顺排水系统进入地下管道流走,土壤水分补给减少,另外,城市热岛效应引起的过高的土壤水分蒸发也加剧了城市土壤含水量偏低。目前,我国正通过“海绵城市”的建设,运用各种技术调节雨洪和城市水量。海绵城市是指城市能够像海绵一样,在适应环境变化和应对自然灾害等方面具有良好的“弹性”,下雨时吸水、蓄水、渗水、净水,需要时将蓄存的水释放并加以利用。海绵城市建设应遵循生态优先等原则,将自然途径与人工措施相结合,在确保城市排水防涝安全的前提下,最大限度地实现雨水在城市区域的积存、渗透和净化,促进雨水资源的利用和生态环境保护。在海绵城市建设过程中,应统筹自然降水、地表水和地下水的系统性,协调给水、排水等水循环利用各环节,并考虑其复杂性和长期性。

4.3.3 建筑方位和组合

城市中由于建筑的大量存在,形成了特有的小气候,对以光为主导的诸因子起着重新分配的作用,其作用大小以建筑物大小、高低而异。建筑物能影响空气流通,但其作用具体有迎风、挡风之分,其生态条件因建筑方位和组合而不同。现以单体建筑各方位分析如下:单体建筑由于建筑的存在,形成东、南、西、北4个垂直方位和屋顶。这4个方位与山地不同坡向既相似又有所不同,主要是下垫面为呈垂直角的两个砖砌或水泥地,反射光显著,局部地段光随季节和日变化较大。

东面:一天有数小时光照,约下午3时后即成为庇荫地,光照强度不大,不会有过量的情况,比较柔和,适合一般植物。

南面:白天全天几乎都有直射光,反射光也多,墙面辐射热也大,加上背风,空气不流通,温度高,生长季延长,春季物候早,冬季楼前土壤冻结晚,早春化冻早,形成特殊小气候,适于喜光和暖地植物。

西面:与东面相反,上午以前为庇荫地,下午西晒,尤其夏日为甚。光照时间虽短,但强度大,变化剧烈。西面墙吸收累积热大,空气湿度小。适选耐燥热、不怕日灼的园林植物。

北面:背阴,其范围随纬度、太阳高度角而变化。以漫射光为主,夏天午后傍晚有少量直射光。温度较低,相对湿度较大,风大、冬冷,北方易积雪和土壤冻结期长。选耐寒、耐阴植物。

由于单体建筑因地区和习惯,朝向不同,高矮不同,建筑材料色泽不同,以及周围环境不同,生态条件也有变化。一般建筑越高,对周围的影响越大。城市建筑群的组合形式多样,有行列式、四合院等,因组合方式、高矮的不同,不同方位的生态条件对园林植物的选择有一定影响。

4.3.4 空气污染区

城市污染区可以理解为城市大气污染空间格局,是指大气污染源的排放装置、点源及面源空气污染物排放量、大气污染物各类及总体的空间分布特征。一般来讲,城市的大气污染主要来自工厂的气体排放,随着城市化进程,在规划城市时,大部分工厂由城市内迁往城市外的郊区,且位于城市下风向或盛行风的垂直方向,因此,空气污染区也从城市内迁往城市郊区。近年来,城市道路交通扬尘成为城市扬尘的主要来源,汽车数量的增加造成城市街道区域大气污染现象严重,城市街道灰尘具有"媒介"和"污染源"的双重作用,汽车排放的一氧化碳和二氧化硫、碳氢化合物对人类危害较大,对儿童"血铅"影响远远大于城市土壤。在城市居住区,取暖和生活所需燃放的煤炭等燃料也会对居住区造成大气污染。园林植物造景时应充分了解基地空气污染程度、类型,选择抗、耐性较强的园林植物种类。

综上所述,城市环境极其复杂,既有自然形成的,也有人工造成或受干扰影响的,在按主导因子划分立地类型时,应注意局部小环境的影响,综合考虑园林植物的选择和栽培、养护管理措施。

4.4 植物群落

4.4.1 植物群落的概念

植物群落是指在某一地段上单种植物或多种植物组成的复杂集合体。自然界中,很少有植物单独生长,而是和许多同种或其他种植物聚集生长。植物群落是在特定的生境中经过长期和环境互相作用而形成的，群落中植物间存在对生境空间的竞争、共生、互生、寄生和植物对别种生物间的相互作用。

4.4.2 植物群落的特征

每个植物群落都有一定的物种组成、垂直结构、动态变化、生物量、能量和营养循环的格局，植物群落具有以下 5 大特征：

1）一定的种类组成

环境条件越优越，植物群落的结构就越复杂，组成群落的植物种类就越多。群落中数量较多、占据群落面积较大，也就是多度、盖度等级较高，起着重要作用的种称为优势种。优势种能影响群落的发育和外貌特点。一般最上层的优势种所起的作用最大，它对群落的外貌、结构具有决定意义，又称为建群种。

2）一定的外貌

群落的外貌是指群落的外表形态或相貌，是群落与环境长期适应的结果。群落的外貌主要取决于植物种类的形态习性、生活型组成和周期性等，不同季节的外貌称为季相。有的植物群落在一个生长季中可以更换多次季相，称为季相演替。

园林植物造景时常利用园林中人工植物群落的季相及其演替营造出四时有景、三季有花的优美园林环境。

3）一定的结构

群落的结构是指群落所有种类及其个体在空间中的配植状态，包括层片结构、垂直结构、水平结构等。层片结构是指群落中属于同一生活型的不同种个体的总称，是群落最基本的结构单位。群落在垂直方面的配植状态称为垂直结构，其显著的特征是成层现象，即在垂直方向分成许多层次的现象。环境条件越优越，植物群落的年龄越大，成层结构就越发达。群落在水平方向的配植情况或水平格局称为水平结构，主要表现特征是镶嵌性，即植物种类在水平方向不均匀配置，使群落在外形上表现为斑块相间的现象。

4）适应环境和改变环境

一个群落的形成和发展，必须经历植物对环境的适应和植物种群之间的相互适应，植物反过来也会起到改变环境的作用，如在一块新形成的裸地上，一个植物群落从无到有的发展过程。最早到达裸地并成功定居下来的植物即为先锋植物，先锋植物适应了以环境为首的各种非生物因子开始繁衍后代并扩大地盘，随着密度的加大，种群内部、种群之间和环境不可避免地发生相互关系。植物群落的种类越多，结构越复杂，群落就越稳定，对环境的适应性也越强，改变环境的能力也越强。

5）具有自己的发展和变化规律

植物群落是不停运动发展的，具有发生、发展、成熟、衰败与灭亡的阶段，其运动形式包括季节动态、年际动态、演替与演化等。

4.4.3 人工植物群落

自然生长起来的植物群落称为自然植物群落，如天然的草场、原始森林、湿地等。人工栽植的植物群落称为人工植物群落或栽培植物群落,如绿篱、花坛、农田等。目前,世界上很少有原始的自然植物群落,只是人为的影响大小的差别。

人工植物群落是人类学习和借鉴自然植物群落而营建的结果。人工栽植的植物群落是有选择性的,是人们在充分认识了植物本身的生物学和生态学特征以及栽培环境中的环境因子之后作出的选择,人工选择代替了自然选择,植物种类的配植、植物群落的营建与维护均服从于人类生产、美化与生态防护的功能需求。园林绿地就是典型的人工植物群落。在城市中恢复、再造近自然植物群落,有着生态学、社会学和经济学上的重要意义:第一,群落化种植可以提高叶面积指数,增加绿量,起到更好的改善城市环境的作用;第二,植物群落物种丰富,对生物多样性保护和维护城市生态平衡等方面意义重大;第三,模拟自然植物群落,开展城市自然群落的建植研究,建立生态与景观相协调的近自然群落,能够扩大城市视觉资源,创造清新、自然、淳朴的城市园林风光,给人优美、舒适的心理暗示,能够减少事故,缓解压力;第四,植物群落可以降低绿地养护成本,节水节能,从而更好地实现绿地经济效益,对提高城市绿地质量具有重要现实意义。

在园林绿地群落营建中,首先,最好是多种植物组成的多层次群落,在外貌、色彩、线条等方面更丰富多样,有更佳的艺术性和观赏性;其次,要注意植物的选择搭配,如缓生树种与速生树种结合,在栽植数量、栽植距离等方面,既要照顾当前效果,更应预见未来景观;再次,要考虑季相变化,观形、观花、观叶、观果植物种类兼顾,落叶树种与常绿树种相结合,尽量做到三季有花、四季有景;最后,要充分考虑选择具有一定抗逆性的植物或可以改善环境的植物,如污染严重的城市、工业区,需要选择对二氧化硫、氟化氢、烟尘等具有抗性或者能吸收的植物。

1)观赏型人工植物群落

观赏型人工植物群落是园林植物造景的重要类型,选择观赏价值高且多功能的园林植物,运用园林美学原理进行科学设计和合理布局构成自然美、艺术美和社会美整体,多单元、多层次和多景观的生态型人工植物群落。在观赏型人工植物群落中应用较多的是季相变化,设计时要通过合理的配植达到四季有景。

2)抗污染型人工植物群落

以园林植物的抗污染特性为主要评价指标,结合植物的光合作用、蒸腾作用和吸收污染物质等测定指标,选择出适于污染区绿地的园林植物进行合理搭配,可以组建抗污染型人工植物群落。这类群落以抗性强的乡土植物为主,结合使用抗性强的新优植物。其种植模式以通风较好的复层结构为主,可以有效地改善重污染环境局部区域内的生态环境,有利于人类的健康。这类群落的植物选择标准首先是能抵抗污染,在污染环境中生长良好,其次是能够吸收污染、改善环境,在此基础上兼顾植物的景观效果。

3)保健型人工植物群落

保健型人工植物群落利用植物有益的分泌和挥发物质,达到增强人们健康、防病、治病的目的。在公园、居住区,尤其是医院,应以园林植物的杀菌特性为主要评价指标,并结合植物吸收二氧化碳、释放氧气、降温增湿、滞尘等测定指标,选择相应的园林植物种类,如松树、柏树、雪松等。

4)知识型人工植物群落

知识型人工植物群落是指植物园、风景名胜区等地方应用多种植物群落,按分类系统或种群生态系统有序种植,建立科普性的人工植物群落供人们学习、欣赏及借鉴。该群落中应用的园林植物不仅要观赏价值高,还应将稀有和濒危野生植物引入其中,这样既丰富了景观,又保存和利用了种质资源,并能激发人们热爱自然、探索自然奥秘的兴趣和爱护环境。

5)生产型人工植物群落

生产型人工植物群落主要是指以发展经济价值的花、果、草、药和苗圃的基地,既能满足市场需要,又可以增加社会效益。

习题

1.温度与植物生长和开花有什么关系?突然变温对植物生长有哪些影响?

2.由于水分因子起主导因子作用而形成的植物生态类型有哪些?

3.光照因子从哪几个方面对植物生长造成影响?会造成哪些影响?

4.空气的流动与抗风植物的选择有什么关系?

5.由于土壤酸碱度不同而形成的植物生态类型有哪些?各举几种典型植物。

6.城市生态环境有什么特点?

7.自然群落有什么特征?营造人工植物群落有什么意义?营造人工植物群落主要应该考虑些什么?人工植物群落主要有哪些类型?

园林植物的观赏特性

本章彩图

园林植物种类繁多，每种植物都有自己独具的形态、色彩、风韵、芳香及质感等美的特色，这些特色又能随着季节的更换、时间的推移、生长环境的不同而有所丰富和发展。植物在一年四季中各有不同的风姿和妙趣。以年龄而论，植物在不同的年龄时期均有不同的形貌。例如，春季梢头嫩绿、花团锦簇；夏季绿叶成荫、浓荫覆地；秋季层林尽染、果实累累；冬季白雪挂枝、银装素裹。松树在幼龄时全株团簇似球，壮龄时亭亭如盖，老年时枝干盘虬有飞舞之势。

园林中的建筑、山石、水体均需恰当的园林植物与之相互衬托、掩映以减少人工做作或孤寂气氛，增加景色的生趣。例如，庄严宏伟、金瓦红墙的宫殿式建筑，配以苍松翠柏，无论在色彩和形体上均可以收到“对比”“烘托”的效果；又如，庭前朱栏之外、廊院之间对植玉兰，春来万蕊千花，红白相映，会形成令人神往的环境。

不同民族或地区的人民由于生活、文化及历史上的习俗等原因，对不同的植物常形成带有一定思想感情的看法，有的更是上升为某种概念上的象征甚至人格化。例如，我国人民对四季常青、抗性极强的松柏类常赋予坚贞不屈的革命精神；富丽堂皇、花大色艳的牡丹则视为繁荣兴旺的象征；中国特产珙桐树形高大端庄，开花时犹如无数的白色鸽子栖息树端，象征和平；欧洲许多国家均以月桂代表光荣、橄榄象征和平。

园林植物的观赏特性具有丰富的内容，只有深入地学习和研究才能不断提高植物造景艺术水平。

5.1 园林植物的形态特征及其观赏特性

园林植物的形态丰富，是园林植物的主要观赏特性之一，对园林景观的营造起着重要的作用。

5.1.1 植物的体量

植物最重要的设计特性之一就是它的体量,从远距离观赏,这一特性就尤为突出。植物的大小成为种植设计布局的骨架,不仅直接影响空间范围、结构关系,还影响设计构思与布局。植物的大小与其年龄、生长速度有关,青年期与壮年期的景观效果肯定会有差异。设计师一方面要了解成年植物的一般高度,还要注意植物的生长速度,以免以后景观效果被破坏。

植物的大小会直接影响植物群体景观的观赏效果。大小一致的植物组合在一起,尽管外观统一规整,但平齐的林冠线会让人感到单调、乏味;低矮的园林植物种植在一起,能形成开放型空间,给人开阔、自由的感觉;由大小、高低不同的植物配合,能形成封闭型和方向型空间。因此,在选择植物时,植物的大小是首先要考虑的因素。

1)乔木

乔木是指树体高大、具明显主干的植物。按照树体高度可将其分为伟乔(>30 m)、大乔(20~30 m)、中乔(10~20 m)及小乔(<6 m)等。在植物景观中,乔木无论从大小还是从结构和空间看,都是最重要的。这类植物因其高度和覆盖面积而成为显著的观赏因素,也是人工自然群落的优势种和建群种。在植物景观中,大中型乔木一般可作为主景树,也可以树丛、树林的形式出现;小乔木多用于分隔、限制空间。

乔木作为结构因素,占有突出的地位,成为视线的焦点,形成景观的基本结构和骨架,使布局具有具体轮廓。其重要性随着室外空间的扩大而更加突出,在空旷地或广场上举目而视,大乔木首先进入眼帘,而较小的乔木和灌木,只有在近距离观察时,才会受到注意和观赏。因此,在进行植物设计时,应首先确立大中型乔木的位置,它们将影响植物景观的整体结构和外观。大中型乔木定植以后,再安排小乔木和灌木,以完善和增强大乔木形成的结构和空间特性,展现出更具人性化的细腻装饰作用。大中型乔木极易超出设计范围和压制其他较小因素,在小的庭院设计中谨慎使用大乔木。

乔木在环境中的另一个建造功能就是在顶平面和垂直面上封闭空间。树冠群集的高度和宽度是限制空间的边缘和范围的关键因素。这样的室外空间感,将随树冠的实际高度而产生不同程度的变化。在顶平面上,乔木树冠能形成室外空间的顶棚。如果树冠离地面3~4.5 m,这样的空间常使人感到亲切;若离地面12~15 m,则空间就会显得高大。在垂直面上,当其树冠低于视平面时,它将会在垂直面上完全封闭空间,可以利用乔木列植形成这种封闭的长廊型空间,将人们的视线和行动直接引向终端;当视线能透过树干和枝叶时,这些乔木像前景的漏窗,使人们所见的空间有较大的深远感。大中型乔木在分隔那些最初由楼房建筑和地面所围成的、开阔的城市和乡村空间方面也很有用。

乔木在景观中还被用来提供阴凉。夏季,当气温变得炎热时,室外空间和建筑直接受到阳光暴晒,林荫下气温比空旷地低3~4 ℃。为了达到更好的遮阴效果,乔木应种植在空间或者建筑的西面。

2)灌木

灌木没有明显的主干,缺少离地的树冠。在景观中,大灌木比较高大,犹如一堵墙,也能在垂直面上构成封闭空间。这种垂直空间的封闭性也能构成极其强烈的长廊型空间,形成夹景,将人们的视线和行动直接引向终端。也可以在人们并不喜欢僵硬的围墙和栅栏时,用绿色的屏障作视线屏障和私密性控制,或作为天然背景,以突出放置于其前的特殊景物。如果灌木属于落叶树种,则空间的性质会随季节而变化,而常绿灌木能使空间保持始终如一。

矮小灌木能在不遮挡视线的情况下限定或分隔空间,它们不是以实体来封闭空间,而是以暗示的方式来控制空间。如果要构成一个四面开敞的空间,可以在垂直面上用矮小灌木。如人行道或小路旁的矮小灌木,具有不影响行人视线又能将行人限制在人行道上的作用。

3)地被、草坪植物

在外部景观设计中常通过用地被、草坪植物在地面形成图案,而不是用生硬的建筑材料,暗示空间边缘,划分不同形态的地表面,其边缘构成的线条在视觉上极为有趣,能引导视线,限定空间。

地被、草坪植物可作为衬托主要因素或主要景物的无变化的、中性的背景。例如,雕塑或引人注目的观赏植物下面的常绿地被植物床,地被植物作为一种自然背景,突出主景,但面积需要足够大以消除邻近因素的视线干扰。

地被、草坪植物还能从视觉上将其他孤立因素或多组因素组合在一个共同的区域内,联系成一个统一的整体。如各组互不相关的灌木和乔木在地被植物层的作用下,都能成为同一布局中的一部分。

5.1.2 植物的外形

1)植株形态

植株形态是指园林植物从整体形态上呈现的外部轮廓。在植物造景中,树形是构景的基本因素之一,对园林意境的创作起着很大的作用。植物千姿百态,不同形状的植物经过恰当的配植可以产生韵律感、层次感等艺术效果。不同的植物各具其独特的树形,主要由植物的遗传性决定,但也受外界环境因子和人工养护管理的影响。一种植物的树形并非永远不变,它随着生长发育过程而呈现出规律性变化,掌握这些变化的规律对其变化有预见性,才能成为优秀的园林工作者。

由于园林植物的树形受习性、年龄、生长环境及栽培技术等因素的影响,本书所指的形态是指正常生长环境下成年植株的外貌。

(1)乔木的树形(见图5.1)

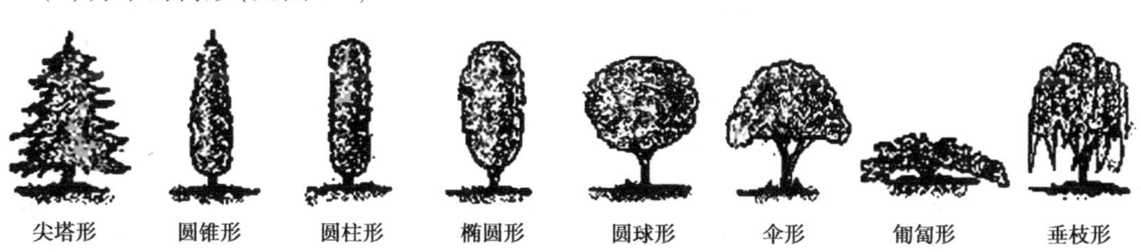

图5.1 乔木的常见树形

尖塔形：这类植物树形顶端优势明显，中央主干生长旺盛，通常主枝以中央主干为纵轴，近于水平斜生于主干上，与主干约成90°或大于90°夹角，基部主枝最粗最长，向上逐渐短细，树冠剖面基本以树干为中心，左右对称，整个形体从底部向上逐渐收缩，最后在顶部形成尖头，整个树形呈塔形，如雪松、落羽杉、南洋杉等。

圆锥形：这类植物主枝向上斜伸，与主干成45°~60°夹角，整个树冠四周丰满，从底部逐渐向上收缩，最后在顶部呈圆锥体，如桧柏、毛白杨、水杉等。这类树木生长至老年期，有的树冠上部开展，圆锥形不明显。

圆柱形：这类树形顶端优势明显，主干生长旺，但树冠基部与顶部均不开展，树冠上下直径相差不大，冠长远远超过冠径，整体形态细窄，如钻天杨、圆柏、黑杨、加杨等。

圆球形：包括卵圆形、椭圆形、圆头形、球形、扁球形、半球形等形体，这类植物树形构成以弧线为主，树种众多，应用广泛，如悬铃木、玉兰、元宝枫、国槐、栾树、馒头柳等。

伞形：主枝与树干成45°夹角，冠上部平齐成伞状张开，有水平韵律感，易与平坦地形和低平建筑相融合，如合欢、凤凰木等。

匍匐形：枝条低矮，紧贴地面而生，树枝下垂，具水平韵律感，如偃柏、草坪植物等。

垂枝形：明显悬垂或下弯的细长枝条，随风拂动，常形成柔和飘逸的观赏特性，常能与水体产生很好的协调，如垂柳、垂枝榆、垂枝碧桃、龙爪槐、龙爪柳类等。

风致形：因长期受自然力，特别是风的作用，主枝横斜伸展，具独特风姿，如老年期的油松、枫树、梅树等。

棕榈形：具有独立主干，一般不分枝，叶片簇生于干顶，具有南国热带风光情调，如苏铁、棕榈、蒲葵等。

(2)灌木的树形

灌木树体矮小，通常无明显主干，多数呈丛生状或分枝接近地面。许多为理想的观花、观叶、观果以及基础种植、盆栽观赏树种。灌木树冠主要有以下几种：

圆球形：如小叶黄杨、大叶黄杨、海桐等。

卵形：如木槿。

垂枝形：如迎春、木香、连翘、金钟花、太平花等。

匍匐形：如铺地柏等。

(3)藤蔓类的树形

藤蔓类植物地上部分不能直立生长，常借助茎蔓、吸盘、吸附根、卷须、钩刺等攀附在其他支持物上生长。这类植物主要用于园林垂直绿化，几乎全部为阔叶树种，如藤本月季、葡萄、忍冬、凌霄、爬山虎、紫藤等。

园林树木的树形除上述各种天然生长的树形以外，对枝叶密集和不定芽萌发力强的植物，可采用修剪整形技术，将树冠修整成人们所需要的若干形态，称为人工造型。如高大的悬铃木，种植在道路、广场边缘时，可修剪成开张的杯状；枝叶密集的小叶黄杨、小叶女贞、桧柏等，可修剪成球形、立方形、梯形；种成绿篱的小叶黄杨、小叶女贞、红叶石楠等，可修剪成圆弧形、立方形。

2)园林植物树形姿态的应用

(1)植物树形姿态的类型

园林植物树形姿态千差万别,可以归纳为以下3种:

垂直向上型:包括圆柱形、圆锥形、尖塔形等。这类植物可以用作视觉景观的焦点,特别是与低矮的圆球形植物配植在一起时,对比之下尤为醒目。它们引导视线向上,强调空间感,有高耸静谧的效果,宜用于需表达严肃、庄重气氛的空间,可以增强地形起伏,适宜与高耸的建筑物或尖耸的山巅、纪念碑、塔相呼应,陵园、墓地、纪念堂等空间多种植这类植物。垂直向上型的植物还可以用于力量线条和几何形状的建筑中。

水平展开型:这类植物具有水平方向生长的习性,主要是匍匐形,给人安静、平和、舒展、恒定的感受,宜形成平面效果。这类植物通常在平面布局中从视线的水平方向联系其他植物形态。它们与垂直向上型形成对比效果,和地平线、低矮水平延伸的建筑物相协调。

无方向型:以圆、椭圆、弧线、曲线为轮廓,包括自然式与人工修剪式,这类植物在引导视线方面既无方向性,也无倾向性,在整个构图中,随便使用无方向型植物都不会破坏设计的统一性,适合用于表现优美、圆润、格调柔和平静的环境。由于无方向型植物外形圆柔温和,可以调和其他外形较强烈的形体,也可以和波浪起伏的地形等其他曲线形的因素相互配合、呼应,比垂直向上型植物使用更广泛。

(2)植物姿态的运用

了解园林植物的姿态,对植物造景有事半功倍的效果。首先,在园林植物景观设计中,植物的姿态可以加强或减缓地形起伏。例如,为了加强小地形的高耸感,可在小土丘的上方种植垂直向上型植物,在土丘基部种植矮小、扁圆形的植物,借树形的对比与烘托增加土山的高耸之势,也可以减少土方量;反之,则可以减缓小地形的起伏(见图5.2)。其次,合理安排不同姿态的植物可以产生节奏感和韵律感。例如,不同姿态的园林植物交替种植并重复,形成极富节奏感和韵律感的植物景观。最后,姿态独特的园林植物孤植点景,可以成为视觉中心或转角标志。例如,为了与远景取得呼应、衬托的效果,可以在广场中央种植一株体量大、树形优美的园林植物,后方通道两旁种植树形高耸的乔木,强调主景的同时又引起新的层次。

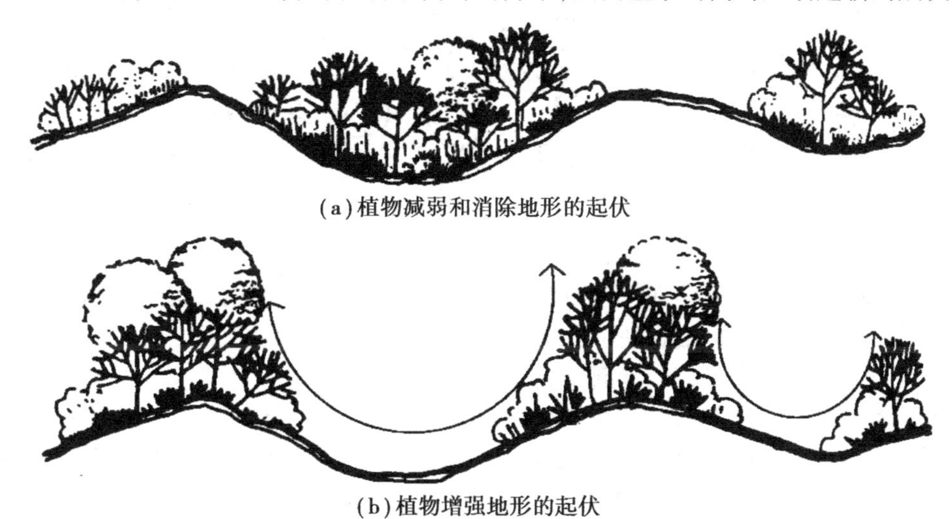

(a)植物减弱和消除地形的起伏

(b)植物增强地形的起伏

图5.2 园林植物的姿态对地形的影响

5.1.3 植物的叶形

园林植物的叶极其丰富且各具特色,叶片的大小、形状、颜色、质地和着生在枝上的疏密度等组成整个树冠的外形,给人以不同的景观感受。

园林植物叶片大小差异很大,大者如芭蕉、响叶杨、梓树、泡桐、梧桐、悬铃木等,外观粗犷有力,遇风雨则发生特殊音响,与松树的枝叶为风吹动所发出的“松涛”一样富有情趣;叶片小者如合欢、榔榆、柳等,外观纤巧柔和,与外观粗犷的叶片配置形成对比变化。此外,苏铁科、棕榈科、芭蕉科、天南星科植物叶片的特殊风格以及柚木、印度橡胶榕等植物的巨型叶片都具有很高的观赏价值。

园林植物的叶形变化万千,各不相同。一个叶柄上只生一个叶片的称为单叶;一个叶柄上生两个及以上叶片的称为复叶,复叶的叶柄称为叶轴。

1)单叶(见图 5.3)

单叶叶形可以分为以下类型:

鳞形:叶片鳞片状,附着在小枝上,叶柄不明显,如柏树。

针形叶:叶片细长,横截面通常为圆形,如油松、雪松等。

钻形叶:叶片从叶基到叶尖逐渐尖削,通常具有尖锐的先端,如柳杉等。

条形叶(线性):叶片长而窄,扁平,两边平行,如冷杉、紫杉等。

披针形类(倒披针形):叶片像矛头的形状,基部(或上部)宽广,并向叶尖(叶基部)尖削,披针形如柳树、杉木等,倒披针形如黄瑞香、鹰爪花等。

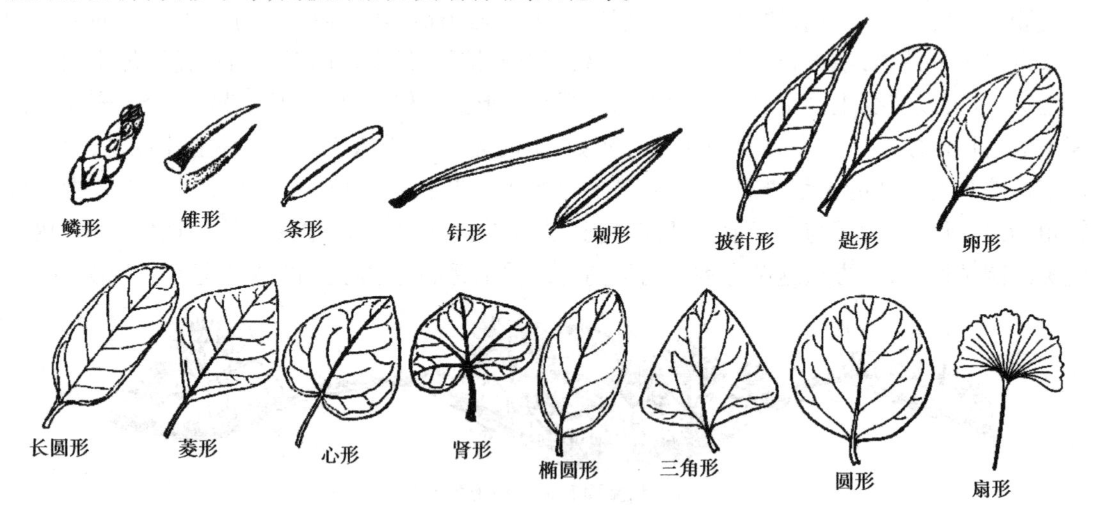

图 5.3 单叶的形态

卵形类:鸡蛋状,最宽处不在叶片中部,包括卵形及倒卵形,如女贞、玉兰、枇杷等。

椭圆形类:类似卵形,但最宽处位于叶片中部,如天竺桂、芭蕉、柿等。

圆形类:包括圆形及心形,如紫荆、泡桐、黄栌等。

三角形类:包括三角形及菱形,如乌桕、钻天杨、龙牙花等。

奇异类:包括各种引人注目的形状,如银杏的扇形叶、鹅掌楸的鹅掌或长衫形叶、羊蹄甲的羊蹄形叶、变叶木的戟形叶、蝙蝠刺桐的蝙蝠形叶及五角枫、刺楸、鸡爪槭、梧桐的掌状叶等。

2）复叶（见图5.4）

单身复叶：形似单叶，但其叶柄与叶片之间有明显的关节，如橘、橙、柚的叶。

羽状复叶：包括奇数羽状复叶及偶数羽状复叶，以及二回、三回甚至四回羽状复叶，如刺槐、合欢、南天竹等。

掌状复叶：小叶排列成掌状，如七叶树，也有呈二回掌状复叶的，如铁线莲等。

叶片除了基本形状外，还因叶基、叶尖、叶缘的锯齿形状及缺刻等的变化而更加丰富。不同的形状和大小的叶具有不同的观赏特性。例如，棕榈、蒲葵、椰子等具有热带情调，大型的掌状叶给人以朴素的感觉，大型的羽状叶轻快、洒脱，鸡爪槭的叶形形成轻快的气氛，合欢、凤凰树的叶有轻盈秀丽的效果等。

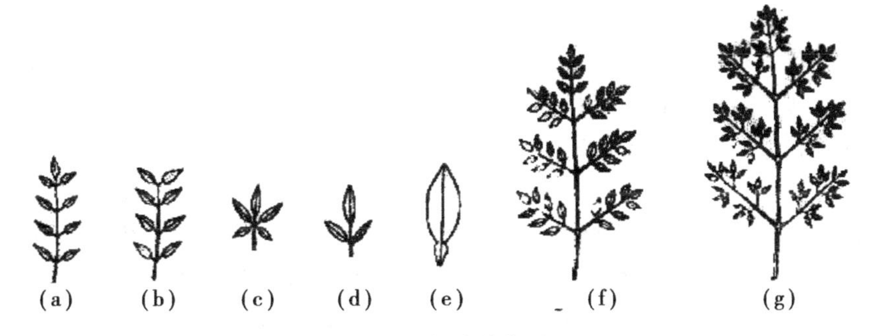

图5.4　复叶的类型

（a）奇数羽状复叶；（b）偶数羽状复叶；（c）掌状复叶；
（d）三出羽状复叶；（e）单身复叶；（f）二回羽状复叶；（g）三回羽状复叶

5.1.4　植物的花形

1）花形

园林植物的花朵大小各异，形状各式各样，单朵的花又常排聚成各异的花序，这些复杂的变化，形成不同的观赏效果。单花花形（见图5.5）可以分为：漏斗形（百合）、蝶形（龙牙花、刺桐）、钟形、唇形（薰衣草、一串红）等；花序类型可以分为：总状花序、伞形花序、头状花序、圆锥花序、穗状花序等。

图5.5　单花花形

花序的形式很重要，虽然有的种类的花朵很小，但在排成庞大的花序以后，反而比大花美观。

2）花相理论

花的观赏效果不仅与花朵或者花序本身的形貌相关，而且还与其在植株上的分布、叶簇的陪衬关系以及着生花枝条的生长习性密切相关。花或花序在树冠上的整体表现形貌称为花相,花相主要针对木本植物而言。

(1)按照开花时有无叶的存在分类

按照开花时有无叶的存在,园林植物的花相可分为以下两种:

纯式花相:是指在开花时,叶片尚未展开,全树只见花不见叶的一类表现外貌,如紫荆、蜡梅、梅花、白玉兰等。

衬式花相:是指在展叶后开花,全树花叶相衬的表现外貌,如黄桷兰、紫玉兰、玫瑰、广玉兰、大头茶、石榴、八仙花等。

(2)按照开花时园林植物呈现的外观形态分类

按照开花时园林植物呈现的外观形态,花相可分为以下7种:

独生花相:花大而单一,生于干顶,本类较少,如苏铁类、凤尾丝兰等。

线条花相:花排列于小枝上,形成长形的花枝。由于枝条的生长习性不同,有呈拱状花枝的,有呈直立剑状的或短曲如尾状的,本类花相枝条较稀,枝条个性突出,枝上的花朵或花序的排列也较稀。纯式线条花相的如迎春、金钟花等,衬式线条花相的如珍珠绣球、串钱柳等。

星散花相:花朵或花序数量较少,且散布于全树冠各部。衬式星散花相的外貌是在绿色的树冠底色上零星散布着一些花朵,有丽而不艳、秀而不媚的效果,如鹅掌楸、六月雪、九里香等;纯式星散花相种类较多,花数少而分布稀疏,花感不强,但疏落有致,可以在其后面种植常绿树作背景,形成衬式花相相似的观赏效果。

团簇花相:花朵或花序形大而多,就全株而言,花感较强烈,但每朵或每个花序的花簇仍能充分表现其特色。纯式团簇花相的有白玉兰等,衬式团簇花相的有八仙花、牡丹、山茶花、红花木莲、月季等。

覆被花相:花或花序着生于树冠的表层,形成覆伞状。属于本花相的树种,纯式的有白花泡桐、川泡桐等,衬式的有紫薇、栾树等。

密满花相:花或花序密生全树各小枝上,使树冠形成一个整体的大花团,花感强烈。纯式如榆叶梅、樱桃、梅、桃、绯寒樱、李等,衬式如火棘、垂丝海棠等。

干生花相:花着生于茎干上。种类不多,大部分产于热带湿润地区,如软叶刺葵、椰子、棕榈、可可树、酒瓶椰子、炮弹树等,紫荆等也能在粗老的茎干上开花,但很难与典型的干生花相相比。

5.1.5 植物的果实(种子)

许多园林植物的果实(种子)不仅有很高的经济价值,还有突出的美化作用,常用于园林造景。具有美观果实或种子的园林植物有铜钱树的果实形似铜钱;象耳豆的荚果弯曲,两端浑圆而相接,犹如象耳一样;腊肠树的果实好比香肠;秤锤树的果实如秤锤一般;紫珠的果实宛如许多晶莹透体的紫色小珍珠等。有的园林植物不仅果实可赏,而且种子也美,富有诗意,如王维诗中“红豆生南国,春来发几枝。愿君多采撷,此物最相思”的红豆树。

果实(种子)给人秋天硕果累累的意境。果实(种子)不仅能观赏,还具有招引鸟类和小动物的作用,为园林增加野趣。选取有丰富果实(种子)的园林植物还是园林结合生产的好形式,但在植物配植时应注意安全性。

5.1.6 植物的枝干和根

1)枝干

观枝干植物是指枝、干具有独特的风姿或有奇特的色泽的植物。植物主干、枝条的形状、树皮的结构各具特色。如有的主干直立,有的弯曲;有的树枝挺拔,有的细软、倒挂;有的树皮纹理粗糙、斑驳脱落,有的则纹理细腻、紧密贴体;有的树皮色深呈黑褐色,有的色浅呈现粉绿或灰白色。在植物造景时,利用枝干的这些特点,可创造出许多不同的优美景观。干皮的外形可以分为以下9种:

光滑树皮:表皮平滑无裂,如青年期的胡桃幼树、柠檬桉等。

横纹树皮:表面呈浅而细的横纹状,如山桃、樱花等。

片裂树皮:表面呈不规则的片状剥落,如白皮松、悬铃木、榔榆等。

丝裂树皮:表面呈纵而薄的丝状脱落,如青年期的柏类、水杉等。

纵裂树皮:表面呈不规则的纵条状或近于人字状的浅裂,多数树种属于此类。

纵沟树皮:表面纵裂较深,呈纵条或近于人字状的深沟,如老年的核桃、板栗等。

长方裂纹树皮:表面呈长方形裂纹,如君迁子、柿树等。

粗糙树皮:表面既不平滑,又无较深沟纹,而呈不规则脱落的粗糙状,如云杉。

疣突树皮:表面有不规则的疣突,暖热地方的老龄树多见。

2)根

部分园林植物的根部或根部发生的变异裸露,有一定的观赏价值。自古以来我国就对此有很高的鉴赏水平,并善于运用此观赏特点于园林美化和桩景盆景的培养。一般树木达到老年期以后,均可或多或少地出现露根美,如松树、榆树、梅花、榕树、蜡梅、山茶等。亚热带、热带地区有些植物有巨大的板根,如大叶榕(见图5.6)。有的有气生根、支柱根,如小叶榕。沼泽地区有的有呼吸根,如池杉。

图5.6 大叶榕的板根

5.2 园林植物的色彩及其观赏特性

植物的色彩是有情感象征的,色彩直接影响着室外空间的气氛和情感,鲜艳的色彩给人以轻快、欢乐的气氛,深暗的色彩则给人异常压抑的感受。由于色彩易于被人看见,因此成为构图的重要因素。在景观中,植物色彩的变化,有时在相当远的地方都能被人注意到。

植物的色彩可通过植物的叶片、花朵、果实、大小枝条和树皮等各个部分呈现出来。毫无疑问,植物的色彩主要是绿色,期间也伴随着深浅的变化及黄、蓝和古铜色等所有色彩。在植物景观中进行植物色彩设计时,应多考虑夏季和冬季,因为它们占据着一年中的大部分时间,春季花朵的色彩和秋季叶色虽然丰富多彩、令人难忘,但时间短,仅持续几个星期。

在夏季树叶色彩处理时,最好在布局中使用一系列具色相变化的绿色植物,使其在构图上产生丰富的视觉效果。各种不同色调的绿色可以突出景物,也能重复出现达到统一,或从视觉上将设计的各部分连接在一起。深绿色能使空间显得恬静、安详,但如果使用过多会给空间带来阴森、沉闷的感觉。同时,深色有缩短视距的感觉,一个空间中深色植物过多,会使人感到空间比实际窄小而产生压抑感,因此,小空间不宜过多使用深色植物,浅色反之。将各种绿色植物进行组合时,一般将深色植物安排在底层,浅色安排在上层,使构图保持稳定。

另外,将两种对比色配植在一起,其色彩的反差更能突出主题。假如布局中使用夏季绿色植物为主,那么花色和秋色则可作为强调色。红色、橙色、黄色、白色和粉色等都可以为一个布局增添活力和兴奋感,吸引观赏者注意设计中的某一重点景色。

植物配植的色彩组合,应与其他观赏特性协调。

5.2.1 叶色及其观赏特性

叶的颜色有极大的观赏价值,叶色变化丰富,难以用笔墨形容。根据叶色的特点可以将观叶植物分为以下6类:

1)绿色叶类

叶片的基本颜色为绿色,但有嫩绿、浅绿、鲜绿、浓绿、黄绿、赤绿、褐绿、墨绿、亮绿、暗绿等差别。叶色的深浅、浓淡受环境及本身营养状况的影响。根据叶色的浓淡可以分为叶色呈深浓绿(油松、圆柏、雪松、云杉、侧柏、山茶、女贞、桂花、槐树等)和叶色呈浅淡绿色(山玉兰、水杉、落羽松、七叶树等)。将不同绿色的植物搭配在一起,能形成美妙的色感和层次。

2)春色叶类及新叶有色类

春季新发生的嫩叶有显著不同叶色的植物统称为春色叶植物,如五角枫春叶红色、黄连木春叶紫红色等。在南方暖热地区,许多常绿植物不限于春季发生,而是无论什么季节只要发出新叶就会具有美丽的色彩而宛如开花的效果,这类植物统称为新叶有色类。

植物的叶色常因季节的不同而发生变化,如栎树在早春呈现鲜嫩的黄绿色,夏季呈正绿色,秋季则变为褐黄色。这类植物种植在浅灰色建筑物或浓绿色树丛前能产生类似开花的观赏效果,如红叶石楠等。

3)秋色叶类

凡在秋季叶片颜色能有显著变化的植物称为秋色叶植物。根据叶色的不同,可以分为秋叶呈红色或紫红色类(鸡爪槭、五角枫、糖槭、地锦、小檗、黄栌、南天竹、乌桕、石楠、青槭等)和秋叶呈黄色或黄褐色类(银杏、鹅掌楸、加杨、梧桐、白桦、紫荆、栾树、悬铃木、水杉、落叶松、金钱松等)。

由于秋色期较长,在实践中,园林工作者均极重视这类植物在造景中的运用。我国北方深秋观赏黄栌红叶,南方则以枫香、乌桕的红叶为主;欧美的秋色叶类中桦类等较为夺目;日本则以槭树较为普遍。

4) 常色叶类

有些植物的变种或变型叶常年呈异色,这类植物称为常色叶植物。常年叶色为紫色的有紫叶槭、紫叶李、紫叶小檗 、紫叶桃、红花檵木等;常年叶色为金黄色的有金叶女贞、金叶圆柏、金叶雪松等。

5) 双色叶类

某些植物叶背与叶表的颜色显著不同,在微风中形成特殊的闪烁变化效果,这类植物称为双色叶植物,如银白杨、野槭、胡颓子、牛奶子、石灰花楸等。

6) 斑色叶类

叶片上有其他颜色的斑点或花纹的植物称为斑色叶植物,如金心黄杨、银边黄杨、洒金珊瑚、黄脉刺桐、美叶印度橡胶树、黄斑榕、镶边夹竹桃、金风铃等。

除了生理特性外,园林植物的叶色还会因生长条件、自身营养状况等而发生变化,如金叶女贞在光照条件较好的情况下叶片呈鲜艳的金黄色,光照不足时叶片颜色呈绿色。类似的园林植物还有南天竹、紫叶小檗等,光照越强叶片颜色越鲜艳。有的室内彩叶植物(如彩虹竹芋、孔雀竹芋等),只有在较弱的散射光下才呈现斑斓的色彩,强光下花青素分解,叶片褪色。温度也会影响叶片中花青素的合成,从而影响叶色。秋季昼夜温差大,气候干燥,有利于花青素的积累,一些彩叶植物的叶色比春季更为鲜艳,如红叶石楠等。

5.2.2 花色及其观赏特性

花的绽放是许多树木在生长过程中最辉煌的时刻。早春开放的白玉兰先花后叶,硕大洁白、满树繁英、冰清玉洁;随后开放的樱花似锦如云;紫荆以其老茎生花、艳若朝霞的性状博得了“满条红”的别称;金钟花、迎春花、棣棠花则以青枝绿叶黄花为早春构筑了清新可人的氛围;初夏开放的珙桐、四照花,其洁白硕大、如鸽似蝶的苞片在风中飞舞;秋季小小的桂花则带来了秋天的甜香;萧飒的冬季因为有了蜡梅和梅花的凌霜傲雪,使得人类坚定了等待春天的信念。

除花序、花形之外,色彩效果是花最主要的观赏要素,花色变化多样,按照花色大致可以将植物分为以下 4 类:

1) 红色系花

有红色花的植物,如桃、梅、玫瑰、贴梗海棠、石榴、牡丹、山茶、杜鹃、夹竹桃、红粉扑花、紫荆、木棉、凤凰木、刺桐、龙牙花、扶桑、红千层、粉团朱槿、美洲合欢等。

2) 黄色系花

有黄色花的植物,如迎春、桂花、棣棠、黄牡丹、蜡梅、金花茶、金合欢、黄花羊蹄甲、黄马缨丹等。

3) 蓝色系花

有蓝色花的植物,如紫杜鹃、木槿、川泡桐、八仙花、紫玉兰等。

4) 白色系花

有白色花的植物,如茉莉、紫斑牡丹、山茶花(白宝塔)、溲疏、山梅花、小蜡树、白玉兰、珍珠梅、广玉兰、白兰花、栀子花、梨、白花刺梅、白蔷薇、白玫瑰、刺槐、白花夹竹桃、金顶杜鹃、深山含笑等。

园林植物的花以其色、香、形的多样性,为植物造景提供了广阔的天地。在园林植物造景实践中,用同一花期的数种树木配植在一起可构成繁花似锦、璀璨夺目的景观;用多种观花树种,按不同花期配置或同一观花树种不同花期的观花品种配置成树丛,能够获得从春到冬开花连绵不断的景色,实现"四季常青,四时花开"的造景要求;用同一观花树种配置成树群,又有壮丽花海的效果,如丛植的笑靥花,盛开之时波澜壮阔,配植于森林边缘的白鹃梅,恰成"大江东去,卷起千堆雪"的意境。

5.2.3　枝干色彩

园林植物枝干的颜色对造景也起着很大的作用,可产生极好的美化效果,在进行丛植配景时要注意园林植物枝干颜色之间的关系。枝干的显著颜色有暗紫色(如紫竹)、红褐色(如马尾松、杉木、山桃、台湾杉等)、黄色(如金竹、黄桦等)、绿色(如竹、梧桐等)、斑驳颜色(如黄金间碧玉竹、碧玉嵌黄金竹、木瓜等)、白色或灰色(如白皮松、白桦、胡桃、毛白杨、柠檬桉、紫薇等)及灰褐色(大多数园林植物均属此类)。

5.2.4　果实(种子)颜色

园林植物果实(种子)的颜色同样有很高的观赏价值。苏轼诗中"一年好景君须记,最是橙黄橘绿时"描绘的正是果实的色彩效果。观果(种子)植物的配置可弥补秋冬季节红瘦香稀的缺憾,营造另外一个仪态万千的世界。园林植物常见的果色有:红色(如桃叶珊瑚、火棘、小檗类、栒子、山楂、冬青、枸杞、樱桃、枸骨、南天竹、珊瑚树、石榴、九里香、红毛丹、荔枝、山桐子、长叶胡颓子等)、黄色(如银杏、梅、杏、柚、甜橙、佛手、长果金柑、枸杞、南蛇藤、梨、贴梗海棠果、龙眼、无患子、刺葵、沙棘、玛瑙珠等)、蓝紫色(如紫珠、蛇葡萄、葡萄、海州常山、十大功劳、蓝果忍冬、白檀等)和黑色(如桂花、女贞、荚迷、黑果绣球、鼠李、常春藤、君迁子、金银花、黑果忍冬、大果冬青、黑果栒子、桑等)。

除上述基本颜色外,有的园林植物的果实(种子)还具有花纹。另外,紫杉属植物鲜红的杯状假种皮及野鸦椿蓇果开裂后宿存枝头的红色果皮无不给寂寥的秋冬之际带来明亮欢快之感;乌桕种子外被白蜡固着于中轴上,经冬不落,入诗即有"偶看桕树梢头白,疑是江梅小着花"之句。在植物造景选择观果植物的时候,最好选择果实不易脱落而浆汁较少的,以便长期观果和保持环境清洁。

5.3　园林植物的芳香及其观赏特性

一般艺术的审美感多强调视觉和听觉的感赏,而嗅觉感赏却是园林植物造景艺术区别于其他艺术形式的重要特点。"疏影横斜水清浅,暗香浮动月黄昏"道出了玄妙横生、意境空灵的梅花清香之韵。人们通过嗅觉感赏园林植物的芳香,得以引发绵绵柔情和种种醇美回味,令人心旷神怡。园林植物的香味主要是植物通过花器内的油脂类或分泌其他芳香类复杂化学物质,它们能随花果的开放过程不断分解为挥发性的芳香油(如安息香油、柠檬油、香橼油、桉树脑、柠檬油、肉桂油、樟脑及萜类等），刺激人的嗅觉，产生愉悦的感觉。园林植物芳香变化较大，有浓淡轻重之分，花香有的恒定久远，有的飘忽变幻，有的花香有保健作用，有的还有杀菌驱蚊的功效，也有的花香有毒。充分利用园林植物的芳香特性，合理安排花期，是园林植物景观营造的重要手段。

具有花香或分泌芳香物质的园林植物分为香花植物和分泌芳香物质的植物。香花植物的花具有香味，如茉莉、风信子、含笑、白兰花、珠兰、桂花、素馨、夜来香、栀子、水仙、月季、玫瑰、丁香、米兰、兰花等；还有部分植物通过分泌芳香物质而具有香味，如柑橘、香樟、桉、芸香、白千层、肉桂、松等。

园林植物的芳香既沁人心脾、振奋精神，又增添情趣、招引蜂蝶。芳香植物可拓展园林景观的功能，由于芳香不受视线的限制，芳香植物能作为芳香园、盲人花园、夜花园的主题，起到引人入胜的效果。在园林景观中，可以在有人停留驻足的地方种植香味浓郁的植物，如夏天的栀子、秋天的桂花和冬天的蜡梅等；路边或窗下可种植迷迭香、薰衣草等低矮的芳香类灌木或地被；水中还可以种植荷花、香蒲等。

随着经济、科学技术的发展，园艺疗法逐渐得到人们的重视，植物保健绿地应运而生。虽然多数园林植物的香气可以使人心情愉悦，有益于身心健康，甚至治疗疾病，但并不是所有的芳香植物都是有益的，有的芳香植物对人体有害。比如，松树分泌的物质，可以杀死寄生在呼吸系统里使肺部和支气管产生感染的各种微生物，有“松树维生素”之称，但园林造景中松柏类所散发的香气虽有杀菌作用，闻得过久不仅会影响食欲，还会引起孕妇烦躁恶心、头晕目眩。又如，夹竹桃的茎、叶、花都有毒，闻其气味过久会使人昏昏欲睡、智力下降；夜来香在夜间停止光合作用后产生大量废气，闻起来很香，但对人体健康不利，如果长期放在室内，会引起头晕、咳嗽，甚至气喘、失眠；月季的浓郁香味，初觉芳香可人，时间过长会使人郁闷不适、呼吸困难。

5.4 园林植物的质地及其观赏特性

质地是指通过视觉或触觉感受形成的质感。质感是人们对自然质地产生的心理感受，即质地的“情感”。如纸质、膜质叶片呈半透明状，给人恬静之感；革质叶片，厚而浓暗，给人光影闪烁之感；粗糙多毛的叶片，给人粗野之感。总之，质地具有较强的感染力，可以使人产生复杂而又丰富的心理感受。

5.4.1 质地分类

不同的植物具有各异的质感，所谓植物的质地，是指植物直观的粗糙感和细腻感。植物的质地取决于叶片、小枝、茎干的大小、形状及排列方式，并与叶片的厚薄、光滑或粗糙、叶缘形态、树皮的形式、植物的综合生长习性和观赏距离等有关系。

当近距离观赏植物的外貌时，单个叶片的大小、形状、外表以及小枝条的排列都是影响质感的重要因素；当远距离观赏植物的外貌时，决定质地的主要因素则是枝干的密度和植物的一般生长习性。植物的质地景观虽不如色彩、姿态等引人注目，但对景观设计的协调性、多样性、视距感、空间感以及设计的情调、观赏情感和气氛有着极深的影响，对优秀的景观设计也是至关重要的。质地除了随距离变化外，落叶植物的质地也随季节变化。冬天，落叶植物由于没有叶片，其质感与夏季不同，一般来说更为疏松。在植物配植中，植物的质地会影响其他因素，包括布局的协调性和多样性、视距感，以及一个设计的色调、观赏情趣和气氛。植物的质地是相对的，例如，香樟跟悬铃木种植在一起，香樟是细质感，而悬铃木是粗质感，香樟如果种植在修剪整齐的大草坪上，草坪是细质感，香樟则是粗质感。

根据质地在景观中的特性及其潜在用途，可将园林植物分为粗质型、中质型和细质型 3 种。

1）粗质型（见图 5.7）

此类植物通常具有大叶片、疏松粗壮的枝干或松散的树形，给人以强壮、坚固、刚健之感。粗质型植物观赏价值高，泼辣而有挑逗性，在造景中可以作为中心物加以装饰和点缀，过多使用则显得粗鲁而无情调。同时，这类植物有缩短视距使景物趋向赏景者的感觉，适宜用在超越人们正常舒适感的现实自然范围中，在狭小空间不宜过多或者慎用，否则会使空间显得杂乱而狭窄拥挤。

粗质型园林植物有：火炬树、鸡蛋花、凤尾兰、大叶杜鹃类、广玉兰、刺桐、欧洲七叶树、木棉、龙血树等。

图 5.7　粗质型

2）中质型

此类植物具有中等大小叶片、枝干以及具有适中的密度。大多植物属于此类，在景观设计中，中质型植物与细质型植物连续搭配，给人自然、统一的感觉。

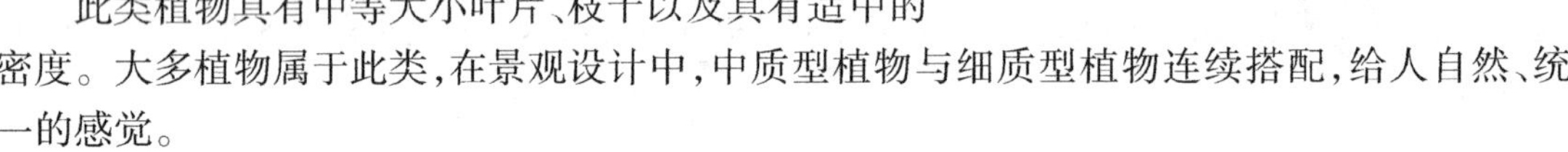

3）细质型（见图 5.8）

此类植物具有很多小叶片、微小脆弱的小枝以及整齐密集而紧凑的冠形，具有柔软、纤细的特质。细质型植物的特性恰好与粗质型植物相反。在景观中，细质型植物易被忽视，有“远离”观赏者扩大视距的感觉，宜用于紧凑狭窄的空间设计。同时，此类植物叶小而浓密，枝条纤细而又不易显露，轮廓清晰，外观文雅而细腻，宜作背景材料，以展示整齐、清晰、规则的特殊氛围。

细质型的植物有：鸡爪槭、珍珠梅、榉树、馒头柳、垂柳、地肤、文竹、苔藓、铁线蕨、结缕草、早熟禾等。

图 5.8　细质型

5.4.2　质地在植物景观设计中的应用

（1）质地的设计与运用应遵循美学的艺术法则

质地的选取和使用必须结合植物自身的体量、姿态与色彩，注意变化与协调统一，增强和突出所要表达的景观意象。例如，构图的立意要突出某个焦点，应选用细质型植物材料，在景观上不喧宾夺主。在植物造景中不同质地的植物过渡要自然,比例要合适。空间与空间的过渡或相连采用质地相近的材料以使景观融合。

(2)均衡地使用3种不同类型的植物

在植物造景中,质感种类运用少,布局会显得单调;质感种类过多,布局会显得杂乱。

(3)随空间距离、时间和季节的变化,园林植物的质地表现不同

造景中应把握植物不同季节的质感变化,合理运用,如柳树等落叶植物,夏季是细质型植物,而秋冬落叶以后会呈现粗质型的特征。

(4)不同质地材料的选择要与空间大小相适应,与环境协调

大空间多采用粗糙刚健的粗质型植物与之相配;小空间多采用细质型植物,空间会因漂亮、整洁的质感使人感到雅致、愉悦。

5.5　园林植物的音韵、意境及其观赏特性

5.5.1　园林植物的音韵美

在亭台楼阁等建筑旁边种植荷花、芭蕉等花木,雨滴淅淅沥沥的声响可以创造出园林中的声音美。例如,苏州拙政园的留听阁,因唐代诗人李商隐的《宿骆氏亭寄怀崔雍崔衮》诗"秋阴不散霜飞晚,留得枯荷听雨声"而得名,而听雨轩因其旁边种植有芭蕉,轩名就取自"雨打芭蕉淅淅沥沥"的诗意。又如,杭州西湖十景之一的"曲院风荷",就以欣赏荷叶受风吹雨打、发声清雅这种绿叶音乐为其特色,正所谓"千点荷声先报雨"。芭蕉的叶子硕大如伞,雨打芭蕉,清声悠远,如同山泉泻落,令人涤荡胸怀,浮想联翩。唐代诗人杜牧曾写有"芭蕉为雨移,故向窗前种。怜渠点滴声,留得归梦乡",白居易有"隔窗知夜雨,芭蕉先有声"。雨打芭蕉的淅沥声中,飘逸出浓浓的古典情怀。

另外,松树在各种气象条件下,会发出不同的声响,成片栽植的松林,有独特的松涛震撼力量。古人有"听松"的嗜好,有诗云"为爱松声听不足,每逢松树遂忘怀"。白居易有诗:"月好好独坐,双松在前轩。西南微风来,潜入枝叶间。萧寥发为声,半夜明月前,寒山飒飒雨,秋琴泠泠弦。一闻涤炎暑,再听破昏烦。"杨万里有诗:"松本无声风亦无,适然相值两相呼。非金非石非丝竹,万顷云涛殷五湖。"

在植物造景中,景观设计师应充分考虑植物的音韵美的特征,创造出富有情趣又符合生态要求的景观。

5.5.2　园林植物的意境美

植物本身是自然之物,但是作为富有情感和道德标准的人,却赋予其品格与灵性,依据植物自身的特征,表达人的复杂心态和情感,使植物具有意境美。植物的意境美是通过植物的形、色、声等自然特征,赋予其人格化的情感和深刻内涵,从欣赏植物景观形态美到意境美是欣赏水平的升华。

习题

1.园林植物从哪些方面表现其观赏特性?

2.乔木、灌木、地被(草坪)植物在植物景观中分别有什么空间作用?

3.园林植物有哪些主要的树形?可以归纳为哪几种树形姿态?各种姿态的特性及其在设计中如何应用?

4.什么是花相?

5.园林植物在色彩配植时应该注意什么?

6.常用的芳香类的园林植物有哪些?芳香类植物在应用中有什么禁忌?

7.园林植物的质感与哪些因素相关?各种质感植物在设计中应如何运用?

8.在植物造景中应该如何利用园林植物的音韵美和意境美?

9.选择一种校园植物进行观察,总结它的主要观赏特性。

本章彩图

园林植物造景美学原理

植物配植展现了植物的个体美和群体的组合美,它是园林景观的重要组成部分。完美的植物造景设计必须具备科学性与艺术性两个方面的高度统一,既要满足植物与环境在生态适应性上的统一,又要通过艺术构图原理体现出植物个体及群体的形式美以及人们在欣赏它们时所产生的意境美。植物景观中艺术性的创造极为细腻而又复杂,不仅要把握整体宏观控制、注重细节、完善局部,还需要借鉴绘画艺术原理及古典文学的运用来构思和体现诗情画意,这就要求景观设计者涉猎多方面的知识,提高自身的艺术修养,并合理应用和发挥,融入自己的真情实感。

6.1 色彩美原理

6.1.1 色彩的心理效应及搭配规律

据心理学家研究,不同的色彩会给人们带来不同的感受。在红色的环境中,人的脉搏会加快、情绪兴奋冲动、感觉到温暖;而在蓝色环境中,人的脉搏会减缓、情绪较沉静、感到寒冷。为了达到理想的植物景观效果,园林设计师应该熟悉各种色彩的心理效应,在设计中根据环境、功能、服务对象等选择适宜的植物色彩进行搭配。

1)色彩的冷暖感

色彩的冷暖感又称色彩的色性。凡是带红、黄、橙的色调,使人联想起火光、阳光,具有温暖的感觉的颜色,属于暖色调;凡是带青、蓝、蓝紫的色调,使人联想起夜色、阴影,增加凉爽、清冷的感觉的颜色,属于冷色调。绿色与紫色介于冷、暖色之间,其温度感适中,是中性色。

白色、黑色和灰色属于无彩色系。

在园林中应用时,严寒地带多用暖色植物,夏季多用冷色植物。公园在举行游园晚会时,春秋季多用暖色照明,夏季多用冷色,才能取得良好的审美效果。暖色多应用于广场花坛、主要入口或门厅等庄严、热烈的环境,给人以朝气蓬勃的欢快感,从而形成欢畅热烈的气氛,提高游人的观赏兴致,也象征着欢迎来自远方的宾客。冷色多用于空间较小的环境边缘,以增加空间的深远感。在面积上,冷色有收缩感,同等面积的色块,在视觉上冷色比暖色面积感觉小。因此,要获得同样面积的感觉,可以使冷色面积略大于暖色面积。冷色与白色和适量的暖色搭配,会产生明朗、舒畅的气氛,可应用于较大的广场中的草坪、花坛等处。

2)色彩的远近感

暖色调和深颜色给人以坚实、凝重之感,有向观赏者靠近的趋势,使空间显得比实际的要小;而冷色调和浅色与此相反,在给人以明快、轻盈之感的同时,会产生后退、远离的错觉,使空间显得比实际的要开阔。紫、青、绿、红、橙、黄色的距离感由远至近。园林中如果实际的园林空间深度感染力不足,为了加强深远的效果,作背景的树木宜选用灰绿色或灰蓝色树种,如毛白杨、银白杨、桂香柳、雪松等。

3)色彩的轻重感和软硬感

明度低的深色系具有稳重感,而明度高的浅色系具有轻快感。色彩的软硬感与色彩的轻重、强弱感觉有关。轻色软,重色硬;白色软、黑色硬。颜色越深,重量越重,感觉越硬。栽植植物时,要在建筑的基础部分种植色彩浓重的植物种类。

4)色彩的运动感

色彩明度高的运动感强,明度低的运动感弱。橙色给人一种较强烈的运动感,青色能使人产生宁静的感觉。互为补色的两色结合,运动感最强。在园林中,可以运用色彩的运动感创造安静与运动的环境。例如,休息场所和疗养地段可以采用运动感弱的植物色彩,创造宁静的气氛;体育活动区、儿童活动区等运动场所应多选用具有强烈运动感色彩的植物和花卉,创造活泼、欢快的气氛;纪念性构筑、雕像等常以青绿、蓝绿色的树群为背景,以突出其形象。

5)色彩的华丽与朴素感

色彩的华丽与朴素感和色相、色彩的纯度以及明度有关。红、黄等暖色和鲜艳而明亮的色彩具有华丽感,青、蓝等冷色和浑浊而灰暗的色彩具有朴素感;有彩色系具有华丽感,无彩色系具有朴素感。色彩的华丽与朴素感也与色彩的组合有关,对比的配色具有华丽感,其中以互补色组合最为华丽。

6)色彩的面积感

一般橙色系主观上给人一种扩大的面积感,青色系给人一种收缩的面积感。另外,亮度高的色彩面积感大,亮度弱的色彩面积感小。同一色彩,饱和的较不饱和的面积感大,两种互为补色的色彩放在一起,双方的面积感均可加强。在园林中,同样大小的水面,其面积感最大,草地的面积感次之,而裸地的面积感最小,因此,在较小面积的园林中设置水面比设置草地可以取得扩大面积的效果。运用白色和亮色,也可以产生扩大面积的错觉。

7)色彩的明快与忧郁感

科学研究表明,色彩可以影响人的情绪。明亮鲜艳的颜色使人感觉轻快,灰暗浑浊的颜色则令人忧郁;对比强的色彩组合趋向明快,弱者趋向忧郁。有纪念意义的场所多以常绿植物为主,一方面常绿植物象征万古长青,另一方面常绿植物的色调以暗绿为主,会显得庄重。娱乐休闲场所多使用色彩鲜艳的花灌木作为点缀,创造轻松愉快的氛围。

偏暖的色系容易使人兴奋,偏冷的色系使人沉静,绿与紫为中性。红色的刺激性最大,容易使人兴奋,也容易使人疲劳;橙色给人以明亮、高贵、华丽、焦躁之感;黄色给人以温和、光明、纯净、轻巧、憔悴、干燥之感;紫色给人以华贵、典雅、忧郁、专横、压抑之感;黑色给人以肃穆、安静、坚实、神秘、恐怖、忧伤之感;白色给人以纯洁、神圣、高雅、寒冷、轻盈及哀伤之感。绿色是视觉中最为舒适的颜色,当人们用眼过度产生疲劳时,到室外树林、草地中散步,看绿色植物,可以消除疲劳。因此,应该尽量提高绿地的植物覆盖面积以及"绿视率",尤其是对于医院、疗养院以及老年人活动场所,更应该以绿色植物为主,尽量少用大面积鲜艳的颜色;儿童活动场地则可以适当地多种植色彩艳丽的植物,吸引儿童的注意力,也符合儿童天真、活泼、可爱的个性。

天然山水和天空的色彩是人们不能控制的,因此,一般只能用作背景色使用来增加其景观效果。园林中的水面颜色与水的深度、纯净程度、水边植物、建筑的色彩等关系密切,特别是受天空颜色影响较大。通过水面映射周围建筑及植物的倒影,往往可以产生奇特的艺术效果,如"丹枫万叶碧云边,黄花千点幽岩下"就是描绘秋日的枫叶和菊花在碧云、幽岩映衬下形成的美妙景观。园林建筑和道路、广场、山石等的色彩也常作为植物的背景色,江南园林中常见的墙面可起到画纸的作用。

6.1.2 色彩的表现特征及搭配规律

所有的颜色都有自己的表现特征,就像每个人都有自己的性格特征一样。通过不同色彩的搭配可以增加植物景观的层次感、立体感、季相感和动感等。彩叶植物色彩丰富,季相变化明显,与其他常绿植物、落叶树种、花卉、草坪及园林建筑、山石、水体相结合时,通过科学合理的搭配,可以创造出各种优美、迷人的景观效果。"双枫一松相后前,可怜老翁依少年。少年翡翠新衫子,老翁深衣青布被。更看秋风清露时,少年再换轻红衣。莫教一夜霜雪落,少年赤立无衣着。"这是杨万里运用拟人的手法形象地描绘了两株枫树和一株青松配置在一起时的四季景观变化。"枫林在城西南隅……时夕照已转林腰,横射叶上,光彩如泼丹砂者,正坐吟远上寒山之句,希微间踽踽影动……"明朝钟人杰的《过枫林记》描述了红叶随着夕阳光线变化而展现出的动感。在林缘、路旁或林中空地栽植金黄色的银杏、无患子、金钱松、金叶刺槐、金叶皂荚等,这些地点便可明亮起来。设计师在进行植物选择、配置时,应根据色彩的特点进行合理的组合。色彩的特征以及使用注意事项见表6.1。

表6.1 色彩的特征以及使用注意事项

色彩	象征意义及特点	适宜搭配	使用时注意事项
红色	兴奋、快乐、喜庆、美满、吉祥、危险,深红深沉热烈,大红醒目,浅红温柔	红色+浅黄色/奶黄色/灰色	最宜于景观中间位置,易造成视觉疲劳
橙色	金秋、硕果、富足、华丽、高贵、快乐和幸福	橙色+浅绿色/浅蓝色=响亮+欢乐 橙色+淡黄色=柔和过渡	大量使用橙色容易产生浮华之感

续表

色彩	象征意义及特点	适宜搭配	使用时注意事项
黄色	温和、辉煌、太阳、光明、快活、财富和权力,也有颓废、病态感	黄色+黑色/紫色=醒目 黄色+绿色=朝气活力 黄色+蓝色=美丽清新 淡黄色+深黄色=高雅	大量亮黄色易引起眩目、视觉疲劳,故很少大量运用,多作色彩点缀
绿色	生命、休闲,黄绿色单纯、年轻,蓝绿色清秀、豁达,灰绿色宁静、平和、幼稚	深绿色+浅绿色=和谐、安宁 绿色+白色=年轻 浅绿色+黑色=魅力、大方 绿色+浅红色=活力	可以缓解视觉疲劳
蓝色	天空、大海、永恒、秀丽、清新、宁静、深远,也有忧郁、压抑感	蓝色+白色=明朗、清爽 蓝色+黄色=明快	最冷的色彩,令人感觉清凉
紫色	华贵、典雅、美丽、神秘、虔诚,也有忧郁、迷惑感	紫色+白色=优美、柔和 偏蓝的紫色+黄色=强烈对比	低明度,容易造成心理上的消极感
白色	纯洁、白雪	大部分颜色	有寒冷、严峻的感觉
黑色	神秘、稳重、阴暗、恐怖	红色/紫色+黑色=稳重、深邃 金色/黄绿色/浅粉色/淡蓝色+黑色=鲜明对比	容易造成心理上的消极感和压迫感
灰色	柔和、高雅	大部分颜色	两种色彩之间的过渡

6.1.3 园林植物的色彩搭配

1)单色应用

以一种色彩布置于园林中,如果面积较大,会显得景观大气、视野开阔。现代园林中常采用单种花卉群体大面积栽植的方式,形成大色块的景观,但单一色彩面积过大容易显得单调,若在大小、姿态上取得对比变化,景观效果会更好。例如,绿色草地中的孤植树,园林中的块状林地等。

2)双色配合

采用补色配合,如红与绿,会给人醒目的感觉。大面积草坪上配置少量红色的花卉,在浅绿色落叶树前栽植大红的红花碧桃、红花紫薇和红花美人蕉等花灌木或花卉,可以得到鲜明的对比。两种互补颜色的配合还有玉簪与萱草、桔梗与黄波斯菊、黄色郁金香与紫色郁金香等。

邻补色配合可以得到活跃的色彩效果,金黄色与大红色、青色与大红色、橙色与紫色的配合均属此类型。

3)多色配合

多种色彩的植物配置在一起会给人生动、欢快、活泼的感觉,如在布置节日花坛时常用多种颜色的花卉配置在花坛中，以创造欢快的节日气氛。

4) 类似色配合

类似色配合在一起，用于从一个空间向另一个空间过渡的阶段，给人柔和安静的感觉。园林植物片植时，如果用同一种植物且颜色相同，则没有对比和节奏的变化，因此，常用同一种植物近似色彩的类型栽植在一起，如橙色与金黄色的金盏菊、深红色与浅红色的月季相搭配可以使色彩显得活跃。许多住宅小区整个色调以大片的草地为主，中央有碧绿的水面，草地上点缀着造型各异的深绿、浅绿色植物，结合白色的园林设施，显得宁静和高雅；花坛中，色彩从中央向外依次变深变淡，具有层次感，舒适、明朗。

6.2 形式美的法则

形式美是指各种形式的元素（点、线、面、体、色彩、质地等）有规律的组合，是多种美的形式所具有的共同特征和概括反映。对形式美法则的研究，是为了提高美的创造能力，培养人们对形式变化的敏感性。

形式美的外形表现形态主要有线条美、图形美、体形美、光影色彩美、朦胧美等方面。人们在长期的社会劳动实践中，按照美的规律塑造景物外形，并逐步发现了一些形式美的规律性，即人们所说的形式美法则。统一、调和、均衡、韵律及比例与尺度等形式美的法则是园林植物造景设计中必须遵循的一种重要法则，现代园林植物景观设计应在更多的层面上应用这些规律，使景观稳定、和谐，产生一定的韵律感，以求获得优美的景观效果。

6.2.1 多样统一法则

多样统一法则以完形理论为基础，通过发掘设计中各个元素相互之间内在和外在的联系，运用调和与对比、过渡与呼应、主景与配景以及节奏与韵律等手法，使景观在形、色、质地等方面产生统一而又富于变化的效果。多样统一法则又称为统一与变化的原则，是最基本的美学法则。在植物造景时，变化太多，整体就会显得杂乱无章，甚至一些局部会显得支离破碎，失去美感。过于繁杂的色彩还会使人心烦意乱，无所适从。但是如果缺少变化，片面地讲求统一，平铺直叙，又会显得单调、呆板。因此，园林植物景观设计必须将景观作为一个有机的整体加以考虑，统筹安排，给人以统一的感觉，达到形式与内容的变化与统一。植株形态、色彩、线条、质地及比例都要有一定的差异和变化以显示多样性，同时又要使它们之间保持一定的相似性，以引起统一感。重复方法的运用最能体现植物景观的统一感，如在道路绿带栽植行道树，等距离配植同种、同龄乔木树种，并在乔木下配植同种花灌木。在园林中，常要求统一当中有变化或是变化当中有统一。例如，长江以南在竹园设计时，可将众多的竹种统一在相似的竹叶及竹竿的形状及线条中，但丛生竹与散生竹有聚有散，高大的毛竹、钓鱼慈竹或麻竹等与低矮的矮竹配置则高低错落，龟甲竹、人面竹、方竹、佛肚竹则节间形状各异，粉单竹、白杆竹、紫竹、黄金间碧玉竹、碧玉间黄金竹、金竹、黄槽竹、菲白竹等则色彩多变。这些竹种经巧妙配置很好地说明了统一中求变化的原则。又如，黄栌、枫香、槭树、栎类等不同树种和形状的秋色叶植物，混交形成的秋色林统一在相似的叶色上。

6.2.2 对比与调和原则

对比与调和是艺术构图的重要手段之一。对比是把具有明显差异、矛盾和对立的双方安排在一起,进行对照比较。调和则是利用景观元素的近似性或一致性,使人们在视觉上、心理上产生协调感。统一一旦变化就形成对比,使诸多不同形式统一起来,可采取调和的手法。园林景观需要有对比使景观丰富多彩,生动活泼,同时又要有调和,以便突出主题,不失园林的基本风格。在植物造景中,应主要从外形、质地、色彩、体量、刚柔、疏密、藏露、动静等方面实现调和与对比,从而达到变化中有统一的效果,一般是大对比小调和或大调和小对比。最典型的例子就是“万绿丛中一点红”,其中“万绿”是调和,“一点红”是对比。

各类园林都普遍遵循调和与对比的原则。首先从整体上确定一个基本形式(形状、质地、色彩等)作为植物选配的依据,在此基础上,进行局部适当的调整,形成对比。如果说调和是共性的表现,那么对比就是个性的突出,两者在植物景观造景设计中缺一不可、相辅相成。

1)外形的对比与调和

乔木的高大和灌木的矮宽、尖塔形树冠与卵形树冠有着明显的对比(见图 6.1)。利用外形相同或者相近的植物达到组团外观上的调和,球形、扁球形的植物最容易调和,形成统一的效果。例如,杭州花港观鱼公园某园路两侧的绿地,湖边高耸的水杉、池杉和枝条低垂水面的垂柳及平直的水面形成了强烈的对比,同时,以球形、半球形植物搭配,从而形成了一处和谐的景致。

2)质感的对比与调和

植物的质感会随着观赏距离的增加而变得模糊,因此,质感的对比与调和往往是针对某一局部的景观。细质感的植物由于清晰的轮廓、密实的枝叶、规整的形状常用作景观的背景。多数绿地都以草坪作为基底,其中一个重要原因就是经过修剪的草坪平整细腻,不会过多地吸引人的注意。在园林造景时,应该首先选择一些细质感的植物,如珍珠绣线菊、小叶黄杨或针叶树种等,与草坪形成和谐的效果,在此基础上,再根据实际情况选择粗质感的植物加以点缀,形成对比,突出主景(见图 6.2)。在一些自然、充满野趣的环境中,常常使用未经修剪的草场,质感比较粗糙,此时可以选用粗质感的植物与其搭配,但要注意种类不要选择太多,否则会显得杂乱无章,使景观的艺术效果下降。

图 6.1 外形的对比与调和

图 6.2 质感的对比与调和

3)体量的对比与调和

各种植物之间在体量上有很大的差别。园林景观讲究高低对比、错落有致,利用植物的高低不同,可以组织成有序列的景观,形成优美的林冠线。将高耸的乔木和低矮的灌木、整形绿篱种植在一个局部环境之中会形成鲜明的对比，产生强烈的艺术效果。如假槟榔与散尾葵、蒲葵与棕竹在体量上形成对比，能突出假槟榔和蒲葵，但因为它们都属于棕榈形，姿态又是调和的。

4）明暗的对比与调和

园林绿地中的明暗使人产生不同的感受，明处开朗活泼，适于活动，暗处幽绿柔和，适于休息。园林中常利用植物的种植疏密程度来构成景观的明暗对比，既能互相沟通又能形成丰富多变的景观。

5）虚实的对比与调和

植物有常绿与落叶之分，树木有高矮之分。树冠为实，冠下为虚。园林空间中林木葱绿是实，林中草地则是虚。实中有虚，虚中有实，使园林空间有层次感，有丰富的变化（见图6.3）。

6）开闭的对比与调和

园林中有意识地创造有封闭又有开放的空间，形成有的局部空旷，有的局部幽深，互相对比，互相烘托，可起到引人入胜、流连忘返的效果（见图6.4）。

图6.3　虚实的对比与调和

图6.4　开闭的对比与调和

7）色彩的对比与调和

运用色彩对比可获得鲜明而吸引人的良好效果，运用色彩调和则可获得宁静、稳定与舒适优美的环境。色彩中同一色系比较容易调和，色环上两种颜色的夹角越小越容易调和，如黄色和橙红色等，随着夹角的增大，颜色的对比也逐渐增强。色环上相对的两种颜色，即互补色，对比最强烈，如红和绿、黄和紫等。色彩的对比包括色相和色度两个方面的差异。差异明显的，如绿与红、白与黑就是对比，差异不大的就有调和的效果（见图6.5）。对于植物的群体效果，应当根据当地的气候条件、环境色彩、民俗习惯等因素确定一个基本色调，选择一种或几种相同颜色的植物进行大面积的栽植，构成景观的基调、背景，也就是常说的基调植物。通常基调植物多选用绿色植物，而绿色在植物色彩中最为普遍，而且绿色还有色度上的广谱范围，从淡绿到墨绿，相互调和。在总体调和的基础上，适当地点缀其他颜色，构成色彩上的对比，如园林

图6.5　色彩的对比与调和

植物中叶色也不乏红、黄、白、紫各色,花色更加丰富多彩,彩叶植物和各色花卉与绿色基调形成强烈对比,成为造景的亮点。例如,由桧柏构成整个景观的基调和背景,配以京桃、红瑞木,京桃粉白相间的花朵、古铜色的枝干与深绿色的桧柏形成柔和的对比,而红瑞木鲜红的枝条与深绿色桧柏形成强烈的对比。

6.2.3 节奏与韵律原则

节奏、韵律其原意是指艺术作品中的可比成分连续不断交替出现而产生的美感,现已广泛应用在建筑、雕塑、园林等造型艺术方面。节奏是最简单的韵律,韵律是节奏的重复变化和深化。在园林构图,利用植物单体有规律的重复,有间隙的变化,在序列重复中产生节奏,在节奏变化中产生韵律。条理性和重复性是获得韵律感的必要条件,简单而缺乏规律变化的重复则单调枯燥乏味。如路旁的行道树用一种或两种以上植物的重复出现形成韵律。一种树等距离排列称为"简单韵律"(见图 6.6),此排列比较单调且装饰效果不佳。配植两种树木,尤其是一种乔木与一种花灌木相间排列或带状花坛中不同花色分段交替重复等,可产生活泼的"交替韵律"(见图 6.7)。欧洲古典主义园林中绣花植坛的图案,形成如行云流水、自由奔放的"自由韵律"(见图 6.8)。人工修剪的绿篱可以剪成各种形式的变化,方形起伏的城垛状、弧形起伏的波浪状、平直加上尖塔形半圆或球形等形式,如同绿色的墙壁,形成"形状韵律"。丹麦用山楂、美国南部用石楠作绿篱,前者秋季变红,后者春季嫩梢红色,这样随季节发生色彩的韵律变化者,称为"季相韵律"。园林景物中连续重复的部分,作规则性的逐级增减变化还会形成"渐变韵律",这种变化是逐渐而不是急剧的,如植物群落由密变疏,由高变低,色彩由浓变淡都属于渐变形式,由此获得调和的整体效果。

图 6.6 简单韵律

图 6.7 交替韵律

图 6.8 自由韵律

花坛的形状变化或植物种类、色彩、排列纹样的变化,结合起来就是花园内最富有韵律感的布置。在欧洲文艺复兴时期,大面积使用图案式花坛,给人以强烈的韵律感。花境中植物种类并不多,但按高矮错落作不规则的重复,花期按季节而此起彼落,全年欣赏不绝,其中,高矮、色彩、季相都在交叉变化之中,如同一曲交响乐的演奏,韵律无穷。沿水边种植木芙蓉、夹竹桃、杜鹃花等,倒影成双,也是一种重复出现,一虚一实形成韵律。一片林木,树冠形成起伏的林冠线,与青天白云相映,风起树摇,林冠线随风流动也是一种韵律。植物体叶片、花瓣、枝条的重复出现都是一种协调的韵律。

6.2.4 主体与从属原则

园林中的景物有很多,往往被人为区分为主体和从属的关系,也就是重点和一般的关系。园林属人工造景,出于经济、环境的条件或苗木供应等各种因素的缘故,造园者往往只能注重某一景物或某一景区,而把其余置于一般或从属的地位。一般而言,乔木是主体,灌木、草本是从属,强调或突出主景的方法,主要采用以下两种:

1)轴心或重心位置法

这种方法是把主景安置在主轴线或两轴线交点上,从属景物放在轴线两侧或副轴线上。在自然式园林绿地中,主景则放在该地段的重心位置上,这个重心可能是地形的几何中心、地域中植物群体的均衡重心或者地域中各空间的体量重心。

2)对比法

在前述的对比技法中,形体高大、形象优美、色彩鲜明、位处高地、在空旷处独一无二或横向景物中"鹤立鸡群"者一般都是主景,其余则为从属景物。

6.2.5 均衡与稳定原则

平面上表示轻重关系适当的就是均衡。规则式园景是在轴线两侧对称地布置景物,其品种、形体、数目、色彩等各种量的方面都是均衡的,对称均衡给人以整齐庄重的感觉(见图6.9)。一般情况下,园林景物不可能是绝对对称均衡的,但仍然要获得总体景观上的均衡,这包括各种植物或其他构成要素在体形、数目、色彩、质地、线条等各方面能体现出量的感觉,要从各方面权衡比较,以求得景观效果的均衡,这称为不对称均衡,也称为自然均衡。不对称均衡赋予景观以自然生动的感觉。

图 6.9 对称的均衡

立面上表示轻重关系适宜的则为稳定。一个物体或一处景物,下部量大而上部量小,被认为是稳定的。园林是人造的仿自然景观,为取得环境的最佳效果,一般应是稳定的。因此,干细而长,枝叶集生顶部的乔木下应配置中木、下木使形体加重,使之成为稳定的景观。比如,高大乔木在风雨中摇晃起来,不稳定感十分强烈,当有中下乔木的树冠相烘托时,其摇摇欲倾之势大为减弱,稳定感明显增加。

6.2.6 比例与尺度原则

比例是指园林中的景物在体形上具有适当美好的关系,其中,既有景物本身各部分之间长、宽、厚的比例关系,又有景物之间个体与整体之间的比例关系,这两种关系并不一定用数字来表示,而是属于人们感觉上、经验上的审美概念。例如,日本的古典园林,由于面积较小,传统上的配置(无论树木、置石或其他装饰小品)都是小型的,使人感到亲切合宜;大型园林如天安门广场前的宽敞轴线上,乔木、纪念碑等都是大型的,使人感到宏伟,这种亲切感和宏伟感都是比例适当而形成的。运用比例原则,从局部到整体、从近期到远期(尤其植物体量的增大)、从微观到宏观,相互间的比例关系与客观的需要能否恰当地结合起来是园林艺术设计上成败的关键。

尺度在西方被认为是十分微妙而且难以捉摸的原则,它既有比例关系,又有匀称、协调、平衡的审美要求,其中,最重要的是联系到人的体形标准之间的关系,以及人所熟悉的大小关系。园林是供人欣赏用的空间景物,其尺度应按人的使用要求来确定,其比例关系也应符合人的视物规律。这对于作主景的植物等景物,设立在什么位置上这一问题就有一个尺度和比例的要求。在正常情况下,不转动头部,最舒适的观赏视角在立面上为26°~30°,在水平面上为45°。以此推算,对大型景物来说,合适的视距为景物高度的3.3倍,小型景物约为1.3倍。而对景物宽度来说,其合适视距则为景物宽度的1.2倍。造园者在园林中要设置一株孤植树作主景时,周围草坪的最小宽度就需以这一规律来限定,否则就达不到该树的最佳观赏效果。

6.3 园林植物造景的手法

因借自然,模仿自然,创造供游人游览观赏的景色,称为造景。园林植物的造景对室外环境的总体布局和室外空间的形成非常重要,是在园林设计过程中首先要考虑的因素之一。

6.3.1 植物建造空间

1)构成空间

空间是指由地平面、垂直面及顶平面单独或者共同组合成的具有实在的或者暗示性的范围围合。植物可以用于风景空间中的任何一个平面。

在地平面上,常以不同高度和不同种类的地被植物或矮灌木来暗示空间的边界(见图6.10)。此时,植物虽不是垂直面上的实体视线屏障来限制着空间,但它确实在较低的水平面上围起一定面积,暗示着空间范围的不同。

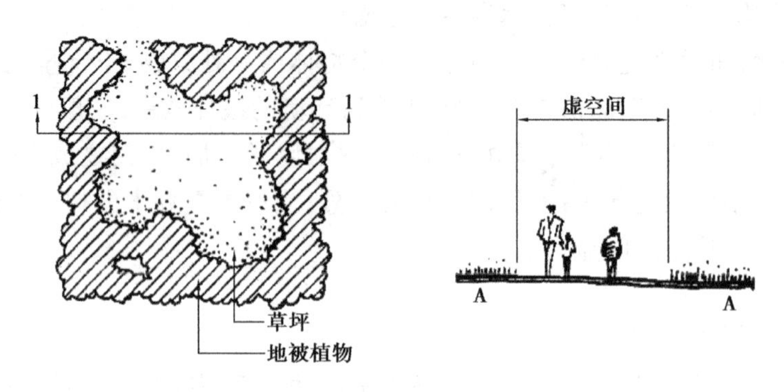

图6.10　地被植物暗示空间

在垂直面上,植物能通过几种方式影响空间感。首先,树干如同直立于外部空间中的支柱，它们多以暗示的方式，而不是以实体限制空间（见图6.11）。其空间封闭程度随树干的大小、疏密以及种植形式而不同。树干越多越封闭，如种满行道树的道路、乡村中的植篱或小块林地。即使在冬天，无叶的枝丫也暗示着空间的界限。植物的叶丛是影响空间围合的第二个因素。叶丛的疏密和分枝的高度影响着空间的闭合感。阔叶或针叶越浓密、体积越大，其围合感就越强烈。常绿植物在垂直面上能形成周年稳定的空间封闭效果，落叶植物是靠枝条暗示空间范围，由它们构成的空间的封闭程度随季节的变化而不同。夏季，落叶植物浓密树叶的树丛，能形成一个闭合空间，给人们以内向的隔离感；而冬季，同一个空间，则比夏季显得更大、更空旷，因植物落叶后，人们的视线能延伸到所限制的空间范围以外的地方。

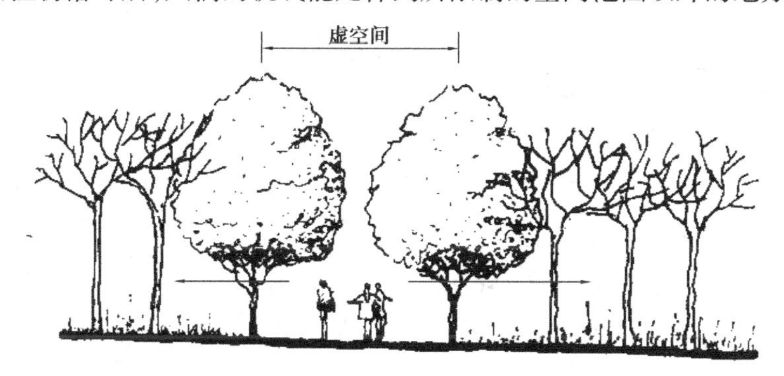

图6.11 树干暗示空间

植物同样能限制、改变一个空间的顶平面。植物的枝叶犹如室外空间的顶棚，限制了伸向天空的视线并影响着垂直面上的尺度。当然，也存在着许多可变因素，如季节、枝叶密度以及树木本身的种植形式。当树木树冠相互交冠、遮蔽了阳光时，其顶面的封闭感最强烈。

空间的3个构成面（地平面、垂直面和顶平面）在室外环境中，以各种变化方式相互组合，形成各种不同的空间形式（见图6.12）。但无论在哪种情况下，空间的封闭度是随围合植物的高矮、大小、株距、密度以及观赏者与周围植物的相对位置而变化的。当围合植物高大、枝叶密集、株距紧凑并与观赏者距离近时，会显得空间非常封闭。

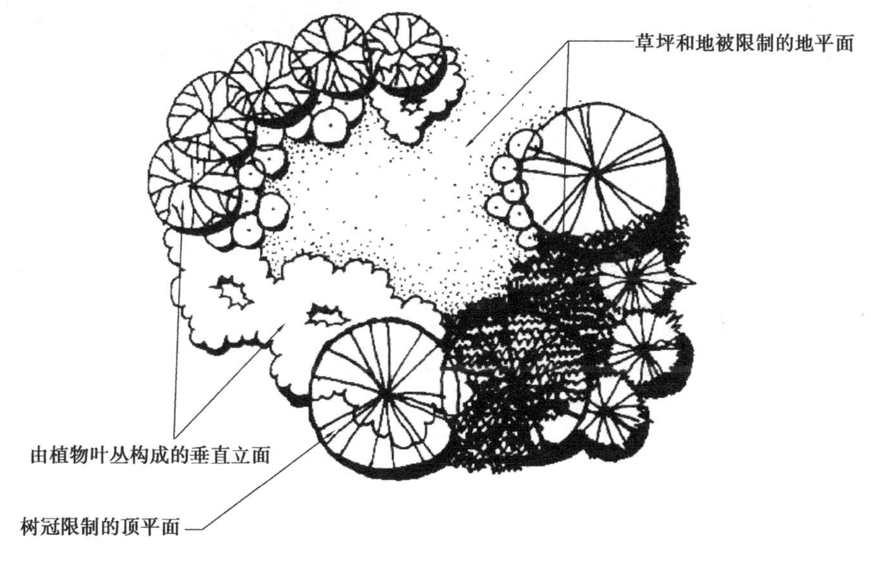

图6.12 由植物材料限制的室外空间

在运用植物构成室外空间时，与其他设计因素一样，设计师首先应明确设计目的和空间性质，其次才能相应地选取和组织设计所要求的植物。园林设计师仅借助植物材料作为空间限制的因素，就能建造出许多类型不同的空间。

图 6.13　居住区半开敞空间

开敞空间：仅用低矮灌木及地被作为空间的限制因素，这种空间四周开敞、外向、无隐秘性，并完全暴露于天空与阳光之下。

半开敞空间：与开敞空间相似，该空间的一面或多面部分受到较高植物的封闭，限制了视线的穿越。这种空间与开敞空间相似，不过开敞程度稍小，其方向指向封闭较差的开敞面。这种空间通常适用在一侧需要私密性，而另一侧需要景观的居住区环境（见图 6.13）。

顶平面空间：利用具有浓密树冠的遮阴树，构成一个顶部覆盖而四周开敞的空间（见图 6.14）。一般说来，该空间为夹在树冠和地面之间的宽阔空间，人们能穿行或站立于树干之中，利用覆盖空间的高度，能形成垂直尺度的强烈感觉。由于光线只能从树冠的枝叶间隙及侧面渗入，在夏季显得阴暗，而冬季落叶后显得开敞明亮。这类空间凉爽，视线通过四边出入。另一种类似于此类空间的是“隧道式”空间，是由道路两旁的行道树交冠遮阴形成，增强了道路直线前进的运动感，使注意力集中在前方。

图 6.14　落叶植物春夏季顶平面空间

完全封闭空间：这种空间与上面覆盖空间相似，但最大的差别于此，这类空间的四周均被中小型植物所封闭，具有极强的私密性和隔离感。

垂直空间：运用高而细的植物能构成一个方向直立、朝天开敞的室外空间。设计要求垂直感强弱取决于四周开敞的程度。此空间就像哥特式教堂，令人翘首仰望将视线导向空中。这种空间尽可能用圆锥形或纺锤形植物，越高则空间感越强。

植物材料能创造出各种具有特色的空间（见图 6.15），同时，它们也能构成互相联系的空间序列。植物就像一扇扇门、一堵堵墙，引导游人进出和穿越一个个空间。在发挥这一作用的同时，植物一方面改变空间的顶平面的遮盖；另一方面有选择性地引导和阻止空间序列的视线（见图 6.16）。植物能有效地“缩小”空间和“扩大”空间，形成欲扬先抑的空间序列。设计师在不变动地形的情况下，利用植物来调节空间范围内的所有方面，从而创造出丰富多彩的空间序列。

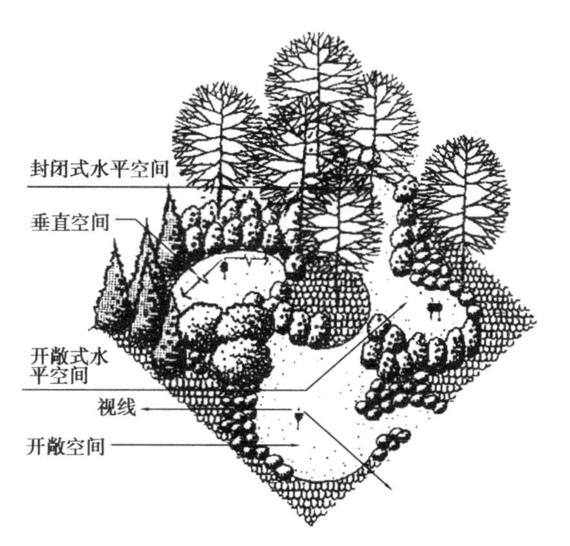

图 6.15 各种空间类型的轴测图

图 6.16 植物以建筑方式构成和连接空间序

2)改变空间

植物还能改变由建筑物所构成的空间。植物的主要作用是将建筑物所围合的大空间再分割成许多小空间。在城市环境和校园布局上,在楼房建筑构成的硬质空间中,用植物材料分割出一系列亲切的、富有生命的次空间(见图 6.17)。

植物也可以用来完善由楼房建筑或其他设计因素所构成的空间围合和布局。当一个空间的两面或三面是建筑和墙,剩下的开敞面可以用植物来完成整个空间的围合。像围合那样运用植物材料将其他孤立因素所构成的空间给予更多的围合面,形成一个连续的空间。

3)完善、统一空间

植物通过重现房屋的形状和块面的方式,或通过将房屋轮廓延伸至其相邻的周围环境中的方式而完善某项设计和为设计提供统一性。例如,一个房顶的角度和高度均可以用树木来重现,这些树木具有房顶的同等高度,或将房顶的坡度延伸融合在环境中。室内空间也可以直接延伸到室外环境中,方法是利用种植在房屋旁、具有与屋顶同等高度的树冠,所有这些表现方式都能使建筑物与周围环境协调,从视觉上和功能上看上去是一个统一体。

在户外任何环境中,植物都可以作为一个恒定因素,其他因素变化而它始终不变,将环境中的各个部分统一起来。最典型的就是街道上不同的要素,因为有了相同的植物配植而成为统一的街景。如图 6.18 所示,行道树蓝花楹就将四川省西昌市街道上的各种因素统一起来。

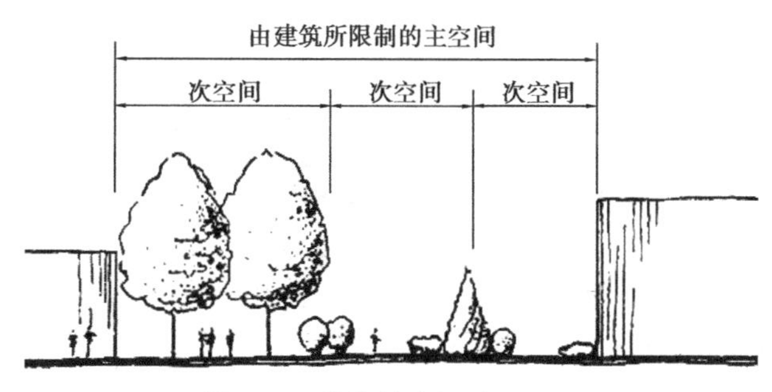

图 6.17 植物的空间分隔作用

图 6.18 植物统一空间

4)强调、识别空间

在户外空间中,植物可以借助本身截然不同的大小、形态、色彩、排列或与相邻环境不同的质地来突出或强调某些特殊景物。植物的这些相应的特性格外引人注目,适合在出入口、交叉点种植以指出一个空间或环境中某景物的重要性和位置,使空间更显而易见,更容易被人识别和辨明。如居住区植物配植的时候,整个小区或组团景观风格、园林植物配植形式相近,但是各单元门口利用不同的孤植树或植丛,成为各入户单元的标志,使空间可识别性增强。

5)柔化空间

很多户外空间由建筑构成,显得粗糙、僵硬,可以用植物进行柔化。如在城市的老城区,存在建筑密度大、绿量不够的问题,使城市空间显得杂乱、冷酷。在旧城改造中,可通过拆掉部分老旧建筑,见缝插绿,配植适当的植物,让城市空间富有生机,富有人情味。

6.3.2 分景

分景是分割空间,隔断部分视线,增加空间层次,使空间小中见大,丰富园中景观的一种造园技法,常用的处理手法有障景与隔景。

"佳则收之,俗则屏之"是我国古代造园的手法之一,在现代景观设计中也常常采用这样的思路和手法。障景又称抑景,是指直接采取截断行进路线或逼迫其改变方向的办法,将好的景致收入景观中,将乱差的地方遮挡起来。在园林游赏中凡是能抑制视线、转变空间方向的屏障物均为障景。障景的作用有3个:一是先抑后扬,增加赏景的曲折生动性,造成"山重水复疑无路,柳暗花明又一村"的豁然开朗的意境;二是点景,即障景之本身可构成空间分隔,独成景观,如入口处的假山、照壁等;三是用来完全隐藏不够美观和不能暴露的地方和物体。障景的布置要自然、协调,一般采用不对称的构图,且构图宜有动势,以引导游览者前进。

植物如直立的屏障,利用植物材料能控制人的视线,将所需的美景收于眼里,而将不雅之物障于视线以外(见图6.19)。障景的效果依景观的要求而定,若使用不通透的植物,能完全屏蔽视线通过,而使用枝叶稀疏的植物,则能达到漏景的效果。为了取得有效的植物障景,园林设计师要分析观赏者所在的位置以及地形等因素。所有这些因素都会影响所需的植物屏障的高度、分布以及配植。较高的植物虽在某些景观中有效,但它并非绝对的优势。因此,研

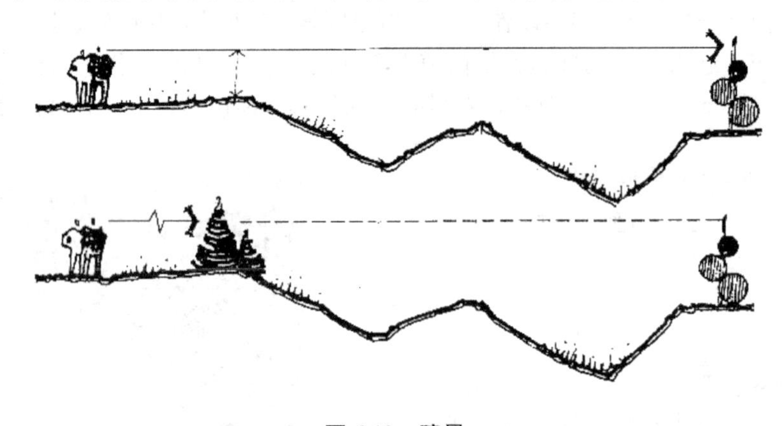

图6.19 障景

究植物屏障各种变化的最佳方案就是沿预定视线画出区域图,将水平视线长度和被障物高度准确地标在区域内,再通过切割视线,就能定出屏障植物的高度和恰当的位置了。另一个需要考虑的因素是季节,常绿植物具有永久性屏障作用,而落叶植物在秋冬季节就是通透的。

隔景是分景的另一种处理手法,将园林分为不同的景区而造成不同的空间效果。隔景可以避免各景区的相互干扰,增加园景的构图变化。

能分景的植物还可以起到保护私密性的作用,并且,空间的私密程度与作为屏障植物的高度相关,一般植物越高、分枝点越低、枝叶越浓密,空间私密性就越强。私密性控制与障景的区别,在于前者围合并分割一个独立空间,从而封闭了所有出入的视线,而障景则是慎重种植植物屏障,有选择地屏障视线;私密空间杜绝任何在封闭空间的自由穿行,而障景则允许在植物屏障内自由穿行。在私密场所和居民住宅设计时,往往需要考虑私密性。

6.3.3　框景与漏景

框景就是利用门框、窗框、树干树枝所形成的框架、山洞的洞口等,有选择地提取另一空间的景色,使之恰似一幅嵌于镜框中的图画(见图 6.20)。框的作用在于把园林景观利用镜框的设置,宛然统一在一幅画中,以简洁幽暗的景框为前景,使观赏者的视线通过景框集中在画面的主景上,给人以强烈的艺术感染力。植物材料可以通过枝叶、树干等形成遮挡物围绕在景物周围,形成一个镜框。

漏景是框景的延伸和发展。框景是景色清晰、主题明确;漏景则若隐若现、含蓄幽然。漏景可从园林的围墙上,或走廊(单廊或复廊)一侧,或两侧的墙上设以漏窗,雕以各种几何图形或民间喜闻乐见的植物、动物。透过漏窗的窗隙,可见园外或院外的美景。在园林植物造景时可以通过树干、疏林空隙形成漏景。注意林中取漏景,宜在阴处;花中取漏景,则不宜过繁。

6.3.4　夹景与对景

在景观设计中,常遇到远景在水平方向视野很宽,但其中又并非都是很动人的情况。为了突出前方理想景色,常以植物或建筑等将两侧加以屏障,形成左右遮挡的狭长空间,这种手法称为夹景。夹景是运用轴线、透视线突出对景的手法之一,可增加园景的深远感。植物造景时道路两侧的植物常形成夹景。夹景尽头被突出的景观称为对景,如果视线只有一端有对景称为正对景,视线两端均有对景称为互对景。(见图 6.21)

图 6.20　框景

图 6.21　夹景与对景

6.3.5 添景与点景

当主景与远方之间没有其他中景、近景过渡时,为求主景或对景有丰富的层次感,增强园景景深的感染力,常作添景处理。添景的“景”常常用景观小品或园林植物,用植物作添景时,形体宜高大、优美。

创作设计园林题咏称为点景。点景能挖掘园林内涵,起到画龙点睛的作用。我国古典园林中善于抓住每一景点,根据其性质、用途,结合空间环境的景象和历史,高度概括作出形象化、诗意浓、意境深的园林题咏,尤其常常用植物作为景点题名,如拙政园中“荷风四面”“柳荫路曲”“海棠春坞”“听雨轩”等。

习题

1. 各种不同色彩各自表达什么样的“情感”?
2. 园林植物色彩如何进行色彩搭配?
3. 形式美法则主要有哪些?
4. 园林植物造景手法主要有哪些?
5. 调研城市园林环境,拍取场景照片,分析其运用了哪些造景法则和手法。

7

本章彩图

园林植物的配植形式

园林植物的造景以乔木和灌木为主,配植成具有各种功能的植物群落,其配植形式千变万化,在不同地区、不同场合,由于不同的目的及要求,可以有多种形式的组合与种植方式,主要分为规则式、自然式和混合式 3 种。规则式配植一般配合中轴对称的格局应用,植物以等距行列式、对称式为主,通常在主体建筑主入口和主干道两侧,主要包括对植、列植、整形绿篱等;花卉布置通常采用模样植,体现在以图案为主要形式的花坛和花带上,有时候也布置成大规模的花坛群。自然式配植要求反映自然界植物群落之美,树种多选用树形或树体部分美观奇特的品种,以不规则的株行距配植成各种形式,主要包括孤植、丛植、群植、林植等;花卉的布置以花丛、花境为主。这些配植形式各有其特点和适用范围,现代园林中常采用规则式和自然式交错的混合式,强调传统艺术手法和现代工艺、形式的结合。

7.1 乔木在园林中的配植形式

乔木具有形体高大、枝叶繁茂、寿命长、景观效果突出等特点,是园林植物景观营造时使用的骨干材料。在植物景观设计中,乔木的配植是决定植物景观营造成败的关键,乔木的种植类型也反映了一个城市或地区的植物景观的整体形象和风貌。

7.1.1 孤植

孤植是指在空旷地上孤立地种植一株或几株同种树种紧密地种植在一起表现单株栽植效果的种植形式,常用于广场、庭院、草坪、水面附近、桥头、园路尽头或转弯处等地方。孤植主要显示植物的个体美,一般成为园林空间的主景。孤植常用于小空间中近距离观赏、遮阴;

在较大空间运用孤植,可以起到画龙点睛的作用。苏州网师园“小山丛桂轩”西侧的羽毛枫、留园“绿荫轩”旁的鸡爪槭、狮子林“问梅阁”东南水池边的大银杏,郑州市人民公园“牡丹园”中的三角枫,上海植物园的五角枫等,都是非常优美的孤植树。

1)园林功能与布局

孤植的乔木在园林中既可作主景构图展示其个体美,也可作配景与山石、建筑等统一协调,还可用于遮阴。一般采用单独栽植的方式,也可以 2~3 株合栽成一个整体树冠。

2)树种选择要点

孤植的主要目的是充分体现乔木的个体美,因此,孤植树在色彩、芳香或姿态上具有较高的观赏价值(见图 7.1),应至少具备以下条件之一:植株形体高大、枝叶茂密、树冠开阔,能给人以雄伟浑厚的感觉,如国槐、悬铃木、银杏、油松、大叶榕、橡皮树、雪松、白皮松、合欢等;树体轮廓优美,生长健壮、寿命长,姿态富于变化,枝叶线条突出,给人以龙飞凤舞、神采飞扬的艺术感染力,如雪松、罗汉松、金钱松、南洋杉、蒲葵、海枣等;开花繁多、色彩艳丽、芳香馥郁或果实累累,给人绚烂缤纷的感受,如白玉兰、梅花、樱花、桂花、广玉兰等;彩叶树木,如乌桕、枫香、黄栌、紫叶李、火炬树、槭树、银杏、木棉等。

从遮阴功能考虑孤植树,应选择具有以下特点的树种:分枝点高,树冠开展;叶大荫浓,无飞毛飞絮;少病虫害,无毒性成分,没有带污染性质并易脱落的花果(见图 7.2)。常用于遮阴的孤植树有大叶榕、油松、枫香、橡皮树、黑松、小叶榕、桂花、广玉兰等。

图 7.1　主要用于观赏的孤植树

图 7.2　具有遮阴作用的孤植树

3)配植要点

孤植树往往作为园林构图主景,配植时位置要突出,同时与周围环境和景物相协调。景观中孤植树常常配植在以下场所:

①开阔的地段。如草坪上、水边或可眺望远景的山顶、山坡或林中空地的构图重心上,四周开敞,以草坪为基底,以水面或天空为背景。适宜观赏孤植树的视距应不小于树木高度的 4 倍。

②桥头、自然园路或河溪转弯处,作为自然式园林的引导树,引导游人进入另一景区,特别是在深暗的密林背景下,配以色彩鲜艳的孤植花木或红叶树格外醒目。

③建筑院落、广场或整形花坛中心,形成构图的焦点。

为尽快达到孤植树的景观效果,造园时应选择规格稍大的乔木,也可以考虑利用原地的成年大树。如果绿地中已有数十年或上百年的大树,造景时必须使整个构图与这种有利的条件结合起来。孤植树的配植要注意与周围环境的协调。在开敞宽广的草坪中、高地或山冈上、水边湖畔、大型建筑物及广场等处栽种孤植树，所选树木必须特别巨大，这样才能与广阔的天空、水面、草坪有差异，使孤植树在姿态、体形、色彩上突出；在小型园林中的草坪、较小水面的水滨以及较小的院落之中种植孤植树，其体形必须小巧玲珑，可以应用体形与线条优美、色彩艳丽的树种；山水园中的孤植树，则必须与假山石相调和，树姿应选盘曲苍古的类型。

7.1.2 对植

1）园林功能与布局

对植是指用两株或两丛（多株）相同或相似的乔木以相互呼应之势种植在构图中轴线的两侧，以主体景物中轴线为基线依照景观的均衡关系对称的种植方式，有对称和非对称之分。对植主要用于强调公园、建筑、道路、广场的出入口，同时结合庇荫和装饰美化，在构图上一般形成配景，起烘托主景的作用，很少作主景。对植可采用两株对植（见图7.3），也可采用多株对植（见图7.4）或树丛对植，两株、多株对植多用于规则式植物配植，树丛对植多用于自然式植物配植。一般乔木距建筑物墙面要在5 m以上的距离，小乔木和灌木可酌情减小距离，但也不能太近，至少要2 m。

图7.3 牛津大学某学院建筑前的两株对植

图7.4 公共建筑大门外的多株对植

2）树种选择要点

对称对植常采用树冠整齐、大小一致的树种，一些树冠过于扭曲的树种则需使用得当，一般要求中轴线两侧种植的树木在数量、品种、规格上都对称一致，常用在建筑物前，以及公园、广场的入口处。常用于对植的乔木有桧柏、龙柏、油松、银杏、槐树、苏铁、悬铃木、樟树、雪松、龙爪槐、桂花、大王椰子、假槟榔等。

3）配植要点

自然式栽植可以采用两个树丛对植，要求树种要相同或近似，避免呆板的绝对对称，在变化中寻求均衡。自然式园林入口两旁、桥头、磴道的石阶两旁、河道的进口两边、闭锁空间的进口、建筑物的门口，都需要自然式的入口栽植和诱导栽植。在桥头两边对植，能增强桥梁的稳定感。非对称对植是指与主景物的中轴线支点取得均衡关系的配植方式。配植时，在构图中轴线的两侧可用同一树种，但大小和姿态不同，动势要向中轴线集中；也可以采用数目不相同而树种相同的配植，如左侧是一株大树，右侧为同一树种两株小树；还可以是两边相似而不相同的树种，如使用两种树丛，树种必须相似，双方既要避免呆板的对称的形式，又要呼应。对植树在道路两旁利用树木分枝状态或适当加以培育，可以构成相依或交冠的自然景象。

7.1.3 列植

1）园林功能与布局

列植，又称行列栽植，是对植的延伸，是指乔木在线条的两侧按一定的株行距成排成行地对称种植，有单列、双列、多列等类型（见图 7.5），主要用在规则式园林绿地中及建筑、道路、上下管线较多的地段，具有施工、管理方便的优点。行列栽植形成的景观比较整齐、单纯而有气势（见图 7.6）。列植可作为景物的背景，种植密度较大者可起到隔离的作用，从而在夹道中形成较隐秘的空间。通往景点的园路两旁列植起夹景作用，具有极强的视觉导向性，可起到引导视线的作用，但注意不要对景点形成压迫或遮挡行人视线。当列植的线形由直线变为曲线，即按照相等的株行距曲线状种植乔木，显得自由、活泼。当列植呈一个圆形时，可称为环植（见图 7.7），环植可以是沿一个圆环栽植，也可以是多重环上的栽植。园林中常见的灌木花径和绿篱从本质上也是列植，只是株行距太小。

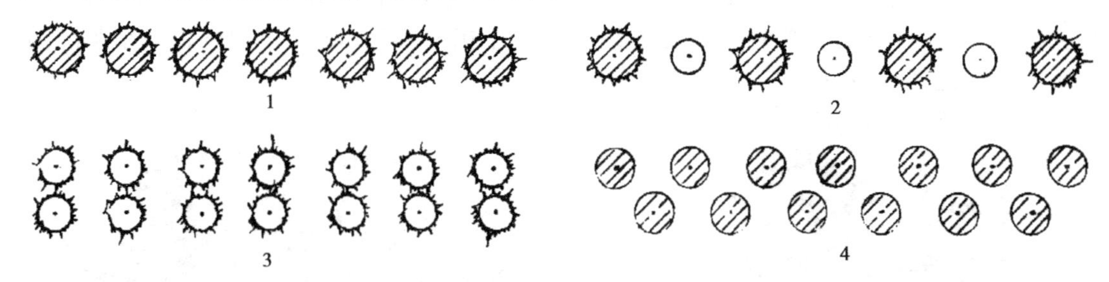

图 7.5 列植种植示意图

图 7.6 列植行道树

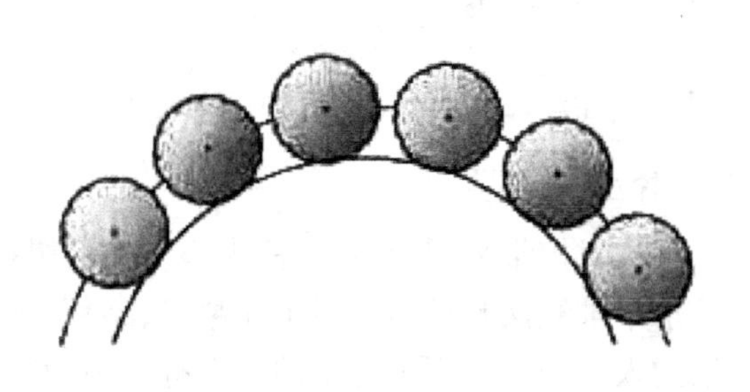

图 7.7 单行环植

2）树种选择要点

乔木行列栽植时宜选用树冠体形比较整齐的树种，如圆形、卵圆形、倒卵形、椭圆形、塔形、圆柱形等；不宜选用枝叶稀疏、树冠不整形的树种。行列栽植忌讳树种过多，显得杂乱，破坏列植所要突出的植株的气势和整齐之美。有纪念意义的景点前列植的植物种类要选择具庄严肃穆气氛的植物。常用作列植的树种有无患子、栾树、银杏、国槐、白蜡、重阳木、三角枫、五角枫、女贞、垂柳、龙柏、雪松、水杉等。

3）配植要点

列植要保持两侧的对称性，平面上要求株行距相等，立面上树木的冠径、胸径、高矮则要大体一致，但并不一定绝对对称，可以有规律地变化。

行列栽植一般不超过3行,株行距取决于树种的特点、苗木规格和园林用途等,一般乔木采用4~8 m,甚至更大,而灌木为1~5 m,过密就成了绿篱。

一行的列植,树种一般要求单一,如果行的长度太长也可以分段用不同树种,或者一行中有规律地交叉使用不同树种。如杭州西湖苏堤中央大道两侧以无患子、重阳木和三角枫等分段列植,效果很好。两行以上的列植,行距可以相等,也可以不相等;可以成纵列,也可以成梅花状(品字形)。其基本形式有两种:一是等行等距,即从平面上看是呈正方形或品字形的种植点,这多用于规则式园林绿地中;二是等行不等距,即行距相等,行内的株距有疏密变化,从平面上看是呈不等边三角形或不等边四边形,可用于规则式或自然式园林局部,如路边、广场边缘、水边、建筑物边缘等,也常应用于从规则式栽植到自然式栽植的过渡带。

7.1.4 丛植与聚植

1)园林功能与布局

丛植是指将两三株或一二十株同种树种紧密地种植在一起,其树冠线彼此密接形成一整体轮廓线的种植方式(见图7.8)。丛植具有较强的整体感,少量株数丛植也有孤植树的艺术效果,其抗逆性强。丛植的目的主要在于发挥集体的作用,即在艺术上强调整体美,但由于植株数量有限,除群体美外,还要注意个体美。

聚植又称组栽,是指将两三种或一二十种不同种类的树配成一个景观单元的配植方式,或为几个丛植的组合。聚植能充分发挥树木的集团美,表现出不同种类的个性特征,并使这些个性特征很好地协调组合在一起,在景观上具有丰富的表现力。好的聚植设计,要求园林工作者要从每种树的观赏特性、生活习性、种间关系、与周围环境的关系以及栽培养护管理等多方面进行综合考虑。

丛植和聚植是园林绿地重点布置的种植类型,以反映树木群体美的综合形象为主。聚植多采用乔灌木混交树丛(见图7.9),树种最多不超过4种。处理树丛的株间、种间关系,需把握一种主调,其他为配调,避免杂乱无章。其中,株间关系是指疏密、远近等关系,注意在整体上适当密植,局部疏密有致,使之成为一个有机的整体;种间关系是指不同乔木以及乔木之间的搭配关系,尽量选择有搭配关系的树种,要阳性与阴性、快长与慢长结合,让组成树丛的每一株树木,都能在统一的构图中表现其个体美。

图7.8 丛植

图7.9 乔灌结合聚植

在人视线集中的地方,可以利用具有特殊观赏效果的树丛作为局部构图的全景,在弯道和交叉口处的树丛,又可作为自然屏障,起到十分重要的障景和导游作用。

树丛在功能上除作为组成园林空间构图的骨架外,有作庇荫用的,有作主景用的,有作诱导用的,也有作配景用的。作为主景用的树丛常布置在公园入口、主要道路的交叉口、弯道的凹凸部分、草坪上或草坪周围、水边、斜坡及土岗边缘等处,四周要空旷,有较为开阔的观赏空间和通透的视线,或位置较高,使树丛主景突出,形成美丽的立面景观和水景画面。庇荫用的树丛最好采用单纯树丛形式,通常以树冠开展的高大乔木为宜,一般不与灌木相配,人可以入游,可设石桌、石凳和天然坐石。作建筑、雕塑的配景或背景的树丛,多选用常绿树种,可突出雕塑、纪念碑等景观的效果,形成雄伟壮丽的画面,要注意体形、色彩与主体景物的对比、协调。对于比较狭长而空旷的空间或水面,为了增加景深和层次,可利用树丛作适当的分隔,消除景观单调的缺陷,增加空间层次。如视线前方有景观可赏,可将树丛分布在视线两旁,或在前方形成夹景、框景、漏景等。

以观赏为主的树丛,为了延长观赏期,一般选用几种树种,要注意树丛的季相变化,最好将春季观花、秋季观果的花灌木及常绿树种配合使用,可于树丛下配植常绿地被,形成四季常绿,三季有花的优美景观,并应注意生态习性互补。例如,在华北地区,油松-元宝枫-连翘树丛、黄栌-丁香-珍珠梅树丛可配植于山坡,而垂柳-碧桃树丛可布置于溪边池畔和水榭附近以形成桃红柳绿的景观。

配植树丛的地面,可以是自然植被或是草坪、草花地,也可以是山石或台地。树丛设计必须以当地的自然条件和总的设计意图为依据,充分掌握其植株个体的生物学特性及个体之间的相互影响,取得理想的效果。

2)配植形式(见图 7.10)

(1)2 株配合

2 株树木配植成丛,构图上必须符合多样统一的原理,既要调和,又要对比。2 株树的组合,必须既变化又统一。凡差别太大的两种不同的树木,两者间无相通之处,便形成不协调的景观,其效果也不好,如 1 株棕榈和 1 株马尾松,1 株桧柏和 1 株龙爪槐配植在一起,对比太强便失掉均衡。2 株结合的树丛最好采用同一树种,最好在姿态、动势、大小上有显著的差异,这样才能使树丛生动活泼。不同的树木,如果在外观上十分相似,可考虑配植在一起,如桂花和女贞为同科同属的植物,外观相似,又同为常绿阔叶乔木,配植在一起会十分调和,最好把桂花放在重要位置,女贞作为陪衬。同一个树种下的变种和品种,其差异更小,一般可以一起配植,如红梅与绿粤梅相配,就很调和。2 株树木虽然是同一个种的不同变种,但如果外观上差异太大,仍不适宜配植在一起,如龙爪柳和馒头柳虽然同为旱柳的变种,但由于外形相差太大,故配在一起不调和。

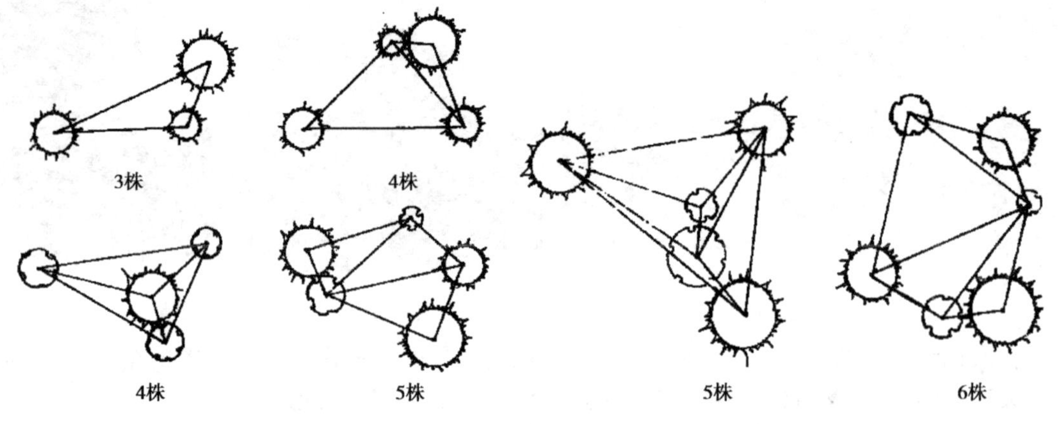

图 7.10 丛植配植示意图

(2)3 株配合

在 3 株的配合中，最多只能用两个不同的树种，忌用 3 个不同的树种(如果外观不易分辨不在此限)，如果用两个不同的树种，最好同为常绿树或同为落叶树。古人云：“三树一丛，第一株为主树，第二第三为客树”，因此，3 株配植时，树木的大小、姿态要有对比和差异。栽植时，3 株忌在同一条直线上或等边三角形栽植。3 株的距离要不相等，其中最大的一株和最小的一株要靠近些，使其成为一个小组。两组在动势上要呼应，这样构图才不致分割。例如，1 株大乔木广玉兰之下配植 2 株小乔木红叶李，或者 2 株大乔木香樟下配植 1 株小乔木紫荆，由于体量差异太大，配植在一起对比太强烈，构图效果就不统一。再如，1 株落羽杉和 2 株龙爪槐配植在一起，因为体形和姿态对比太强烈，构图效果不协调。因此，3 株配植的树丛，最好选择同一树种而体形、姿态不同的进行配植。

(3)4 株配合

在 4 株的配合中，如果用 1 个树种，称为通相。但在体形、形态、大小、距离、高矮上应力求不同，栽植点标高也可以变化，这称为殊相。如果用两个树种，最好选择外形相似的不同树种，否则就难以协调。如果用 3 种以上的树种，大小悬殊的乔木就不易调和。如果是外观极相似的树木，可以超过两种。因此，原则上 4 株的组合不要乔灌木合用。

4 株树组合的树丛，仍然不能种在一条直线上，要分组栽植，但不能两两组合，也不要任意 3 株成一直线，可分为两组或 3 组。如果分为两组，即 3 株较近 1 株远离；分为 3 组，即 2 株一组，而另 1 株稍远，再有 1 株远离些。树种相同时，在树木大小排列上，最大的 1 株要在集体的一组中。当树种不同时，其中 3 株为一种，另 1 株为其他种，不同种的 1 株不能最大，也不能最小，不能单独成一个小组，必须与其他 1 种组成 1 个 3 株的混交树丛。在这一组中，这 1 株应与另 1 株靠拢，并居于中间，不要靠边。

(4)5 株的配合

5 株树丛可用同一个树种，但每株树的体形、姿态、动势、大小、栽植距离都应不同。最理想的分组方式为 3∶2，就是 3 株一组，另 2 株一组。如果按照大小分为 5 个号，3 株的小组应该是 1,2,4 成组，或 1,3,4 成组，或 1,3,5 成组。总之，主体必须在 3 株的一组中。其组合原则是：3 株的小组与 3 株的树丛相同，2 株的小组与 2 株的树丛相同。但是，这两个小组必须各有动势，并取得和谐。另一种分组方式为 4∶1，其中，单株树木不要最大的，也不要最小的，最好是 2,3 号树种，但两个小组不宜过远，动势上要有呼应。

5 株树丛也可由两个树种组成，一个树种为 3 株，另一个树种为 2 株，这样比较合适。如果一个树种为 1 株，另一个树种为 4 株就不恰当了。

(5)6 株以上的配合

在 6 株的配合中，一般是由 2 株、3 株、4 株、5 株等基本形式交相搭配而成。株数越多，就越复杂。孤植树是一个基本单元，2 株树丛也是一个基本单元，3 株是由 2 株和 1 株组成的，4 株又由 3 株和 1 株组成，5 株则由 1 株和 4 株或 2 株和 3 株组成，六七株、八九株以此类推。其关键仍在调和中要求对比差异，差异太大时要求调和。因此，株数越少，树种越不能多用；株数增加时，树种可逐渐增多。但是，树丛的配合，在 10~15 株以内，外形相差太大的树种，最好不要超过 4 种，而外形十分类似的树木可以增多种类。

一种植物成丛种植，要求姿态各异，相互趋承；几种植物组合丛植，则有许多种搭配，如常绿树与落叶树、观花树与观叶树、乔木与灌木、喜阴树与喜阳树、针叶树与阔叶树等，有十分宽广的选择范围和灵活多样的艺术效果。丛植采用的树木,不像孤植树要求的那样出众,但是互相搭配起来比孤植更有吸引力。

7.1.5 群植

1)园林功能与布局

群植是指由二三十株以上至一百多株的乔灌木成群配植的植物配植形式。它可由单一树种组成,也可由数个树种组成。树群表现的是植物的群体美,主要观赏它的层次、外缘和林冠等。树群常用作树丛的衬景或在草坪和整个绿地的边缘种植。与丛植相比,群植数量多、种类多,以群体美为重点,对个体要求不很严格,树种选择范围广,立面的色调、层次要求丰富多彩,季相色彩要求变化,林冠线、林缘线要求优美、清晰而富于变化。

树群由于株数较多、占地较大,用以组织空间层次,划分区域,可以作为背景、伴景用,在自然景区中也可以作为主景。两组树群相邻时,可起到透景、框景的作用。

群植后成片的树林可以形成阴暗的对比,同时,它所形成的垂直景观丰富,与地平线产生方向上的对比,林冠起伏使天际轮廓线也发生较多的变化。树群四周若用灌木装饰林缘或林间隙地,则可使园林增加许多野趣。群植还有改善环境的效果,如能防止强风、供游人夏季纳凉歇荫、遮蔽园内不美观的部分等。在设计树群时,不仅应注意树群的林冠线轮廓以及色相、季相效果,更应该注意树木种类间的生态习性关系,以使能保持景观较长时期的相对稳定性。

2)树种选择

群植时群体组合应考虑其外貌要有季相变化,且符合每株植物个体的生理、生态要求,根据环境合理选择树种,尤其是林下耐阴植物的选择,大多数园林乔木均适合布置树群。如以常绿乔木广玉兰为上层,亚乔木白玉兰、紫玉兰或红枫为第二层,灌木层用山茶、含笑、火棘、麻叶绣线菊,最下层用草坪。这样配成的树群,广玉兰作背景,二月山茶花先开,三月玉兰的白花、紫玉兰的紫色花大而美丽,四月中下旬麻叶绣线菊和火棘的白花又和大红山茶形成鲜明对比,此后含笑又开花吐芳,10月火棘的红果硕丰,红枫叶色转红。这样,整个树群显得生气勃勃、欣欣向荣。又如,秋色叶树种,枫香、元宝枫、黄连木、黄栌、槭树等群植,可以形成优美的秋色。南京中山植物园的"红枫岗"以黄檀、榔榆、三角枫为上层乔木,以鸡爪槭、红枫等为中层形成树群,林下配植洒金珊瑚、吉祥草、麦冬、石蒜等灌木和地被,景色十分优美。

3)配植要点

树群作主景时,应该布置在有足够距离的开敞场地上,如靠近林缘的大草坪、宽广的林中空地、水中的小岛屿、宽阔水面的水滨、小山的山坡与土丘等地方。其主立面前方至少在树群高度的4倍、树宽度的1.5倍距离上,要留出空地,配合林下灌木和地被,增添野趣,以便游人欣赏。

树群的配植因树种的不同可以组成单纯树群或混交树群。后者是园林中树群的主要形式,所用的树种较多,使林缘、树冠形成不同层次。混交树群的组成一般可分为4层,最高层是乔木层,应选择阳性树,是林冠线的主体,要求有起伏的变化;乔木层下是亚乔木层,应选中性树,这一层要求叶形、叶色有一定的观赏价值,与乔木层在颜色上形成对比;亚乔木层下是灌木层,接近人们的东、南、西三面外缘的向阳处配植以阳性花灌木为主,而在北侧应选中性或阴性灌木;最下一层是耐阴的草本植物层。

树群内栽植距离要有疏密变化,要呈不等边三角形,不宜成排、成行、成带等距离栽植。因树群面积不大,常绿、落叶、观叶、观花的树木不宜用带状混交,也不可用片状混交,应该用复合混交、小块交与点状混交相结合的形式。树群内树种选择要注意各类树种的生态习性。在树群外缘的植物受环境影响大,在内部的植物相互间影响大。树群内的组合要很好地结合生态条件。喜光的阳性树不宜植于群内,更不宜作下木;而阴性树宜植于树群内。因此,作为第一层乔木,应该是阳性树;第二层亚乔木可以是半阴性的;而种植在乔木庇荫下及北面的灌木则应是半阴性或阴性的。喜暖的植物应该配植在树群的南方和东南方。

7.1.6　片植(林植)

1)园林功能与布局

片植(林植)是指单一树种或两个以上树种大量成片种植的植物配植形式(见图7.11—图7.13),前者形成纯林,后者形成混交林。片植(林植)可以形成几百株的林地,也可以少到几十株。片植(林植)模仿森林景观,多用于风景名胜区、大中型公园及绿地或休、疗养区及卫生防护林带等。

图7.11　西南科技大学校园内樱花林

图7.12　西南科技大学校园内水杉林(夏景)

图7.13　西南科技大学校园内水杉林(冬景)

片植(林植)根据园林面积的大小,按适当的比例,因地制宜植造成片的树林,也可以是在园林范围内适当地利用原有的成片树木,加以改造。许多公共园林绿地都是以林木取胜,园林内需要有成群成片的林地营造绿树成荫的优美环境(见图7.12),同时,可以选用落叶乔木成片种植，利用植物的季相变化，营造不同时序的植物季相景观（见图7.13），除去人工林之外，有不少公园利用所在山地的原有树林，如长沙岳麓山、广州越秀山、南京紫金山等。

2）树种选择及配植要点

为了模仿自然，又较自然界更有艺术性，片植可参考以下6个布置要领：

①树木不必成行成列，要有疏有密，适当的地点留出小块隙地，增加明暗对比以吸引林内的游人。

②小片林地的四周，可按不同的生态条件种植一些灌木，以缓和垂直与水平线条的对比。

③林间小路要崎岖自然，路边种植玉簪、观赏蕨类、杜鹃、秋海棠、铃兰等耐阴植物，形成林下耐阴植被景观。

④选一种有花或有果可赏的树木，造成一片小型纯林，这比丛植更有气魄。国内园林中很少见到白玉兰、合欢、栾树等的人工纯林，在有条件的地方不妨一试，种植在开阔地上十分壮丽而别出心裁。

⑤林缘不取直线，整个林地不为几何形体，一刀切的边缘在自然界是不存在的，而且布置起来也很为难。

⑥中国传统喜好的竹林、梅林、松林都是面积不大的纯林，还可以专为秋季变色叶树木造一片“秋色林”，枫香、乌桕、银杏、金钱松、槭树类、黄栌等树种的纯林或混交林都可造成秋色宜人的景观。

（1）密林

密林多用于大型公园和风景名胜区，郁闭度为0.7~1.0，阳光很少投入林下，土壤湿度很大。其地被植物含水量高、组织柔软、脆弱，经不住踩踏，不便于游人活动。密林又分为纯密林和混交密林，前者简洁，后者华丽。从生物学特点角度看，混交林比纯林好，故园林中纯林不宜过多。大面积密林可采用片状混交，小面积采用点状混交，一般不采用带状混交。

配植密林时，应该注意垂直结构有变化，适当留空使人视线深入；路旁可配植自然式花灌木带，水平郁闭度可大，垂直郁闭度要小，2/3以上路段不栽植高于人视线的植物；水平郁闭度不能均匀分布，适当留林窗；密林混交可以是点状或块状；混交林中可出现小片观花纯林。

纯密林是由同一个树种组成，如马尾松、油松、白皮松、侧柏、元宝枫等，没有垂直郁闭景观和丰富的季相变化。为弥补这一缺陷，自然式林植可以采用异龄树种造林或结合起伏地形变化使林冠得以变化，林区外缘还可以配植同一树种的树群、树丛和孤植树，以增强林缘线的曲折变化。规则式林植可以选用水杉、杨树等落叶乔木，以求明显的季相变化。密林下可以配植一种或者多种耐阴或半耐阴草本花卉或灌木，尤其是开花繁多的品种为佳。单纯配植一种花灌木可以取得简洁之美，多种混交则可取得丰富多彩的季相变化。为了提高林下观赏的艺术效果和林下植物接受适当阳光照射正常生长，可将郁闭度控制在0.7~0.8。

混交密林是一个具有多层结构的植物群落，大乔木、小乔木、大灌木、小灌木、高草、低草等，它们根据自己的生态要求，形成不同层次，季相变化比较丰富。供游人欣赏的林缘部分，其垂直成层结构十分突出，但不能全部塞满。为了使游人深入林地，密林内部有自然路通过，但沿路两旁的郁闭度不宜太大，必要时还可以留出适当的空旷草坪或利用林间溪流水体种植水生花卉，也可以附设一些简单构筑物以供游人作短暂休息之用。

（2）疏林

疏林是园林中应用最多的一种植物配植形式，多用于大型公园的休息区，并与大片草坪相结合(见图7.14),郁闭度为0.4~0.6,游人总是喜欢在林间草地上休息、游戏、看书、摄影、野餐、观景等。疏林的树种要有很高的观赏价值,要求树冠开展、树荫疏朗、生长健壮、花和叶丰富、树枝线条曲折多变、树干好看,常用树种有银杏、金钱松、水杉、白桦、枫香、毛白杨、栾树等。配植疏林要求常绿树种与落叶树种搭配比例合理,树木三五成群、疏密相间、错落有致,构图生动活泼。林下草坪应选用台湾二号等含水量少、坚韧耐践踏的草种。疏林多为纯乔林,舒适明朗,适于活动,按承载游人密度不同分为以下3类:

①草地疏林(见图7.15)。草地疏林游人密度不大,一般不专门修园路,游人直接踩草坪进入,也可设置汀步;株距10~20 m,不小于成年树冠冠径;可设林中空地,选择大叶榕等伞形冠落叶树较理想。

②花地疏林。花地疏林游人密度较大;乔木间距较大,林下配植各种花卉组成花境;林内设自然式园路,密度10%~15%为宜;结合人的视觉规律,沿园路在适宜静观的地方设置座椅、小亭、花架等供游人休息赏花。

③疏林广场。疏林广场游人密度最大,人能进入林下活动;林下设置大面积铺装,并设坐凳;树木间距可大小不等自然配植,也可规则排列。

图7.14　英国丘吉尔庄园疏林草坪

图7.15　草地疏林

7.2　灌木在园林中的应用形式

灌木是构成城市园林景观的要素之一,广泛用于城市广场、公园的坡地、林缘、分车隔离带、居住小区的绿化带等。通过点、线、面各种形式的组合栽植,灌木将城市中一些相互隔离的绿地联系起来,形成一个较为完整的园林系统。灌木的应用形式主要有篱植、孤植、丛植、片植、对植、列植等,不同的栽植类型适用于不同的环境,能满足不同的意境和功能。

7.2.1　灌木的造景功能

1)分割空间,屏障视线,组织游览路线

园林的空间有限,往往又需要安排多种活动用地,为减少互相干扰,常用高篱进行分区和屏障视线以便分割不同的空间,如把儿童游戏场、露天剧场、运动场等与安静休息区分隔开,这样对比强烈、风格不同的布局形式可以得到缓和。

2)用作规则式园林的区划线

灌木用作规则式园林的区划线时多以中篱作分界线，以矮篱作花境的边缘或作花坛和观赏草坪的图案花纹。一般装饰性矮篱可选用黄杨、六月雪、大叶黄杨、桧柏、日本花柏、雀舌黄杨、紫叶小檗、金叶女贞、冬青、假连翘等，其中以雀舌黄杨最为理想，它生长缓慢，纹样不易走样，比较持久。

3)用作花境、喷泉、雕塑的背景

园林中常将绿篱修剪成各种形式的绿墙作为喷泉和雕塑的背景，其高度一般要与喷泉和雕塑的高度相称，色彩以选用没有反光的暗绿色树种为宜，作为花境背景的绿篱一般均为常绿的高篱及中篱。

4)美化挡土墙

在各种绿地中，为避免挡土墙立面，常在其前方栽植绿篱，以便把挡土墙的立面美化起来，可选用大叶黄杨、海桐、石楠、蚊母树、十大功劳、南天竹等。

5)用作色带或形成纹样图案

在大草坪和坡地上可以利用小叶黄杨、红叶小檗、金叶女贞、红叶石楠等灌木组成有气势、尺度大、效果好的纹样。一般使用中篱或矮篱，栽植的密度、宽窄因设计纹样而定，宽度过大不利于修剪操作，设计时应考虑工作小道。

7.2.2 灌木在植物造景中的主要应用方式

1)篱植

凡是由灌木（也可用小乔木）以近距离的株行距密植，栽成单行、双行或多行，形成结构紧密的规则种植形式，称为篱植，又称为绿篱或绿墙。篱植可以阻隔空间和引导交通。

绿篱在道路两旁，根据需要可以对称种植，也可以一侧种植；可以是单层种植，也可以是多层种植。单层种植方式也是多变的，可以呈水平直线带状，即上部水平、两侧沿路呈直线状，这是道路两旁最常见的篱植形式；也可以呈水平波浪带状或菱形带状，还可以呈高度不同的立面波浪带状等，这类种植方式在公园及居住绿地中应用较为广泛。

篱植长度根据人的视觉效应来决定，相同植物采用相同的种植方式，太长容易使人产生厌烦情绪，太短又不会在人大脑中留下太多印象。人对事物凝视 30~50 s 可以产生深刻的印象，而对于缺乏变化的景观，延续 5~6 min 则会使人产生漫长感，按一般人每分钟前行 40~80 m，其长度应控制在 30~50 m 为好。这个长度不是绝对的，与植物本身的醒目程度也有关。一般说来，鲜艳的色彩本身可以加深印象，越鲜艳醒目的植物其种植长度可以相对短些。

篱植和列植还可搭配在一起种植，如选用中低高度的小叶女贞、杜鹃等植物进行篱植，再用较高大的定型植物如山茶、海桐等植物在其中定距列植，可收到不同的效果。有些植物既可列植，又可篱植，还可密植成植篱，区别在于不同的栽植方式和修剪，如小叶女贞，可修剪成球形或圆柱形。

(1)绿篱的园林应用

防护：这是绿篱最基本的功能，可用刺篱、高篱作为机关单位、公共绿地、私家庭院等的边界,起到一定的防护作用。绿篱有丰富的花叶景观,作防护可使环境丰富有生机,还利于美化城市。

分隔空间,组织游览路线:在园林中,常用绿篱分隔不同功能的园林空间,减少各个区域之间的相互干扰;或作障景、隔景阻隔视线,丰富景观层次;绿篱还可以用于道路两边形成夹景,引导游人视线和游览路线。

作装饰图案形成景观:园林植物造景时,常用单种或多种色彩的矮绿篱在平面上栽植成不同的图案或文字,成为优美的园林景观。常用的植物有小叶女贞、金叶女贞、红檵木、红叶石楠等,以绿篱作图案,相对时花而言养护简单,图案保持更为持久。

作背景衬托主景:常绿植物绿篱可以配植在雕塑、彩叶植物等的后面作背景,衬托、突出主景。

(2)绿篱按高度分类

根据绿篱栽植高度的不同,可以分为绿墙、高绿篱、中绿篱和矮绿篱 4 种,在实际应用中,篱植的宽度和高度应根据具体作用、景观要求不同而不同(见图 7.16)。

图 7.16　英国丘吉尔庄园中不同高度的绿篱

绿墙:高度在一般人眼(约 1.5 m)以上,阻挡人们视线通过的绿篱称为绿墙或树墙,可以用作绿墙的植物有珊瑚树、桧柏、大叶女贞、石楠等。绿墙的株距可采用 100~150 cm,行距为 150~200 cm。

高绿篱:高度为 1.2~1.4 m,人的视线可以通过,其高度是一般人所不能跃过的绿篱称为高绿篱,其主要用以防噪声、防尘、分隔空间。可以用作高绿篱的植物有珊瑚树、小叶女贞、金叶女贞、大叶黄杨等。

中绿篱:高度为 0.5~1.2 m,一般人比较费力才能跨越的绿篱称为中绿篱,这是一般园林中最常用的绿篱类型。用作中绿篱的植物主要有洒金千头柏、龙柏、小叶黄杨、小叶女贞、海桐、火棘、枸骨、七里香、木槿、扶桑、栀子等。

矮绿篱:凡高度在 50 cm 以下,人们可以毫不费力一跨而过的绿篱称为矮绿篱。除用作边界外,还可用作花坛、草坪、喷泉、雕塑周围的装饰、组字、构成图案,起到标志和宣传作用,也常作基础种植。矮绿篱株距为 30~50 cm,行距为 40~60 cm,用作矮绿篱的植物主要有六月雪、假连翘、小檗、小叶女贞、金叶女贞、十大功劳等。

(3)绿篱按观赏功能分类

根据绿篱不同的功能与观赏要求,可将其分为常绿绿篱、落叶绿篱、花篱、果篱、刺篱、蔓篱与编篱等。

常绿绿篱:由常绿树组成,为园林中最常用的绿篱,常用的主要树种有桧柏、侧柏、罗汉松、大叶黄杨、海桐、女贞、小蜡、大叶黄杨、雀舌黄杨、冬青、珊瑚树、蚊母树、茶树等。

落叶绿篱:由落叶树组成,东北、华北地区常用,主要树种有木槿、茶条槭、金钟花、紫叶小檗、黄刺玫、红瑞木、黄瑞木等。

花篱:由观花或观叶灌木组成,是园林中比较精美的绿篱,多用于重点绿化地带。常用的主要树种有栀子、茉莉、六月雪、金丝桃、迎春、黄素馨、溲疏、木槿、锦带花、金钟花、紫荆、珍珠梅、绣线菊类等。

果篱:许多灌木植物在长成时,果色鲜艳,观赏价值高,且别具风格,如枸骨、火棘、枸橘、金橘、南天竹等。果篱以不规则整形修剪为宜,如果修剪过重,则结果较少,影响观赏效果。

刺篱:在园林中为了防范,常用带刺的植物作绿篱,常用的树种有枸骨、枸橘、火棘、小檗、黄刺玫、月季、胡颓子、贴梗海棠等,其中,枸橘用作绿篱有"铁篱寨"之称。

蔓篱:在园林或住宅大院内,为了防范和划分空间的需要,常常建立竹篱、木栅围墙或铁丝网篱,同时栽植藤本植物,常用的植物有凌霄、金银花、蔷薇、木香、地锦、蛇葡萄、南蛇藤、茑萝、牵牛花、丝瓜等。

编篱:为了增强绿篱的防护强度,避免游人或动物穿行,在实际工作中,有时把绿篱植物的枝条编结起来,做成网状或格状形式。常用的植物有木槿、罗汉松、贴梗海棠、小叶女贞等。

2)孤植

孤植灌木多用于庭院、草坪、假山、桥头、建筑旁、广场、花坛中心等处,多用经过修剪整形的形式,也可用自然形。成丛的花灌木也有孤植树的效果,如3~5株在一起,枝叶繁密,花朵丰茂,也可称为孤植树。如中国科学院北京植物园有一丛波斯丁香在草地上单独种在一隅,5月初花朵满布,是一丛很理想的孤植树。适合孤植的灌木常用的有苏铁、千头柏、大叶黄杨、海桐、红叶石楠、蜡梅、石榴、结香、贴梗海棠、笑靥花、菱叶绣球、金丝桃等。

3)对植

植物造景时,常常在公园、建筑物、假山、道路、广场的出入口等位置将修剪整形的灌木或灌木丛按照中轴线或自然式对称种植(见图7.17)。常用的树种有大叶黄杨、绣线菊、月季、石榴、山茶、南天竹、枸骨、牡丹、丛生竹、海桐、迎春等。

图7.17　园门入口对植

4)列植

列植是指按照一定的株行距将灌木成队列式的栽植。大灌木造型丰富、形态多样,为丰富景观效果可根据大灌木的生长特性将其修剪成不同的几何图形,如球状、圆柱状、棱柱体、杯状等。一些大的灌木植株的高度超过150 cm,超过了人的正常视线,应单行排列,密度不宜过大,并可在两株之间设置座椅供路人休息。这种种植形式,在公园、私家庭院、道路和运动场地中运用较多,可以给人们提供私密的空间和庇荫的场所。高度为10~150 cm的灌木植物在道路两旁应用时,由于高度和宽度的限制,可以起到阻隔空间、引导交通及美化道路的作用。用于列植的灌木主要有小叶女贞、山茶、七里香、海桐、蚊母树、榆叶梅、紫叶矮樱、龙柏球、千头柏、黄杨、木槿、火棘等一些自然有形或耐修剪的植物，能保持长久的生命力。

5)片植

片植一般是指将低于 150 cm 的灌木在不超过人的站立视线下大面积密集栽培的方式，主要用于较大型的公用绿地及林下、坡面的栽培（见图 7.18）。灌木进行片植时的一个重要的生态功能是覆盖地表，即作为地被植物，既能保持水土又能形成具有观赏价值的植物景观。灌木片植要求植株低矮、密集丛生、耐修剪、观赏期长、容易繁殖、生长迅速，并且适应力强、便于养护、种植后不需经常更换、能够保持连年持久不衰。灌木片植作为地被覆盖植物，面积可大可小，形式灵活多样。在相同的种植面积内，灌木的光合作用强度远远大于草本的光合强度，其改善空气质量的作用更大。

图 7.18 灌木片植布置专类园

灌木片植时能对人的视觉空间产生影响。高度为 50 cm 以下的灌木植物在片植时，紧贴地表空间，其自身没有围合空间的作用，同时，由于它没有方向感，不会阻碍人们的视线，并具有引导作用，可以扩大人们的空间感，在视觉上还能起到连接和铺垫的作用。通过灌木植物可以将景观空间中相对独立的一些因素从人们的视觉上连接成一个完整统一的空间环境，使人们从视觉上能感受到在高楼林立的城市中具有的一片较为广阔的空间。从心理学上来说，这样能降低人们由于快节奏工作带来的精神压力，舒缓人的烦恼情绪。

灌木片植时，色彩可以一致，也可以有变化。片植同一种灌木植物时，延续一定的面积可以使观察者凝视相当长的时间，从而在头脑中留下深刻的印象。但如果面积过大，则可以采取多种植物组合配植的形式，在配植时不仅种类、颜色和形态发生变化，其高度也可以成层的变化，构成模纹图案，从而避免视觉疲劳的发生。灌木还可与草坪结合，作为草坪的花灌木点缀。

在乔木林下空间进行植物配植时，灌木种类要根据上层乔木林的种植密度决定，同时要考虑林下空间的高度。林下的空间，其高度是有限的，当上层植物的枝下高达到一定的高度时（如 10~150 cm），可以选择一定高度的灌木填补空间，但所选灌木不能太高，否则会使空间感到拥挤。

6)散植和丛植

对于高大的树形优美的乔木可以采用孤植来体现其秀美，而对于一些外形秀美的小型灌木植物，则常用散植的方式来表现其秀美。如可将山茶、小叶女贞、苏铁等三五成群地分散种植于绿地中作为上层植物，而丝兰、月季等小型植物作为中层植物散植在绿地中作为点缀。

丛植通常采用 3~7 株同种类的较大灌木或小乔木按一定的几何平面组合自然式栽植在一起，平面几何形状可以是三角形、四边形、五边形和六边形等。为了避免单调，灌木丛植时常采用不等边形式或是不同形状和种类的植物按一定的群落布置方式集中栽种在绿地中，并常与红叶李、梨等乔木一起搭配种植。

雕塑与背景植物散植和丛植常可以结合起来运用，再与草坪绿地一起构成一个自然的植物群落，不但能充分展示这些植物的多姿，也能展现和谐静谧的自然生态环境。这种自然式的园林构成方式在公园、学校及住宅小区等公用绿地极为适用。

7.3 花卉在园林中的应用

草本花卉是园林绿化的重要植物材料。草本花卉种类繁多、繁殖系数高、花色艳丽丰富,在园林绿化的应用中有很好的观赏价值和装饰作用。它与地被植物结合,不仅能增强地表的覆盖效果,还能形成独特的平面构图。植物造景时,利用艺术的手法加以调配可突出体现草本花卉在园林绿化美化中的价值和特点。

草本花卉以其花、果、叶、茎的形态、色泽和芳香取胜。它与树木一样,不仅是营造生态环境的重要使者,还是造就多彩景观的特有植物,即所谓“树木增添绿色,花卉扮靓景观”。当绿色滋润着环境时,景观的亮点常常唯花卉莫属。在城市的绿化、美化、香化植物中,草本花卉以其鲜艳亮丽的色彩、浓郁的芳香创造出五彩缤纷、花香四溢的空间氛围,成为植物景观中的视觉焦点。在现实生活中,由于草本花卉种类繁多、生育周期短、易培养和更换,在城市的美化中更适宜配合节日庆典、各种大型活动等来营造气氛。草本花卉在园林中的应用根据规划布局及园林风格而定,有规则式和自然式两种布置方式。规则式布置有花坛、花池、花台和花箱等;自然式布置有花境、花丛和花群等。

7.3.1 花坛

花坛是指在植床内对观赏花卉作规则式种植的植物配植方式及其花卉群体的总称,大多布置在道路交叉点、广场、庭园、大门前的重点地区。花坛内种植的观赏花卉一般有两种以上,以它们的花或叶的不同色彩构成美丽的图案;也有只种植一种花卉以突出其色彩之美的,但必须有其他植物(如草地)相陪衬。花坛具有浓厚的人工意味,属于另一种艺术风格,在园林绿地中往往起到画龙点睛的作用,应用十分普遍。花坛是以植物组合而成的装饰性图案,其装饰性由花卉群体在平面上色彩的对比所构成。花坛是封闭式的,内部不设道路。

花坛具有美化环境的作用。在高楼林立的灰色空间里设计色彩鲜艳的花坛,可以打破建筑带来的沉闷;公园风景区设计花坛可以美化环境,成为主景、焦点;花坛设计在建筑墙基、喷泉、水池、雕塑等边缘或四周,可以使主体醒目突出、富有生气;设计成具有主题思想的花坛,能起到宣传作用。

花坛具有组织交通、划分空间等实用功能。交通环岛、开阔的广场、草坪等处均可以设计花坛,用来分隔空间和组织游览路线。

1)花坛的类型

根据不同的角度,花坛可以分为不同的类型。依其植床的形状可分为圆形、方形、多边形花坛等;依其种植花卉所要表现的主题可分为单色花坛、模纹花坛、标题式花坛等;依其花材可分为盛花花坛和模纹花坛;依其观赏期长短可分为季节性花坛、半永久性花坛和永久性花坛3种类型;依其空间位置可分为平面花坛、斜面花坛和立体花坛。通常按其在园林绿地中的组合可以分为以下4种类型:

(1)独立花坛

独立花坛是作为园林绿地的局部构图而设置的,一般都处于绿地的中心地位,其特点为它的平面形状是对称(轴对称或辐射对称)的几何图形。独立花坛的平面图形可以是圆形、方形或多边形。长方形的长宽比以不大于2.5∶1为宜。独立花坛的面积不宜过大，单边长度在7 m以内，否则，远离视点处的色彩和图形会模糊暗淡。独立花坛可以设置在平地上，也可以设置在斜坡上，在坡面上的花坛由于便于欣赏而备受青睐。

独立花坛可以有各种各样的表现主题。其中心点往往有特殊的处理方法，有时用形态规整或人工修剪的乔灌木，有时用立体花饰，有时也用雕塑等。

(2)组合花坛

由多个花坛组成一个统一整体布局的花坛群，称为组合花坛。组合花坛的布局是规则对称的，其中心部分，可以是一个独立花坛，也可以是水池、喷泉、纪念碑、雕塑，但其基底平面形状总是对称的，而其余各个花坛本身不一定是对称的。

各个花坛之间，不是草坪就是铺装，有时还设立坐凳供人们休息和静观花坛美景。组合花坛的各个花坛可以全部是单色花坛，也可以是模纹花坛或标题花坛，每个花坛的色彩、纹样、主题可以不相同，但要注意其整体统一和对称性，否则，会显得杂乱无章，失去艺术性。

组合花坛适宜于大面积广场的中央、大型公共建筑前的场地之中或是规则式园林构图的中心部位。

(3)带状花坛

长度为宽度的3倍以上的长形花坛称为带状花坛，常设置于人行道两侧、建筑墙垣、广场边界、草地边缘，既用来装饰又用以限定边界与区域。

带状花坛可以是单色、模纹或标题的花坛，但在一般情况下，总是连续布局，分段重复。

(4)连续花坛

在带状地带设立花坛时，由于交通、地势、美观等因素，不可能把带状花坛设计为过大的长宽比或无限长。因此，往往分段设立长短不一的花坛，每个花坛平面可以是圆形、正方形、长方形、菱形、多边形。这许多个各自分设的花坛成直线或规则弧线排列成一线，组成有规则的整体时就称为连续花坛。同样，这些分设的单个花坛可以是单色、模纹或标题的花坛，但务必有演变或推进规律可循，一般用形状或主题不一样的两三种单个花坛来交替推进或演变，在节奏上，有反复推进和交替推进两种方式。

连续花坛除在林荫道和广场周边或草地边缘布置外，还设置在两侧有台阶的斜坡中央，其各个花坛可以是斜面的，也可以是各自标高不等的阶梯状。

2)花坛设置的原则和要点

(1)花坛布置要和环境统一

花坛是园林中的景物之一，其形状、大小、高低等应与环境有一定的统一性，如在自然式园林中就不适合设置花坛。花坛的平面形状要与所处地域的形状大致一样，一般情况下，所要装饰的地域是圆形的，花坛也宜用圆形；地域是方形的，花坛宜用方形或菱形。狭长形地段上设一圆形独立花坛会显得不统一。

花坛的面积和所处地域面积的比例关系一般不大于1/3，也不小于1/15。确切大小还要受环境的功能因素影响，如地处交通要道，游人密度大，就小些；反之可大些。

(2)花坛要强调对比

花坛在园林绿地中的主要功能是装饰、美化，其装饰性体现在平面上的几何图形和绚丽色彩，因此，要从这两个方面去考虑花坛各个因素的取舍。比如，在空旷草坪中设计一个独立花坛，主要是利用花坛的色彩装饰，就不能再在其中栽植绿色植物，而要选择与草绿色有一定对比度的色彩，才能实现设置该花坛的目的。在模纹花坛内部各色彩因素的选择和组合花坛中各单色花坛的配植时,更要注意对比。

色彩由色相、色度、色调、亮度 4 个因素构成。色相有黑、白、紫、青、红、橙、黄、绿等。色度有饱和、纯色与不饱和、非纯色之分。色调对同一色相而言,有明色调、暗色调、灰色调之分。亮度,指色相的亮度,随着阳光的强弱对人的视觉有不同的敏感度,白天,色相亮度顺序为:绿—黄—橙—青—红—紫,绿色亮度最强,这也说明绿色在城市中的美化作用为何如此强烈;黄昏时,色相亮度的顺序为:青—绿—蓝—黄—橙—紫。

在植物色彩的配植中,色相的亮度最为重要。俗话说"红花还要绿叶扶",朴素地指明了色相、亮度对比、陪衬的重要。在模纹花坛中要把亮度差别大的配在一起,如绿-红、黄-紫、黄-红、绿-青、黄-紫类的搭配,如果用绿-黄、红-紫、橙-青或青-红之类的搭配就不可能有对比效果,模纹也就似是而非、模糊不清了。

(3)要符合视觉原理

独立的花坛或草坪花丛都是一种静态景观,一般花坛又位于视平线以下,根据人的视觉实践发现,当花坛的花纹距离游人渐远时,所看到的实际画面也随之而缩小变形。当人的视线与身体垂直线所成夹角不同时,视线距离变化很大。不同的夹角有不同的视线长,其视觉效果也各有不同。假设人眼高度为 1.60 m,当夹角为 70°时,视线长为 4.68 m,是人眼高度的 2.92倍;当夹角为 80°时,视线长为 9.21 m,是人眼高度的 5.76 倍;当夹角为 20°时,视线长为 1.70 m,为身高的 1.06 倍,容易被人忽略。假设一个人的视力为 1.5,他能清楚辨字的距离(即视线长)为 3.0 m,而能看清花朵颜色的距离为 4.7 m。这就是说,当人的视线与身体夹角在 70°时,即视线距为 4.7 m 时,尚能有较高的分辨力,超过这一角度外的花色纹样就会模糊不清,这里也有由于透视关系引起互相遮掩的缘故。也就是说,如果是纹样花坛,面积不宜太大,其短轴不要超过 9 m。在这个花坛边,游人转一圈,就能看清两侧和中心部分的所有纹样图案了。游人在一侧时就能看清所处一侧的一半,到另一侧又能看清另一半。图案简单的花坛,也可以使中间部分简单粗犷些,边缘 4.5 m 范围内的图案精细一些。

为了清晰地见到真正不变形的平面图案或纹样,除了高处俯视以外,对直立的游人而言,最佳的办法是把纹样花坛设置在斜面上,斜面的倾斜角越大,图形变形就越小。如倾斜角成 60°,花坛上缘高 1.20 m 以内时,对一般高度的人而言,就有不变形的清晰纹样。但是,种植土和植物都有重量,当倾斜时,会有下滑和坠落的危险,因此,在实际操作中,一般将倾斜角设定为 30°。在实际造景中,可以在城市中那些逐级下降的台地最低层地面和倾斜坡面上设置花坛,既可以俯视也有斜面的效用。基于同一道理,常把独立花坛的中点抬高,四边降低,把植株修剪或摆设为馒头形,以取得各个观赏面有良好视角的效果。当然,也有把花坛处理为主观赏面一面倾斜的,但如果把花坛处理成四周高、中间低,就不符合视觉原理了。

(4)要符合地理、季节条件和养护管理方面的要求

花坛要有优美的装饰效果,不能离开地理位置的条件。在亚热带的华南地区,可以选择某些花卉,实现一年四季保持美观,成为永久性花坛;而温带、寒温带不可能做到花坛是四季美观的。如果要保持一个花坛四季不失其效用,就要做出一年内不同季节的配植轮替计划,这个计划必须包括每一期的施工图,以及花卉的育苗计划。

花坛要表现的一个主要方面是平面的图形美,因此不能太高。但为了避免游人践踏,并有利于床内排水,花坛的种植床一般应高出地面 10 cm 左右。为使植床内高出地面的泥土不致流散而污染地面或草坪,也为种植床有明显的轮廓线,要用边缘石将植床加以定界。边缘石离外地坪的高度一般为 15 cm 左右(大型花坛可高达 30 cm)。种植床内土面应低于边缘石

顶面 3 cm 左右。边缘石的厚度一般为 10~20 cm,主要依据花坛面积大小而定,比例要适度,还要顾及建筑材料的性质。

种植床内的土层厚度,视其所配植的花卉品种而定,一般花卉 20~30 cm 即可,多年生花卉及灌木花卉要有 40 cm 左右。那些经常轮换花卉的花坛,可直接利用盆花来布置,既能够机动灵活地随时轮换,也比较节省劳力、开支和时间,效果也比较好。

3)花坛花卉的选择

花坛花卉的选择主要从以下两个方面来考虑:

(1)花坛类型和观赏特点

单色花坛一般表现某种花卉群体的艳丽色彩,选植的花卉必须开花期一致,分枝较多、开花繁茂,花期较长,植株花枝高度一致,要求鲜花盛开时但见花朵不见枝叶。那些叶大花小、叶多花少或花枝参差不齐的花卉则不宜选用。

模纹花坛或标题式花坛为了维持纹样的不变,获取其应有的装饰美,要求配植的花卉最好是生长缓慢的多年生植物,植株生长低矮,叶片细小,分枝要密,还要有较强的萌蘖性,以耐经常性的修剪。观叶植物观赏期长,可以随时修剪,因此,模纹花坛或标题式花坛一般多用观叶植物布置。如果是观花花卉,要求花小而多。

(2)花卉观赏期与其长短

装饰性花坛有明显的目的性,例如,某庆祝日的环境装饰和气氛烘托,这要求严格选择花卉的观赏期。同一种花卉,在各地有不同的开花期,各地都应该有准确的统计资料,在统计基础上作出可靠的分析,使其有可靠的科学基础。当然,也可以用催花的办法,在一定限度内调节其开花期的先后,以满足特定日期、特定目的的需要。

花坛在种植材料和技术要求上都比较严格,开支也比较大,从经济角度考虑,永久性花坛要比季节性、短时性花坛经济。观赏期长的花卉,既能投入较少的人力、物力,又能体现花坛功能的那些品种在必选之列;观赏期短,但繁殖容易、管理简便,或者具有特殊色彩效果的花卉品种也常选用。

4)花坛设计

(1)盛花花坛设计

①盛花花坛植物的选择。盛花花坛以观花草本为主,也可选择一二年生或多年生宿根花卉,还可适当选择部分常绿或观花小灌木;花卉应株丛紧密,耐移植,开花繁茂,花期长,开花整齐;花卉色彩及质感搭配要协调;花卉高度 10~40 cm 为宜。

②色彩设计。在同一个花坛中,配色不宜太多,一般 2~3 种,花坛比较大者可 4~5 种;注意色彩的对比及冷暖给人的心理感受;色彩服从于作用,装饰性节日花坛对比要鲜明,基础花坛则不可过分艳丽;组合成文字的盛花花坛以浅色作底深色作字效果较好。

③图案设计。盛花花坛外轮廓不宜过大,宽 8~10 m 较合适;内部图案要简洁,轮廓明显,产生大色块效应。

(2)模纹花坛设计

①植物选择。为保证图案的持久,模纹花坛选择生长缓慢的多年生灌木为主,尤其是株丛紧密、枝叶细小、萌蘖性强、耐修剪的观叶植物。

②色彩设计。色彩选择以纹样为依据,所用色彩要使纹样突出、清晰。

③图案设计。图案种类广泛,要求外轮廓简洁、内部纹样精细复杂,但不可过细,如花纹、卷云纹、文字、图标、肖像、时钟等(见图7.19)。

(3)立体花坛的设计(见图7.20)

立体花坛中小型盆栽植物容易缺水,应注意及时更换,另外,要注意支架的承重及安全问题。

①标牌花坛。标牌花坛用钢制的骨架,按设计好的图案摆放小型花钵,形成立面景观。所用的植物都是植株矮小、叶小花繁的品种。

②造型花坛。造型花坛可以是花篮、花瓶、动物、建筑小品等,制作方法和要求基本同标牌花坛。

图7.19 模纹花坛

图7.20 立体花坛

7.3.2 花境

1)花境的定义与特点

花境是指以树丛、树篱、矮墙或建筑物作背景的带状自然式花卉布置形式,根据自然风景中林缘野生花卉自然散布、交错生长的规律,加以艺术提炼应用于园林。花境最早源于英国古老的私人别墅花园,19世纪风靡英国,所用植物以宿根花卉为主。

花境所表现的是花卉本身的自然美,这种美,包括破土出芽、嫩叶薄绿、花梢初露、鲜花绽开、结果枯萎等各期景观和季相变换,同时也表现观赏花卉自然组合的群体美。花境是介于规则式布置和自然式布置之间的种植形式。

植床内种植的花卉(包括花灌木)以多年生为主,其布置是自然式的,花卉品种可以是单一的,也可以是混交的。它在设计形式上是沿着长轴方向演进的带状连续构图,是竖向和水平的综合景观。平面上看是各种花卉的块状混植,立面上看高低错落。花境表现的主题是植物本身所特有的自然美,以及植物自然景观,还起到分隔空间和组织游览路线的作用。

2)花境的类型

(1)根据植物材料划分

①专类植物花境。是指由同一属不同种类或同一种不同品种的植物为主要种植材料的花境。要求花卉的花色、花期、花形、株形等有较丰富的变化,充分体现花境的特点,如芍药花境、百合类花境、鸢尾类花境、菊花花境等。英国威斯利花园仅用单子叶植物来作花境也形成了特别的景观。

②宿根花卉花境。是指全部由可露地过冬的宿根花卉组成的花境。此类花境管理相对

简便,常用的植物材料有蜀葵、风铃草、大花滨菊、瞿麦、宿根亚麻、桔梗、宿根福禄考、亮叶金光菊等。英国爱丁堡植物园的宿根花卉花境花卉种类多、花色丰富,形成了五彩缤纷的景观。

③混合式花境。是指种植材料以耐寒的宿根花卉为主,配植少量的花灌木、球根花卉或一二年生草花的花境。木本植物和宿根花卉组成的混合花境,表现出质感上的差异。混合式花境季相分明、色彩丰富,植物材料也易于寻找。园林中应用的多为此种形式,常用的花灌木有杜鹃类、凤尾兰、紫叶小檗等,常用的球根花卉有风信子、水仙、郁金香、大丽花、晚香玉、美人蕉、唐菖蒲等,常用的一二年生草花有金鱼草、蛇目菊、矢车菊、毛地黄、月见草、波斯菊等。英国威斯利花园的大型混合式花境主要由宿根花卉和一二年生草花组成,显得自然、和谐。

(2)根据观赏位置划分

①单面观赏花境(见图7.21)。单面观赏花境多临近道路设置,常以建筑物、围墙、绿篱、挡土墙等为背景,前面为低矮的边缘植物,整体上前低后高,仅供游人一面观赏,所用的植物材料主要为一二年生草花,如红色的杂种矮牵牛、黄色的万寿菊、银灰色的雪叶菊等。建筑物前种植观赏花境,里高外低,相互不遮挡视线,可以很好地柔化建筑物的基础;在公园道路的一侧以浓密的树丛为背景设置花境,在树丛和花境之间用小叶黄杨篱加以分隔,既拉开了层次,又不致过于零乱。

②两面观赏花境。两面观赏花境多设置在草坪上、道路间或树丛中,没有背景。植物种植形式中央高、四周低,供两面观赏。花境设置在草坪上,一侧紧临道路,因为没有浓密的背景树将其遮挡起来,游人可以从多个角度欣赏景致,保持了一定的通透性,不显得空洞无物。两面观赏花境所选用的材料高度要适中,可选择玉簪、鸢尾、萱草等。英国伦敦海德公园在两条道路的中间设置供两面观赏的混合花境,在其两侧的行人可以驻足观赏。

③对应式花境(见图7.22)。对应式花境是指在公园的两侧、草坪中央或建筑物周围设置相对应的两个花境,在设计上作为一组景观统一考虑。对应式花境多采用不完全对称的手法,以求有节奏和变化。在带状草坪的两侧布置对应式的一组花境,它们在体量和高度上比较一致,但在植物种类和花色上又各有不同,两者既变化又统一,成为和谐的一组景观。英国多在充满乡野气息的花园小路两旁布置一组花境,一侧以整齐的绿篱为背景,另一侧则以爬满攀缘植物的墙壁为背景;一侧绿叶茵茵;另一侧花团锦簇,相映成趣,其中的每一个单体也具有独立性和可视性。

图7.21 单面观赏花境

图7.22 英国丘吉尔庄园对应式花境

3)花境设置

花境可设置在公园、风景区、街头绿地、居住小区、别墅及林荫路旁,可在小环境中充分利用边角、条带等地段,营造出较大的空间氛围。另外,花境是一种兼有规则式和自然式特点的混合构图形式,适宜作为建筑道路、树墙、绿篱等人工构筑物与自然环境之间的一种过渡。如英国皇家植物园韦园沿建筑物四周布置混合式的花境,充分利用空间,在创造丰富景观的同时又节约了土地。园林中常见的花境设置的位置及背景如下:

①建筑物墙基前。楼房、围墙、挡土墙、游廊、花架、栅栏、篱笆等构筑物的基础前都是设置花境的良好位置,可软化建筑物的硬线条,将它们和周围的自然景色融为一体,起到巧妙的连接作用。如英国常在建筑物的外围设置一定宽度的混合花境,起到基础绿化的作用。但它所选用的植物材料在株高、株形、叶形、花形、花色上都有区别,如叶色有浅绿、浓绿、彩叶之分,叶形有线条状和圆形之别,花色更是有白色、红色、黄色等不同,所产生的效果是五彩斑斓的群体景观。在英国威斯利花园里,用各种宿根花卉作花境配植在轻盈明快的建筑物墙基前,植物高度控制在窗台以下,鲜花和绿叶既美化了单调的建筑物,又不影响房屋的采光。在英国牛津大学植物园里,在一堵古老的围墙前布置花境,将围墙置于鲜花绿树丛中,显得不那么突兀。这里,花境起到一种恰到好处的掩饰作用。

②道路的两侧。道路用地上布置花境有两种形式:一是在道路中央布置两面观赏的花境;二是在道路两侧分别布置一排单面观赏的花境,它们必须是对应演进,以便成为一个统一的构图。尤其当线路较长、两旁景观较单一时,体量适宜的花境可以起到很好的活跃气氛的作用。道路的旁边设置大型的混合花境,不仅丰富了景观,还可使各种各样的植物成为人们瞩目的对象。在公园园路的一侧,以浓密的树群为依托设置花境,坐在花境下面的人可以尽情地欣赏花之美,而从树群走出的人则有“柳暗花明又一村”的感觉。当园路的尽头有喷泉、雕塑等园林小品时,可在园路的两侧设置对应花境,烘托主题。如在英国 Chelsely 公园内,一尊雕塑处于绿树环抱之中,越发显得富有生命力,其花境材料的选择以低矮的植物为主,不影响人们观看雕塑的视线,色彩也与周围的环境协调,既不过分华丽,也不喧宾夺主。

③绿地中较长的绿篱、树墙前。绿篱、树墙这类人工化的植物景观常显得过于呆板和单调,让人感觉沉重。但若以绿篱、树墙为背景来布置花境,则能打破这种沉闷的格局,绿色的背景又能使花境的色彩充分显现出来。英国爱丁堡植物园以高达 7~8 m 的绿墙为背景布置花境,显得颇为壮观。花境自然的形体柔化了绿墙的直线条,同时又将道路(草坪)和绿墙很流畅地衔接起来。由不同植物形成的花境,其风格也不同,如欧洲英蓬、八仙花等,形成充满野趣的花境。但在追求庄严肃穆意境的绿篱、树墙前,如纪念堂、墓地陵园等场合,不宜布置艳丽的花境,否则对整体效果会有一种消极的作用。

④宽阔的草坪上及树丛间。这类地方最宜布置双面观赏的花境,以丰富景观,增加层次。在花境周围辟出游步道,既便于游人近距离地观赏,又可开创空间,组织游览路线。在草坪中央可布置花境,以草坪为底色,绿树为背景,形成蓝天、绿草、鲜花的美丽景致。公园中可以高大的乔木作背景在草坪上布置花境,由高到低逐渐过渡,使树木花草浑然一体。如英国皇家植物园韦园在草坪中间辟出空地,布置双面观赏、对应式的花境,无论身在何处,都有美景映入眼帘。这里的花境在布置上简洁,仅用了两种植物材料,即叶片丛生、坚挺、花序棒状、红色的火炬百合和叶椭圆形、花序半球形、蓝紫色的八仙花。

⑤居住小区、别墅区。将自然景观引入生活空间,花境是一种最好的应用形式。在小的

花园里，花境可布置在周边，依具体环境设计成单面观赏、双面观赏或对应式花境。沿建筑物的周边和道路布置花境，则四季花香不断，能使园内充满大自然的气息。在空间比较开阔的私家园林的草坪上布置混合式的花境，可为园景增光添彩。如可在建筑物旁边，设计色块团状分布的花境，使用黄色的矮生黑心菊、白色的小白菊、紫色的薰衣草，以体现花境的群体之美。

⑥与花架、游廊配合。花架、游廊等建筑物的台基，一般均高出地面，台基的正立面可以布置花境，花境外再布置园路。花境装饰了台基，游人可在台基上闲庭信步，流连忘返。

4）花境的设计

（1）植床设计

花境有固定的植床，其长向边线是平行的直线或曲线，用终年常绿的植物镶边加以限界和强调。花境长轴的长短取决于具体的环境条件，对于过长的花境，可以将植床分为几段，每段不超过 20 m，段与段之间可设置座椅、园林小品、草坪等。花境植床的宽度一般为 3~8 m，过窄不易体现群落景观，过宽超出视线范围。一般矮的或单面观赏的花境可以窄些，高的或双面观赏的花境可以宽些。与花坛不同，花境的种植床一般不高出地面，为了排水，只要求其中间高出边界 2%~4%的排水坡度即可，土壤要求不严。另外，花境一般需要有背景来衬托，可以是白色或其他素色的墙，可以是绿色树林或草地，最理想的是常绿灌木修剪而成的绿篱和树墙。花境和背景之间，可以有一定的距离。

（2）植物选择

花境主要体现花卉的立体美，那些花朵硕大、花序垂直分布的高大花卉在花境内种植非常理想。花境内的花卉，一般为多年生，种植量较大，为了节省养护管理费用，一方面要求适地适生；另一方面还要求一年四季可以观赏，不要使得某段时间土地裸露或枯枝落叶满地，最好能选择花叶兼赏、花期较长的花卉。花境中各种花卉配植比较粗放，不要求花期一致，但要考虑同一季节中各种花卉的色彩、姿态、体形及数量的协调和对比。每组花丛通常由 5~10 种花卉组成，一般同种花卉要集中栽植。花丛内应由主花材形成基调，次花材作为补充，由各种花卉共同形成季相景观。花境应选用花期长、色彩鲜艳、栽培管理粗放的草本花卉为主，常用的有美人蕉、蜀葵、金鱼草、美女樱、玫瑰、月季、杜鹃、百合、唐菖蒲等。

7.3.3 花丛

花丛是指根据花卉植株高矮及冠幅大小的不同，将数目不等的植株组合成丛配植于阶旁、墙下、路旁、林下、草地、岩隙、水畔等处的自然式花卉种植形式，其着重表现植物开花时华丽的色彩或彩叶植物美丽的叶色。

花丛是花卉自然式配植的最基本单位，也是花卉应用最广泛的形式。花丛可大可小，小者为丛，集丛为群，大小组合，聚散相宜，位置灵活，极富自然之趣。花丛宜布置于自然式园林环境中，也可点缀于建筑周围或广场一角，对过于生硬的线条和规整的人工环境起到软化和调和的作用。

花丛一般种植在自然式园林之中，不用多加修饰和精心管理。用作花丛的植物材料常选用多年生花卉或能自行繁衍的花卉，以适应性强、栽培管理简单，且能露地越冬的宿根和球根花卉为主，以及一二年生花卉及野生花卉，既可观花，也可观叶或花叶兼备，如芍药、玉簪、萱草、鸢尾、百合、玉带草等。

花丛的设计,要求平面轮廓和立面轮廓都应是自然式的,边缘不用镶边植物,与周围草地、树木没有明显的界线,常呈现一种错综自然的状态。花丛可以布置在一切自然式园林绿地或混合式园林布置的适宜地点,也起点缀装饰的作用。

花丛在园林中的种植形式,根据环境尺度和周围景观,既可以单种植物构成大小不等、聚散有致的花丛,也可以两种或两种以上花卉组合成丛。但是,花丛内的花卉种类不能太多,应有主有次、高矮有别、疏密有致、富有层次,达到既有变化又有统一。值得注意的是,花丛最忌大小相等、等距排列、配植无序、杂乱无章。小庭园里的花丛不可能有许多种,要精选,尤其要选那些适生又有寓意,并且和环境搭配的品种。

7.3.4 花池、花台

花池和花台是两种中国式庭园中常见的栽植形式或种植床的称谓,在古典园林中运用较多,现代园林绿地中更是普遍采用,其实用性很强,艺术效果也很好。凡种植花卉的种植槽,高者称为台,低者则称为池。

1)花台

花台是将花卉栽植于高出地面的台座上,花池则一般平于地面或稍稍高出地面,但其周围多用砖石等围起,形成一种池型的封闭空间,类似花坛但面积较小。中国传统的观赏花卉形式是花台,多从地面抬高 40~100 cm,形成空心台座,以砖或石砌边框,有时在花坛边上围以矮栏,中间填土种植观赏植物,以观赏植物的体形、花色、芳香及花台造型等综合美为主,如牡丹台、芍药栏等。花台的形状是多种多样的,有单个的,也有组合型的;有几何形体,也有自然形体。一般在花台上种植小巧玲珑、造型别致的植物,如松、竹、梅、丁香、南天竹、铺地柏、构骨、芍药、牡丹、月季等,中国古典园林中常采用这种形式,现代公园、花园、工厂、机关、学校、医院、商场等庭院中也常见。花台还可与假山、坐凳、墙基相结合作为大门旁、窗前、墙基、角隅的装饰,但在下面必须设盲沟以利排水。

由于花台距地面较高,缩短了人在观赏时的视线距离,因此,能获取清晰明朗的观赏效果,便于人们仔细观赏其中的花木或山相上的风采,值得提倡和采用。

2)花池

花池是在边缘用砖石围护起来的种植床内,灵活自然地种上乔木、灌木或花卉,往往还配植有山石配景以供观赏。这种花木配植方式与其植床,统称为花池。花池是中国式庭园、宅园内一种传统的植物配植手法。花池土面的高度一般与地面标高相差甚少,最高为 40 cm 左右。当花池的高度达到 40 cm 以上,甚至花池脱离地面为其他物体所支承时就称为花台,但最高高度不宜超过 1 m。花池常由草皮、花卉等组成一定的图案画面,依内部组成不同又可分为草坪花池、花卉花池、综合花池等。

草坪花池:是指一块修剪整齐而均匀的草地,边缘稍加整理或布置成行的瓶饰、雕像、装饰花栏等,它适合布置在楼房、建筑平台前沿形成开阔的前景,具有布置简单、色彩素雅的特点。

花卉花池:在花池中既种草又种花,并可利用它们组成各种花纹或动物造型。池中的毛毡植物要常修剪,保持 4~8 cm 的高度,形成一个密实的覆盖层,适合布置在街心花园、小游园和道路两侧。

综合花池:在这种花池中既有毛毡图案,又在中央部分种植单色调低矮的一二年生花卉。如将花色鲜艳的紫罗兰或福禄考等种在花池毛毡图案中央,鲜花盛开时可以充分显示其特色,也可在中央适当点缀低矮的花木或花丛。花池常与栏杆、踏步等结合在一起,也有用假山石围合起来的,池中可利用草本花开的品种多样性组成各种花纹。综合花池也适合布置在街心花园、小游园和道路两侧。

7.4 草坪、地被植物在园林中的应用

草坪与地被植物在园林绿化中的作用虽不如高大的乔木、灌木和明艳的花卉效果那么明显,但却是不可缺少的。草坪与地被植物由于密集覆盖于地表,不仅具有美化环境的作用,还对环境有着更为重要的生态意义。其生态作用有保持水土,占领隙地,消灭杂草;减缓太阳辐射,保护视力;调节温度、湿度,改善小气候;净化大气,减少污染和噪声;用作运动场及游憩场所;预防自然灾害等。

7.4.1 草坪、地被植物的分类

1)草坪的概念与草坪的分类

(1)草坪的概念

草坪是指园林中人工铺植的草皮或播种草籽培养形成的整片绿色地面。严格地讲,草坪即草坪植被,通常是指以禾本科草或其他质地纤细的植被为覆盖,并以它们大量的根或匍匐茎充满土壤表层的地被,是由草坪草的地上部分以及根系和表土层构成的整体。

(2)草坪的分类

①按配植形式分类

•缀花草地:是指在草坪的边缘或内部点缀一些非整形式成片栽植的草本花卉而形成的组合景观。常用的花卉为球根或宿根花卉,有时也点缀一些一二年生花卉使草坪既有季相变化又不需要经常大面积更换。常用的草本花卉主要有水仙属、番红花属、香雪兰属、鸢尾属、玉帘属、玉簪属、绵枣儿属、铃兰属等。

•野趣草坪:是指人工模仿的天然草坪。草坪上道路不加铺装,草也不用人工修剪,在路旁的平地上有意识地撒播各种牧草、野花,散点石块,少量模仿被风吹倒的树木,在起伏的矮丘陵上种植些灌木丛,甚至模拟少量野兔的巢穴,如同人迹罕至的荒原一样。野趣草坪要选择乡土树种、野花、野草,疏密有致、自然配植、杂而不乱、荒而不芜,与四周人工造园的景象恰成明显对比,别有情趣。

•规则式草坪:多见于规则式园林中,采用图案式花坛与草坪组合或使用修剪整齐的常绿灌木图案为绿色草坪所衬托,图案清晰而协调。无论花坛面积大小,草坪均为几何形对称排列或重复出现。在西方古典城堡宫廷中常利用这种规则的草坪,以求得严整的效果。

•疏林草坪:是指落叶大乔木夹杂少量针叶树组成的稀疏片林,分布在草坪的边缘或内部,形成草坪上的平面与立面的对比、明与暗的对比、地平线与曲折的林冠线的对比。这种组合,春季嫩芽吐芳,夏季树荫横斜疏林,秋季叶片斑斓,冬季阳光遍布草坪。这类景观在欧美自然形园林中占有很大的比例。

• 乔、灌、花组合的草坪：是指乔、灌木、草花环绕草坪的四周形成富有层次感的封闭空间。草坪可居中，草花沿草坪边缘，灌木作草花的背景，乔木作灌木的背景，在错落中互相掩映，尤其花灌木的配植要适当，花期、花色千变万化，成为一幅连续的长卷。这种草坪虽与外界不够通透，但内部自成一局，草坪上散点顽石、安置雕塑小品甚至亭子或孤植树等都很得体。

②按照用途分类

• 游憩型草坪：是指供人们散步、休息、游戏及其他户外活动的草坪。这类草坪形状自然，人可进入活动，管理粗放，可选取台湾二号、细叶结缕草等适应性强、耐践踏、质地柔软、含水量低的草种。草坪较大时可配置乔木、山石、小路、花丛等。

• 观赏性草坪：是指园林中专供观赏的草坪，也称为装饰性草坪。这类草坪形状多规则整齐，人不能入内，管理严格精细。可选择黑麦草等生长整齐、植株低矮、绿色期长的草种。观赏性草坪内可以散置少量低矮草花，形成缀花草坪。

• 运动场草坪：是指专供开展体育运动（各种球类、射击等）的草坪。这类草坪可选取耐践踏、韧性强、耐修剪、高弹性的草种，管理较精细。

• 环保草坪：是指主要用于防治水土流失、尘土飞扬等发挥其保护和改善生态环境作用的草坪。这类草坪可选取适应性强、根系发达、草层紧密、抗旱、抗寒、抗病能力强的草种。

2）草坪植物及其特点

草坪植物是组成草坪的植物的总称，又称为草坪草。草坪草也属于地被植物的范畴。由于草坪对植物种类有特定的要求，且建植与养护管理与普通地被植物差异较大，已经形成了独立的体系，因此，已从园林地被植物中分离出来。草坪草多指一些适应性较强的矮生禾本科及莎草科的多年生草本植物，如结缕草、野牛草、狗牙根、高羊茅、早熟禾、黑麦草等。草坪草按生态类型分为冷季型草坪草和暖季型草坪草两类。

冷季型草坪草主要分布于华北、东北、西北等地区，最适生长温度为11～20 ℃。冷季型草坪草种的品种很多，如早熟禾、高羊茅、黑麦草、野牛草、狗牙根等，这类草坪草适应性强，春、秋生长旺盛，抗寒力较强，但抗热力较差，绿期较长，适宜在北方使用，在南方使用则表现为抗湿热性差，病虫害严重，有夏枯现象发生。目前生产上使用最多的草种为黑麦草属、早熟禾属、羊茅属、剪股颖属等，其中，高羊茅因很耐寒，绿色期高达300 d，近年来发展很快。

暖季型草坪草主要分布于长江流域及其以南的热带、亚热带地区，最适生长温度为25～30 ℃。暖季型草种夏季生长旺盛，抗热力强，抗寒力相对较差，绿期较短，适宜在南方栽植。目前生产上常用的草种有双穗狗牙根、结缕草、沟叶结缕草、细叶结缕草、中华结缕草、地毯草、假俭草、野牛草等，其中，尤以细叶结缕草色鲜而叶细，绿色期可冬夏不枯，在华北中部可达150 d以上，俗称"天鹅绒草"，曾被广泛运用，但由于易出现"毡化现象"，外观起伏不平，目前已逐步被外来的优质草种代替而有所减少。

根据我国夏季酷热期长的气候特点及各地土壤条件的差异，草坪草区域大致划分为长江流域以南、黄河流域以北和长江流域至黄河流域过渡地区。长江流域以南主要应用狗牙根、假俭草、地毯草、钝叶草、细叶结缕草、结缕草等暖季型草坪草；黄河流域以北主要应用匍茎剪股颖、草地早熟禾、加拿大早熟禾、林地早熟禾、紫羊茅、意大利黑麦草、苇状羊茅等冷季型草坪；长江流域至黄河流域过渡地区除要求积温较高的地毯草、钝叶草和假俭草外，其他暖季型草坪草及全部冷季型草坪草都可使用。

3)地被的概念与地被植物的分类

(1)地被的概念与功能

地被是指以植物覆盖园林空间的地面形成的植物景观,这些植物多具有一定的观赏价值及环保作用。紧贴地面的草皮,一二年生的草本花卉,甚至是低矮、丛生、紧密的灌木均可用作地被。地被与植物学中以植物群落覆盖一个地区的植被不同。美国学者奥斯汀在其《植物景观设计元素》一书中提到:"地被这个词汇可用来描述几乎所有的园林植物。但它主要是指高度在 46 cm 以下、匍匐生长、遮盖裸露地表的植物。"地被植物是现代城市绿化造景的主要材料之一,也是园林植物群落的重要组成部分。多种类观赏植物的应用,多层次的绿化,使得地被植物的作用越来越突出。

地被有两个层次的功能:第一个层次是替代草坪用于覆盖大片的地面,给人以类似草坪的外观,利用这类自然、单纯的地被植物来烘托风景或焦点物。地被要求和草坪一样细心地作好土壤准备,同样的前期除草要求,而且还要和草坪一样能抵抗冬季严寒气候的影响。第二个层次是装饰性的地被。人们利用这类色彩或质地明显对比的地被植物并列配植来吸引游人的注意,可以装点园路的两旁,为树丛增添美感和特色。沈阳世博园内一林间小径的边缘装饰性地被,一眼望去,轮廓分明的花境非常引人注目,让游人感到园路步道线形的优美。沈阳世博园大量采用花卉地被植物来饰边,如大草坪边缘的石竹、三色堇、地被月季等,颜色各异的盛花地被既烘衬了热烈的气氛,又很好地分隔了空间,引导游览路线。

(2)地被植物的分类

组成地被植物的种类包括多年生草本,自播能力很强的少数一二年生草本植物,以及低矮丛生、枝叶茂密的灌木和藤本、矮生竹类、蕨类等,具体的分类如下:

①按生态习性分类

● 喜光地被植物:在全光照下生长良好,遮阴处茎细弱、节伸长、开花减少,长势不理想,如马蔺、松果菊、金光菊、常夏石竹、五彩石竹、火星花、金叶过路黄等。

● 耐阴地被植物:在遮阴处生长良好,全光照条件下生长不良,表现为叶片发黄、叶变小、叶边缘枯萎,严重时甚至全株枯死,如虎耳草、狮子草、庐山楼梯草等。

● 半耐阴地被植物:喜欢漫射光,全遮阴时生长不良,如常春藤、杜鹃、石蒜、阔叶麦冬、吉祥草、沿阶草等。

● 耐湿类地被植物:在湿润的环境中生长良好,如溪荪、鱼腥草、石菖蒲、三白草等。

● 耐干旱类地被植物:在比较干燥的环境中生长良好,耐一定程度干旱,如德国景天、宿根福禄考、百里香、苔草、半支莲、垂盆草等。

● 耐盐碱地被植物:在中度盐碱地上能正常生长,如马蔺、罗布麻、扫帚草等。

● 喜酸性地被植物:如水栀子、杜鹃等。

②按植物学特性分类

● 多年生草本地被植物:如诸葛菜、吉祥草、麦冬、紫堇、三叶草、酢浆草、水仙、铃兰、葱兰等。

● 灌木类地被植物:植株低矮、分枝众多、易于修剪造型的灌木,如八仙花、桃叶珊瑚、黄杨、铺地柏、连翘、紫穗槐等。

● 藤本类地被植物:是指耐性强、具有蔓生或攀缘特点的植物,如爬行卫矛、常春藤、络石等。

●矮生竹类地被植物:是指生长低矮、匍匐性、耐阴性强的植物,如菲白竹、阔叶箬竹等。

●蕨类地被植物:是指耐阴耐湿性强,适合生长在温暖湿润环境的植物,如贯众、铁线蕨、凤尾蕨等。

③按观赏部位分类

●观叶类地被植物:叶色美丽、叶形独特、观叶期较长,如金边阔叶麦冬、紫叶酢浆草等。

●观花类地被植物:花期较长、花色绚丽,如松果菊、大花金鸡菊、宿根天人菊等。

●观果类地被植物:果实鲜艳、有特色,如紫金牛、万年青等。

7.4.2 草坪、地被植物在园林中的应用

1)草坪在园林中的应用

(1)草坪的景观特点

草坪是园林景观的重要组成部分,不仅有自身独特的生态学特点,还有独特的景观效果。在园林绿化布局中,草坪不仅可以作主景,而且能与山、石、水面、坡地以及园林建筑、乔木、灌木、花卉、地被植物等密切结合,组成各种不同类型的景观空间,为人们提供游憩活动的良好场地。同时,其绿色的基调,还是展示其他园林景观元素的背景。草坪在园林景观中具有以下5个特点:

①空旷感。草坪草生长低矮,贴近地面,即便是芳草连天也处于人们的视线之下。因此,草坪绿地给人以开阔、空旷的感觉。在园林中,为了烘托建筑物或其他主体景观的雄伟高大,通常要利用草坪的开阔特性,形成视觉的高低宽窄的对比感。

②独特的背景作用。草坪的基调是绿色,蓝天白云下的绿草地会使白色、红色、黄色、紫色的景物更加醒目。如在雕像、纪念碑等处常常用草坪来做装饰和陪衬,可有力地烘托主景;在喷泉的周围布置草坪,白色的水珠在饱和的绿色反衬下更加晶莹剔透;在缓坡草地上配以鲜花、疏林,可构成一幅优美舒缓的田园景观。

③季相变化。有些草坪草的生长具有明显的季节性,利用其季相的变化,可创造各种园林景观。如在北方初秋,日本结缕草开始进入休眠状态,此时其叶色由绿转褐,最后变成枯黄色。在这种褐色和枯黄色的映衬下,松、柏等常绿植物会显得更加青翠。

④可塑性。不同的草坪草种叶姿不同、色泽有异,质地也有很大差别。利用这些特性,加以适当的组合,可以使草坪呈现出更大的可塑性。如通过草坪的修剪和滚压来形成花纹;利用不同草种色泽上的差异来进行造型,构成文字或图案。

⑤可更新性。与其他园林植物形成的景观相比草坪容易更新。

(2)草坪在园林中的应用

①草坪作主景。草坪以其绿色的且平坦、致密的平面创造开朗柔和的视觉空间。

②草坪作基调。草坪将各式各样、多种颜色的建筑、植物和谐地统一在一起,通过绿色底色的衬托与对比使景观更加突出。

③草坪用于镶边。草坪镶边使树丛或花灌木与道路之间过渡自然。

(3)草坪的设计原则

①草坪景观既要有变化,又要有统一。虽然茵茵芳草地令人舒畅,但是大面积空旷的草坪也容易使景观显得单调乏味。因此,园林中草坪应在布局形式、草种组成等方面有所变化,不宜千篇一律,可利用草坪的形状、地形起伏、色彩对比等以求丰富单调的景观,这种变化还

必须因地制宜，因景而宜，与周围环境和谐统一。如在绿色的草坪背景上点缀一些花卉或通过一些灌木等构成各种图案。

②草种选择要适用、适地、适景。草坪是主要用于游憩和体育活动的场地，因此，应选择耐踏性强的草种，此即为适用；不同草坪草种所能适应的气候和土壤条件不同，因此，必须依据种植地的气候和土壤条件选择适宜在当地种植的草种，此即为适地；选择草种还要考虑到园林景观，如季相变化、叶姿、叶色与质感特征等，力求与周围景物和谐统一，此即为适景。如封闭型草坪，可选择叶姿优美、绿色期长的草种，北方多选择草地早熟禾，南方多选择细叶结缕草；开放型草坪可选择耐践踏性强的草种，北方可选择日本结缕草、高羊茅等，南方可选择狗牙根、沟叶结缕草等；疏林草坪可选择耐阴性强的草种，北方可用日本结缕草、粗茎早熟禾、紫羊茅等，南方可用沟叶结缕草、细叶结缕草等。

2）地被植物在园林中的应用

（1）地被的景观特点及应用

丰富多彩的地被植物形成了不同类型的地被景观，如可以形成常绿观叶地被、花叶及彩叶地被、观花地被等。不同质感的地被植物可以创造出柔和的或质朴的地被植物景观。

①园林地被景观具有丰富的季相变化。除了常绿针叶类及蕨类等，大多数一二年生草本、多年生草本及灌木和藤本地被植物均有明显的季相变化，有的春花秋实，有的夏季苍翠，有的霜叶如花。

②地被可以烘托和强调园林中的景点。一些主要景点，只有在强烈的透景线的引导下或在相对单纯的地被植物背景衬托下，才会更加醒目并成为自然视觉中心，地被植物可以烘托和强调园林中的景点。

③地被可以使园林景观中不相协调的元素协调起来。用作基础栽植的地被，不仅可以避免建筑顶部排水造成基部土壤流失，还可以装饰建筑物的立面，掩饰建筑物的基部，同时对雕塑基座、灯柱、座椅、山石等均可以起到类似的景观效果。生硬的河岸线、笔直的道路、建筑物的台阶和楼梯、庭园中的道路、灌木、乔木等，都可以在地被植物的衬托下显得柔和而变成协调的整体。

（2）地被植物在园林中的应用原则

①因地制宜，适地选用。根据不同栽植地点的光照、水分、温度、土壤等条件的差异，选择相应的地被植物种类，尽量做到适地适种。如德国鸢尾应种植在地势高的地方；蜀葵要栽在通风条件好的地方；荷兰菊宜栽于土壤瘠薄的地方；金鸡菊适于阳光充足的地方；紫萼、玉簪、蝴蝶花、萱草等适于庇荫处栽植。

②注意季相、色彩的变化与对比。地被植物种类繁多，花期有早有晚，色彩也极其丰富。种植设计时要配合得当，注意季相的变化，还要考虑同一季节中彼此的色彩、姿态以及与周围色彩的协调和对比，才会起到事半功倍的效果。如在以红色为主调的同时，选用粉色的蛇鞭菊与粉色的大丽花搭配，能给人以协调温馨的感觉。

③与周围环境相协调，并与功能相符合。不同的绿地环境，其功能和要求也不同。如在居民小区和街心公园，一般以种植宿根花卉为主，适当种植花灌木、易修剪造型、树姿优美的小乔木等植物材料来营造优雅的街区小景观。在树林里、房屋背阳处及大型立交桥下，应多选用八角金盘、洒金珊瑚、十大功劳、蕨类、葱兰、石蒜、玉簪等耐阴湿的地被植物，并求得与乔木的色彩和姿态搭配得当，使这些一般乔、灌、草难以生长良好的地方处处生意盎然，得自然

之趣。在林缘或大草坪上,多利用枝、叶、花色彩变化丰富的大量宿根花卉及亚灌木品种整形成色块组成图案,显得构图严谨、生动活泼又大方自然。在一些大绿化的空旷环境中,宜选用具有一定高度的喜阳性地被植物成片栽植;在空间有限的庭院中,宜选用低矮、小巧玲珑而耐半阴的植物作地被;在岸边、溪水旁,宜选用耐水湿的湿地植物作地被。

④地被植物种类的选择和开发应用要有乡土特色。不同地区要遵守"立足本地,以本土植物为主,适当引进外来新优品种"的原则,这样可以建成有地方特色的园林景观。

7.5 藤本植物在园林中的应用

7.5.1 藤本植物的特点及常见类型

藤本植物的栽培已经有两千多年的历史,《山海经》和《尔雅》中就有栽培紫藤的记载,唐代诗人李白曾被串串紫藤花所折服,留下了"紫藤挂云木,花蔓宜阳春。密叶隐歌鸟,香风留美人"的诗篇。藤本植物一直是我国造园中常用的植物材料,是指主茎细长而柔软,不能直立,以多种方式攀附于其他物体向上或匍匐地面生长的藤木及蔓生灌木。据不完全统计,我国可栽培利用的藤本植物约有 1 000 种。

1)藤本植物的特点

许多藤本植物除观叶外还可以观花,有的散发芳香,有的根、茎、叶、花、果实等还可以作药材、香料等。

2)藤本植物的类型

园林造景常用的藤本植物,有的用吸盘或卷须攀缘而上,有的垂挂覆地用其长长的枝和蔓茎、美丽的枝叶和花朵组成优美的景观。当前,城市园林绿化用地面积越来越少,充分利用藤本植物进行垂直绿化是拓展绿化空间、增加城市绿量、提高整体绿化水平、改善生态环境的重要途径。

3)藤本植物的造景优势

①占地面积少,绿化面积大,不易遭受无意的破坏。只要有一穴之地,就可以种植和生长。现代城市人口众多,建筑密度大,可供绿化空闲土地渐少,利用墙面等垂直绿化,对扩大绿化面积具有重要作用。

②生长快,蔓叶茂密绿化见效快。如人工栽植的爬山虎、紫藤等,在长江流域一年可长到 3~8 m,在北方也可长 3 m 以上,许多草质藤本一年生长可达 10 m 以上。

③遮阴降温效果好。夏季藤本植物形成的遮阴面积大,降温效果显著。尤其是用于墙面绿化时,不仅可阻挡阳光直晒,且由于叶面蒸腾可降低温度。

④有利于防火、滞尘和防污,覆盖、遮挡、掩护作用明显。

7.5.2 藤本植物的常见应用方式

1)棚架式绿化

藤本植物造景在园林中应用最广泛的方法是附着于棚架进行造景(见图 7.23),附着藤本植物的棚架装饰性和实用性很强,既可作为园林小品独立成景,又具有遮阴功能,有时还具有分隔空间的作用。在中国古典园林中,棚架可以是木架、竹架和绳架,也可以和亭、廊、水榭、园门、园桥相结合,组成外形优美的园林建筑群,甚至可用于屋顶花园。棚架形式不拘,繁简不限,可根据地形、空间和功能而定,“随形而弯,依势而曲”,但应与周围环境在形体、色彩、风格上相协调。在现代园林中,棚架式绿化多用于庭院、公园、机关、学校、幼儿园、医院等场所,既可观赏又给人提供了纳凉、休息的场所。

棚架一般选用生长旺盛、枝叶茂密、开花观果的藤本植物,如紫藤、木香、藤本月季、油麻藤、炮仗花、金银花、叶子花、葡萄、凌霄、铁线莲、猕猴桃等。紫藤与凌霄混栽用于棚架造景,春季紫藤花穗悬垂,清香四溢;夏秋凌霄朵朵红花点缀于绿叶中,引人瞩目。

2)绿廊式绿化

选用葡萄、美叶油麻藤、紫藤、金银花、铁线莲、叶子花、炮仗花等攀缘、匍匐垂吊类植物形成绿廊、果廊、绿帘、花门等装饰景观,也可在廊顶设置种植槽,使枝蔓向下垂挂形成绿帘(见图7.24)。绿廊具有观赏和遮阴两种功能,还可在廊内形成私密空间,故应选择生长旺盛、分枝力强、枝叶稠密、遮阴效果好且姿态优美、花色艳丽的植物种类。在养护管理上,不要急于将藤蔓引至廊顶,注意避免造成侧方空虚,影响观赏效果。

图7.23　棚架

图7.24　绿廊

3)墙面绿化

城市中,墙面的面积大、形式多样,可以充分利用藤本植物加以绿化和装饰,来打破墙面呆板的线条,柔化建筑物的外观。藤本植物绿化旧墙面还可以遮陋透新,与周围环境形成和谐统一的景观,提高城市的绿化覆盖率、美化环境。藤本植物附着于墙体进行造景的手法可用于各种墙面、挡土墙、桥梁、楼房等垂直侧面的绿化(见图7.25)。

选择墙面绿化植物时,较粗糙的表面可选择爬山虎、常春藤、薜荔、凌霄、金银花等枝叶较粗大的吸附种类,便于攀爬;而表面光滑细密的墙面,则宜选用枝叶细小、吸附能力强的植物种类。对于表层结构光滑、材料强度低且抗水性差的石灰粉刷墙面,可用藤本月季、木香、云南黄素馨等种类。为利于藤本植物的攀附,可在墙面安装条状或网状支架,并辅以人工缚扎和牵引(见图7.26)。

图 7.25　西南科技大学清华楼墙面绿化(爬山虎)

图 7.26　加支架的墙面绿化

4)篱垣式绿化

篱垣式绿化是指藤本植物依附于篱笆、栏杆、铁丝网、栅栏、矮墙、花格的绿化,形成绿篱、绿栏、绿网、绿墙、花篱等。这类设施在园林中最基本的用途是防护或分隔,也可单独使用构成景观,不仅具有生态效益,显得自然和谐,并且富于生机、色彩丰富。篱垣高度较矮,几乎所有的藤本植物都可使用,但在具体应用时应根据不同的篱垣类型选用不同的材料。如在公园中,可利用富有自然风味的竹竿等材料编制各式篱架或围栏,配以茑萝、牵牛、金银花、蔷薇、云实等,结合古朴的茅亭,别具一番情趣。蔓生蔷薇与不同花色品种的藤本月季搭配适于栅栏、矮墙等篱垣式造景,不同花色品种间花色相互衬托,深浅相间或分段种植,能够形成几种色彩相互镶嵌的优美图案。

5)柱式绿化

城市立柱形式主要有电线杆、灯柱、廊柱、高架公路立柱、立交桥立柱及一些大树的树干等,这些立柱可选择地锦、常春藤、三叶木通、南蛇藤、金银花、凌霄等观赏价值较高、适应性强、抗污染的藤本植物进行绿化和装饰,形成良好的景观效果。但要注意控制长势,适时修剪,避免影响供电、通信等设施的功用。

6)假山、置石、驳岸、坡地及裸露地面绿化

藤本植物也附着于假山、置石、驳岸、坡地及裸露地面造景。悬崖峭壁倒挂三五株老藤,柔条垂拂、坚柔相衬,使人感到假山的高大俊美。利用藤本植物点缀假山、置石等,应当考虑植物与山石纹理、色彩的对比和统一。若主要表现山石的优美,可稀疏点缀笃萝、蔓长春花、小叶扶芳藤等枝叶细小的种类,让山石最优美的部分充分显露出来,正所谓"山借树而为衣,树借山而为骨,树不可繁,要见山之秀丽"。如果假山之中设计有水景,在两侧配以常春藤、光叶子花等,可达到相得益彰的效果。若欲表现假山植被茂盛的状况,可选择五叶地锦、紫藤、凌霄、扶芳藤等枝叶茂密的种类。

利用藤本植物的攀缘、匍匐生长习性,如络石、地锦、常春藤等,可以对陡坡绿化形成绿色坡面,既有观赏价值又能形成良好的固土护坡作用,防止水土流失。藤本植物也是裸露地面覆盖的好材料,其中不少种类可以用作地被,观赏效果富自然情趣,如地瓜藤、紫藤、常春藤、蔓长春花、红花金银花、金脉金银花、地锦、铁线莲、络石、小叶扶芳藤等。

7)门窗、阳台绿化

装饰性要求较高的门窗利用藤本植物绿化后柔蔓悬垂、绿意浓浓,别具情趣,或利用藤蔓

进行人工造型，增加观赏效果。随着城市住宅迅速增加，充分利用阳台空间进行绿化也极为必要，它能降温增湿、净化空气、美化环境、丰富生活，又把人与自然有机地结合起来。

为了弥补单一藤本类植物观赏特性的缺陷，可以利用不同种类间的搭配以延长观赏期，创造四季皆有景可赏的景观，如爬山虎与络石、常春藤或小叶扶芳藤合栽，可以弥补单一使用爬山虎的冬季萧条的景象。同时，络石、常春藤或小叶扶芳藤在爬山虎叶下，其喜阴的习性也得以满足。这种配植也可用于墙面、石壁、立柱等的绿化，凌霄与爬山虎可用于墙面、棚架、凉廊、矮墙绿化，如拙政园的四季漏窗。凌霄与络石或小叶扶芳藤搭配可用于枯树、灯柱、树干或阳面墙的绿化。一些藤本植物经整形修剪后，可形成灌木状形态，使其观赏价值大大提高，可以作为地栽或盆栽、盆景材料，如硬骨凌霄、迎春、连翘、羊蹄甲、藤本月季、金银花、黄素馨、胡颓子、叶子花、木香、葡萄等。

习题

1.乔木在园林中规则式和自然式配植方式分别有哪些具体形式？

2.孤植、对植、列植、丛植、聚植、林植等乔木配置方式各有哪些植物选择和配植要点？

3.灌木的景观功能和配植形式有哪些？

4.绿篱按高度分为哪几类？控制视线和分隔空间的效果如何？

5.花坛设置的原则和要点有哪些？按照在绿地中的组合分为哪几类？

6.立体花坛、盛花花坛和模纹花坛分别如何设计？

7.花境在园林绿地中如何布置？

8.简述花境的由来。花卉、地被及藤本植物在园林中的常用方式有哪些？

9.根据观赏位置，花境分为哪几类？特点有哪些？

10.按照用途分，草坪分为哪几类？特点有哪些？

11.藤本植物主要有哪些应用形式？

第 2 部分

常用园林植物

我国的植物资源极为丰富，拥有高等植物 3 万余种，居世界第三位。在园林植物造景中，凡是具有一定观赏价值的植物均可进行运用。本书以西南地区乔木为主，介绍我国常见的园林植物。

植物图片

蕨类植物门

蕨类植物是高等植物中的一大类群,是高等植物中较低级的一类,在晚古时期常为高大木本植物,现代多为草本植物。

8.1 桫椤科 Cyatheaceae

陆生蕨类植物,通常为树状、乔木状或灌木状;茎粗壮,圆柱形,高耸,直立,通常不分枝(少数种类仅具短而平卧的根状茎),被鳞片,有复杂的网状中柱,髓部有硬化的维管束,茎干下部密生交织包裹的不定根;叶柄基部宿存或迟早脱落而残留叶痕于茎干上,叶痕图式通常有3列小的维管束,叶大型,多数,簇生于茎干顶端,成对称的树冠;被鳞片或有毛,两侧具有淡白色气囊体,条纹状,排成1~2行;叶片通常为二至三回羽状,或四回羽状,或有鳞片混生;叶脉通常分离,单一或分叉;孢子囊群圆形,生于小脉背上;囊群盖形状不一,圆球形,顶端开口呈杯状(不产我国);孢子囊卵形,具有一个完整而斜生的环带(即不被囊柄隔断);孢子囊柄细瘦,长短不一,有4(或更多)行细胞;每个孢子囊由64个孢子或16个孢子组成。

全世界有2属约500种,我国有2属14种。

桫椤属 *Alsophila*

植株为乔木状或灌木状,主茎短而不露出地面或稍高出地面,偶有平卧的,先端被鳞片;叶大型,叶柄平滑或有刺及疣突,通常乌木色、深禾秆色或红棕色,基部的鳞片坚硬,中部棕色或黑棕色,由长形厚壁细胞组成,边缘淡棕色,呈薄而脆的特化窄边,往往易被擦落而呈啮蚀状,由较短的薄壁细胞组成,这些细胞以扇形向外开展,并具有较长的、不整齐的、左右曲折的厚细胞壁刚毛，老时脱落；叶片一回羽状至多回羽裂；羽轴上通常背柔毛，偶无毛；叶脉分离（偶有略网结），小脉单一或2~3叉；孢子囊群圆形，背生于叶脉上，囊托凸出，半圆形或圆柱形；囊无群盖，或囊群盖圆球形，仅孢生于孢子囊群的靠近末回小羽片的主脉的一侧，全部或部分包被着孢子囊群；隔丝丝状；孢子囊柄短，通常有4行细胞，环带斜行；孢子钝三角形，周壁半透明或不透明，外壁表面光滑。

*桫椤　**Alsophila spinulosa***

形态特征：乔木状，茎干高达6 m或更高，直径10~20 cm，上部有残存的叶柄，向下密被交织的不定根；**叶螺旋状排列于茎顶端**；茎段端和拳卷叶以及叶柄的基部密被鳞片和糠秕状鳞毛，鳞片暗棕色，有光泽，狭披针形，先端呈褐棕色刚毛状，两侧有窄而色淡的啮齿状薄边；叶柄长30~50 cm，通常棕色或上面较淡，连同叶轴和羽轴有刺状突起，背面两侧各有一条不连续的皮孔线，向上延至叶轴；**叶片大，长矩圆形**，长1~2 m，宽0.4~0.5 m，**三回羽状深裂**；羽片17~20对，互生，基部一对缩短，长约30 cm，中部羽片长40~50 cm，宽14~18 cm，长矩圆形，二回羽状深裂；小羽片18~20对，基部小羽片稍缩短，中部的长9~12 cm，宽1.2~1.6 cm，披针形，先端渐尖而有长尾，基部宽楔形，无柄或有短柄，羽状深裂；裂片18~20对，斜展，基部裂片稍缩短，中部的长约7 mm，宽约4 mm，镰状披针形，短尖头，边缘有锯齿；叶脉在裂片上羽状分裂，基部下侧小脉出自中脉的基部；叶纸质，干后绿色；羽轴、小羽轴和中脉上面被糙硬毛，下面被灰白色小鳞片；孢子囊群孢生于侧脉分叉处，靠近中脉，有隔丝，囊托突起，囊群盖球形，膜质；囊群盖球形，薄膜质，外侧开裂，易破，成熟时反折覆盖于主脉上面。

主要分布：产于福建、台湾、广东、海南、香港、广西、贵州、云南、四川、江西，也分布于日本、越南、柬埔寨、泰国北部、缅甸、孟加拉国、锡金、不丹、尼泊尔和印度。

生长习性：半阴性树种，喜温暖潮湿气候，喜生长在冲积土中或山谷溪边林下，气温为5~35 ℃的山区、坝区和庭院均可栽培。可地栽，也可盆栽或桶栽，但相对湿度要大。

观赏特性及园林用途：桫椤树形美观，树冠犹如巨伞，虽历经沧桑却万劫余生，依然茎苍叶秀，高大挺拔，园艺观赏价值极高。

其他用途：桫椤与恐龙化石并存，对于研究物种的形成和植物地理区系具有重要科研价值。

8.2　铁线蕨科　Adiantaceae

陆生中小形蕨类，体形变异很大；根状茎或短而直立或细长横走，具管状中柱，被有棕色或黑色、质厚且常为全缘的披针形鳞片；叶一型，螺旋状簇生、二列散生或聚生，不以关节着生于根状茎上；叶柄黑色或红棕色，有光泽，通常细圆，坚硬如铁丝，内有一条或基部为两条向上合为一条的维管束；叶片多为一至三回以上的羽状复叶或一至三回二叉掌状分枝，极少为团扇形的单叶，草质或厚纸质，少为革质或膜质，多光滑无毛；叶轴、各回羽轴和小羽柄均与叶柄同色同形；末回小羽片的形状不一，卵形、扇形、团扇形或对开式，边缘有锯齿，少有分裂或全缘，有时以关节与小柄相连，干后常脱落；叶脉分离，罕为网状，自基部向上多回二歧分叉或自基部向四周辐射，顶端二歧分叉，伸达边缘，两面可见；孢子囊群着生在叶片或羽片顶部边缘的叶脉上,无盖,而由反折的叶缘覆盖,一般称这种反折覆盖孢子囊群的特化边缘为"假囊群盖";假囊群盖形状变化很大,一般有圆形、肾形、半月形、长方形和长圆形等,分离,接近或连续,假囊群盖的上缘(反卷后与羽片相连的边)呈深缺刻状、浅凹陷或平截等;孢子囊为圆球形,有长柄,环带直立,大都由 18 个(有时达到 28 个)加厚的细胞组成;孢子为四面型,淡黄色,透明,光滑,不具周壁。

本科有 2 属——铁线蕨属和黑华德属,前者广布于世界各地,后者仅产于南美洲,但通常被认为是单属的科。

铁线蕨属 *Adiantum*

属的形态特征与科同。

铁线蕨 ***Adiantum capillus-veneris***

形态特征:植株高 15~40 cm;根状茎细长横走,密被棕色披针形鳞片;叶远生或近生;柄长 5~20 cm,粗约 1 mm,**纤细,栗黑色,有光泽**,基部被与根状茎上同样的鳞片,向上光滑,**叶片卵状三角形**,长 10~25 cm,宽 8~16 cm,尖头,基部楔形,**中部以下多为二回羽状,中部以上为一回奇数羽状**;羽片 3~5 对,互生,斜向上,有柄(长可达 1.5 cm),基部一对较大,长 4.5~9 cm,宽 2.5~4 cm,长圆状卵形,圆钝头,一回(少二回)奇数羽状,侧生末回小羽片 2~4 对,互生,斜向上,相距 6~15 mm,大小几相等或基部一对略大,对称或不对称的斜扇形或近斜方形,长 1.2~2 cm,宽 1~1.5 cm,上缘圆形,具 2~4 对浅裂或深裂成条状的裂片,不育裂片先端钝圆形,具阔三角形的小锯齿或具啮蚀状的小齿,能育裂片先端截形、直或略下陷,全缘或两侧具有啮蚀状的小齿,两侧全缘,基部渐狭成偏斜的阔楔形,具纤细栗黑色的短柄(长 1~2 mm),顶生小羽片扇形,基部为狭楔形,往往大于其下的侧生小羽片,柄可达 1 cm;第二对羽片距基部一对 2.5~5 cm,向上各对均与基部一对羽片同形而渐变小;叶脉多回二歧分叉,直达边缘,两面均明显。叶干后薄草质,草绿色或褐绿色,两面均无毛;叶轴、各回羽轴和小羽柄均与叶柄同色,往往略向左右曲折;孢子囊群每羽片 3~10 枚,横生于能育的末回小羽片的上缘;囊群盖长形、长肾形成圆肾形,上缘平直,淡黄绿色,老时棕色,膜质,全缘,宿存;孢子周壁具粗颗粒状纹饰,处理后常保存。

主要分布:世界种,在我国广布于台湾、福建、广东、广西、湖南、湖北、江西、贵州、云南、四川、甘肃、陕西、山西、河南、河北、北京,也广布于非洲、美洲、欧洲、大洋洲及亚洲其他温暖地区。

生长习性:铁线蕨喜疏松透水、肥沃的石灰质沙壤土,盆栽时培养土可用壤土、腐叶土和河沙等量混合而成,常生于流水溪旁石灰岩上或石灰岩洞底和滴水岩壁上,为钙质土的指示植物,海拔 100~2 800 m。生长适宜温度白天 21~25 ℃,夜间 12~15 ℃。温度在 5 ℃以上时叶片仍能保持鲜绿,温度低于 5 ℃时叶片则会出现冻害。喜明亮的散射光,怕太阳直晒,在室内应放在光线明亮的地方。

观赏特性及园林用途:喜阴,适应性强,栽培容易,适合室内常年盆栽观赏。小盆栽可置于案头、茶几上;较大盆栽可用以布置背阴房间的窗台、过道或客厅。铁线蕨叶片还是良好的切叶材料及干花材料。

其他用途:具有药用价值。

8.3 肾蕨科 Nephrolepidaceae

中型草本,土生或附生,少有攀缘;根状茎长而横走,有腹背之分,或短而直立,辐射状,并发出极细瘦的匍匐枝,生有小块茎,两者均被鳞片,具管状或网状中柱;鳞片以伏贴的阔腹部盾状着生,向边缘色变淡而较薄,往往有睫毛;叶一形,簇生而叶柄不以关节着生于根状茎上,或为远生,二列而叶柄以关节着生于明显的叶足上或蔓生茎上;叶片长而狭,披针形或椭圆披针形,一回羽状,分裂度粗,羽片多数,基部不对称,无柄,以关节着生于叶轴,全缘或多少具缺刻;叶脉分离,侧脉羽状,几达叶边,小脉先端具明显的水囊,上面往往有1个白色的石灰质小鳞片;叶草质或纸质,无毛或很少被毛,或罕有略具糠秕状鳞片伏生。孢子囊群表面生,单一,圆形,偶有两侧汇合,顶生于每组叶脉的上侧一小脉,或背生于小脉中部,近叶边以1行排列或远离叶边以多行排列;囊群盖圆肾形或少为肾形,以缺刻着生,向外开,宿存或几消失;孢子囊为水龙骨型,不具隔丝;孢子两侧对称,椭圆形或肾形。

本科3属,分布于热带地区。我国有2属。

肾蕨属 *Nephrolepis*

土生或附生;根状茎通常短而直立,有网状中柱,有簇生的叶丛,并生出铁丝状的细长侧生枝(匍匐枝),匍匐枝出自每个叶柄的基部下侧,向四面横走,并生有许多须状小根和侧枝或块茎,能发育成新的植株;根状茎及叶柄有鳞片,鳞片腹部着生,边缘较薄且颜色较浅,常有纤细睫毛。叶长而狭,有柄,不以关节着生于根状茎;叶片一回羽状;羽片多数(通常40~80对),无柄,以关节着生于叶轴上,干后易脱落,披针形或镰刀形,渐尖头,基部阔,通常不对称,上侧多少为耳形突起或有1个小耳片,向叶端的羽片逐渐缩小,边缘概有疏圆齿或矮钝的疏锯齿,主脉明显,侧脉羽状,2~3叉,小脉向外达叶边附近,先端有圆形或纺锤形的水囊,在叶上面明显可见;叶草质或纸质;叶轴下面圆形,上面有纵沟,纵沟两侧边缘钝圆,幼时被相当密的弯曲而贴生的纤维状鳞片;孢子囊群为圆形,生于每组叶脉的上侧一小脉顶端,成为一列,接近叶边,囊群盖为圆肾形或少为肾形,以缺刻着生,暗棕色,宿存;孢子椭圆形或肾形,不具周壁,外壁表面具不规则的疣状纹饰。

肾蕨 *Nephrolepis auriculata*

形态特征:附生或土生;根状茎直立,被蓬松的淡棕色长钻形鳞片,下部有粗铁丝状的匍匐茎向四方横展,匍匐茎棕褐色,粗约1 mm,长达30 cm,不分枝,疏被鳞片,有纤细的褐棕色须根;匍匐茎上生有近圆形的块茎,直径1~1.5 cm,密被与根状茎上同样的鳞片;**叶簇生**,柄长6~11 cm,粗2~3 mm,暗褐色,略有光泽,上面有纵沟,下面圆形,密被淡棕色线形鳞片;**叶片线状披针形或狭披针形**,长30~70 cm,宽3~5 cm,先端短尖,叶轴两侧被纤维状鳞片,**一回羽状,羽状多数**,45~120对,**互生**,常密集而呈覆瓦状排列,披针形,中部的一般长约2 cm,宽6~7 mm,先端钝圆或有时为急尖头,基部心脏形,通常不对称,下侧为圆楔形或圆形,上侧为三角状耳形,几无柄,以关节着生于叶轴,**叶缘有疏浅的钝锯齿**,向基部的羽片渐短,常变为卵状三角形,长不及1 cm;叶脉明显,侧脉纤细,自主脉向上斜出,在下部分叉,小脉直达叶边附近,顶端具纺锤形水囊;叶坚草质或草质,干后棕绿色或褐棕色,光滑;孢子囊群成1行位于主脉两侧,肾形,少有为圆肾形或近圆形,长1.5 mm,宽不及1 mm,生于每组侧脉的上侧小脉顶端,位于从叶边至主脉的1/3处;囊群盖肾形,褐棕色,边缘色较淡,无毛。

主要分布:产于浙江、福建、台湾、湖南南部、广东、海南、广西、贵州、云南和西藏(察隅、墨脱)。生溪边林下,海拔30~1 500 m。广布于全世界热带及亚热带地区。

生长习性:肾蕨喜温暖潮湿的环境,生长适温为16~25 ℃,冬季不得低于10 ℃。自然萌发力强,喜半阴,忌强光直射,对土壤要求不严,以疏松、肥沃、透气、富含腐殖质的中性或微酸性沙壤土生长为好,不耐寒、较耐旱,耐瘠薄。

观赏特性及园林用途:肾蕨盆栽可点缀书桌、茶几、窗台和阳台,也可吊盆悬挂于客室和书房。在园林中可作阴性地被植物或布置在墙角、假山和水池边。其叶片可作切花、插瓶的陪衬材料。欧美将肾蕨加工成干叶并染色,成为新型的室内装饰材料。如以石斛为主材,配上肾蕨、棕竹、蓬莱松,简洁明快,充满时代气息;如用非洲菊为主花,壁插,配以肾蕨、棕竹,有较强的视觉装饰效果。

其他用途:肾蕨被誉为"土壤清洁工",可吸附砷、铅等重金属,其吸收土壤中砷的能力超过普通植物20万倍,在吸附了大量重金属后可就地焚烧,在肾蕨焚烧过程中不但砷的挥发得到有效控制,且降低了污染土壤重金属的扩散,阻隔重金属进入食物链,避免了二次污染;肾蕨还具有药用价值。

裸子植物门

裸子植物多乔木、灌木，罕藤本。叶多为针形、鳞片形、线形、椭圆形、披针形，罕扇形；花单性，罕两性，没有真正的花，而是单性球花。胚珠裸露，不为子房所包被，不形成果实；无双受精现象；种子有胚乳，胚直生，子叶一至多数。

多广布于北半球温带至寒带地区以及亚热带的高山地区。全世界共有 12 科 71 属约 800 种，中国有 11 科 41 属 243 种。

裸子植物中有很多重要的园林植物，某些裸子植物还有特殊的经济用途，树干通直，出材率高，材质较优良，供建筑、家具及工业用材，占世界木材供应量的 50%以上，部分树种可割制松香和提取松节油，少数树种的种子可食。

9.1 苏铁科 Cycadaceae

常绿木本植物，树干粗壮，圆柱形，稀在顶端呈二叉状分枝，或成块茎状；叶螺旋状排列，有鳞叶及营养叶，两者相互成环着生；鳞叶小，密被褐色毡毛，营养叶大，深裂成羽状，稀叉状二回羽状深裂，集生于树干顶部或块状茎上；雌雄异株，雄球花单生于树干顶端，直立，小孢子叶扁平鳞状或盾状，螺旋状排列，其下面生有多数小孢子囊；大孢子叶扁平，上部羽状分裂或几不分裂，生于树干顶部羽状叶与鳞状叶之间，胚珠 2~10 枚，生于大孢子叶柄的两侧，不形成球花，或大孢子叶似盾状，螺旋状排列于中轴上，呈球花状，生于树干或块状茎的顶端，胚珠 2 枚，生于大孢子叶的两侧；种子核果状。

本科共 9 属约 110 种。分布于热带及亚热带地区。我国仅有苏铁属，共 8 种，产于台湾、华南及西南各省区，以苏铁栽培较广，供观赏和药用。

苏铁属 *Cycas*

树干圆柱形,直立,常密被宿存的木质叶基。叶有鳞叶与营养叶两种,两者成环地交互着生;鳞叶小,褐色,密被粗糙的毡毛;营养叶大,羽状深裂,稀叉状二回羽状深裂,革质,集生于树干上部,呈棕榈状;羽状裂片窄长,条形或条状披针形,中脉显著,基部下延,叶轴基部的小叶变成刺状,脱落时通常叶柄基部宿存;幼叶的叶轴及小叶呈拳卷状。雌雄异株,雄球花(小孢子叶球)长卵圆形或圆柱形,小孢子叶扁平,楔形;大孢子叶中下部狭窄成柄状,两侧着生2~10枚胚株。

苏铁 *Cycas revoluta*(别称:铁树、辟火蕉、凤尾蕉、凤尾松等)

形态特征:树干高约2 m,稀达8 m或更高,圆柱形如有明显螺旋状排列的菱形叶柄残痕;**羽状叶从茎的顶部生出,下层的向下弯,上层的斜上伸展,整个羽状叶的轮廓呈倒卵状狭披针形,**长75~200 cm,叶轴横切面四方状圆形,柄略成四角形,两侧有齿状刺,水平或略斜上伸展,刺长2~3 mm;羽状裂片达100对以上,条形,厚革质,坚硬,长9~18 cm,宽4~6 mm,**向上斜展微成V形,**边缘显著地向下反卷,上面深绿色有光泽,中央微凹,凹槽内有稍隆起的中脉,下面浅绿色,中脉显著隆起,两侧有疏柔毛或无毛;**雄球花圆柱形,**长30~70 cm,径8~15 cm,有短梗,小孢子飞叶窄楔形,长3.5~6 cm,顶端宽平,其两角近圆形,宽1.7~2.5 cm,有急尖头,尖头长约5 mm,直立,下部渐窄,上面近于龙骨状,下面中肋及顶端密生黄褐色或灰黄色长绒毛,花药通常3个聚生;**大孢子叶长14~22 cm,密生淡黄色或淡灰黄色绒毛,**上部的顶片卵形至长卵形,边缘羽状分裂,裂片12~18对,条状钻形,长2.5~6 cm,先端有刺状尖头,胚珠2~6枚,生于大孢子叶柄的两侧,有绒毛;种子红褐色或橘红色,倒卵圆形或卵圆形,稍扁,长2~4 cm,径1.5~3 cm,密生灰黄色短绒毛,后渐脱落。花期6—7月,种子10月成熟。

主要分布:产于福建、台湾、广东,各地常有栽培。在福建、广东、广西、江西、云南、贵州及四川东部等地多栽植于庭园,江苏、浙江及华北各省区多栽于盆中,冬季置于温室越冬。日本南部、菲律宾和印度尼西亚也有分布。

生长习性:喜暖热湿润的环境,不耐寒冷,生长甚慢,寿命约200年。在中国南方热带及亚热带南部,树龄10年以上的树木几乎每年开花结实,长江流域及北方各地栽培的苏铁常终身不开花,或偶尔开花结实。

观赏特性及园林用途:苏铁树形古雅,主干粗壮,坚硬如铁;羽叶洁滑光亮,四季常青,为珍贵观赏树种,有反映热带风光的观赏效果,适宜作盆景、花坛中心,孤植或丛植草坪一角或对植门口。

其他用途:苏铁茎内含淀粉,可供食用;种子含油和丰富的淀粉,微有毒,可供食用和药用。

9.2 银杏科 Ginkgoaceae

本科仅1属1种,银杏为中生代孑遗的稀有树种,系我国特产,我国浙江天目山有野生状态的树木,其他各地栽培很广。

银杏属 *Ginkgo*

科、属的形态特征与种同。

银杏 *Ginkgo biloba*（别称：白果、公孙树、鸭脚子、鸭掌树）

形态特征：乔木，高达 40 m，胸径可达 4 m；幼树树皮浅纵裂，大树之皮呈灰褐色，深纵裂，粗糙；幼年及壮年树冠圆锥形，老则广卵形；枝近轮生，斜上伸展；一年生的长枝淡褐黄色，二年生以上变为灰色，并有细纵裂纹；短枝密被叶痕，黑灰色，短枝上也可长出长枝；冬芽黄褐色，常为卵圆形，先端钝尖；**叶扇形，有长柄，淡绿色，**无毛，有多数叉状并列细脉，顶端宽 5～8 cm，在短枝上常具波状缺刻，在长枝上常 2 裂，基部宽楔形，柄长 3～10（多为 5～8）cm，幼树及萌生枝上的叶常较而深裂（叶片长达 13 cm，宽 15 cm），有时裂片再分裂（这与较原始的化石种类之叶相似），叶在一年生长枝上螺旋状散生，在短枝上 3～8 叶呈簇生状，**秋季落叶前变为黄色；**球花雌雄异株，单性，生于短枝顶端的鳞片状叶的腋内，呈簇生状；雄球花葇荑花序状，下垂，雄蕊排列疏松，具短梗；雌球花具长梗，梗端常分两叉，稀 3～5 叉或不分叉，每叉顶生一盘状珠座，胚珠着生其上，通常仅一个叉端的胚珠发育成种子，内媒传粉；**种子具长梗，下垂，常为椭圆形、长倒卵形、卵圆形或近圆球形，**长 2.5～3.5 cm，径为 2 cm，外种皮肉质，熟时黄色或橙黄色，外被白粉，有臭味；中果皮白色，骨质，具 2～3 条纵脊；内种皮膜质，淡红褐色；胚乳肉质，味甘略苦。花期 3—4 月，种子 9—10 月成熟。

雌雄株的识别要点如下：雄株主枝与主干间夹角小；树冠梢瘦，且形成较迟；叶裂刻较深，常超过叶的中部；秋叶变色期较晚，落叶较迟；着生雄花的短枝较长（1～4 cm）；雌株反之。

主要分布：银杏的栽培区甚广，北自东北沈阳，南达广州，东起华东海拔 40～1 000 m 地带，西南至贵州、云南西部（腾冲）海拔 2 000 m 以下地带均有栽培。

生长习性：喜光树种，深根性，对气候、土壤的适应性较宽，能在高温多雨及雨量稀少、冬季寒冷的地区生长，但生长缓慢或不良。能生于酸性土壤（pH4.5）、石灰性土壤（pH8）及中性土壤上，但不耐盐碱土及过湿的土壤。生于海拔 1 000（云南 1 500～2 000）m 以下，气候温暖湿润，年降水量 700～1 500 mm，土层深厚、肥沃湿润、排水良好的地区生长较好，在土壤瘠薄干燥、多石山坡和过度潮湿的地方均不易成活或生长不良。

观赏特性及园林用途：银杏树形高大挺拔，树干通直，姿态优美，与松、柏、槐一起被列为中国 4 大长寿观赏树种。其叶似扇形，冠大荫状，春夏翠绿，深秋金黄，是理想的园林绿化、行道树种。可用于园林绿化、行道、公路、田间林网、防风林带的理想栽培树种。园林植物造景时还应注意街道绿化选用雄株；大面积用银杏绿化时，可多用雌株，并将雄株植于上风向。

其他用途：银杏为速生珍贵的用材树种，种子可供食用（多食易中毒）及药用，叶可作药用和制杀虫剂，也可作肥料。

9.3 南洋杉科 Araucariaceae

常绿乔木，皮层具树脂；叶螺旋状着生或交叉对生，基部下延生长；球花单性，雌雄异株或同株；雄球花圆柱形，单生、簇生叶腋或生枝顶，雄蕊多数，螺旋状着生，具花丝；雌球花单生枝顶,由多数螺旋状着生的苞鳞组成,珠鳞不发育,或在苞鳞腹(上)面有一相互合生、仅先端分离的舌状珠鳞,珠鳞或苞鳞的腹面基部具1枚倒生胚珠,胚珠与珠鳞合生,或珠鳞退化而与苞鳞离生;球果2~3年成熟;苞鳞木质或厚革质,扁平,先端有三角状或尾状尖头,或不具尖头,有时苞鳞腹面中部具一结合而生仅先端分离的舌状种鳞,熟时苞鳞脱落,发育的苞鳞具1粒种子;种子与苞鳞离生或合生,扁平,无翅或两侧具翅,或顶端具翅。

本科共2属约40种,分布于南半球的热带及亚热带地区;我国有2属4种。园林植物造景常用的种有南洋杉等。

南洋杉属 *Araucaria*

常绿乔木,枝条轮生或近轮生;冬芽小;叶螺旋状排列,鳞形、钻形、针状镰形、披针形或卵状三角形,叶形及其大小往往在同一树上也有变异;雌雄异株,稀同株;雄球花圆柱形,单生或簇生叶腋,或生枝顶,雄蕊多数,紧密排列,花丝细;雌球花椭圆形或近球形,单生枝顶,有多数螺旋状着生的苞鳞,苞鳞腹(上)面有一相互合生、仅先端分离的舌状珠鳞,每珠鳞的腹(上)面基部着生1枚倒生胚珠,胚珠与珠鳞合生;苞鳞先端常具三角状或尾状尖头;球果直立,椭圆形或近球形,2~3年成熟,熟时苞鳞脱落;苞鳞宽大,木质,扁形,先端厚,上部边缘具锐利的横脊,中央有三角状或尾状尖头,尖头向外反曲或向上弯曲;舌状种鳞位于苞鳞的腹面中央,下部合生,仅先端分离,有时先端肥厚而外露;发育苞鳞仅有1粒种子;种子生于舌状种鳞的下部,扁平,合生,无翅,或两侧有与苞鳞结合而生的翅。

南洋杉 *Araucaria cunninghamii*

形态特征:乔木,在原产地高达60~70 m,胸径达1 m以上,树皮灰褐色或暗灰色,粗糙,横裂;大枝平展或斜伸,幼树冠尖塔形,老则成平顶状,侧生小枝密生,下垂,近羽状排列;叶二型:**幼树和侧枝的叶**排列疏松,开展,**钻状、针状、镰状或三角状**,长7~17 mm,基部宽约2.5 mm,微弯,微具4棱或上(腹)面的棱脊不明显,上面有多数气孔线,下面气孔线不整齐或近于无气孔线,上部渐窄,先端具渐尖或微急尖的尖头;**大树及花果枝上之叶排列紧密而叠盖,斜上伸展,微向上弯,卵形,三角状卵形或三角状,**无明显的背脊或下面有纵脊,长6~10 mm,宽约4 mm,基部宽,上部渐窄或微圆,先端尖或钝,中脉明显或不明显,上面灰绿色,有白粉,有多数气孔线,下面绿色,仅中下部有不整齐的疏生气孔线;雄球花单生枝顶,圆柱形;**球果卵形或椭圆形,**长6~10 cm,径4.5~7.5 cm;苞鳞楔状倒卵形,两侧具薄翅,先端宽厚,具锐脊,中央有急尖的长尾状尖头,尖头显著的向后反曲;舌状种鳞的先端薄,不肥厚;种子椭圆形,两侧具结合而生的膜质翅。

主要分布:原产于南美、大洋洲及太平洋群岛,大洋洲昆士兰等东南沿海地区,在中国广东、福建、海南、云南、广西均有栽培。长江流域及其以北各大城市则为盆栽,温室越冬。

生长习性:喜光,幼苗喜阴,冬季需充足阳光,夏季避免强光暴晒,怕北方春季干燥的狂风和盛夏的烈日,喜暖湿气候,不耐干旱与寒冷,在气温25~30 ℃、相对湿度70%以上的环境条件下生长为佳。生长较快,萌蘖力强,抗风强。喜土壤肥沃,盆栽要求疏松肥沃、腐殖质含量较高、排水透气性强的培养土。

观赏特性及园林用途:南洋杉树形高大,姿态优美,它和雪松、日本金松、北美红杉、金钱松被称为世界5大公园树种。宜独植作为园景树或作纪念树,也可作行道树,但以选无强风地点为宜,以免树冠偏斜。南洋杉又是珍贵的室内盆栽装饰树种,幼苗盆栽适用于一般家庭的客厅、走廊、书房的点缀,也可用于布置各种形式的会场、展览厅,还可作为馈赠亲朋好友开业、乔迁之喜的礼物。

其他用途:南洋杉材质优良,是大洋洲及南非重要用材树种,可供制造器具、家具建筑等用。

9.4 松科 Pinaceae

常绿或落叶乔木,稀为灌木状;枝仅有长枝,或兼有长枝与生长缓慢的短枝,短枝通常明显,稀极度退化而不明显;叶条形或针形,基部不下延生长;条形叶扁平,稀呈四棱形,在长枝上螺旋状散生,在短枝上呈簇生状;针形叶2~5针(稀1针或多至81针)成一束,着生于极度退化的短枝顶端,基部包有叶鞘;花单性,雌雄同株;雄球花腋生或单生枝顶,或多数集生于短枝顶端,具多数螺旋状着生的雄蕊;雌球花由多数螺旋状着生的珠鳞与苞鳞所组成,花期时珠鳞小于苞鳞,稀珠鳞较苞鳞为大,每珠鳞的腹(上)面具2枚倒生胚珠,背(下)面的苞鳞与珠鳞分离(仅基部合生),花后珠鳞增大发育成种鳞。球果直立或下垂,当年或次年稀第三年成熟,熟时张开,稀不张开;种鳞背腹面扁平,木质或革质,宿存或熟后脱落;苞鳞与种鳞离生(仅基部合生),较长而露出或不露出,或短小而位于种鳞的基部;种鳞的腹面基部有2粒种子,种子通常上端具一膜质之翅,稀无翅或近无翅。

本科10属约230种,多产于北半球。我国有10属113种,分布遍于全国,几乎均系高大乔木,绝大多数都是森林树种及用材树种。园林植物造景常用的种有华山松、白皮松、马尾松、黑松、冷杉、云杉、雪松、金钱松等。

9.4.1 松属 *Pinus*

常绿乔木,稀为灌木;枝轮生,每年生一节或二节或多节;冬芽显著,芽鳞多数,覆瓦状排列;叶有两型:鳞叶(原生叶)单生,螺旋状着生,在幼苗时期为扁平条形,绿色,后则逐渐退化成膜质苞片状,基部下延生长或不下延生长;针叶(次生叶)螺旋状着生,辐射伸展,常2针、3针或5针一束,生于苞片状鳞叶的腋部,着生于不发育的短枝顶端,每束针叶基部由8~12枚芽鳞组成的叶鞘所包,叶鞘脱落或宿存,针叶边缘全缘或有细锯齿,背部无气孔线或有气孔线,腹面两侧具气孔线,横切面三角形、扇状三角形或半圆形,具1~2个维管束及2个至10多个中生或边生稀内生的树脂道。球花单性,雌雄同株;雄球花生于新枝下部的苞片腋部,多数聚集成穗状花序状,无梗,斜展或下垂,雄蕊多数,螺旋状着生;雌球花单生或2~4个生于新枝近顶端,直立或下垂,由多数螺旋状着生的珠鳞与苞鳞所组成,珠鳞的腹(上)面基部有2枚倒生胚珠,背(下)面基部有一短小的苞鳞。小球果于第二年春受精后迅速长大,球果直立或下垂,有梗或几无梗;种鳞木质,宿存,排列紧密,上部露出部分为"鳞盾",有横脊或无横脊,鳞盾的先端或中央有呈瘤状凸起的"鳞脐",鳞脐有刺或无刺;球果第二年(稀第三年)秋季成熟,熟时种鳞张开,种子散出,稀不张开,种子不脱落,发育的种鳞具2粒种子;种子上部具长翅,种翅与种子结合而生,或有关节与种子脱离,或具短翅或无翅。

1)华山松 *Pinus armandii*(别称:白松、五须松、果松、五叶松等)

形态特征:乔木,高达 35 m,胸径 1 m;幼树树皮灰绿色或淡灰色,平滑,老则呈灰色,裂成方形或长方形厚块片固着于树干上,或脱落;枝条平展,形成圆锥形或柱状塔形树冠;一年生枝绿色或灰绿色(干后褐色),无毛,微被白粉;冬芽近圆柱形,褐色,微具树脂,芽鳞排列疏松;**针叶 5 针一束,**稀 6~7 针一束,长 8~15 cm,径 1~1.5 mm,边缘具细锯齿,仅腹面两侧各具 4~8 条白色气孔线;横切面三角形,单层皮下层细胞,树脂道通常 3 个,中生或背面 2 个边生、腹面 1 个中生,稀具 4~7 个树脂道,则中生与边生兼有;叶鞘早落;**雄球花黄色,**卵状圆柱形,长约 1.4 cm,基部围有近 10 枚卵状匙形的鳞片,多数集生于新枝下部成穗状,排列较疏松;**球果圆锥状长卵圆形,**长 10~20 cm,径 5~8 cm,**幼时绿色,成熟时黄色或褐黄色,种鳞张开,**种子脱落,果梗长 2~3 cm;中部种鳞近斜方状倒卵形,长 3~4 cm,宽 2.5~3 cm,鳞盾近斜方形或宽三角状斜方形,不具纵脊,先端钝圆或微尖,不反曲或微反曲,鳞脐不明显;种子黄褐色、暗褐色或黑色,倒卵圆形,长 1~1.5 cm,径 6~10 mm,无翅或两侧及顶端具棱脊,稀具极短的木质翅。花期 4—5 月,球果第二年 9—10 月成熟。

主要分布:产于山西南部中条山(北至沁源海拔 1 200~1 800 m)、河南西南部及嵩山、陕西南部秦岭(东起华山,西至辛家山,海拔 1 500~2 000 m)、甘肃南部(洮河及白龙江流域)、四川、湖北西部、贵州中部及西北部、云南及西藏雅鲁藏布江下游海拔 1 000~3 300 m 地带。江西庐山、浙江杭州等地有栽培。

生长习性:阳性树,但幼苗略喜一定庇荫。喜温和凉爽、湿润气候,不耐炎热,自然分布区年平均气温多在 15 ℃以下,年降水量 600~1 500 mm,年平均相对湿度大于 70%。耐寒力强,在其分布区北部,甚至可耐-31 ℃的绝对低温。喜排水良好,能适应多种土壤,最宜深厚、湿润、疏松的中性或微酸性壤土。稍耐干燥瘠薄的土地,能生于石灰岩石缝间,耐瘠薄能力不如油松、白皮松。

观赏特性及园林用途:华山松高大挺拔,树皮灰绿色,叶 5 针一束,冠形优美,姿态奇特,为良好的绿化风景树,是点缀庭院、公园、校园的珍品,植于假山旁、流水边更富有诗情画意。华山松针叶苍翠,生长迅速,是优良的庭院绿化树种,在园林中可用作园景树、庭荫树、行道树及林带树,也可用于丛植、群植,并系高山风景区之优良风景林树种。华山松为材质优良、生长较快的树种,可为产区海拔 1 100~3 300 m 地带造林树种。华山松不仅是风景名树及薪炭林,还能涵养水源,保持水土,防止风沙,同时也是盆景的优秀材料。

其他用途:华山松可供建筑、枕木、家具及木纤维工业原料等用材;树干可割取树脂;树皮可提取栲胶;针叶可提炼芳香油;种子可食用,也可榨油供食用或工业用油。

2)白皮松 *Pinus bungeana*(别称:白骨松、三针松、白果松、虎皮松、蟠龙松等)

形态特征:乔木,高达 30 m,胸径可达 3 m;有明显的主干,或从树干近基部分成数干;枝较细长,斜展,形成宽塔形至伞形树冠;幼树树皮光滑,灰绿色,长大后树皮成不规则的薄块片脱落,露出淡黄绿色的新皮,**老则树皮呈淡褐灰色或灰白色,裂成不规则的鳞状块片脱落,脱落后近光滑,露出粉白色的内皮,白褐相间成斑鳞状;**一年生枝灰绿色,无毛;冬芽红褐色,卵圆形,无树脂;**针叶 3 针一束,**粗硬,长 5~10 cm,径 1.5~2 mm,叶背及腹面两侧均有气孔线,先端尖，边缘有细锯齿；横切面扇状三角形或宽纺锤形；叶鞘脱落；雄球花卵圆形或椭圆形，长约 1 cm，多数聚生于新枝基部成穗状，长 5～10 cm；球果通常单生，初直立，后下垂，成熟前淡绿色，熟时淡黄褐色，卵圆形或圆锥状卵圆形，长 5～7 cm，径 4～6 cm，有短梗或几无梗；种鳞矩圆状宽楔形，先端厚，鳞盾近菱形，有横脊，鳞脐生于鳞盾的中央，明显，三角状，顶端有刺，刺之尖头向下反曲，稀尖头不明显；种子灰褐色，近倒卵圆形，长约 1 cm，径 5～6 mm，种翅短，赤褐色，有关节易脱落，长约 5 mm。花期 4—5 月，球果第二年 10—11 月成熟。

主要分布：为我国特有树种，产于山西（吕梁山、中条山、太行山）、河南西部、陕西秦岭、甘肃南部及天水麦积山、四川北部江油观雾山及湖北西部等地，生于海拔 500～1 800 m 地带。苏州、杭州、衡阳等地均有栽培。

生长习性：喜光树种，耐瘠薄土壤及较干冷的气候；在气候温凉、土层深厚、肥润的钙质土和黄土上生长良好。

观赏特性及园林用途：白皮松树姿优美，树皮奇特，干皮斑驳美观，针叶短粗亮丽，是不错的园林绿化传统树种。白皮松在园林配置上用途十分广阔，既可孤植、对植，也可丛植成林或作行道树，均能获得良好效果，尤适于庭院中堂前、亭侧栽植，使苍松奇峰相映成趣，颇为壮观。同时，白皮松又是一个适应范围广泛、能在钙质土壤和轻度盐碱地生长良好的常绿针叶树种。

其他用途：白皮松可供房屋建筑、家具、文具等用材；种子可食。

3）马尾松 *Pinus massoniana*（别称：青松、山松、枞松）

形态特征：乔木，高达 45 m，胸径 1.5 m；树皮红褐色，下部灰褐色，裂成不规则的鳞状块片；枝平展或斜展，树冠宽塔形或伞形，枝条每年生长一轮，但在广东南部则通常生长两轮，淡黄褐色，无白粉，稀有白粉，无毛；冬芽卵状圆柱形或圆柱形，褐色，顶端尖，芽鳞边缘丝状，先端尖或成渐尖的长尖头，微反曲；**针叶 2 针一束**，稀 3 针一束，长 12～20 cm，**细柔，微扭曲**，两面有气孔线，边缘有细锯齿；叶鞘初呈褐色，后渐变成灰黑色，宿存；**雄球花淡红褐色，圆柱形，弯垂**，长 1～1.5 cm，聚生于新枝下部苞腋，穗状，长 6～15 cm；**雌球花单生或 2～4 个聚生于新枝近顶端，淡紫红色**，一年生小球果圆球形或卵圆形，径约 2 cm，褐色或紫褐色，上部珠鳞的鳞脐具向上直立的短刺，下部珠鳞的鳞脐平钝无刺；球果卵圆形或圆锥状卵圆形，长 4～7 cm，径 2.5～4 cm，有短梗，下垂，**成熟前绿色，熟时栗褐色**，陆续脱落；中部种鳞近矩圆状倒卵形，或近长方形，长约 3 cm；鳞盾菱形，微隆起或平，横脊微明显，鳞脐微凹，无刺，生于干燥环境者常具极短的刺；种子长卵圆形，长 4～6 mm，连翅长 2～2.7 cm。花期 4—5 月，球果第二年 10—12 月成熟。

主要分布：分布于江苏（六合、仪征）、安徽（淮河流域、大别山以南）、河南西部峡口、陕西汉水流域以南、长江中下游各省区，南达福建、广东、台湾北部低山及西海岸，西至四川中部大相岭东坡，西南至贵州贵阳、毕节及云南富宁。在长江下游其垂直分布于海拔 700 m 以下，长江中游海拔 1 100～1 200 m 以下，在西部分布于海拔 1 500 m 以下。越南北部有马尾松人工林。

生长习性：喜光、深根性树种，不耐庇荫，喜温暖湿润气候，能生于干旱、瘠薄的红壤、石砾土及沙质土，或生于岩石缝中，为荒山恢复森林的先锋树种，常组成次生纯林，或与栎类、山槐、黄檀等阔叶树混生。在肥润、深厚的沙壤土上生长迅速，在钙质土上生长不良或不能生长，不耐盐碱。

观赏特性及园林用途：马尾松高大雄伟，姿态古奇，适应性强，抗风力强，耐烟尘，木材纹理细，质坚，能耐水，适宜山涧、谷中、岩际、池畔、道旁配置和山地造林。也适合在庭前、亭旁、假山之间孤植。马尾松为长江流域以南重要的荒山造林树种。

其他用途：马尾松可供建筑、枕木、矿柱、家具及木纤维工业（人造丝浆及造纸）原料等用；树干可割取松脂，为医药、化工原料；树干及根部可培养茯苓、蕈类，供中药及食用，树皮可提取栲胶。

4）黑松 *Pinus thunbergii*（别称：日本黑松）

形态特征：乔木，高达 30 m，胸径可达 2 m；幼树树皮暗灰色，老则灰黑色，粗厚，裂成块片脱落；枝条开展，树冠宽圆锥状或伞形；一年生枝淡褐黄色，无毛；冬芽银白色，圆柱状椭圆形或圆柱形，顶端尖，芽鳞披针形或条状披针形，边缘白色丝状；**针叶 2 针一束，深绿色，有光泽，粗硬，**长 6~12 cm，径 1.5~2 mm，边缘有细锯齿，背腹面均有气孔线；**雄球花淡红褐色，圆柱形，**长 1.5~2 cm，聚生于新枝下部；**雌球花单生或 2~3 个聚生于新枝近顶端，**直立，有梗，**卵圆形，淡紫红色或淡褐红色；**球果成熟前绿色，熟时褐色，圆锥状卵圆形或卵圆形，长 4~6 cm，径 3~4 cm，有短梗，向下弯垂；中部种鳞卵状椭圆形，鳞盾微肥厚，横脊显著，鳞脐微凹，有短刺；种子倒卵状椭圆形，长 5~7 mm，径 2~3.5 mm，连翅长 1.5~1.8 cm，种翅灰褐色，有深色条纹。花期 4—5 月，种子第二年 10 月成熟。

主要分布：原产于日本及朝鲜南部海岸地区。我国旅顺、大连、山东沿海地带和蒙山山区以及武汉、南京、上海、杭州等地引种栽培。山东蒙山东部的塔山用黑松造林已有 60 多年的历史，生长旺盛。浙江北部沿海近年用黑松造林，生长良好。

生长习性：喜光，耐干旱瘠薄，不耐水涝，不耐寒。适生于温暖湿润的海洋性气候区域，最宜在土层深厚、土质疏松，且含有腐殖质的沙质土壤处生长。因其耐海雾，抗海风，也可在海滩盐土地方生长。抗病虫能力强，生长慢，寿命长。

观赏特性及园林用途：黑松为著名的海岸绿化树种，可用作防风、防潮、防沙林带及海滨浴场附近的风景林、行道树或庭荫树。在国外有密植成行并修剪成整齐式的高篱，围绕于建筑或住宅之外，即有美化又有防护作用。同时，黑松树姿古雅，四季常青，适宜盘曲造型，是盆景常用材料。

其他用途：黑松可作建筑、矿柱、器具、板料及薪炭等用材；木材也可提取树脂。

9.4.2 冷杉属 *Abies*

常绿乔木，树干端直；枝条轮生，小枝对生，稀轮生，基部有宿存的芽鳞，叶脱落后枝上留有圆形或近圆形的吸盘状叶痕，叶枕不明显，彼此之间常具浅槽；冬芽近圆球形、卵圆形或圆锥形，常具树脂，稀无树脂，枝顶之芽 3 个排成一平面；叶螺旋状着生，辐射伸展或基部扭转列成二列，或枝条下面之叶列成二列、上面之叶斜展、直伸或向气后反曲；叶条形，扁平，直或弯曲，先端凸尖或钝，或有凹缺或 2 裂，微具短柄，柄端微膨大，上面中脉凹下，稀微隆起而横切面近菱形；雌雄同株，球花单生于去年枝上的叶腋；雄球花幼时长椭圆形或矩圆形，后成穗状圆柱形，下垂，有梗，雄蕊多数，螺旋状着生；雌球花直立，短圆柱形，有梗或几无梗，具多数螺旋状着生的珠鳞和苞鳞，苞鳞大于珠鳞，珠鳞腹（上）面基部有 2 枚胚珠；球果当年成熟，直立，卵状圆柱形至短圆柱形,有短梗或几无梗;种鳞木质,排列紧密,常为肾形或扇状四边形,上部通常较厚,边缘内曲,基部爪状,腹面有 2 粒种子,背面托一基部结合而生的苞鳞;苞鳞露出、微露出或不露出,先端常有凸尖(稀渐尖)的尖头,外露部分直伸、斜展或反曲;种子上部具宽大的膜质长翅;种翅稍较种鳞为短,下端边缘包卷种子,不易脱离;球果成熟后种鳞与种子一同从宿存的中轴上脱落。

冷杉 *Abies fabri*

形态特征:乔木,高达 40 m,胸径达 1 m;树皮灰色或深灰色,裂成不规则的薄片固着于树干上,内皮淡红色;大枝斜上伸展,一年生枝淡褐黄色、淡灰黄色或淡褐色,叶枕之间的凹槽内有疏生短毛或无毛,二、三年生枝呈淡褐灰色或褐灰色;冬芽圆球形或卵圆形,有树脂;**叶在枝条上面斜上伸展,枝条下面乏叶列成二列,条形,**直或微弯,长 1.5~3 cm,宽 2~2.5 mm,边缘微反卷,或干叶反卷,先端有凹缺或钝,上面光绿色,下面有两条粉白色气孔带;横切面两端钝圆;**球果卵状圆柱形或短圆柱形,**基部稍宽,顶端圆或微凹,有短梗,熟时暗黑色或淡蓝黑色,**微被白粉,**长 6~11 cm,径 3~4.5 cm;中部种鳞扇状四边形,长 1.4~2 cm,宽 1.6~2.4 cm,上部宽厚,边缘内曲,下部两侧耳状,基部窄成短柄状;苞鳞微露出,长 1.2~1.8 cm,上端宽圆,边缘有细缺齿,中央有急尖的尖头,尖头通常向后反曲;种子长椭圆形,较种翅长或近等长,种翅黑褐色,楔形,上端截形,连同种子长 1.3~1.9 cm。花期 5 月,球果 10 月成熟。

主要分布:我国特有树种,产于四川大渡河流域(康定、泸定、石棉、峨边、峨眉、普雄、越西)、青衣江流域(宝兴、洪雅、天全)、乌边河流域(洪溪、马边)、金沙江下游(雷波、金阳)、安宁河上游(冕宁)等地的高山上部。

生长习性:在气候温凉湿润、年降水量 1 500~2 000 mm、云雾多、空气湿度大、排水良好、腐殖质丰富的酸性棕色森林土,海拔 2 000~4 000 m 地带组成大面积纯林;在峨边、马边等地冷杉林带的下段则与铁杉、云南铁杉、油麦吊云杉、扁刺栲、苦槠、亮叶水青冈、包槲柯、吴茱萸五加、扇叶槭等针叶树、阔叶树组成混交林。

观赏特性及园林用途:冷杉的树干端直,树冠圆锥形或尖塔形,枝叶茂密,四季常青,可作园林树种,也可培育作为圣诞树。冷杉生长较快,森林采伐之后在其分布带上段云杉类不能生长的地带,仍宜用之更新造林。

其他用途:冷杉可供建筑、板料、家具及木纤维工业原料等用材。

9.4.3 云杉属 *Picea*

常绿乔木;枝条轮生;小枝上有显著的叶枕,叶枕下延彼此间有凹槽,顶端凸起成木钉状,叶生于叶枕之上,脱落后枝条粗糙;冬芽卵圆形、圆锥形或近球形,芽鳞覆瓦状排列,有树脂或无,顶端芽鳞向外反曲或不反曲,小枝基部有宿存的芽鳞;叶螺旋状着生,辐射伸展或枝条上面之叶向上或向前伸展,下面及两侧之叶向上弯伸或向两侧伸展,四棱状条形或条形,无柄;横切面方形或菱形;球花单性,雌雄同株;雄球花椭圆形或圆柱形,单生叶腋,稀单生枝顶,黄色或深红色,雄蕊多数,螺旋状着生;雌球花单生枝顶,红紫色或绿色,珠鳞多数,螺旋状着生,腹(上)面基部生 2 枚胚珠,背(下)面托有极小的苞鳞;球果下垂,卵状圆柱形或圆柱形,稀卵圆形,当年秋季成熟,成熟前全部绿色或紫色,或种鳞背部绿色,而上部边缘红紫色;种鳞宿存,木质较薄,或近革质,倒卵形、斜方形、卵形、矩圆形或倒卵状宽五角形,上部边缘全缘或有细缺齿,或成波状,腹(上)面有2粒种子;苞鳞短小,不露出;种子倒卵圆形或卵圆形,上部有膜质长翅,种翅常成倒卵形,有光泽。

云杉 *Picea asperata*(别称:茂县云杉、大果云杉、粗皮云杉、异鳞云杉等)

形态特征:乔木,高达45 m,胸径达1 m;树皮淡灰褐色或淡褐灰色,裂成不规则鳞片或稍厚的块片脱落;小枝有疏生或密生的短柔毛,或无毛,一年生时淡褐黄色、褐黄色、淡黄褐色或淡红褐色,叶枕有白粉,或白粉不明显,二、三年生时灰褐色、褐色或淡褐灰色;冬芽圆锥形,有树脂,基部膨大,上部芽鳞的先端微反曲或不反曲,小枝基部宿存芽鳞的先端多少向外反卷;**主枝之叶辐射伸展,侧枝上面之叶向上伸展,下面及两侧之叶向上方弯伸,四棱状条形,**长1~2 cm,宽1~1.5 mm,微弯曲,先端微尖或急尖,横切面四棱形;**球果圆柱状矩圆形或圆柱形,**上端渐窄,成熟前绿色,**熟时淡褐色或栗褐色,**长5~16 cm,径2.5~3.5 cm;中部种鳞倒卵形,长约2 cm,宽约1.5 cm,上部圆或截圆形则排列紧密,或上部钝三角形则排列较松,先端全缘,或球果基部或中下部种鳞的先端2裂或微凹;苞鳞三角状匙形,长约5 mm;种子倒卵圆形,长约4 mm,连翅长约1.5 cm,种翅淡褐色,倒卵状矩圆形。花期4—5月,球果9—10月成熟。

主要分布:我国特有树种,产于陕西西南部(凤县)、甘肃东部(两当)及白龙江流域、洮河流域、四川岷江流域上游及大小金川流域,海拔2 400~3 600 m地带,常与紫果云杉、岷江冷杉、紫果冷杉混生,或成纯林。

生长习性:浅根性树种,稍耐阴,能耐干燥及寒冷的环境条件,在气候凉润,土层深厚、排水良好的微酸性棕色森林土地带生长迅速,发育良好。在全光下,天然更新的森林生长旺盛。

观赏特性及园林用途:盆栽可作为室内的观赏树种,多用在庄重肃穆的场合,冬季圣诞节前后,多置放在饭店、宾馆和一些家庭中作圣诞树装饰。材质优良,生长快,适应性强,宜选为分布区内的造林树种。

其他用途:云杉可作建筑、飞机、枕木、电杆、舟车、器具、家具及木纤维工业原料等用材;树干可割取松脂;根、木材、枝丫及叶均可提取芳香油;树皮可提栲胶。

9.4.4 落叶松属 *Larix*

落叶乔木;小枝下垂或不下垂,枝条二型:有长枝和由长枝上的腋芽长出而生长缓慢的距状短枝;冬芽小,近球形,芽鳞排列紧密,先端钝;叶在长枝上螺旋状散生,在短枝上呈簇生状,倒披针状窄条形,扁平,稀呈四棱形,柔软,上面平或中脉隆起,有气孔线或无,下面中脉隆起,两侧各有数条气孔线;球花单性,雌雄同株,雄球花和雌球花均单生于短枝顶端,春季与叶同时开放,基部具膜质苞片,着生球花的短枝顶端有叶或无叶;雄球花具多数雄蕊,雄蕊螺旋状着生;雌球花直立,珠鳞形小,螺旋状着生,腹面基部着生两个倒生胚珠,向后弯曲,背面托以大而显著的苞鳞,苞鳞膜质,直伸、反曲或向后反折,中肋延长成尖头,受精后珠鳞迅速长大而苞鳞不长大或略为增大;球果当年成熟,直立,具短梗,幼嫩球果通常紫红色或淡红紫色,稀为绿色,成熟前绿色或红褐色,熟时球果的种鳞张开;种鳞革质,宿存;苞鳞短小,不露出或微露出,或苞鳞较种鳞为长,显著露出,露出部分直伸或向后弯曲或反折,背部常有明显的中肋,中肋常延长成尖头;发育种鳞的腹面有两粒种子,种子上部有膜质长翅。

落叶松 *Larix gmelinii*（别称：意气松、一齐松、兴安落叶松等）

形态特征：乔木，高达 35 m，胸径 60～90 cm；幼树树皮深褐色，裂成鳞片状块片，老树树皮灰色、暗灰色或灰褐色，纵裂成鳞片状剥离，剥落后内皮呈紫红色；枝斜展或近平展，树冠卵状圆锥形；一年生长枝较细，淡黄褐色或淡褐黄色，直径约 1 mm，无毛或有散生长毛或短毛，或被或疏或密的短毛，基部常有长毛，二、三年生枝褐色、灰褐色或灰色；短枝直径 2～3 mm，顶端叶枕之间有黄白色长柔毛；冬芽近圆球形，芽鳞暗褐色，边缘具睫毛，基部芽鳞的先端具长尖头；**叶倒披针状条形，**长 1.5～3 cm，宽 0.7～1 mm，先端尖或钝尖，上面中脉不隆起，有时两侧各有 1～2 条气孔线，下面沿中脉两侧各有 2～3 条气孔线；**球果幼时紫红色，成熟前卵圆形或椭圆形，成熟时上部的种鳞张开，黄褐色、褐色或紫褐色，**长 1.2～3 cm，径 1～2 cm，种鳞 14～30 枚；中部种鳞五角状卵形，长 1～1.5 cm，宽 0.8～1.2 cm，先端截形、圆截形或微凹，鳞背无毛，有光泽；苞鳞较短，长为种鳞的 1/3～1/2，近三角状长卵形或卵状披针形，先端具中肋延长的急尖头；种子斜卵圆形，灰白色，具淡褐色斑纹，长 3～4 mm，径 2～3 mm，连翅长约 1 cm，种翅中下部宽，上部斜三角形，先端钝圆。花期 5—6 月，球果 9 月成熟。

主要分布：我国东北林区的主要森林树种，分布于大、小兴安岭海拔 300～1 200 m 地带。

生长习性：喜光性强，对水分要求较高，在各种不同环境（如山麓、沼泽、泥炭沼泽、草甸、湿润而土壤富腐殖质的阴坡及干燥的阳坡、湿润的河谷及山顶等）均能生长，而以生于土层深厚、肥润、排水良好的北向缓坡及丘陵地带生长旺盛。常组成大面积的单纯林，或与白桦、黑桦、丛桦、山杨、樟子松、红皮云杉、鱼鳞云杉等针阔叶树组成以落叶松为主的混交林。

观赏特性及园林用途：落叶松树势高大挺拔，冠形美观，根系十分发达，抗烟能力强，是一个优良的园林绿化树种。

其他用途：落叶松可供房屋建筑、土木工程、电杆、舟车、细木加工及木纤维工业原料等用材；树干可提取树脂；树皮可提取栲胶。

9.4.5 金钱松属 *Pseudolarix*

落叶乔木，大枝不规则轮生；枝有长枝与短枝，长枝基部有宿存的芽鳞，短枝矩状；顶芽外部的芽鳞有短尖头，长枝上腋芽的芽鳞无尖头，间或最外层的芽鳞有短尖头；叶条形，柔软，在长枝上螺旋状散生，叶枕下延，微隆起，矩状短枝之叶呈簇生状，辐射平展呈圆盘形，叶脱落后有密集成环节状的叶枕；雌雄同株，球花生于短枝顶端；雄球花穗状，多数簇生，有细梗，雄蕊多数，螺旋状着生，花丝极短；雌球花单生，具短梗，有多数螺旋状着生的珠鳞与苞鳞，苞鳞较珠鳞为大，珠鳞的腹面基部有 2 枚胚珠，受精后珠鳞迅速增大；球果当年成熟，直立，有短梗；种鳞木质，苞鳞小，基部与种鳞结合而生，熟时与种鳞一同脱落，发育的种鳞各有 2 粒种子；种子有宽大种翅，种子连同种翅几与种鳞等长。

金钱松 *Pseudolarix amabilis*（别称：水树、金松）

形态特征：乔木，高达 40 m，胸径达 1.5 m；树干通直，树皮粗糙，灰褐色，裂成不规则的鳞片状块片；枝平展，树冠宽塔形；一年生长枝淡红褐色或淡红黄色，无毛，有光泽，二、三年生枝淡黄灰色或淡褐灰色，稀淡紫褐色，老枝及短枝呈灰色、暗灰色或淡褐灰色；矩状短枝生长极慢,有密集成环节状的叶枕;**叶条形,柔软,镰状或直**,上部稍宽,长 2~5.5 cm,宽 1.5~4 mm(幼树及萌生枝之叶长达 7 cm,宽 5 mm),先端锐尖或尖,上面绿色,中脉微明显,下面蓝绿色,中脉明显,每边有 5~14 条气孔线;**长枝之叶辐射伸展,短枝之叶簇状密生,平展成圆盘形,秋后叶呈金黄色;雄球花黄色,圆柱状,下垂**,长 5~8 mm,梗长 4~7 mm;**雌球花紫红色,直立,椭圆形**,长约 1.3 cm,有短梗;**球果卵圆形或倒卵圆形**,长 6~7.5 cm,径 4~5 cm,**成熟前绿色或淡黄绿色,熟时淡红褐色**,有短梗;中部的种鳞卵状披针形,长 2.8~3.5 cm,基部宽约 1.7 cm,两侧耳状,先端钝有凹缺,腹面种翅痕之间有纵脊凸起,脊上密生短柔毛,鳞背光滑无毛;苞鳞长种鳞的 1/4~1/3,卵状披针形,边缘有细齿;种子卵圆形,白色,长约 6 mm,种翅三角状披针形,淡黄色或淡褐黄色,上面有光泽,连同种子几乎与种鳞等长。花期 4 月,球果 10 月成熟。

主要分布:我国特有树种,产于江苏南部(宜兴)、浙江、安徽南部、福建北部、江西、湖南、湖北利川至重庆万州区交界地区,在海拔 100~1 500 m 地带散生于针叶树、阔叶树林中。庐山、南京等地有栽培。

生长习性:生长较快,喜生于温暖、多雨、土层深厚、肥沃、排水良好的酸性土山区。在江苏南部、浙江、安徽南部、江西北部及中部、湖南等海拔 1 000 m 以下生长良好,可作这些地区的荒山造林树种。

观赏特性及园林用途:金钱松叶辐射平展成圆盘状,似铜钱,深秋叶色金黄,极具观赏性,本树与南洋杉、雪松、日本金松和巨杉合称为世界 5 大公园树种。可孤植、丛植、列植或用作风景林。

其他用途:金钱松可作建筑、板材、家具、器具及木纤维工业原料等用;树皮可提栲胶,入药(俗称土槿皮)可治顽癣和食积等症;根皮可药用,也可作造纸胶料;种子可榨油。

9.4.6 雪松属 *Cedrus*

常绿乔木;冬芽小,有少数芽鳞,枝有长枝及短枝,枝条基部有宿存的芽鳞,叶脱落后有隆起的叶枕;叶针状,坚硬,通常三棱形,或背脊明显呈四棱形,叶在长枝上螺旋状排列、辐射伸展,在短枝上呈簇生状;球花单性,雌雄同株,直立,单生短枝顶端;雄球花具多数螺旋状着生的雄蕊,花丝极短;雌球花淡紫色,有多数螺旋状着生的珠鳞,珠鳞背面托短小苞鳞,腹(上)面基部有 2 枚胚珠;球果第二年(稀三年)成熟,直立;种鳞木质,宽大,排列紧密,腹面有 2 粒种子,鳞背密生短绒毛;苞鳞短小,熟时与种鳞一同从宿存的中轴上脱落;球果顶端及基部的种鳞无种子,种子有宽大膜质的种翅。

雪松 ***Cedrus deodara***(别称:香柏)

形态特征:乔木,高达 50 m,胸径达 3 m;树皮深灰色,裂成不规则的鳞状块片;**枝平展、微斜展或微下垂**,基部宿存芽鳞向外反曲,小枝常下垂,一年生长枝淡灰黄色,密生短绒毛,微有白粉,二、三年生枝呈灰色、淡褐灰色或深灰色;**叶在长枝上辐射伸展,短枝之叶成簇生状**(每年生出新叶 15~20 枚),针形,坚硬,淡绿色或深绿色,长 2.5~5 cm,宽 1~1.5 mm,上部较宽,先端锐尖,下部渐窄,常呈三棱形,稀背脊明显,叶之腹面两侧各有 2~3 条气孔线;**雄球花长卵圆形或椭圆状卵圆形**,长 2~3 cm,径约 1 cm;**雌球花卵圆形**,长约 8 mm,径约 5 mm;**球果成熟前淡绿色,微有白粉,熟时呈红褐色,卵圆形或宽椭圆形**,长 7~12 cm,径 5~9 cm,顶端圆钝,有短梗;中部种鳞扇状倒三角形,长 2.5~4 cm,宽 4~6 cm,上部宽圆,边缘内曲,中部楔状,下部耳形,基部爪状,鳞背密生短绒毛;苞鳞短小;种子近三角状,种翅宽大,较种子为长,连同种子长 2.2~3.7 cm。

主要分布:分布于阿富汗至印度,海拔 1 300~3 300 m 地带。北京、旅顺、大连、青岛、徐州、上海、南京、杭州、南平、庐山、武汉、长沙、昆明等地已广泛栽培。

生长习性:喜光,在气候温和凉润、土层深厚、排水良好的酸性土壤上生长旺盛。稍耐阴,不耐水湿,耐寒,在盐碱土上生长不良。浅根性,抗风性弱。不耐烟尘,对氯化氢极为敏感,受害后叶迅速枯萎脱落,严重时导致树木死亡。

观赏特性及园林用途:雪松树体高大,树形优美,是世界著名的庭园观赏树种之一,最适宜孤植于草坪中央、建筑前庭之中心、广场中心或主要建筑物的两旁及园门的入口等处。此外,列植于园路的两旁,形成甬道,极为壮观。它具有较强的防尘、减噪与杀菌能力,也适宜作工矿企业绿化树种。

其他用途:雪松可作建筑、桥梁、造船、家具及器具等用。

9.5 杉科 Taxodiaceae

常绿或落叶乔木,树干端直,大枝轮生或近轮生;叶螺旋状排列,散生,很少交叉对生(水杉属),披针形、钻形、鳞状或条形,同一树上之叶同型或二型;球花单性,雌雄同株,球花的雄蕊和珠鳞均螺旋状着生,很少交叉对生(水杉属);雄球花小,单生或一簇生枝顶,或排成圆锥花序状,或生叶腋;雌球花顶生或生于去年生枝近枝顶,珠鳞与苞鳞半合生(仅顶端分离)或完全合生,或珠鳞甚小(杉木属),或苞鳞退化(台湾杉属),珠鳞的腹面基部有 2~9 枚直立或倒生胚珠;球果当年成熟,熟时张开,种鳞(或苞鳞)扁平或盾形,木质或革质,螺旋状着生或交叉对生(水杉属),宿存或熟后逐渐脱落,能育种鳞(或苞鳞)的腹面有 2~9 粒种子;种子扁平或呈三棱形,周围或两侧有窄翅,或下部具长翅。

杉科共 10 属 16 种,主要分布于北温带,我国产 5 属 7 种。园林植物造景常用的种有柳杉、水杉、金松、北美红杉等。

9.5.1 柳杉属 *Cryptomeria*

常绿乔木,树皮红褐色,裂成长条片脱落;枝近轮生,平展或斜上伸展,树冠尖塔形或卵圆形;冬芽形小;叶螺旋状排列略成五行列,腹背隆起呈钻形,两侧略扁,先端尖,直伸或向内弯曲,有气孔线,基部下延;雌雄同株;雄球花单生小枝上部叶腋,常密集成短穗状花序状,矩圆形,基部有一短小的苞叶,无梗,具多数螺旋状排列的雄蕊;雌球花近球形,无梗,单生枝顶,稀数个集生,珠鳞螺旋状排列,每一珠鳞有 2~5 枚胚珠,苞鳞与珠鳞合生,仅先端分离;球果近球形,种鳞不脱落,木质,盾形,上部肥大,上部边缘有 3~7 裂齿,背面中部或中下部有一个三角状分离的苞鳞尖头,球果顶端的种鳞形小,无种子;种子呈不规则扁椭圆形或扁三角状椭圆形,边缘有极窄的翅。

柳杉 *Cryptomeria fortunei*(别称:长叶孔雀松)

形态特征:乔木,高达 40 m,胸径可达 2 m 多;树皮红棕色,纤维状,裂成长条片脱落;**大枝**

近轮生，平展或斜展；小枝细长，常下垂，绿色，枝条中部的叶较长，常向两端逐渐变短；**叶钻形略向内弯曲**，先端内曲，四边有气孔线，长 1~1.5 cm，果枝的叶通常较短，有时长不及 1 cm，幼树及萌芽枝的叶长达 2.4 cm；雄球花单生叶腋，长椭圆形，长约 7 mm，集生于小枝上部，成短穗状花序状；雌球花顶生于短枝上；**球果圆球形或扁球形**，直径 1~2 cm，多为 1.5~1.8 cm；种鳞 20 左右，上部有 4~5(很少 6~7)短三角形裂齿，齿长 2~4 mm，基部宽 1~2 mm，鳞背中部或中下部有一个三角状分离的苞鳞尖头，尖头长 3~5 mm，基部宽 3~14 mm，能育的种鳞有 2 粒种子；种子褐色，近椭圆形，扁平，长 4~6.5 mm，宽 2~3.5 mm，边缘有窄翅。花期 4 月，球果 10 月成熟。

主要分布：我国特有树种，产于浙江天目山、福建南屏三千八百坎及江西庐山等地海拔 1 100 m以下地带，有数百年的老树。在江苏南部、浙江、安徽南部、河南、湖北、湖南、四川、贵州、云南、广西及广东等地均有栽培，生长良好。

生长习性：幼龄能稍耐阴，在温暖湿润的气候和土壤酸性、肥厚而排水良好的山地生长较快，在寒凉较干、土层瘠薄的地方生长不良。

观赏特性及园林用途：常绿乔木，树姿秀丽，纤枝略垂，树形圆整高大，树姿雄伟，最适于列植、对植，或于风景区内大面积群植成林，是一个良好的绿化和环保树种。柳杉枝叶密集，性又耐阴，也是适宜的高篱材料，可供隐蔽和防风之用。此外，在江南，柳杉自古以来常用作墓道树。

其他用途：柳杉可供房屋建筑、电杆、器具、家具及造纸原料等用材。

9.5.2 水杉属 *Metasequoia*

落叶乔木，大枝不规则轮生，小枝对生或近对生；冬芽有 6~8 对交叉对生的芽鳞；叶交叉对生，基部扭转列成二列，羽状，条形，扁平，柔软，无柄或几无柄，上面中脉凹下，下面中脉隆起，每边各有 4~18 条气孔线，冬季与侧生小枝一同脱落；雌雄同株，球花基部有交叉对生的苞片；雄球花单生叶腋或枝顶，有短梗，球花枝呈总状花序状或圆锥花序状，雄蕊交叉对生，约 20 枚；雌球花有短梗，单生于去年生枝顶或近枝顶，梗上有交叉对生的条形叶，珠鳞 11~14 对，交叉对生，每珠鳞有 5~9 枚胚珠；球果下垂，当年成熟，近球形，微具 4 棱，稀成矩圆状球形，有长梗；种鳞木质，盾形，交叉对生，顶部横长斜方形，有凹槽，基部楔形，宿存，发育种鳞有 5~9 粒种子；种子扁平，周围有窄翅，先端有凹缺。

水杉 *Metasequoia glyptostroboides*

形态特征：乔木，高达 35 m，胸径达 2.5 m；树干基部常膨大；树皮灰色、灰褐色或暗灰色，幼树裂成薄片脱落，大树裂成长条状脱落，内皮淡紫褐色；枝斜展，小枝下垂，**幼树树冠尖塔形，老树树冠广圆形**，枝叶稀疏；一年生枝光滑无毛，幼时绿色，后渐变成淡褐色，二、三年生枝淡褐灰色或褐灰色；侧生小枝排成羽状，长 4~15 cm，冬季凋落；主枝上的冬芽卵圆形或椭圆形，顶端钝，长约 4 mm，径 3 mm，芽鳞宽卵形，先端圆或钝，长宽几相等，2~2.5 mm，边缘薄而色浅，背面有纵脊；**叶条形**，长 0.8~3.5(常 1.3~2)cm，宽 1~2.5(常 1.5~2)mm，**上面淡绿色，下面色较淡，沿中脉有两条较边带稍宽的淡黄色气孔带**，每带有 4~8 条气孔线，**叶在侧生小枝上列成二列，羽状，冬季与枝一同脱落；球果下垂**，近 4 棱状球形或矩圆状球形，**成熟前绿色，熟时深褐色**，长 1.8~2.5 cm，径 1.6~2.5 cm，梗长 2~4 cm，其上有交对生的条形叶；种鳞木质，盾形,通常11~12对,交叉对生,鳞顶扁菱形,中央有一条横槽,基部楔形,高7~9 mm,能育种鳞有5~9粒种子;种子扁平,倒卵形,间或圆形或矩圆形,周围有翅,先端有凹缺,长约5 mm,径4 mm。花期2月下旬,球果11月成熟。

主要分布:自水杉被发现以后,尤其在中华人民共和国成立后,我国各地普遍引种,北至辽宁草河口、辽东半岛,南至广东广州,东至江苏、浙江,西至云南昆明、四川成都、陕西武功,已成为受欢迎的绿化树种之一。湖北、江苏、安徽、浙江、江西等省用之造林和四旁植树,生长很快。国外约50个国家和地区引种栽培,北达北纬60°的列宁格勒及阿拉斯加等地,在-37~34 ℃的低温条件下能在野外越冬生长。

生长习性:喜光性强,速生,对环境条件的适应性较强。喜气候温暖湿润,夏季凉爽,冬季有雪而不严寒,耐寒性强,耐水湿能力强,在轻盐碱地可以生长。根系发达,生长的快慢常受土壤水分的支配,在长期积水排水不良的地方生长缓慢,树干基部通常膨大和有纵棱。水杉在酸性山地黄壤、紫色土或冲积土上生长良好。

观赏特性及园林用途:水杉是"活化石"树种,是秋叶观赏树种,也是我国特色树种。在园林中最适于列植,还可丛植、片植,可用于堤岸、湖滨、池畔、庭院等绿化,也可盆栽,还可成片栽植营造风景林,并适配常绿地被植物,还可栽于建筑物前或用作行道树。水杉对二氧化硫有一定的抵抗能力,是工矿区绿化的优良树种。

其他用途:水杉可供房屋建筑、板料、电杆、家具及木纤维工业原料等用。

9.5.3 金松属 *Sciadopitys*

常绿乔木,枝短,水平伸展;叶二型;鳞状叶小,膜质苞片状,螺旋状着生,散生于枝上和在枝顶成簇生状;合生叶(由二叶合生而成)条形,扁平,革质,两面中央有一条纵槽,生于鳞状叶的腋部,着生于不发育的短枝的顶端,辐射开展,在枝端呈伞形;雌雄同株,雄球花簇生枝顶,雄蕊多数,螺旋状着生;雌球花单生枝顶,珠鳞螺旋状着生,腹面基部有5~9枚胚珠排成一轮,苞鳞与珠鳞结合而生,仅先端分离;球果有短柄,第二年成熟;种鳞木质,发育的种鳞有5~9粒种子。

金松 *Sciadopitys verticillata*(别称:日本金松)

形态特征:乔木,在原产地高达40 m,胸径3 m;枝近轮生,水平伸展,**树冠尖塔形**;树皮淡红褐色或灰褐色,裂成条片脱落;**鳞状叶三角形,脱落性**,长3~6 mm,基部绿色,上部膜质、红褐色,先端钝,第二年变成褐色;合生叶条形,长5~15 cm,宽2.5~3 mm,边缘较厚,先端钝有微凹缺,上面亮绿色,中央有一条较深的纵槽,下面淡绿色,中央有一条淡黄色的纵槽,两侧各有一条白色的气孔带;**雄球花卵圆形**,长约1.2 cm,有短梗,**雄蕊宽矩圆形;球果卵状矩圆形,**有短梗,长6~10 cm,径3.5~5 cm;种鳞宽楔形或扇形,宽1.2~2 cm,先端宽圆,边缘薄、向外反卷,腹面与背面覆盖部分均有细毛;苞鳞先端分离部分三角形而向后反曲;种子扁,矩圆形或椭圆形,连翅长8~12 mm,宽约8 mm。

主要分布:金松是一种孑遗植物,原产于日本。我国青岛、庐山、南京、上海、杭州、武汉等地有栽培。

生长习性:喜光,有一定的耐寒能力,在庐山、青岛及华北等地均可露地过冬,喜生于肥沃深厚壤土上,不适于过湿及石灰质土壤。

观赏特性及园林用途：世界5大观赏树之一，树形优美，为优秀的观赏庭园树，适合作防火带。

其他用途：木材可供建筑、桥桩、造船等用。

9.5.4 北美红杉属 *Sequoia*

常绿大乔木；冬芽尖，鳞片多数，覆瓦状排列；叶二型，螺旋状着生，鳞状叶贴生或微开展，上面有气孔线；条形叶基部扭转列成二列，无柄，上面有少数断续的气孔线或无，下面有2条白色气孔带；雌雄同株，雄球花单生枝顶或叶腋，有短梗，雄蕊多数，螺旋状排列；雌球花生于短枝顶端，下有多数螺旋状着生的鳞状叶，珠鳞15~20，每珠鳞有3~7枚直立胚珠；球果下垂，当年成熟；卵状椭圆形或卵圆形；种鳞木质，盾形，发育种鳞有2~5粒种子；种子两侧有翅。

北美红杉 *Sequoia sempervirens*（别称：长叶巨界爷、红杉等）

形态特征：大乔木，在原产地高达110 m，胸径可达8 m；**树皮红褐色，纵裂，**厚达15~25 cm；枝条水平开展，**树冠圆锥形；主枝之叶卵状矩圆形，**长约6 mm；**侧枝之叶条形，**长约8~20 mm，先端急尖，基部扭转列成二列，无柄，上面深绿或亮绿色，下面有两条白粉气孔带，中脉明显；雄球花卵形，长1.5~2 mm；球果卵状椭圆形或卵圆形，长2~2.5 cm，径1.2~1.5 cm，淡红褐色；种鳞盾形，顶部有凹槽，中央有一小尖头；种子椭圆状矩圆形，长约1.5 mm，淡褐色，两侧有翅。

主要分布：原产于美国加利福尼亚州海岸。我国上海、南京、杭州引种栽培。

生长习性：喜温暖湿润和阳光充足的环境，不耐寒，耐半阴，不耐干旱，耐水湿，生长适温18~25 ℃，冬季能耐-5 ℃低温，短期可耐-10 ℃低温，土壤以土层深厚、肥沃、排水良好的壤土为宜。

观赏特性及园林用途：北美红杉树姿雄伟，枝叶密生，生长迅速，适用于湖畔、水边、草坪中孤植或群植，景观秀丽，也可沿园路两边列植，气势非凡。

9.6 柏科 Cupressaceae

常绿乔木或灌木；叶交叉对生或3~4片轮生，稀螺旋状着生，鳞形或刺形，或同一树本兼有两型叶；球花单性，雌雄同株或异株，单生枝顶或叶腋；雄球花具3~8对交叉对生的雄蕊；雌球花有3~16枚交叉对生或3~4片轮生的珠鳞，全部或部分珠鳞的腹面基部有一至多数直立胚珠，稀胚珠单心生于两珠鳞之间，苞鳞与珠鳞完全合生；球果圆球形、卵圆形或圆柱形；种鳞薄或厚，扁平或盾形，木质或近革质，熟时张开，或肉质合生呈浆果状，熟时不裂或仅顶端微开裂，发育种鳞有一至多粒种子；种子周围具窄翅或无翅，或上端有一长一短之翅。

柏科共22属约150种，分布于南北两半球。我国产8属29种，分布几遍全国，多数种类在造林、固沙及水土保持等方面占有重要地位，不少种类的树形优美，叶色翠绿或浓绿，常被栽培作庭园树。

9.6.1 侧柏属 *Platycladus*

常绿乔木;生鳞叶的小枝直展或斜展,排成一平面,扁平,两面同型;叶鳞形,二型,交叉对生,排成4列,基部下延生长,背面有腺点;雌雄同株,球花单生于小枝顶端;雄球花有6对交叉对生的雄蕊;雌球花有4对交叉对生的珠鳞,仅中间2对珠鳞各生1~2枚直立胚珠,最下1对珠鳞短小,有时退化而不显著;球果当年成熟,熟时开裂;种鳞4对,木质,厚,近扁平,背部顶端的下方有一弯曲的钩状尖头,中部的种鳞发育,各有12粒种子;种子无翅,稀有极窄之翅。

侧柏 *Platycladus orientalis*(别称:黄柏、香柏、扁柏、香树、香柯树等)

形态特征:乔木,高达20余m,胸径1m;树皮薄,浅灰褐色,纵裂成条片;枝条向上伸展或斜展,幼树树冠卵状尖塔形,老树树冠则为广圆形;**生鳞叶的小枝细,向上直展或斜展,扁平,排成一平面;叶鳞形,**长1~3mm,先端微钝,小枝中央的叶的露出部分呈倒卵状菱形或斜方形,背面中间有条状腺槽,两侧的叶船形,先端微内曲,背部有钝脊,尖头的下方有腺点;雄球花黄色,卵圆形,长约2mm;雌球花近球形,径约2mm,蓝绿色,被白粉;**球果近卵圆形,**长1.5~2(2.5)cm,**成熟前近肉质,蓝绿色,被白粉,成熟后木质,开裂,红褐色;**中间2对种鳞倒卵形或椭圆形,鳞背顶端的下方有一向外弯曲的尖头,上部1对种鳞窄长,近柱状,顶端有向上的尖头,下部1对种鳞极小,长达13mm,稀退化而不显著;种子卵圆形或近椭圆形,顶端微尖,灰褐色或紫褐色,长6~8mm,稍有棱脊,无翅或有极窄之翅。花期3—4月,球果10月成熟。

主要分布:产于内蒙古南部、吉林、辽宁、河北、山西、山东、江苏、浙江、福建、安徽、江西、河南、陕西、甘肃、四川、云南、贵州、湖北、湖南、广东北部及广西北部等省区。西藏德庆、达孜等地有栽培。在吉林垂直分布达海拔250m,在河北、山东、山西等地达1 000~1 200m,在河南、陕西等地达1 500m,在云南中部及西北部达3 300m。河北兴隆、山西太行山区、陕西秦岭以北渭河流域及云南澜沧江流域山谷中有天然森林。淮河以北、华北地区石灰岩山地、阳坡及平原多选用造林。朝鲜也有分布。

生长习性:喜光,幼时稍耐阴,适应性强,对土壤要求不严,在酸性、中性、石灰性和轻盐碱土壤中均可生长。耐干旱瘠薄,萌芽能力强,耐寒力中等,耐强太阳光照射,耐高温、浅根性,在山东只分布于海拔900m以下,以海拔400m以下者生长良好。抗风能力较弱。

观赏特性及园林用途:侧柏的耐污染性、耐寒性、耐干旱的特点,在绿化中得以很好的发挥,在园林绿化中有着不可或缺的地位,可用于行道、亭园、大门两侧、绿地周围、路边花坛及墙垣内外,均极美观。小苗可作绿篱,隔离带围墙点缀。适合在市区街心、路旁丛植于窗下、门旁,极具点缀效果。侧柏配植于草坪、花坛、山石、林下,可增加绿化层次,丰富观赏美感。

其他用途:侧柏可供建筑、器具、家具、农具及文具等用材;种子与生鳞叶的小枝入药,具有药用价值。

9.6.2 圆柏属 *Sabina*

常绿乔木或灌木、直立或匍匐;冬芽不显著;有叶小枝不排成一平面;叶刺形或鳞形,幼树之叶均为刺形,老树之叶全为刺形或全为鳞形,或同一树兼有鳞叶及刺叶;刺叶通常三叶轮生，稀交叉对生，基部下延生长，无关节，上（腹）面有气孔带；鳞叶交叉对生，稀三叶轮生、菱形，下（背）面常具腺体；雌雄异株或同株，球花单生短枝顶端；雄球花卵圆形或矩圆形，黄色，雌球花具4~8枚交叉对生的珠鳞，或珠鳞三枚轮生；胚珠1~6枚，着生于珠鳞的腹面基部；球果通常第二年成熟，稀当年或第三年成熟，种鳞合生，肉质，苞鳞与种鳞结合而生，仅苞鳞顶端尖头分离，熟时不开裂；种子1~6粒，无翅，常有树脂槽，有时具棱脊。

1）圆柏 *Sabina chinensis*（别称：刺柏、红心柏、珍珠柏等）

形态特征：乔木，高达20 m，胸径达3.5 m；**树皮深灰色，纵裂，成条片开裂；**幼树的枝条通常斜上伸展，形成尖塔形树冠，老则下部大枝平展，形成广圆形的树冠；树皮灰褐色，纵裂，裂成不规则的薄片脱落；小枝通常直或稍成弧状弯曲，生鳞叶的小枝近圆柱形或近四棱形，径1~1.2 mm；**叶二型，即刺叶及鳞叶；**刺叶生于幼树之上，老龄树则全为鳞叶，壮龄树兼有刺叶与鳞叶；生于一年生小枝的一回分枝的鳞叶三叶轮生，直伸而紧密，近披针形，先端微渐尖，长2.5~5 mm，背面近中部有椭圆形微凹的腺体；刺叶三叶交互轮生，斜展，疏松，披针形，先端渐尖，长6~12 mm，上面微凹，有两条白粉带；雌雄异株，稀同株，雄球花黄色，椭圆形，长2.5~3.5 mm，雄蕊5~7对；**球果近圆球形，**径6~8 mm，两年成熟，**熟时暗褐色，被白粉或白粉脱落，**有1~4粒种子；种子卵圆形，扁顶端钝，有棱脊及少数树脂槽。

主要分布：产于内蒙古乌拉山、河北、山西、山东、江苏、浙江、福建、安徽、江西、河南、陕西南部、甘肃南部、四川、湖北西部、湖南、贵州、广东、广西北部及云南等地。生于中性土、钙质土及微酸性土上，包括西藏在内的各地多栽培。朝鲜、日本也有分布。

生长习性：喜光树种，较耐阴，喜温凉、温暖气候及湿润土壤，耐寒、耐热，对土壤要求不严，能生于酸性、中性及石灰质土壤上，对土壤的干旱及潮湿均有一定的抗性，但以在中性、深厚而排水良好处生长最佳，忌积水，耐修剪，易整形。具深根性，侧根也很发达，生长速度中等而较侧柏略慢，25年生者高8 m左右，寿命极长。对多种有害气体有一定抗性，是针叶树中对氯气和氟化氢抗性较强的树种，对二氧化硫的抗性显著胜过油松，能吸收一定数量的硫和汞，防尘和隔声效果良好。在华北及长江下游海拔500 m以下、中上游海拔1 000 m以下排水良好之山地可选用造林。

观赏特性及园林用途：圆柏幼龄树树冠整齐圆锥形，树形优美，大树干枝扭曲，姿态奇古，可以独树成景，是中国传统的园林树种。该种在庭院中用途极广，性耐修剪又有很强的耐阴性，故作绿篱比侧柏优良，下枝不易枯，冬季颜色不变褐色或黄色，且可植于建筑之北侧阴处。其树形优美，青年期呈整齐之圆锥形，老树则干枝扭曲。古庭院、古寺庙等风景名胜区多有千年古柏，“清”“奇”“古”“怪”各具幽趣。中国古来多配植于庙宇陵墓作墓道树或柏林，可以群植草坪边缘作背景，或丛植片林、镶嵌树丛的边缘、建筑附近。

其他用途：圆柏可作房屋建筑、家具、文具及工艺品等用材；树根、树干及枝叶可提取柏木脑的原料及柏木油；枝叶可入药；种子可提润滑油。

2）铺地柏 *Sabina procumbens*（别称：葡地柏、矮桧、偃柏等）

形态特征：匍匐灌木，高达75 cm；**枝条延地面扩展，**褐色，密生小枝，枝梢及小枝向上斜展；**刺形叶三叶交叉轮生，条状披针形，先端渐尖成角质锐尖头，**长6~8 mm，上面凹，有两条白粉气孔带,气孔带常在上部汇合,绿色中脉仅下部明显,不达叶之先端,下面凸起,蓝绿色,沿中脉有细纵槽;球果近球形,被白粉,成熟时黑色,径 8~9 mm,有 2~3 粒种子;种子长约4 mm,有棱脊。

主要分布:原产于日本。我国旅顺、大连、青岛、庐山、昆明及华东地区各大城市引种栽培作观赏树。

生长习性:阳性树,能在干燥的砂地上生长良好,喜石灰质的肥沃土壤,忌低湿地点。

观赏特性及园林用途:在园林中可配植于岩石园或草坪角隅,也是缓土坡的良好地被植物,也经常盆栽观赏。在城市绿化中是常用的植物,铺地柏对污浊空气具有很强的耐力,在市区街心、路旁种植,生长良好,不碍视线,吸附尘埃,净化空气。丛植于窗下、门旁,极具点缀效果。夏绿冬青,不遮光线,不碍视野,尤其在雪中更显生机。与洒金柏配植于草坪、花坛、山石、林下,可增加绿化层次,丰富观赏美感。日本庭院中在水面上的传统配植技法"流枝",即用本种造成。有"银枝""金枝"及"多枝"等栽培变种。在春季抽生新傲枝叶时,观赏效果最佳。

9.7 罗汉松科 Podocarpaceae

常绿乔木或灌木;叶多型:条形、披针形、椭圆形、钻形、鳞形,或退化成叶状枝,螺旋状散生、近对生或交叉对生;球花单性,雌雄异株,稀同株;雄球花穗状,单生或簇生叶腋,或生枝顶,雄蕊多数,螺旋状排列;雌球花单生叶腋或苞腋,或生枝顶,稀穗状,具多数至少数螺旋状着生的苞片,部分或全部,或仅顶端之苞腋着生 1 枚倒转生或半倒转生(中国种类)、直立或近于直立的胚珠,胚珠由辐射对称或近于辐射对称的囊状或杯状的套被所包围,稀无套被,有梗或无梗;种子核果状或坚果状,全部或部分为肉质或较薄而干的假种皮所包,或苞片与轴愈合发育成肉质种托,有梗或无梗,有胚乳。

本科共 8 属约 130 种,分布于热带、亚热带及南温带地区,在南半球分布最多。我国产 2 属 14 种,分布于长江以南各省区,罗汉松、短叶罗汉松等为普遍栽培的庭园树种。

罗汉松属 *Podocarpus*

常绿乔木或灌木;叶条形、披针形、椭圆状卵形或鳞形,螺旋状排列,近对生或交叉对生,基部通常不扭转,或扭转列成二列;雌雄异株,雄球花穗状,单生或簇生叶腋,或呈分枝状,稀顶生,有总梗或几无总梗,基部有少数螺旋状排列的苞片,雄蕊多数,螺旋状排列;雌球花常单生叶腋或苞腋,稀顶生,有梗或无梗,基部有数枚苞片,最上部有 1 套被生 1 枚倒生胚珠,套被与珠被合生,花后套被增厚成肉质假种皮,苞片发育成肥厚或微肥厚的肉质种托,或苞片不增厚不成肉质种托;种子当年成熟,核果状,有梗或无梗,全部为肉质假种皮所包,生于肉质或非肉质的种托上。

罗汉松 ***Podocarpus macrophyllus***(别称:罗汉杉、土杉等)

形态特征:乔木,高达 20 m,胸径达 60 cm;树皮灰色或灰褐色,浅纵裂,成薄片状脱落;枝开展或斜展,较密;**叶螺旋状着生,条状披针形,微弯**,长 7~12 cm,宽 7~10 mm,先端尖,基部楔形,上面深绿色,有光泽,中脉显著隆起,下面带白色、灰绿色或淡绿色,中脉微隆起;雄球花穗状、腋生,常3~5个簇生于极短的总梗上,长3~5 cm,基部有数枚三角状苞片;雌球花单生叶腋,有梗,基部有少数苞片;种子卵圆形,径约1 cm,先端圆,**熟时肉质假种皮紫黑色,有白粉,种托肉质圆柱形,红色或紫红色,**柄长1~1.5 cm。花期4—5月,种子8—9月成熟。

主要分布:产于江苏、浙江、福建、安徽、江西、湖南、四川、云南、贵州、广西、广东等省区,栽培于庭园作观赏树。野生的树木极少。日本也有分布。

生长习性:喜温暖湿润气候,耐寒性弱,耐阴性强,喜排水良好湿润的沙壤土,对土壤适应性强,盐碱土上也能生存,对二氧化硫、硫化氢、氧化氮等多种污染气体抗性较强,抗病虫害能力强。

观赏特性及园林用途:罗汉松盆景树姿葱翠秀雅,苍古矫健,叶色四季鲜绿,有苍劲高洁之感,如附以山石,制作成鹰爪抱石的姿态,更为古雅别致。罗汉松与竹、石组景,极为雅致。丛林式罗汉松盆景,配以放牧景物,可给人以野趣的享受。如培养得法,经数十年乃至百年长荣不衰,即成一盆绝佳的罗汉松盆景。

其他用途:罗汉松材质细致均匀,易加工,可作家具、器具、文具及农具等用。

9.8 红豆杉科 Taxaceae

常绿乔木或灌木;叶条形或披针形,螺旋状排列或交叉对生,上面中脉明显、微明显或不明显,下面沿中脉两侧各有1条气孔带;球花单性,雌雄异株,稀同株;雄球花单生叶腋或苞腋,或组成穗状花序集生于枝顶,雄蕊多数;雌球花单生或成对生于叶腋或苞片腋部,有梗或无梗,基部具多数覆瓦状排列或交叉对生的苞片,胚珠1枚,直立,生于花轴顶端或侧生于短轴顶端的苞腋,基部具辐射对称的盘状或漏斗状珠托。种子核果状,无梗则全部为肉质假种皮所包,如具长梗则种子包于囊状肉质假种皮中,其顶端尖头露出;或种子坚果状,包于杯状肉质假种皮中,有短梗或近于无梗。

我国有4属12种,其中穗花杉、白豆杉、东北红豆杉、红豆杉及南方红豆杉等为常用庭园树种。

红豆杉属 *Taxus*

常绿乔木或灌木;小枝不规则互生,基部有多数或少数宿存的芽鳞,稀全部脱落;冬芽芽鳞覆瓦状排列,背部纵脊明显或不明显;叶条形,螺旋状着生,基部扭转排成二列,直或镰状,下延生长,上面中脉隆起,下面有两条淡灰色、灰绿色或淡黄色的气孔带;雌雄异株,球花单生叶腋;雄球花圆球形,有梗,基部具覆瓦状排列的苞片;雌球花几无梗,基部有多数覆瓦状排列的苞片,上端2~3对苞片交叉对生,胚珠直立,单生于总花轴上部侧生短轴之顶端的苞腋,基部托以圆盘状的珠托,受精后珠托发育成肉质、杯状、红色的假种皮;种子坚果状,当年成熟,生于杯状肉质的假种皮中,稀生于近膜质盘状的种托(即未发育成肉质假种皮的珠托)之上,种脐明显,成熟时肉质假种皮红色,有短梗或几无梗。

红豆杉 *Taxus chinensis*(别称:卷柏、扁柏、观音杉、红豆树)

形态特征:乔木,高达 30 m,胸径达 60~100 cm;树皮灰褐色、红褐色或暗褐色,裂成条片脱落;大枝开展,一年生枝绿色或淡黄绿色,秋季变成绿黄色或淡红褐色,二、三年生枝黄褐色、淡红褐色或灰褐色;冬芽黄褐色、淡褐色或红褐色,有光泽,芽鳞三角状卵形,背部无脊或有纵脊,脱落或少数宿存于小枝的基部;**叶排列成二列,条形,微弯或较直,**长 1~3(多为 1.5~2.2)cm,宽 2~4(多为 3)mm,上部微渐窄,先端常微急尖,稀急尖或渐尖,上面深绿色,有光泽,下面淡黄绿色,有两条气孔带,中脉带上有密生均匀而微小的圆形角质乳头状突起点,常与气孔带同色,稀色较浅;雄球花淡黄色,雄蕊 8~14 枚;**种子生于杯状红色肉质的假种皮中,间或生于近膜质盘状的种托**(即未发育成肉质假种皮的珠托)之上,常呈卵圆形,上部渐窄,稀倒卵状,长 5~7 mm,径 3.5~5 mm,微扁或圆,上部常具 2 钝棱脊,稀上部三角状具 3 条钝脊,先端有突起的短钝尖头,种脐近圆形或宽椭圆形,稀三角状圆形。

主要分布:我国特有树种,产于甘肃南部、陕西南部、四川、云南东北部及东南部、贵州西部及东南部、湖北西部、湖南东北部、广西北部和安徽南部(黄山),常生于海拔 1 000~1 200 m 以上的高山上部。江西庐山有栽培。

生长习性:典型的阴性树种,常处于林冠下乔木第二、三层,散生,基本无纯林存在,也极少团块分布。只在排水良好的酸性灰棕壤、黄壤、黄棕壤上良好生长,苗喜阴、忌晒。其种子种皮厚,处于深休眠状态,自然状态下经两冬一夏才能萌发,天然更新能力弱。

观赏特性及园林用途:红豆杉叶常绿,深绿色,假种皮肉质红色,颇为美观,是优良的观赏灌木,可作庭园置景树。

其他用途:红豆杉可供建筑、车辆、家具、器具、农具及文具等用材。

10

被子植物门

被子植物是植物界进化最高级、种类最多、分布最广、适应性最强的植物种群，在不同的分类系统中，被子植物有 300~400 科、1 万多属、20 万~25 万种，超过植物界总种数的一半。被子植物分布于各种气候带，以热带、亚热带为最多。

10.1 杨柳科 Salicaceae

落叶乔木或直立、垫状和匍匐灌木；树皮光滑或开裂粗糙，通常味苦，有顶芽或无顶芽；单叶互生，稀对生，不分裂或浅裂，全缘，锯齿缘或齿牙缘；花单性，雌雄异株，罕有杂性；葇荑花序，直立或下垂，先叶开放，或与叶同时开放，稀叶后开放；蒴果 2~4(5) 瓣裂；种子微小，种皮薄，基部围有多数白色丝状长毛。

本科 3 属约 620 种，分布于寒温带、温带和亚热带。我国有 3 属约 320 种，各省（区）均有分布，尤以山地和北方较为普遍。园林植物造景常用种有银白杨、毛白杨、垂柳、旱柳等。

10.1.1 杨属 *Populus*

乔木，树干通常端直；树皮光滑或纵裂，常为灰白色；有顶芽（胡杨无），芽鳞多数，常有黏脂；枝有长（包括萌枝）短枝之分，圆柱状或具棱线；叶互生，多为卵圆形、卵圆状披针形或三角状卵形，在不同的枝（如长枝、短枝、萌枝）上常为不同的形状，齿状缘；葇荑花序下垂，常先叶开放；雄花序较雌花序稍早开放；蒴果 2~4(5) 裂，种子小，多数。

1) 银白杨 *Populus alba*

形态特征：乔木，高 15~30 m；树干不直，雌株更歪斜；**树皮白色至灰白色，**平滑，下部常粗糙;**小枝初被白色绒毛**,萌条密被绒毛,圆筒形,灰绿或淡褐色;芽卵圆形,长4~5 mm,先端渐尖,密被白绒毛,后局部或全部脱落,棕褐色,有光泽;萌枝和长枝叶**卵圆形,掌状3~5浅裂**,长4~10 cm,宽3~8 cm,裂片先端钝尖,基部阔楔形、圆形或平截,或近心形,中裂片远大于侧裂片,边缘呈不规则凹缺,侧裂片几呈钝角开展,不裂或凹缺状浅裂,**初时两面被白绒毛**,后上面脱落;短枝叶较小,长4~8 cm,宽2~5 cm,卵圆形或椭圆状卵形,先端钝尖,基部阔楔形、圆形,少微心形或平截,边缘有不规则且不对称的钝齿牙;上面光滑,下面被白色绒毛;雄花序长3~6 cm,雄蕊8~10,花丝细长,花药紫红色;雌花序长5~10 cm,雌蕊具短柄;蒴果细圆锥形,长约5 mm,2瓣裂,无毛。花期4—5月,果期5月。

主要分布:辽宁南部、山东、河南、河北、山西、陕西、宁夏、甘肃、青海等省区栽培,仅新疆(额尔齐斯河)有野生。欧洲、北非、亚洲西部和北部也有分布。

生长习性:喜大陆性气候,耐寒不耐湿热,深根性,根蘖力强,抗风力强,对土壤条件要求不严,但以湿润肥沃的沙质土生长良好。

观赏特性及园林用途:树形高耸,枝叶美观,幼叶红艳,银白色的叶片和灰白色的树干与众不同,叶子在微风中飘动有特殊的闪烁效果,高大的树形及卵圆形的树冠也颇美观,可作绿化树种,也为西北地区平原沙荒造林树种。

其他用途:银白杨可供建筑、家具、造纸等用;树皮可制栲胶;叶磨碎可驱臭虫。

2)毛白杨 *Populus tomentosa*(别称:大叶杨、响杨)

形态特征:乔木,高达30 m;**树皮幼时暗灰色,壮时灰绿色,渐变为灰白色**,老时基部黑灰色,纵裂,粗糙,干直或微弯,皮孔菱形散生,或2~4连生;树冠圆锥形至卵圆形或圆形;**长枝叶阔卵形或三角状卵形**,长10~15 cm,宽8~13 cm,先端短渐尖,基部心形或截形,边缘深齿牙缘或波状齿牙缘,**上面暗绿色,光滑,下面密生毡毛**,后渐脱落;短枝叶通常较小,长7~11 cm,宽6.5~10.5 cm(有时长达18 cm,宽15 cm),卵形或三角状卵形,先端渐尖,**上面暗绿色有金属光泽,下面光滑**,具深波状齿牙缘;雄花序长10~14(20)cm,雄花苞片约具10个尖头,密生长毛,雄蕊6~12,花药红色;雌花序长4~7 cm,苞片褐色,尖裂,沿边缘有长毛;果序长达14 cm;蒴果圆锥形或长卵形,2瓣裂。花期3月,果期4月(河南、陕西)—5月(河北、山东)。

主要分布:分布广泛,在辽宁(南部)、河北、山东、山西、陕西、甘肃、河南、安徽、江苏、浙江等省均有分布,以黄河流域中、下游为中心分布区。

生长习性:深根性,耐旱力较强,黏土、壤土、沙壤土或低湿轻度盐碱土均能生长,在水肥条件充足的地方生长最快,20年生即可成材。为我国良好的速生树种之一。

观赏特性及园林用途:毛白杨材质好,生长快,寿命长,较耐干旱和盐碱,树姿雄壮,冠形优美,为各地群众所喜欢栽植的优良庭园绿化或行道树,也为华北地区速生用材造林树种,应大力推广。

其他用途:毛白杨可作建筑、家具、箱板、火柴杆、造纸等用材,是人造纤维的原料;树皮含鞣质5.18%,可提制栲胶。

10.1.2 柳属 *Salix*

乔木或匍匐状、垫状、直立灌木;枝圆柱形,髓心近圆形;叶互生,稀对生,通常狭而长,多为披针形,羽状脉,有锯齿或全缘;葇荑花序直立或斜展,先叶开放,或与叶同时开放,稀后叶开放;蒴果2瓣裂;种子小。

1)垂柳 *Salix babylonica*(别称:垂丝柳、水柳、清明柳)

形态特征:乔木,高达12~18 m,树冠开展而疏散;树皮灰黑色,不规则开裂;**枝细,下垂,**淡褐黄色、淡褐色或带紫色,无毛;**叶狭披针形或线状披针形,**长9~16 cm,宽0.5~1.5 cm,先端长渐尖,基部楔形两面无毛或微有毛,上面绿色,下面色较淡,锯齿缘;花序先叶开放,或与叶同时开放;雄花序长1.5~2(3)cm,有短梗,轴有毛;雄蕊2,花丝与苞片近等长或较长,基部多少有长毛,花药红黄色;雌花序长达2~3(5)cm,有梗,基部有3~4小叶,轴有毛;蒴果长3~4 mm,带绿黄褐色。花期3—4月,果期4—5月。

主要分布:产于长江流域与黄河流域,其他各地均有栽培。

生长习性:喜光,喜温暖湿润气候及潮湿深厚的酸性及中性土壤,耐水湿,也能生于干旱处,某些虫害比较严重,寿命较短,树干易老化,30年后渐趋衰老。根系发达,对有毒气体有一定的抗性,能吸收二氧化硫。

观赏特性及园林用途:枝条细长,生长迅速,自古以来深受中国人民热爱。最宜配植在水边,如桥头、池畔、河流,湖泊等水系沿岸处。与桃花间植可形成桃红柳绿之景,是江南园林春景的特色配植方式之一。可作庭荫树、行道树、公路树,也适用于工厂绿化,还是固堤护岸的重要树种。

其他用途:木材可供制家具;枝条可编筐;树皮含鞣质,可提制栲胶;叶可作羊饲料。

2)旱柳 *Salix matsudana*

形态特征:乔木,高达18 m,胸径达80 cm;**大枝斜上,**树冠广圆形;树皮暗灰黑色,有裂沟;**枝细长,直立或斜展,**浅褐黄色或带绿色,后变褐色,无毛,幼枝有毛;**叶披针形,**长5~10 cm,宽1~1.5 cm,先端长渐尖,基部窄圆形或楔形,上面绿色,无毛,有光泽,下面苍白色或带白色,有细腺锯齿缘,幼叶有丝状柔毛;花序与叶同时开放;雄花序圆柱形,长1.5~2.5(3)cm,粗6~8 mm;果序长达2(2.5)cm。花期4月,果期4—5月。

主要分布:产于东北、华北平原、西北黄土高原,西至甘肃、青海,南至淮河流域以及浙江、江苏。为平原地区常见树种。

生长习性:喜光,耐寒,湿地、旱地皆能生长,但以湿润而排水良好的土壤上生长最好;根系发达,抗风能力强,生长快,易繁殖。

观赏特性及园林用途:旱柳枝条柔软,树冠丰满,是中国北方常用的庭荫树、行道树。适合于庭前、道旁、河堤、溪畔、草坪栽植,常栽培在河湖岸边或孤植于草坪,对植于建筑两旁。也用作公路树、防护林及沙荒造林。

其他用途:旱柳可供建筑器具、造纸、人造棉、火药等用;细枝可编筐;为早春蜜源树,又为固沙保土绿化树种。叶为冬季羊饲料。

10.2 榆科 Ulmaceae

乔木或灌木;芽具鳞片,稀裸露,顶芽通常早死,枝端萎缩成一小距状或瘤状凸起,残存或脱落,其下的腋芽代替顶芽;单叶,常绿或落叶,互生,稀对生,常二列,有锯齿或全缘,基部偏斜或对称,羽状脉或基部3出脉(即羽状脉的基生1对侧脉比较强壮),稀基部5出脉或掌状3出脉,有柄;单被花两性,稀单性或杂性,雌雄异株或同株,少数或多数排成疏或密的聚伞花序,或因花序轴短缩而似簇生状,或单生,生于当年生枝或去年生枝的叶腋,或生于当年生枝下部或近基部的无叶部分的苞腋;花被浅裂或深裂,花被裂片常4~8,覆瓦状(稀镊合状)排列,宿存或脱落;果为翅果、核果、小坚果或有时具翅或具附属物。

本科16属约230种,广布于全世界热带至温带地区。我国产8属46种,分布遍及全国。园林植物造景常用种为榉树、榆树、榔榆、朴树、青檀等。

10.2.1 榉属 *Zelkova*

落叶乔木;叶互生,具短柄,有圆齿状锯齿,羽状脉,脉端直达齿尖;花杂性,几乎与叶同时开放,雄花数朵簇生于幼枝的下部叶腋,雌花或两性花通常单生(稀2~4朵簇生)于幼枝的上部叶腋;雄花的花被钟形,4~6(7)浅裂;雌花或两性花的花被4~6深裂,裂片覆瓦状排列;果为核果,偏斜。

榉树 *Zelkova serrate*(别称:光叶榉、鸡油树、光光榆、马柳光树等)

形态特征:乔木,高达30 m,胸径达100 cm;**树皮灰白色或褐灰色,呈不规则的片状剥落;**当年生枝紫褐色或棕褐色,疏被短柔毛,后渐脱落;冬芽圆锥状卵形或椭圆状球形;**叶薄纸质至厚纸质,大小形状变异很大,**卵形、椭圆形或卵状披针形,长3~10 cm,宽1.5~5 cm,先端渐尖或尾状渐尖,基部有的稍偏斜,圆形或浅心形,稀宽楔形,叶面绿,干后绿或深绿,**边缘有圆齿状锯齿,**具短尖头;雄花具极短的梗,径约3 mm,花被裂至中部,花被裂片(5)6~7(8),不等大,外面被细毛;雌花近无梗,径约1.5 mm,花被片4~5(6),外面被细毛;核果几乎无梗,淡绿色,斜卵状圆锥形。花期4月,果期9—11月。

主要分布:产辽宁(大连)、陕西(秦岭)、甘肃(秦岭)、山东、江苏、安徽、浙江、江西、福建、台湾、河南、湖北、湖南和广东。

生长习性:垂直分布多在海拔500 m以下之山地、平原,在云南可达海拔1 000 m。阳性树种,喜光,喜温暖环境。耐烟尘及有害气体。适生于深厚、肥沃、湿润的土壤,对土壤的适应性强,酸性、中性、碱性土及轻度盐碱土均可生长。深根性,侧根广展,抗风力强。忌积水,不耐干旱和贫瘠。生长慢,寿命长。

观赏特性及园林用途:榉树树姿端庄,高大雄伟,秋叶变成褐红色,是观赏秋叶的优良树种,可孤植、丛植公园和广场的草坪、建筑旁作庭荫树,与常绿树种混植作风景林,列植人行道、公路旁作行道树,降噪防尘。榉树侧枝萌发能力强,在其主干截干后,可以形成大量的侧枝,是制作盆景的上佳植物材料,可其脱盆或连盆种植于园林中或与假山、景石搭配,均能提高其观赏价值。榉树苗期侧根发达,长而密集,耐干旱瘠薄,固土、抗风能力强,可作为防护林带树种和水土保持树种加以推广。

其他用途:榉树可供桥梁、家具用材;茎皮纤维可制人造棉和绳索;植株含有大量药效成分,有药用价值。

10.2.2　榆属 *Ulmus*

乔木,稀灌木;树皮不规则纵裂,粗糙,稀裂成块片或薄片脱落;小枝无刺;叶互生,二列,边缘具重锯齿或单锯齿,羽状脉直或上部分叉;花两性,春季先叶开放,稀秋季或冬季开放,常自花芽抽出,在去年生枝(稀当年生枝)的叶腋排成簇状聚伞花序、短聚伞花序、总状聚伞花序或呈簇生状,或花自混合芽抽出,散生(稀簇生)于新枝基部或近基部的苞片(稀叶)的腋部;花被钟形,稀较长而下部渐窄成管状,或花被上部杯状,下部急缩成管状,4~9 浅裂或裂至杯状花被的基部或近基部;花后数周果即成熟,果为扁平的翅果,圆形、倒卵形、矩圆形或椭圆形,稀梭形,两面及边缘无毛或有毛,或仅果核部分有毛,或两面有疏毛而边缘密生睫毛,或仅边缘有睫毛。

1)榔榆 *Ulmus parvifolia*(别称:小叶榆、秋榆、掉皮榆、豺皮榆等)

形态特征:落叶乔木,或冬季叶变为黄色或红色宿存至第二年新叶开放后脱落,高达 25 m,胸径可达 1 m;树冠广圆形,树干基部有时成板状根,**树皮灰色或灰褐,裂成不规则鳞状薄片剥落,露出红褐色内皮**,近平滑,微凹凸不平;当年生枝密被短柔毛,深褐色;叶质地厚,披针状卵形或窄椭圆形,稀卵形或倒卵形,中脉两侧长宽不等,长 1.7~8(常 2.5~5)cm,宽 0.8~3(常 1~2)cm,先端尖或钝,基部偏斜,楔形或一边圆,叶面深绿色,有光泽,叶背色较浅,边缘从基部至先端有钝而整齐的单锯齿;**花秋季开放,3~6 数在叶腋簇生或排成簇状聚伞花序**,花被上部杯状,下部管状,花被片 4,深裂至杯状花被的基部或近基部,花梗极短,被疏毛;**翅果椭圆形或卵状椭圆形**,长 10~13 mm,宽 6~8 mm,除顶端缺口柱头面被毛外,余处无毛,果翅稍厚。花果期 8—10 月。

主要分布:分布于河北、山东、江苏、安徽、浙江、福建、台湾、江西、广东、广西、湖南、湖北、贵州、四川、陕西、河南等省区。

生长习性:喜光,耐干旱,在酸性、中性及碱性土上均能生长,但以气候温暖、土壤肥沃、排水良好的中性土壤为最适宜的生境。

观赏特性及园林用途:榔榆干略弯,树皮斑驳雅致,小枝婉垂,秋日叶色变红,是良好的观赏树及工厂绿化、四旁绿化树种,常孤植成景,适宜种植于池畔、亭榭附近,也可配于山石之间。萌芽力强,是制作盆景的好材料,同时也可选作厂矿区绿化树种。

其他用途:榔榆可供家具、车辆、造船、器具、农具、油榨、船橹等用材;树皮可作蜡纸及人造棉原料,或织麻袋、编绳索;植株含有大量有效成分,可供药用。

2)榆树 *Ulmus pumila*(别称:钱榆、家榆、白榆、钻天榆等)

形态特征:落叶乔木,高达 25 m,胸径 1 m,在干瘠地长成灌木状;幼树树皮平滑,灰褐色或浅灰色,大树之皮暗灰色,不规则深纵裂,粗糙;小枝无毛或有毛,淡黄灰色、淡褐灰色或灰色,稀淡褐黄色或黄色,有散生皮孔;叶椭圆状卵形、长卵形、椭圆状披针形或卵状披针形,长 2~8 cm,宽 1.2~3.5 cm,先端渐尖或长渐尖,基部偏斜或近对称,一侧楔形至圆,另一侧圆至半心脏形,叶面平滑无毛,叶背幼时有短柔毛,后变无毛或部分脉腋有簇生毛,边缘具重锯齿或单锯齿;**花先叶开放,在去年生枝的叶腋成簇生状;翅果近圆形**,稀倒卵状圆形,长 1.2~

2 cm,除顶端缺口柱头面被毛外,余处无毛。花果期3—6月(东北较晚)。

主要分布:分布于东北、华北、西北及西南各省区。生于海拔1 000~2 500 m以下的山坡、山谷、川地、丘陵及沙岗等处。长江下游各省有栽培。

生长习性:阳性树种,喜光,耐旱,耐寒,耐瘠薄,不择土壤,适应性很强。根系发达,抗风力、保土力强。萌芽力强,耐修剪。生长快,寿命长。能耐干冷气候及中度盐碱,但不耐水湿(能耐雨季水涝)。

观赏特性及园林用途:榆树树干通直,树形高大,绿荫较浓,适应性强,生长快,是城市绿化、行道树、庭荫树、工厂绿化、营造防护林的重要树种。在干瘠、严寒之地常呈灌木状,有用作绿篱者。又因其老茎残根萌芽力强,可自野外掘取制作盆景。榆树也是抗有毒气体(二氧化碳及氯气)较强的树种,可在工矿区使用。在林业上也是营造防风林、水土保持林和盐碱地造林的主要树种之一。

其他用途:榆树可供家具、车辆、农具、器具、桥梁、建筑等用;树皮内含淀粉及黏性物可食用,并为作醋原料;嫩果(俗称"榆钱")可食;枝皮可代麻制绳索、麻袋或作人造棉与造纸原料;老果可供医药和轻、化工业用;叶可作饲料,树皮、叶及翅果均可药用。

3)垂枝榆 *Ulmus pumila* 'Pendula'

形态特征:与榆树相似,区别是树干上部的主干不明显,分枝较多,树冠伞形;树皮灰白色,较光滑;一至三年生枝下垂而不卷曲或扭曲。

主要分布:内蒙古、河南、河北、辽宁及北京等地有栽培。

生长习性:与榆树相同。

观赏特性及园林用途:垂枝榆枝条下垂,使植株呈塔形。通常用白榆作高位嫁接,宜布置于门口或建筑入口两旁等处作对栽,或在建筑物边、道路边作行列式种植。

10.2.3 朴属 *Celtis*

乔木,芽具鳞片或否;叶互生,常绿或落叶,有锯齿或全缘,具3出脉或3~5对羽状脉;花小,两性或单性,有柄,集成小聚伞花序或圆锥花序;花序生于当年生小枝上,雄花序多生于小枝下部无叶处或下部的叶腋,在杂性花序中,两性花或雌花多生于花序顶端;花被片4~5,仅基部稍合生,脱落;果为核果。

大叶朴 *Celtis koraiensis*

形态特征:落叶乔木,高达15 m;**树皮灰色或暗灰色,浅微裂;**当年生小枝老后褐色至深褐色,散生小而微凸、椭圆形的皮孔;**叶椭圆形至倒卵状椭圆形,**少有为倒广卵形,长7~12 cm(连尾尖),宽3.5~10 cm,基部稍不对称,宽楔形至近圆形或微心形,先端具尾状长尖,长尖常由平截状先端伸出,边缘具粗锯齿;**果单生叶腋,**果梗长1.5~2.5 cm,果近球形至球状椭圆形,直径约12 mm,**成熟时橙黄色至深褐色。**花期4—5月,果期9—10月。

主要分布:产于辽宁(沈阳以南)、河北、山东、安徽北部、山西南部、河南西部、陕西南部和甘肃东部。多生于山坡、沟谷林中,海拔100~1 500 m。朝鲜也有分布。

生长习性:喜光也稍耐阴,喜温暖湿润气候。对土壤要求不严,抗瘠薄干旱能力特强。抗风、抗烟、抗尘、抗轻度盐碱、抗有毒气体。根系发达,有固土保水能力。

观赏特性及园林用途:大叶朴是典型的遮阴兼观叶树种,常用作庭荫树、行道树。叶色浓绿,叶色在秋末变为亮黄色,核果球形,橙色,是典型的秋景树种。

10.2.4 青檀属 *Pteroceltis*

落叶乔木;叶互生,有锯齿,基部3出脉,侧脉先端在未达叶缘前弧曲,不伸入锯齿;花单性、同株,雄花数朵簇生于当年生枝的下部叶腋,花被5深裂,裂片覆瓦状排列,雌花单生于当年生枝的上部叶腋,花被4深裂,裂片披针形;坚果具长梗,近球状。

本属1种,特产我国东北(辽宁)、华北、西北和中南。

青檀 *Pteroceltis tatarinowii*(别称:翼朴、檀树、摇钱树)

形态特征:乔木,高达20 m或20 m以上,胸径达70 cm或1 m以上;**树皮灰色或深灰色,不规则的长片状剥落**;小枝黄绿色,干时变栗褐色,疏被短柔毛,后渐脱落,**皮孔明显,椭圆形或近圆形;叶纸质,宽卵形至长卵形**,长3~10 cm,宽2~5 cm,先端渐尖至尾状渐尖,基部不对称,楔形、圆形或截形,**边缘有不整齐的锯齿**,基部3出脉,侧出的1对近直伸达叶的上部,侧脉4~6对,叶面绿,幼时被短硬毛,后脱落常残留有圆点,光滑或稍粗糙,叶背淡绿,在脉上有稀疏的或较密的短柔毛,脉腋有簇毛,其余近光滑无毛;叶柄长5~15 mm,被短柔毛;**翅果状坚果近圆形或近四方形**,直径10~17 mm,**黄绿色或黄褐色**,翅宽,稍带木质,有放射线条纹,下端截形或浅心形,顶端有凹缺。花期3—5月,果期8—10月。

主要分布:产于辽宁(大连蛇岛)、河北、山西、陕西、甘肃南部、青海东南部、山东、江苏、安徽、浙江、江西、福建、河南、湖北、湖南、广东、广西、四川和贵州。

生长习性:阳性树种,常生于山麓、林缘、沟谷、河滩、溪旁及峭壁石隙等处,成小片纯林或与其他树种混生。喜光,抗干旱、耐盐碱、耐土壤瘠薄,耐旱,耐寒,-35 ℃无冻梢,不耐水湿,根系发达,对有害气体有较强的抗性。

观赏特性及园林用途:青檀是珍贵稀少的乡土树种,树形美观,树冠球形,树皮暗灰色,片状剥落,千年古树蟠龙穹枝,形态各异,秋叶金黄,季相分明,极具观赏价值。可孤植、片植于庭院、山岭、溪边,也可作为行道树成行栽植,是不可多得的园林景观树种。青檀寿命长,耐修剪,也是优良的盆景观赏树种。可作石灰岩山地的造林树种。

其他用途:青檀的茎皮、枝皮纤维为制造驰名国内外的书画宣纸的优质原料;木材可供家具、农具、绘图板及细木工用材;种子可榨油;植物含有大量有效成分,具有药用价值。

10.3 桑科 Moraceae

乔木或灌木,藤本,稀为草本,通常具乳液,有刺或无刺;叶互生稀对生,全缘或具锯齿,分裂或不分裂,叶脉掌状或为羽状,有或无钟乳体;花小,单性,雌雄同株或异株,无花瓣;花序腋生,典型成对,总状、圆锥状、头状、穗状或壶状,稀为聚伞状;果为瘦果或核果状,围以肉质变厚的花被,或藏于其内形成聚花果,或隐藏于壶形花序托内壁,形成隐花果,或陷入发达的花序轴内,形成大型的聚花果。

本科约53属1 400种。多产热带、亚热带,少数分布在温带地区,其中榕属约1 000种,一般分布于热带和亚热带,许多种类为附生植物,围绕着寄主的茎干,形成紧密的根网,最终将寄主绞死。全科在我国约产12属153种。

10.3.1 桑属 *Morus*

落叶乔木或灌木,无刺;冬芽具3~6枚芽鳞,呈覆瓦状排列;叶互生,边缘具锯齿,全缘至深裂,基生叶脉3~5出,侧脉羽状;花雌雄异株或同株,或同株异序,雌雄花序均为穗状;聚花果(俗称桑)为多数包藏于内质花被片内的核果组成,外果皮肉质,内果皮壳质。

桑 *Morus alba*

形态特征:乔木或为灌木,高3~10 m或更高,胸径可达50 cm,**树皮厚,灰色,具不规则浅纵裂;叶卵形或广卵形**,长5~15 cm,宽5~12 cm,先端急尖、渐尖或圆钝,基部圆形至浅心形,边缘锯齿粗钝,有时叶为各种分裂,表面鲜绿色,无毛,背面沿脉有疏毛,脉腋有簇毛;花单性,腋生或生于芽鳞腋内,与叶同时生出;雄花序下垂,长2~3.5 cm,密被白色柔毛,雄花;花被片宽椭圆形,淡绿色;雌花序长1~2 cm,被毛,总花梗长5~10 mm,被柔毛,雌花无梗,花被片倒卵形,顶端圆钝,外面和边缘被毛,两侧紧抱子房;**聚花果卵状椭圆形,长1~2.5 cm,成熟时红色或暗紫色**。花期4—5月,果期5—8月。

主要分布:本种原产于我国中部和北部,现由东北至西南各省区,西北直至新疆均有栽培。朝鲜、日本、蒙古、中亚各国、俄罗斯、欧洲等地以及印度、越南均有栽培。

生长习性:喜温暖湿润气候,稍耐阴。气温12 ℃以上开始萌芽,生长适宜温度25~30 ℃,超过40 ℃则受到抑制,12 ℃以下则停止生长。耐旱,不耐涝,耐瘠薄。对土壤的适应性强。

观赏特性及园林用途:桑树树冠宽阔,树叶茂密,秋季叶色变黄,颇为美观,且能抗烟尘及有毒气体,适于城市、工矿区及农村四旁绿化。适应性强,为良好的绿化及经济树种。

其他用途:桑树木材可制家具、乐器、雕刻等;桑葚果实可食用,还可酿酒;植株具有药用价值;树皮可以作为药材、造纸;桑木可造纸和用来制造农业生产工具;叶为养蚕的主要饲料,并可作土农药。

10.3.2 榕属 *Ficus*

乔木或灌木,有时为攀缘状,或为附生,具乳液;叶互生,稀对生,全缘或具锯齿或分裂;榕果腋生或生于老茎,口部苞片覆瓦状排列。

1)榕树 *Ficus microcarpa*(别称:细叶榕、万年青)

形态特征:大乔木,高达15~25 m,胸径达50 cm,冠幅广展;**老树常有锈褐色气根**;叶薄革质,狭椭圆形,长4~8 cm,宽3~4 cm,先端钝尖,基部楔形,表面深绿色,干后深褐色,有光泽,全缘,基生叶脉延长;**榕果成对腋生或生于已落叶枝叶腋,成熟时黄或微红色,扁球形**,广卵形,宿存;雄花、雌花、瘿花同生于一榕果内,花间有少许短刚毛;雄花无柄或具柄,散生内壁;雌花与瘿花相似,花被片3,广卵形;瘦果卵圆形。花期5—6月。

主要分布:产于台湾、浙江(南部)、福建、广东(及沿海岛屿)、广西、湖北(武汉至十堰栽培)、贵州、云南。斯里兰卡、印度、缅甸、泰国、越南、马来西亚、菲律宾、日本(琉球、九州)、巴布亚新几内亚和澳大利亚北部、东部直至加罗林群岛均有分布。

生长习性:适应性强,喜疏松肥沃的酸性土,在瘠薄的沙质土中也能生长,在碱土中叶片黄化。不耐旱,较耐水湿,短时间水涝不会烂根,在干燥的气候条件下生长不良,在潮湿的空气中能发生大气生根,使观赏价值大大提高。喜阳光充足、温暖湿润气候,怕烈日曝晒,不耐寒,除华南地区外多作盆栽。

观赏特性及园林用途:在华南和西南等亚热带地区可用榕树来美化庭园,露地栽培,从树冠上垂挂下来的气生根能为园林环境创造出热带雨林的自然景观。大型盆栽植株通过造型可装饰厅、堂、馆、舍,也可在小型古典式园林中摆放;树桩盆景可用来布置家庭居室、办公室及茶室,也可常年在公共场所陈设,不需要精心管理和养护。榕树可被制作成盆景,装饰庭院、卧室,也可作为孤植树观赏之用。

其他用途:榕树树皮纤维可制渔网和人造棉;气根、树皮和叶芽可作清热解表药。

2)无花果 *Ficus carica*

形态特征:落叶灌木,高 3~10 m,多分枝;树皮灰褐色,**皮孔明显;叶互生,厚纸质,**广卵圆形,长宽近相等,10~20 cm,通常 3~5 裂,小裂片卵形,边缘具不规则钝齿,表面粗糙,背面密生细小钟乳体及灰色短柔毛,基部浅心形,基生侧脉 3~5 条,侧脉 5~7 对;雌雄异株,雄花和瘿花同生于一榕果内壁,雄花生内壁口部,花被片 4~5,雄蕊 3,有时 1 或 5,瘿花花柱侧生,短;雌花花被与雄花同;**榕果单生叶腋,大而梨形,**直径 3~5 cm,顶部下陷,**成熟时紫红色或黄色,**基生苞片 3,卵形;瘦果透镜状。花果期 5—7 月。

主要分布:原产于地中海沿岸。分布于土耳其至阿富汗。我国唐代即从波斯传入,现南北均有栽培,新疆南部尤多。

生长习性:喜温暖湿润气候,耐瘠,抗旱,不耐寒,不耐涝。以向阳、土层深厚、疏松肥沃、排水良好的沙质土壤或黏质土壤栽培为宜。

观赏特性及园林用途:无花果树势优雅,是庭院、公园的观赏树木,一般不用农药,是一种纯天然无公害树木。其叶片大,呈掌状裂,叶面粗糙,具有良好的吸尘效果,如与其他植物配置在一起,还可以形成良好的防噪声屏障。无花果树能抵抗一般植物不能忍受的有毒气体和大气污染,是化工污染区绿化的好树种。此外,无花果适应性强,抗风、耐旱、耐盐碱,在干旱的沙荒地区栽植,可以起到防风固沙、绿化荒滩地作用。

其他用途:无花果新鲜幼果及鲜叶治痔疗效良好。榕果味甜可食或作蜜饯,又可作药。

3)高山榕 *Ficus altissima*(别称:鸡榕、大叶榕、大青树等)

形态特征:大乔木,高 25~30 m,胸径 40~90 cm;**树皮灰色,平滑;叶厚革质,广卵形至广卵状椭圆形,**长 10~19 cm,宽 8~11 cm,先端钝,急尖,基部宽楔形,全缘,两面光滑,无毛,基生侧脉延长;**榕果成对腋生,**椭圆状卵圆形,直径 17~28 mm,幼时包藏于早落风帽状苞片内,**成熟时红色或带黄色;**雄花散生榕果内壁,花被片 4,膜质,透明,雄蕊 1 枚,花被片 4,花柱近顶生,较长;雌花无柄,花被片与瘿花同数;瘦果表面有瘤状凸体。花期 3—4 月,果期 5—7 月。

主要分布:产于海南、广西、云南(南部至中部、西北部)、四川。生于海拔100~1 600(2 000)m山地或平原。尼泊尔、锡金、不丹、印度(安达曼群岛)、缅甸、越南、泰国、马来西亚、印度尼西亚、菲律宾均有分布。

生长习性:属热带树种。喜高温潮湿环境,夏季勤浇水,可生长良好。

观赏特性及园林用途:高山榕树冠大;叶厚革质,有光泽,隐头花序形成的果成熟时金黄色,树冠广阔,树姿稳健壮观,非常适合用作园景树和遮阴树。榕树适应性强,极耐阴,适合在室内长期陈设。榕树十分适合用以制作盆景,经过精心加工,千姿百态。

4)黄葛树 *Ficus virens* 'sublanceolata'

形态特征:落叶或半落叶乔木,有板根或支柱根,幼时附生;**叶薄革质或皮纸质,**近披针形,长可达20 cm,先端渐尖,基部钝圆或楔形至浅心形,全缘,干后表面无光泽,基生叶脉短,侧脉7~10对,背面突起,网脉稍明显;榕果单生或成对腋生或簇生于已落叶枝叶腋,球形,直径7~12 mm,成熟时紫红色,基生苞片3,细小,无总梗;雄花、瘿花、雌花生于同一榕果内;雄花,无柄,少数,生榕果内壁近口部,花被片4~5,披针形;瘿花具柄,花被片3~4;雌花与瘿花相似,花柱长于子房;瘦果表面有皱纹。花期5—8月。

主要分布:分布区与原变种相同。但在我国产陕西南部,湖北(宜昌西南)、贵州、广西(百色、隆林)、四川(广布)、云南(除西北外几近全省)等地。常生于海拔(400)800~2 200(2 700)m,为我国西南部常见树种;斯里兰卡、印度(包括安达曼群岛)、不丹、缅甸、泰国、越南、马来西亚、印度尼西亚、菲律宾、巴布亚新几内亚至所罗门群岛和澳大利亚北部均有分布。

生长习性:喜光,有气生根。生于疏林中或溪边湿地,为阳性树种,喜温暖、高温湿润气候,耐旱而不耐寒,耐寒性比榕树稍强。抗风,抗大气污染,耐瘠薄,对土质要求不严,生长迅速,萌发力强,易栽植。

观赏特性及园林用途:新叶展放后鲜红色的托叶纷纷落地,甚为美观。园林应用中适宜栽植于公园湖畔、草坪、河岸边、风景区,学校内可种植几株,既可以美化校园,又可以给师生提供良好的休息和娱乐的庇荫场地。可孤植或群植造景,提供人们游憩、纳凉,也可用作行道树。

其他用途:黄葛树木材可作器具、农具等用材;茎皮纤维可代黄麻,编绳;根、叶入药。

10.3.3 构属 *Broussonetia*

乔木或灌木,或为攀缘藤状灌木;有乳液,冬芽小;叶互生,分裂或不分裂,边缘具锯齿,基生叶脉3出,侧脉羽状;花雌雄异株或同株;雄花为下垂柔荑花序或球形头状花序,花被片4或3裂;雌花,密集成球形头状花序,苞片棍棒状,宿存,花被管状,顶端3~4裂或全缘,宿存;聚花果球形。

构树 *Broussonetia papyrifera*(别称:谷桑、谷树等)

形态特征:乔木,高10~20 m;树皮暗灰色;**叶螺旋状排列,广卵形至长椭圆状卵形,**长6~18 cm,宽5~9 cm,先端渐尖,基部心形,两侧常不相等,边缘具粗锯齿,不分裂或3~5裂,小树之叶常有明显分裂,表面粗糙,疏生糙毛,背面密被绒毛,基生叶脉 3 出,侧脉 6~7 对;花雌雄异株;雄花序为柔荑花序,粗壮,长 3~8 cm,苞片披针形,被毛,花被 4 裂,裂片三角状卵形,被毛,雄蕊 4,花药近球形,退化雌蕊小;雌花序球形头状,苞片棍棒状,顶端被毛,花被管状,顶端与花柱紧贴;**聚花果直径 1.5~3 cm,成熟时橙红色,**肉质;瘦果具与等长的柄,表面有小瘤,龙骨双层,外果皮壳质。花期 4—5 月,果期 6—7 月。

主要分布:产于我国南北各地。锡金、缅甸、泰国、越南、马来西亚、日本、朝鲜均有分布,野生或栽培。

生长习性:喜光,适应性强,耐干旱瘠薄,也能生于水边,多生于石灰岩山地,也能在酸性土及中性土中生长。耐烟尘,抗大气污染力强。

观赏特性及园林用途:构树能抗二氧化硫、氟化氢和氯气等有毒气体,可用作为荒滩、偏僻地带及污染严重的工厂的绿化树种,因其花序脱落容易污染,该种不适合作行道树。

其他用途:构树叶蛋白质用于生产全价畜禽饲料,植株具有药用价值。

10.3.4 波罗蜜属 *Artocarpus*

乔木,有乳液;单叶互生, 螺旋状排列或二列,革质,全缘或羽状分裂(极稀为羽状复叶),叶脉羽状,稀基生 3 出脉;托叶成对,大而在叶柄内,抱茎,脱落后形成环状疤痕或小而不抱茎,疤痕侧生或在叶柄内;花雌雄同株,密集于球形或椭圆形的花序轴上,常与圆形盾状或棒状匙形苞片合生;头状花序腋生或生于老茎发出的短枝上,圆柱形至棒形、倒卵形、椭圆形或球形,有或无浅裂(在聚合果时),通常具梗;聚花果由多数(有时仅 1 个)藏于肉质的花被及花序轴内的小核果所组成。

1)波罗蜜 *Artocarpus heterophyllus*(别称:木波萝、树波萝、蜜冬瓜、牛肚子果等)

形态特征:常绿乔木,高 10~20 m,胸径达 30~50 cm;树皮厚,黑褐色; 小枝粗 2~6 mm,具纵皱纹至平滑,无毛;**叶革质,螺旋状排列,**椭圆形或倒卵形,长 7~15 cm 或更长,宽 3~7 cm,先端钝或渐尖,基部楔形,成熟之叶全缘,或在幼树和萌发枝上的叶常分裂,表面墨绿色,干后浅绿或淡褐色,无毛,有光泽,背面浅绿色,略粗糙,侧脉羽状,每边 6~8 条,中脉在背面显著凸起;花雌雄同株,花序生老茎或短枝上,雄花序有时着生于枝端叶腋或短枝叶腋,圆柱形或棒状椭圆形,长 2~7 cm,花多数,其中有些花不发育,总花梗长 10~50 mm;雄花花被管状,长 1~1.5 mm,上部 2 裂,被微柔毛,雄蕊 1 枚,花丝在蕾中直立,花药椭圆形,无退化雌蕊;雌花花被管状,顶部齿裂,基部陷于肉质球形花序轴内;**聚花果椭圆形至球形,或不规则形状,幼时浅黄色,成熟时黄褐色,表面有坚硬六角形瘤状凸体和粗毛;**核果长椭圆形,长约 3 cm,直径 1.5~2 cm。花期 2—3 月。

主要分布:可能原产于印度西高止山,我国广东、海南、广西、云南(南部)常有栽培。尼泊尔、锡金、不丹、马来西亚也有栽培。

生长习性:喜热带气候,适生于无霜冻、年雨量充沛的地区。喜光,生长迅速,幼时稍耐阴,喜深厚肥沃土壤,忌积水。

观赏特性及园林用途:波罗蜜树干通直,树性强健,树冠茂密,产果量多,是优良的园林绿化用材,在园林绿化中可用在庭院内种植、行道树的种植及小游园的种植,起到遮阴及观果的园林效果。

其他用途:波罗蜜可供食用;植株具有药用价值;波罗蜜材质是上等的家具用材;树根可制作珍贵木雕。

2)面包树 *Artocarpus incisa*

形态特征:常绿乔木,高10~15 m;树皮灰褐色,粗厚;**叶大,互生,厚革质**,卵形至卵状椭圆形,长10~50 cm,成熟之叶羽状分裂,两侧多为3~8羽状深裂,裂片披针形,先端渐尖,两面无毛,表面深绿色,有光泽,背面浅绿色,全缘,侧脉约10对;叶柄长8~12 cm;托叶大,披针形或宽披针形,长10~25 cm,黄绿色,被灰色或褐色平贴柔毛;花序单生叶腋,雄花序长圆筒形至长椭圆形或棒状,长7~30(40)cm,黄色;雄花花被管状,被毛,上部2裂,裂片披针形,雄蕊1枚,花药椭圆形,雌花花被管状;**聚花果倒卵圆形或近球形**,长宽比值为1~4,长15~30 cm,直径8~15 cm,绿色至黄色,表面具圆形瘤状凸起,**成熟褐色至黑色,柔软,内面为乳白色肉质花被组成**;核果椭圆形至圆锥形。

主要分布:原产于太平洋群岛及印度、菲律宾,为马来群岛一带热带著名林木之一。我国台湾、海南有栽培。

生长习性:热带树种,阳性植物,生长快速,需强光,耐热、耐旱、耐湿、耐瘠、稍耐阴,生育适温:23~32 ℃,大株不易移植。

观赏特性及园林用途:面包树适合作为行道树、庭园树木栽植。我国南方有些公园种有面包树,只作观赏用,北京某些花园里也可见到。

其他用途:面包树木材可供建筑使用;海岛居民以此为独木舟。

10.4 山龙眼科 Proteaceae

乔木或灌木,稀为多年生草本;叶互生,稀对生或轮生,全缘或各式分裂;花两性,稀单性,辐射对称或两侧对称,排成总状、穗状或头状花序,腋生或顶生,有时生于茎上;苞片小,通常早落,有时大,也有花后增大变木质,组成球果状(我国不产),小苞片1~2枚或无,微小;花被片4枚,花蕾时花被管细长,顶部球形、卵球形或椭圆状,开花时分离或花被管一侧开裂或下半部不裂;蓇葖果、坚果、核果或蒴果。

本科约60属1 300种,主产于大洋洲和非洲南部,亚洲和南美洲也有分布。我国有4属24种,分布于西南部、南部和东南部各省区。本科的银桦是城镇绿化常用树种。

银桦属 *Grevillea*

乔木或灌木;叶互生,不分裂或羽状分裂;总状花序,通常再集成圆锥花序,顶生或腋生,常被紧贴的丁字毛,稀被叉状毛;花两性,花梗双生或单生;苞片小,有时仅具痕迹;花蕾时花被管细长,直立或上半部下弯,顶部近球状,常偏斜,开花时花被管下半部先分裂,花被片分离,外卷;蓇葖果,通常偏斜,沿腹缝线开裂,稀分裂为2果爿,果皮革质或近木质。

银桦 *Grevillea robusta*

形态特征:乔木,高10~25 m;**树皮暗灰色或暗褐色,具浅皱纵裂**;嫩枝被锈色绒毛;叶长

15~30 cm,二次羽状深裂,裂片7~15对,**上面无毛或具稀疏丝状绢毛,下面被褐色绒毛和银灰色绢状毛,**边缘背卷;总状花序,长7~14 cm,腋生,或排成少分枝的顶生圆锥花序,花序梗被绒毛;花梗长1~1.4 cm;花橙色或黄褐色;花盘半环状;果卵状椭圆形,稍偏斜,长约1.5 cm,径约7 mm,果皮革质,黑色。花期3—5月,果期6—8月。

主要分布:原产于澳大利亚东部,全世界热带、亚热带地区有栽种。云南、四川西南部、广西、广东、福建、江西南部、浙江、台湾等省区的城镇栽培作行道树或风景树。

生长习性:喜光,喜温暖、湿润气候、根系发达,较耐旱。不耐寒,遇重霜和-4 ℃以下低温,枝条易受冻。在肥沃、疏松、排水良好的微酸性沙壤土中生长良好。大苗移栽须带土球,并在雨季进行,不宜重修剪,打顶后树姿极难复原。对烟尘及有毒气抵抗性较强,对土壤要求不严,但在质地黏重、排水不良偏碱性土中生长不良。耐一定的干旱和水湿,根系发达,生长快,对有害气体有一定的抗性,耐烟尘,少病虫害。

观赏特性及园林用途:银桦树干通直,高大伟岸,树冠整齐,宜作行道树、庭荫树,广州常见栽培作行道树或庭园观赏树。也适合农村"四旁"绿化,宜低山营造速生风景林、用材林。银桦是流行的室内小品盆栽常用的素材,纤细的羽状叶带有银白色的细毛,配上嫩绿的叶色,不但可以柔化生硬的家具,也为室内带来生生不息的感觉。

其他用途:银桦种子香甜,为世界著名坚果,树汁可食用;银桦皮、树汁、果实具有医学价值。

10.5 紫茉莉科 Nyctaginaceae

草本、灌木或乔木,有时为具刺藤状灌木;单叶,对生、互生或假轮生,全缘,具柄,无托叶;花辐射对称,两性,稀单性或杂性;单生、簇生或成聚伞花序、伞形花序;常具苞片或小苞片,有的苞片色彩鲜艳;花被单层,常为花冠状,圆筒形或漏斗状,有时钟形,下部合生成管,顶端5~10裂,在芽内镊合状或折扇状排列,宿存;瘦果状掺花果包在宿存花被内。

本科约30属300种,分布于热带和亚热带地区,主产热带美洲。我国有7属11种,主要分布于华南和西南。园林植物造景常用的种是叶子花、光叶子花等。

叶子花属 *Bougainvillea*

灌木或小乔木,有时攀缘;枝有刺;叶互生,具柄,叶片卵形或椭圆状披针形;花两性,通常3朵簇生枝端,外包3枚鲜艳的叶状苞片,红色、紫色或橘色,具网脉;花梗贴生苞片中脉上;花被合生成管状,通常绿色,顶端5~6裂,裂片短,玫瑰色或黄色;瘦果圆柱形或棍棒状,具5棱。

叶子花 *Bougainvillea spectabilis*(别称:三角花、九重葛、毛宝巾)

形态特征:藤状灌木;枝、叶密生柔毛;刺腋生、下弯;叶片椭圆形或卵形,基部圆形,有柄;花序腋生或顶生;**苞片椭圆状卵形,基部圆形至心形,**长2.5~6.5 cm,宽1.5~4 cm,**暗红色或淡紫红色;**花被管狭筒形,长1.6~2.4 cm,绿色,密被柔毛,顶端5~6裂,裂片开展,黄色,长3.5~5 mm;雄蕊通常8;果实长1~1.5 cm,密生毛。花期冬春间。

主要分布:原产于热带美洲。中国南方栽培供观赏。

生长习性:性喜温暖、湿润的气候和阳光充足的环境。不耐寒,耐瘠薄,耐干旱,耐盐碱,耐修剪,生长势强,喜水但忌积水。要求充足的光照,长江流域及以北地区均盆栽养护。对土壤要求不严,但在肥沃、疏松、排水好的沙壤土能旺盛生长。

观赏特性及园林用途:叶子花的观赏部位是苞片,其苞片似叶,花于苞片中间,故称为"叶子花",赞比亚将其定为国花。叶子花树势强健,花形奇特,色彩艳丽,缤纷多彩,花开时节格外鲜艳夺目,特别是冬季室内当嫣红姹紫的苞片开放时,大放异彩,热烈奔放,深受人们喜爱。中国南方常用于庭院绿化,作花篱、棚架植物,花坛、花带的配置,均有其独特的风姿。切花造型有其独特的魅力。

其他用途:叶子花植株具有药用价值。

10.6 连香树科 Cercidiphyllaceae

落叶乔木,树干单一或数个;枝有长枝、短枝之分,长枝具稀疏对生或近对生叶,短枝有重叠环状芽鳞片痕,有1个叶及花序;芽生短枝叶腋,卵形,有2鳞片;叶纸质,边缘有钝锯齿,具掌状脉,有叶柄,托叶早落;花单性,雌雄异株,先叶开放;每花有1苞片;无花被;雄花丛生,近无梗;雌花4~8朵,具短梗;蓇葖果2~4个,有几个种子,具宿存花柱及短果梗。

本科仅1属,即连香树属。

连香树属 *Cercidiphyllum*

属的特征与科的特征相同。

连香树 *Cercidiphyllum japonicum*

形态特征:落叶大乔木,高10~20 m,少数达40 m;树皮灰色或棕灰色;小枝无毛,短枝在长枝上对生;芽鳞片褐色;**叶生短枝上的近圆形、宽卵形或心形,生长枝上的椭圆形或三角形,**长4~7 cm,宽3.5~6 cm,先端圆钝或急尖,基部心形或截形,边缘有圆钝锯齿,先端具腺体,两面无毛,下面灰绿色带粉霜,掌状脉7条直达边缘;雄花常4朵丛生,近无梗;苞片在花期红色,膜质,卵形;花丝长4~6 mm,花药长3~4 mm;雌花2~6(8)朵,丛生;花柱长1~1.5 cm,上端为柱头面;**蓇葖果2~4个,荚果状,**长10~18 mm,宽2~3 mm,褐色或黑色,微弯曲,先端渐细,有宿存花柱。花期4月,果期8月。

主要分布:产于山西西南部、河南、陕西、甘肃、安徽、浙江、江西、湖北及四川。生在山谷边缘或林中开阔地的杂木林中,海拔650~2 700 m。日本也有分布。

生长习性:耐阴性较强,幼树须长在林下弱光处,成年树要求一定的光照条件。深根性,抗风,耐湿,生长缓慢,结实稀少。萌蘖性强。于根基部常萌生多枝。

观赏特性及园林用途:连香树树体高大,树姿优美,叶形奇特,为圆形,大小与银杏(白果)叶相似,因此得名山白果。叶色季相变化丰富,春天为紫红色、夏天为翠绿色、秋天为金黄色、冬天为深红色,是典型的彩叶树种,而且落叶迟,到农历腊月末才开始落叶,发芽又早,次年正月即开始发芽,极具观赏性价值,是园林绿化、景观配置的优良树种。

其他用途:连香树为第三纪孑遗植物,有重要的科研价值;植株具有药用价值;木材是制作小提琴、室内装修、制造实木家具的理想用材，并且还是重要的造币树种；树皮与叶片可提制栲胶；叶片可用于香料。

10.7 毛茛科 Ranunculaceae

多年生或一年生草本，少有灌木或木质藤本；叶通常互生或基生，少数对生，单叶或复叶，通常掌状分裂，无托叶；叶脉掌状，偶尔羽状，网状连接，少有开放的两叉状分枝；花两性，少有单性，雌雄同株或雌雄异株，辐射对称，稀为两侧对称，单生或组成各种聚伞花序或总状花序；萼片呈花瓣状，有颜色；花瓣存在或不存在，常有蜜腺并常特化成分泌器官，这时常比萼片小得多，呈杯状、筒状、二唇状，基部常有囊状或筒状的距；蓇葖或瘦果，少数为蒴果或浆果。

本科约 50 属 2 000 种，在世界各洲广布，主要分布在北半球温带和寒温带。我国有 42 属约 720 种，在全国广布，大多数属、种分布于西南部山地。毛茛科中不少属有美丽的花，可供观赏，如牡丹、芍药、乌头、翠雀都是我国著名的花卉。此外，在耧斗菜属、铁线莲属、银莲花属、翠雀属、乌头属、金莲花属、毛茛属、唐松草属等属中有不少种值得在庭园中引种栽培。

10.7.1 芍药属 *Paeonia*

灌木、亚灌木或多年生草本；根圆柱形或具纺锤形的块根；当年生分枝基部或茎基部具数枚鳞片；叶通常为二回三出复叶，小叶片不裂而全缘或分裂，裂片常全缘；单花顶生，或数朵生枝顶，或数朵生茎顶和茎上部叶腋，有时仅顶端一朵开放，大型，直径 4 cm 以上；苞片 2~6，披针形，叶状，大小不等，宿存；萼片 3~5，宽卵形，大小不等；花瓣 5~13（栽培者多为重瓣），倒卵形；蓇葖成熟时沿心皮的腹缝线开裂；种子数颗。

1）芍药 *Paeonia lactiflora*

形态特征：多年生草本；根粗壮，分枝黑褐色；茎高 40~70 cm，无毛；**下部茎生叶为二回三出复叶，上部茎生叶为三出复叶；**小叶狭卵形、椭圆形或披针形，顶端渐尖，基部楔形或偏斜，边缘具白色骨质细齿，两面无毛，背面沿叶脉疏生短柔毛；**花数朵，生茎顶和叶腋，**有时仅顶端一朵开放，而近顶端叶腋处有发育不好的花芽，直径 8~11.5 cm；苞片 4~5，披针形，大小不等；萼片 4，宽卵形或近圆形，长 1~1.5 cm，宽 1~1.7 cm；花瓣 9~13，倒卵形，长 3.5~6 cm，宽 1.5~4.5 cm，白色，有时基部具深紫色斑块；花丝长 0.7~1.2 cm，黄色；花盘浅杯状，包裹心皮基部，顶端裂片钝圆；蓇葖长 2.5~3 cm，直径 1.2~1.5 cm，顶端具喙。花期 5—6 月，果期 8 月。

主要分布：在我国分布于东北、华北、陕西及甘肃南部。在东北分布于海拔 480~700 m 的山坡草地及林下，在其他各省分布于海拔 1 000~2 300 m 的山坡草地。在朝鲜、日本、蒙古及俄罗斯西伯利亚地区也有分布。在我国四川、贵州、安徽、山东、浙江等省及各城市公园也有栽培，各色均有。

生长习性：喜光照，耐旱。芍药的春化阶段，要求在 0 ℃低温下，经过 40 d 左右才能完成。

观赏特性及园林用途：芍药可作专类园、切花、花坛用花等，芍药花大色艳，观赏性佳，和牡丹搭配可在视觉效果上延长花期，因此常和牡丹搭配种植。芍药属于十大名花之一，也可作切花。

其他用途:植株具有药用价值;种子可榨油供制肥皂和掺和油漆作涂料用;根和叶可提制栲胶,也可用作土农药,灭杀大豆蚜虫和防治小麦秆锈病等。

2)牡丹 *Paeonia suffruticosa*

形态特征:落叶灌木;茎高达2 m;分枝短而粗;**叶通常为二回三出复叶**,偶尔近枝顶的叶为3小叶;顶生小叶宽卵形,长7~8 cm,宽5.5~7 cm,3裂至中部,裂片不裂或2~3浅裂,表面绿色,无毛,背面淡绿色,有时具白粉,沿叶脉疏生短柔毛或近无毛,小叶柄长1.2~3 cm;侧生小叶狭卵形或长圆状卵形,长4.5~6.5 cm,宽2.5~4 cm,不等2裂至3浅裂或不裂,近无柄;**花单生枝顶**,直径10~17 cm;花梗长4~6 cm;苞片5,长椭圆形,大小不等;萼片5,绿色,宽卵形,大小不等;花瓣5,或为重瓣,玫瑰色、红紫色、粉红色至白色,通常变异很大,倒卵形,长5~8 cm,宽4.2~6 cm,顶端呈不规则的波状;雄蕊长1~1.7 cm,花丝紫红色、粉红色,上部白色,长约1.3 cm;花盘革质,杯状,紫红色;蓇葖长圆形,密生黄褐色硬毛。花期5月,果期6月。

主要分布:中国牡丹资源特别丰富,中国滇、黔、川、藏、新、青、甘、宁、陕、桂、湘、粤、晋、豫、鲁、闽、皖、赣、苏、浙、沪、冀、内蒙古、京、津、黑、辽、吉、琼、港、台等地均有牡丹种植。

生长习性:性喜温暖、凉爽、干燥、阳光充足的环境。喜阳光,也耐半阴,耐寒,耐干旱,耐弱碱,忌积水,怕热,怕烈日直射。适宜在疏松、深厚、肥沃、地势高燥、排水良好的中性沙壤土中生长。酸性或黏重土壤中生长不良。

观赏特性及园林用途:牡丹色、姿、香、韵俱佳,花大色艳,花姿绰约,韵压群芳。中国菏泽、洛阳均以牡丹为市花,菏泽曹州牡丹园、曹州百花园、中国牡丹园、古今园及洛阳王城公园、牡丹公园和植物园,每年于4月15—25日举行牡丹花会。兰州、北京、西安、南京、苏州、杭州等地均有牡丹景观。此外,牡丹的形象还被广泛用于传统艺术,如刺绣、绘画、印花、雕刻。

其他用途:牡丹花瓣可煎食或酿酒;植株具有药用价值。

10.7.2 铁线莲属 *Clematis*

多年生木质或草质藤本,或为直立灌木或草本;叶对生,或与花簇生,偶尔茎下部叶互生,三出复叶至二回羽状复叶或二回三出复叶,少数为单叶,叶片或小叶片全缘、有锯齿、牙齿或分裂;花两性,稀单性,聚伞花序或为总状、圆锥状聚伞花序,有时花单生或一至数朵与叶簇生;萼片4,或6~8,直立成钟状、管状,或开展,花蕾时常镊合状排列,花瓣不存在;瘦果,宿存花柱伸长呈羽毛状,或不伸长而呈喙状。

铁线莲 *Clematis florida*

形态特征:草质藤本,长约1~2 m;**茎棕色或紫红色,具6条纵纹**,节部膨大,被稀疏短柔毛;**二回三出复叶,连叶柄长达12 cm**;小叶片狭卵形至披针形,长2~6 cm,宽1~2 cm,顶端钝尖,基部圆形或阔楔形,边缘全缘,极稀有分裂,两面均不被毛,脉纹不显;**花单生于叶腋**;花梗长6~11 cm,近于无毛,在中下部生1对叶状苞片;苞片宽卵圆形或卵状三角形,长2~3 cm,基部无柄或具短柄,被黄色柔毛;花开展,直径约5 cm;萼片6枚,白色,倒卵圆形或匙形,长达3 cm,宽约1.5 cm,顶端较尖,基部渐狭,内面无毛,密被绒毛,边缘无毛;雄蕊紫红色,花柱短,上部无毛，柱头膨大成头状；瘦果倒卵形，扁平，边缘增厚，宿存花柱伸长成喙状，细瘦。花期1—2月，果期3—4月。

主要分布：分布于我国广西、广东、湖南、江西，生于低山区的丘陵灌丛中，山谷、路旁及小溪边。日本有栽培。

生长习性：生于低山区的丘陵灌丛中。喜肥沃、排水良好的碱性壤土，忌积水或夏季干旱而不能保水的土壤。耐寒性强，可耐-20 ℃低温。有红蜘蛛或食叶性害虫危害，需加强通风。

观赏特性及园林用途：铁线莲可选择攀缘能力强、抗污染、适应性强并具有一定耐阴能力的观赏类型作为垂直绿化的素材，主要方式有廊架绿亭、立柱、墙面、造型和篱垣栅栏可用于花架、棚架、廊、灯柱、栅栏、拱门等配置构成园林绿化独立的景观，既能满足游人的观赏，又能够乘凉；既增加了绿化量，又改善了环境条件。

其他用途：铁线莲具有药用价值；种子可供工业用油。

10.7.3 银莲花属 *Anemone*

多年生草本，有根状茎；叶基生，少数至多数，有时不存在，或为单叶，有长柄，掌状分裂，或为三出复叶，叶脉掌状；花葶直立或渐升；花序聚伞状或伞形，或只有1花；苞片或数个，对生或轮生，形成总苞，与基生叶相似，或小，掌状分裂或不分裂，有柄或无柄；萼片5至多数，花瓣状，白色、蓝紫色；花瓣不存在；瘦果卵球形或近球形，少有两侧扁。

银莲花 *Anemone cathayensis*

形态特征：植株高15~40 cm；根状茎长4~6 cm；基生叶4~8，有长柄；**叶片圆肾形，偶尔圆卵形**，长2~5.5 cm，宽4~9 cm，三全裂，全裂片稍覆压，中全裂片有短柄或无柄，宽菱形或菱状倒卵形，三裂近中部，二回裂片浅裂，末回裂片卵形或狭卵形，侧全裂片斜扇形，不等3深裂，两面散生柔毛或变无毛；花葶2~6，有疏柔毛或无毛；苞片约5，无柄，不等大，菱形或倒卵形，3浅裂或3深裂；伞辐2~5，长2~5 cm，有疏柔毛或无毛；萼片5~6（8~10），白色或带粉红色，倒卵形或狭倒卵形，长1~1.8 cm，宽5~11 mm，顶端圆形或钝，无毛；雄蕊长约5 mm，花药狭椭圆形；瘦果扁平，宽椭圆形或近圆形，长约5 mm，宽4~5 mm。花期4—7月。

主要分布：在我国分布于山西、河北。生海拔1 000~2 600 m山坡草地、山谷沟边或多石砾坡地。在朝鲜也有分布。

生长习性：性喜凉爽、潮润、阳光充足的环境，较耐寒，忌高温多湿。喜湿润、排水良好的肥沃壤土。

观赏特性及园林用途：银莲花开花艳丽，被广泛用于室内及庭院装饰。

其他用途：银莲花具有药用价值。

10.8 小檗科 Berberidaceae

灌木或多年生草本，稀小乔木，常绿或落叶；有时具根状茎或块茎，茎具刺或无；叶互生，稀对生或基生，单叶或一至三回羽状复叶；叶脉羽状或掌状；花序顶生或腋生，花单生、簇生或组成总状花序，穗状花序，伞形花序，聚伞花序或圆锥花序；花具花梗或无；花两性，辐射对称，花被通常3基数,偶2基数,稀缺少;萼片6~9,常花瓣状,离生,2~3轮;花瓣6,扁平,盔状或呈距状,或变为蜜腺状,基部有蜜腺或缺;浆果,蒴果,蓇葖果或瘦果。

本科17属约有650种,主产北温带和亚热带高山地区。中国有11属约320种,全国各地均有分布,但以四川、云南、西藏种类最多。该科中的许多植物具有观赏价值,南天竺、十大功劳属等种早已作为观赏植物在国内外广为栽培。

10.8.1 小檗属 *Berberis*

落叶或常绿灌木;通常具刺,单生或3~5分叉,老枝常呈暗灰色或紫黑色,幼枝有时为红色,常有散生黑色疣点;单叶互生,着生于侧生的短枝上,通常具叶柄,叶片与叶柄连接处常有关节;花序为单生、簇生、总状、圆锥或伞形花序;花瓣6,黄色,内侧近基部具2枚腺体;浆果球形、椭圆形、长圆形、卵形或倒卵形,通常红色或蓝黑色。

黄芦木 *Berberis amurensis*(别称:小檗)

形态特征:落叶灌木,高2~3.5 m;老枝淡黄色或灰色,稍具棱槽,无疣点;节间2.5~7 cm;茎刺3分叉,稀单一,长1~2 cm;**叶纸质,倒卵状椭圆形、椭圆形或卵形**、长5~10 cm,宽2.5~5 cm,先端急尖或圆形,基部楔形,上面暗绿色,中脉和侧脉凹陷,网脉不显,背面淡绿色,无光泽,中脉和侧脉微隆起,网脉微显,叶缘平展,每边具40~60细刺齿;**总状花序具10~25朵花,**长4~10 cm,无毛,总梗长1~3 cm;花梗长5~10 mm;**花黄色;**萼片2轮,外萼片倒卵形,长约3 mm,宽约2 mm,内萼片与外萼片同形,长5.5~6 mm,宽3~3.4 mm;花瓣椭圆形,长4.5~5 mm,宽2.5~3 mm,先端浅缺裂,基部稍呈爪,具2枚分离腺体;雄蕊长约2.5 mm;胚珠2枚;**浆果长圆形,**长约10 mm,直径约6 mm,**红色,**顶端不具宿存花柱,不被白粉或仅基部微被霜粉。花期4—5月。

主要分布:产于黑龙江、吉林、辽宁、河北、内蒙古、山东、河南、山西、陕西、甘肃。日本、朝鲜、俄罗斯(西伯利亚)也有分布。生于山地灌丛中、沟谷、林缘、疏林中、溪旁或岩石旁。

生长习性:对光照要求不严,喜光也耐阴,喜温凉湿润的气候环境,耐寒性强,也较耐干旱瘠薄,忌积水涝洼,对土壤要求不严,但以肥沃且排水良好的沙壤土生长最好,萌芽力强,耐修剪。

观赏特性及园林用途:小檗的叶色有绿色、紫色、金色、红色等,根据品种的不同以及阳光照射的强度不同,呈现出不同的色彩。紫叶小檗初春新叶呈鲜红色,盛夏时变成深红色,入秋后又变成紫红色。小檗艳丽的叶色,可形成热情奔放、喜气洋洋的气氛,观色期长。小檗果实不但为鲜艳的红色,而且冬季落叶后可缀满枝头,丰富冬季园林的色彩变化,有突出的美化作用,无论是孤植还是群植都有较好的色彩效果。红叶小檗中有的根形变化奇特,或曲或折,或盘旋,或根蔸粗壮,配上精巧的微型(或小型)盆,可以形成令人愉悦的小型美景。

其他用途:小檗具有药用价值。

10.8.2 十大功劳属 *Mahonia*

常绿灌木或小乔木,高0.3~8 m;枝无刺;奇数羽状复叶,互生,小叶3~41对,侧生小叶通常无叶柄或具小叶柄,小叶边缘具粗疏或细锯齿,或具牙齿,少有全缘;花序顶生,由(1)3~18个簇生的总状花序或圆锥花序组成,长3~35 cm,基部具芽鳞;花梗长1.5~2.4 mm;苞片较花梗短或长;花黄色;萼片 3 轮,9 枚;花瓣 2 轮,6 枚,基部具 2 枚腺体或无;浆果,深蓝色至黑色。

十大功劳 *Mahonia fortunei*(别称:老鼠刺、猫刺叶、黄天竹)

形态特征:灌木,高 0.5~2(4)m;**叶倒卵形至倒卵状披针形**,长 10~28 cm,宽 8~18 cm,具 2~5 对小叶,最下一对小叶外形与往上小叶相似,距叶柄基部 2~9 cm,上面暗绿至深绿色;小叶无柄或近无柄,狭披针形至狭椭圆形,长 4.5~14 cm,宽 0.9~2.5 cm,基部楔形,边缘每边具 5~10 刺齿,先端急尖或渐尖;**总状花序 4~10 个簇生**,长 3~7 cm;芽鳞披针形至三角状卵形,长 5~10 mm,宽 3~5 mm;花梗长 2~2.5 mm;苞片卵形,急尖,长 1.5~2.5 mm,宽 1~1.2 mm;**花黄色**;外萼片卵形或三角状卵形,长 1.5~3 mm,宽约 1.5 mm,中萼片长圆状椭圆形,长 3.8~5 mm,宽 2~3 mm,内萼片长圆状椭圆形,长 4~5.5 mm,宽 2.1~2.5 mm;花瓣长圆形,长 3.5~4 mm,宽 1.5~2 mm,基部腺体明显,先端微缺裂,裂片急尖;雄蕊长 2~2.5 mm;**浆果球形**,直径 4~6 mm,**紫黑色,被白粉**。果期 9—11 月。

主要分布:产于广西、四川、贵州、湖北、江西、浙江。生于山坡沟谷林中、灌丛中、路边或河边。海拔 350~2 000 m。

生长习性:属暖温带植物,具有较强的抗寒能力,不耐暑热,喜温暖湿润的气候,性强健、耐阴、忌烈日曝晒,有一定的耐寒性,也比较抗干旱。它们在原产地多生长在阴湿峡谷和森林下面,属阴性植物。喜排水良好的酸性腐殖土,极不耐碱,怕水涝。

观赏特性及园林用途:十大功劳的叶形奇特黄花似锦典雅美观,果实成熟后呈蓝紫色,叶形秀丽,尖有刺。叶色艳美,外观形态雅致是观赏花木珍贵者,在江南园林常丛植于假山一侧或定植在假山,或栽在房屋后作为基础种植,或植为绿篱、果园、菜园的四角作为境界林,还可盆栽放在门厅入口处、会议室、招待所、会议厅,使人清幽可爱,作为切花更为独特。由于二氧化硫的抗性较强,也是工矿区的优良美化植物。

其他用途:十大功劳具有药用价值。

10.8.3 南天竹属 *Nandina*

常绿灌木,无根状茎;叶互生,二至三回羽状复叶,叶轴具关节;小叶全缘,叶脉羽状;大型圆锥花序顶生或腋生;花两性,3 数,具小苞片;萼片多数,螺旋状排列,由外向内逐渐增大;花瓣 6,较萼片大,基部无蜜腺;浆果球形,红色或橙红色,顶端具宿存花柱。

本属仅有 1 种,分布于中国和日本,北美东南部常有栽培。

南天竹 *Nandina domestica*(别称:南田竹)

形态特征:常绿小灌木;茎常丛生而少分枝,高 1~3 m,光滑无毛,幼枝常为红色,老后呈灰色;**叶互生,集生于茎的上部,三回羽状复叶**,长 30~50 cm;二至三回羽片对生;小叶薄革质,椭圆形或椭圆状披针形,长 2~10 cm,宽 0.5~2 cm,顶端渐尖,基部楔形,全缘,上面深绿色,**冬季变红色**,背面叶脉隆起,两面无毛;圆锥花序直立,长 20~35 cm;**花小,白色**,具芳香,直径6~7 mm;萼片多轮,外轮萼片卵状三角形,长 1~2 mm,向内各轮渐大,最内轮萼片卵状长圆形,长 2~4 mm;花瓣长圆形,长约 4.2 mm,宽约 2.5 mm,先端圆钝;**浆果球形**,直径 5~8 mm,

熟时鲜红色,稀橙红色。花期 3—6 月,果期 5—11 月。

主要分布:产于福建、浙江、山东、江苏、江西、安徽、湖南、湖北、广西、广东、四川、云南、贵州、陕西、河南。生于山地林下沟旁、路边或灌丛中。海拔 1 200 m 以下。日本也有分布。北美东南部有栽培。

生长习性:性喜温暖及湿润的环境,比较耐阴,也耐寒,容易养护。栽培土要求肥沃、排水良好的沙壤土。对水分要求不甚严格,既能耐湿也能耐旱。比较喜肥,可多施磷、钾肥。

观赏特性及园林用途:茎干丛生,枝叶扶疏,秋冬叶色变红,有红果,经久不落,各地庭院常有栽培,为赏叶观果的佳品。

其他用途:南天竹具有药用价值。

10.9 蔷薇科 Rosaceae

草本、灌木或乔木,落叶或常绿,有刺或无刺;叶互生,稀对生,单叶或复叶,有显明托叶,稀无托叶;花两性,稀单性,花轴上端发育成碟状、钟状、杯状、罈状或圆筒状的花托(也称萼筒),在花托边缘着生萼片、花瓣和雄蕊;萼片和花瓣同数,通常 4~5,覆瓦状排列,稀无花瓣,萼片有时具副萼;果实为蓇葖果、瘦果、梨果或核果,稀蒴果;种子通常不含胚乳,极稀具少量胚乳。

本科约有 124 属 3 300 种,分布于全世界,北温带较多。我国约有 51 属 1 000 种,产于全国各地。本科植物作观赏用得非常多,如各种绣线菊、绣线梅、珍珠梅、蔷薇、月季、海棠、梅花、樱花、碧桃、花楸、棣棠和白鹃梅等,或具美丽可爱的枝叶和花朵,或具鲜艳多彩的果实,在全世界各地庭园中均占重要位置。

10.9.1 蔷薇属 *Rosa*

直立、蔓延或攀缘灌木,多数被有皮刺、针刺或刺毛,稀无刺;叶互生,奇数羽状复叶,稀单叶,小叶边缘有锯齿;托叶贴生或着生于叶柄上,稀无托叶;花单生或成伞房状,稀复伞房状或圆锥状花序;萼筒(花托)球形、坛形至杯形,颈部缢缩;花瓣 5,稀 4,开展,覆瓦状排列,白色、黄色,粉红色至红色;瘦果木质,多数,稀少数,着生在肉质萼筒内形成蔷薇果;种子下垂。

1)刺蔷薇 *Rosa acicularis*(别称:大叶蔷薇)

形态特征:**灌木**,高 1~3 m;小枝圆柱形,稍微弯曲,红褐色或紫褐色,无毛;有细直皮刺,常密生针刺,有时无刺;**小叶 3~7**,连叶柄长 7~14 cm;小叶片宽椭圆形或长圆形,长 1.5~5 cm,宽 8~25 mm,先端急尖或圆钝,基部近圆形,稀宽楔形,边缘有单锯齿或不明显重锯齿,上面深绿色,无毛,中脉和侧脉稍微下陷,下面淡绿色,中脉和侧脉均突起,有柔毛,沿中脉较密;叶柄和叶轴有柔毛、腺毛和稀疏皮刺;托叶大部贴生于叶柄,离生部分宽卵形,边缘有腺齿,下面被柔毛;花单生或 2~3 朵集生,苞片卵形至卵状披针形,先端渐尖或尾尖,边缘有腺齿或缺刻,花梗长 2~3.5 cm,无毛,密被腺毛;花直径 3.5~5 cm;萼筒长椭圆形,光滑无毛或有腺毛;萼片披针形,先端常扩展成叶状,外面有腺毛或稀疏刺毛,内面密被柔毛;**花瓣粉红色,芳香,倒卵形,先端微凹**,基部宽楔形;**果梨形、长椭圆形或倒卵球形**,直径 1~1.5 cm,有明显颈部,红色,有光泽,有腺或无腺。花期6—7月,果期7—9月。

主要分布:产于黑龙江、吉林、辽宁、内蒙古、河北、山西、陕西、甘肃、新疆等省区。分布北欧、北亚、日本、朝鲜、蒙古以至北美。

生长习性:生山坡阳处、灌丛中或桦木林下,砍伐后针叶林迹地以及路旁,海拔450~1 820 m。

观赏特性及园林用途:花朵美丽,是园林上布置花坛、花境、庭院的优良花材。

2)月季 *Rosa chinensis*(别称:月月红、月月花等)

形态特征:直立灌木,高1~2 m;**小枝粗壮**,圆柱形,近无毛,**有短粗的钩状皮刺或无刺;小叶3~5**,稀7,连叶柄长5~11 cm,小叶片宽卵形至卵状长圆形,长2.5~6 cm,宽1~3 cm,先端长渐尖或渐尖,基部近圆形或宽楔形,**边缘有锐锯齿**,两面近无毛,上面暗绿色,常带光泽,下面颜色较浅,顶生小叶片有柄,侧生小叶片近无柄,总叶柄较长,有散生皮刺和腺毛;托叶大部贴生于叶柄,仅顶端分离部分成耳状,边缘常有腺毛;**花几朵集生**,稀单生,直径4~5 cm;花梗长2.5~6 cm,近无毛或有腺毛,萼片卵形,先端尾状渐尖,有时呈叶状,边缘常有羽状裂片,稀全缘,外面无毛,内面密被长柔毛;**花瓣重瓣至半重瓣**,红色、粉红色至白色,倒卵形,先端有凹缺,基部楔形;花柱离生,伸出萼筒口外,约与雄蕊等长;果卵球形或梨形,长1~2 cm,红色,萼片脱落。花期4—9月,果期6—11月。

主要分布:原产中国,各地普遍栽培。

生长习性:对气候、土壤要求虽不严格,但以疏松、肥沃、富含有机质、微酸性、排水良好的壤土较为适宜。性喜温暖、日照充足、空气流通的环境。大多数品种最适温度白天为15~26 ℃,晚上为10~15 ℃,冬季气温低于5℃即进入休眠,夏季温度持续30 ℃以上时,即进入半休眠,植株生长不良,虽也能孕蕾,但花小瓣少,色暗淡而无光泽,失去观赏价值。有的品种能耐-15 ℃的低温和耐35 ℃的高温。

观赏特性及园林用途:月季花在园林绿化中有着不可或缺的价值,月季是南北园林中使用次数最多的一种花卉。月季花是春季主要的观赏花卉,其花期长,观赏价值高,价格低廉,受到各地园林的喜爱,可用于园林布置花坛、花境、庭院花材,可制作月季盆景,作切花、花篮、花束等。月季因其攀缘生长的特性,还可用于垂直绿化,构成赏心悦目的廊道和花柱,做成各种拱形、网格形、框架式架子供月季攀附,再经过适当的修剪整形,可装饰建筑物,成为联系建筑物与园林的巧妙"纽带"。

其他用途:植株具有药用价值;花可提取香料。

3)玫瑰 *Rosa rugosa*

形态特征:直立灌木,高可达2 m;茎粗壮,丛生;小枝密被绒毛,并有针刺和腺毛,**有直立或弯曲、淡黄色的皮刺**,皮刺外被绒毛;小叶5~9,连叶柄长5~13 cm;小叶片椭圆形或椭圆状倒卵形,长1.5~4.5 cm,宽1~2.5 cm,先端急尖或圆钝,基部圆形或宽楔形,边缘有尖锐锯齿,上面深绿色,无毛,叶脉下陷,有褶皱,下面灰绿色,中脉突起,网脉明显,密被绒毛和腺毛,有时腺毛不明显;叶柄和叶轴密被绒毛和腺毛;托叶大部贴生于叶柄,离生部分卵形,边缘有带腺锯齿,下面被绒毛;**花单生于叶腋,或数朵簇生**,苞片卵形,边缘有腺毛,外被绒毛;花梗长5~22.5 mm,密被绒毛和腺毛;花直径4~5.5 cm;萼片卵状披针形,先端尾状渐尖,常有羽状裂片而扩展成叶状，上面有稀疏柔毛，下面密被柔毛和腺毛；花瓣倒卵形，**重瓣至半重瓣，芳香，**紫红色至白色；果扁球形，直径 2~2.5 cm，砖红色，肉质，平滑，萼片宿存。花期 5—6 月，果期 8—9 月。

主要分布：原产于我国华北以及日本和朝鲜。我国各地均有栽培。

生长习性：喜阳光充足，日照充分则花色浓，香味也浓。生长季节日照少于 8 h 则徒长而不开花。耐寒，冬季有雪覆盖的地区能忍耐-40~-38 ℃的低温，无雪覆盖的地区也能耐-30~-25 ℃的低温，但不耐早春的旱风。耐旱，对空气湿度要求不甚严格，气温低、湿度大时发生锈病和白粉病。开花季节要求空气有一定的湿度，高温干燥时产油率则会降低。喜排水良好、疏松肥沃的壤土或轻壤土，在黏壤土中生长不良，开花不佳。宜栽植在通风良好、离墙壁较远的地方，以防日光反射，灼伤花苞，影响开花。

观赏特性及园林用途：玫瑰花色艳香浓，是著名的观花闻香花木。在北方园林应用较多，江南庭园少有栽培，可植花篱、花境、花坛，也可丛植于草坪，点缀坡地，布置专类园，风景区结合水土保持可大量种植。同时，玫瑰也是著名的切花材料。

其他用途：玫瑰鲜花可蒸制芳香油，可供食用及化妆品用；花瓣可食用，花蕾可入药；种子可炼油。

10.9.2 苹果属 *Malus*

落叶稀半常绿乔木或灌木，通常不具刺；冬芽卵形，外被数枚覆瓦状鳞片；单叶互生，叶片有齿或分裂，在芽中呈席卷状或对折状，有叶柄和托叶；伞形总状花序；花瓣近圆形或倒卵形，白色、浅红至艳红色；梨果，通常不具石细胞或少数种类有石细胞。

1）苹果 *Malus pumila*

形态特征：乔木，高可达 15 m，多具有圆形树冠和短主干；小枝短而粗，圆柱形，幼嫩时密被绒毛，老枝紫褐色，无毛；冬芽卵形，先端钝，密被短柔毛；叶片椭圆形、卵形至宽椭圆形，长 4.5~10 cm，宽 3~5.5 cm，先端急尖，基部宽楔形或圆形，**边缘具有圆钝锯齿，**幼嫩时两面具短柔毛，长成后上面无毛；叶柄粗壮，长 1.5~3 cm，被短柔毛；伞房花序，具花 3~7 朵，集生于小枝顶端，花梗长 1~2.5 cm，密被绒毛；苞片膜质，线状披针形，先端渐尖，全缘，被绒毛；花直径 3~4 cm；萼筒外面密被绒毛；萼片三角披针形或三角卵形，长 6~8 mm，先端渐尖，全缘，内外两面均密被绒毛，萼片比萼筒长；**花瓣倒卵形，**长 15~18 mm，**基部具短爪，白色，含苞未放时带粉红色；**雄蕊 20，花丝长短不齐，约等于花瓣之半；花柱 5，下半部密被灰白色绒毛，较雄蕊稍长；**果实扁球形，**直径在 2 cm 以上，先端常有隆起，萼片永存，果梗短粗。花期 5 月，果期 7—10 月。

主要分布：原产于欧洲及亚洲中部，栽培历史悠久，全世界温带地区均有种植，辽宁、河北、山西、山东、陕西、甘肃、四川、云南、西藏常见栽培。适生于山坡梯田、平原矿野以及黄土丘陵等处，海拔 50~2 500 m。

生长习性：能适应大多数的气候，南北纬 35~50°地区是苹果生长的最佳选择。苹果需要 1 000~1 600 的单位热量和 120~180 d 的无霜冻天气，白天暖和，夜晚寒冷，以及尽可能多的光照辐射是保证优异品质的前提。苹果能抵抗-40 ℃的霜冻。开花期和结实期，如果温度为-3.3~-2.2 ℃，则会对产量造成影响。最适合 pH 值 6.5 的中性、排水良好的土壤。

观赏特性及园林用途:花形美丽,春花烂漫,可作为观赏植物应用。

其他用途:苹果是著名落叶果树,经济价值很高。

2)海棠 *Malus spectabilis*

形态特征:乔木,高可达 8 m;小枝粗壮,圆柱形,幼时具短柔毛,逐渐脱落,老时红褐色或紫褐色,无毛;冬芽卵形,先端渐尖,微被柔毛,紫褐色,有数枚外露鳞片;叶片椭圆形至长椭圆形,长 5~8 cm,宽 2~3 cm,先端短渐尖或圆钝,基部宽楔形或近圆形,**边缘有紧贴细锯齿,**有时部分近于全缘,幼嫩时上下两面具稀疏短柔毛,以后脱落,老叶无毛;叶柄长 1.5~2 cm,具短柔毛;**花序近伞形,有花 4~6 朵,**花梗长 2~3 cm,具柔毛;苞片膜质,披针形,早落;花直径 4~5 cm;萼筒外面无毛或有白色绒毛;萼片三角卵形,先端急尖,全缘,外面无毛或偶有稀疏绒毛,内面密被白色绒毛,萼片比萼筒稍短;花瓣卵形,长 2~2.5 cm,宽 1.5~2 cm,**基部有短爪,白色,在芽中呈粉红色;**雄蕊 20~25,花丝长短不等,长约花瓣之半;花柱 5,稀 4,基部有白色绒毛,比雄蕊稍长。**果实近球形,**直径 2 cm,黄色,萼片宿存,基部不下陷;果梗细长,先端肥厚,长 3~4 cm。花期 4—5 月,果期 8—9 月。

主要分布:平原或山地,海拔 50~2 000 m。

生长习性:原产于中国,在山东、河南、陕西、安徽、江苏、湖北、四川、浙江、江西、广东、广西等省(区)都有栽培。本种为中国著名观赏树种,华北、华东各地习见栽培。

观赏特性及园林用途:海棠树姿优美,春花烂漫,入秋后金果满树,芳香袭人,宜孤植于庭院前后,对植大门厅入口处,丛植于草坪角隅,或与其他花木相配植。海棠对二氧化硫有较强的抗性,适用于城市街道绿地和矿区绿化。同时,海棠是制作盆景的好材料,切枝可供瓶插及其他装饰之用。

其他用途:海棠花和果实可食用,又可供药用;种仁可食并可制肥皂;树皮可提制栲胶;木材可供床柱用。

3)西府海棠 *Malus micromalus*(别称:海红、小果海棠、子母海棠)

形态特征:小乔木,高达 2.5~5 m,树枝直立性强;小枝细弱圆柱形,嫩时被短柔毛,老时脱落,紫红色或暗褐色,具稀疏皮孔;冬芽卵形,先端急尖,无毛或仅边缘有绒毛,暗紫色;叶片长椭圆形或椭圆形,长 5~10 cm,宽 2.5~5 cm,先端急尖或渐尖,基部楔形稀近圆形,边缘有尖锐锯齿,嫩叶被短柔毛,下面较密,老时脱落;叶柄长 2~3.5 cm;**伞形总状花序,**有花 4~7 朵,集生于小枝顶端,花梗长 2~3 cm,嫩时被长柔毛,逐渐脱落;苞片膜质,线状披针形,早落;花直径约 4 cm;萼筒外面密被白色长绒毛;萼片三角卵形,三角披针形至长卵形,先端急尖或渐尖,全缘,长 5~8 mm,内面被白色绒毛,外面较稀疏,萼片与萼筒等长或稍长;**花瓣近圆形或长椭圆形,**长约 1.5 cm,**基部有短爪,粉红色;**雄蕊约 20,花丝长短不等,比花瓣稍短;花柱 5,基部具绒毛,约与雄蕊等长;**果实近球形,**直径 1~1.5 cm,红色,萼片多数脱落,少数宿存。花期 4—5 月,果期 8—9 月。

主要分布:产于辽宁、河北、山西、山东、陕西、甘肃、云南,生长于海拔 100~2 400 m 处。

生长习性:喜光,耐寒,忌水涝,忌空气过湿,较耐干旱。

观赏特性及园林用途:西府海棠因生长于西府(今陕西省宝鸡市)而得名,海棠花是中国的传统名花之一,花姿潇洒,花开似锦,自古以来是雅俗共赏的名花,素有花中神仙、花贵妃有"国艳"之誉,历代文人墨客题咏不绝。北京故宫御花园和颐和园中就植有西府海棠,每到春夏之交,迎风峭立,花姿明媚动人,楚楚有致,与玉兰、牡丹、桂花相伴,形成"玉棠富贵"的之意。西府海棠在海棠花类中树态峭立,似亭亭少女。花红,叶绿,果美,不论孤植、列植、丛植均极美观。花色艳丽,一般多栽培于庭园供绿化用。

其他用途:植株具有药用价值;果实可鲜食或制作蜜饯。

4)垂丝海棠 *Malus halliana*

形态特征:乔木,高达5 m,树冠开展;小枝细弱,微弯曲,圆柱形,最初有毛,不久脱落,紫色或紫褐色;冬芽卵形,先端渐尖,无毛或仅在鳞片边缘具柔毛,紫色;叶片卵形或椭圆形至长椭卵形,长3.5~8 cm,宽2.5~4.5 cm,先端长渐尖,基部楔形至近圆形,边缘有圆钝细锯齿,中脉有时具短柔毛,其余部分均无毛,上面深绿色,有光泽并常带紫晕;叶柄长5~25 mm,幼时被稀疏柔毛,老时近于无毛;**伞房花序,具花4~6朵,花梗细弱,长2~4 cm,下垂**,有稀疏柔毛,紫色;花直径3~3.5 cm;萼筒外面无毛;萼片三角卵形,长3~5 mm,先端钝,全缘,外面无毛,内面密被绒毛,与萼筒等长或稍短;**花瓣倒卵形**,长约1.5 cm,**基部有短爪,粉红色**,常在5数以上;雄蕊20~25,花丝长短不齐,约等于花瓣之半;花柱4或5,较雄蕊为长,基部有长绒毛,顶花有时缺少雌蕊;果实梨形或倒卵形,直径6~8 mm,略带紫色,成熟很迟,萼片脱落;果梗长2~5 cm。花期3—4月,果期9—10月。

主要分布:产于江苏、浙江、安徽、陕西、四川、云南。生山坡丛林中或山溪边,海拔50~1 200 m。

生长习性:垂丝海棠性喜阳光,不耐阴,也不甚耐寒,爱温暖湿润环境,适生于阳光充足、背风之处。土壤要求不严,微酸或微碱性土壤均可成长,但以土层深厚、疏松、肥沃、排水良好略带黏质的生长更好。此花生性强健,栽培容易,不需要特殊技术管理,唯不耐水涝,盆栽须防止水渍,以免烂根。

观赏特性及园林用途:垂丝海棠花色艳丽,花姿优美,花期在4月左右,叶卵形或椭圆形,花朵簇生于顶端,花瓣呈玫瑰红色,朵朵弯曲下垂,如遇微风飘飘荡荡,娇柔红艳。远望犹如彤云密布,美不胜收,是深受人们喜爱的庭院木本花卉,同时也是制作盆景的好材料。

其他用途:果可食或制蜜饯;植株具有药用价值。

10.9.3 木瓜属 *Chaenomeles*

落叶或半常绿,灌木或小乔木,有刺或无刺;冬芽小,具2枚外露鳞片;单叶,互生,具齿或全缘,有短柄与托叶;花单生或簇生,先于叶开放或迟于叶开放;萼片5,全缘或有齿;花瓣5,大形;梨果大形,萼片脱落,花柱常宿存,内含多数褐色种子;种皮革质,无胚乳。

皱皮木瓜 *Chaenomeles speciosa*(别称:贴梗海棠、贴梗木瓜、铁脚梨等)

形态特征:落叶灌木,高达2 m,枝条直立开展,有刺;小枝圆柱形,微屈曲,无毛,紫褐色或黑褐色,有疏生浅褐色皮孔;冬芽三角卵形,先端急尖,近于无毛或在鳞片边缘具短柔毛,紫褐色;叶片卵形至椭圆形,稀长椭圆形,长3~9 cm,宽1.5~5 cm,先端急尖稀圆钝,基部楔形至宽楔形,边缘具有尖锐锯齿,齿尖开展,无毛或在萌蘖上沿下面叶脉有短柔毛;叶柄长约 1 cm;**花先叶开放,3~5 朵簇生于二年生老枝上;花梗短粗**,长约 3 mm 或近于无柄;花直径 3~5 cm;萼筒钟状,外面无毛;萼片直立,半圆形稀卵形,长 3~4 mm,宽 4~5 mm,长约萼筒之半,先端圆钝,全缘或有波状齿,黄褐色睫毛;**花瓣倒卵形或近圆形,基部延伸成短爪**,长 10~15 mm,宽 8~13 mm,**猩红色**,稀淡红色或白色;雄蕊 45~50,长约花瓣之半;花柱 5,基部合生,无毛或稍有毛,柱头头状,有不显明分裂,约与雄蕊等长;**果实球形或卵球形**,直径 4~6 cm,黄色或带黄绿色,有稀疏不明显斑点,味芳香;萼片脱落,果梗短或近于无梗。花期 3—5 月,果期 9—10 月。

主要分布:产于陕西、甘肃、四川、贵州、云南、广东,缅甸也有分布。

生长习性:温带树种,适应性强,喜光,也耐半阴,耐寒,耐旱。对土壤要求不严,在肥沃、排水良好的黏土、壤土中均可正常生长,忌低洼和盐碱地。

观赏特性及园林用途:公园、庭院、校园、广场等道路两侧可栽植皱皮木瓜树,亭亭玉立,花果繁茂,灿若云锦,清香四溢,效果甚佳。皱皮木瓜作为独特孤植观赏树或三五成丛的点缀于园林小品或园林绿地中,也可培育成独干或多干的乔灌木作片林或庭院点缀。春季观花夏秋赏果,淡雅俏秀,多姿多彩,使人百看不厌,取悦其中。皱皮木瓜可制作多种造型的盆景,被称为盆景中的十八学士之一。皱皮木瓜盆景可置于厅堂、花台、门廊角隅、休闲场地,可与建筑合理搭配,使庭园胜景倍添风采,被点缀得更加幽雅清秀。

其他用途:果实具有食用价值和药用价值。

10.9.4 桃属 *Amygdalus*

落叶乔木或灌木;腋芽常 3 个或 2~3 个并生,两侧为花芽,中间是叶芽;幼叶在芽中呈对折状,后于花开放,稀与花同时开放,叶柄或叶边常具腺体;花单生,稀 2 朵生于 1 芽内,粉红色,罕白色,几无梗或具短梗,稀有较长梗;核果,外被毛,极稀无毛,成熟时果肉多汁不开裂,或干燥开裂,腹部有明显的缝合线;核扁圆、圆形至椭圆形,与果肉粘连或分离,表面具深浅不同的纵、横沟纹和孔穴,极稀平滑;种皮厚,种仁味苦或甜。

1)桃 *Amygdalus persica*

形态特征:乔木,高 3~8 m;**树冠宽广而平展;树皮暗红褐色**,老时粗糙呈鳞片状;小枝细长,无毛,有光泽,绿色,向阳处转变成红色,具大量小皮孔;冬芽圆锥形,顶端钝,外被短柔毛,常 2~3 个簇生,中间为叶芽,两侧为花芽;叶片长圆披针形、椭圆披针形或倒卵状披针形,长 7~15 cm,宽 2~3.5 cm,先端渐尖,基部宽楔形,上面无毛,下面在脉腋间具少数短柔毛或无毛,叶边具细锯齿或粗锯齿,齿端具腺体或无腺体;叶柄粗壮,长 1~2 cm,常具 1 至数枚腺体,有时无腺体;**花单生,先于叶开放**,直径 2.5~3.5 cm;花梗极短或几无梗;萼筒钟形,被短柔毛,稀几无毛,绿色而具红色斑点;萼片卵形至长圆形,顶端圆钝,外被短柔毛;花瓣长圆状椭圆形至宽倒卵形,**粉红色**,罕为白色;雄蕊 20~30,**花药绯红色**;花柱几与雄蕊等长或稍短;果实形状和大小均有变异,卵形、宽椭圆形或扁圆形,直径(3)5~7(12)cm,长几乎与宽相等,色泽变化由淡绿白色至橙黄色,常在向阳面具红晕,外面密被短柔毛,稀无毛,腹缝明显,果梗短而深入果洼;果肉白色、浅绿白色、黄色、橙黄色或红色,多汁有香味,甜或酸甜;核大,离核或黏核,椭圆形或近圆形,两侧扁平,顶端渐尖,表面具纵、横沟纹和孔穴;种仁味苦,稀味甜。花期 3—

4月,果实成熟期因品种而异,通常为8—9月。

主要分布:原产于我国,各省区广泛栽培。主要经济栽培地区在中国华北、华东各省,较为集中的地区有北京海淀区、平谷区,天津蓟州区,山东蒙阴、肥城、益都、青岛,河南商水、开封,河北抚宁、遵化、深县、临漳,陕西宝鸡、西安,甘肃天水,四川成都,辽宁大连,浙江奉化,上海南汇,江苏无锡、徐州。世界各地均有栽植。

生长习性:喜光、耐旱、耐寒力强。在陕甘宁地区和新疆南部、东北吉林,冬季温度在-25 ℃以下时容易发生冻害,早春晚霜危害也时有发生。在南方冬季3个月平均气温超过10 ℃的地区,多数品种落叶延迟,进入休眠不完全,翌春萌芽很迟,开花不齐,产量降低。栽培时要注意桃树的需寒量,不同品种对低温的需求量差异很大,一般用7.2 ℃以下的积温来表示,大部分品种的需寒量为500~1 000 h。桃树最怕渍涝,淹水24 h就会造成植株死亡,选择排水良好、土层深厚的沙质微酸性土壤最为理想。

观赏特性及园林用途:桃花是中国传统的园林花木,其树态优美,枝干扶疏,花朵丰腴,色彩艳丽,为早春重要观花树种之一,深受群众喜爱,现已经出现以桃为主题的观光区,如四川成都龙泉驿,每年春季吸引大量游客前往观赏。

其他用途:桃的果实为著名的水果,桃树干上分泌的胶质,俗称桃胶,可用作黏结剂等。

2)榆叶梅 *Amygdalus triloba*

形态特征:灌木稀小乔木,高2~3 m;枝条开展,具多数短小枝;小枝灰色,一年生枝灰褐色,无毛或幼时微被短柔毛;冬芽短小,长2~3 mm;短枝上的叶常簇生,一年生枝上的叶互生;叶片宽椭圆形至倒卵形,长2~6 cm,宽1.5~3(4)cm,先端短渐尖,常3裂,基部宽楔形,上面具疏柔毛或无毛,下面被短柔毛,叶边具粗锯齿或重锯齿;叶柄长5~10 mm,被短柔毛;**花1~2朵,先于叶开放,**直径2~3 cm;花梗长4~8 mm;萼筒宽钟形,长3~5 mm,无毛或幼时微具毛;萼片卵形或卵状披针形,无毛,近先端疏生小锯齿;花瓣近圆形或宽倒卵形,长6~10 mm,**先端圆钝,有时微凹,粉红色;**雄蕊25~30,短于花瓣;**果实近球形,**直径1~1.8 cm,顶端具短小尖头,红色,外被短柔毛;果梗长5~10 mm;果肉薄,成熟时开裂;核近球形,具厚硬壳,直径1~1.6 cm。花期4—5月,果期5—7月。

主要分布:原产于中国北部,黑龙江、吉林、辽宁、内蒙古、河北、山西、陕西、甘肃、山东、江西、江苏、浙江等省区。低至中海拔的坡地或沟旁乔、灌木林下或林缘下有生产,中亚也有。

生长习性:喜光,稍耐阴,耐寒,能在-35 ℃下越冬。对土壤要求不严,以中性至微碱性而肥沃土壤为佳。根系发达,耐旱力强,不耐涝,抗病力强。生于低至中海拔的坡地或沟旁乔、灌木林下或林缘。

观赏特性及园林用途:榆叶梅其叶像榆树,其花像梅花,因此得名"榆叶梅"。榆叶梅枝叶茂密,花繁色艳,是中国北方园林、街道、路边等重要的绿化观花灌木树种。其植物有较强的抗盐碱能力。适宜种植在公园的草地、路边或庭园中的角落、水池等地。如果将榆叶梅种植在常绿树周围或种植于假山等地,其视觉效果更理想,能够让其具有良好的视觉观赏效果。与其他花色的植物搭配种植,在春秋季花盛开时,花形、花色均极美观,各色花争相斗艳,景色宜人,是不可多得的园林绿化植物。

其他用途:种子具有药用价值。

10.9.5 杏属 *Armeniaca*

落叶乔木，极稀灌木；枝无刺，极少有刺；叶芽和花芽并生，2~3个簇生于叶腋；幼叶在芽中席卷状；叶柄常具腺体；花常单生，稀2朵，先于叶开放，近无梗或有短梗；花瓣5，着生于花萼口部；核果，两侧多少扁平，有明显纵沟，果肉肉质而有汁液，成熟时不开裂，稀干燥而开裂，外被短柔毛，稀无毛，离核或黏核；核两侧扁平，表面光滑、粗糙或呈网状，罕具蜂窝状孔穴；种仁味苦或甜。

杏 *Armeniaca vulgaris*

形态特征：乔木，高5~8(12)m；树冠圆形、扁圆形或长圆形；树皮灰褐色，纵裂；多年生枝浅褐色，皮孔大而横生，一年生枝浅红褐色，有光泽，无毛，具多数小皮孔；叶片宽卵形或圆卵形，长5~9 cm，宽4~8 cm，先端急尖至短渐尖，基部圆形至近心形，叶边有圆钝锯齿，两面无毛或下面脉腋间具柔毛；叶柄长2~3.5 cm，无毛，基部常具1~6腺体；**花单生，**直径2~3 cm，**先于叶开放；**花梗短，长1~3 mm，被短柔毛；花萼紫绿色；萼筒圆筒形，外面基部被短柔毛；萼片卵形至卵状长圆形，**先端急尖或圆钝，花后反折；**花瓣圆形至倒卵形，白色或带红色，具短爪；雄蕊20~45，稍短于花瓣；花柱稍长或几与雄蕊等长，下部具柔毛；**果实球形，**稀倒卵形，直径约2.5 cm以上，**白色、黄色至黄红色，常具红晕，微被短柔毛；**果肉多汁，成熟时不开裂；核卵形或椭圆形，两侧扁平，顶端圆钝，基部对称，稀不对称，表面稍粗糙或平滑，腹棱较圆，常稍钝，背棱较直，腹面具龙骨状棱；种仁味苦或甜。花期3—4月，果期6—7月。

主要分布：产于我国各地，多数为栽培，尤以华北、西北和华东地区种植较多，少数地区逸为野生，在新疆伊犁一带野生成纯林或与新疆野苹果林混生，海拔可达3 000 m。世界各地均有栽培。

生长习性：阳性树种，适应性强，深根性，喜光，耐旱，抗寒，抗风，寿命可达百年以上，为低山丘陵地带的主要栽培果树。

观赏特性及园林用途：杏在早春开花，先花后叶，可与苍松、翠柏配植于池旁湖畔或植于山石崖边、庭院堂前，具观赏性。

其他用途：杏是常见水果之一；木质地坚硬，是做家具的好材料；枝条可作燃料；叶可作饲料。

10.9.6 樱属 *Cerasus*

落叶乔木或灌木；腋芽单生或3个并生，中间为叶芽，两侧为花芽；幼叶在芽中为对折状，后于花开放或与花同时开放；有叶柄和脱落的托叶，叶边有锯齿或缺刻状锯齿，叶柄、托叶和锯齿常有腺体；花常数朵着生在伞形、伞房状或短总状花序上，或1~2花生于叶腋内，常有花梗，花序基部有芽鳞宿存或有明显苞片，花瓣白色或粉红色，先端圆钝、微缺或深裂；核果成熟时肉质多汁，不开裂；核球形或卵球形，核面平滑或稍有皱纹。

东京樱花 *Cerasus yedoensis*（别称：日本樱花、樱花）

形态特征：乔木，高4~16 m，树皮灰色；小枝淡紫褐色，无毛，嫩枝绿色，被疏柔毛；冬芽卵圆形,无毛;叶片椭圆卵形或倒卵形,长 5~12 cm,宽 2.5~7 cm,先端渐尖或骤尾尖,基部圆形,稀楔形,边有尖锐重锯齿,齿端渐尖,有小腺体,上面深绿色,无毛,下面淡绿色,沿脉被稀疏柔毛,有侧脉 7~10 对;叶柄长 1.3~1.5 cm,密被柔毛,顶端有 1~2 个腺体或有时无腺体;**花序伞形总状,总梗极短**,有花 3~4 朵,**先叶开放**,花直径 3~3.5 cm;总苞片褐色,椭圆卵形,长 6~7 mm,宽 4~5 mm,两面被疏柔毛;苞片褐色,匙状长圆形,长约 5 mm,宽 2~3 mm,边有腺体;花梗长 2~2.5 cm,被短柔毛;萼筒管状,长 7~8 mm,宽约 3 mm,被疏柔毛;萼片三角状长卵形,长约 5 mm,先端渐尖,边有腺齿;**花瓣白色或粉红色,椭圆卵形,先端下凹**,全缘 2 裂;雄蕊约 32 枚,短于花瓣;花柱基部有疏柔毛;**核果近球形**,直径 0.7~1 cm,黑色,核表面略具棱纹。花期 4 月,果期 5 月。

主要分布:原产于日本,北京、西安、青岛、南京、南昌等城市庭园栽培。

生长习性:喜光、喜温、喜湿、喜肥的果树,适合在年均气温 10~12 ℃、年降水量 600~700 mm、年日照时数 2 600~2 800 h 以上的气候条件下生长。日平均气温高于 10 ℃的时间为 150~200 d,冬季极端最低温度不低于-20 ℃的地方都能生长良好,正常结果。若当地有霜害,樱桃园地可选择在春季温度上升缓慢,空气流通的西北坡。考虑到樱桃根系分布浅易风倒,园地以在不受风害地段为宜,土壤以土质疏松、土层深厚的沙壤土为佳。适宜在土层深厚、土质疏松、透气性好、保水力较强的沙壤土或砾质土壤中栽培。在土质黏重的土壤中栽培时,根系分布浅,不抗旱,不耐涝,也不抗风。

观赏特性及园林用途:东京樱花为著名的早春观赏树种,在开花时满树灿烂,但是花期很短,仅保持 1 周左右就凋谢。该种在日本栽培广泛,也是中国引种最多的种类,花期早,先叶开放,着花繁密,花色粉红,可孤植或群植于庭院、公园、草坪、湖边或居住小区等处,远观似一片云霞,绚丽多彩,也可以列植或和其他花灌木合理配置于道路两旁,或片植作专类园。

10.9.7 石楠属 *Photinia*

落叶或常绿乔木或灌木;冬芽小,具覆瓦状鳞片;叶互生,革质或纸质,多数有锯齿,稀全缘,有托叶;花两性,多数,成顶生伞形、伞房或复伞房花序,稀成聚伞花序;萼筒杯状、钟状或筒状,有短萼片 5;花瓣 5,开展,在芽中成覆瓦状或卷旋状排列;果实为 2~5 室小梨果,微肉质,成熟时不裂开,先端或 1/3 部分与萼筒分离,有宿存萼片,每室有 1~2 种子;种子直立。

石楠 *Photinia serrulata*(别称:千年红、扇骨木、笔树、将军梨、石楠柴等)

形态特征:常绿灌木或小乔木,高 4~6 m,有时可达 12 m;枝褐灰色,无毛;冬芽卵形,鳞片褐色,无毛;**叶片革质,长椭圆形、长倒卵形或倒卵状椭圆形**,长 9~22 cm,宽 3~6.5 cm,先端尾尖,基部圆形或宽楔形,边缘有疏生具腺细锯齿,近基部全缘,上面光亮,幼时中脉有绒毛,成熟后两面皆无毛,中脉显著,侧脉 25~30 对;叶柄粗壮,长 2~4 cm,幼时有绒毛,以后无毛;**复伞房花序顶生**,直径 10~16 cm;总花梗和花梗无毛,花梗长 3~5 mm;花密生,直径 6~8 mm;萼筒杯状,长约 1 mm,无毛;萼片阔三角形,长约 1 mm,先端急尖,无毛;花瓣白色,近圆形,直径 3~4 mm,内外两面皆无毛;雄蕊 20,外轮较花瓣长,内轮较花瓣短,花药带紫色;**果实球形**,直径 5~6 mm,**红色**,后成褐紫色,有 1 粒种子;种子卵形,长 2 mm,棕色,平滑。花期 4—5 月,果期 10 月。

主要分布:产于陕西、甘肃、河南、江苏、安徽、浙江、江西、湖南、湖北、福建、台湾、广东、广西、四川、云南、贵州。生于杂木林中，海拔 1 000~2 500 m。日本、印度尼西亚也有分布。

生长习性：喜光，稍耐阴，深根性，对土壤要求不严，但以肥沃、湿润、土层深厚、排水良好、微酸性的沙质土壤最为适宜。能耐短期-15 ℃的低温，喜温暖、湿润气候，在焦作、西安及山东等地能露地越冬。萌芽力强，耐修剪，对烟尘和有毒气体有一定的抗性。

观赏特性及园林用途：石楠枝繁叶茂，枝条能自然发展成圆形树冠，终年常绿。其叶片翠绿色，具光泽，早春幼枝嫩叶为紫红色，枝叶浓密，老叶经过秋季后部分出现赤红色，夏季密生白色花朵，秋后鲜红果实缀满枝头，鲜艳夺目，是一种观赏价值极高的常绿阔叶乔木，作为庭荫树或进行绿篱栽植效果更佳。根据园林绿化布局需要，可修剪成球形或圆锥形等不同的造型。在园林中孤植或基础栽植均可，丛栽使其形成低矮的灌木丛，可与金叶女贞、红叶小檗、扶芳藤等组成美丽的图案，获得赏心悦目的效果。

其他用途：石楠木材可制车轮及器具柄；种子榨油供制油漆、肥皂或润滑油用；可作枇杷的砧木；叶和根具有药用价值。

10.9.8 绣线菊属 *Spiraea*

落叶灌木，稀亚灌木；枝条开展；冬芽卵形，有数枚互生外露的鳞片；单叶互生，常成两行排列，边缘有重锯齿或分裂，常有显著托叶；顶生总状花序或圆锥花序，两性花，苞片早落；萼筒钟状至筒状，萼片 5，直立；花瓣 5，白色或粉红色，约与萼片等长；蓇葖果藏于宿存萼筒内，成熟时沿腹缝线开裂，内有种子数粒；种子倒卵球形，种皮有光泽，种脊突起，胚乳丰富。

绣线菊 *Spiraea salicifolia*（别称：柳叶绣线菊、空心柳、珍珠梅等）

形态特征：直立灌木，高达 2 m；小枝细弱，有棱角，红褐色，微被柔毛或近于无毛；冬芽卵形，先端稍钝，红褐色，有 2~4 枚外露的鳞片，边缘微被柔毛，在开花枝上叶腋间常 2~3 芽叠生；**叶片卵形至卵状椭圆形**，近花序叶片常呈卵状披针形，长 6~8.5 cm，宽 4~6 cm，先端长渐尖，基部圆形或近心形，通常基部 3 深裂，稀有不规则的 3~5 浅裂，边缘有尖锐重锯齿，下面沿叶脉有稀疏柔毛或近于无毛；叶柄长 1~1.5 cm，微被毛或近于无毛；**顶生圆锥花序**，直径 6~15.5 cm，花梗长约 3 mm，总花梗和花梗均微被柔毛；苞片小，卵状披针形，内外被毛；花直径约 4 mm；萼筒钟状，长 2~3 mm，外面微被短柔毛；萼片三角形，先端尾尖，约与萼筒等长，内外两面微被短柔毛；花瓣倒卵形，白色，长约 2 mm；雄蕊 10~15，花丝短，着生在萼筒边缘；**蓇葖果长圆形**，宿萼外面密被柔毛和稀疏长腺毛；种子 8~10，卵形，亮褐色，长约 1.5 mm。花期 7 月，果期 9—10 月。

主要分布：产于云南西北部（贡山）。印度、缅甸、尼泊尔、不丹、印度尼西亚均有分布。

生长习性：喜光，稍耐阴，抗寒，抗旱，喜温暖湿润的气候和深厚肥沃的土壤。萌蘖力和萌芽力均强，耐修剪。生长于河流沿岸、湿草原、空旷地和山沟中，海拔 200~900 m。

观赏特性及园林用途：绣线菊在园林中应用较为广泛，因其花期为夏季，是缺花季节，粉红色花朵十分美丽，给炎热的夏季带来些许柔情与凉爽，是庭院观赏的良好植物材料。

其他用途：绣线菊为良好的蜜源植物；植株具有药用价值。

10.9.9 火棘属 *Pyracantha*

常绿灌木或小乔木，常具枝刺；芽细小，被短柔毛；单叶互生，具短叶柄，边缘有圆钝锯齿、细锯齿或全缘;托叶细小,早落;花白色,呈复伞房花序;萼筒短,萼片 5;花瓣 5,近圆形,开展;梨果小,球形,顶端萼片宿存,内含小核 5 粒。

火棘 *Pyracantha fortuneana*(别称:火把果、救军粮、红子等)

形态特征:常绿灌木,高达 3 m;侧枝短,先端呈刺状,嫩枝外被锈色短柔毛,老枝暗褐色,无毛;芽小,外被短柔毛;**叶片倒卵形或倒卵状长圆形**,长 1.5~6 cm,宽 0.5~2 cm,先端圆钝或微凹,有时具短尖头,基部楔形,下延连于叶柄,边缘有钝锯齿,齿尖向内弯,近基部全缘,两面皆无毛;叶柄短,无毛或嫩时有柔毛;**花集成复伞房花序**,直径 3~4 cm,花梗和总花梗近于无毛,花梗长约 1 cm;花直径约 1 cm;萼筒钟状,无毛;萼片三角卵形,先端钝;花瓣白色,近圆形,长约 4 mm,宽约 3 mm;雄蕊 20,花丝长 3~4 mm,药黄色;**果实近球形**,直径约 5 mm,**橘红色或深红色**。花期 3—5 月,果期 8—11 月。

主要分布:产于陕西、河南、江苏、浙江、福建、湖北、湖南、广西、贵州、云南、四川、西藏。生于山地、丘陵地阳坡,灌丛,草地及河沟路旁,海拔 500~2 800 m。

生长习性:喜光,稍耐阴;耐贫瘠,抗干旱,对土壤要求不严,以排水良好、湿润、疏松的中性或微酸性壤土为好。不耐寒;黄河以南露地种植,华北需盆栽,塑料棚或低温温室越冬,温度可低至 0 ℃。

观赏特性及园林用途:适应性强,耐修剪,喜萌发,火棘作绿篱具有优势,红彤彤的火棘果使人在寒冷的冬天里有一种温暖的感觉。火棘作为球形布置可以采取拼栽、截枝、放枝及修剪整形的手法,错落有致地栽植于草坪之上,点缀于庭园深处,或者布置在道路两旁或中间绿化带,能起到绿化美化和醒目的作用。火棘耐修剪,主体枝干自然变化多端,是盆景和插花的优良材料。

其他用途:植株具有药用价值;果实可鲜食,也可加工成各种饮料。

10.9.10 棣棠花属 *Kerria*

灌木,小枝细长,冬芽具数个鳞片;单叶,互生,具重锯齿;花两性,大而单生;萼筒短,碟形,萼片 5,覆瓦状排列;花瓣黄色,长圆形或近圆形,具短爪;瘦果侧扁,无毛。

棣棠花 *Kerria japonica*(别称:鸡蛋黄花、土黄条等)

形态特征:落叶灌木,高 1~2 m,稀达 3 m;小枝绿色,圆柱形,无毛,**常拱垂**,嫩枝有棱角;叶互生,三角状卵形或卵圆形,顶端长渐尖,基部圆形、截形或微心形,边缘有尖锐重锯齿,两面绿色,上面无毛或有稀疏柔毛,下面沿脉或脉腋有柔毛;叶柄长 5~10 mm,无毛;单花,着生在当年生侧枝顶端,花梗无毛;花直径 2.5~6 cm;萼片卵状椭圆形,顶端急尖,有小尖头,全缘,无毛,果时宿存;**花瓣黄色**,宽椭圆形,顶端下凹,比萼片长 1~4 倍;**瘦果倒卵形至半球形**,褐色或黑褐色,表面无毛,有皱褶。花期 4—6 月,果期 6—8 月。

主要分布:产于甘肃、陕西、山东、河南、湖北、江苏、安徽、浙江、福建、江西、湖南、四川、贵州、云南。生山坡灌丛中,海拔 200~3 000 m。日本也有分布。

生长习性:喜温暖湿润和半阴环境,耐寒性较差,对土壤要求不严,以肥沃、疏松的壤土生长最好。

观赏特性及园林用途：棣棠花枝叶翠绿细柔，金花满树，别具风姿，可栽在墙隅及管道旁，有遮蔽之效。宜作花篱、花径，群植于常绿树丛之前、古木之侧、山石缝隙之中或池畔、水边、溪流及湖沼沿岸成片栽种，均甚相宜。若配植疏林草地或山坡林下，则尤为雅致，野趣盎然，盆栽观赏也可。

其他用途：棣棠花具有药用价值。

10.10 木兰科 Magnoliaceae

木本；单叶，互生、簇生或近轮生；花顶生、腋生、罕成为 2~3 朵的聚伞花序，花被片通常花瓣状；雄蕊多数，虫媒传粉，胚珠着生于腹缝线，胚小、胚乳丰富。

本科 18 属约 335 种，主要分布于亚洲东南部、南部、北部，北美东南部，中美、南美北部及中部较少。我国有 14 属约 165 种，主要分布于我国东南部至西南部，渐向东北及西北而渐少。

木兰科植物是研究被子植物起源、发育、进化不可缺少的珍贵材料，科学研究价值极高。木兰科植物虽然种类繁多、种质资源丰富，但由于屡遭滥伐和剥皮破坏，以及自身繁殖能力衰退等因素影响，有不少种类已处于渐危、濒危和极危的状态。现被列为国家重点保护的树种共 39 种，其中，属于渐危种的有鹅掌楸、西藏含笑和观光木等 13 种；属于濒危种的有厚朴、锈毛木莲和蛾眉含笑等 23 种；极危种包括华盖木、宝华玉兰和蛾眉拟单性木兰 3 种。因其姿色香韵优美宜人，木兰科植物更是园林绿化树种的宝库，园林植物造景常用的种有白玉兰、紫玉兰、广玉兰、含笑、白兰花、黄兰、鹅掌楸等。

10.10.1 木兰属 *Magnolia*

乔木或灌木，树皮通常灰色，光滑，或有时粗糙具深沟，通常落叶，少数常绿；小枝具环状的托叶痕；芽有二型：营养芽（枝、叶芽）腋生或顶生，具芽鳞 2，膜质，镊合状合成盔状托叶，包裹着次一幼叶和生长点，与叶柄连生，混合芽顶生（枝、叶及花芽）具 1 至数枚次第脱落的佛焰苞状苞片，包着 1 至数个节间，每节间有 1 腋生的营养芽，末端 2 节膨大，顶生着较大的花蕾；花柄上有数个环状苞片脱落痕；叶膜质或厚纸质，互生，有时密集成假轮生，全缘，稀先端 2 浅裂；托叶膜质，贴生于叶柄，在叶柄上留有托叶痕，幼叶在芽中直立；花通常芳香，大而美丽，单生枝顶，很少 2~3 朵顶生，两性，落叶种类在发叶前开放或与叶同时开放；花被片白色、粉红色或紫红色，很少黄色，9~21(45)片，每轮 3~5 片，近相等，有时外轮花被片较小，带绿色或黄褐色，呈萼片状；聚合果成熟时通常为长圆状圆柱形、卵状圆柱形或长圆状卵圆形，常因心皮不育而偏斜弯曲；成熟蓇葖革质或近木质，互相分离，很少互相连合，沿背缝线开裂。

1）玉兰 *Magnolia denudate*（别称：白玉兰、木兰、望春、应春花、玉堂春等）

形态特征：落叶乔木，高达 25 m，胸径 1 m，枝广展形成宽阔的树冠；树皮深灰色，粗糙开裂；小枝稍粗壮，灰褐色；冬芽及花梗密被淡灰黄色长绢毛；**叶纸质，倒卵形、宽倒卵形或倒卵状椭圆形**，基部徒长枝叶椭圆形，长 10~15(18)cm，宽 6~10 (12)cm，先端宽圆、平截或稍凹，具短突尖，中部以下渐狭成楔形，叶上深绿色，嫩时被柔毛，后仅中脉及侧脉留有柔毛，下面淡绿色,沿脉上被柔毛,侧脉每边 8~10 条,网脉明显;叶柄长 1~2.5 cm,被柔毛,上面具狭纵沟;托叶痕为叶柄长的 1/4~1/3;花蕾卵圆形,**花先叶开放,直立,芳香**,直径 10~16 cm;花梗显著膨大,密被淡黄色长绢毛;花被片 9 片,**白色**,基部常带粉红色,近相似,长圆状倒卵形,长 6~8(10)cm,宽 2.5~4.5(6.5)cm;**聚合果圆柱形**(在庭园栽培种常因部分心皮不育而弯曲),长 12~15 cm,直径 3.5~5 cm;蓇葖厚木质,褐色,具白色皮孔。花期 2—3 月(也常于 7—9 月再开一次花),果期 8—9 月。

主要分布:产于江西(庐山)、浙江(天目山)、湖南(衡山)、贵州。生于海拔 500~1 000 m 的林中。

生长习性:性喜光,较耐寒,可露地越冬。爱干燥,忌低湿,栽植地渍水易烂根。喜肥沃、排水良好而带微酸性的沙质土壤,在弱碱性的土壤中也可生长。在气温较高的南方,12 月至翌年 1 月即可开花。玉兰花对有害气体的抗性较强。如将此花栽在有二氧化硫和氯气污染的工厂中,具有一定的抗性和吸硫的能力。

观赏特性及园林用途:早春时分,玉兰先叶开放,洁白美丽,为驰名中外的庭园观赏树种,同时因为对有害气体抗性强,所以玉兰是大气污染地区很好的防污染绿化树种。

其他用途:玉兰具有药用价值;植株材质优良,可供家具、图板、细木工等用;花可提取配制香精或制浸膏;花被片食用或用以熏茶;种子榨油供工业用。

2)紫玉兰 *Magnolia liliflora*(别称:辛夷、木笔等)

形态特征:落叶灌木,高达 3 m,常丛生,树皮灰褐色,小枝绿紫色或淡褐紫色;叶椭圆状倒卵形或倒卵形,长 8~18 cm,宽 3~10 cm,先端急尖或渐尖,基部渐狭沿叶柄下延至托叶痕,上面深绿色,幼嫩时疏生短柔毛,下面灰绿色,沿脉有短柔毛;侧脉每边 8~10 条,叶柄长 8~20 mm,托叶痕约为叶柄长之半;**花蕾卵圆形,被淡黄色绢毛;花叶同时开放**,瓶形,直立于粗壮、被毛的花梗上,稍有香气;花被片 9~12,外轮 3 片萼片状,紫绿色,披针形,长 2~3.5 cm,常早落,内 2 轮肉质,**外面紫色或紫红色,内面带白色**,花瓣状,椭圆状倒卵形,长 8~10 cm,宽 3~4.5 cm;雄蕊紫红色,长 8~10 mm,花药长约 7 mm,侧向开裂,药隔伸出成短尖头;雌蕊群长约 1.5 cm,淡紫色,无毛;聚合果深紫褐色,变褐色,圆柱形,长 7~10 cm;成熟蓇葖近圆球形,顶端具短喙。花期 3—4 月,果期 8—9 月。

主要分布:产于福建、湖北、四川、云南西北部。生于海拔 300~1 600 m 的山坡林缘。

生长习性:喜温暖湿润和阳光充足的环境,较耐寒,但不耐旱和盐碱,怕水淹,要求肥沃、排水好的沙壤土。

观赏特性及园林用途:紫玉兰是著名的早春观赏花木,早春开花时,满树紫红色花朵,幽姿淑态,别具风情,适用于古典园林中厅前院后配植,也可孤植或散植于小庭院内。

其他用途:紫玉兰的树皮、叶、花蕾均可入药;也作玉兰、白兰等木兰科植物的嫁接砧木。

3)荷花玉兰 *Magnolia grandiflora*(别称:广玉兰、洋木兰)

形态特征:常绿乔木,在原产地高达 30 m;树皮淡褐色或灰色,薄鳞片状开裂;**小枝、芽、叶下面,叶柄、均密被褐色或灰褐色短绒毛**(幼树的叶下面无毛);**叶厚革质,椭圆形、长圆状椭圆形或倒卵状椭圆形**,长 10~20 cm,宽 4~7(10)cm,先端钝或短钝尖,基部楔形,叶面深绿色,有光泽;侧脉每边 8~10 条;**花白色,有芳香,**直径 15~20 cm;花被片 9~12,厚肉质,倒卵形,长 6~10 cm,宽 5~7 cm;雄蕊长约 2 cm,花丝扁平,紫色,花药内向,药隔伸出成短尖;雌蕊群椭圆体形,密被长绒毛;花柱呈卷曲状;**聚合果圆柱状长圆形或卵圆形,**长 7~10 cm,径 4~5 cm,密被褐色或淡灰黄色绒毛;蓇葖背裂,背面圆,顶端外侧具长喙。花期 5—6 月,果期 9—10 月。

主要分布:原产于北美洲东南部。我国长江流域以南各城市有栽培,兰州及北京公园也有栽培。

生长习性:弱阳性,喜温暖湿润气候,抗污染,不耐碱土。幼苗期颇耐阴。喜温暖、湿润气候。较耐寒,能经受短期的-19 ℃低温。在肥沃、深厚、湿润而排水良好的酸性或中性土壤中生长良好。根系深广,颇能抗风。病虫害少。生长速度中等,实生苗生长缓慢,10 年后生长逐渐加快。

观赏特性及园林用途:荷花玉兰树姿雄伟壮丽,叶大荫浓,花似荷花,芳香馥郁,为美丽的园林绿化观赏树种,可作园景、行道树、庭荫树,宜孤植、丛植或成排种植。此外,荷花玉兰还能耐烟抗风,对二氧化硫等有毒气体有较强的抗性,故又是净化空气、保护环境的好树种。

其他用途:荷花玉兰木材可供装饰材用;叶、幼枝和花可提取芳香油;花制浸膏用;叶入药治高血压;种子可榨油。

10.10.2 木莲属 *Manglietia*

常绿乔木;叶革质,全缘,幼叶在芽中对折;托叶包着幼芽,下部贴生于叶柄,在叶柄上留有或长或短的托叶痕;花单生枝顶,两性,花被片通常 9~13,3 片 1 轮,大小近相等,外轮 3 片常较薄而坚,近革质,常带绿色或红色,雌蕊群无柄;聚合果紧密,球形、卵状球形、圆柱形、卵圆形或长圆状卵形,成熟蓇葖近木质,或厚木质。

木莲 *Manglietia fordiana*(别称:黄心树、木莲果)

形态特征:乔木,高达 20 m,**嫩枝及芽有红褐短毛,**后脱落无毛;**叶革质、狭倒卵形、狭椭圆状倒卵形,或倒披针形,**长 8~17 cm,宽 2.5~5.5 cm;**先端短急尖,通常尖头钝,**基部楔形,沿叶柄稍下延,边缘稍内卷,**下面疏生红褐色短毛;**侧脉每边 8~12 条;叶柄长 1~3 cm,基部稍膨大;托叶痕半椭圆形,长 3~4 mm;总花梗长 6~11 mm,径 6~10 mm,具 1 环状苞片脱落痕,被红褐色短柔毛;**花被片纯白色,**每轮 3 片,外轮 3 片质较薄,近革质,凹入,长圆状椭圆形,长 6~7 cm,宽 3~4 cm,内 2 轮的稍小,常肉质,倒卵形,长 5~6 cm,宽 2~3 cm;**聚合果褐色,**卵球形,长 2~5 cm,蓇葖露出面有粗点状凸起;种子红色。花期 5 月,果期 10 月。

主要分布:产于福建、广东、广西、贵州、云南。生于海拔 1 200 m 的花岗岩、沙质岩山地丘陵。

生长习性:幼年耐阴,成长后喜光。喜温暖湿润气候及深厚肥沃、排水良好的酸性土。

观赏特性及园林用途:木莲树冠浑圆,枝叶并茂,绿荫如盖,典雅清秀,初夏盛开玉色花朵,秀丽动人。于草坪、庭园或名胜古迹处孤植、群植,能起到绿荫庇夏,寒冬如春的功效。

其他用途:木莲木材可供板料、细工用材等;树皮、果实具有药用价值。

10.10.3 含笑属 *Michelia*

常绿乔木或灌木;叶革质,单叶,互生,全缘;托叶膜质,盔帽状,两瓣裂,与叶柄贴生或离生,脱落后,小枝具环状托叶痕;幼叶在芽中直立、对折;花蕾单生于叶腋,具2~4枚次第脱落的,被佛焰苞状苞片所包裹,花梗上有与佛焰苞状苞片同数的环状的苞片脱落痕;很少一花蕾内包裹的不同节上有2~3个花蕾,形成2~3朵花的聚伞花序;花两性,通常芳香,花被片6~21片,3或6片1轮,近相似,或很少外轮远较小,雌蕊群有柄;聚合果为离心皮果,常因部分蓇葖不发育形成疏松的穗状聚合果;成熟蓇葖革质或木质,全部宿存于果轴;种子2至数颗,红色或褐色。

1)含笑花 *Michelia figo*(别称:含笑)

形态特征:常绿灌木,高2~3 m,树皮灰褐色,分枝繁密;**芽、嫩枝、叶柄、花梗均密被黄褐色绒毛;**叶革质,狭椭圆形或倒卵状椭圆形,长4~10 cm,宽1.8~4.5 cm,先端钝短尖,基部楔形或阔楔形,上面有光泽,无毛,下面中脉上留有褐色平伏毛,余脱落无毛,叶柄长2~4 mm,托叶痕长达叶柄顶端;花直立,长12~20 mm,宽6~11 mm,淡黄色而边缘有时红色或紫色,**具甜浓的芳香,**花被片6,肉质,较肥厚,长椭圆形,长12~20 mm,宽6~11 mm;雄蕊长7~8 mm,雌蕊群无毛,长约7 mm,超出于雄蕊群;雌蕊群柄长约6 mm,被淡黄色绒毛;**聚合果**长2~3.5 cm;蓇葖卵圆形或球形。花期3—5月,果期7—8月。

主要分布:原产于华南南部各省区,广东鼎湖山有野生,现广植于中国各地。

生长习性:暖地木本花灌木,不甚耐寒,长江以南背风向阳处能露地越冬。不耐干燥瘠薄,但也怕积水,要求排水良好、肥沃的微酸性壤土,中性土壤也能适应。含笑喜肥,性喜半阴,在弱阴下最利生长,忌强烈阳光直射,夏季要注意遮阴。秋末霜前移入温室,在10 ℃左右温度下越冬。

观赏特性及园林用途:该种为著名的香花植物,以盆栽为主,庭园造景次之。在园艺用途上主要是栽植2~3 m的小型含笑花灌木,供观赏。

其他用途:含笑具有药用和美容保健价值。

2)白兰 *Michelia alba*(别称:白兰花、白玉兰)

形态特征:常绿乔木,高达17 m,**枝广展,呈阔伞形树冠;**胸径30 cm;树皮灰色;**揉枝叶有芳香;**嫩枝及芽密被淡黄白色微柔毛,老时毛渐脱落;叶薄革质,长椭圆形或披针状椭圆形,长10~27 cm,宽4~9.5 cm,先端长渐尖或尾状渐尖,基部楔形,上面无毛,下面疏生微柔毛,干时两面网脉均很明显;叶柄长1.5~2 cm,疏被微柔毛;托叶痕几达叶柄中部;**花白色,极香;**花被片10片,披针形,长3~4 cm,宽3~5 mm;雄蕊的药隔伸出长尖头;雌蕊群被微柔毛,雌蕊群柄长约4 mm;**蓇葖熟时鲜红色。**花期4—9月,夏季盛开,通常不结实。

主要分布:原产于印度尼西亚爪哇岛,现广植于东南亚。我国福建、广东、广西、云南等省区栽培极盛,长江流域各省区多盆栽,在温室越冬。

生长习性:性喜光照,怕高温,不耐寒,适合于微酸性土壤。喜温暖湿润,不耐干旱和水涝,对二氧化硫、氯气等有毒气体比较敏感,抗性差。

观赏特性及园林用途:白兰花株形直立,花洁白清香,夏秋间开放,花期长,叶色浓绿,为著名的庭园观赏树种,多栽为行道树,在南方可露地庭院栽培,是南方园林中的骨干树种,北方多采用盆栽,可布置庭院、厅堂、会议室,中小型植株可陈设于客厅、书房。

其他用途:花可提取香精或熏茶,也可提制浸膏供药用。

3)黄兰 *Michelia champaca*(别称:黄玉兰、黄缅桂、黄葛兰等)

形态特征:常绿乔木,高达 10 余米;**枝斜上展,呈狭伞形树冠;芽、嫩枝、嫩叶和叶柄均被淡黄色的平伏柔毛;**叶薄革质,披针状卵形或披针状长椭圆形,长 10~20(25)cm,宽 4.5~9 cm,先端长渐尖或近尾状,基部阔楔形或楔形,下面稍被微柔毛;叶柄长 2~4 cm,托叶痕长达叶柄中部以上;**花黄色,极香,**花被片 15~20 片,倒披针形,长 3~4 cm,宽 4~5 mm;雄蕊的药隔伸出成长尖头;雌蕊群具毛;雌蕊群柄长约 3 mm;聚合果长 7~15 cm;蓇葖倒卵状长圆形,长 1~1.5 cm,有疣状凸起;种子 2~4 枚,有皱纹。花期 6—7 月,果期 9—10 月。

主要分布:产于西藏东南部、云南南部及西南部;福建、台湾、广东、海南、广西有栽培,长江流域各地盆栽,北方需温室过冬。印度、尼泊尔、缅甸、越南也有分布。

生长习性:阳性,要求阳光充足,喜暖热湿润,喜酸性土,不耐碱土,不耐干旱,忌过于潮湿,尤忌积水。不耐寒,冬季室内最低温度应保持在 5 ℃以上。宜排水良好、疏松肥沃的微酸性土壤。抗烟能力差。

观赏特性及园林用途:花芳香浓郁,树形美丽,为著名的观赏树种,对有毒气体抗性较强,现广植于亚洲热带地区。

其他用途:黄兰花可提取芳香油或用于薰茶,也可浸膏入药;叶可供调制香料用;木材为造船、家具的珍贵用材。

10.10.4 鹅掌楸属 *Liriodendron*

落叶乔木,树皮灰白色,纵裂小块状脱落;小枝具分隔的髓心;冬芽卵形,为两片黏合的托叶所包围,幼叶在芽中对折,向下弯垂;叶互生,具长柄,托叶与叶柄离生,叶片先端平截或微凹,近基部具 1 对或二列侧裂;花无香气,单生枝顶,与叶同时开放,两性,花被片 9~17,3 片 1 轮,近相等;雌蕊群无柄;聚合果纺锤状,成熟心皮木质,种皮与内果皮愈合,顶端延伸成翅状,成熟时自花托脱落,花托宿存;种子 1~2 颗。本属 2 种。我国 1 种,北美 1 种。

鹅掌楸 *Liriodendron chinense*

形态特征:乔木,高达 40 m,胸径 1 m 以上,小枝灰色或灰褐色;**叶马褂状,**长 4~12(18)cm,近基部每边具 1 侧裂片,**先端具 2 浅裂,**下面苍白色,叶柄长 4~8(16)cm;**花杯状,**花被片 9,**外轮 3 片绿色,**萼片状,向外弯垂,内 2 轮 6 片、直立,花瓣状、倒卵形,长 3~4 cm,**绿色,具黄色纵条纹,**花药长 10~16 mm,花丝长 5~6 mm,花期时雌蕊群超出花被之上;聚合果长 7~9 cm,具翅的小坚果长约 6 mm。花期 5 月,果期 9—10 月。

主要分布:产于陕西(镇巴)、安徽(歙县、休宁、舒城、岳西、潜山、霍山)、浙江(龙泉、遂昌、松阳)、江西(庐山)、福建(武夷山)、湖北(房县、巴东、建始、利川)、湖南(桑植、新宁)、广西(融水、临桂、龙胜、兴安、资源、灌阳、华江)、重庆(万州、秀山、南川)、四川(万源、叙永、古蔺、锡连)、贵州(绥阳、息峰、黎平)、云南(彝良、大关、富宁、金平、麻栗坡),台湾有栽培。生于海拔900~1 000 m的山地林中。越南北部也有分布。

生长习性:喜光及温和湿润气候,有一定的耐寒性,喜深厚肥沃、适湿而排水良好的酸性或微酸性土壤(pH4.5~6.5),在干旱土地上生长不良,也忌低湿水涝。通常生于海拔900~1 000 m的山地林中或林缘,呈星散分布,也有组成小片纯林。种子生命弱,发芽率低,是濒危树种之一。

观赏特性及园林用途:鹅掌楸树形雄伟,叶形奇特优雅,花大而美丽,为世界珍贵树种之一,17世纪从北美引种到英国,其黄色花朵形似杯状的郁金香,欧洲人称之为"郁金香树",是城市中极佳的行道树、庭荫树种,无论丛植、列植或片植于草坪、公园入口处,均有独特的景观效果,对有害气体的抵抗性较强,也是工矿区绿化的优良树种之一。

其他用途:鹅掌楸为古老的遗植物,对古植物学系统学有重要科研价值;树皮入药;木材可供作家具、建筑用材。

10.11 蜡梅科 Calycanthaceae

落叶或常绿灌木;小枝四方形至近圆柱形;鳞芽或芽无鳞片而被叶柄的基部所包围;单叶对生,全缘或近全缘,羽状脉,有叶柄;无托叶;花两性,辐射对称,单生于侧枝的顶端或腋生,通常芳香,黄色、黄白色或褐红色或粉红白色,先叶开放,花梗短,花被片多数,未明显地分化成花萼和花瓣,呈螺旋状着生于杯状的花托外围,花被片形状各式,最外轮的似苞片,内轮的呈花瓣状;聚合瘦果着生于坛状的果托之中,瘦果内有种子1颗。

本科2属7种,分布于亚洲东部和美洲北部。我国有2属4种,分布于山东、江苏、安徽、浙江、江西、福建、湖北、湖南、广东、广西、云南、贵州、四川、陕西等省区。蜡梅是园林植物造景常用的品种。

蜡梅属 *Chimonanthus*

直立灌木;小枝四方形至近圆柱形;叶对生,落叶或常绿,纸质或近革质,叶面粗糙;羽状脉,有叶柄;鳞芽裸露;花腋生,芳香,直径0.7~4 cm;花被片15~25,黄色或黄白色,有紫红色条纹,膜质;果托坛状,被短柔毛;瘦果长圆形,内有种子1个。

蜡梅 *Chimonanthus praecox*(别称:腊梅、蜡花、蜡木、素蜡梅、金黄茶等)

形态特征:落叶灌木,高达4 m;幼枝四方形,老枝近圆柱形,灰褐色,无毛或被疏微毛,有皮孔;鳞芽通常着生于第二年生的枝条叶腋内,芽鳞片近圆形,覆瓦状排列,外面被短柔毛;**叶纸质至近革质,卵圆形、椭圆形、宽椭圆形至卵状椭圆形**,有时长圆状披针形,长5~25 cm,宽2~8 cm,顶端急尖至渐尖,有时具尾尖,基部急尖至圆形,除叶背脉上被疏微毛外无毛;花着生于第二年生枝条叶腋内,**先花后叶,芳香**,直径2~4 cm;花被片圆形、长圆形、倒卵形、椭圆形或匙形,长5~20 mm,宽5~15 mm,无毛,内部花被片比外部花被片短,基部有爪;雄蕊长4 mm,花丝比花药长或等长,花药向内弯,无毛,退化雄蕊长3 mm;果托近木质化,**坛状或倒卵状椭圆形**,长2~5 cm,直径1~2.5 cm,口部收缩,并具有钻状披针形的被毛附生物。花期11

月至翌年3月,果期4—11月。

主要分布:野生于山东、江苏、安徽、浙江、福建、江西、湖南、湖北、河南、陕西、四川、贵州、云南等省,广西、广东等省区均有栽培。生于山地林中。日本、朝鲜和欧洲、美洲均有引种栽培。

生长习性:性喜阳光,能耐阴、耐寒、耐旱,忌渍水。怕风,较耐寒,在不低于-15 ℃时能安全越冬,北京以南地区可露地栽培,花期遇-10 ℃低温,花朵受冻害。好生于土层深厚、肥沃、疏松、排水良好的微酸性沙壤土中,在盐碱地上生长不良。

观赏特性及园林用途:蜡梅花在霜雪寒天傲然开放,花黄似蜡,浓香扑鼻,适于庭院栽植,又适作古桩盆景和插花与造型艺术,是冬季主要的观赏花木。该种广泛地被应用于城乡园林建设,常见的配植方式有:片状栽植、主景配置、混栽配置、漏窗透景、岩石、假山配置。蜡梅在百花凋零的隆冬绽蕾,斗寒傲霜,表现了中华民族在强暴面前永不屈服的性格,给人以精神的启迪、美的享受。

其他用途:蜡梅的花是制高级花茶的香花之一;植株含有大量有效成分,具有药用价值。

10.12 樟科 Lauraceae

常绿或落叶,乔木或灌木,仅有无根藤属为缠绕性寄生草本;树皮通常曲芳香;木材坚硬,细致,通常黄色;鳞芽或裸芽;单叶,具柄,通常革质,有时为膜质或坚纸质,全缘,极少有分裂,羽状脉,上面具光泽,下面常为粉绿色;花序有限,圆锥状、总状或小头状或假伞形花序;花通常小,白或绿白色,有时黄色,有时淡红而花后转红,通常芳香,花被片开花时平展或常近闭合;花两性或由于败育而成单性,雌雄同株或异株,辐射对称,通常3基数,也有2基数;花被筒辐射状、漏斗形或坛形,花被裂片6或4呈2轮排列,或为9而呈3轮排列,等大或外轮花被片较小,互生,脱落或宿存花后有时坚硬;花被筒或脱落或呈一果托包围果实的基部,也有果实或完全包藏于花被筒内或子房与花被筒贴生而形成下位子房的;雄蕊着生于花被筒喉部;果为浆果或核果,小至很大,外果皮肉质、菲薄或厚。

本科约45属2 000~2 500种,产于热带及亚热带地区,分布中心在东南亚及巴西。我国约有20属423种,大多数种分布集中在长江以南各省区,只有少数落叶种类分布较北。园林植物造景常用的种有香樟、天竺桂、楠木等。

10.12.1 樟属 *Cinnamomum*

常绿乔木或灌木;树皮、小枝和叶极芳香;芽裸露或具鳞片;叶互生、近对生或对生,有时聚生于枝顶,革质,离基3出脉或3出脉,也有羽状脉;花小或中等大,黄色或白色,两性,稀为杂性,组成腋生或近顶生、顶生的圆锥花序;花被筒短,杯状或钟状,裂片6;有果托,杯状、钟状或圆锥状。

1)樟 *Cinnamomum camphora*(别称:香樟、芳樟、油樟、乌樟等)

形态特征:常绿大乔木,高可达30 m,直径可达3 m,树冠广卵形;枝、叶及木材均有樟脑气味;树皮黄褐色,有不规则的纵裂;顶芽广卵形或圆球形,鳞片宽卵形或近圆形,外面略被绢状毛;枝条圆柱形,淡褐色,无毛;叶互生,卵状椭圆形,长6~12 cm,宽2.5~5.5 cm,先端急尖,基部宽楔形至近圆形,边缘全缘,软骨质,**有时呈微波状,上面绿色或黄绿色,有光泽,下面黄绿色或灰绿色,晦暗**,两面无毛或下面幼时略被微柔毛,具离基3出脉,有时过渡到基部具不显的五脉,中脉两面明显;**圆锥花序腋生**,长3.5~7 cm,具梗,总梗长2.5~4.5 cm,与各级序轴均无毛或被灰白至黄褐色微柔毛,被毛时往往在节上尤为明显;花绿白或带黄色,长约3 mm;花梗长1~2 mm,无毛;花被外面无毛或被微柔毛,内面密被短柔毛,花被筒倒锥形,长约1 mm,花被裂片椭圆形,长约2 mm;果卵球形或近球形,直径6~8 mm,**紫黑色**;果托杯状,长约5 mm,顶端截平,宽达4 mm,基部宽约1 mm,具纵向沟纹。花期4—5月,果期8—11月。

主要分布:产于南方及西南各省区。常生于山坡或沟谷中。越南、朝鲜、日本也有分布,其他各国常有引种栽培。

生长习性:常生于山坡或沟谷中,喜微润地土,丰腐殖质黑土或微酸性至中性沙壤土。

观赏特性及园林用途:樟树是江南民间及寺庙喜种的传统风水树和景观树,湖南是樟树主产区之一,大量种植为行道树、风景树和风水树,益阳、长沙、衡阳、金华、台州、乐清、温岭、兰溪、义乌、绵阳等城市均已将其选为市树。

其他用途:木材及根、枝、叶可提取樟脑和樟油,供医药及香料工业用;果核可榨油,供工业用;根、果、枝和叶入药;木材为造船、橱箱和建筑等用材。

2)天竺桂 *Cinnamomum japonicum*(别称:竺香、山肉桂、土桂、山玉桂)

形态特征:常绿乔木,高10~15 m,胸径30~35 cm;枝条细弱,圆柱形,极无毛,红色或红褐色,**具香气**;叶近对生或在枝条上部者互生,卵圆状长圆形至长圆状披针形,长7~10 cm,宽3~3.5 cm,先端锐尖至渐尖,基部宽楔形或钝形,**革质,上面绿色,光亮,下面灰绿色,晦暗**,两面无毛,离基3出脉,中脉直贯叶端,在叶片上部有少数支脉;叶柄粗壮,腹凹背凸,红褐色,无毛;**圆锥花序腋生**,长3~4.5(10)cm,总梗长1.5~3 cm,与长5~7 mm的花梗均无毛,末端为3~5花的聚伞花序,花长约4.5 mm;花被筒倒锥形,短小,长1.5 mm,花被裂片6,卵圆形,长约3 mm,宽约2 mm,先端锐尖,外面无毛,内面被柔毛;能育雄蕊9,内藏,花药长约1 mm,卵圆状椭圆形,先端钝;花柱稍长于子房,柱头盘状;**果长圆形**,长7 mm,宽达5 mm,无毛;果托浅杯状,顶部极开张,宽达5 mm,边缘极全缘或具浅圆齿,基部骤然收缩成细长的果梗。花期4—5月,果期7—9月。

主要分布:产于江苏、浙江、安徽、江西、福建及台湾。生于低山或近海的常绿阔叶林中,海拔300~1 000 m或以下。朝鲜、日本也有。

生长习性:中性树种,幼年期耐阴,喜温暖湿润气候,在排水良好的微酸性土壤上生长最好,中性土壤也能适应,平原引种应注意幼年期庇荫和防寒,在排水不良之处不宜种植,对二氧化硫抗性强。

观赏特性及园林用途:天竺桂长势强,树冠扩展快,并能露地过冬,加上树姿优美,抗污染,观赏价值高,病虫害很少的特点,常被用作行道树或庭园树种栽培,同时也用作造林栽培。

其他用途:天竺桂枝叶及树皮可提取芳香油,供制各种香精及香料的原料;果核可供制肥皂及润滑油;木材可供建筑、造船、桥梁、车辆及家具等用;根、树皮(桂皮)、枝叶具有药用价值。

10.12.2 **楠属** *Phoebe*

常绿乔木或灌木;叶通常聚生枝顶,互生,羽状脉;花两性,聚伞状圆锥花序或近总状花序,生于当年生枝中、下部叶腋,少为顶生,花被裂片6;果卵珠形、椭圆形及球形,少为长圆形,基部为宿存花被片所包围;果梗不增粗或明显增粗。

楠木 *Phoebe zhennan*(别称:桢楠、雅楠)

形态特征:大乔木,高达30余米,**树干通直;**芽鳞被灰黄色贴伏长毛;小枝通常较细,有棱或近于圆柱形,**被灰黄色或灰褐色长柔毛或短柔毛;叶革质,椭圆形,**少为披针形或倒披针形,长7~11(13)cm,宽2.5~4 cm,先端渐尖,尖头直或呈镰状,基部楔形,最末端钝或尖,上面光亮无毛或沿中脉下半部有柔毛,下面密被短柔毛;**聚伞状圆锥花序十分开展,**被毛,长(6)7.5~12 cm,纤细,在中部以上分枝,最下部分枝通常长2.5~4 cm,每伞形花序有花3~6朵,一般为5朵;花中等大,长3~4 mm,花梗与花等长;花被片近等大,长3~3.5 mm,宽2~2.5 mm,外轮卵形,内轮卵状长圆形,先端钝,两面被灰黄色长或短柔毛,内面较密;第一、二轮花丝长约2 mm,第三轮长2.3 mm,均被毛,第三轮花丝基部的腺体无柄,退化雄蕊三角形,具柄,被毛;**果椭圆形,**长1.1~1.4 cm,直径6~7 mm;果梗微增粗。花期4—5月,果期9—10月。

主要分布:产于湖北西部、贵州西北部及四川。

生长习性:野生楠木多见于海拔1 500 m以下的阔叶林中,楠木喜湿耐阴,立地条件要求较高,造林地以选择土层深厚、肥润的山坡、山谷冲积地为宜。

观赏特性及园林用途:适宜丛植,塑造古香古色的气氛,也可用作列植。

其他用途:楠木是中国特有的珍贵木材,属国家二级保护植物;植株具有药用价值。

10.13 **虎耳草科** Saxifrageaceae

草本(通常为多年生)、灌木、小乔木或藤本;单叶或复叶,互生或对生,一般无托叶;通常为聚伞状、圆锥状或总状花序,稀单花;花两性,稀单性;花被片4~5基数,稀6~10基数,一般离生;蒴果,浆果,小膏葖果或核果。

本科约含80属1 200种,分布极广,几遍全球,主产于温带。我国有28属约500种,南北均产,主产于西南,其中独根草属 *Oresitrophe Bunge* 为我国特有。粉团花、八仙花、太平花、西南绣球、草绣球、黄山梅、大刺茶藨、冠盖藤等种为园林植物造景常用种。

绣球属 *Hydrangea*

常绿乔木或灌木;叶通常聚生枝顶,互生,羽状脉;花两性,聚伞状圆锥花序或近总状花序,生于当年生枝中、下部叶腋,少为顶生,花被裂片6;果卵珠形、椭圆形及球形,少为长圆形。

绣球 *Hydrangea macrophylla*(别称:八仙花、紫绣球、粉团花、八仙绣球)

形态特征:灌木,高1~4 m;茎常于基部发出多数放射枝而形成**一圆形灌丛;**枝圆柱形,粗壮，紫灰色至淡灰色，无毛，具少数长形皮孔；**叶纸质或近革质，倒卵形或阔椭圆形**，长 6~15 cm，宽 4~11.5 cm，先端骤尖，具短尖头，基部钝圆或阔楔形，边缘于基部以上具粗齿，两面无毛或仅下面中脉两侧被稀疏卷曲短柔毛，脉腋间常具少许髯毛；侧脉 6~8 对，直；**伞房状聚伞花序近球形**，直径 8~20 cm，具短的总花梗，分枝粗壮，近等长，密被紧贴短柔毛，花密集，多数不育；不育花萼片 4，阔物卵形、近圆形或阔卵形，长 1.4~2.4 cm，宽 1~2.4 cm，**粉红色、淡蓝色或白色**；孕性花极少数，具 2~4 mm 长的花梗；花瓣长圆形，长 3~3.5 mm；雄蕊 10 枚；蒴果未成熟，长陀螺状。花期 6—8 月。

主要分布：产于山东、江苏、安徽、浙江、福建、河南、湖北、湖南、广东及其沿海岛屿、广西、四川、贵州、云南等省区。野生或栽培。生于山谷溪旁或山顶疏林中，海拔 380~1 700 m。日本、朝鲜有分布。

生长习性：喜温暖、湿润和半阴环境。绣球的生长适温为 18~28 ℃，冬季温度不低于 5 ℃。花芽分化需 5~7 ℃条件下 6~8 周，20 ℃温度可促进开花，见花后维持 16 ℃，能延长观花期。但高温使花朵褪色快。绣球盆土要保持湿润，但浇水不宜过多，雨季要注意排水，防止受涝引起烂根。绣球为短日照植物，每天黑暗处理 10 h 以上，45~50 d 形成花芽。平时栽培要避开烈日照射，以 60%~70%遮阴最为理想。土壤以疏松、肥沃和排水良好的沙壤土为好。但土壤 pH 的变化，使绣球的花色变化较大，为了加深蓝色，可在花蕾形成期施用硫酸铝，为保持粉红色，可在土壤中施用石灰。

观赏特性及园林用途：绣球花大色美，是长江流域著名观赏植物。园林中可配植于稀疏的树荫下及林荫道旁，片植于阴向山坡。因对阳光要求不高，故最适宜栽植于阳光较差的小面积庭院中。建筑物入口处对植两株、沿建筑物列植一排、丛植于庭院一角，都很理想。更适于植为花篱、花境。如将整个花球剪下，瓶插于室内，也是上等点缀品。将花球悬挂于床帐之内，更觉雅趣。

其他用途：绣球具有药用价值。

10.14 海桐花科 Pittosporaceae

常绿乔木或灌木；叶互生或偶为对生，多数革质，全缘，稀有齿或分裂，无托叶；花通常两性，有时杂性，辐射对称，稀为左右对称，单生或为伞形花序、伞房花序或圆锥花序，有苞片及小苞片；花瓣分离或连合，白色、黄色、蓝色或红色；蒴果沿腹缝裂开，或为浆果。

本科有 9 属约 360 种，均见于大洋洲，分布于旧大陆热带和亚热带，我国只有 1 属 44 种。园林植物造景常用的种有海桐等。

海桐花属 *Pittosporum*

常绿乔木或灌木，有时呈侏儒状灌木；叶互生，常簇生于枝顶呈对生或假轮生状，全缘或有波状浅齿或皱褶，革质有时为膜质；花两性，稀为杂性，单生或排成伞形、伞房或圆锥花序，生于枝顶或枝顶叶腋，花瓣 5 个，分离或部分合生；蒴果椭圆形或圆球形，有时压扁，2~5 片裂开，果片木质或革质，内侧常有横条。

海桐 *Pittosporum tobira*

形态特征：常绿灌木或小乔木，高达 6 m，嫩枝被褐色柔毛，有皮孔；**叶聚生于枝顶**，二年生，革质，嫩时上下两面有柔毛，以后变秃净，倒卵形或倒卵状披针形，长 4~9 cm，宽 1.5~4 cm，**上面深绿色，发亮、干后暗晦无光**，先端圆形或钝，常微凹入或为微心形，基部窄楔形，侧脉 6~8 对，在靠近边缘处相结合；**伞形花序或伞房状伞形花序顶生或近顶生**，密被黄褐色柔毛，花梗长 1~2 cm；苞片披针形，长 4~5 mm；小苞片长 2~3 mm，均被褐毛；**花白色，有芳香，后变黄色**；萼片卵形，长 3~4 mm，被柔毛；花瓣倒披针形，长 1~1.2 cm，离生；雄蕊 2 型，退化雄蕊的花丝长 2~3 mm，花药近于不育；正常雄蕊的花丝长 5~6 mm，花药长圆形，长 2 mm，黄色；**蒴果圆球形**，有棱或呈三角形，直径 12 mm，多少有毛，果片木质。

主要分布：分布于长江以南滨海各省，在中国多为栽培供观赏，也见于日本及朝鲜。

生长习性：对气候的适应性较强，能耐寒冷，颇耐暑热，黄河流域以南，可在露地安全越冬，华南可在全光照下安全越夏，以长江流域至南岭以北生长最佳。对光照的适应能力较强，较耐荫蔽，也颇耐烈日，但以半阴地生长最佳。喜肥沃湿润土壤，干旱贫瘠地生长不良，稍耐干旱，颇耐水湿。

观赏特性及园林用途：海桐株形圆整，四季常青，花味芳香，种子红艳，萌芽力强，颇耐修剪，一般 4~5 年生以后，可根据观赏要求，修剪成平台状、圆球状、圆柱状等多种形态，为著名的观叶、观果植物，适于盆栽布置展厅、会场、主席台等处，也宜地植于花坛四周、花径两侧、建筑物基础或作园林中的绿篱、绿带。海桐抗二氧化化硫等有害气体的能力强，又为环保树种，宜于工矿区种植。

10.15 金缕梅科 Hamamelidaceae

常绿或落叶，乔木和灌木；叶互生，很少对生，通常有明显的叶柄；头状花序、穗状花序或总状花序，花瓣与萼裂片同数，线形、匙形或鳞片状；果为蒴果。

本科 27 属约 140 种，主要分布于亚洲东部，我国 17 属 75 种，多数属有观赏价值，金缕梅、檵木等种目前园林造景应用较多。

10.15.1 金缕梅属 *Hamamelis*

落叶灌木或小乔木；嫩枝有绒毛；芽体裸露，有绒毛；叶阔卵形，薄革质或纸质，不等侧，常为心形，羽状脉，第一对侧脉通常有第二次分支侧脉，全缘或有波状齿，有叶柄，托叶披针形，早落；花聚成头状或短穗状花序，两性，花瓣带状，4 片，黄色或淡红色，花芽时皱褶；蒴果木质，卵圆形，种子长椭圆形。

金缕梅 *Hamamelis mollis*

形态特征：落叶灌木或小乔木，高达 8 m；嫩枝有星状绒毛；老枝秃净；芽体长卵形，有灰黄色绒毛；**叶纸质或薄革质，阔倒卵圆形**，长 8~15 cm，宽 6~10 cm，先端短急尖，基部不等侧心形,上面稍粗糙,有稀疏星状毛,不发亮,下面密生灰色星状绒毛;侧脉6~8对,最下面1对侧脉有明显的第二次侧脉,在上面很显著,在下面突起,**边缘有波状钝齿**;叶柄长6~10 mm,被绒毛,托叶早落;**头状或短穗状花序腋生**,有花数朵,无花梗,苞片卵形,花序柄短,长不到5 mm;萼筒短,均被星状绒毛;**花瓣带状**,长约1.5 cm,**黄白色**;雄蕊4个,花丝长2 mm,花药与花丝几等长;退化雄蕊4个,先端平截;蒴果卵圆形,长1.2 cm,宽1 cm,密被黄褐色星状绒毛。花期5月。

主要分布:分布于四川、湖北、安徽、浙江、江西、湖南及广西等省区,常见于中海拔的次生林或灌丛。

生长习性:金缕梅为高山树种,垂直分布在海拔600~1 600 m,多生于山坡、溪谷、阔叶林缘、灌丛中。金缕梅耐寒力较强,在-15 ℃气温下能露地生长。喜光,但幼年阶段较耐阴,能在半阴条件下生长。对土壤要求不严,在酸性、中性土壤中都能生长,尤以肥沃、湿润、疏松,且排水好的沙质土生长最佳。

观赏特性及园林用途:金缕梅是一种风景区和城乡园林绿化建设中重要的早春花木,树形雅致,树冠呈圆球形或圆卵形或阔圆球形,花形婀娜多姿,别具风韵;花色鲜艳、明亮,从淡黄到橙红,深浅不同;先花后叶,香气宜人,在冬日庭院中格外醒目。宜孤植,欣赏其奇特的花瓣、婀娜的树姿,若再配以景石花草,一树一景,触景生情。也可丛植、群植,与多种花木如梅、桃、樱等配植,花开时节,满树金黄,灿若云霞,蔚为壮观。

其他用途:金缕梅具有镇静、安抚的效果,可用于美容;植株具有药用价值。

10.15.2 檵木属 *Loropetalum*

常绿或半落叶灌木至小乔木,芽体无鳞苞;叶互生,革质,卵形,全缘,稍偏斜,有短柄,托叶膜质;花4~8朵排成头状或短穗状花序,两性,花瓣带状,白色,在花芽时向内卷曲;蒴果木质,卵圆形。

檵木 *Loropetalum chinense*

形态特征:**灌木**,有时为小乔木,多分枝,小枝有星毛;**叶革质,卵形**,长2~5 cm,宽1.5~2.5 cm,先端尖锐,基部钝,不等侧,上面略有粗毛或秃净,干后暗绿色,无光泽,下面被星毛,稍带灰白色,侧脉约5对,全缘;叶柄长2~5 mm,有星毛;托叶膜质,三角状披针形,长3~4 mm,宽1.5~2 mm,早落;花3~8朵簇生,有短花梗,白色,比新叶先开放,或与嫩叶同时开放,花序柄长约1 cm,被毛;苞片线形,长3 mm;萼筒杯状,被星毛,萼齿卵形,长约2 mm,花后脱落;**花瓣4片,带状**,长1~2 cm,先端圆或钝;雄蕊4个,花丝极短;蒴果卵圆形,长7~8 mm,宽6~7 mm,先端圆,被褐色星状绒毛。花期3—4月。

主要分布:分布于我国中部、南部及西南各省;也见于日本及印度。喜生于向阳的丘陵及山地,常出现在马尾松林及杉林下,是一种常见的灌木,唯在北回归线以南则未见它的踪迹。

生长习性:喜阳,但也具有较强的耐阴性。

观赏特性及园林用途:檵木自然生长成球形,可与地被搭配造景。又因其耐修剪,园林植物造景中常用作绿篱栽植,变种红檵木更是红色绿篱的常用材料。

其他用途:檵木具有药用价值。

10.16　悬铃木科　Platanaceae

落叶乔木,枝叶被绒毛,树皮苍白色,薄片状剥落,表面平滑;不具顶芽,侧芽卵圆形,柄下芽;单叶互生,大形,有长柄,具掌状脉,掌状分裂,偶有羽状脉而全缘,具短柄,边缘有裂片状粗齿;托叶明显,早落;花单性,雌雄同株,排成紧密球形的头状花序;聚合果,由多数狭长倒锥形的小坚果组成,基部围以长毛。

在第三纪时广泛分布于北美洲、欧洲及亚洲;现代只有1属约有11种,分布于北美、东南欧、西亚及越南北部。该科植物广泛应用于园林建设,常被统称为"行道树之王"。

悬铃木属 *Platanus*

属的特征与科的特征相同。

1)一球悬铃木 *Platanus occidentalis*(别称:美国梧桐)

形态特征:落叶大乔木,高40余米;**树皮有浅沟,呈小块状剥落**;嫩枝有黄褐色绒毛被;**叶大、阔卵形,通常3浅裂**,稀为5浅裂,宽10~22 cm,长度比宽度略小;基部截形,阔心形,或稍呈楔形;裂片短三角形,宽度远较长度为大,边缘有数个粗大锯齿;上下两面初时被灰黄色绒毛,不久脱落,上面秃净,下面仅在脉上有毛,掌状脉3条,离基约1 cm;叶柄长4~7 cm,密被绒毛;托叶较大,长2~3 cm,基部鞘状,上部扩大呈喇叭形,早落;花通常4~6数,单性,聚成圆球形头状花序;雄花的萼片及花瓣均短小,花丝极短,花药伸长;雌花基部有长绒毛;萼片短小;花瓣比萼片长4~5倍;**头状果序圆球形,单生**稀为2个,直径约3 cm。

主要分布:原产于北美洲,现广泛被引种我国北部及中部。

生长习性:喜温暖湿润气候,为阳性速生树种,在年平均气温13~20 ℃、年降水量800~1 200 mm的地区生长良好。在北方,春季晚霜常使幼叶、嫩梢受冻害,并使树皮冻裂。抗性强,能适应城市街道透气性差的土壤条件,但因根系发育不良,易被大风吹倒。对土壤要求不严,以湿润肥沃的微酸性或中性壤土生长最盛,微碱性或石灰性土也能生长,但易发生黄叶病,短期水淹后能恢复生长,萌芽力强,耐修剪。

观赏特性及园林用途:该种是世界著名的优良庭荫树和行道树,适应性强,又耐修剪整形,广泛应用于城市绿化,在园林中孤植于草坪或旷地,列植于甬道两旁,尤为雄伟壮观,又因其对多种有毒气体抗性较强,并能吸收有害气体,作为街坊、厂矿绿化颇为合适。

其他用途:木材可做手工艺品、家具及艺术品。

2)二球悬铃木 *Platanus acerifolia*(别称:英国梧桐)

形态特征:落叶大乔木,高30余米,**树皮光滑,大片块状脱落**;嫩枝密生灰黄色绒毛;老枝秃净,红褐色;**叶阔卵形**,宽12~25 cm,长10~24 cm,上下两面嫩时有灰黄色毛被,下面的毛被更厚而密,以后变秃净,仅在背脉腋内有毛;基部截形或微心形,**上部掌状5裂**,有时7裂或3裂;中央裂片阔三角形,宽度与长度约相等;裂片全缘或有1~2个粗大锯齿;掌状脉3条,稀为5条,常离基部数毫米,或为基出;叶柄长3~10 cm,密生黄褐色毛被;托叶中等大,长1~1.5 cm,基部鞘状,上部开裂;花通常4数;雄花的萼片卵形,被毛;花瓣矩圆形,长为萼片的2倍;雄蕊比花瓣长,盾形药隔有毛;果枝有**头状果序1~2个**,稀为3个,**常下垂**;头状果序直径约2.5 cm,宿存花柱长2~3 mm,刺状,坚果之间无突出的绒毛,或有极短的毛。

主要分布:本种是三球悬铃木与一球悬铃木的杂交种,原产于欧洲,现广植于全世界。中国东北、北京以南各地均有栽培,尤以长江中、下游各城市为多见,在新疆北部伊犁河谷地带也可生长。

生长习性:喜光,不耐阴,生长迅速、成荫快,喜温暖湿润气候,在年平均气温13~20 ℃、降水量800~1 200 mm的地区生长良好,北京幼树易受冻害,须防寒。对土壤要求不严,耐干旱、瘠薄,耐湿。根系浅,易风倒,萌芽力强,耐修剪。该种对二氧化硫、氯气等有毒气体有较强的抗性。

观赏特性及园林用途:二球悬铃木生长速度快、主干高大、分枝能力强、树冠广阔,夏季具有很好的遮阴降温效果,并有滞积灰尘,吸收硫化氢、二氧化硫、氯气等有毒气体的作用,作为街坊、厂矿绿化颇为合适。同时,具有适应性广、生长快、繁殖与栽培比较容易等优点,已作为园林植物广植于世界各地,被称为"行道树之王"。

其他用途:二球悬铃木鲜叶可作食用菌培养基、肥料,作可供牲畜食用的粗饲料;枯叶可作治虫烟雾剂的供热剂原料。

3)三球悬铃木 *Platanus orientalis*(别称:法国梧桐、祛汗树)

形态特征:落叶大乔木,高达30 m,**树皮薄片状脱落**;嫩枝被黄褐色绒毛,老枝秃净,干后红褐色,有细小皮孔;**叶大,轮廓阔卵形**,宽9~18 cm,长8~16 cm,**基部浅三角状心形**,或近于平截,**上部掌状5~7裂**,稀为3裂,中央裂片深裂过半,长7~9 cm,宽4~6 cm,两侧裂片稍短,边缘有少数裂片状粗齿,上下两面初时被灰黄色毛被,以后脱落,仅在背脉上有毛,掌状脉5条或3条,从基部发出;叶柄长3~8 cm,圆柱形,被绒毛,基部膨大;托叶小,短于1 cm,基部鞘状;花4数;雄性球状花序无柄,基部有长绒毛,萼片短小,雄蕊远比花瓣为长,花丝极短,花药伸长,顶端盾片稍扩大;雌性球状花序常有柄,萼片被毛,花瓣倒披针形;果枝长10~15 cm,**有圆球形头状果序3~5个**,稀为2个;头状果序直径2~2.5 cm,宿存花柱突出呈刺状,长3~4 mm,小坚果之间有黄色绒毛,突出头状果序外。

主要分布:原产于欧洲东南部及亚洲西部,现各地广为栽培。

生长习性:喜光,喜湿润温暖气候,较耐寒。对土壤要求不严,但适生于微酸性或中性、排水良好的土壤,微碱性土壤虽能生长,但易发生黄化。根系分布较浅,台风时易受害而倒斜。抗空气污染能力较强,叶片具吸收有毒气体和滞积灰尘的作用。该种树干高大,枝叶茂盛,生长迅速,适应性强,易成活,耐修剪,抗烟尘;对二氧化硫、氯气等有毒气体有较强的抗性。

观赏特性及园林用途:该种树形雄伟端庄,叶大荫浓,干皮光滑,适应性强,又耐修剪整形,为世界著名的优良庭荫树和行道树。在园林中孤植于草坪或旷地,列植于甬道两旁,尤为雄伟壮观。又因其对多种有毒气体抗性较强,并能吸收有害气体,作为街坊、厂矿绿化颇为合适。

其他用途:果可入药;木材可制作家具。

10.17 杜鹃花科 Ericaceae

木本,灌木或乔木,通常常绿,少有半常绿或落叶;有具芽鳞的冬芽;叶革质,少有纸质,互生,不分裂,被各式毛或鳞片,不具托叶;花两性,辐射对称或略微两侧对称,花萼通常 5 裂,宿存,花冠常 5 裂,裂片覆瓦状排列;蒴果或浆果,少有蒴果状浆果,种子小,无翅或有狭翅 。

本科约 103 属 3 350 种,是环北极植物区系的重要组成成分,并在世界植被组成中占有重要位置,全世界分布,除沙漠地区外,广布于南、北半球的温带及北半球亚寒带,少数属、种环北极或北极分布,也分布于热带高山,大洋洲种类极少。我国有 15 属约 757 种,分布全国各地,主产地在西南部山区,尤以四川、云南、西藏三省区相邻地区为盛,这里也是杜鹃属、树萝卜属的多样化中心,且极富特有类群。本科的杜鹃、吊钟花等许多种是著名的园林观赏植物,已为世界各地广为利用。

10.17.1 杜鹃属 *Rhododendron*

灌木或乔木,有时矮小成垫状,地生或附生;常绿或落叶、半落叶,互生,全缘,稀有不明显的小齿;花芽被多数形态大小有变异的芽鳞,花显著,通常排列成伞形总状或短总状花序,稀单花,通常顶生,少有腋生;花萼 5 裂,宿存;花冠漏斗状、钟状、管状或高脚碟状,整齐或略两侧对称,5(6~8)裂;蒴果,种子多数,细小,纺锤形,具膜质薄翅,或种子两端有明显或不明显的鳍状翅,或无翅但两端具狭长或尾状附属物。杜鹃花属约 960 种,为世界著名观赏植物。

杜鹃 *Rhododendron simsii*(别名:映山红、照山红、唐杜鹃等)

形态特征:落叶灌木,高 2~5 m;**分枝多而纤细,**密被亮棕褐色扁平糙伏毛;**叶革质,常集生枝端,**卵形、椭圆状卵形或倒卵形或倒卵形至倒披针形,长 1.5~5 cm,宽 0.5~3 cm,先端短渐尖,边缘微反卷,具细齿,上面深绿色,疏被糙伏毛,下面淡白色,密被褐色糙伏毛;花 2~3(6)朵簇生枝顶;花萼 5 深裂,裂片三角状长卵形,长 5 mm;被糙伏毛,边缘具睫毛;**花冠阔漏斗形,玫瑰色、鲜红色或暗红色,**长 3.5~4 cm,宽 1.5~2 cm,裂片 5,倒卵形,**上部裂片具深红色斑点;**雄蕊 10,长约与花冠相等,花丝线状,中部以下被微柔毛;花柱伸出花冠外,无毛;蒴果卵球形,长达 1 cm,密被糙伏毛;花萼宿存。花期 4—5 月,果期 6—8 月。

主要分布:产于江苏、安徽、浙江、江西、福建、台湾、湖北、湖南、广东、广西、四川、贵州和云南。

生长习性:生于海拔 500~1 200(2 500)m 的山地疏灌丛或松林下,喜欢酸性土壤,在钙质土中生长得不好,甚至不生长,土壤学家常把杜鹃作为酸性土壤的指示作物。该种性喜凉爽、湿润、通风的半阴环境,既怕酷热又怕严寒,生长适温为 12~25 ℃,夏季气温超过 35 ℃,则新梢、新叶生长缓慢,处于半休眠状态。夏季要防晒遮阴,冬季应注意保暖防寒。忌烈日暴晒,适宜在光照强度不大的散射光下生长,光照过强,嫩叶易被灼伤,新叶老叶焦边,严重时会导致植株死亡。冬季,露地栽培杜鹃要采取措施进行防寒,以保其安全越冬。观赏类的杜鹃中,西鹃抗寒力最弱,气温降至 0 ℃以下容易发生冻害。

观赏特性及园林用途:杜鹃经过人们多年的培育,已有大量的栽培品种出现,花的色彩更多,花的形状也多种多样,有单瓣及重瓣的品种。中国是世界杜鹃花资源的宝库,江西、安徽、贵州以杜鹃为省花,有七八个城市将杜鹃定为市花。杜鹃最宜在林缘、溪边、池畔及岩石旁成丛成片栽植,也可于疏林下散植,还可经修剪培育成各种形态,很适合栽种在庭园中作为矮墙或屏障。杜鹃枝繁叶茂,绮丽多姿,萌发力强,耐修剪,根桩奇特,是优良的盆景材料。

其他用途:杜鹃叶花可入药或提取芳香油;树皮和叶可提制栲胶;木材可做工艺品等。

10.17.2 吊钟花属 *Enkianthus*

落叶或极少常绿灌木,稀为小乔木,枝常轮生;冬芽为混合芽;叶互生,全缘或具锯齿,常聚生枝顶,具柄;单花或为顶生、下垂的伞形花序或伞形总状花序;花梗细长,花开时常下弯;花萼5裂,宿存;花冠钟状或坛状,5浅裂;蒴果椭圆形,5棱;种子少数,长椭圆形,常有翅或有角。本属约13种,多数种类花形美丽,为珍贵的园林观赏植物,其中以吊钟花为花卉中的珍品。

吊钟花 *Enkianthus quinqueflorus*(别名:铃儿花、白鸡烂树、山连召)

形态特征:灌木或小乔木,高1~3(7)m;多分枝,枝圆柱状,无毛;冬芽长椭圆状卵形,芽鳞边缘具白色绒毛;**叶常密集于枝顶,**互生,革质,两面无毛,长圆形或倒卵状长圆形,长(3)5~10 cm,宽(1)2~4 cm,先端渐尖且具钝头或小突尖,基部渐狭而成短柄,边缘反卷,全缘或稀向顶部疏生细齿,中脉在两面清晰,侧脉6~7对,自中脉羽状伸出,连同网脉在两面明显;叶柄圆柱形,长(5)10~15(20)mm,灰黄色,无毛;**花通常3~8(13)朵组成伞房花序,**从枝顶覆瓦状排列的红色大苞片内生出,苞片长圆状椭圆形、匙形或线状披针形,膜质;花梗长1.5~2 cm,绿色,无毛;花萼5裂,裂片三角状披针形,长2~4 mm,先端被纤毛;**花冠宽钟状,**长约1.2 cm,**粉红色或红色,**口部5裂,裂片钝,微反卷;雄蕊10枚,短于花冠,花丝扁平,白色,被柔毛,花药黄色;**蒴果椭圆形,**淡黄色,长8~12 mm,具5棱;果梗直立,粗壮,绿色,长3~5 mm,无毛。花期3—5月,果期5—7月。

主要分布:分布于江西、福建、湖北、湖南、广东、广西、四川、贵州、云南。生于海拔600~2 400 m的山坡灌丛中。越南也有分布。

生长习性:喜温暖湿润、避风向阳的环境,越冬温度7 ℃以上,忌高温,要求肥沃而排水良好的酸性土壤,浅根性,萌蘖性强。

观赏特性及园林用途:吊钟花花形奇特美丽,花色白里透红,花冠半透明,花梗长而下垂,为优良的观花、观叶植物。花期正值元旦、春节,长期以来作为吉祥的象征,为广东一带传统的年花,为大型插花不可缺少的切花材料,在广州花市享有盛誉。

10.18 柿科 Ebenaceae

乔木或灌木,少数有枝刺;单叶,通常互生,很少对生,排成二列,全缘,无托叶,叶脉羽状;花多半单生,通常雌雄异株,或为杂性,花萼在结果时常增大;浆果多肉质。

本科有3属500余种,主要分布于两半球热带地区,在亚洲的温带和美洲的北部种类少。我国仅有柿属1属约57种,原产于长江流域,现黄河以南广为栽培。园林植物造景常用的种有柿、君迁子、乌柿等。

柿属 *Diospyros*

落叶或常绿，乔木或灌木；无顶芽；叶互生，偶或有微小的透明斑点；花单性，雌雄异株或杂性；浆果肉质，基部通常有增大的宿存萼。

1）柿 *Diospyros kaki*

形态特征：落叶大乔木，通常高达10~14 m以上，高龄老树有高达27 m的；树皮深灰色至灰黑色，或者黄灰褐色至褐色，沟纹较密，**裂成长方块状；**树冠球形或长圆球形；枝开展；嫩枝初时有棱，有棕色柔毛或绒毛或无毛；叶纸质，卵状椭圆形至倒卵形或近圆形，通常较大，长5~18 cm，宽2.8~9 cm，先端渐尖或钝，新叶疏生柔毛，老叶上面有光泽，深绿色，无毛，下面绿色，有柔毛或无毛；花雌雄异株，但间或有雄株中有少数雌花，雌株中有少数雄花的，花序腋生，为聚伞花序；雄花序小，长1~1.5 cm，弯垂，有短柔毛或绒毛，有花3~5朵，雄花小，长5~10 mm；花萼钟状，两面有毛，深4裂，**花冠钟状，不长过花萼的两倍，黄白色，**外面或两面有毛，雄蕊16~24枚，着生在花冠管的基部；雌花单生叶腋，长约2 cm，花萼绿色，有光泽，直径约3 cm或更大，深4裂，萼管近球状钟形，肉质，花冠淡黄白色或黄白色而带紫红色，壶形或近钟形；**果形有多种，有球形、扁球形、球形而略呈方形、卵形**等，直径3.5~8.5 cm不等，基部通常有棱，**嫩时绿色，后变黄色，**橙黄色，果肉较脆硬，老熟时果肉变成柔软多汁，呈橙红色或大红色等，有种子数颗。花期5—6月，果期9—10月。

主要分布：原产于我国长江流域，现在在辽宁西部、长城一线经甘肃南部，折入四川、云南，在此线以南，东至台湾，各省、区多有栽培。朝鲜、日本、东南亚、大洋洲、北非的阿尔及利亚、法国、俄罗斯、美国等均有栽培。

生长习性：深根性树种，又是阳性树种，喜温暖气候，充足的阳光和深厚、肥沃、湿润、排水良好的土壤，适生于中性土壤，较能耐寒，但较能耐瘠薄，抗旱性强，不耐盐碱土。柿树多数品种在嫁接后3~4年开始结果，10~12年达盛果期，实生树则5~7年开始结果，结果年限在100年以上。

观赏特性及园林用途：柿树寿命长，可达300年以上，叶大荫浓。秋末冬初，霜叶染成红色，至冬月落叶后，柿实殷红不落，一树满挂累累红果，可增添优美景色，是优良的风景树。

其他用途：柿树是我国栽培悠久的果树；柿子可提取柿漆，用于涂鱼网、雨具，填补船缝等；木材可作家具、箱盒、装饰用材等，并且有一定的医学价值。

2）君迁子 *Diospyros lotus*（别名：黑枣、软枣、牛奶柿等）

形态特征：落叶乔木，高可达30 m，胸高直径可达1.3 m；树冠近球形或扁球形；树皮灰黑色或灰褐色，**深裂或不规则的厚块状剥落；**小枝褐色或棕色，有纵裂的皮孔；叶近膜质，椭圆形至长椭圆形，长5~13 cm，宽2.5~6 cm，先端渐尖或急尖，基部钝，宽楔形以至近圆形，上面深绿色，有光泽，初时有柔毛，但后渐脱落，下面绿色或粉绿色，有柔毛，且在脉上较多，或无毛，中脉在下面平坦或下陷，有微柔毛，在下面凸起，侧脉纤细，每边7~10条，上面稍下陷，下面略凸起，小脉很纤细，连接成不规则的网状；雄花1~3朵腋生，簇生，近无梗，花萼钟形，4裂，裂片卵形，先端急尖，内面有绢毛，边缘有睫毛；**花冠壶形，带红色或淡黄色**，长约 4 mm，无毛或近无毛，4 裂，裂片近圆形，边缘有睫毛；雄蕊 16 枚，每 2 枚连生成对；雌花单生，几无梗，淡绿色或带红色；花 4 裂，深裂至中部；**花冠壶形**，4 裂，反曲；**果近球形或椭圆形**，直径 1～2 cm，**初熟时为淡黄色，后则变为蓝黑色，常被有白色薄蜡层**。花期 5—6 月，果期 10—11 月。

主要分布：产于山东、辽宁、河南、河北、山西、陕西、甘肃、江苏、浙江、安徽、江西、湖南、湖北、贵州、四川、云南、西藏等省区。生于海拔 500～2 300 m 的山地、山坡、山谷的灌丛中，或在林缘。

生长习性：阳性树种，喜光，能耐半阴。较耐寒，抗寒抗旱的能力较强。对土壤要求不严，喜肥沃深厚的土壤，也耐瘠薄的土壤，生长较速，寿命较长。既耐旱，也耐水湿。有一定的耐盐碱力，在 pH 值 8.7、含盐量 0.17%的轻度盐碱土中能正常生长。寿命较长，浅根系，但根系发达，移栽头 3 年内生长较慢，3 年后则长势迅速。抗二氧化硫的能力较强。

观赏特性及园林用途：君迁子广泛栽植作庭园树或行道树。

其他用途：君迁子成熟果实可供食用，也可制成柿饼，可入药；未熟果实可提制柿漆，供医药和涂料用；木材可作纺织木梭、雕刻、小用具、精美家具和文具；树皮可供提取单宁和制人造棉；本种的实生苗常用作柿树的砧木。

3）乌柿 *Diospyros cathapensis*（别名：金弹子、山柿子、丁香柿）

形态特征：常绿或半常绿小乔木，高 10 m 左右，干短而粗，胸高直径可达 30～80 cm，树冠开展，多枝，有刺；枝圆筒形，深褐色至黑褐色，有小柔毛，后变无毛，散生纵裂近圆形的小皮孔；小枝纤细，褐色至带黑色，平直，有短柔毛；冬芽细小，长约 2 mm，芽鳞有微柔毛；叶薄革质，长圆状披针形，长 4～9 cm，宽 1.8～3.6 cm，两端钝，上面光亮，深绿色，下面淡绿色，嫩时有小柔毛，中脉在上面稍凸起，有微柔毛，在下面突起，侧脉纤细，每边 5～8 条，小脉不甚明显，结成不规则的疏网状；叶柄短，长 2～4 mm，有微柔毛。雄花生聚伞花序上，极少单生，花萼 4 深裂，裂片三角形，长 2～3 mm，两面密被柔毛；**花冠壶状，长 5～7 mm**，两面有柔毛，4 裂，裂片宽卵形，反曲；雄蕊 16 枚，分成 8 对，每对的花丝一长一短，有长粗毛，花药线形，短渐尖，退化子房有粗伏毛；花梗长 3～6 mm，总梗长 7～12 mm，均密生短粗毛；雌花单生，腋外生，白色，芳香；花萼 4 深裂，裂片卵形，长约 1 cm，有短柔毛，先端急尖；花冠较花萼短，壶状，有短柔毛，管长约 5 mm，4 裂，裂片覆瓦状排列，近三角形，长宽各约 2 mm，反曲，退化雄蕊 6 枚，花丝有短柔毛；花梗纤细，长 2～4 cm；**果球形**，直径 1.5～3 cm，**嫩时绿色，熟时黄色**，变无毛；种子褐色，长椭圆形，长约 2 cm，宽约 7 mm，侧扁；果柄纤细，长 3～4（6）cm。花期 4—5 月，果期 8—10 月。

主要分布：产于四川西部、湖北西部、云南东北部、贵州、湖南、安徽南部。生于海拔 600～1 500 m的河谷、山地或山谷林中。

生长习性：喜光，耐寒性不强，年平均温度 15 ℃以上，年降水量 750 mm 以上地区都可生长。对土壤适应性较强，以深厚湿润肥沃的冲积土生长最好。能耐短期积水，也耐旱。

观赏特性及园林用途：乌柿常绿，叶色秀丽，果实小巧，挂果期长，适合做盆景。

其他用途：根和果入药，治心气痛。

10.19 木犀科 Oleaceae

乔木,直立或藤状灌木;叶对生,稀互生或轮生,单叶、三出复叶或羽状复叶,稀羽状分裂,全缘或具齿;具叶柄,无托叶;花辐射对称,两性,稀单性或杂性,雌雄同株、异株或杂性异株,通常聚伞花序排列成圆锥花序,或为总状、伞状、头状花序,顶生或腋生,或聚伞花序簇生于叶腋,稀花单生;花冠4裂,有时多达12裂,浅裂、深裂至近离生,或有时在基部成对合生,稀无花冠,花蕾时呈覆瓦状或镊合状排列;雄蕊2枚;翅果、蒴果、核果、浆果或浆果状核果。

本科约27属400种,广布于两半球的热带和温带地区,亚洲地区种类尤为丰富。我国产12属178种,南北各地均有分布。本科具有女贞、小叶女贞、茉莉、木犀、连翘、紫丁香、雪柳等许多重要的观赏树种。

10.19.1 女贞属 *Ligustrum*

落叶或常绿、半常绿的灌木、小乔木或乔木;叶对生,单叶,全缘,具叶柄;聚伞花序常排列成圆锥花序,多顶生于小枝顶端,稀腋生;花两性,白色,裂片4枚;浆果状核果。

1)女贞 *Ligustrum lucidum*(别称:白蜡树、青蜡树、大叶蜡树、蜡树)

形态特征:常灌木或乔木,高可达25 m;树皮灰褐色;枝黄褐色、灰色或紫红色,圆柱形;**叶片常绿,革质,卵形、长卵形或椭圆形至宽椭圆形,**长6~17 cm,宽3~8 cm,先端锐尖至渐尖或钝,基部圆形或近圆形,有时宽楔形或渐狭,叶缘平坦,上面光亮,两面无毛;**圆锥花序顶生,**长8~20 cm,宽8~25 cm;花冠长4~5 mm,花冠管长1.5~3 mm;**果肾形或近肾形,**长7~10 mm,径4~6 mm,深蓝黑色,成熟时呈红黑色,被白粉。花期5—7月,果期7月至翌年5月。

主要分布:产于长江以南至华南、西南各省区,向西北分布至陕西、甘肃。生于海拔2 900 m以下的疏、密林中。朝鲜也有分布,印度、尼泊尔有栽培。

生长习性:耐寒性好,耐水湿,喜温暖湿润气候,喜光耐阴。为深根性树种,须根发达,生长快,萌芽力强,耐修剪,但不耐瘠薄。对土壤要求不严,以沙壤土或黏质壤土栽培为宜,在红、黄壤土中也能生长。对大气污染的抗性较强,对二氧化硫、氯气、氟化氢及铅蒸气均有较强抗性,也能忍受较高的粉尘、烟尘污染。

观赏特性及园林用途:女贞四季婆娑,枝干扶疏,枝叶茂密,树形整齐,是园林中常用的观赏树种,可用于庭院孤植或丛植,也作为行道树。因其适应性强,生长快又耐修剪,也用作绿篱。其播种繁殖育苗容易,还可作为砧木,嫁接繁殖桂花、丁香、色叶植物金叶女贞,同时也是工矿区优良树种。

其他用途:女贞果实具有药用价值。

2)小叶女贞 *Ligustrum quihoui*

形态特征:落叶灌木,高1~3 m;小枝淡棕色,圆柱形,密被微柔毛,后脱落;叶片薄革质,形状和大小变异较大,披针形、长圆状椭圆形、椭圆形、倒卵状长圆形至倒披针形或倒卵形,长

1~4(5.5)cm,宽 0.5~2(3)cm,先端锐尖、钝或微凹,基部狭楔形至楔形,叶缘反卷,上面深绿色,下面淡绿色,常具腺点,两面无毛;**圆锥花序顶生,**近圆柱形,长 4~15(22)cm,宽 2~4 cm;小苞片卵形,具睫毛;花萼无毛,长 1.5~2 mm,萼齿宽卵形或钝三角形;花冠长 4~5 mm,花冠管长 2.5~3 mm,裂片卵形或椭圆形,长 1.5~3 mm,先端钝;雄蕊伸出裂片外,花丝与花冠裂片近等长或稍长;**果倒卵形、宽椭圆形或近球形,**长 5~9 mm,径 4~7 mm,**呈紫黑色。**花期 5—7 月,果期 8—11 月。

主要分布:产于陕西南部、山东、江苏、安徽、浙江、江西、河南、湖北、四川、贵州西北部、云南、西藏察隅。

生长习性:喜光,稍耐阴,较耐寒,对二氧化硫、氯气、氟化氢、氯化氢等有毒气体抗性均强,性强健,萌枝力强,叶再生能力强。生于沟旁、路旁或河灌丛中或山坡。

观赏特性及园林用途:小叶女贞枝叶紧密、圆整、叶小、常绿,且耐修剪,主要作绿篱栽植、绿化花坛、道路绿化、公园绿化、住宅区绿化等,庭院中常栽植观赏,也是制作盆景的优良树种。小叶女贞抗多种有毒气体,是优良的抗污染树种。

其他用途:小叶女贞具有药用价值。

10.19.2　素馨属 *Jasminum*

小乔木,直立或攀缘状灌木,常绿或落叶;小枝圆柱形或具棱角和沟;叶对生或互生,稀轮生,全缘或深裂,叶柄有时具关节,无托叶;花两性,排成聚伞花序,再排列成圆锥状、总状、伞房状、伞状或头状,花常芳香,白色或黄色,稀红色或紫色,栽培时常为重瓣;浆果双生或其中一个不育而成单生,果成熟时呈黑色或蓝黑色。

1)茉莉花 *Jasminum sambac*

形态特征:直立或攀缘灌木,高达 3 m;小枝圆柱形或稍压扁状,有时中空,疏被柔毛;**叶对生,单叶,叶片纸质,**圆形、椭圆形、卵状椭圆形或倒卵形;**聚伞花序顶生,**通常有花 3 朵,有时单花或多达 5 朵;花序梗长 1~4.5 cm,被短柔毛;**花极芳香;**花萼无毛或疏被短柔毛;**花冠白色,**花冠管长 0.7~1.5 cm;果球形,径约 1 cm,呈紫黑色。花期 5—8 月,果期 7—9 月。

主要分布:原产于印度,中国南方和世界各地广泛栽培。

生长习性:性喜温暖湿润,在通风良好、半阴的环境生长最好。土壤以含有大量腐殖质的微酸性沙质土壤为最适合。大多数品种畏寒、畏旱,不耐霜冻、湿涝和碱土。冬季气温低于 3 ℃时,枝叶易遭受冻害,如持续时间长就会死亡。

观赏特性及园林用途:常绿小灌木类的茉莉花叶色翠绿,花色洁白,香味浓厚,为常见庭园及盆栽观赏芳香花卉,多用盆栽,清新宜人,还可加工成花环等装饰品。

其他用途:茉莉花可提炼茉莉油,是制造香精的原料;可用于熏制茶叶;有一定的药用价值。

2)迎春花 *Jasminum nudiflorum*

形态特征:落叶灌木,直立或匍匐,高 0.3~5 m,**枝条下垂;**枝稍扭曲,光滑无毛,**小枝四棱形,**棱上多少具狭翼;**叶对生,三出复叶,**小枝基部常具单叶;小叶片卵形、长卵形或椭圆形、狭椭圆形,稀倒卵形,先端锐尖或钝,具短尖头,基部楔形,叶缘反卷;花单生于去年生小枝的叶腋,稀生于小枝顶端;花梗长 2~3 mm;花萼绿色,裂片 5~6 枚,窄披针形,长 4~6 mm,宽 1.5~2.5 mm,先端锐尖;**花冠黄色**,径 2~2.5 cm,花冠管长 0.8~2 cm,基部直径 1.5~2 mm,向上渐扩大,裂片 5~6 枚,长圆形或椭圆形,长 0.8~1.3 cm,宽 3~6 mm,先端锐尖或圆钝。花期冬末至早春。

主要分布:产于甘肃、陕西、四川、云南西北部、西藏东南部。生于山坡灌丛中,海拔 800~2 000 m,我国及世界各地普遍栽培。

生长习性:性喜光,稍耐阴,较耐寒,喜湿润,也耐干旱,怕涝,耐碱,根部萌发力强。枝端着地部分也极易生根。要求温暖而湿润的气候,喜疏松肥沃和排水良好的沙质土壤,在酸性土壤中生长旺盛,碱性土壤中生长不良。

观赏特性及园林用途:迎春花枝条披垂,冬末至早春先花后叶,花色金黄,叶丛翠绿,在园林绿化中宜配植在湖边、溪畔、桥头、墙隅,或在草坪、林缘、坡地,房屋周围也可栽植,可供早春观花,对我国冬季漫长的北方地区,装点冬春之景意义很大。迎春的绿化效果凸出,栽植当年即有良好的绿化效果,在各地都有广泛使用,可栽植盆栽室内观赏,也可作切花瓶栽。

其他用途:迎春花具有药用价值。

10.19.3 木犀属 *Osmanthus*

常绿灌木或小乔木;叶对生,单叶,革质,全缘或具锯齿,两面通常具腺点;花两性,聚伞花序簇生于叶腋,或再组成腋生或顶生的短小圆锥花序,花冠白色或黄白色,少数栽培品种为橘红色;核果,椭圆形或歪斜椭圆形。

木犀 *Osmanthus fragrans*(别称:桂花)

形态特征:常绿乔木或灌木,高 3~5 m,最高可达 18 m;树皮灰褐色;小枝黄褐色,无毛;**叶片革质,椭圆形、长椭圆形或椭圆状披针形**,长 7~14.5 cm,宽 2.6~4.5 cm,先端渐尖,基部渐狭呈楔形或宽楔形,全缘或通常上半部具细锯齿,两面无毛,腺点在两面连成小水泡状突起;**聚伞花序簇生于叶腋**,或近于帚状,每腋内有花多朵;苞片宽卵形,质厚,长 2~4 mm,具小尖头,无毛;花梗细弱,长 4~10 mm,无毛;**花极芳香**;花萼长约 1 mm,裂片稍不整齐;花冠黄白色、淡黄色、黄色或橘红色,长 3~4 mm,花冠管仅长 0.5~1 mm;雄蕊着生于花冠管中部,花丝极短,长约 0.5 mm,花药长约 1 mm;雌蕊长约 1.5 mm,花柱长约 0.5 mm;**果歪斜**,椭圆形,长 1~1.5 cm,呈紫黑色。花期 9—10 月上旬,果期翌年 3 月。

主要分布:原产于我国西南喜马拉雅山东段,印度、尼泊尔、柬埔寨也有分布。我国西南部、陕西(南部)、广西、广东、湖南、湖北、江西、安徽等地,均有野生木犀生长,现广泛栽种于淮河流域及以南地区,其适生区北可抵黄河下游,南可至两广、海南。

生长习性:喜温暖,抗逆性强,既耐高温,也较耐寒,在中国秦岭、淮河以南的地区均可露地越冬。木犀较喜阳光,也能耐阴,在全光照下其枝叶生长茂盛,开花繁密,在阴处生长枝叶稀疏、花稀少,在北方室内盆栽尤需注意有充足光照,以利于生长和花芽的形成。木犀性好湿润,切忌积水,但也有一定的耐干旱能力。对土壤的要求不太严,除碱性土和低洼地或过于黏重、排水不畅的土壤外,一般均可生长,以土层深厚、疏松肥沃、排水良好的微酸性沙壤土最为适宜。对氯气、二氧化硫、氟化氢等有害气体有一定的抗性,还有较强的吸滞粉尘的能力,常被用于城市及工矿区。

观赏特性及园林用途:中国人寓意木犀为“崇高”“美好”“吉祥”“友好”“忠贞之士”和“芳直不屈”“仙友”“仙客”;寓桂枝为“出类拔萃之人物”及“仕途”,从古至今受到人们的喜爱。木犀终年常绿,枝繁叶茂,秋季开花,芳香四溢,可谓“独占三秋压群芳”。在中国古典园林中,木犀常与建筑物,山、石相配,以从生灌木型的植株植于亭、台、楼、阁附近,旧式庭园常用对植,古称“双桂当庭”或“双桂留芳”,在住宅四旁或窗前栽植木犀树,能收到“金风送香”的效果。校园取“蟾宫折桂”之意也大量地种植木犀。木犀对有害气体二氧化硫、氟化氢有一定的抗性,也是工矿区的一种绿化的好花木。

其他用途:木犀含多种香料物质,可用于食用或提取香料。

10.19.4 连翘属 *Forsythia*

直立或蔓性落叶灌木;枝中空或具片状髓;叶对生,单叶,稀 3 裂至三出复叶;花两性,生于叶腋,先于叶开放,花冠黄色,钟状,深 4 裂,蒴果。

连翘 *Forsythia suspense*(别称:黄花杆、黄寿丹)

形态特征:落叶灌木;**枝开展或下垂,**棕色、棕褐色或淡黄褐色,**略呈四棱形,**疏生皮孔,节间中空,节部具实心髓;**叶通常为单叶,或 3 裂至三出复叶,**叶片卵形、宽卵形或椭圆状卵形至椭圆形,长 2~10 cm,宽 1.5~5 cm,先端锐尖,基部圆形、宽楔形至楔形,叶缘除基部外具锐锯齿或粗锯齿,上面深绿色,下面淡黄绿色,两面无毛;**花通常单生或 2 至数朵着生于叶腋,先于叶开放;**花梗长 5~6 mm;**花冠黄色,**裂片倒卵状长圆形或长圆形,长 1.2~2 cm,宽 6~10 mm;果卵球形、卵状椭圆形或长椭圆形,长 1.2~2.5 cm,宽 0.6~1.2 cm。花期 3—4 月,果期 7—9 月。

主要分布:产于河北、山西、陕西、山东、安徽西部、河南、湖北、四川。生山坡灌丛、林下、草丛,或山谷、山沟疏林中,海拔 250~2 200 m。我国除华南地区外,其他各地均有栽培。日本也有栽培。

生长习性:喜光,有一定程度的耐阴性。喜温暖、湿润气候,也很耐寒,经抗寒锻炼后,可耐受-50 ℃低温,其惊人的耐寒性,使其成为北方园林绿化的佼佼者。耐干旱瘠薄,怕涝,不择土壤,在中性、微酸或碱性土壤均能正常生长。连翘萌发力强、发丛快,可很快扩大其分布面。生命力和适应性都非常强。

观赏特性及园林用途:连翘树姿优美、生长旺盛。早春先叶开花,且花期长、花量多,盛开时满枝金黄,芬芳四溢,令人赏心悦目,是早春优良观花灌木,可以做成花篱、花丛、花坛等,在绿化美化城市方面应用广泛,是观光农业和现代园林难得的优良树种。同时连翘萌发力强,树冠盖度增加较快,能有效防止雨滴击溅地面,减少侵蚀,具有良好的水土保持作用,是国家推荐的退耕还林优良生态树种和黄土高原防治水土流失的最佳经济作物。

其他用途:连翘是绝缘油漆工业和化妆品的良好原料;连翘提取物可作为天然防腐剂用于食品保鲜。

10.19.5 丁香属 *Syringa*

落叶灌木或小乔木;小枝近圆柱形或带四棱形,具皮孔;叶对生,单叶,稀复叶,全缘,稀分裂；花两性，聚伞花序排列成圆锥花序，顶生或侧生，与叶同时抽生或叶后抽生，花冠裂片4枚；果为蒴果。

紫丁香 *Syringa oblata*（别称：华北紫丁香、紫丁白）

形态特征：灌木或小乔木，高可达5 m；树皮灰褐色或灰色；小枝、花序轴、花梗、苞片、花萼、幼叶两面以及叶柄均无毛而密被腺毛；**叶片革质或厚纸质，卵圆形至肾形，**宽常大于长，长2~14 cm，宽2~15 cm，先端短凸尖至长渐尖或锐尖，基部心形、截形至近圆形，或宽楔形，上面深绿色，下面淡绿色；**圆锥花序直立，**由侧芽抽生，近球形或长圆形，长4~16(20)cm，宽3~7(10)cm；**花冠紫色，**长1.1~2 cm，花冠管圆柱形，长0.8~1.7 cm，裂片呈直角开展，卵圆形、椭圆形至倒卵圆形，长3~6 mm，宽3~5 mm，先端内弯略呈兜状或不内弯；果倒卵状椭圆形、卵形至长椭圆形，长1~1.5(2)cm，宽4~8 mm，先端长渐尖，光滑。花期4—5月，果期6—10月。

主要分布：产于东北、华北、西北（除新疆）以至西南达四川西北部（松潘、南坪）。生于山坡丛林、山沟溪边、山谷路旁及滩地水边，海拔300~2 400 m处。长江以北各庭园普遍栽培。

生长习性：喜光，稍耐阴，阴处或半阴处生长衰弱，开花稀少。喜温暖、湿润，有一定的耐寒性和较强的耐旱力。对土壤的要求不严，耐瘠薄，喜肥沃、排水良好的土壤，忌在低洼地种植，积水会引起病害，直至全株死亡。

观赏特性及园林用途：紫丁香是中国特有的名贵花木，已有1 000多年的栽培历史。植株丰满秀丽，枝叶茂密，且具独特的芳香，广泛栽植于庭园、机关、厂矿、居民区等地。常丛植于建筑前、茶室凉亭周围，或散植于园路两旁、草坪之中，与其他种类丁香配植成专类园，形成美丽、清雅、芳香，青枝绿叶，花开不绝的景区，效果极佳。也可盆栽、促成栽培、切花等用。

其他用途：紫丁香具有药用价值。

10.19.6 雪柳属 *Syringa*

落叶灌木，有时呈小乔木状；小枝四棱形；叶对生，单叶，常为披针形；无柄或具短柄；花小，多朵组成圆锥花序或总状花序，顶生或腋生，花冠白色、黄色或淡红白色，深4裂，基部合生；翅果，扁平，环生窄翅；种子线状椭圆形，种皮薄。

雪柳 *Fontanesia fortunei*（别称：五谷树、挂梁青）

形态特征：落叶灌木或小乔木，高达8 m；树皮灰褐色；枝灰白色，圆柱形，小枝淡黄色或淡绿色，**四棱形或具棱角，**无毛；叶片纸质，披针形、卵状披针形或狭卵形，长3~12 cm，宽0.8~2.6 cm，先端锐尖至渐尖，基部楔形，全缘，两面无毛，中脉在上面稍凹入或平，下面凸起，侧脉2~8对，斜向上延伸，两面稍凸起，有时在上面凹入；**圆锥花序顶生或腋生，**顶生花序长2~6 cm，腋生花序较短，长1.5~4 cm；花两性或杂性同株；花冠深裂至近基部，裂片卵状披针形，长2~3 mm，宽0.5~1 mm，先端钝，基部合生；雄蕊花丝长1.5~6 mm，伸出或不伸出花冠外，花药长圆形，长2~3 mm；花柱长1~2 mm，柱头2叉；果黄棕色，倒卵形至倒卵状椭圆形，边缘具窄翅。花期4—6月，果期6—10月。

主要分布：产于河北、陕西、山东、江苏、安徽、浙江、河南及湖北东部，生水沟、溪边或林中，海拔在800 m以下。

生长习性:喜光,稍耐阴,喜肥沃、排水良好的土壤,喜温暖,也较耐寒。

观赏特性及园林用途:雪柳形似柳,花白繁密如雪,故又称"珍珠花",为优良观花灌木,非常适合在庭院中孤植观赏,可丛植于池畔、坡地、路旁、崖边或树丛边缘,颇具雅趣。雪柳叶也可作切花用。

其他用途:雪柳是非常好的蜜源植物,也是作防风林的树种;嫩叶可代茶,枝条可编筐;茎皮可制人造棉。

10.20 夹竹桃科 Apocynaceae

乔木,直立灌木或木质藤木,也有多年生草本;具乳汁或水液;单叶,全缘,稀有细齿;花两性,辐射对称,花冠合瓣,裂片 5 枚,稀 4 枚,覆瓦状排列,稀镊合状排列,花冠喉部通常有副花冠或鳞片或膜质或毛状附属体;浆果、核果、蒴果或蓇葖。

本科为热带植物区系的主要科,约 250 属 2 000 种,分布于全世界热带、亚热带地区,少数在温带地区。我国产 46 属 176 种,主要分布于长江以南各省区及台湾等沿海岛屿,少数分布于北部及西北部。园林植物造景常用的种有夹竹桃、黄花夹竹桃、长春花、鸡蛋花、黄婵等。

10.20.1 夹竹桃属 *Nerium*

直立灌木,枝条灰绿色,含水液;叶轮生,稀对生,具柄,革质,羽状脉,侧脉密生而平行;伞房状聚伞花序顶生,具总花梗;花冠漏斗状,红色、栽培有演变为白色或黄色,花冠筒圆筒形,上部扩大呈钟状,喉部具 5 枚阔鳞片状副花冠,每片顶端撕裂;花冠裂片 5,或更多而呈重瓣,斜倒卵形,花蕾时向右覆盖;蓇葖果、种子长圆形。

夹竹桃 *Nerium indicum*(别称:红花夹竹桃、柳叶桃树、洋桃、洋桃梅等)

形态特征:常绿直立大灌木,高达 5 m,枝条灰绿色,含水液;嫩枝条具棱,被微毛,老时毛脱落;**叶 3~4 枚轮生,**下枝为对生,**窄披针形,**顶端急尖,基部楔形,叶缘反卷,长 11~15 cm,宽 2~2.5 cm,叶面深绿,无毛,叶背浅绿色,有多数洼点;**聚伞花序顶生,着花数朵;**总花梗长约 3 cm,被微毛;花芳香;**花冠深红色或粉红色,栽培演变有白色或黄色,**花冠为单瓣呈 5 裂时,其花冠为漏斗状,长和直径约 3 cm,其花冠筒圆筒形,上部扩大呈钟形,长 1.6~2 cm,花冠筒内面被长柔毛,花冠喉部具 5 片宽鳞片状副花冠,每片其顶端撕裂,并伸出花冠喉部之外;雄蕊着生在花冠筒中部以上,花丝短,被长柔毛,花药箭头状,内藏,与柱头连生;花柱丝状;蓇葖果。花期几乎全年,夏秋为最盛,果期一般在冬春季,栽培很少结果。

主要分布:野生于伊朗、印度、尼泊尔,现广植于世界热带地区。现在全国各省区均有栽培,尤以南方为多,长江以北栽培者须在温室越冬。

生长习性:喜温暖湿润的气候,耐寒力不强,在中国长江流域以南地区可以露地栽植,但在南京有时枝叶冻枯,小苗甚至冻死。在北方只能盆栽观赏,室内越冬,白花品种比红花品种耐寒力稍强。夹竹桃不耐水湿,要求选择高燥和排水良好的地方栽植,喜光好肥,也能适应较阴的环境,但庇荫处栽植花少色淡。萌蘖力强,树体受害后容易恢复。

观赏特性及园林用途:夹竹桃的叶片如柳似竹,红花灼灼,胜似桃花,花冠粉红至深红或白色,有特殊香气,花期较长,是著名的观赏花卉。同时,夹竹桃有抗烟雾、抗灰尘、抗毒物和净化空气、保护环境的能力,叶片对二氧化硫、二氧化碳、氟化氢、氯气等有害气体有较强的抵抗作用,极适合栽种于工厂区、矿区等污染严重的区域。但夹竹桃是最毒的植物之一,全株都有毒,甚至是致命的,需要特别注意夹竹桃栽种的位置,以免引起人员或动物中毒。

其他用途:夹竹桃具有药用价值。

10.20.2 黄花夹竹桃属 *Thevetia*

灌木或小乔木,具乳汁;叶互生,羽状脉;聚伞花序顶生或腋生;花大,花冠漏斗状,裂片阔,花冠筒短,下部圆筒状;核果的内果皮木质,坚硬,2 室,每室有种子 2 个。

黄花夹竹桃 *Thevetia peruviana*(别称:黄花状元竹、酒杯花、柳木子)

形态特征:乔木,高达 5 m,全株无毛;树皮棕褐色,皮孔明显;多枝柔软,小枝下垂;全株具丰富乳汁;**叶互生,近革质,**无柄,线形或线状披针形,两端长尖,长 10~15 cm,宽 5~12 mm,光亮,全缘,边稍背卷;**花大,黄色,具香味,顶生聚伞花序,**长 5~9 cm;花梗长 2~4 cm;**花冠漏斗状,**花冠筒喉部具 5 个被毛的鳞片,花冠裂片向左覆盖,比花冠筒长;雄蕊着生于花冠筒的喉部,花丝丝状;核果扁三角状球形,直径 2.5~4 cm;种子 2~4 颗。花期 5—12 月,果期 8 月至翌年春季。

主要分布:原产于美洲热带地区,现世界热带和亚热带地区如我国台湾、福建、广东、广西和云南等省区均有栽培。

生长习性:喜温暖湿润的气候,耐寒力不强,在中国长江流域以南地区可以露地栽植,但在南京有时枝叶冻枯,小苗甚至冻死,在北方只能盆栽观赏,室内越冬。不耐水湿,要求选择高燥和排水良好的地方栽植。喜光好肥,也能适应较阴的环境,但在庇荫处栽植,花少色淡。萌蘖力强,树体受害后容易恢复。

观赏特性及园林用途:黄花夹竹桃开花近 4 个月,是不可多得的夏季观花树种,可在建筑物左右及公园、绿地、路旁、池畔等地段种植。抗空气污染的能力较强,对二氧化硫、氯气、烟尘等有毒有害气体具有很强的抵抗力,吸收能力也较强,是工矿美化绿化的优良树种。

其他用途:黄花夹竹桃具有药用价值。

10.20.3 长春花属 *Catharanthus*

一年生或多年生草本,有水液;叶草质,对生;叶腋内和叶腋间有腺体;花 2~3 朵组成聚伞花序,顶生或腋生;蓇葖双生,直立,圆筒状具条纹。

长春花 *Catharanthus roseus*(别称:雁来红、日日草、日日新、三万花等)

形态特征:半灌木,略有分枝,高达 60 cm,有水液,全株无毛或仅有微毛;茎近方形,有条纹,灰绿色;**叶膜质,倒卵状长圆形,**长 3~4 cm,宽 1.5~2.5 cm,先端浑圆,有短尖头,基部广楔形至楔形,渐狭而成叶柄;叶脉在叶面扁平,在叶背略隆起,侧脉约 8 对;聚伞花序腋生或顶生,有花 2~3 朵;**花冠红色,高脚碟状,花冠筒圆筒状,**长约 2.6 cm;花冠裂片宽倒卵形,长和宽约 1.5 cm;雄蕊着生于花冠筒的上半部,但花药隐藏于花喉之内,与柱头离生;蓇葖双生;种子黑色,具有颗粒状小瘤。花期、果期几乎覆盖全年。

主要分布:原产于地中海沿岸、印度、热带美洲。中国栽培长春花的历史不长,主要在长江以南地区栽培,广东、广西、云南等省(自治区)栽培较为普遍。

生长习性:性喜高温、高湿,耐半阴,不耐严寒,最适宜温度为20~33 ℃,喜阳光,忌湿怕涝,一般土壤均可栽培,但盐碱土壤不宜,以排水良好、通风透气的沙质或富含腐殖质的土壤为好。

观赏特性及园林用途:长春花姿态优美、易生长、花期长、花朵多,是城市盆栽、园林造型的好品种,中国各省市从世界引进不少长春花的新品种,用于盆栽摆设或营造花坛、花境。

其他用途:长春花具有药用价值。

10.20.4 鸡蛋花属 *Plumeria*

小乔木;枝条粗而带肉质,具乳汁,落叶后具有明显的叶痕;叶互生,大形,具长柄,羽状脉;聚伞花序顶生,2~3歧;苞片通常大形,开花前脱落;花冠漏斗状,红色或白色黄心,花冠筒圆筒形,裂片5;蓇葖双生;种子多数,长圆形,倒生,扁平,顶端具膜质的翅。

鸡蛋花 *Plumeria rubra*

形态特征:落叶小乔木,高约5 m,最高可达8 m,胸径15~20 cm;枝条粗壮,带肉质,具丰富乳汁,绿色,无毛;**叶厚纸质,长圆状倒披针形或长椭圆形**,长20~40 cm,宽7~11 cm,顶端短渐尖,基部狭楔形,叶面深绿色,叶背浅绿色,两面无毛;**聚伞花序顶生**,长16~25 cm,宽约15 cm,无毛;总花梗3歧,长11~18 cm,肉质,绿色;**花冠外面白色,花冠筒外面及裂片外面左边略带淡红色斑纹,花冠内面黄色**;雄蕊着生在花冠筒基部,花丝极短;蓇葖双生,种子斜长圆形。花期5—10月,果期栽培极少结果,一般为7—12月。除了花心为蛋黄色外,还有一种品种花为红色。花香浓郁。

主要分布:原产于墨西哥,现广植于亚洲热带及亚热带地区,现在我国广东、广西、云南、福建等省区有栽培。

生长习性:阳性树种,性喜高温、湿润和阳光充足的环境,稍耐半阴,长期荫蔽环境下生长枝条徒长,开花少或长叶不开花。喜深厚肥沃、通透良好、富含有机质的酸性沙壤土,土壤瘠薄时鸡蛋花生长发育不良,花形小,花色暗淡。耐干旱,忌涝渍,抗逆性好,不耐寒。

观赏特性及园林用途:鸡蛋花具有极高的观赏价值,成龄鸡蛋花的多年生枝干形状苍劲挺拔,很有气势,不同的枝条先后开花,满树繁花,香气清香淡雅,在园林绿化中,鸡蛋花同时具备绿化、美化、香化等多种效果。在园林布局中可进行孤植、丛植、临水点缀等多种配植使用,深受人们喜爱,已成为中国南方绿化中不可或缺的优良树种。在中国华南地区的广东、广西、云南等地被广泛应用于公园、庭院、绿带、草坪等的绿化、美化,而在北方,鸡蛋花大都是用于盆栽观赏。

其他用途:鸡蛋花可提取香精供制造高级化妆品、香皂和食品添加剂;白色鸡蛋花晾干可作凉茶饮料;木材可制乐器、餐具或家具。

10.20.5 黄蝉属 *Allemanda*

直立或藤状灌木;叶轮生、对生,稀互生,叶腋内常有腺体;花型大,黄色或紫色,生于枝的顶端,组成总状花序式的聚伞花序;花冠漏斗状,下部圆筒状,向上扩大而成钟状的冠檐,顶端5裂,宽大,裂片向左覆盖;蒴果卵圆形,有刺,开裂成2瓣;种子多数。

软枝黄蝉 *Allemanda cathartica*

形态特征:藤状灌木,长达4 m;枝条软弯垂,具白色乳汁;叶纸质,通常3~4枚轮生,有时对生或在枝的上部互生,全缘,倒卵形或倒卵状披针形,端部短尖,基部楔形;**聚伞花序顶生;**花具短花梗;**花冠橙黄色,大形,**长7~11 cm,直径9~11 cm,内面具红褐色的脉纹,花冠下部长圆筒状,长3~4 cm,直径2~4 mm,基部不膨大,花冠筒喉部具白色斑点,向上扩大成冠檐,直径5~7 cm;**蒴果球形,**直径约3 cm,具长达1 cm的刺;种子长约2 cm,扁平。花期春夏两季,果期冬季。

主要分布:原产于巴西,现广泛栽培于世界热带地区,在广西、广东、福建和台湾等省区栽培于路旁、公园、村边。

生长习性:喜温暖湿润和阳光充足的气候环境,耐半阴,不耐寒,怕旱,畏烈日。生长适宜温度为20~25 ℃,花期适宜温度为20~22 ℃,生长环境的空气相对湿度为75%~85%。在冬季气温低于8 ℃的地方不能越冬。对土壤选择性不严,但以肥沃排水良好富含腐植质的壤土或沙壤土生长最佳。

观赏特性及园林用途:软枝黄蝉花朵橙黄色,大而美丽,可用于庭园观赏、围篱美化,花棚、花廊、花架、绿篱等攀爬栽培。

其他用途:软枝黄蝉具有药用价值,传统的南方药用植物,提取物还可用于杀虫。

10.21 马鞭草科 Verbenaceae

灌木或乔木,有时为藤本,极少数为草本;叶对生,很少轮生或互生,单叶或掌状复叶,很少羽状复叶;无托叶;花两性,极少退化为杂性,左右对称或很少辐射对称;核果、蒴果或浆果状核果。

本科约80属3 000种,主要分布于热带和亚热带地区,少数延至温带;我国现有21属175种。本科的美女樱、马缨丹、紫珠等种类具有很高的观赏价值。

10.21.1 马鞭草属 *Verbena*

一年生、多年生草本或亚灌木;茎直立或匍匐,无毛或有毛;叶对生,稀轮生或互生,近无柄,边缘有齿至羽状深裂,极少无齿;花常排成顶生穗状花序,有时为圆锥状或伞房状,稀有腋生花序,蓝色或淡红色。

美女樱 *Verbena hybrida*(别称:草五色梅、铺地马鞭草、铺地锦、四季绣球等)

形态特征:全株有细绒毛,植株丛生而铺覆地面,株高10~50 cm,茎4棱;**叶对生,**深绿色;**穗状花序顶生,密集呈伞房状,花小而密集,**有白色、粉色、红色、复色等,具芳香。花期5—11月。

主要分布:原产于巴西、秘鲁、乌拉圭等地,现世界各地广泛栽培,中国各地也均有引种栽培。

生长习性:喜阳光,不耐阴,较耐寒,喜温暖湿润气候,不耐干旱,对土壤要求不严,在疏松肥沃、较湿润的中性土壤生长健壮。在上海小气候较温暖处能露地越冬,北方多作一年生草花栽培。

观赏特性及园林用途:美女樱茎秆矮壮匍匐,为良好的地被材料,花色绚丽,广泛用于城市道路绿化带、大转盘、坡地、花坛、花境等,也可作盆花大面积栽植于适合盆栽观赏或布置花台花园林隙地、树坛中。

10.21.2 马缨丹属 *Lantana*

直立或半藤状灌木,有强烈气味;茎四方形,有或无皮刺与短柔毛;单叶对生,有柄,边缘有圆或钝齿,表面多皱;花密集成头状,顶生或腋生,有总花梗;果实的中果皮肉质,内果皮质硬,成熟后,常为2骨质分核。

马缨丹 *Lantana camara*(别称:五色梅、五彩花、如意草、七变花等)

形态特征:直立或蔓性的灌木,高1~2 m,有时藤状,长达4 m;茎枝均呈四方形,有短柔毛,通常有短而倒钩状刺;**单叶对生,揉烂后有强烈的气味,**叶片卵形至卵状长圆形,长3~8.5 cm,宽1.5~5 cm,顶端急尖或渐尖,基部心形或楔形,边缘有钝齿,表面有粗糙的皱纹和短柔毛;**花冠黄色或橙黄色,开花后不久转为深红色;**果圆球形,成熟时紫黑色。全年开花。

主要分布:原产于美洲热带地区,常生长于海拔80~1 500 m的海边沙滩和空旷地区,世界热带地区均有分布。现我国台湾、福建、广东、广西有栽培。

生长习性:性喜温暖、湿润、向阳之地,耐干旱,稍耐阴,不耐寒。南方区域可露地栽培,北方只能作盆栽观赏,对土质要求不严,以肥沃、疏松的沙质土壤为佳,生性强健,在热带地区周年可生长,冬季不休眠。

观赏特性及园林用途:马缨丹为叶花两用观赏植物,花期长,全年均能开花,花虽较小,但多数积聚在一起,似彩色小绒球镶嵌或点缀在绿叶之中,且花色美丽多彩,每朵花从花蕾期到花谢期可变换多种颜色,最适合的观赏期为春末至秋季,是一种较为理想的观花地被植物,可丰富园林景观,有活泼俏丽之感。此外,现已有多个栽培品种可植于街道、分车道和花坛,为城市街景增色,也可在园路两侧作花篱,坡坎绿化,或作盆栽摆设观赏,还可作为配景材料,或以带状、环状、不规则形状植于花坛、角隅、墙基,起点缀、装饰和掩蔽作用。

其他用途:马缨丹是绿地、荒山特别是护堤的优良灌木树种;根可制造橡胶,茎秆是造纸原料;茎秆树皮、叶和花提取的香精油酷似薄荷油;叶可用于制造生物杀虫剂。

10.21.3 紫珠属 *Callicarpa*

直立灌木,稀为乔木、藤本或攀缘灌木;小枝圆筒形或四棱形;叶对生,偶有三叶轮生,有柄或近无柄,边缘有锯齿,稀为全缘,通常被毛和腺点;聚伞花序腋生;花小,整齐,花冠紫色、红色或白色,顶端4裂;果实通常为核果或浆果状,成熟时呈紫色、红色或白色,种子小,长圆形。

紫珠 *Callicarpa bodinieri*(别称:珍珠枫、漆大伯、白木姜、爆竹紫等)

形态特征:灌木,高约 2 m;小枝、叶柄和花序均被粗糠状星状毛;叶片卵状长椭圆形至椭圆形,长 7~18 cm,宽 4~7 cm,顶端长渐尖至短尖,基部楔形,边缘有细锯齿,表面干后暗棕褐色,有短柔毛,背面灰棕色,密被星状柔毛,两面密生暗红色或红色细粒状腺点;**聚伞花序**宽 3~4.5 cm,4~5 次分歧;**花冠紫色,**长约 3 mm,被星状柔毛和暗红色腺点;雄蕊长约 6 mm,花药椭圆形,细小,长约 1 mm;**果实球形,熟时紫色,**无毛,径约 2 mm。花期 6—7 月,果期 8—11 月。

主要分布:产于河南(南部)、江苏(南部)、安徽、浙江、江西、湖南、湖北、广东、广西、四川、贵州、云南。越南也有分布。

生长习性:生于海拔 200~2 300 m 的林中、林缘及灌丛中,性喜温、喜湿、怕风、怕旱,适宜气候条件为年平均温度 15~25 ℃,年降雨量 1 000~1 800 mm,土壤以红黄壤为好。紫珠萌发条多,根系极发达,为浅根树种。

观赏特性及园林用途:紫珠株形秀丽,花色绚丽,果实色彩鲜艳,珠圆玉润,是一种既可观花又能赏果的优良花卉品种,常用于园林绿化或庭院栽种,也可作盆栽观赏,其果穗还可剪下瓶插或作切花材料。

其他用途:紫珠具有药用价值。

10.22 茜草科 Rubiaceae

乔木、灌木或草本,有时为藤本,少数为具肥大块茎的适蚁植物;叶对生或有时轮生,有时具不等叶性,通常全缘,极少有齿缺;花序各式,花两性、单性或杂性,通常花柱异长;花冠合瓣,通常 4~5 裂;浆果、蒴果或核果,或干燥而不开裂或为分果。

本科属、种数无准确记载,有学者统计为 637 属 10 700 种,广布全世界的热带和亚热带,少数分布至北温带。我国有 98 属约 676 种,主要分布在东南部、南部和西南部,少数分布西北部和东北部。本科植物有栀子、六月雪、龙船花、香果树等观赏植物。

10.22.1 栀子属 *Gardenia*

灌木或很少为乔木;叶对生,少有 3 片轮生或与总花梗对生的 1 片不发育;花大,花冠高脚碟状、漏斗状或钟状,裂片 5~12,扩展或外弯,旋转排列;雄蕊与花冠裂片同数,着生于花冠喉部;浆果。

栀子 *Gardenia jasminoides*(别称:水横枝、黄果子、黄栀子、山栀子、水栀子等)

形态特征:灌木,高 0.3~3 m;嫩枝常被短毛,枝圆柱形,灰色;**叶对生,革质,**稀为纸质,少为 3 枚轮生,叶形多样,通常为长圆状披针形、倒卵状长圆形、倒卵形或椭圆形,长 3~25 cm,宽 1.5~8 cm,顶端渐尖、骤然长渐尖或短尖而钝,基部楔形或短尖,两面常无毛,上面亮绿,下面色较暗;**花芳香,通常单朵生于枝顶;花冠白色或乳黄色,高脚碟状,**喉部有疏柔毛,冠管狭圆筒形；**果卵形、近球形、椭圆形或长圆形，黄色或橙红色**，长 1.5~7 cm，直径 1.2~2 cm。花期 3—7 月，果期 5 月至翌年 2 月。

主要分布：分布于山东、江苏、安徽、浙江、江西、福建、台湾、湖北、湖南、广东、香港、广西、海南、四川、贵州、云南、河北、陕西和甘肃等地；生于海拔 10~1 500 m 处的旷野、丘陵、山谷、山坡、溪边的灌丛或林中。国外分布于日本、朝鲜、越南、老挝、柬埔寨、印度、尼泊尔、巴基斯坦、太平洋岛屿和美洲北部，野生或栽培。

生长习性：性喜温暖湿润气候，好阳光但又不能经受强烈阳光照射，适宜生长在疏松、肥沃、排水良好、轻黏性酸性土壤中，抗有害气体能力强，萌芽力强，耐修剪，是典型的酸性花卉。

观赏特性及园林用途：栀子花大而美丽，气味芳香浓郁，历年来深受人们喜爱，适用于阶前、池畔和路旁配置，或作花篱、盆栽和盆景观赏。

其他用途：栀子干燥成熟果实、叶、花、根也可作药用；果实可提取栀子黄色素，作染料应用；花可提制芳香浸膏，用于多种花香型化妆品和香皂香精的调和剂。

10.22.2 白马骨属 *Serissa*

枝多的灌木，无毛或小枝被微柔毛，揉之发出臭气；叶对生，近无柄，通常聚生于短小枝上，近革质，卵形；花腋生或顶生，单朵或多朵丛生，无梗；花冠漏斗形，顶部 4~6 裂，裂片短，直，扩展，内曲，镊合状排列；核果球形。

六月雪 *Serissa japonica*

形态特征：小灌木，高 60~90 cm，有臭气；叶革质，卵形至倒披针形，长 6~22 mm，宽 3~6 mm，顶端短尖至长尖，边全缘，无毛；叶柄短；**花单生或数朵丛生于小枝顶部或腋生**，有被毛、边缘浅波状的苞片；**花冠淡红色或白色**，长 6~12 mm，裂片扩展，顶端 3 裂；雄蕊突出冠管喉部外；花柱长突出，柱头 2，直，略分开。花期 5—7 月。

主要分布：产于江苏、安徽、江西、浙江、福建、广东、香港、广西、四川、云南，生于河溪边或丘陵的杂木林内。日本、越南也有分布。

生长习性：畏强光，喜温暖气候，也稍能耐寒、耐旱。喜排水良好、肥沃和湿润疏松的土壤，对环境要求不高，生长力较强。

观赏特性及园林用途：六月雪枝叶密集，百花盛开，宛如雪花满树，雅洁可爱，是既可观叶又可观花的优良观赏植物，适宜在庭园路边及步道两侧作花径配植，或作花坛境界、花篱，或配植在山石、岩缝间。同时，也是四川、江苏、安徽盆景中的主要树种之一，其叶细小，根系发达，尤其适宜制作微型或提根式盆景，布置于客厅的茶几、书桌或窗台上，显得非常雅致，是室内美化点缀的佳品。

其他用途：六月雪具有药用价值。

10.22.3 龙船花属 *Ixora*

常绿灌木或小乔木；小枝圆柱形或具棱；叶对生，很少 3 枚轮生；花排成顶生稠密或扩展伞房花序式或三歧分枝的聚伞花序，常具苞片和小苞片；花冠高脚碟形，顶部 4 裂罕有 5 裂；核果球形或略呈压扁形。

龙船花 *Ixora chinensis*(别称:卖子木、山丹等)

形态特征:灌木,高0.8~2 m,无毛;小枝初时深褐色,有光泽,老时呈灰色,具线条;叶对生,有时由于节间距离极短几成4枚轮生,披针形、长圆状披针形至长圆状倒披针形,长6~13 cm,宽3~4 cm,顶端钝或圆形,基部短尖或圆形;**花序顶生,多花**,具短总花梗;总花梗长5~15 mm,与分枝均呈红色,罕有被粉状柔毛;**花冠红色或红黄色**,盛开时长2.5~3 cm,顶部4裂,裂片倒卵形或近圆形,扩展或外反,长5~7 mm,宽4~5 mm,顶端钝或圆形;花丝极短,花药长圆形;花柱短伸出冠管外,柱头2,初时靠合,盛开时叉开,略下弯;**果近球形**,双生,中间有1沟,**成熟时红黑色**。花期5 7月。

主要分布:分布于缅甸、越南、菲律宾、马来西亚、印度尼西亚等热带地区,为缅甸国花。我国福建、广东、香港、广西均有分布。生于海拔200~800 m的山地灌丛中和疏林下,有时在村落附近的山坡和旷野路旁也有生长。

生长习性:适合高温及日照充足的环境,喜湿润炎热的气候,不耐低温,生长适温为23~32 ℃。温度低于20 ℃长势减弱,开花明显减少,温度低于10 ℃,生理活性降低,生长缓慢,温度低于0 ℃,出现冻害。龙船花喜酸性土壤,最适合的土壤pH值为5~5.5。排水良好、保肥性能好的土壤即可生长良好,最佳的栽培土质是富含有机质的沙壤土或腐殖质壤土。

观赏特性及园林用途:龙船花很多品种适合于盆栽,应用于宾馆、会场布景、窗台、阳台和室内摆设。热带地区适合露地栽植,部分株型高大、枝条相对疏松的品种可孤植、丛植或群植。植株细密、生长慢的品种适宜于列植作花篱应用于阶梯两旁、墙边、沿路或草地边缘,也可片植修剪构成图案,以上龙船花的配植方法均广泛应用于庭院、小区、道路旁及各风景区的植物造景。

其他用途:龙船花具有药用价值。

10.22.4 香果树属 *Emmenopterys*

乔木;叶对生,具柄;圆锥状的聚伞花序顶生,多花;花冠漏斗形,冠管狭圆柱形,冠檐膨大,5裂,裂片覆瓦状排列;蒴果室间开裂为2果爿;种子多数,不规则覆瓦状排列,种皮海绵质,有翅。

香果树 *Emmenopterys henryi*(别称:大叶水桐子、小冬瓜、茄子树)

形态特征:落叶大乔木,高达30 m,胸径达1 m;树皮灰褐色,**鳞片状**;叶纸质或革质,阔椭圆形、阔卵形或卵状椭圆形,长6~30 cm,宽3.5~14.5 cm,顶端短尖或骤然渐尖,稀钝,基部短尖或阔楔形,全缘,上面无毛或疏被糙伏毛,下面较苍白;**花芳香**,花梗长约4 mm;变态的叶状萼裂片白色、淡红色或淡黄色,纸质或革质,匙状卵形或广椭圆形;**花冠漏斗形,白色或黄色,**长2~3 cm,被黄白色绒毛,裂片近圆形,长约7 mm,宽约6 mm;花丝被绒毛;**蒴果长圆状卵形或近纺锤形,**长3~5 cm,径1~1.5 cm,无毛或有短柔毛,有纵细棱;种子多数,小而有阔翅。花期6—8月,果期8—11月。

主要分布:产于陕西、甘肃、江苏、安徽、浙江、江西、福建、河南、湖北、湖南、广西、四川、贵州、云南东北部至中部;生于海拔430~1 630 m处的山谷林中,喜湿润而肥沃的土壤。

生长习性:通常散生在以壳斗科为主的常绿阔叶林中,或生于常绿、落叶阔叶混交林内。香果树为偏阳性树种,但幼苗和10龄以内的幼树能耐荫蔽,10龄以上多不耐阴,一般在30龄以上的壮龄树才能开花结实。性喜温和或凉爽的气候和湿润肥沃的土壤。

观赏特性及园林用途:香果树为中国特有单种属珍稀树种,是一种古老孑遗植物,该树种姿态雄伟,花序硕大,色彩秀丽,大型白色萼片甚为醒目,观赏期长,在其分布区内可作为园林观赏植物加以应用,可孤植、丛植、列植,均能发挥其美化效果。

其他用途:香果树具有药用价值。

10.23 忍冬科 Caprifoliacea

灌木或木质藤本,有时为小乔木或小灌木,落叶或常绿,很少为多年生草本;叶对生,很少轮生,多为单叶;极少花单生;花冠裂片5~4(-3)枚;果实为浆果、核果或蒴果,具1至多数种子。

本科有13属约500种,主要分布于北温带和热带高海拔山地,东亚和北美东部种类最多,个别属分布在大洋洲和南美洲。中国有12属200余种,大多分布于华中和西南各省、区。忍冬科以盛产观赏植物而著称,荚蒾属、忍冬属、六道木属和锦带花属等都是著名的庭园观赏花木。

10.23.1 忍冬属 *Lonicera*

直立灌木或矮灌木,很少呈小乔木状,有时为缠绕藤本,落叶或常绿;小枝髓部白色或黑褐色,枝有时中空,老枝树皮常作条状剥落;叶对生,很少3(4)枚轮生,纸质、厚纸质至革质,全缘,极少具齿或分裂;花通常成对生于腋生的总花梗顶端,简称"双花",或花无柄而呈轮状排列于小枝顶,每轮3~6朵;花冠白色(或由白色转为黄色)、黄色、淡红色或紫红色,钟状、筒状或漏斗状,整齐或近整齐5(4)裂,或2唇形而上唇4裂,花冠筒长或短,基部常一侧肿大或具浅或深的囊,很少有长距;浆果,红色、蓝黑色或黑色,具少数至多数种子。

忍冬 *Lonicera japonica*(别称:金银花、金银藤、二色花藤、鸳鸯藤等)

形态特征:半常绿藤本;幼枝呈红褐色,密被黄褐色、开展的硬直糙毛、腺毛和短柔毛,下部常无毛;叶纸质,卵形至矩圆状卵形,有时卵状披针形,稀圆卵形或倒卵形,极少有1至数个钝缺,长3~5(9.5)cm,顶端尖或渐尖,少有钝、圆或微凹缺,基部圆或近心形,有糙缘毛,上面深绿色,下面淡绿色,小枝上部叶通常两面均密被短糙毛,下部叶常平滑无毛而下面多少带青灰色;**花冠白色,有时基部向阳面呈微红,后变黄色**,长(2)3~4.5(6)cm,唇形,筒稍长于唇瓣,很少近等长,外被多少倒生的开展或半开展糙毛和长腺毛,上唇裂片顶端钝形,下唇带状而反曲;雄蕊和花柱均高出花冠。**果实圆形**,直径6~7 mm,熟时蓝黑色,有光泽;种子卵圆形或椭圆形,褐色。花期4—6月(秋季也常开花),果熟期10—11月。

主要分布:除黑龙江、内蒙古、宁夏、青海、新疆、海南和西藏无自然生长外,金银花在全国各省均有分布,日本和朝鲜也有分布。在北美洲逸生成为难除的杂草。

生长习性:适应性很强,喜阳、耐阴,耐寒性强,也耐干旱和水湿,对土壤要求不严,但以湿润、肥沃的深厚沙壤土生长最佳,每年春夏两次发梢。根系繁密发达,萌蘖性强,茎蔓着地即能生根。喜阳光和温和、湿润的环境,生命力强,适应性广,耐寒,耐旱,在荫蔽处生长不良。生于山坡灌丛或疏林中、乱石堆、山足路旁及村庄篱笆边,海拔最高达 1 500 m。

观赏特性及园林用途:金银花由于匍匐生长能力比攀缘生长能力强,更适合于在林下、林缘、建筑物北侧等处作地被栽培,还可以作绿化矮墙,也可以利用其缠绕能力制作花廊、花架、花栏、花柱以及缠绕假山石等。

其他用途:金银花具有药用价值。

10.23.2 荚蒾属 *Viburnum*

灌木或小乔木,落叶或常绿,常被簇状毛,茎干有皮孔;单叶,对生,稀 3 枚轮生,全缘或有锯齿或牙齿,有时掌状分裂;花序由聚伞合成顶生或侧生的伞形式、圆锥式或伞房式,很少紧缩成簇状;花小,两性,整齐,花冠白色,较少淡红色,裂片 5 枚,通常开展,很少直立,蕾时覆瓦状排列;果实为核果,卵圆形或圆形。

1)荚蒾 *Viburnum dilatatum*

形态特征:落叶灌木,高 1.5~3 m;当年小枝连同芽、叶柄和花序均密被土黄色或黄绿色开展的小刚毛状粗毛及簇状短毛;叶纸质,宽倒卵形、倒卵形或宽卵形,长 3~10 (13) cm,顶端急尖,基部圆形至钝形或微心形,有时楔形,边缘有牙齿状锯齿,齿端突尖,上面被叉状或简单伏毛,下面被带黄色叉状或簇状毛,脉上毛尤密,脉腋集聚簇状毛,有带黄色或近无色的透亮腺点;**复伞形式聚伞花序稠密**,生于具 1 对叶的短枝之顶,直径 4~10 cm,果时毛多少脱落;花冠白色,辐状,直径约 5 mm,裂片圆卵形;雄蕊明显高出花冠,花药小,乳白色,宽椭圆形;花柱高出萼齿。**果实红色**,椭圆状卵圆形,长 7~8 mm。花期 5—6 月,果熟期 9—11 月。

主要分布:产于河北南部、陕西南部、江苏、安徽、浙江、江西、福建、台湾、河南南部、湖北、湖南、广东北部、广西北部、四川、贵州及云南(保山),日本和朝鲜也有分布。生于山坡或山谷疏林下、林缘及山脚灌丛中,海拔 100~1000 m。

生长习性:喜光,喜温暖湿润,也耐阴,耐寒,对气候因子及土壤条件要求不严,最好是微酸性肥沃土壤,地栽、盆栽均可,管理粗放。

观赏特性及园林用途:荚蒾枝叶稠密,树冠球形,叶形美观,入秋变为红色,开花时节,白花布满枝头,果熟时,累累红果,令人赏心悦目。叶、花、果均有观赏价值,是一种重要的观赏树种,也是制作盆景的良好素材。

其他用途:荚蒾具有药用价值。

2)珊瑚树 *Viburnum odoratissimum*(别称:极香荚蒾、早禾树)

形态特征:常绿灌木或小乔木,高达 10(15) m;枝灰色或灰褐色,有凸起的小瘤状皮孔;叶革质,椭圆形至矩圆形或矩圆状倒卵形至倒卵形,有时近圆形,长 7~20 cm,顶端短尖至渐尖而钝头,有时钝形至近圆形,基部宽楔形,稀圆形,边缘上部有不规则浅波状锯齿或近全缘,上面深绿色有光泽,两面无毛或脉上散生簇状微毛,下面有时散生暗红色微腺点;**圆锥花序顶生或生于侧生短枝上**,宽尖塔形,长 (3.5) 6~13.5 cm,宽 (3)4.5~6 cm,无毛或散生簇状毛;**花**

芳香,通常生于序轴的第二至第三级分枝上;**花冠白色,后变黄白色**,有时微红,辐状,直径约7 mm;雄蕊略超出花冠裂片,花药黄色,矩圆形,长近2 mm;柱头头状,不高出萼齿;果实先红色后变黑色,卵圆形或卵状椭圆形,长约8 mm,直径5~6 mm;核卵状椭圆形,浑圆。花期4—5月(有时不定期开花),果熟期7—9月。

主要分布:产于福建东南部、湖南南部、广东、海南和广西。生于山谷密林中溪涧旁荫蔽处、疏林中向阳地或平地灌丛中,海拔200~1 300 m。印度东部、缅甸北部、泰国和越南也有分布。

生长习性:喜温暖,稍耐寒,喜光稍耐阴,在潮湿、肥沃的中性土壤中生长迅速旺盛,也能适应酸性或微碱性土壤。根系发达,萌芽性强,耐修剪,对有毒气体抗性强。

观赏特性及园林用途:珊瑚树枝繁叶茂,遮蔽效果好,又耐修剪,在绿化中被广泛应用,红果形如珊瑚,绚丽可爱,珊瑚树在规则式庭院中常整修为绿墙、绿门、绿廊,在自然式园林中多孤植、丛植装饰墙角,用于隐蔽遮挡。沿园界墙中遍植珊瑚树,以其自然生态体形代替装饰砖石、土等构筑起来的呆滞背景,可产生"园墙隐约于萝间"的效果,不但在观赏上显得自然活泼,而且扩大了园林的空间感。此外,因珊瑚树有较强的抗毒气功能,可用来吸收大气中的有毒气体。

3) 日本珊瑚树 *Viburnum odoratissimum* 'awabuki'(别称:法国冬青)

形态特征:叶倒卵状矩圆形至矩圆形,很少倒卵形,长7~13(16)cm,顶端钝或急狭而钝头,基部宽楔形,**边缘常有较规则的波状浅钝锯齿**,侧脉6~8对;圆锥花序通常生于具两对叶的幼技顶,长9~15 cm,直径8~13 cm;花冠筒长3.5~4 mm,裂片长2~3 mm;花柱较细,长约1 mm,柱头常高出萼齿;果核通常倒卵圆形至倒卵状椭圆形,长6~7 mm;其他性状同珊瑚树。花期5—6月,果熟期9—10月。

主要分布:产于浙江(普陀、舟山)和台湾。长江下游各地常见栽培。日本和朝鲜南部也有分布。

生长习性:耐阴,喜光,喜温暖,不耐寒。

观赏特性及园林用途:日本珊瑚树可作绿篱及绿雕,各地庭园有栽培,可阻挡尘埃、吸收空气中多种有害气体、降低环境噪声。

10.23.3 锦带花属 *Weigela*

落叶灌木;幼枝稍呈四方形;叶对生,边缘有锯齿;花单生或由2~6花组成聚伞花序生于侧生短枝上部叶腋或枝顶;花冠白色、粉红色至深红色,钟状漏斗形,5裂,筒长于裂片;蒴果圆柱形;种子小而多,无翅或有狭翅。

锦带花 *Weigela florida*(别称:锦带、海仙)

形态特征:落叶灌木,高达1~3 m;幼枝稍四方形,有二列短柔毛;树皮灰色;叶矩圆形、椭圆形至倒卵状椭圆形,长5~10 cm,顶端渐尖,基部阔楔形至圆形,边缘有锯齿,上面疏生短柔毛,脉上毛较密,下面密生短柔毛或绒毛;**花单生或成聚伞花序生于侧生短枝的叶腋或枝顶;花冠紫红色或玫瑰红色**,长3~4 cm,直径2 cm,外面疏生短柔毛,裂片不整齐,开展,内面浅红色;花丝短于花冠,花药黄色;果实长 1.5~2.5 cm,顶有短柄状喙,疏生柔毛;种子无翅。花期4—6月。

主要分布:产于黑龙江、吉林、辽宁、内蒙古、山西、陕西、河南、山东北部、江苏北部等地。生于海拔 100~1 450 m 的杂木林下或山顶灌木丛中。俄罗斯、朝鲜和日本也有分布。

生长习性:生于海拔 800~1 200 m 的湿润沟谷、阴或半阴处。喜光,耐阴,耐寒,对土壤要求不严,能耐瘠薄土壤,但以深厚、湿润而腐殖质丰富的土壤生长最好,怕水涝。萌芽力强,生长迅速。

观赏特性及园林用途:锦带花枝叶茂密,花色艳丽,花期可长达数月,是东北、华北地区主要的早春花灌木。适宜庭院墙隅、湖畔群植,也可在树丛林缘作花篱,丛植配植,点缀于假山、坡地。锦带花对氯化氢抗性强,是良好的抗污染树种。花枝可供瓶插。

10.23.4 接骨木属 *Sambucus*

落叶乔木或灌木,很少多年生高大草本;茎干常有皮孔;单数羽状复叶,对生;花序由聚伞合成顶生的复伞式或圆锥式;花小,白色或黄白色,整齐;花冠辐状,5裂;浆果状核果红黄色或紫黑色,具3~5枚核;种子三棱形或椭圆形。

接骨木 *Sambucus williamsii*(别称:续骨草、九节风等)

形态特征:落叶灌木或小乔木,高5~6 m;老枝淡红褐色,具明显的长椭圆形皮孔,髓部淡褐色;**羽状复叶有小叶2~3对,**侧生小叶片卵圆形、狭椭圆形至倒矩圆状披针形,长5~15 cm,宽1.2~7 cm,顶端尖、渐尖至尾尖,边缘具不整齐锯齿基部楔形或圆形,有时心形,两侧不对称,叶搓揉后有臭气;花与叶同出,**圆锥形聚伞花序顶生,**长5~11 cm,宽4~14 cm,具总花梗,花序分枝多成直角开展,**花小而密,花冠蕾时带粉红色,开后白色或淡黄色,**筒短;雄蕊与花冠裂片等长,开展,花丝基部稍肥大,花药黄色;**果实红色,**极少蓝紫黑色,卵圆形或近圆形,直径3~5 mm;分核2~3枚,卵圆形至椭圆形,长2.5~3.5 mm,略有皱纹。花期一般4—5月,果熟期9—10月。

主要分布:产于黑龙江、吉林、辽宁、河北、山西、陕西、甘肃;山东、江苏、安徽、浙江、福建、河南、湖北、湖南、广东、广西、四川、贵州及云南等省区。生于海拔 540~1 600 m 的山坡、灌丛、沟边、路旁、宅边等地。

生长习性:适应性较强,对气候要求不严。喜肥沃 、疏松的土壤。喜向阳,喜光,也耐阴,较耐寒,又耐旱,根系发达,萌蘖性强。常生于林下、灌木丛中或平原路,根系发达。忌水涝。抗污染性强。

观赏特性及园林用途:接骨木枝叶繁茂,春季白花满树,夏秋红果累累,是良好的观赏灌木,宜植于草坪、林缘或水边。接骨木对氟化氢、氯气、氯化氢、二氧化硫、醛、酮、醇、醚、苯和安息香吡啉(致癌物质)等均有较强的抗性,可用于城市、工厂的防护林。

10.23.5 蝟实属 *Kolkwitzia*

落叶灌木,冬芽具数对明显被柔毛的鳞片;叶对生,具短柄;由贴近的两花组成的聚伞花序呈伞房状,顶生或腋生于具叶的侧枝之顶;花冠钟状,5裂,裂片开展;雄蕊4枚,2强,内藏;2枚瘦果状核果合生,外被刺刚毛。

蝟实 *Kolkwitzia amabilis*

形态特征：多分枝直立灌木，高达 3 m；幼枝红褐色，被短柔毛及糙毛，老枝光滑，茎皮剥落；叶椭圆形至卵状椭圆形，长 3~8 cm，宽 1.5~2.5 cm，顶端尖或渐尖，基部圆或阔楔形，全缘，少有浅齿状，上面深绿色，两面散生短毛，脉上和边缘密被直柔毛和睫毛；**伞房状聚伞花序，花冠淡红色，**长 1.5~2.5 cm，直径 1~1.5 cm，花药宽椭圆形；花柱有软毛，柱头圆形；**果实密被黄色刺刚毛，**顶端伸长如角。花期 5—6 月，果熟期 8—9 月。

主要分布：为我国特有种，产于山西、陕西、甘肃、河南、湖北及安徽等省。生于海拔 350~1 340 m的山坡、路边和灌丛中。

生长习性：耐寒、耐旱，相对湿度过大、雨量多的地方，常生长不良，易患病虫害。喜光树种，在林荫下生长细弱，不能正常开花结实。

观赏特性及园林用途：蝟实作为驰名中外的珍贵观赏植物，植株紧凑，树干丛生，株丛姿态优美，开花期正值初夏百花凋谢之时，花序紧凑，花密色艳，盛开时繁花似锦、满树粉红，给人以清新、兴旺的感觉，且耐寒、耐旱、耐瘠薄，管理粗放，抗性强，可广泛用于长江以北多种场合的绿化和美化。夏秋全树挂满形如刺猬的小果，作为观果花卉，也属别致，是初夏北方重要的花灌木之一。可孤植栽植于房前屋后、庭院角隅，也可三三两两呈组状栽植于草坪、山石旁、水池边或坡地，使景观更加贴近自然，还可与乔木、绿篱等一起配植于道路两侧、花带等形成一个多变的、多层次的立体造型，既增加了绿化层次，又丰富了园林景色。同时它也是插花的理想花材。

其他用途：蝟实材质是开发高级手杖的上等好料；同时还具有科研价值。

10.24 禾本科 Gramineae

木本或草本；根大多数为须根；茎多为直立，通常在其基部容易生出分蘖条，一般明显地具有节与节间两部分，节间中空，也有充满空腔而使节间为实心者；节处之内有横隔板；单叶互生，可分叶鞘、叶舌、叶片 3 部分，叶片未开展或干燥时可作席卷状，有 1 条明显的中脉和若干条与之平行的纵长次脉，小横脉有时也存在。

本科已知约有 700 属 10 000 种，是单子叶植物中仅次于兰科的第二大科，分布更为广泛而且个体繁茂，凡是地球上有种子植物生长的场所皆有其踪迹。我国有 200 余属 1 500 种以上，园林植物造景常用的种有各种竹类。

10.24.1 刚竹属 *Phyllostachys*

乔木或灌木状竹类；地下茎为单轴散生；竿圆筒形；节间在分枝的一侧扁平或具浅纵沟，后者且可贯穿节间全长；竿环多少明显隆起，稀可不明显；竿每节分 2 枝，一粗一细，在竿与枝的腋间有先出叶；叶片披针形至带状披针形，下表面（即离轴面）的基部常生有柔毛，小横脉明显；笋期 3—6 月，相对集中在 5 月。

毛竹 *Phyllostachys heterocycla* 'Pubescens'

形态特征：竿高达20余米，粗者可达20余厘米，幼竿密被细柔毛及厚白粉，箨环有毛，老竿无毛，并由绿色渐变为绿黄色；**基部节间甚短而向上则逐节较长，**中部节间长达40 cm或更长，壁厚约1 cm（但有变异）；竿环不明显，低于箨环或在细竿中隆起；箨鞘背面黄褐色或紫褐色，具黑褐色斑点及密生棕色刺毛；箨耳微小，縫毛发达；箨舌宽短，强隆起乃至为尖拱形，边缘具粗长纤毛；箨片较短，长三角形至披针形，有波状弯曲，绿色，初时直立，以后外翻；叶耳不明显，鞘口縫毛存在而为脱落性；叶舌隆起；**叶片较小、较薄，**披针形，长4~11 cm，宽0.5~1.2 cm，下表面在沿中脉基部具柔毛；花枝穗状，长5~7 cm，基部托以4~6片逐渐稍较大的微小鳞片状苞片；佛焰苞通常在10片以上，常偏于一侧，呈整齐的复瓦状排列，下部数片不孕而早落，致使花枝下部露出而类似花枝之柄，上部的边缘生纤毛及微毛，无叶耳，具易落的鞘口縫毛，缩小叶小，披针形至锥状，每片孕性佛焰苞内具1~3枚假小穗；小穗仅有1朵小花；节间具短柔毛；颖1片，长15~28 mm，顶端常具锥状缩小叶有如佛焰苞，下部、上部以及边缘常生毛茸；外稃长22~24 mm，上部及边缘被毛；内稃稍短于其外稃，中部以上生有毛茸；鳞被披针形，长约5 mm，宽约1 mm；花丝长4 cm，花药长约12 mm；柱头3，羽毛状；颖果长椭圆形，长4.5~6 mm，直径1.5~1.8 mm，顶端有宿存的花柱基部。笋期4月，花期5—8月。

主要分布：分布自秦岭、汉水流域至长江流域以南和台湾，黄河流域也有多处栽培。1737年引入日本栽培，后又引至欧美各国。

生长习性：性喜温暖湿润的气候条件，年平均温度为15~20 ℃，年降水量为1 200~1 800 mm。对土壤的要求也高于一般树种，既需要充裕的水湿条件，又不耐积水淹浸。板岩、页岩、花岗岩、砂岩等母岩发育的中、厚层肥沃酸性的红壤、黄红壤、黄壤上分布多，生长良好。在土质黏重而干燥的网纹红壤及林地积水、地下水位过高的地方则生长不良。在造林地选择上应选择背风向南的山谷、山麓、山腰地带，土壤深度在50 cm以上，肥沃、湿润、排水和透气性良好的酸性沙质土或沙壤土的地方。

观赏特性及园林用途：毛竹是中国栽培悠久、面积最广、经济价值也最重要的竹种。毛竹叶翠，四季常青，秀丽挺拔，经霜不凋，雅俗共赏。自古以来常植于庭园曲径、池畔、溪涧、山坡、石迹、天井、景门，以及室内盆栽观赏。常与松、梅共植，被誉为"岁寒三友"。

其他用途：毛竹宜供建筑用；供编织各种粗细的用具及工艺品；枝梢作扫帚；嫩竹及竿箨作造纸原料；笋味美，鲜食或加工制成玉兰片、笋干、笋衣等。

10.24.2 簕竹属 *Bambusa*

灌木或乔木状，地下茎合轴型；竿丛生，通常直立；节间圆筒形，竿环较平坦；竿每节分枝为数枝乃至多枝，簇生，主枝较为粗长（单竹亚属近相等），且能再分次级枝，竿下部分枝上所生的小枝或可短缩为硬刺或软刺，但也有无刺者；竿箨早落或迟落，稀有近宿存；箨鞘常具箨耳两枚，但也稀可不甚明显或退化；箨片通常直立，但也有外展乃至向外翻折，在箨鞘上宿存或脱落；叶片顶端渐尖，基部多为楔形，或可圆形乃至近心脏形，通常小横脉不显著。笋期夏秋两季。

1）孝顺竹 *Bambusa multiplex*

形态特征：竿高4~7 m，直径1.5~2.5 cm，尾梢近直或略弯，下部挺直，绿色；节间长30~50 cm，幼时薄被白蜡粉，并于上半部被棕色至暗棕色小刺毛，后者在近节以下部分尤其较为密集，老时则光滑无毛，竿壁稍薄；节处稍隆起，无毛；**数枝乃至多枝簇生**，主枝稍较粗长；**叶耳肾形，边缘具波曲状细长繸毛**；叶舌圆拱形，高0.5 mm，边缘微齿裂；叶片线形，长5~16 cm，宽7~16 mm，上表面无毛，下表面粉绿而密被短柔毛，先端渐尖具粗糙细尖头，基部近圆形或宽楔形；假小穗单生或以数枝簇生于花枝各节，并在基部托有鞘状苞片，线形至线状披针形，长3~6 cm；先出叶长3.5 mm，具2脊，脊上被短纤毛；具芽苞片通常1或2片，卵形至狭卵形，长4~7.5 mm，无毛，具9~13脉，先端钝或急尖；小穗含小花(3)5~13朵，中间小花为两性；小穗轴节间形扁，长4~4.5 mm，无毛；颖不存在；外稃两侧稍不对称，长圆状披针形，长18 mm，无毛，具19~21脉，先端急尖；内稃线形，长14~16 mm，具2脊，脊上被短纤毛，脊间6脉，脊外有一边具4脉，另一边具3脉，先端两侧各伸出1被毛的细长尖头，顶端近截平而边缘被短纤毛；鳞被中两侧的2片呈半卵形，长2.5~3 mm，后方的1片细长披针形，长3~5 mm，边缘无毛；花丝长8~10 mm，花药紫色，长6 mm，先端具一簇白色画笔状毛；成熟颖果未见。

观音竹，为孝顺竹的一种变异，它株型矮小，绿叶细密婆娑，风韵潇洒，好似凤尾；枝干纤细，竹竿上端由于枝繁叶茂而干细；枝干稠密，纤细而下弯；叶细小，长约3 cm，常20片排生于枝的两侧，似羽状。

小琴丝竹，为孝顺竹的一种栽培品种，与原变种的主要区分特征为竿和分枝的节间黄色，具不同宽度的绿色纵条纹，竿箨新鲜时绿色，具黄白色纵条纹。

银丝竹，为孝顺竹的一种栽培品种，与原变种的主要区别在于竿下部的节间以及箨鞘和少数叶片等皆为绿色且具白色纵条纹。

主要分布：分布于中国东南部至西南部，野生或栽培。原产于越南。

生长习性：喜光，稍耐阴。喜温暖、湿润环境，不甚耐寒。上海能露地栽培，但冬天叶枯黄。喜深厚肥沃、排水良好的土壤。

观赏特性及园林用途：孝顺竹竹竿丛生，四季青翠，姿态秀美，多栽培于庭园供观赏，宜于宅院、草坪角隅、建筑物前或河岸种植。若配植于假山旁侧，则竹石相映，更富情趣。

其他用途：竹竿可作编织、篱笆、造纸用等。

2）佛肚竹 *Bambusa ventricosa*（别称：佛竹）

形态特征：竿二型，正常竿高8~10 m，直径3~5 cm，**尾梢略下弯，下部稍呈之字形曲折**；节间圆柱形，长30~35 cm，幼时无白蜡粉，光滑无毛，下部略微肿胀；竿下部各节于箨环之上下方各环生一圈灰白色绢毛，基部第一、二节上还生有短气根；分枝常自竿基部第三、四节开始，各节具1~3枝，其枝上的小枝有时短缩为软刺，竿中上部各节为数至多枝簇生，其中有3枝较为粗长；畸形竿通常高25~50 cm，直径1~2 cm，**节间短缩而其基部肿胀，呈瓶状**，长2~3 cm；竿下部各节于箨环之上下方各环生一圈灰白色绢毛带；分枝习性稍高，且常为单枝，均无刺，其节间稍短缩而明显肿胀；**叶片线状披针形至披针形**，长9~18 cm，宽1~2 cm，上表面无毛，下表面密生短柔毛，先端渐尖具钻状尖头，基部近圆形或宽楔形；假小穗单生或以数枝簇生于花枝各节，线状披针形，稍扁，长 3~4 cm；先出叶宽卵形，长 2.5~3 mm，具 2 脊，脊上被短纤毛，先端钝；具芽苞片 1 或 2 片，狭卵形，长 4~5 mm，13~15 脉，先端急尖；小穗含两性小花 6~8 朵，其中，基部 1 或 2 朵和顶生 2 或 3 朵小花常为不孕性；小穗轴节间形扁，长 2~3 mm，顶端膨大呈杯状，其边缘被短纤毛，颖常无或仅 1 片，卵状椭圆形，长 6.5~8 mm，具 15~17 脉，先端急尖；外稃无毛，卵状椭圆形，长 9~11 mm，具 19~21 脉，脉间具小横脉，先端急尖；内稃与外稃近等长，具 2 脊，脊近顶端处被短纤毛，脊间与脊外两侧均各具 4 脉，先端渐尖，顶端具一小簇白色柔毛；鳞被 3，长约 2 mm，边缘上部被长纤毛，前方两片形状稍不对称，后方 1 片宽椭圆形；花丝细长，花药黄色，长 6 mm，先端钝；颖果未见。

主要分布：原产于中国华南，各地多有栽培，南亚热带常绿阔叶林区、热带季雨林及雨林区。

生长习性：耐水湿，喜光植物，但怕北方干燥季节的烈日暴晒，也稍耐阴。喜温暖湿润气候，抗寒力较低，能耐轻霜及极端 0 ℃左右的低温，冬季气温应保持在 10 ℃以上，低于 4 ℃往往受冻。北回归线以南的热带地区，可在露地安全越冬，华南北部的背风向阳处，尚可栽培。华中至华北的广大地区，均只宜盆栽，置温室或室内防寒越冬。喜肥沃湿润的酸性土，要求疏松和排水良好的酸性腐殖土及沙壤土。

观赏特性及园林用途：佛肚竹灌木状丛生，竿短小畸形，状如佛肚，姿态秀丽，四季翠绿。盆栽数株，当年成型，扶疏成丛林式，缀以山石，观赏效果颇佳。观叶类，竿形奇特，古朴典雅，在园林中自成一景，适于庭院、公园、水滨等处种植，与假山、崖石等配植，更显优雅。苏东坡有“宁可食无肉，不可居无竹”以及“无竹则俗”等诗句，古人称“梅、兰、竹、菊”为四君子，竹在园林中占有重要位置，同时也是作盆景的好材料。

3）黄金间碧竹 *Bambusa vulgaris* ‘Vittata’（别称：青丝金竹）

形态特征：竿直立，高 6~15 m，直径 4~6 cm，**竿黄色，节间正常，但具宽窄不等的绿色纵条纹，箨鞘在新鲜时为绿色而具宽窄不等的黄色纵条纹；**箨片直立，卵状三角形或三角形，背面具凸起的细条纹，无毛或被极稀少的暗棕色刺毛，腹面脉上密被前向、贴生、暗棕色的短硬毛，尤以近基部的脉上为甚，顶端边缘内卷而成钻状，箨鞘草黄色，具细条纹，背部密被暗棕色、贴生、前向的短硬毛，毛易脱落，两肩高起，略成圆形；箨耳近等大，暗棕色，上举，边缘被波形緣毛，箨舌长约 1.5 mm，边缘具细齿或条裂；叶片披针形或线状披针形，长 9~22 cm，宽 1.8~3 cm，顶端渐尖，基部近圆形或近截平，两面无毛，脉间具不明显的小横卧；背面被黑色向上刺毛箨短，先端齿尖箨叶直立三角形，分枝低而开展，主枝明显，叶片披针型，叶色浓绿。

主要分布：分布于我国广西、海南、云南、广东和台湾等省区的南部地区。

观赏特性及园林用途：黄金间碧竹是一种既有经济价值，又有观赏价值的名优品种，庭园中常见栽培。

其他用途：黄金间碧竹具有药用价值。

10.24.3 慈竹属 *Neosinocalamus*

地下茎合轴型；竿单丛，乔木状，但梢端纤细而作弧形下垂；节间圆筒形，长度中等，表面常生有疣基小刺毛，毛落后则留下凹痕及疣基小点；竿环平坦；箨环较显著，在其上下方（或仅在上方）均环生一圈绒毛环，尤以在竿基部各节最为明显；竿芽单生，扁桃形，贴生于节内；箨鞘革质，顶端弧拱至下凹，或呈山字形，背部密生棕色刺毛；箨舌边缘呈流苏状，箨叶三角形至卵状披针形，易外翻，基部宽为箨鞘顶端的1/3~1/2；竿每节分多枝，丛生呈半轮状，主枝显著或不明显的较粗壮；末级小枝具数叶至多数叶；叶鞘无毛或被毛；叶耳及鞘口繸毛均缺；叶舌截形，边缘呈啮蚀状；叶片的小横脉在下表面微突出乃至不清晰。

慈竹 *Neosinocalamus affinis*（别称：丛竹、绵竹、甜慈、酒米慈等）

形态特征：竿高5~10 m，**梢端细长作弧形向外弯曲或幼时下垂如钓丝状**，全竿共30节左右，竿壁薄；节间圆筒形，长15~30(60) cm，径粗3~6 cm，表面贴生灰白色或褐色疣基小刺毛，其长约2 mm，以后毛脱落则在节间留下小凹痕和小疣点；竿环平坦；箨环显著；节内长约1 cm；竿基部数节有时在箨环的上下方均有贴生的银白色绒毛环，环宽5~8 mm，在竿上部各节之箨环则无此绒毛环，或仅于竿芽周围稍具绒毛；箨鞘革质，背部密生白色短柔毛和棕黑色刺毛（唯在其基部一侧之下方即被另一侧所包裹覆盖的三角形地带常无刺毛），腹面具光泽，鞘口宽广而下凹，略呈山字形；箨耳无；箨舌呈流苏状，连同繸毛高约1 cm许，紧接繸毛的基部处还疏被棕色小刺毛；箨片两面均被白色小刺毛，具多脉，先端渐尖，基部向内收窄略呈圆形；**竿每节有20条以上的分枝，呈半轮生状簇聚**，水平伸展；叶鞘长4~8 cm，无毛，具纵肋，无鞘口繸毛；叶舌截形，棕黑色，高1~1.5 mm，上缘啮蚀状细裂；**叶片窄披针形**，大都长10~30 cm，宽1~3 cm，质薄，先端渐细尖，基部圆形或楔形；雄蕊6，有时可具不发育者而数少，花丝长4~7 mm，花药长4~6 mm，顶端生小刺毛或其毛不明显；果实纺锤形，长7.5 mm。笋期6—9月或自12月至翌年3月，花期多在7—9月，但可持续数月之久。

主要分布：广泛分布在中国西南各省。

生长习性：喜壤土或沙壤土，pH值5.0~7.5，排灌条件良好，肥力中等水平以上，土壤结构良好，地形平坦或坡度在10°以内的均匀坡地。

观赏特性及园林用途：慈竹竿丛生，枝叶茂盛秀丽，于庭园内池旁、石际、窗前、宅后栽植，都极适宜。

其他用途：慈竹具有药用价值；可制作竹编工艺品。

10.24.4 寒竹属 *Chimonobambusa*

地下茎为复轴型；竿高度中等，中部以下或仅近基部数节的节内环生有刺状气生根；不具分枝的节间圆筒形或在竿基部者略呈四方形，其长度一般在20 cm以内，当节具分枝时则节间在具分枝的一侧有2纵脊和3沟槽（系与竿每节具3主枝相呼应），竿环平坦或隆起；箨环常具箨鞘基部残留物；竿芽每节3枚，嗣后成长为3主枝，并在更久之后成为每节具多枝，枝节多强隆起。箨鞘薄纸质而宿存，或为纸质至厚纸质，此时则为脱落性，背面纵肋明显，小横脉通常在上部清晰可见，常具异色的斑纹或条纹，边缘生纤毛；箨耳不发达，鞘口偶或具繸毛；箨舌不甚显著，截平或弧形突起；箨片常极小，呈三角锥状或锥形，长多不超过1 cm，与箨鞘相连处常不具关节或略具关节。末级小枝具(1)2~5叶；叶鞘光滑，但在外缘有纤毛；叶耳不发达，鞘口繸毛较发达；叶舌低矮；叶片长圆状披针形，基部楔形，先端长渐尖，中脉在上表面下陷，在下表面隆起，小横脉显著。

方竹 ***Chimonobambusa quadrangularis*****(别称:方苦竹、四方竹、四角竹)**

形态特征:秆直立,高 3~8 m,粗 1~4 cm,节间长 8~22 cm,**呈钝圆的四棱形**,幼时密被向下的黄褐色小刺毛,毛落后仍留有疣基,秆中部以下各节环列短而下弯的刺状气生根;秆环位于分枝各节者甚为隆起,不分枝的各节则较平坦;箨环初时有一圈金褐色绒毛环及小刺毛,以后渐变为无毛;箨鞘纸质或厚纸质,早落性,短于其节间,鞘缘生纤毛,纵肋清晰,小横脉紫色,呈极明显方格状;箨耳及箨舌均不甚发达;箨片极小,锥形,长 3~5 mm,基部与箨鞘相连接处无关节;末级小枝具 2~5 叶;叶鞘革质,光滑无毛,具纵肋,在背部上方近于具脊,外缘生纤毛;鞘口繸毛直立,平滑,易落;叶舌低矮,截形,边缘生细纤毛,背面生有小刺毛;**叶片薄纸质,长椭圆状披针形**,长 8~29 cm,宽 1~2.7 cm,先端锐尖,基部收缩为一长约 1.8 mm 的叶柄;花枝呈总状或圆锥状排列,末级花枝纤细无毛;假小穗细长,长 2~3 cm,侧生假小穗仅有先出叶而无苞片;小穗含 2~5 朵小花;小穗轴节间长 4~6 mm,平滑无毛;颖 1~3 片,披针形,长 4~5 mm;外稃纸质,绿色,披针形或卵状披针形,具 5~7 脉;内稃与外稃近等长;鳞被长卵形;花药长 3.5~4 mm;柱头 2,羽毛状。

主要分布:产于江苏、安徽、浙江、江西、福建、台湾、湖南和广西等省区。日本也有分布。欧美一些国家有栽培。

生长习性:喜光,喜肥沃,湿润排水良好的土壤。

观赏特性及园林用途:方竹为著名的观竹品种,适合于庭园观赏。

其他用途:方竹竿可作手杖;笋肉鲜美。

10.25 棕榈科 Palmae

灌木、藤本或乔木;茎通常不分枝,单生或几丛生;叶互生,羽状或掌状分裂,稀为全缘或近全缘,叶柄基部通常扩大成具纤维的鞘;花小,组成分枝或不分枝的佛焰花序(或肉穗花序),花萼和花瓣各 3 片;核果或硬浆果。

本科约 210 属 2 800 种,分布于热带、亚热带地区,主产于亚洲及美洲,少数产于非洲。我国约有 28 属 100 种,产于西南至东南部各省区。本科植物中许多种类为热带、亚热带的风景树种,园林植物造景常用的种有鱼尾葵、散尾葵、棕竹、蒲葵、海枣、刺葵、椰子、棕榈、假槟榔等。

10.25.1 鱼尾葵属 *Caryota*

植株矮小至乔木状,具环状叶痕;叶大,聚生于茎顶,先端极偏斜而有不规则的齿缺,状如鱼尾;叶柄基部膨大,叶鞘纤维质;佛焰苞 3~5 个,管状;花单性,雌雄同株;果实近球形,有种子 1~2 颗。

鱼尾葵 ***Caryota ochlandra*****(别称:青棕、假桄榔、果株)**

形态特征:乔木状,高 10~15(20)m,直径 15~35 cm,**茎绿色**,被白色的毡状绒毛,**具环状叶痕**;叶长 3~4 m,幼叶近革质,老叶厚革质;羽片长 15~60 cm,宽 3~10 cm,互生,罕见顶部的近对生，**最上部的 1 羽片大，楔形**，先端 2～3 裂，侧边的羽片小，菱形，外缘笔直，内缘上半部或 1/4 以上弧曲成不规则的齿缺，且延伸成短尖或尾尖；佛焰苞与花序无糠秕状的鳞秕；**具多数穗状的分枝花序**，长 1.5～2.5 m；雄花花萼与花瓣不被脱落性的毡状绒毛，萼片宽圆形，表面具疣状凸起，边缘不具半圆齿，无毛；花瓣椭圆形，长约 2 cm，宽 8 mm，黄色，雄蕊（31）50～111 枚，花药线形，长约 9 mm，黄色，花丝近白色；雌花花萼长约 3 mm，宽 5 mm，顶端全缘，花瓣长约 5 mm；退化雄蕊 3 枚，钻状，为花冠长的 1/3 倍；果实球形，成熟时红色，直径 1.5～2 cm；种子 1 颗。花期 5—7 月，果期 8—11 月。

主要分布：产于福建、广东、海南、广西、云南等省区，生于海拔 450～700 m 的山坡或沟谷林中，亚热带地区有分布。

生长习性：喜疏松、肥沃、富含腐殖质的中性土壤，不耐盐碱，也不耐强酸，不耐干旱瘠薄，也不耐水涝。喜温暖，喜湿，生长适温为 25～30 ℃，越冬温度要在 10 ℃以上。耐阴性强、忌阳光直射，叶面会变成黑褐色，并逐渐枯黄；夏季荫棚下养护，生长良好。

观赏特性及园林用途：鱼尾葵树姿优美潇洒，叶片翠绿，形奇特，有不规则的齿状缺刻，酷似鱼尾，富含热带情调，是优良的室内大型盆栽树种，适合于布置客厅、会场、餐厅等处，羽叶可剪作切花配叶。

其他用途：鱼尾葵具有医学价值；茎可作桄榔粉的代用品；边材可作手杖和筷子等工艺品。

10.25.2 散尾葵属 *Chrysalidocarpus*

单生或丛生灌木，茎具环状叶痕；叶羽状全裂，羽片多数，线形或披针形，外向折叠，羽片边缘常变厚；叶柄上面具沟槽，背面圆，常被鳞片或蜡；叶轴上面具棱角，背面圆；花序生于叶间或叶鞘下，分枝可达 3～4 级，花雌雄同株，多次开花结实；果实略为陀螺形或长圆形，近基部具柱头残留物，外果皮光滑，中果皮具网状纤维。

散尾葵 *Chrysalidocarpus lutescens*（别称：黄椰子）

形态特征：丛生灌木，高 2～5 m，茎粗 4～5 cm，基部略膨大；**叶羽状全裂**，平展而稍下弯，长约 1.5 m，**羽片 40～60 对，二列**，黄绿色，表面有蜡质白粉，披针形，长 35～50 cm，宽 1.2～2 cm，先端长尾状渐尖并具不等长的短 2 裂，顶端的羽片渐短；叶柄及叶轴光滑，黄绿色，上面具沟槽，背面凸圆；叶鞘长而略膨大，通常黄绿色，初时被蜡质白粉，有纵向沟纹；花序生于叶鞘之下，呈圆锥花序式，长约 0.8 m，具 2～3 次分枝，分枝花序长 20～30 cm，其上有 8～10 个小穗轴，长 12～18 cm；**花小，卵球形，金黄色，螺旋状着生于小穗轴上**；雄花萼片和花瓣各 3 片，上面具条纹脉；雌花萼片和花瓣与雄花的略同；果实略为陀螺形或倒卵形，长 1.5～1.8 cm，直径 0.8～1 cm，鲜时土黄色，干时紫黑色，外果皮光滑，中果皮具网状纤维。花期 5 月，果期 8 月。

主要分布：原产于马达加斯加，现引种于中国南方各省。在中国华南地区和西南地区适宜生长。

生长习性：喜温暖、潮湿、半阴环境，耐寒性不强，气温 20 ℃以下叶子发黄，越冬最低温度需在 10 ℃以上，5 ℃左右就会冻死。中国华南地区尚可露地栽培，长江流域及其以北地区均应入温室养护。苗期生长缓慢，以后生长迅速。适宜疏松、排水良好、肥沃的土壤。

观赏特性及园林用途：在热带地区的庭院中，散尾葵多作观赏树栽种于草地、树荫、宅旁，北方地区主要用于盆栽，是布置客厅、餐厅、会议室、家庭居室、书房、卧室或阳台的高档盆栽观叶植物。在明亮的室内可以较长时间摆放观赏，在较阴暗的房间也可连续观赏4~6周。

其他用途：散尾葵具有药用价值。

10.25.3 棕竹属 *Rhapis*

丛生灌木，茎小，直立，上部被以网状纤维的叶鞘；叶聚生于茎顶，叶扇状或掌状深裂几达基部，裂片线形或线状椭圆形或披针形，上部变狭，先端短锐裂，边缘具微齿，叶脉及横小脉明显；叶柄两面凸起或上面扁平无凹槽；花雌雄异株或杂性，花序生于叶间；果实、种子球形或卵球形。

棕竹 *Rhapis excelsa*（别称：筋头竹、观音竹、虎散竹）

形态特征：丛生灌木，高2~3 m，茎圆柱形，有节，上部被叶鞘，但分解成稍松散的马尾状淡黑色粗糙而硬的网状纤维；**叶掌状深裂，**裂片4~10片，不均等，在基部（即叶柄顶端）1~4 cm处连合，长20~32 cm或更长，宽1.5~5 cm，宽线形或线状椭圆形，先端宽，截状而具多对稍深裂的小裂片，边缘及肋脉上具稍锐利的锯齿；花序长约30 cm，总花序梗及分枝花序基部各有1枚佛焰苞包着，密被褐色弯卷绒毛；2~3个分枝花序，其上有1~2次分枝小花穗，花螺旋状着生于小花枝上；雄花在花蕾时为卵状长圆形，具顶尖，在成熟时花冠管伸长，在开花时为棍棒状长圆形，长5~6 mm，花萼杯状，深3裂，裂片半卵形，花冠3裂，裂片三角形，花丝粗，上部膨大具龙骨突起，花药心形或心状长圆形，顶端钝或微缺；雌花短而粗，长4 mm；果实球状倒卵形，种子球形。花期6—7月。

主要分布：主要分布于东南亚、中国南部至西南部，日本也有分布。常繁殖生长在山坡、沟旁荫蔽潮湿的灌木丛中。

生长习性：喜温暖湿润及通风良好的半阴环境，不耐积水，极耐阴，畏烈日，稍耐寒，可耐0 ℃左右低温，夏季炎热光照强时，应适当遮阴，适宜温度10~30 ℃，气温高于34 ℃时，叶片常会焦边，生长停滞，越冬温度不低于5 ℃，但可耐0 ℃左右的低温，最忌寒风霜雪，在一般居室可安全越冬。株型小，生长缓慢，对水肥要求不十分严格。要求疏松肥沃的酸性土壤，不耐瘠薄和盐碱，要求较高的土壤湿度和空气温度。

观赏特性及园林用途：南方地区可丛植于庭院内大树下或假山旁，构成一幅热带山林的自然景观。北方地区可盆栽，摆放在会议室、宾馆门口两侧，颇为雅观。棕竹丛生挺拔，枝叶繁茂，姿态潇洒，叶形秀丽，四季青翠，并且可吸收80%以上的多种有害气体，净化空气，为应用最广泛的室内观叶植物，可长期在室内光线明亮的地方摆放，即使连续3个月在暗处见不到阳光，也能正常生长，并能保持其浓绿的叶色，同时也可以作为盆景材料。

其他用途：棕竹具有药用价值。

10.25.4 蒲葵属 *Livistona*

乔木状，直立，单生，有环状叶痕；叶大，阔肾状扇形或几圆形，辐射状（或掌状）分裂成许多裂片，裂片先端具2浅裂或2深裂；叶鞘具网状纤维；叶柄长；花序生于叶腋，具有几个管状佛焰苞，多分枝，结果时下垂；花小，两性，单生或簇生；果实、种子球形、卵球形或椭圆形。

蒲葵 *Livistona chinensis*

形态特征：乔木状，高5~20 m，直径20~30 cm，基部常膨大；**叶阔肾状扇形，**直径达1 m余，**掌状深裂至中部，裂片线状披针形，**基部宽4~4.5 cm，顶部长渐尖，2深裂成长达50 cm的丝状下垂的小裂片，两面绿色；叶柄长；1~2 m，下部两侧有黄绿色（新鲜时）或淡褐色（干后）下弯的短刺；**花序呈圆锥状，粗壮，**长约1 m，总梗上有6~7个佛焰苞，约6个分枝花序，长达35 cm，每分枝花序基部有1个佛焰苞，分枝花序具2次或3次分枝，小花枝长10~20 cm；花小，两性，长约2 mm；花萼裂至近基部成3个宽三角形近急尖的裂片，裂片有宽的干膜质的边缘；花冠约2倍长于花萼，裂至中部成3个半卵形急尖的裂片；雄蕊6枚，其基部合生成杯状并贴生于花冠基部，花丝稍粗，宽三角形，突变成短钻状的尖头，花药阔椭圆形；果实椭圆形（如橄榄状），长1.8~2.2 cm，直径1~1.2 cm，黑褐色；种子椭圆形；花果期4月。

主要分布：产于中国南部，多分布在广东省南部，尤以江门市新会区种植为多，中南半岛也有分布。

生长习性：喜温暖湿润的气候条件，不耐旱，能耐短期水涝，惧怕北方烈日暴晒。在肥沃、湿润、有机质丰富的土壤里生长良好。

观赏特性及园林用途：蒲葵四季常青，树冠伞形，叶大如扇，是热带、亚热带地区重要绿化树种。常列植置景。

其他用途：蒲葵具有药用价值；嫩叶编制葵扇，老叶制蓑衣，叶裂片的肋脉可制牙签。

10.25.5 刺葵属 *Phoenix*

灌木或乔木状；茎通常被有老叶柄的基部或脱落的叶痕；叶羽状全裂，羽片狭披针形或线形，基部的退化成刺状；花序生于叶间，花单性，雌雄异株，花小，黄色；果实长圆形或近球形，种子1颗。

1）海枣 *Phoenix dactylifera*（别称：波斯枣、无漏子、番枣、海棕、枣椰子等）

形态特征：乔木状，高达35 m，茎具宿存的叶柄基部，**上部的叶斜升，下部的叶下垂，**形成一个较稀疏的头状树冠；叶长达6 m；叶柄长而纤细，多扁平；**羽片线状披针形，**长18~40 cm，顶端短渐尖，灰绿色，具明显的龙骨突起，2或3片聚生，被毛，**下部的羽片变成长而硬的针刺状；**佛焰苞长、大而肥厚，花序为密集的圆锥花序；雄花长圆形或卵形，具短柄，白色，质脆；花萼杯状，顶端具3钝齿；花瓣3，斜卵形；雄蕊6，花丝极短；雌花近球形，具短柄；花萼与雄花的相似，但花后增大，短于花冠1~2倍；花瓣圆形；退化雄蕊6，呈鳞片状；果实长圆形或长圆状椭圆形，长3.5~6.5 cm，成熟时深橙黄色，种子1颗。花期3—4月，果期9—10月。

主要分布：原产于西亚和北非。福建、广东、广西、云南等省区有引种栽培。

生长习性：耐高温、耐水淹、耐干旱、耐盐碱、耐霜冻（能抵抗-10 ℃的严寒，除中国东北和大西北冬天极严寒地域外），喜阳光，可在热带至亚热带气候下种植的棕榈科植物。栽培土壤要求不严，但以土质肥沃、排水良好的有机土壤最佳。

观赏特性及园林用途：海枣树形美观，常作观赏植物植于公园、庭园，也可盆栽作室内布置。

其他用途:海枣果实可食用,花序汁液可制糖;叶可造纸;树干作建筑材料与水槽。

2)刺葵 *Phoenix hanceana*

形态特征:茎丛生或单生,高2~5 m,直径达30 cm以上;**叶长达2 m,羽片线形**,长15~35 cm,宽10~15 mm,单生或2~3片聚生,**呈四列排列**;佛焰苞长15~20 cm,褐色,不开裂为2舟状瓣;花序梗长60 cm以上;雌花序分枝短而粗壮,长7~15 cm;雄花近白色;花萼长1~1.5 mm,顶端具3齿;花瓣3,长4~5 mm,宽1.5~2 mm;雄蕊6;雌花花萼长约1 mm,顶端不具三角状齿;花瓣圆形,直径约2 mm;果实长圆形,长1.5~2 cm,成熟时紫黑色,基部具宿存的杯状花萼。花期4—5月,果期6—10月。

主要分布:产于台湾、广东、海南、广西、云南等省区。生于海拔800~1 500 m的阔叶林或针阔混交林中。

生长习性:喜高温干燥和光线充足的环境,耐盐碱性强,忌积水。生长适宜温度为15~25 ℃。要求轻质、排水良好的沙质土壤。喜多湿的热带气候,要求空气相对湿度为70%~80%,稍能耐寒。喜充足的阳光。在肥沃的土壤中生长快而粗壮,也能耐干旱、瘠薄的土壤。

观赏特性及园林用途:刺葵株形挺拔,富有热带风韵,常用以盆栽作为室内布置,另外也可室外露地栽植,无论行列种植或丛植,都有很好的观赏效果。小株可盆栽,适合室内布置,为优秀的室内观叶植物。

其他用途:果可食,嫩芽可作蔬菜;叶可作扫帚。

10.25.6 椰子属 *Cocos*

直立乔木状,茎有明显的环状叶痕;叶羽状全裂,簇生于茎顶,羽片多数;花序生于叶丛中,圆锥花序式,花单性,雌雄同株;果实阔卵球状,具3棱或不明显,种子1颗。

椰子 *Cocos nucifera*(别称:可可椰子)

形态特征:植株高大,乔木状,高15~30 m,**茎粗壮,有环状叶痕**,基部增粗,常有簇生小根;**叶羽状全裂**,长3~4 m;裂片多数,外向折叠,革质,线状披针形,长65~100 cm或更长,宽3~4 cm,顶端渐尖;叶柄粗壮,长达1 m以上;花序腋生,长1.5~2 m,多分枝;佛焰苞纺锤形,厚木质,最下部的长60~100 cm或更长,老时脱落;雄花萼片3片,鳞片状,长3~4 mm,花瓣3枚,卵状长圆形,长1~1.5 cm,雄蕊6枚,花丝长1 mm,花药长3 mm;雌花基部有小苞片数枚;萼片阔圆形,宽约2.5 cm,花瓣与萼片相似,但较小;**果卵球状或近球形**,顶端微具3棱,果腔含有胚乳(即"果肉"或"种仁")、胚和汁液(椰子水)。花果期主要在秋季。

主要分布:原产于亚洲东南部、印度尼西亚至太平洋群岛,主要产区为菲律宾、印度、马来西亚、斯里兰卡等国。主要分布于亚洲、非洲、拉丁美洲23°S~23°N,赤道滨海地区最多。中国广东南部诸岛及雷州半岛、海南、台湾及云南南部热带地区均有栽培。

生长习性:在高温、多雨、阳光充足和海风吹拂的条件下生长发育良好。椰子适宜在低海拔地区生长,适宜椰子生长的土壤是海洋冲积土和河岸冲积土,其次是沙壤土,再次是砾土,黏土最差。

观赏特性及园林用途:椰子苍翠挺拔,在热带和南亚热带地区的风景区,尤其是海滨区为主要的园林绿化树种,可作行道树,或丛植、片植。

其他用途:椰肉可榨油、生食、做菜,也可制成椰奶、椰蓉等食品,椰子水可做清凉饮料;椰纤维可制毛刷、地毯、缆绳等;椰壳可制成各种工艺品、高级活性炭;树干可作建筑材料;叶子可盖屋顶或编织。

10.25.7 棕榈属 *Trachycarpus*

乔木状或灌木状,树干被覆永久性的下悬的枯叶或部分裸露;叶鞘解体成网状的粗纤维,环抱树干并在顶端延伸成一个细长的干膜质的褐色舌状附属物;叶片呈半圆或近圆形,掌状分裂成许多裂片,内向折叠;花雌雄异株,花序粗壮,生于叶间,果实阔肾形或长圆状椭圆形。

棕榈 ***Trachycarpus fortunei***(别称:棕树)

形态特征:乔木状,高3~10 m或更高,**树干圆柱形,**被不易脱落的老叶柄基部和密集的网状纤维;叶片呈3/4圆形或者近圆形,**深裂成30~50片具皱褶的线状剑形,**宽2.5~4 cm,长60~70 cm的裂片,硬挺甚至顶端下垂;花序粗壮,多次分枝,从叶腋抽出,通常是雌雄异株;雄花无梗,每2~3朵密集着生于小穗轴上,也有单生的;黄绿色,卵球形,花瓣阔卵形;雌花序长80~90 cm,花序梗长约40 cm,其上有3个佛焰苞包着,具4~5个圆锥状的分枝花序,下部的分枝花序长约35 cm,2~3回分枝;雌花淡绿色,通常2~3朵聚生;花无梗,球形,着生于短瘤突上,花瓣卵状近圆形;**果实阔肾形,**有脐,**成熟时由黄色变为淡蓝色,**有白粉,柱头残留在侧面附近。花期4月,果期12月。

主要分布:棕榈在我国的分布很广,北起陕西南部,南到广西、广东和云南,西达西藏边界,东至上海和浙江。从长江出海口,沿着长江上游两岸500 km的广阔地带分布最广。

生长习性:棕榈是本科中最耐寒的植物,但喜温暖湿润气候;有较强的耐阴能力,在阳光充足处生长更好。喜排水良好,湿润肥沃之中性、石灰性或微酸性的黏质土壤,耐轻盐碱土,也耐一定的干旱和水湿。对有毒气体如二氧化硫和氟化氢抗性强,有很强的吸毒能力。根系浅,须根发达。易风倒,生长慢。

观赏特性及园林用途:棕榈挺拔秀丽,适应性强,抗多种有毒气体,可列植、丛植或成片栽植,也常用盆栽或桶栽作室内或建筑前装饰或布置会场。

其他用途:棕榈木材可以制器具;叶可制扇、帽等工艺品;根可入药。

10.25.8 假槟榔属 *Archontophoenix*

乔木状,单生,茎高而细,无刺,具明显环状叶痕;叶生于茎顶,整齐的羽状全裂,裂片线状披针形,叶面绿色,背面呈灰色;叶柄短,常常在基部稍膨大。花雌雄同株,果实球形至椭圆形,淡红色至红色。

假槟榔 ***Archontophoenix alexandrae***(别称:亚历山大椰子)

形态特征:乔木状,高达10~25 m,茎粗约15 cm,**圆柱状,基部略膨大;叶羽状全裂,生于茎顶,**长2~3 m,**羽片呈二列排列,**线状披针形,长达45 cm,宽1.2~2.5 cm,先端渐尖,全缘或有缺刻,叶面绿色,叶背面被灰白色鳞秕状物,中脉明显;叶轴和叶柄厚而宽,无毛或稍被鳞秕;叶鞘绿色,膨大而包茎,形成明显的冠茎;花序生于叶鞘下,呈圆锥花序式,下垂,长30~40 cm,多分枝,花序轴略具棱和弯曲,具2个鞘状佛焰苞,长45 cm;花雌雄同株,白色;花瓣3,斜卵状长圆形,长约6 mm;雌花萼片和花瓣各3片,圆形,长3~4 mm;**果实卵球形**,红色。花期4月,果期4—7月。

主要分布:原产于澳大利亚东部。中国福建、台湾、广东、海南、广西、云南等热带、亚热带地区的园林单位有栽培,是一种树形优美的绿化树种。

生长习性:喜光,喜高温多湿气候,不耐寒。喜富含腐殖质的微酸性土壤,其根系很浅,吸水能力较差,极不耐旱,也怕水涝。需要较高的空气湿度,需经常喷水来提高空气湿度才能保持叶面翠绿、叶形完好。

观赏特性及园林用途:假槟榔树姿优美,管理粗放,多露地种植作行道树以及种在建筑物旁、水滨、庭院、草坪四周等处,单株、小丛或成行种植均宜。大树叶片可剪下作花篮围圈,幼龄期叶片可剪作切花配叶。

其他用途:假槟榔叶鞘纤维可煅炭;叶可用于外伤止血。

10.26 百合科 Liliaceae

通常为具根状茎、块茎或鳞茎的多年生草本,很少为亚灌木、灌木或乔木状;叶基生或茎生,后者多为互生,较少为对生或轮生,通常具弧形平行脉,极少具网状脉;花两性,很少为单性异株或杂性,通常辐射对称,极少稍两侧对称;花被片6,少有4或多数,离生或不同程度的合生(成筒),一般为花冠状;果实为蒴果或浆果,较少为坚果。

本科约230属3 500种,广布于全世界,特别是温带和亚热带地区。我国产60属约560种,分布遍及全国。园林植物造景常用的种有百合、芦荟、麦冬、玉簪、丝兰、朱蕉、吊兰、郁金香、萱草等。

10.26.1 百合属 *Lilium*

鳞茎,叶通常散生,较少轮生,无柄或具短柄,全缘或边缘有小乳头状突起;花单生或排成总状花序,少有近伞形或伞房状排列,常有鲜艳色彩,有时有香气;花被片6,2轮,离生,基部有蜜腺;蒴果矩圆形,室背开裂;种子多数,扁平,周围有翅。

百合 *Lilium brownii* 'viridulum'

形态特征:多年生草本,株高70~150 cm,有的有紫色条纹,有的下部有小乳头状突起;**鳞茎球形**,直径2~4.5 cm,淡白色,先端常开放如莲座状,由多数肉质肥厚、卵匙形的鳞片聚合而成;**叶散生,倒披针形至倒卵形**,长7~15 cm,宽(0.6)1~2 cm,具5~7脉,全缘,两面无毛;**花大,多白色,单生于茎顶,喇叭形,有香气,向外张开或先端外弯而不卷**,长13~18 cm,花梗长3~10 cm,稍弯,苞片披针形,长3~9 cm,宽0.6~1.8 cm,蜜腺两边具小乳头状突起,雄蕊向上弯,花丝长10~13 cm,中部以下密被柔毛,少有具稀疏的毛或无毛,花药长椭圆形,长1.1~1.6 cm,花柱长8.5~11 cm,柱头3裂;蒴果矩圆形,长4.5~6 cm,宽约3.5 cm,有棱,具多数种子。花期5—6月,果期9—10月。

主要分布:产于河北、山西、河南、陕西、湖北、湖南、江西、安徽和浙江,海拔300~920 m的山坡草丛中、疏林下、山沟旁、地边或村旁均可栽植。

生长习性:喜凉爽,较耐寒,高温地区生长不良。喜干燥,怕水涝,土壤湿度过高则引起鳞茎腐烂死亡。对土壤要求不严,但在土层深厚、肥沃疏松的沙壤土中,鳞茎色泽洁白、肉质较厚,黏重的土壤不宜栽培。根系粗壮发达,耐肥。

观赏特性及园林用途:百合是一种从古到今都受人喜爱的世界名花,因其鳞茎由许多白色鳞片层环抱而成,状如莲花,因而取"百年好合"之意命名,其花姿雅致,叶片青翠娟秀,茎干亭亭玉立,是名贵的切花,也可用于专类园的种植。随着时代的进步,园艺专家通过杂交育种途径选育出一批新品种,打破百合全是一茎一朵、单纯白色的现状,变成一茎多朵,花色既有金黄、橙红和淡紫,又有彩斑、条纹等其他图案颜色,更加丰富了观赏的内涵。

其他用途:百合鲜花含芳香油,可作香料;鳞茎含丰富淀粉,是一种名贵食品;也作药用,有润肺止咳、清热、安神和利尿等功效。

10.26.2 芦荟属 *Aloe*

多年生;茎短或明显;叶肉质,呈莲座状簇生或有时二列着生,先端锐尖,边缘常有硬齿或刺;蒴果具多数种子。本属约200种,主要分布于非洲,特别是非洲南部干旱地区,亚洲南部也有。我国产1种。

芦荟 *Aloe vera*(别称:油葱)

形态特征:茎较短;叶近簇生或稍二列(幼小植株),**肥厚多汁,条状披针形,粉绿色,**长15~35 cm,基部宽4~5 cm,顶端有几个小齿,边缘疏生刺状小齿。花葶高60~90 cm,不分枝或有时稍分枝;**总状花序具几十朵花;**苞片近披针形,先端锐尖;花点垂,稀疏排列,淡黄色而有红斑;花被长约2.5 cm,裂片先端稍外弯;雄蕊与花被近等长或略长,花柱明显伸出花被外。

主要分布:南方各省区和温室常见栽培。

生长习性:芦荟本是热带植物,生性畏寒。

观赏特性及园林用途:芦荟各个品种性质和形状差别很大,有的像巨大的乔木,高达20 m,有的高度却不及10 cm,其叶子和花的形状也有许多种,栽培上各有特征,千姿百态,深受人们的喜爱,经常用于室内盆栽。

其他用途:芦荟可以入药或制成化妆品。

10.26.3 沿阶草属 *Ophiopogon*

多年生草本;根或细而分枝多,近末端有时膨大成小块根,或粗壮而分枝少,常木质、坚硬;根状茎通常很短,不明显,少数较长,多为木质,极少肉质,有的具细长的地下匍匐茎;茎或长或短,不分枝,匍匐或直立,常为叶鞘所包裹;叶基生成丛或散生于茎上,或为禾叶状,没有明显的叶柄,下部常具膜质叶鞘,或呈矩圆形、披针形及其他形状,有明显的叶柄,叶上面绿色,背面常为粉绿色或具粉白色条纹,有时边缘具细锯齿;总状花序生于花葶顶端或茎的先端;花单生或2~7朵簇生于苞片腋内;花梗常下弯,具关节;花被片6,分离,2轮排列;果实在发育早期外果皮即破裂而露出种子;种子常1个或几个同时发育,浆果状,球形或椭圆形,早期绿色,成熟后常呈暗蓝色。

麦冬 *Ophiopogon japonicus*(别称:麦门冬、沿阶草)

形态特征:根较粗,中间或近末端常膨大成椭圆形或纺锤形的小块根;小块根长1~1.5 cm,或更长些,宽5~10 mm,淡褐黄色;地下走茎细长,直径1~2 mm,节上具膜质的鞘;茎很短,叶基生成丛,禾叶状,长10~50 cm,少数更长些,宽1.5~3.5 mm,具3~7条脉,边缘具细锯齿;花葶长6~15(27)cm,通常比叶短得多,总状花序长2~5 cm,或有时更长些,具几朵至十几朵花;花单生或成对着生于苞片腋内;苞片披针形,先端渐尖,最下面的长可达7~8 mm;花梗长3~4 mm,关节位于中部以上或近中部;花被片常稍下垂而不展开,披针形,长约5 mm,白色或淡紫色;花药三角状披针形,长2.5~3 mm;花柱长约4 mm,较粗,宽约1 mm,基部宽阔,向上渐狭,本种植物体态变化较大,但其花的构造变化不大,尤其花被片在花盛开时仅稍张开,花柱基部宽阔,一般稍粗而短,略呈圆锥形等性状很一致,是鉴别本种的主要特征;种子球形,直径7~8 mm。花期5—8月,果期8—9月。

主要分布:广布于秦岭南部,以及河南、安徽、江苏等省,生于海拔2 000 m以下的山坡阴湿处、林下或溪旁。

生长习性:麦冬喜温暖湿润、降雨充沛的气候条件,5~30 ℃能正常生长,最适生长气温为15~25 ℃,低于0 ℃或高于35 ℃生长停止。生长过程中需水量大,要求光照充足,尤其是块根膨大期,光照充足才能促进块根的膨大。麦冬对土壤条件有特殊要求,宜于土质疏松、肥沃湿润、排水良好的微碱性沙壤土,种植土壤质地过重影响须根的发生与生长,块根生长不好,沙性过重、土壤保水保肥力弱,植株生长差,产量低。

观赏特性及园林用途:麦冬具有很高的绿化价值,它有常绿、耐阴、耐寒、耐旱、抗病虫害等多种优良性状,是园林绿化常用的地被植物。目前已经开发了很多观赏麦冬品种,如银边麦冬、金边阔叶麦冬、黑麦冬等具极佳的观赏价值,既可以用来进行室外绿化,又是不可多得的室内盆栽观赏佳品。

其他用途:本种的块根可以入药。

10.26.4　玉簪属 *Hosta*

多年生草本,通常具粗短的根状茎,有时有走茎;叶基生,成簇,具弧形脉和纤细的横脉;叶柄长;花葶从叶丛中央抽出,常生有1~3枚苞片状叶,顶端具总状花序;花通常单生,极少2~3朵簇生,常平展,具绿色或白色苞片;花被近漏斗状,下半部窄管状,上半部近钟状;钟状部分上端有6裂片;蒴果近圆柱状,常有棱,室背开裂;种子多数,黑色,有扁平的翅。

玉簪 *Hosta plantaginea*

形态特征:根状茎粗厚,粗1.5~3 cm;**叶卵状心形、卵形或卵圆形**,长14~24 cm,宽8~16 cm,先端近渐尖,基部心形,具6~10对侧脉;叶柄长20~40 cm;花葶高40~80 cm,具几朵至十几朵花;花的外苞片卵形或披针形,长2.5~7 cm,宽1~1.5 cm;内苞片很小;**花单生或2~3朵簇生**,长10~13 cm,**白色,芳香**;花梗长约1 cm;雄蕊与花被近等长或略短,基部15~20 mm贴生于花被管上;**蒴果圆柱状**,有3棱,长约6 cm,直径约1 cm。花果期8—10月。

主要分布:产于四川(峨眉山至川东)、湖北、湖南、江苏、安徽、浙江、福建和广东。生于海拔 2 200 m 以下的林下、草坡或岩石边。

生长习性：玉簪性强健，极耐寒，属于典型的阴性植物，不耐强烈日光照射，要求土层深厚，适合在排水良好且肥沃的沙壤土中栽培。

观赏特性及园林用途：玉簪是较好的阴生植物，在园林中可用于树下作地被植物，或植于岩石园、廊下或建筑物北侧，也可三两成丛点缀于花境中、盆栽观赏或作切花用。因其花夜间开放，芳香浓郁，所以是夜花园中不可缺少的花卉。

其他用途：全株可供药用。

10.26.5 丝兰属 *Yucca*

茎很短或长而木质化，有时有分枝；叶近簇生于茎或枝的顶端，条状披针形至长条形，常厚实、坚挺而具刺状顶端，边缘有细齿或作丝裂（丝兰名称由此而来）；圆锥花序从叶丛抽出；花近钟形；花被片 6，离生；果实为不裂或开裂的蒴果，或为浆果。

丝兰 *Yucca smalliana*（别称：洋菠萝）

形态特征：茎很短或不明显；**叶近莲座状簇生，坚硬，近剑形或长条状披针形，**长 25~60 cm，宽 2.5~3 cm，顶端具一硬刺，边缘有许多稍弯曲的丝状纤维；花葶高大而粗壮；**花近白色，下垂，排成狭长的圆锥花序，**花序轴有乳突状毛；花被片长 3~4 cm；花丝有疏柔毛；花柱长 5~6 mm。秋季开花。

主要分布：原产于北美东部及东南部。温暖地区广泛露地栽培。中国长江流域各地普遍栽植。

生长习性：性强健，容易成活，性极耐寒，在中国大部分地区均可露地越冬。喜阳光充足及通风良好的环境，对土壤适应性强，适生于排水良好的沙壤土及日照良好与通风之地，抗旱能力特强。

观赏特性及园林用途：丝兰常年浓绿，花、叶皆美，树态奇特，数株成丛，叶形如剑，开花时花茎高耸挺立，花色洁白，繁多的白花下垂如铃，姿态优美，花期持久，幽香宜人，是良好的庭园观赏树木，也是良好的鲜切花材料。常植于花坛中央、建筑前、草坪中、池畔、台坡、建筑旁、路旁，或作绿篱等栽植用。

其他用途：丝兰叶纤维韧性强，可供制缆绳用；叶片还可提取甾体激素。

10.26.6 朱蕉属 *Cordyline*

乔木状或灌木状植物；茎多少木质，常稍有分枝，上部有环状叶痕；叶常聚生于枝的上部或顶端，有柄或无柄，基部抱茎；圆锥花序生于上部叶腋，大型，多分枝；花梗短或近于无，关节位于顶端；花被圆筒状或狭钟状；花被片 6，下部合生而形成短筒；花柱丝状，柱头小，浆果具 1 至几颗种子。

朱蕉 *Cordyline fruticosa*（别称：铁树）

形态特征：灌木状，直立，高 1~3 m；茎粗 1~3 cm，有时稍分枝；**叶聚生于茎或枝的上端，矩圆形至矩圆状披针形，**长 25~50 cm，宽 5~10 cm，**绿色或带紫红色，**叶柄有槽，长 10~30 cm，基部变宽,抱茎;**圆锥花序**长 30~60 cm,侧枝基部有大的苞片,每朵花有 3 枚苞片;花淡红色、青紫色至黄色,长约 1 cm;花梗通常很短,较少长达 3~4 mm;外轮花被片下半部紧贴内轮而形成花被筒,上半部在盛开时外弯或反折。花期 11 月至次年 3 月。

主要分布:广东、广西、福建、台湾等省区常见栽培。原产地不详,今广泛栽种于亚洲温暖地区。

生长习性:性喜高温多湿气候,属半阴植物,既不能忍受北方地区烈日暴晒,完全荫蔽处叶片又易发黄,不耐寒,除广东、广西、福建等地外,均只宜置于温室内盆栽观赏,要求富含腐殖质和排水良好的酸性土壤,忌碱土,植于碱性土壤中叶片易黄,新叶失色,不耐旱。

观赏特性及园林用途:朱蕉株形美观,色彩华丽高雅。盆栽适用于室内装饰,点缀客室和窗台,优雅别致,成片摆放会场、公共场所、厅室出入处,端庄整齐,清新悦目,数盆摆设橱窗、茶室,更显典雅豪华。

其他用途:朱蕉具有药用价值。

10.26.7 吊兰属 *Chlorophytum*

根状茎粗短或稍长;根常稍肥厚或块状;叶基生,通常长条形、条状披针形至披针形,较少更宽;花常白色,单生或几朵簇生于一枚苞片内,排成总状花序或圆锥花序,花梗具关节,花被片 6,离生,宿存,具 3~7 脉;蒴果锐三棱形,室背开裂,种子扁平,具黑色种皮。

吊兰 *Chlorophytum comosum*

形态特征:根状茎短,根稍肥厚,**叶剑形,绿色或有黄色条纹**,长 10~30 cm,宽 1~2 cm,向两端稍变狭;花葶比叶长,有时长可达 50 cm,常变为匍枝而在近顶部具叶簇或幼小植株;**花白色,常 2~4 朵簇生,排成疏散的总状花序或圆锥花序**;花梗长 7~12 mm,关节位于中部至上部;花被片长 7~10 mm,3 脉;雄蕊稍短于花被片;花药矩圆形,长 1~1.5 mm,明显短于花丝,开裂后常卷曲;蒴果三棱状扁球形,长约 5 mm,宽约 8 mm,每室具种子 3~5 颗。花期 5 月,果期 8 月。

主要分布:原产于非洲南部,各地广泛栽培,供观赏。

生长习性:吊兰性喜温暖湿润、半阴的环境,对光线的要求不严,一般适宜在中等光线条件下生长,也耐弱光。适应性强,较耐旱,不甚耐寒。生长适温为 15~25 ℃,越冬温度为 5 ℃,温度为 20~24 ℃时生长最快,也易抽生匍匐枝,30 ℃以上停止生长,叶片常常发黄干尖,冬季室温保持 12 ℃以上,植株可正常生长,抽叶开花,若温度过低,则生长迟缓或休眠,低于5 ℃,则易发生寒害。吊兰不择土壤,在排水良好、疏松肥沃的沙质土壤中生长较佳。

观赏特性及园林用途:吊兰是多年生草本植物,枝条细长下垂,可供盆栽观赏。吊兰能在微弱的光线下进行光合作用,可吸收室内 80%以上的有害气体,吸收甲醛的能力超强,又有"绿色净化器"之美称。

其他用途:民间取全草煎服,治疗声音嘶哑。

10.26.8 郁金香属 *Tulipa*

多年生草本,具鳞茎,茎扭少分枝,直立,往往下部埋于地下;叶通常 2~4 枚,少有 5~6 枚,有的种最下面一枚基部有抱茎的鞘状长柄,其余的在茎上互生,彼此疏离或紧靠,极少 2

叶对生,条形、长披针形或长卵形,伸展或反曲,边缘平展或波状;花较大,通常单朵顶生而多少呈花葶状,直立,少数花蕾俯垂;花被钟状或漏斗形钟状;花被片6,离生,易脱落;蒴果椭圆形或近球形,室背开裂;种子扁平,近三角形。

郁金香 *Tulipa gesneriana*

形态特征:鳞茎皮纸质,内面顶端和基部有少数伏毛;叶3~5枚,条状披针形至卵状披针形。花单朵顶生,大型而艳丽;花被片红色或杂有白色和黄色,有时为白色或黄色,长5~7 cm,宽2~4 cm;6枚雄蕊等长,花丝无毛;无花柱,柱头增大呈鸡冠状。花期4—5月。

主要分布:原产于欧洲,我国引种栽培。本种为广泛栽培的花卉,因历史悠久,品种很多。

生长习性:郁金香属长日照花卉,喜向阳、避风,冬季温暖湿润,夏季凉爽干燥的气候,耐寒性很强,怕酷暑,8 ℃以上即可正常生长,一般可耐-14 ℃低温。要求腐殖质丰富、疏松肥沃、排水良好的微酸性沙壤土。

观赏特性及园林用途:郁金香花大,颜色艳丽,经过多年培育,品种多,在园林中可以用于布置专类园或花境。郁金香花朵有毒碱,和它待一两个小时后会感觉头晕,严重的可导致中毒,过多接触易使人毛发脱落,园林运用的时候应注意这点。

其他用途:茎和叶子的酒精提取液有抗菌作用;根和花可作镇静剂。

10.26.9 萱草属 *Hemerocallis*

多年生草本,具很短的根状茎;根常多少肉质,中下部有时有纺锤状膨大;叶基生,二列,带状;花葶从叶丛中央抽出,顶端具总状或假二歧状的圆锥花序,较少花序缩短或只具单花;花梗一般较短;花直立或平展,近漏斗状;花被裂片6,明显长于花被管,内3片常比外3片宽大;蒴果钝三棱状椭圆形或倒卵形,表面常略具横皱纹,室背开裂;种子黑色,有棱角。

萱草 *Hemerocallis fulva*(别称:忘萱草)

形态特征:根近肉质,中下部有纺锤状膨大;叶一般较宽;**花早上开晚上凋谢,无香味,橘红色至橘黄色,内花被裂片下部一般有∧形彩斑**;这些特征可以区别于本国产的其他种类。花果期为5—7月。根据花被管的长短和花的色泽等特征,本种还被详细地划分为许多变种、变型和品种,这里不作详细介绍。

主要分布:原产于中国、西伯利亚、日本和东南亚。

生长习性:萱草性强健,耐寒,华北可露地越冬,适应性强,喜湿润也耐旱,喜阳光又耐半阴。对土壤选择性不强,但以富含腐殖质,排水良好的湿润土壤为宜。适应在海拔300~2 500 m生长。

观赏特性及园林用途:萱草耐半阴,花色鲜艳,栽培容易,且春季萌发早,绿叶成丛极为美观,园林中多丛植或于花境、路旁栽植,又可作疏林地被植物。另外,萱草对氟十分敏感,当空气受到氟污染时,萱草叶子的尖端就变成红褐色,因此,常被用来监测环境是否受到氟污染。

其他用途:萱草的花朵可以食用;在现代化学染料出现之前,萱草还是一种常用的染料。

10.27 茄科 Solanaceae

一年生至多年生草本、半灌木、灌木或小乔木；直立、匍匐、扶升或攀缘；有时具皮刺，稀具棘刺；单叶全缘、不分裂或分裂，有时为羽状复叶，互生或在开花枝段上大小不等的二叶双生；花单生，簇生或聚伞花序，稀为总状花序，两性或稀杂性，辐射对称或稍微两侧对称，通常5基数，稀4基数，果时宿存，稀自近基部周裂而仅基部宿存，花冠具短筒或长筒，辐状、漏斗状、高脚碟状、钟状或坛状，檐部5(稀4~7或10)浅裂、中裂或深裂，裂片大小相等或不相等，在花蕾中覆瓦状、镊合状、内向镊合状排列或折合而旋转；果实为多汁浆果或干浆果，或者为蒴果。

本科约30属3 000种，广泛分布于全世界温带及热带地区，美洲热带种类最为丰富，我国产24属105种，35变种，全国普遍分布，但以南部亚热带及热带地区种类较多。园林植物造景常用的种有乳茄、枸杞、夜香树、曼陀罗等。

10.27.1 茄属 *Solanum*

草本，亚灌木，灌木至小乔木，有时为藤本；叶互生，稀双生，全缘，波状或作各种分裂，稀为复叶；花两性，花组成聚伞花序，少数为单生，多半白色，有时为青紫色、稀红紫色或黄色，开放前常折叠，4~5浅裂，花冠筒短；浆果。

乳茄 *Solanum mammosum*

形态特征：直立草本；高约1 m，茎被短柔毛及扁刺，小枝被具节的长柔毛，腺毛及扁刺，刺蜡黄色，光亮，基部淡紫色；叶卵形，长5~10 cm，宽几乎与长相等，常5裂，有时3~7裂，裂片浅波状，先端尖或钝，基部微凹，两面密被亮白色极长的长柔毛及短柔毛；叶柄长2.5~8 cm，上面具槽，被具节的长柔毛，腺毛及皮刺。蝎尾状花序腋外生，常着生于腋芽的外面基部，被有与枝、叶相似的毛被，通常3~4花，总花梗极短，无刺，花梗长5~10 mm；**花冠紫槿色，**筒部隐于萼内，长约1.5 mm，冠檐直径25~32 mm，5深裂，裂片长圆状线形；**浆果倒梨状，**长4.5~5.5 cm，**外面土黄色，内面白色，具5个乳头状凸起。**花果期在夏秋间。

主要分布：原产于美洲，现中国广东、广西及云南均引种成功。

生长习性：喜温暖、湿润和阳光充足的环境，生长适温为15~25 ℃，有一定的耐寒性，怕水涝和干旱，能耐3~4 ℃的低温，冬季温度不得低于12 ℃。宜肥沃、疏松和排水良好的沙壤土。

观赏特性及园林用途：乳茄果形奇特，观果期达半年，果色鲜艳，多栽培以供欣赏，也可以使用乳茄作为插花素材。

其他用途：乳茄具有药用价值。

10.27.2 枸杞属 *Lycium*

灌木，通常有棘刺或稀无刺；单叶互生或因侧枝极度缩短而数枚簇生，条状圆柱形或扁平，全缘，有叶柄或近于无柄；花有梗，单生于叶腋或簇生于极度缩短的侧枝上；花冠漏斗状、稀筒状或近钟状，檐部5裂或稀4裂，裂片在花蕾中呈覆瓦状排列，基部有显著的耳片或耳片不明显，筒常在喉部扩大；浆果，具肉质的果皮。

枸杞 *Lycium chinense*（别称：枸杞菜、红珠仔刺、狗奶子等）

形态特征：多分枝灌木，高0.5~1 m，栽培时可高达2米多；枝条细弱，弓状弯曲或俯垂，淡灰色，有纵条纹，棘刺长0.5~2 cm，生叶和花的棘刺较长，小枝顶端锐尖成棘刺状；叶纸质或栽培者质稍厚，单叶互生或2~4枚簇生，卵形、卵状菱形、长椭圆形、卵状披针形，顶端急尖，基部楔形，长1.5~5 cm，宽0.5~2.5 cm；花在长枝上单生或双生于叶腋，在短枝上则同叶簇生；花梗长1~2 cm，向顶端渐增粗；**花冠漏斗状**，长9~12 mm，**淡紫色**，筒部向上骤然扩大，稍短于或近等于檐部裂片，5深裂，裂片卵形，顶端圆钝，平展或稍向外反曲，边缘有缘毛，基部耳显著；**浆果红色，卵状**，栽培者可成长矩圆状或长椭圆状，顶端尖或钝。花果期6—11月。

主要分布：分布于我国东北、河北、山西、陕西、甘肃南部以及西南、华中、华南和华东各省区。朝鲜、日本、欧洲有栽培或逸为野生。常生于山坡、荒地、丘陵地、盐碱地、路旁及村边宅旁。在我国除普遍野生外，各地也有作药用、蔬菜或绿化栽培。

生长习性：喜冷凉气候，耐寒力很强，当气温稳定通过7 ℃左右时，种子即可萌发，幼苗可抵抗-3 ℃低温。枸杞根系发达，抗旱能力强，在干旱荒漠地仍能生长，花果期必须有充足的水分。长期积水的低洼地对枸杞生长不利，甚至引起烂根或死亡。光照充足，则枸杞枝条生长健壮，花果多，果粒大，产量高，品质好。宜于在碱性土和沙壤土中种植，最适合在土层深厚、肥沃的壤土中栽培。

观赏特性及园林用途：宁夏枸杞树形婀娜，叶翠绿，花淡紫，果实鲜红，是很好的盆景观赏植物，现已有部分枸杞观赏栽培。

其他用途：枸杞具有药用价值；耐干旱，为盐碱地开树先锋；枸杞被列为"药食两用"品种，可加工成各种食品、饮料、保健酒等。

10.27.3 夜香树属 *Cestrum*

灌木或乔木，无毛、有长硬毛或星状毛；叶互生，全缘；聚伞花序，有时簇生于叶腋，花冠呈长筒状、近漏斗状或高脚碟状，筒部伸长，上部扩大呈棍棒状或向喉部常缢缩而膨胀，基部在子房柄周围紧缩或贴近于子房柄，檐部5浅裂；浆果，少汁液。

夜香树 *Cestrum nocturnum*（别称：夜来香、夜香花、洋素馨）

形态特征：直立或近攀缘状灌木，高2~3 m，全体无毛；枝条细长而下垂；叶有短柄，柄长8~20 mm，叶片矩圆状卵形或矩圆状披针形，长6~15 cm，宽2~4.5 cm，全缘，顶端渐尖，基部近圆形或宽楔形，两面秃净而发亮，有6~7对侧脉；**伞房式聚伞花序，腋生或顶生**，疏散，长7~10 cm，有较多的花；**花绿白色至黄绿色，晚间极香**；花萼钟状，长约3 mm，5浅裂，裂片长约为筒部的1/4；**花冠高脚碟状**，长约2 cm，筒部伸长，下部极细，向上渐扩大，喉部稍缢缩，裂片5，直立或稍开张，卵形，急尖，长约为筒部的1/4；浆果矩圆状。

主要分布：原产于南美，现广植于热带及亚热带地区，中国南方常见栽培，北方有盆栽。

生长习性：喜温暖湿润及阳光充足的环境，稍耐阴，不耐严重霜冻，最好在5 ℃以上越冬，不择土壤。

观赏特性及园林用途：夜香树枝条俯垂，花期长而长势繁茂，夜间芳香，果期长，且富观赏价值,可用于天井、窗前、墙沿、草坪等处,也用作切花。

其他用途:夜香树的香味是驱蚊佳品。

10.27.4 曼陀罗属 *Datura*

草本、半灌木、灌木或小乔木;茎直立,二歧分枝;单叶互生,有叶柄;花大型,常单生于枝分叉间或叶腋,直立、斜升或俯垂;花萼长管状,筒部五棱形或圆筒状,贴近于花冠筒或膨胀而不贴于花冠筒,5浅裂或稀同时在一侧深裂;蒴果,或者浆果状;种子多数。

曼陀罗 *Darura stramonium*(别称:枫茄花、狗核桃、万桃花、洋金花、野麻子、醉心花、闹羊花等)

形态特征:草本或半灌木状,高0.5~1.5 m,全体近于平滑或在幼嫩部分被短柔毛;茎粗壮,圆柱状,淡绿色或带紫色,下部木质化;**叶广卵形,顶端渐尖,**基部呈不对称楔形,边缘有不规则波状浅裂,裂片顶端急尖,有时也有波状牙齿,侧脉每边3~5条,直达裂片顶端,长8~17 cm,宽4~12 cm;叶柄长3~5 cm;花单生于枝丫间或叶腋,直立,有短梗;**花萼筒状,**长4~5 cm,筒部有5棱角,两棱间稍向内陷,基部稍膨大,顶端紧围花冠筒,5浅裂,裂片三角形,花后自近基部断裂,宿存部分随果实而增大并向外反折;**花冠漏斗状,下半部带绿色,上部白色或淡紫色,**檐部5浅裂,裂片有短尖头,长6~10 cm,檐部直径3~5 cm;雄蕊不伸出花冠,花丝长约3 cm,花药长约4 mm;子房密生柔针毛,花柱长约6 cm;蒴果直立生,卵状,长3~4.5 cm,直径2~4 cm,表面生有坚硬针刺或有时无刺而近平滑,成熟后淡黄色,规则4瓣裂;种子卵圆形,稍扁,长约4 mm,黑色。花期6—10月,果期7—11月。

主要分布:广布于世界各大洲,我国各省区都有分布。

生长习性:喜温暖、向阳及排水良好的沙壤土。

观赏特性及园林用途:曼陀罗有香味、艳丽妖娆,高贵华丽、品味特殊,而且带着神秘、圣洁、浪漫的气质,但曼陀罗全株有毒,可致癌致幻,因此,曼陀罗并不适合用于家居装饰中,可种植在英式、法式或具有田园风味的中国古典家居风格庭院中,要提防小孩、路人误食或近闻其香,以免中毒。

其他用途:含莨菪碱,药用,有镇痉、镇静、镇痛、麻醉的功能;种子油可制肥皂和掺和油漆用。

10.28 豆科 Leguminosae

乔木、灌木、亚灌木或草本,直立或攀缘,常有能固氮的根瘤;叶常绿或落叶,通常互生,稀对生,常为一回或二回羽状复叶,少数为掌状复叶或3小叶、单小叶,或单叶,罕可变为叶状柄,叶具叶柄或无;花两性,稀单性,辐射对称或两侧对称,通常排成总状花序、聚伞花序、穗状花序、头状花序或圆锥花序,花被2轮,花瓣(0~)5(6);荚果。

豆科为被子植物中仅次于菊科及兰科的3个最大的科之一,约650属18 000种,广布于全世界,生长环境各种各样,无论平原、高山、荒漠、森林、草原,还是水域,几乎都可见到豆科植物的踪迹。我国有172属,1485种,13亚种,153变种,16变型,各省区均有分布。园林植物造景常用的种有台湾相思、金合欢、海红豆、合欢、银合欢、羊蹄甲、洋紫荆、紫荆、金凤花、树锦鸡儿、朱缨花、黄槐决明、腊肠树、凤凰木、龙牙花、刺桐、皂荚、羽扇豆、含羞草、紫藤、槐树等。

10.28.1 金合欢属 *Acacia*

灌木、小乔木或攀缘藤本,有刺或无刺;二回羽状复叶;花小,两性或杂性,3~5 基数,大多为黄色,少数白色,通常约 50 朵,最多可达 400 朵,组成圆柱形的穗状花序或圆球形的头状花序,1 至数个花序簇生于叶腋或于枝顶再排成圆锥花序;荚果,长圆形或线形,直或弯曲,多数扁平。

1)台湾相思 *Acacia confusa*(别称:台湾柳、相思树、相思仔)

形态特征:常绿乔木,高 6~15 m,无毛;枝灰色或褐色,无刺,小枝纤细;苗期第一片真叶为羽状复叶,长大后小叶退化,叶柄变为叶状柄,叶状柄革质,披针形,长 6~10 cm,宽 5~13 mm;**头状花序球形,单生或 2~3 个簇生于叶腋**,直径约 1 cm;总花梗纤弱,长 8~10 mm;**花金黄色**,有微香;花瓣淡绿色,长约 2 mm;荚果扁平,长 4~9(12)cm,宽 7~10 mm,干时深褐色。花期 3—10 月,果期 8—12 月。

主要分布:原产于中国台湾,遍布全岛平原、丘陵低山地区,菲律宾也有分布。广东、海南、广西、福建、云南和江西等省、自治区的热带和亚热带地区均有栽培。

生长习性:喜暖热气候,也耐低温,喜光,耐半阴,耐旱瘠土壤,也耐短期水淹,喜酸性土。相思树的生长速度非常快,适应性也非常强,在各种环境中都能正常生长,自身具有较强的固氮特性,根部有根瘤,能把空气中的氮固定下来,形成养分,对增加土壤的肥力和对绿地的改善很有好处。长期栽种该树木还能改善土壤条件。

观赏特性及园林用途:台湾相思树冠苍翠绿荫,为优良而低维护的行道树、园景树、遮阴树、防风树、护坡树。幼树可作绿篱,广泛用于庭园、校园、公园、游乐区、庙宇等,单植、列植、群植均美观。尤适于海滨绿化,花能诱蝶、诱鸟。

其他用途:台湾相思材质坚硬,可作为车轮、桨橹及农具等用;花含芳香油,可作调香原料;树皮、果实能作为黑色染料;枝干可以用来烧炭;木材可作纸浆材、人造板、家具。

2)金合欢 *Acacia farnesiana*(别称:鸭皂树、刺毬花、消息花、牛角花)

形态特征:灌木或小乔木,高 2~4 m;树皮粗糙,褐色,多分枝,**小枝常呈之字形弯曲**,有小皮孔;二回羽状复叶,长 2~7 cm,叶轴槽状,被灰白色柔毛,有腺体;羽片 4~8 对,长 1.5~3.5 cm;小叶通常 10~20 对,线状长圆形,长 2~6 mm,宽 1~1.5 mm,无毛;**头状花序**1 或 2~3 个簇生于叶腋,直径 1~1.5 cm;总花梗被毛,长 1~3 cm,苞片位于总花梗的顶端或近顶部;**花黄色,有香味**;花瓣连合呈管状,长约 2.5 mm,5 齿裂;荚果膨胀,近圆柱状。花期 3—6 月,果期 7—11 月。

主要分布:原产于澳大利亚,分布于中国浙江、台湾、福建、广东、广西、云南、四川等地。

生长习性:喜光,喜温暖湿润的气候,耐干旱,宜种植于向阳、背风和肥沃、湿润的微酸性土壤中,要求土壤疏松肥沃、腐殖质含量高。

观赏特性及园林用途:在澳大利亚,金合欢是最具代表性的植物,是国花。金合欢头状的花序簇生于叶腋,盛开时,好像金色的绒球一般,观赏价值很高。金合欢可制作直干式、斜干式、双干式、丛林式、露根式等多种不同的盆景。

其他用途:金合欢具有药用价值;花极香,可提取香精;果荚、树皮和根可作黑色染料;茎中流出的树脂含有树胶,可供药用;木材可制贵重器具用品。

10.28.2 海红豆属 *Adenanthera*

无刺乔木;二回羽状复叶,小叶多对,互生;花小,具短梗,两性或杂性,组成腋生、穗状的总状花序或在枝顶排成圆锥花序;花瓣5片,披针形,基部微合生或近分离,等大;荚果带状,弯曲或劲直,革质,种子间具横隔膜,成熟后沿缝线开裂,果瓣旋卷;种子小,种皮坚硬,鲜红色或二色。

海红豆 *Adenanthera pavonina*(别称:孔雀豆、红豆、相思格)

形态特征:落叶乔木,高5~20 m;嫩枝被微柔毛;二回羽状复叶,小叶4~7对,互生,长圆形或卵形,长2.5~3.5 cm,宽1.5~2.5 cm,两端圆钝,两面均被微柔毛,具短柄;总状花序单生于叶腋或在枝顶排成圆锥花序,被短柔毛;花小,白色或黄色,有香味,具短梗;花瓣披针形,长2.5~3 mm,无毛,基部稍合生;**荚果狭长圆形,**盘旋,长10~20 cm,宽1.2~1.4 cm,**开裂后果瓣旋卷;**种子近圆形至椭圆形,长5~8 mm,宽4.5~7 mm,**鲜红色,有光泽。**花期4—7月,果期7—10月。

主要分布:原产于缅甸、柬埔寨、老挝、越南、马来西亚、印度尼西亚等热带地区,在中国分布于福建、台湾、广东、海南、广西、贵州、云南等地。多生于山沟、溪边、林中或栽培于庭园。

生长习性:喜温暖湿润气候,喜光,稍耐阴,对土壤条件要求较严格,喜土层深厚、肥沃、排水良好的沙壤土。

观赏特性及园林用途:海红豆果实颜色鲜艳,是极佳的观果树种。

其他用途:海红豆具有药用价值;心材可为支柱、船舶、建筑用材和箱板;种子可作装饰品。

10.28.3 合欢属 *Albizia*

乔木或灌木,稀为藤本,通常无刺,很少托叶变为刺状;二回羽状复叶,互生,通常落叶;羽片1至多对;总叶柄及叶轴上有腺体;小叶对生,1至多对;花小,常二型,5基数,两性,稀可杂性,有梗或无梗,组成头状花序、聚伞花序或穗状花序,再排成腋生或顶生的圆锥花序;花瓣常在中部以下合生成漏斗状,上部具5裂片;荚果带状,扁平。

合欢 *Albizia julibrissin*(别称:马缨花、绒花树)

形态特征:落叶乔木,高可达16 m,树冠开展;小枝有棱角,嫩枝、花序和叶轴被绒毛或短柔毛;**二回羽状复叶,**总叶柄近基部及最顶一对羽片着生处各有1枚腺体;羽片4~12对,栽培的有时达20对;小叶10~30对,线形至长圆形,长6~12 mm,宽1~4 mm,向上偏斜,先端有小尖头,有缘毛,有时在下面或仅中脉上有短柔毛;**头状花序于枝顶排成圆锥花序;花粉红色;**花萼管状,长3 mm;花冠长8 mm,裂片三角形,长1.5 mm,花萼、花冠外均被短柔毛;荚果带状,长 9~15 cm,宽 1.5~2.5 cm。花期 6—7 月,果期 8—10 月。

主要分布:原产于美洲南部,我国黄河流域至珠江流域各地也有分布,分布于华东、华南、西南以及辽宁、河北、河南、陕西等省。朝鲜、日本、越南、泰国、缅甸、印度、伊朗及非洲东部、中亚至东亚均有分布,美洲也有栽培。

生长习性:生于山坡或栽培,喜温暖湿润和阳光充足的环境,对气候和土壤适应性强,宜在排水良好、肥沃土壤生长,但也耐瘠薄土壤和干旱气候,但不耐水涝,对二氧化硫、氯化氢等有害气体有较强的抗性。

观赏特性及园林用途:合欢花形可爱、树形美观,是威海市的市树,可用作园景树、行道树、风景区造景树、滨水绿化树、工厂绿化树和生态保护树等。

其他用途:合欢具有药用价值。

10.28.4 银合欢属 *Leucaena*

常绿、无刺灌木或乔木;托叶刚毛状或小形,早落;二回羽状复叶;小叶小而多或大而少,偏斜;总叶柄常具腺体;花白色,通常两性,5 基数,无梗,组成密集、球形、腋生的头状花序,单生或簇生于叶腋,花瓣分离;荚果劲直,扁平,光滑,革质,带状,成熟后 2 瓣裂,无横隔膜;种子多数,横生,卵形,扁平。

银合欢 *Leucaena leucocephala*(别称:白合欢)

形态特征:灌木或小乔木,高 2~6 m;幼枝被短柔毛,老枝无毛,具褐色皮孔,无刺;羽片 4~8对,长 5~9(16)cm,叶轴被柔毛,在最下一对羽片着生处有黑色腺体 1 枚;**小叶 5~15 对,线状长圆形,**长 7~13 mm,宽 1.5~3 mm,先端急尖,基部楔形,边缘被短柔;头状花序通常 1~2 个腋生,直径 2~3 cm;花白色;花萼长约 3 mm,顶端具 5 细齿,外面被柔毛;花瓣狭倒披针形,长约 5 mm,背被疏柔毛;荚果带状,长 10~18 cm,宽 1.4~2 cm。花期 4—7 月,果期 8—10 月。

主要分布:原产于中美洲的墨西哥,适宜种植区域在世界热带、亚热带地区。我国台湾、福建、广东、广西和云南有分布,生于低海拔的荒地或疏林中。

生长习性:喜温暖湿润气候,最适生长温度为 20~30 ℃,气温高于 35 ℃仍能维持生长,低于 12 ℃,生长缓慢,-3 ℃及中等霜雪,仍能越冬,在海拔 300~1 500 m、降雨量 500~1 800 mm 的地方都能种植。在我国广西桂林、浙江温州、湖北等地,地上部分每年冬季枯死,但地下部分仍然存活,翌年仍然能萌发新枝。银合欢具有很强的抗旱能力,不耐水淹,低洼处生长不良。银合欢适应土壤条件范围很广,以中性至微碱性土壤最好,在酸性红壤土上仍能生长,适应 pH 值为 5.0~8.0。石山的岩石缝隙只要潮湿也能生长。

观赏特性及园林用途:银合欢开花期在 6 月初,如雪如絮、繁花似锦、洁白芳香、怡人肺腑,远望如白龙腾空盘旋于青烟绿云之上,郁雅壮观,雪降 6 月给人凉爽的享受,是一种优秀的观赏树种。主干侧枝多刺且坚硬锋利,是防止禽畜破坏、防盗的最佳屏障,可随意修剪造型,典雅大方,适合果园、瓜园、花圃、苗圃、工矿、机关、学校、公园、生活小区、别墅、庭院的绿化围墙与花墙,坚固耐久,成本低廉,综合效益显著。银合欢也是保护生态绿化荒山的理想树种。

其他用途:银合欢砍伐后有较强的萌发力且生长旺盛,是优良的薪炭柴树种;适合于荒山造林;种子可食,树皮可提取鞣料,树胶作食品乳化剂或代替阿拉伯胶;植株具有药用价值。

10.28.5 羊蹄甲属 *Bauhinia*

乔木,灌木或攀缘藤本;单叶,全缘,先端凹缺或分裂为2裂片,有时深裂达基部而成2片离生的小叶,基出脉3至多条,中脉常伸出于2裂片间形成一小芒尖;花两性,很少为单性,组成总状花序,伞房花序或圆锥花序,花瓣5片,略不等,常具瓣柄;荚果长圆形、带状或线形,通常扁平,开裂,稀不裂。

1)羊蹄甲 *Bauhinia purpurea*(别称:玲甲花)

形态特征:乔木或直立灌木,高7~10 m;树皮厚,近光滑,灰色至暗褐色;枝初时略被毛,毛渐脱落,**叶硬纸质,近圆形,**长10~15 cm,宽9~14 cm,**基部浅心形,**先端分裂达叶长的1/3~1/2,裂片先端圆钝或近急尖,两面无毛或下面薄被微柔毛;**总状花序侧生或顶生,**少花,长6~12 cm,有时2~4个生于枝顶而成复总状花序,被褐色绢毛;花蕾纺锤形,具4~5棱或狭翅,顶钝;**花瓣桃红色,**倒披针形,长4~5 cm,具脉纹和长的瓣柄;荚果带状,扁平,长12~25 cm,宽2~2.5 cm,略呈弯镰状,成熟时开裂,木质的果瓣扭曲将种子弹出。花期9—11月,果期2—3月。

主要分布:我国南部,中南半岛、印度、斯里兰卡有分布。

生长习性:性喜温暖湿润、多雨的气候、阳光充足的环境,不甚耐寒,喜肥厚、湿润、排水良好的偏酸性沙壤土,忌水涝。

观赏特性及园林用途:世界亚热带地区广泛栽培于庭园供观赏及作行道树,在广州尤为普遍,常植为行道树。

其他用途:羊蹄甲树皮、花和根供药用。

2)洋紫荆 *Bauhinia variegate*(别称:红紫荆、红花紫荆、弯叶树)

形态特征:落叶乔木;树皮暗褐色,近光滑;幼嫩部分常被灰色短柔毛;枝广展,硬而稍呈之字曲折,无毛;叶近革质,广卵形至近圆形,宽度常超过长度,长5~9 cm,宽7~11 cm,**基部浅至深心形,**有时近截形,先端2裂达叶长的1/3,裂片阔,钝头或圆,两面无毛或下面略被灰色短柔毛;**总状花序侧生或顶生,**极短缩,多少呈伞房花序式,少花,被灰色短柔毛;花大,近无梗;花蕾纺锤形;萼佛焰苞状,被短柔毛,一侧开裂为一广卵形、长2~3 cm的裂片;花瓣倒卵形或倒披针形,长4~5 cm,具瓣柄,**紫红色或淡红色,杂以黄绿色及暗紫色的斑纹,**近轴一片较阔;荚果带状,扁平。花期全年,3月最盛。

主要分布:产于中国南部,分布于黄河流域,中国很大一部分地区都能种植,如陕、甘南、新、川、藏、黔、滇南、粤、桂等地。印度、中南半岛有分布。

生长习性:喜温暖湿润、多雨的气候、阳光充足的环境,不甚耐寒,喜肥厚、湿润的土壤,忌水涝。喜土层深厚、肥沃、排水良好的偏酸性沙壤土。生长迅速,三年生的幼树可高达3 m。萌芽力和成枝力强,分枝多,极耐修剪。

观赏特性及园林用途:洋紫荆叶形独特,花美丽而略有香味,花期长达半年以上,生长快,为良好的观赏及蜜源植物,可在公园、花园、路旁的花圃栽种,均可成为美丽的景观。

其他用途:洋紫荆花、树皮、根皮具有药用价值;花芽、嫩叶和幼果可食;木材坚硬,可作农具。

10.28.6 紫荆属 *Cercis*

灌木或乔木,单生或丛生,无刺;叶互生,单叶,全缘或先端微凹,具掌状叶脉;花两侧对称,两性,紫红色或粉红色,具梗,排成总状花序单生于老枝上或聚生成花束簇生于老枝或主干上,通常先于叶开放,花瓣5,近蝶形,具柄,不等大,旗瓣最小,位于最里面;荚果扁狭长圆形,两端渐尖或钝,于腹缝线一侧常有狭翅,不开裂或开裂。

紫荆 *Cercis chinensis*(别称:紫珠、裸枝树)

形态特征:丛生或单生灌木,高2~5 m;树皮和小枝灰白色;叶纸质,近圆形或三角状圆形,长5~10 cm,宽与长相同或略短于长,先端急尖,**基部浅至深心形,**两面通常无毛,嫩叶绿色,仅叶柄略带紫色;**花紫红色或粉红色,2~10朵成束,簇生于老枝和主干上,尤以主干上花束较多,**越到上部幼嫩枝条则花越少,通常先于叶开放,但嫩枝或幼株上的花与叶同时开放,花长1~1.3 cm;花梗长3~9 mm;龙骨瓣基部具深紫色斑纹;荚果扁狭长形,绿色,长4~8 cm,宽1~1.2 cm,翅宽约1.5 mm,先端急尖或短渐尖,喙细而弯曲,基部长渐尖。花期3—4月,果期8—10月。

主要分布:产于我国东南部,北至河北,南至广东、广西,西至云南、四川,西北至陕西,东至浙江、江苏和山东等省区。

生长习性:暖带树种,较耐寒,喜光,稍耐阴。喜肥沃、排水良好的土壤,不耐湿。

观赏特性及园林用途:紫荆是一种美丽的木本花卉植物,宜栽庭院、草坪、岩石及建筑物前,用于小区的园林绿化,具有较好的观赏效果。

其他用途:紫荆树皮、花、果实均有药用价值;木材可供家具、建筑等用。

10.28.7 云实属 *Caesalpinia*

乔木、灌木或藤本,通常有刺;二回羽状复叶;总状花序或圆锥花序腋生或顶生;花中等大或大,通常美丽,黄色或橙黄色,花瓣5片,常具柄,展开,其中4片通常圆形,有时长圆形,最上方一片较小,色泽、形状及被毛常与其余4片不同;荚果卵形、长圆形或披针形,有时呈镰刀状弯曲,扁平或肿胀,无翅或具翅,平滑或有刺,革质或木质,少数肉质,开裂或不开裂。

金凤花 *Caesalpinia pulcherrima*(别称:蛱蝶花、洋金凤、黄蝴蝶等)

形态特征:大灌木或小乔木;枝光滑,绿色或粉绿色,散生疏刺;**二回羽状复叶,**长12~26 cm;羽片4~8对,对生,长6~12 cm;小叶7~11对,长圆形或倒卵形,长1~2 cm,宽4~8 mm;**总状花序近伞房状,顶生或腋生,**疏松,长达25 cm;**花瓣橙红色或黄色,**圆形,长1~2.5 cm,**边缘皱波状,**柄与瓣片几乎等长;花丝红色,远伸出于花瓣外,长5~6 cm;荚果狭而薄,倒披针状长圆形,长6~10 cm,宽1.5~2 cm,无翅。花果期几乎全年。

主要分布:原产地可能是西印度群岛,我国云南、广西、广东和台湾均有栽培。

生长习性:喜高温高湿的气候环境,耐寒力较低,遇长期5~8 ℃的低温,枝条受冷害。忌霜冻,华南南部的广州、南宁等地,正常年份可在露地安全越冬,寒冷年份有冻害。华南北部以至华北的广大地区,金凤花只能盆栽,冬季移入温棚或室内,室温不宜低于 10 ℃。喜光,不耐荫蔽,耐烈日高温,宜种植于阳光充足处。对土壤的要求不苛刻,沙质土或黏重土均宜,较耐干旱,也稍耐水湿。

观赏特性及园林用途:金凤花为汕头市市花,高达 3 m,花冠橙红色,边缘金黄色,花朵宛如飞凤,花有头有尾有翅有足,生动形象,活灵活现,就像一只凤凰在飞翔,为热带地区有价值的观赏树木之一,多作为庭院树、行道树。

其他用途:金凤花为著名中药。

10.28.8 锦鸡儿属 *Caragana*

灌木,稀为小乔木;偶数羽状复叶或假掌状复叶,有 2~10 对小叶;小叶全缘,先端常具针尖状小尖头;花萼管状或钟状,基部偏斜,囊状凸起或不为囊状,萼齿 5,常不相等;花冠黄色,少有淡紫色、浅红色,有时旗瓣带橘红色或土黄色,各瓣均具瓣柄,翼瓣和龙骨瓣常具耳;荚果筒状或稍扁。

树锦鸡儿 *Caragana arborescens*(别称:蒙古锦鸡儿、陶日格-哈日嘎纳)

形态特征:小乔木或大灌木,高 2~6 m;老枝深灰色,平滑,稍有光泽,小枝有棱,幼时被柔毛,绿色或黄褐色;**羽状复叶,有 4~8 对小叶**;小叶长圆状倒卵形、狭倒卵形或椭圆形,长 1~2(2.5)cm,宽 5~10(13)mm,先端圆钝,具刺尖,基部宽楔形;**花冠黄色**,长 16~20 mm,旗瓣菱状宽卵形,宽与长近相等,先端圆钝,具短瓣柄,翼瓣长圆形,较旗瓣稍长,瓣柄长为瓣片的 3/4,耳距状,长不及瓣柄的 1/3,龙骨瓣较旗瓣稍短,瓣柄较瓣片略短,耳钝或略呈三角形;荚果圆筒形,长 3.5~6 cm,粗 3~6.5 mm,先端渐尖,无毛。花期 5—6 月,果期 8—9 月。

主要分布:产于中国黑龙江、内蒙古东北部、河北、山西、陕西、甘肃东部、新疆北部、乌鲁木齐、西宁、沈阳,庭园栽培均能生长。

生长习性:性喜光,也较耐阴,耐寒性强,在-50 ℃的低温环境下可安全越冬。耐干旱瘠薄,对土壤要求不严,在轻度盐碱土中能正常生长。忌积水,长期积水易造成苗木死亡。

观赏特性及园林用途:树锦鸡儿枝叶秀丽,花色鲜艳,在园林绿化中可孤植、丛植于路旁、坡地或假山岩石旁,也可作绿篱材料和用来制作盆景。

其他用途:树锦鸡儿具有医学价值。

10.28.9 朱缨花属 *Calliandra*

灌木或小乔木;托叶常宿存,有时变为刺状,稀无;二回羽状复叶,无腺体;羽片 1 至数对,小叶对生,小而多对或大而少至 1 对;花通常少数组成球形的头状花序,腋生或顶生的总状花序,5~6 数,杂性,花瓣连合至中部,中央的花常异型而具长管状花冠,雄蕊多数(可达 100 枚),红色或白色,长而突露,十分显著,下部连合成管;荚果线形,扁平,劲直或微弯,基部通常狭,边缘增厚,成熟后,果瓣由顶部向基部沿缝线 2 瓣开裂。

朱缨花 *Calliandra haematocephala*(别称:美蕊花)

形态特征:落叶灌木或小乔木,高 1~3 m;枝条扩展,小枝圆柱形,褐色,粗糙;二回羽状复叶,总叶柄长 1~2.5 cm;羽片 1 对,长 8~13 cm;小叶 7~9 对,斜披针形,长 2~4 cm,宽 7~15 mm,中上部的小叶较大,下部的较小,先端钝而具小尖头,基部偏斜,边缘被疏柔毛;中脉略偏上缘;花冠管长 3.5~5 mm,**淡紫红色**,顶端具 5 裂片,裂片反折,长约 3 mm,无毛;**雄蕊突露于花冠之外,非常显著**;荚果线状倒披针形,长 6~11 cm,宽 5~13 mm,暗棕色,成熟时由顶至基部沿缝线开裂,果瓣外翻。花期 8—9 月,果期 10—11 月。

主要分布:原产于南美,现热带、亚热带地区常有栽培。我国台湾、福建、广东有引种,栽培供观赏。

生长习性:热带花卉,喜光,喜温暖湿润气候,不耐寒,适生于深厚肥沃、排水良好的酸性土壤。

观赏特性及园林用途:朱缨花树形、树冠开阔,入夏绿荫清幽,羽状复叶昼开夜合,十分清奇,花色鲜红又似绒球状,甚是可爱,是一种观赏价值较高的花灌木,适用于池畔、水滨、河岸和溪旁等处散植或作为庭荫树、行道树,种植于林缘、房前、草坪、山坡等地。

其他用途:朱缨花具有药用价值。

10.28.10 决明属 *Cassia*

乔木、灌木、亚灌木或草本;叶丛生,偶数羽状复叶;叶柄和叶轴上常有腺体;小叶对生,无柄或具短柄;花近辐射对称,通常黄色,组成腋生的总状花序或顶生的圆锥花序,或有时 1 至数朵簇生于叶腋;花瓣通常 5 片,近相等或下面 2 片较大;荚果形状多样,圆柱形或扁平。

1)黄槐决明 *Cassia surattensis*

形态特征:灌木或小乔木,高 5~7 m;分枝多,小枝有肋条;树皮颇光滑,灰褐色;嫩枝、叶轴、叶柄被微柔毛;**小叶 7~9 对,长椭圆形或卵形**,长 2~5 cm,宽 1~1.5 cm,下面粉白色,被疏散、紧贴的长柔毛,边全缘;总状花序生于枝条上部的叶腋内;**花瓣鲜黄至深黄色**,卵形至倒卵形,长 1.5~2 cm;雄蕊 10 枚;荚果扁平,带状,开裂,长 7~10 cm,宽 8~12 mm,顶端具细长的喙。花果期几全年。

主要分布:原产于印度、斯里兰卡、印度尼西亚、菲律宾和澳大利亚、波利尼西亚地,世界各地均有栽培。我国栽培于广西、广东、福建、台湾等省区。

生长习性:中性偏阳,幼树能耐阴,成年树喜充分阳光。对土壤水肥条件要求不苛,一般肥力中等的低丘缓坡地及路旁、城镇绿化带,均能生长成景。能耐短期-2 ℃低温及一般霜冻,耐干旱,但不抗风,不耐积水洼地。

观赏特性及园林用途:黄槐决明形优美,开花时满树黄花,美丽色艳,几乎全年均可开花,为园林中重要配景花木,适宜作行道、路边、池畔或庭前绿化,常作绿篱和园观赏植物。

其他用途:黄槐决明具有药用价值。

2)腊肠树 *Cassia fistula*(别称:阿勃勒、牛角树、波斯皂荚)

形态特征:落叶小乔木或中等乔木,高可达 15 m;枝细长;树皮幼时光滑,灰色,老时粗糙,暗褐色;**小叶对生,薄革质**,阔卵形,卵形或长圆形,长 8~13 cm,宽 3.5~7 cm,顶端短渐尖而钝,基部楔形,边全缘,幼嫩时两面被微柔毛,老时无毛;**总状花序长达 30 cm 或更长,疏散,下**

垂;花与叶同时开放,直径约 4 cm;花瓣黄色,倒卵形,近等大,长 2~2.5 cm,具明显的脉;雄蕊 10 枚,其中 3 枚具长而弯曲的花丝,高出于花瓣;**荚果圆柱形**,长 30~60 cm,直径 2~2.5 cm。花期 6—8 月,果期 10 月。

主要分布:原产于印度、缅甸和斯里兰卡。中国南部和西南部各省区均有栽培。

生长习性:喜温树种,有霜冻害地区不能生长,生育适温为 23~32 ℃,能耐最低温度为 -3 ℃,通常在中国华南一带生长良好。性喜光,也能耐一定荫蔽,能耐干旱,也能耐水湿,但忌积水。对土壤的适应性颇强,喜生长在湿润、肥沃、排水良好的中性冲积土,以沙壤土为最佳,在干燥瘠薄的土壤上也能生长。

观赏特性及园林用途:腊肠树初夏开花,满树金黄,秋日果荚长垂如腊肠,为珍奇观赏树,被广泛地应用在园林绿化中,适于在公园、水滨、庭园等处与红色花木配植,也可 2~3 株成小丛种植,热带地区也可作行道树。

其他用途:腊肠树树皮含单宁,可做红色染料;根、树皮、果瓤和种子均可入药;木材可作支柱、桥梁、车辆及农具等用材。

10.28.11 凤凰木属 *Delonix*

高大乔木,无刺;大型二回偶数羽状复叶,具托叶;羽片多对;小叶片小而多;伞房状总状花序顶生;花两性,大而美丽,白色、橙色和鲜红色;花瓣 5,与萼片互生,圆形,具柄,边缘皱波状;荚果带形,扁平,下垂。

凤凰木 Delonix regia(别称:凤凰花、红花楹、火树)

形态特征:高大落叶乔木,无刺,高达 20 余米,胸径可达 1 m;树皮粗糙,灰褐色;树冠扁圆形,分枝多而开展;小枝常被短柔毛并有明显的皮孔;叶为二回偶数羽状复叶,长 20~60 cm,羽片对生,15~20 对,长达 5~10 cm;小叶 25 对,密集对生,长圆形,长 4~8 mm,宽 3~4 mm,两面被绢毛,先端钝,基部偏斜,边全缘;中脉明显;**伞房状总状花序顶生或腋生**;**花大而美丽**,直径 7~10 cm,**鲜红至橙红色**,具 4~10 cm 长的花梗;花瓣 5,**匙形**,**红色**,**具黄及白色花斑**,长 5~7 cm,宽 3.7~4 cm,开花后向花萼反卷,瓣柄细长;荚果带形,扁平。花期 6—7 月,果期 8—10 月。

主要分布:原产于非洲马达加斯加,世界各热带、暖亚热带地区广泛引种。我国台湾、海南、福建、广东、广西、云南等省区有引种栽培。

生长习性:热带树种,喜高温多湿和阳光充足环境,生长适温 30 ℃,不耐寒,冬季温度不低于 10 ℃。以深厚肥沃、富含有机质的沙壤土为宜。怕积水,排水须良好,较耐干旱,耐瘠薄土壤。

观赏特性及园林用途:凤凰树树冠高大,花期花红叶绿,满树如火,富丽堂皇,由于“叶如飞凰之羽,花若丹凤之冠”,故取名凤凰木,是著名的热带观赏树种,在我国南方城市的植物园和公园栽种颇盛,作为观赏树或行道树。

其他用途:凤凰树具有药用价值;根系有固氮根瘤菌,可节省肥料的施用;木材可作小型家具和工艺原料;豆荚在加勒比海地区被用作敲打乐器。

10.28.12 刺桐属 *Erythrina*

乔木或灌木；小枝常有皮刺；羽状复叶具3小叶，托叶小，小托叶呈腺体状；总状花序腋生或顶生，花红色，成对或成束簇生在花序轴上，花萼佛焰苞状，钟状或陀螺状而肢截平或2裂，花瓣极不相等，旗瓣大或伸长，直立或开展，近无柄或具长瓣柄，无附属物，翼瓣短，有时很小或缺，龙骨瓣比旗瓣短小得多；荚果具果颈，多为线状长圆形、镰刀形。

1）龙牙花 *Erythrina corallodendron*（别称：象牙红、珊瑚刺、珊瑚刺桐）

形态特征：灌木或小乔木，高3~5 m；干和枝条散生皮刺；羽状复叶具3小叶；小叶菱状卵形，长4~10 cm，宽2.5~7 cm，先端渐尖而钝或尾状，基部宽楔形，两面无毛，有时叶柄上和下面中脉上有刺；总状花序腋生，长可达30 cm；**花深红色**，具短梗，**与花序轴成直角或稍下弯**，长4~6 cm，狭而近闭合；花萼钟状，萼齿不明显，仅下面一枚稍突出；旗瓣长椭圆形，长约4.2 cm，先端微缺，略具瓣柄至近无柄，翼瓣短，长1.4 cm，龙骨瓣长2.2 cm，均无瓣柄；荚果长约10 cm，具梗，先端有喙。花期6—11月。

主要分布：原产于南美洲。中国的广州、桂林、贵阳（花溪）、西双版纳、杭州和台湾等地有栽培。

生长习性：喜阳光充足，能耐半阴。喜温暖，湿润，能耐高温高湿，也稍能耐寒。对土壤肥力要求不严，但喜湿润、疏松土壤，不耐干旱；干燥土和黏重土生长不良。

观赏特性及园林用途：龙牙花是美丽的观赏植物，叶扶疏，初夏开花，深红色的总状花序好似一串红色月牙，艳丽夺目，适用于公园和庭院栽植，若盆栽可用来点缀室内环境。

其他用途：龙牙花材质可代软木作木栓；树皮可作麻醉剂和止痛镇静剂。

2）刺桐 *Erythrina variegate*（别称：海桐）

形态特征：大乔木，高可达20 m；树皮灰褐色，枝有明显叶痕及短圆锥形的黑色直刺；羽状复叶具3小叶，常密集枝端；托叶披针形，早落；叶柄长10~15 cm，通常无刺；小叶膜质，宽卵形或菱状卵形，长宽15~30 cm，先端渐尖而钝，基部宽楔形或截形；**总状花序顶生**，长10~16 cm，上有密集、成对着生的花；花萼佛焰苞状，长2~3 cm，口部偏斜，一边开裂；**花冠红色**，长6~7 mm，旗瓣椭圆形，长5~6 cm，宽约2.5 cm，先端圆，瓣柄短；翼瓣与龙骨瓣近等长；龙骨瓣2片离生；荚果黑色。花期3月，果期8月。

主要分布：原产于亚洲热带，即印度、马来西亚，中国的福建、广东、广西、海南、台湾、浙江、贵州、四川、江苏等地均有栽培。

生长习性：性强健，萌发力强，生长快，开花时新梢可长达1.5 m，花序长达50 cm。喜温暖湿润、光照充足的环境，耐旱也耐湿，对土壤要求不严，喜肥沃、排水良好的沙壤土。不甚耐寒，南京地区露地栽植稍加覆盖可越冬。

观赏特性及园林用途：刺桐是阿根廷国花、日本冲绳县县花、福建省泉州市市花、吉林省通化市市花，花美丽，可栽作观赏树木，适合单植于草地或建筑物旁，可供公园、绿地及风景区美化，又是公路及市街的优良行道树。

其他用途：刺桐具有医药价值。

10.28.13 皂荚属 *Gleditsia*

落叶乔木或灌木;干和枝通常具分枝的粗刺;叶互生,常簇生,一回和二回偶数羽状复叶常并存于同一植株上,叶轴和羽轴具槽,小叶多数,近对生或互生,基部两侧稍不对称或近于对称,边缘具细锯齿或钝齿,少有全缘;花杂性或单性异株,淡绿色或绿白色,组成腋生或少有顶生的穗状花序或总状花序,稀为圆锥花序;花瓣3~5,稍不等;荚果扁,劲直、弯曲或扭转。

皂荚 *Gleditsia sinensis*(别称:皂角、猪牙皂、牙皂、刀皂)

形态特征:落叶乔木或小乔木,高可达30 m;枝灰色至深褐色;**刺粗壮**,圆柱形,常分枝,多呈圆锥状;**叶为一回羽状复叶**,长10~18(26)cm;小叶(2)3~9对,纸质,卵状披针形至长圆形,长2~8.5 (12.5)cm,宽1~4(6)cm,先端急尖或渐尖,顶端圆钝,具小尖头,基部圆形或楔形,有时稍歪斜,边缘具细锯齿,上面被短柔毛,下面中脉上稍被柔毛;网脉明显,在两面凸起;小叶柄长1~2(5)mm,被短柔毛;花杂性,黄白色,组成总状花序;花序腋生或顶生,长5~14 cm,被短柔毛;雄花:直径9~10 mm;花梗长2~8(10)mm;花托长2.5~3 mm,深棕色,外面被柔毛;萼片4,三角状披针形,长3 mm,两面被柔毛;花瓣4,长圆形,长4~5 mm,被微柔毛;雄蕊8(6);退化雌蕊长2.5 mm;两性花:直径10~12 mm;花梗长2~5 mm;萼、花瓣与雄花的相似,唯萼片长4~5 mm,花瓣长5~6 mm;**荚果带状**,长12~37 cm,宽2~4 cm,劲直或扭曲,果肉稍厚,两面臌起,或有的荚果短小,多少呈柱形,长5~13 cm,宽1~1.5 cm,弯曲作新月形。花期3—5月,果期5—12月。

主要分布:产于中国的河北、山东、河南、山西、陕西、甘肃、江苏、安徽、浙江、江西、湖南、湖北、福建、广东、广西、四川、贵州、云南等省区。生于山坡林中或谷地、路旁,海拔自平地至2 500 m。

生长习性:性喜光而稍耐阴,喜温暖湿润的气候及深厚肥沃适当的湿润土壤,但对土壤要求不严,在石灰质及盐碱甚至黏土或沙土均能正常生长。生长速度慢但寿命很长,可达六七百年,属于深根性树种,需要6~8年的营养生长才能开花结果,但是其结实期可长达数百年。

观赏特性及园林用途:皂荚可用于城乡景观林、道路绿化。皂荚树具有固氮、适应性广、抗逆性强等综合价值,是退耕还林的首选树种,常栽培于庭院或宅旁。

其他用途:皂荚种子用作增稠剂、稳定剂、黏合剂、胶凝剂、浮选剂、絮凝剂、分散剂等,广泛应用于石油钻采、食品医药、纺织印染、采矿选矿、兵工炸药、日化陶瓷、建筑涂料、木材加工、造纸、农药等行业;木材可用于制作工艺品、家具。

10.28.14 羽扇豆属 *Lupinus*

一年生或多年生草本,偶为半灌木,多少被毛;掌状复叶,互生(单叶种类我国未见有引种),具长柄,小叶全缘,长圆形至线形,近无柄;总状花序大多顶生,多花,花各色,美丽,轮生或互生,小苞片2枚,贴萼生,花萼二唇形,萼齿4~5,短尖,上下萼齿不等长,萼筒短,上侧常呈囊状隆起,旗瓣圆形或卵形,翼瓣先端常连生,包围龙骨瓣,龙骨瓣弯头,并具尖喙;荚果线形。

羽扇豆 *Lupinus micranthus*

形态特征：一年生草本，高20~70 cm；茎上升或直立，基部分枝，全株被棕色或锈色硬毛；**掌状复叶**，小叶5~8枚；叶柄远长于小叶；小叶倒卵形、倒披针形至匙形，长15~70 mm，宽5~15 mm，先端钝或锐尖，具短尖，基部渐狭，两面均被硬毛；**总状花序顶生**，较短，长5~12 cm，下方的花互生，上方的花不规则轮生，花长10~14 mm；**花冠蓝色，旗瓣和龙骨瓣具白色斑纹；**荚果长圆状线形，长2.5~5 cm，宽0.8~1.2 cm，密被棕色硬毛，果期宿存。花期3—5月，果期4—7月。

主要分布：原产于中海区域，中国有栽培。

生长习性：较耐寒（-5 ℃以上），喜气候凉爽、阳光充足的地方，忌炎热，略耐阴，需肥沃、排水良好的沙质土壤，主根发达，须根少，不耐移植。

观赏特性及园林用途：羽扇豆特别的植株形态和丰富的花序颜色是园林植物造景中较为难得的配植材料，适宜布置花坛、花境或在草坡中丛植，也可盆栽或作切花，给人们一种异域和别样的享受。

其他用途：羽扇豆是蜜源植物，并用作绿肥和覆盖作物；茎叶和种子为含蛋白很高的精饲料。

10.28.15 含羞草属 *Mimosa*

多年生、有刺草本或灌木，稀为乔木或藤本；托叶小，钻状；二回羽状复叶，常很敏感，触之即闭合而下垂，叶轴上通常无腺体，小叶细小，多数；花小，两性或杂性，通常4~5数，组成稠密的球形头状花序或圆柱形的穗状花序，花序单生或簇生，花萼钟状，具短裂齿，花瓣下部合生，雄蕊与花瓣同数或为花瓣数的2倍，分离，伸出花冠之外，花药顶端无腺体；荚果长椭圆形或线形，扁平，直或略弯曲。

含羞草 *Mimosa pudica*（别称：知羞草、呼喝草、怕丑草）

形态特征：披散、亚灌木状草本，高可达1 m；茎圆柱状，具分枝，有散生、下弯的钩刺及倒生刺毛；托叶披针形，长5~10 mm，有刚毛；**羽片和小叶触之即闭合而下垂；羽片通常2对，**指状排列于总叶柄之顶端，长3~8 cm；小叶10~20对，线状长圆形，长8~13 mm，宽1.5~2.5 mm，先端急尖，边缘具刚毛；**头状花序圆球形**，直径约1 cm，具长总花梗，单生或2~3个生于叶腋；花小，淡红色，多数；苞片线形；花萼极小；花冠钟状，裂片4，外面被短柔毛；荚果长圆形，长1~2 cm，宽约5 mm，扁平，稍弯曲，荚缘波状，具刺毛。花期3—10月，果期5—11月。

主要分布：原产于热带美洲，现广布于世界热带地区，我国长江流域常有栽培供观赏。

生长习性：喜温暖湿润、阳光充足的环境，适生于排水良好，富含有机质的沙壤土，株体健壮，生长迅速，适应性较强。

观赏特性及园林用途：含羞草株形散落，羽叶纤细秀丽，其叶片一碰即闭合，花多而清秀，给人以文弱清秀的印象，可地栽于庭院墙角，也可盆栽于窗口案几，现多作家庭观赏植物养植。

其他用途:含羞草具有药用价值。

10.28.16 紫藤属 *Wisteria*

落叶大藤本;奇数羽状复叶互生,小叶全缘,具小托叶;总状花序顶生,下垂;花多数,散生于花序轴上,具花梗,花萼杯状,萼齿5,略呈二唇形,上方2枚短,大部分合生,最下1枚较长,钻形;花冠蓝紫色或白色,通常大,旗瓣圆形,基部具2胼胝体,花开后反折,翼瓣长圆状镰形,有耳,与龙骨瓣离生或先端稍黏合,龙骨瓣内弯,钝头;荚果线形。

紫藤 *Wisteria sinensis*

形态特征:落叶藤本;茎左旋,枝较粗壮,嫩枝被白色柔毛,后秃净;冬芽卵形;奇数羽状复叶,长15~25 cm;托叶线形,早落;**小叶3~6对,纸质,**卵状椭圆形至卵状披针形,上部小叶较大,基部1对最小,长5~8 cm,宽2~4 cm,先端渐尖至尾尖,基部钝圆或楔形,或歪斜,嫩叶两面被平伏毛,后秃净;小叶柄长3~4 mm,被柔毛;小托叶刺毛状,长4~5 mm,宿存;**总状花序发自去年年短枝的腋芽或顶芽,**长15~30 cm,径8~10 cm,花序轴被白色柔毛;苞片披针形,早落;花长2~2.5 cm,芳香;花梗细,长2~3 cm;花萼杯状,长5~6 mm,宽7~8 mm,密被细绢毛,上方2齿甚钝,下方3齿卵状三角形;花冠细绢毛,上方2齿甚钝,下方3齿卵状三角形;**花冠紫色,**旗瓣圆形,先端略凹陷,花开后反折,基部有2胼胝体,翼瓣长圆形,基部圆,龙骨瓣较翼瓣短,阔镰形;荚果倒披针形,长10~15 cm,宽1.5~2 cm,扁平。花期在4月中旬至5月上旬,果期为5—8月。

主要分布:产于河北以南黄河长江流域及陕西、河南、广西、贵州、云南。

生长习性:暖温带及温带植物,对气候和土壤的适应性强,较耐寒,能耐水湿及瘠薄土壤。喜光,较耐阴。喜好肥沃、排水良好的土壤。主根深,侧根浅,不耐移栽。生长较快,寿命很长,缠绕能力强,对其他植物有绞杀作用。

观赏特性及园林用途:紫藤为我国自古即栽培作庭园棚架植物,先叶开花,紫穗满垂缀以稀疏嫩叶,十分优美,对二氧化硫和氧化氢等有害气体有较强的抗性,对空气中的灰尘有吸附能力,现在立体绿化中发挥着举足轻重的作用。一般应用于园林棚架,适栽于湖畔、池边、假山、石坊等处,具独特风格,也常用于制作盆景,置于高几架、书柜顶上,繁花满树,老桩横斜,别有韵致。

其他用途:紫藤可食用;并具有药用价值。

10.28.17 槐属 *Sophora*

落叶或常绿乔木、灌木、亚灌木或多年生草本,稀攀缘状;奇数羽状复叶,小叶多数,全缘;花序总状或圆锥状,顶生、腋生或与叶对生;花白色、黄色或紫色,花萼钟状或杯状,萼齿5,等大,或上方2齿近合生而成为近二唇形;旗瓣形状、大小多变,圆形、长圆形、椭圆形、倒卵状长圆形或倒卵状披针形,翼瓣单侧生或双侧生,具皱褶或无,形状与大小多变,龙骨瓣与翼瓣相似,无皱褶;荚果圆柱形或稍扁,串珠状。

槐 *Sophora japonica*(别称:守宫槐、槐花木、槐花树、豆槐、金药树)

形态特征:乔木,高达25 m;树皮灰褐色,具纵裂纹;羽状复叶长达25 cm;托叶形状多变,有时呈卵形,叶状,有时线形或钻状,早落;**小叶 4~7 对,对生或近互生**,纸质,卵状披针形或卵状长圆形,长 2.5~6 cm,宽 1.5~3 cm,先端渐尖,具小尖头,基部宽楔形或近圆形,稍偏斜,下面灰白色,初被疏短柔毛,旋变无毛;小托叶 2 枚,钻状;圆锥花序顶生,常呈金字塔形,长达 30 cm;花梗比花萼短;小苞片 2 枚,形似小托叶;**花冠白色或淡黄色**,旗瓣近圆形,长和宽约 11 mm,具短柄,有紫色脉纹,先端微缺,基部浅心形,翼瓣卵状长圆形,长 10 mm,宽 4 mm,先端浑圆,基部斜戟形,无皱褶,龙骨瓣阔卵状长圆形,与翼瓣等长,宽达 6 mm;**荚果串珠状**,长 2.5~5 cm 或稍长。花期 7—8 月,果期 8—10 月。

主要分布:原产于中国,现南北各省区广泛栽培,华北和黄土高原地区尤为多见。日本、越南也有分布,朝鲜并见有野生,欧洲、美洲各国均有引种。

生长习性:喜光而稍耐阴,能适应较冷气候。根深而发达。对土壤要求不严,在酸性至石灰性及轻度盐碱土,甚至含盐量在 0.15%左右的条件下都能正常生长。抗风,也耐干旱、瘠薄,尤其能适应城市土壤板结等不良环境条件,但在低洼积水处生长不良。对二氧化硫和烟尘等污染的抗性较强。

观赏特性及园林用途:槐其枝叶茂密,绿荫如盖,适作庭荫树,是庭院常用的特色树种,在中国北方多用作行道树,配植于公园、建筑四周、街坊住宅区及草坪上,也极相宜。

其他用途:槐花蕾可作染料;果肉能入药,种子可作饲料等;木材可供建筑、船舶、枕木、车辆及雕刻等用;种仁可供酿酒或作糊料、饲料。

10.29 芸香科 Rutaceae

常绿或落叶乔木,灌木或草本,稀攀缘性灌木;通常有油点;叶互生或对生;单叶或复叶;花两性或单性,稀杂性同株,辐射对称,很少两侧对称;聚伞花序,稀总状或穗状花序,更少单花,甚或叶上生花;花瓣 4 或 5 片,很少 2~3 片,离生,极少下部合生;果为蓇葖、蒴果、翅果、核果,或具革质果皮,或具翼,或果皮稍近肉质的浆果。

本科约 150 属 1 600 种,全世界都有分布,主产于热带和亚热带,少数分布至温带。我国引进栽培的共 28 属,约 151 种,28 变种,分布于全国各地,主产于西南和南部。园林植物造景常用的种有柑橘、佛手、金橘、九里香等。

10.29.1 柑橘属 *Citrus*

小乔木,枝有刺,新枝扁而具棱;单生复叶,叶缘有细钝裂齿,很少全缘,密生有芳香气味的透明油点;花两性,花瓣 5 片,白色或背面紫红色,芳香;柑果,密生油点。

1)柑橘 *Citrus reticulate*

形态特征:小乔木,分枝多,枝扩展或略下垂,刺较少;**单生复叶**,翼叶通常狭窄,或仅有痕迹,叶片披针形、椭圆形或阔卵形,大小变异较大,顶端常有凹口,中脉由基部至凹口附近呈叉状分枝,叶缘至少上半段通常有钝或圆裂齿,很少全缘;花单生或 2~3 朵簇生;花萼不规则 3~5 浅裂;花瓣通常长 1.5 cm 以内;**果形种种,通常扁圆形至近圆球形,果皮甚薄而光滑,或厚而粗糙,淡黄色、朱红色或深红色,甚易或稍易剥离**,橘络甚多或较少,呈网状,易分离,通常柔嫩,瓢囊 7~14 瓣,稀较多,囊壁薄或略厚,柔嫩或颇韧,汁胞通常纺锤形,短而膨大,稀细长,果肉酸或甜,或有苦味,或另有特异气味。花期 4—5 月,果期 10—12 月。

主要分布:产于秦岭南坡以南、伏牛山南坡诸水系及大别山区南部,向东南至台湾,南至海南岛,西南至西藏东南部海拔较低地区。全国生产柑橘包括台湾在内有 19 个省(市、自治区)。其中主产柑橘的有浙江、福建、湖南、四川、广西、湖北、广东、江西、重庆和台湾等 10 个省(市、区),其次上海、贵州、云南、江苏等省(市),陕西、河南、海南、安徽和甘肃等省也有种植。全国种植柑橘的县(市、区)有 985 个。

生长习性:生长发育要求 12.5~37 ℃的温度,秋季花芽分化要求昼夜温度分别在 20 ℃左右和 10 ℃左右,根系生长的土温与地上部大致相同,过低的温度会使柑橘受冻,甜橙-4 ℃,温州蜜柑-5 ℃时会使枝叶受冻,甜橙-5 ℃以下,温州蜜柑-6 ℃以下会冻伤大枝和枝干,甜橙-6.5 ℃以下,温州蜜柑-9 ℃以下会使植株冻死。一般年降雨量 1 000 mm 左右的热带、亚热带区域都适宜柑橘种植,但由于年雨量分布不均而常常需要灌溉。土壤的相对含水量以 60%~80%为适宜,低于 60%则需灌水,雨水过多,造成土壤积水或地下水位高,排水不良的柑橘果园,会使根系死亡。柑橘对土壤的适应范围较广,紫色土、红黄壤、沙滩和海涂,pH 值 4.5~8均可生长,以 pH 值 5.5~6.5 为最适宜。柑橘根系生长要求较高的含氧量,以土壤质地疏松、结构良好、有机质含量 2%~3%、排水良好的土壤最适宜。

观赏特性及园林用途:柑橘是常绿小乔木,制造氧气,吸收二氧化碳,极具"碳汇"价值。四季常青,树姿优美,是一种很好的庭园观赏植物。集赏花、观果、闻香于一体的崇明蜜橘,对提高森林覆盖率、绿地率,改善生态环境均有积极意义。

其他用途:柑橘是全球珍贵的水果,花、叶、果皮都是提取香精的优质原料,果皮中的果胶主要用于食品行业、制药、纺织行业。

2)佛手 *Citrus medica* 'sarcodactylis'(别称:佛山柑、五指柑、十指柑)

形态特征:不规则分枝的灌木或小乔木;新生嫩枝、芽及花蕾均暗紫红色,茎枝多刺,刺长达 4 cm;**单叶**,稀兼有单生复叶,则有关节,但无翼叶;叶柄短,叶片椭圆形或卵状椭圆形,长 6~12 cm,宽 3~6 cm,或有更大,顶部圆或钝,稀短尖,叶缘有浅钝裂齿;**总状花序有花达 12 朵**,有时兼有腋生单花;花两性,有单性花趋向,则雌蕊退化;花瓣 5 片,长 1.5~2 cm;**果的发育过程中成为手指状肉条**,果皮甚厚,淡黄色,粗糙,甚厚或颇薄,难剥离,有香气,久置更香。花期 4—5 月,果期 10—11 月。

主要分布:广东多种植在海拔 300~500 m 的丘陵平原开阔地带,而在四川则多分布于海拔 400~700 m 的丘陵地带,尤其在丘陵顶较多。中国长江以南各地有栽种。南方各省区多栽培于庭院或果园中。广西、安徽、云南、福建等省区也有栽培出产。

生长习性:热带、亚热带植物,喜温暖湿润、阳光充足的环境,不耐严寒、怕冰霜及干旱,耐阴,耐瘠,耐涝。以雨量充足、冬季无冰冻的地区栽培为宜。最适生长温度为 22~24 ℃,越冬温度 5 ℃以上,年降水量以 1 000~1 200 mm 最适宜,年日照时数 1 200~1 800 h 为宜。适合在土层深厚、疏松肥沃、富含腐殖质、排水良好的酸性壤土、沙壤土或黏壤土中生长。

观赏特性及园林用途:佛手的观赏价值不同于一般的盆景花卉,佛手花朵洁白、香气扑鼻,一簇一簇开放,十分惹人喜爱,果实的形状犹如伸指形、握拳形、拳指形、手中套手形,状如人手,惟妙惟肖,成熟后果实颜色金黄,并能时时溢出芳香,消除异味,净化室内空气,抑制细菌,挂果时间长,有3~4个月之久,甚至更长。

其他用途:佛手有药用价值;佛手瓜既可做菜,又能当水果生吃,叶、花、果泡茶浸酒饮用。

10.29.2 金橘属 *Fortunella*

灌木或小乔木,嫩枝青绿,略呈压扁状而具棱,刺位于叶腋间或无刺;单小叶,稀单叶,油点多,芳香,侧脉常不显,叶背面干后常显亮黄色且稍有光泽,翼叶明显或仅有痕迹;花单朵腋生或数朵簇生于叶腋,两性,花瓣5片,覆瓦状排列;果圆球形、卵形、椭圆形或梨形,果皮肉质,油点微凸起或不凸起,果皮及果肉味酸或甜,果心小,汁胞纺锤形或近圆球形,有短柄。

金橘 *Fortunella margarita*(别称:长寿金柑、牛奶柑、公孙橘)

形态特征:树高3 m以内;枝有刺;叶质厚,浓绿,卵状披针形或长椭圆形,长5~11 cm,宽2~4 cm,顶端略尖或钝,基部宽楔形或近于圆;叶柄长达1.2 cm,翼叶甚窄;单花或2~3花簇生;花梗长3~5 mm;花萼4~5裂;花瓣5片,长6~8 mm;**果椭圆形或卵状椭圆形,**长2~3.5 cm,**橙黄至橙红色,果皮味甜,**厚约2 mm,油胞常稍凸起,瓢囊5或4瓣,果肉味酸。花期3—5月,果期10—12月。盆栽多次开花,农家保留其7—8月的花期,至春节前夕果成熟。

主要分布:未见有野生,中国南方各地栽种,以台湾、福建、广东、广西栽种得较多。

生长习性:性喜温暖湿润,怕涝,喜光,但怕强光,稍耐寒,不耐旱。要求富含腐殖质、疏松肥沃和排水良好的中性培养土,如果土壤偏酸生长不好。夏季需在遮阴篷下养,特别要避免中午的强光直射,初秋需遮去30%光照,秋末和冬季应摆放在室内向阳处,使其充分接受光照。秋末气温低于10 ℃时应及时搬入室内,冬季室温最好能保持在6~12 ℃,温度过低易遭受冻害,过高会影响植株休眠,不利于来年开花结果,春季清明后可适当开窗通风,使其逐步适应室外的气温,谷雨节后方可出室。

观赏特性及园林用途:金橘是广州春节前夕的迎春花市常见的盆栽果品,民间用以点缀新春气象,越南有同样习俗,精巧者可培育至每植株结果300个以上。

其他用途:金橘皮有特殊芳香,可连皮生吃,也可酒浸饮,果实具有药用价值。

10.29.3 九里香属 *Murraya*

无刺灌木或小乔木;奇数羽状复叶,稀单小叶(我国不产),小叶互生,叶轴很少有翼叶;近于平顶的伞房状聚伞花序,顶生或兼有腋生;花蕾椭圆形,花瓣均5片,稀4片,花瓣覆瓦状排列,散生半透明油点;有黏胶质液的浆果。

九里香 *Murraya exotica*

形态特征:小乔木,高可达8 m;枝白灰或淡黄灰色,但当年生枝绿色;小叶3~5~7片,小叶倒卵形成倒卵状椭圆形,两侧常不对称,长1~6 cm,宽0.5~3 cm,顶端圆或钝,有时微凹,基部短尖,一侧略偏斜,边全缘,平展;花序通常顶生,或顶生兼腋生,花多朵聚成伞状,**为短缩的圆锥状聚伞花序;花白色,芳香;**萼片卵形,长约1.5 mm;花瓣5片,长椭圆形,长10~15 mm,盛花时反折;**果橙黄至朱红色,**阔卵形或椭圆形,顶部短尖,略歪斜,有时圆球形。花期4—8月,也有秋后开花,果期9—12月。

主要分布:产于云南、贵州、湖南、广东、广西、福建、海南、台湾等地,以及亚洲其他一些热带及亚热带地区。

生长习性:阳性树种,喜温暖,最适宜生长的温度为20~32 ℃,不耐寒,宜置于阳光充足、空气流通的地方才能叶茂花繁而香。开花时可移至窗台上,满室芳香,花谢后仍需置于日照充足处,在半阴处生长不如向阳处健壮,花的香味也淡,过于荫蔽则枝细软、叶色浅、花少或无花。对土壤要求不严,宜选用含腐殖质丰富、疏松、肥沃的沙质土壤。

观赏特性及园林用途:九里香树姿秀雅,枝干苍劲,四季常青,开花洁白而芳香,朱果耀目,是优良的盆景材料,一年四季均宜观赏,初夏新叶展放时效果最佳。

其他用途:九里香具有药用价值。

10.30 楝科 Meliaceae

乔木或灌木,稀为亚灌木;叶互生,很少对生,通常羽状复叶,很少3小叶或单叶,小叶对生或互生,很少有锯齿,基部多少偏斜;花两性或杂性异株,辐射对称,通常组成圆锥花序,间为总状花序或穗状花序;花瓣4~5,少有3~7枚,蒴果、浆果或核果。

本科约50属1 400种,分布于热带和亚热带地,少数至温带地区,我国产15属,62种,12变种,此外尚引入栽培的有3属3种,主产长江以南各省区,少数分布至长江以北。园林植物造景常用的种有米仔兰、楝树等。

10.30.1 米仔兰属 *Aglaia*

乔木或灌木;植株幼嫩部分常被鳞片或星状的短柔毛;叶为羽状复叶或3小叶,极少单叶;小叶全缘;花小,杂性异株,通常球形,组成腋生或顶生的圆锥花序;花瓣3~5,凹陷,短;浆果,果皮革质。

米仔兰 *Aglaia odorata*(别称:山胡椒、树兰、鱼子兰、兰花米等)

形态特征:灌木或小乔木;茎多小枝,幼枝顶部被星状锈色的鳞片;叶长5~12(16)cm,叶轴和叶柄具狭翅,有小叶3~5片;**小叶对生,厚纸质**,长2~7(11)cm,宽1~3.5(5)cm,顶端1片最大,下部的远较顶端的为小,先端钝,基部楔形,两面均无毛;圆锥花序腋生,长5~10 cm,稍疏散无毛;花芳香,直径约2 mm;雄花的花梗纤细,长1.5~3 mm,两性花的花梗稍短而粗;花萼5裂,裂片圆形;**花瓣5,黄色**,长圆形或近圆形,长1.5~2 mm,顶端圆而截平;**果为浆果,卵形或近球形**,长10~12 mm,初时被散生的星状鳞片,后脱落;种子有肉质假种皮。花期5—12月,果期7月至翌年3月。

主要分布:产于广东、广西,现福建、四川、贵州和云南等省常有栽培,东南亚各国均有分布。常生于低海拔山地的疏林或灌木林中。

生长习性:适应温暖多湿的气候条件,对低温敏感,很短时间的零下低温就能造成整株死亡,25 ℃以上时生长旺盛。忌旱,稍耐阴。要求深厚肥沃的沙质土壤,以微酸性为宜。

观赏特性及园林用途:米仔兰叶片小而密,树形圆整美观,花色金黄、大小如粟、芬芳似兰,是优秀的花灌木,可用于园林绿化。

其他用途：米仔兰具有药用价值。

10.30.2 **楝属** *Melia*

落叶乔木或灌木，幼嫩部分常被星状粉状毛；小枝有明显的叶痕和皮孔；叶互生，一至三回羽状复叶；小叶具柄，通常有锯齿或全缘；圆锥花序腋生，多分枝，由多个二歧聚伞花序组成；花两性，花瓣白色或紫色，5~6片，分离，线状匙形，开展，旋转排列；核果。

楝 ***Melia azedarach***（别称：苦楝、紫花树、森树）

形态特征：落叶乔木，高达10余米；树皮灰褐色，纵裂；分枝广展，小枝有叶痕；叶为2~3回奇数羽状复叶，长20~40 cm；小叶对生，卵形、椭圆形至披针形，顶生一片通常略大，长3~7 cm，宽2~3 cm，先端短渐尖，基部楔形或宽楔形，多少偏斜，边缘有钝锯齿，幼时被星状毛，后两面均无毛；**圆锥花序约与叶等长，**无毛或幼时被鳞片状短柔毛；花芳香；花萼5深裂，裂片卵形或长圆状卵形，先端急尖，外面被微柔毛；**花瓣淡紫色，**倒卵状匙形，长约1 cm，两面均被微柔毛，通常外面较密；**核果球形至椭圆形，**长1~2 cm，宽8~15 mm。花期4—5月，果期10—12月。

主要分布：广布于东南亚地区、东亚、马来半岛、亚洲热带、亚洲亚热带、印度，国内辽宁省、北京市、河北省、山西省、陕西省、甘肃省、山东省、江苏省、安徽省、上海市、浙江省、江西省、福建省、台湾地区、河南省、湖北省、湖南省、海南省、广东省、广西壮族自治区、四川省、贵州省、云南省、西藏自治区均有分布。

生长习性：喜温暖、湿润气候，喜光，不耐庇荫，较耐寒，华北地区幼树易受冻害。耐干旱、瘠薄，也能生长于水边，但以在深厚、肥沃、湿润的土壤中生长较好。在酸性、中性和碱性土壤中均能生长，在含盐量0.45%以下的盐渍地上也能良好生长。

观赏特性及园林用途：楝树耐烟尘，抗二氧化硫能力强，并能杀菌。适宜作庭荫树和行道树，是良好的城市及矿区绿化树种。在草坪中孤植、丛植或配植于建筑物旁都很合适，也可种植于水边、山坡、墙角等处。楝与其他树种混栽，能起到对树木虫害的防治作用。

其他用途：楝具有药用价值，木材是制造高级家具、木雕、乐器等的优良用材；叶、枝、皮和果的皮肉可提炼楝素用于生产牙膏、肥皂、洗面奶、沐浴露等产品；树皮、叶中含鞣质，可提取制烤胶；花可提取芳香油；果核、种子可榨油。

10.31 大戟科 Euphorbiaceae

乔木、灌木或草本，稀为木质或草质藤本；常有乳状汁液，白色，稀为淡红色；叶互生，少有对生或轮生，单叶，稀为复叶，或叶退化呈鳞片状；花单性；蒴果，或为浆果状或核果状。

本科约300属5 000种，广布于全球。我国共有70多属约460种，分布于全国各地，但主产地为西南至台湾。园林植物造景常用的种有一品红、乌桕等。

10.31.1 **大戟属** *Euphorbia*

一年生、二年生或多年生草本、灌木或乔木；植物体具乳状液汁；叶常互生或对生，少轮生,常全缘,少分裂或具齿或不规则;杯状聚伞花序,单生或组成复花序,复花序呈单歧或二歧或多歧分枝,多生于枝顶或植株上部,少数腋生;每个杯状聚伞花序由1枚位于中间的雌花和多枚位于周围的雄花同生于1个杯状总苞内而组成,为本属所特有,故又称大戟花序;蒴果。

一品红 *Euphorbia pulcherrima*(别称:猩猩木、老来娇)

形态特征:灌木;根圆柱状,极多分枝;茎直立,高1~3(4)米,直径1~4(5)cm,无毛;**叶互生,卵状椭圆形、长椭圆形或披针形**,长6~25 cm,宽4~10 cm,先端渐尖或急尖,基部楔形或渐狭,绿色,边缘全缘或浅裂或波状浅裂,叶面被短柔毛或无毛,叶背被柔毛;**苞叶5~7枚**,狭椭圆形,长3~7 cm,宽1~2 cm,通常全缘,极少边缘浅波状分裂,**朱红色**;花序数个聚伞排列于枝顶;花序柄长3~4 mm;总苞坛状,淡绿色,高7~9 mm,直径6~8 mm,边缘齿状5裂,裂片三角形,无毛;雄花多数,常伸出总苞之外;苞片丝状,具柔毛;雌花1枚,子房柄明显伸出总苞之外,无毛;蒴果,三棱状圆形,长1.5~2.0 cm,直径约1.5 cm,平滑无毛。花果期10至次年4月。

主要分布:原产于中美洲,广泛栽培于热带和亚热带,我国绝大部分省、市、区均有栽培。

生长习性:短日照植物,喜温暖,生长适温为18~25 ℃,冬季温度不低于10 ℃。喜湿润,对水分的反应比较敏感,生长期需水分供应充足。喜阳光,在茎叶生长期需充足阳光,促使茎叶生长迅速繁茂。

观赏特性及园林用途:一品红花色鲜艳,花期长,正值圣诞、元旦、春节开花,盆栽布置室内环境可增加喜庆气氛,也适宜布置会议等公共场所。南方暖地可露地栽培,美化庭园,也可作切花。

其他用途:一品红具有药用价值。

10.31.2 乌桕属 *Sapium*

乔木或灌木;叶互生,罕有近对生,全缘或有锯齿,具羽状脉;花单性,雌雄同株或有时异株;蒴果球形、梨形或为3个分果爿,稀浆果状。

乌桕 *Sapium sebiferum*(别称:腊子树、桕子树、木子树)

形态特征:乔木,高可达15 m,各部均无毛而具乳状汁液;树皮呈暗灰色,有纵裂纹;枝广展,具皮孔;叶互生,**纸质,叶片菱形、菱状卵形或稀有菱状倒卵形**,长3~8 cm,宽3~9 cm,顶端骤然紧缩具长短不等的尖头,基部阔楔形或钝,全缘;花单性,雌雄同株,聚集成顶生、长6~12 cm的总状花序,雌花通常生于花序轴最下部或罕有在雌花下部,也有少数雄花着生,雄花生于花序轴上部或有时整个花序全为雄花;蒴果梨状球形,成熟时黑色,直径1~1.5 cm。花期4—8月。

主要分布:日本、越南、印度有栽培,欧洲、美洲和非洲也有栽培。在我国主要分布于黄河以南各省区,北达陕西、甘肃。生于旷野、塘边或疏林中。

生长习性:喜光,不耐阴。喜温暖环境,不甚耐寒。适生于深厚肥沃、含水丰富的土壤,对酸性钙质土、盐碱土均能适应。主根发达,抗风力强,耐水湿。年平均温度15 ℃以上,年降雨量750 mm以上地区都可生长。

观赏特性及园林用途:乌桕树冠整齐,叶形秀丽,秋叶经霜时如火如荼,有"乌桕赤于枫,园林二月中"之赞名,若与亭廊、花墙、山石等相配,也甚协调,可孤植、丛植于草坪和湖畔、池边,在园林绿化中可栽作护堤树、庭荫树及行道树或道路景观带,也可栽植于广场、公园、庭院中或成片栽植于景区、森林公园中,能产生良好的造景效果。

其他用途:乌桕是我国南方重要的工业油料树种;木材可作车辆、家具和雕刻等用材;叶为黑色染料,可染衣物;根皮治毒蛇咬伤。

10.32 黄杨科 Buxaceae

常绿灌木、小乔木或草本;单叶,互生或对生;花小,整齐,无花瓣,单性,花序总状或密集的穗状,有苞片;果实为室背裂开的蒴果,或肉质的核果状果;种子黑色、光亮。

本科全世界有4属约100种,生热带和温带。除Notobuxus(7种)见于非洲热带和非洲南部以及马达加斯加岛外,其余3属,我国均产。在我国已知有27种左右,分布于西南部、西北部、中部、东南部,直至台湾。园林植物造景常用的种有黄杨等。

黄杨属 *Buxus*

常绿灌木或小乔木;小枝四棱形;叶对生,革质或薄革质,全缘,羽状脉,常有光泽,具短叶柄;花单性,雌雄同株,花序腋生或顶生,总状、穗状或密集的头状,有苞片多片,雌花1朵,生花序顶端,雄花数朵,生花序下方或四周;花小;果实为蒴果,球形或卵形,通常无毛,稀被毛。

黄杨 *Buxus sinica*(别称:黄杨木、瓜子黄杨、锦熟黄杨)

形态特征:灌木或小乔木,高1~6 m;枝圆柱形,有纵棱,灰白色;小枝四棱形,全面被短柔毛或外方相对两侧面无毛,节间长0.5~2 cm;**叶革质,阔椭圆形、阔倒卵形、卵状椭圆形或长圆形**,大多数长1.5~3.5 cm,宽0.8~2 cm,先端圆或钝,常有小凹口,不尖锐,基部圆或急尖或楔形,**叶面光亮**,中脉凸出,下半段常有微细毛,侧脉明显,叶背中脉平坦或稍凸出,中脉上常密被白色短线状钟乳体,全无侧脉,叶柄长1~2 mm,上面被毛;花序腋生,头状,花密集;雄花:约10朵,无花梗,外萼片卵状椭圆形,内萼片近圆形,长2.5~3 mm,无毛,雄蕊连花药长4 mm,不育雌蕊有棒状柄,末端膨大,高2 mm左右(高度约为萼片长度的2/3或和萼片几等长);雌花:萼片长3 mm,子房较花柱稍长,无毛,花柱粗扁,柱头倒心形,下延达花柱中部;蒴果近球形,长6~8(10)mm,宿存花柱长2~3 mm。花期3月,果期5—6月。

主要分布:产于陕西、甘肃、湖北、四川、贵州、广西、广东、江西、浙江、安徽、江苏、山东各省区,有部分属于栽培。多生山谷、溪边、林下,海拔1 200~2 600 m。

生长习性:耐阴喜光,在一般室内外条件下均可保持生长良好,长期荫蔽环境中,叶片虽可保持翠绿,但易导致枝条徒长或变弱。喜湿润,可耐连续1月左右的阴雨天气,但忌长时间积水。耐旱,只要地表土壤或盆土不至完全干透,无异常表现。耐热耐寒,可经受夏日暴晒和耐-20 ℃左右的严寒,但夏季高温潮湿时应多通风透光。对土壤要求不严,以轻松肥沃的沙壤土为佳,盆栽也可以蛭石、泥炭或土壤配合使用,耐碱性较强。分蘖性极强,耐修剪,易成型。

观赏特性及园林用途:黄杨树形优美、耐修剪,是制作盆景的优良材料,在园林中常作绿篱、大型花坛镶边,修剪成球形或其他整形栽培。

其他用途:黄杨木材是雕刻工艺的上等材料,具有药用价值。

10.33　无患子科　Sapindaceae

乔木或灌木,有时为草质或木质藤本;羽状复叶或掌状复叶,很少单叶,互生,通常无托叶;聚伞圆锥花序顶生或腋生;花通常小,单性,很少杂性或两性,辐射对称或两侧对称;花瓣4或5,很少6片,有时无花瓣或只有1~4个发育不全的花瓣,离生,覆瓦状排列;果为室背开裂的蒴果,或不开裂而浆果状或核果状。

本科约150属2 000种,分布于全世界的热带和亚热带,温带很少。我国有25属53种2亚种3变种,多数分布在西南部至东南部,北部很少。园林植物造景常用的种有栾树、文冠果、龙眼、荔枝等。

10.33.1　栾树属 *Koelreuteria*

落叶乔木或灌木;叶互生,一回或二回奇数羽状复叶,无托叶;小叶互生或对生,通常有锯齿或分裂,很少全缘;聚伞圆锥花序大型,顶生,很少腋生;分枝多,广展;花中等大,杂性同株或异株,两侧对称;萼片,或少有4片,镊合状排列,外面2片较小;花瓣4或有时5片,略不等长,具爪,瓣片内面基部有深2裂的小鳞片;花盘厚,偏于一边,上端通常有圆裂齿;雄蕊通常8枚,有时较少,着生于花盘之内,花丝分离,常被长柔毛;蒴果膨胀,卵形、长圆形或近球形,具3棱,室背开裂为3果瓣,果瓣膜质,有网状脉纹;种子每室1颗,球形,无假种皮,种皮脆壳质,黑色。

栾树 *Koelreuteria paniculata*(别称:木栾、栾华、五乌拉叶、乌拉、黑色叶树、石栾树等)

形态特征:落叶乔木或灌木;树皮厚,灰褐色至灰黑色,老时纵裂;皮孔小,灰至暗褐色;小枝具疣点,与叶轴、叶柄均被皱曲的短柔毛或无毛;叶丛生于当年生枝上,平展,**一回、不完全二回或偶有为二回羽状复叶**,长可达50 cm;小叶(7)11~18片(顶生小叶有时与最上部的一对小叶在中部以下合生),无柄或具极短的柄,对生或互生,纸质,卵形、阔卵形至卵状披针形,长(3)5~10 cm,宽3~6 cm,顶端短尖或短渐尖,基部钝至近截形,边缘有不规则的钝锯齿,齿端具小尖头,有时近基部的齿疏离呈缺刻状,或羽状深裂达中肋而形成二回羽状复叶,上面仅中脉上散生皱曲的短柔毛,下面在脉腋具髯毛,有时小叶背面被茸毛;聚伞圆锥花序长25~40 cm,密被微柔毛,分枝长而广展,在末次分枝上的聚伞花序具花3~6朵,密集呈头状;苞片狭披针形,被小粗毛;**花淡黄色,稍芬芳**;花梗长2.5~5 mm;萼裂片卵形,边缘具腺状缘毛,呈啮蚀状;花瓣4,开花时向外反折,线状长圆形,长5~9 mm,瓣爪长1~2.5 mm,被长柔毛,瓣片基部的鳞片初时黄色,开花时橙红色,参差不齐的深裂,被疣状皱曲的毛;雄蕊8枚,在雄花中的长7~9 mm,雌花中的长4~5 mm,花丝下半部密被白色、开展的长柔毛;花盘偏斜,有圆钝小裂片;**蒴果圆锥形**,具3棱,长4~6 cm,顶端渐尖,**果瓣卵形**,外面有网纹,内面平滑且略有光泽;种子近球形,直径6~8 mm。花期6—8月,果期9—10月。

主要分布:产于我国大部分省区,东北自辽宁起经中部至西南部的云南。世界各地有栽培。

生长习性:喜光,稍耐半阴的植物。耐寒,不耐水淹,耐干旱和瘠薄,对环境的适应性强,喜欢生长于石灰质土壤中。具有深根性,萌蘖力强,生长速度中等,幼树生长较慢,以后渐快,有较强抗烟尘能力。

观赏特性及园林用途:栾树春季嫩叶多为红叶,夏季黄花满树,入秋色变黄,果实紫红,形似灯笼,十分美丽,宜作庭荫树、行道树及园景树,栾树也是工业污染区配植的好树种。

其他用途:栾树可提制栲胶;花可作黄色染料;种子可榨油;木材可制家具;叶可作蓝色染料;花供药用;也可作黄色染料。

10.33.2 文冠果属 *Xanthoceras*

灌木或乔木;奇数羽状复叶,小叶有锯齿;总状花序自上一年形成的顶芽和侧芽内抽出;苞片较大,卵形;花杂性,雄花和两性花同株,但不在同一花序上,辐射对称;花瓣5,阔倒卵形,具短爪,无鳞片;蒴果近球形或阔椭圆形,有3棱角。

本属仅1种,产于我国南北各地,为北方著名油料树种。

文冠果 *Xanthoceras sorbifolia*(别称:文冠树、文冠花、木瓜、崖木瓜、文光果等)

形态特征:落叶灌木或小乔木,高可达5 m;小枝褐红色粗壮,叶连柄长可达30 cm;小叶对生,两侧稍不对称,顶端渐尖,基部楔形,边缘有锐利锯齿,两性花的花序顶生,雄花序腋生,直立,总花梗短,**花瓣白色,基部紫红色或黄色,花盘的角状附属体橙黄色,**花丝无毛;蒴果长达6 cm;种子黑色而有光泽。春季开花,秋初结果。

主要分布:分布于中国北部和东北部,西至宁夏、甘肃,东北至辽宁,北至内蒙古,南至河南。野生于丘陵山坡等处,各地也常栽培。

生长习性:喜阳,耐半阴,对土壤适应性很强,耐瘠薄、耐盐碱,抗寒能力强,-41.4 ℃安全越冬。抗旱能力极强,在年降雨量仅150 mm的地区也有散生树木。不耐涝、怕风,在排水不好的低洼地区、重盐碱地和未固定沙地不宜栽植。

观赏特性及园林用途:文冠果树姿秀丽,花序大,花朵稠密,花期长,甚为美观,可于公园、庭园、绿地孤植或群植。根能充分吸收和储存水分,是防风固沙、小流域治理和荒漠化治理的优良树种。

其他用途:文冠果是荒山绿化的首选树种;木材适于制作家具及器具;果实可榨油。

10.33.3 龙眼属 *Dimocarpus*

乔木;偶数羽状复叶,互生,小叶对生或近对生,全缘;聚伞圆锥花序常阔大,顶生或近枝顶丛生,被星状毛或绒毛;花单性,雌雄同株,辐射对称,花瓣1~4,通常匙形或披针形,无鳞片,有时无花瓣;果近球形,外果皮革质(干时脆壳质),内果皮纸质;种子近球形或椭圆形。

龙眼 *Dimocarpus longan*(别称:圆眼、桂圆、羊眼果树)

形态特征:常绿乔木,通常高10余m;小枝粗壮,被微柔毛,散生苍白色皮孔;小叶4~5

对,**薄革质,长圆状椭圆形至长圆状披针形,**两侧常不对称;花序大型,多分枝;花梗短;萼片近革质,三角状卵形;**花瓣乳白色,**披针形,与萼片近等长,仅外面被微柔毛;花丝被短硬毛;**果近球形,通常黄褐色或有时灰黄色,**外面稍粗糙,或少有微凸的小瘤体。花期春夏间,果期夏季。

主要分布:中国西南部至东南部栽培很广,以福建最盛,广东次之,云南及广东、广西南部见野生或半野生于疏林中。亚洲南部和东南部也常有栽培。

生长习性:亚热带果树,喜高温多湿,一般年平均温度超过 20 ℃的地方,均能使龙眼生长发育良好,耐旱、耐酸、耐瘠、忌浸,在红壤丘陵地、旱平地生长良好。

观赏特性及园林用途:龙眼为常绿乔木,常于庭园种植。

其他用途:龙眼为重要的果树;木材是造船、家具等的优良材料。

10.33.4 荔枝属 *Litchi*

乔木;偶数羽状复叶,互生,无托叶;聚伞圆锥花序顶生,被金黄色短绒毛,雌雄同株,辐射对称;无花瓣;果卵圆形或近球形,果皮革质(干时脆壳质),外面有龟甲状裂纹,散生圆锥状小凸体,有时近平滑;种子与果爿近同形,种皮褐色,光亮。

荔枝 *Litchi chinensis*

形态特征:常绿乔木,高通常不超过 10 m,有时可达 15 m 或更高,树皮灰黑色;小枝圆柱状,褐红色,密生白色皮孔;小叶 2 或 3 对,较少 4 对,**薄革质或革质,**披针形或卵状披针形,有时长椭圆状披针形,长 6~15 cm,宽 2~4 cm,顶端骤尖或尾状短渐尖,**全缘,**腹面深绿色,**有光泽,**背面粉绿色,两面无毛;侧脉常纤细,在腹面不很明显,在背面明显或稍凸起;小叶柄长 7~8 mm。花序顶生,阔大,多分枝;花梗纤细,长 2~4 mm,有时粗而短;萼被金黄色短绒毛;雄蕊 6~7,有时 8,花丝长约 4 mm;**果卵圆形至近球形,**长 2~3.5 cm,**成熟时通常呈暗红色至鲜红色;**种子全部被肉质假种皮包裹。花期春季,果期夏季。

主要分布:亚洲东南部有栽培,非洲、美洲和大洋洲有引种的记录。在我国分布于北纬 18~29°范围内,广东栽培最多,福建和广西次之,四川、云南、贵州及台湾等省区也有少量栽培。

生长习性:喜高温高湿,喜光向阳,要求花芽分化期有相对低温,但最低气温在-4~-2 ℃会遭受冻害。开花期天气晴朗温暖而不干热最有利,若湿度过低,阴雨连绵,天气干热或强劲北风,均不利开花授粉。

观赏特性及园林用途:荔枝树冠广阔,枝叶茂密,常种植于庭园。

其他用途:荔枝是我国南部有悠久栽培历史的著名果树;核可入药;木材为上等名材;花多是重要的蜜源植物。

10.34 七叶树科 Hippocastanaceae

乔木,稀灌木;落叶,稀常绿;冬芽大形,叶对生,系 3~9 枚小叶组成的掌状复叶;花杂性,花瓣 4~5,与萼片互生,蒴果,常于胞背 3 裂;种子球形。

本科系蔽荫良好的庭园树及行道树,现仅有七叶树属与三叶树属。前者系落叶乔木稀灌木,30 余种,广布于北半球的亚、欧、北美三洲;后者系常绿乔木,现仅两种,分布于美洲的哥伦比亚和墨西哥。园林植物造景常用的种有七叶树等。

七叶树属 *Aesculus*

落叶乔木稀灌木，冬芽大形，顶生或腋生，外部有几对鳞片；叶对生，系3~9枚（通常5~7枚）小叶组成掌状复叶，有长叶柄，无托叶；小叶长圆形、倒卵形抑或披针形，边缘有锯齿，具短的小叶柄；聚伞圆锥花序顶生，直立，侧生小花序系蝎尾状聚伞花序，花杂性，雄花与两性花同株，大形，不整齐；花瓣4~5，倒卵形、倒披针形或匙形，基部爪状，大小不等；蒴果，胞背开裂；种子近于球形或梨形。

七叶树 *Aesculus chinensis*

形态特征：落叶乔木，高达25 m，树皮深褐色或灰褐色，小枝，圆柱形，黄褐色或灰褐色，无毛或嫩时有微柔毛，有圆形或椭圆形淡黄色的皮孔；冬芽大形，有树脂；**掌状复叶，**由5~7小组成，叶柄长10~12 cm，有灰色微柔毛；小叶纸质，长圆披针形至长圆倒披针形，稀长椭圆形钾先端短锐尖，基部楔形或阔楔形，边缘有钝尖形的细锯齿，长8~16 cm，宽3~5 cm，上面深绿色，无毛，下面除中肋及侧脉的基部嫩时有疏柔毛外，其余部分无毛；花序圆筒形，连同长5~10 cm的总花梗在内共长21~25 cm，花序总轴有微柔毛，**小花序常由5~10朵花组成，**平斜向伸展，有微柔毛，长2~2.5 cm，花梗长2~4 mm；花杂性，雄花与两性花同株，花萼管状钟形，长3~5 mm，外面有微柔毛，不等地5裂，裂片钝形，边缘有短纤毛；花瓣4，白色，长圆倒卵形至长圆倒披针形，长8~12 mm，宽5~1.5 mm，边缘有纤毛，基部爪状；雄蕊6，长1.8~3 cm，花丝线状，无毛，花药长圆形，淡黄色，长1~1.5 mm；果实球形或倒卵圆形，顶部短尖或钝圆而中部略凹下，直径3~4 cm，黄褐色，无刺，具很密的斑点，果壳干后厚5~6 mm，种子常1~2粒发育，近于球形。花期4—5月，果期10月。

主要分布：中国黄河流域及东部各省均有栽培，仅秦岭有野生；自然分布在海拔700 m以下的山地。

生长习性：喜光，稍耐阴。喜温暖气候，也能耐寒。喜深厚、肥沃、湿润而排水良好之土壤。深根性，萌芽力强，生长速度中等偏慢，寿命长。

观赏特性及园林用途：七叶树树干耸直，冠大荫浓，初夏繁花满树，硕大的白色花序又似一盏华丽的烛台，蔚然可观，是优良的行道树和园林观赏植物，可作人行步道、公园、广场绿化树种，既可孤植也可群植，或与常绿树和阔叶树混种。在欧美、日本等地将七叶树作为行道树、庭荫树广泛栽培，北美洲将红花或粉花及重瓣七叶树园艺变种种在道路两旁，花开之时风景十分美丽。

其他用途：七叶树叶芽可代茶饮；皮、根可制肥皂；叶、花可作染料；种子可提取淀粉、榨油，也可食用，并可入药；木材可用来造纸、雕刻、制作家具及工艺品等。

10.35 漆树科 Anacardiaceae

乔木或灌木，稀为木质藤本或亚灌木状草本，韧皮部具裂生性树脂道；叶互生，稀对生，单叶，掌状3小叶或奇数羽状复叶；花小，辐射对称，两性或多为单性或杂性，排列成顶生或腋生的圆锥花序;通常为双被花,稀为单被或无被花;花萼多少合生,3~5裂,极稀分离,有时呈佛焰苞状撕裂或呈帽状脱落,裂片在芽中覆瓦状或镊合状排列,花后宿存或脱落;花瓣3~5,分离或基部合生;果多为核果。

本科约60属600种,分布全球热带、亚热带,少数延伸到北温带地区。我国有16属59种。本科以产漆著称,生漆为工业或国防上的重要涂料,产量以我国最多。园林植物造景树种有盐肤木、黄栌、杧果、黄连木等。

10.35.1 盐肤木属 *Rhus*

落叶灌木或乔木;叶互生,奇数羽状复叶、3小叶或单叶,叶轴具翅或无翅;花小,多花,排列成顶生聚伞圆锥花序或复穗状花序,花瓣5;核果球形,略压扁,被腺毛和具节毛或单毛,成熟时红色。本属均可作五倍子蚜虫寄主植物,但以盐肤木上的虫瘿较好,称"角倍",其余称"肚倍",质量较次。

盐肤木 *Rhus chinensis*(别称:五倍柴、五倍子、山梧桐、乌桃叶、角倍等)

形态特征:落叶小乔木或灌木,高2~10 m;小枝棕褐色,被锈色柔毛,具圆形小皮孔;**奇数羽状复叶,有小叶(2)3~6对,**叶轴具宽的叶状翅,小叶自下而上逐渐增大,**叶轴和叶柄密被锈色柔毛;**小叶多形,卵形或椭圆状卵形或长圆形,长6~12 cm,宽3~7 cm,先端急尖,基部圆形,顶生小叶基部楔形,边缘具粗锯齿或圆齿,叶面暗绿色,叶背粉绿色,被白粉,叶面沿中脉疏被柔毛或近无毛,叶背被锈色柔毛,脉上较密,侧脉和细脉在叶面凹陷,在叶背突起;小叶无柄;**圆锥花序**宽大,多分枝,雄花序长30~40 cm,雌花序较短,密被锈色柔毛;苞片披针形,长约1 mm,被微柔毛,小苞片极小,花白色,花梗长约1 mm,被微柔毛;雄花:花萼外面被微柔毛,裂片长卵形,长约1 mm,边缘具细睫毛;花瓣倒卵状长圆形,长约2 mm,开花时外卷;雄蕊伸出,花丝线形,长约2 mm,无毛,花药卵形,长约0.7 mm;子房不育;雌花:花萼裂片较短,长约0.6 mm,外面被微柔毛,边缘具细睫毛;花瓣椭圆状卵形,长约1.6 mm,边缘具细睫毛,里面下部被柔毛;雄蕊极短;花盘无毛;核果球形,略压扁,径4~5 mm,被具节柔毛和腺毛,成熟时红色。花期8—9月,果期10月。

主要分布:分布于印度、中南半岛、马来西亚、印度尼西亚、日本和朝鲜。我国除东北、内蒙古自治区和新疆维吾尔自治区外,其余省区均有,生于海拔170~2 700 m的向阳山坡、沟谷、溪边的疏林或灌丛中。

生长习性:喜光、喜温暖湿润气候。适应性强,耐寒。对土壤要求不严,在酸性、中性及石灰性土壤乃至干旱瘠薄的土壤上均能生长。根系发达,根萌蘖性很强,生长快。

观赏特性及园林用途:盐肤木秋叶红色,甚为美丽,常作为秋色叶树种进行栽种,进行群植效果壮观。

其他用途:盐肤木为五倍子蚜虫寄主植物,在幼枝和叶上形成虫瘿,即五倍子,可供鞣革、医药、塑料和墨水等工业上用,幼枝和叶可作土农药,种子可榨油,根、叶、花及果均可供药用。

10.35.2 黄栌属 *Cotinus*

落叶灌木或小乔木,木材黄色,树汁有臭味;单叶互生,无托叶,全缘或略具齿;聚伞圆锥花序顶生,花小,杂性,花梗纤细,长为花径的4~6倍,被长柔毛,花瓣5,长圆形;核果小,暗红色至褐色,肾形,极压扁。

黄栌 *Cotinus coggygria*

形态特征:灌木,高3~5 m;**叶倒卵形或卵圆形**,长3~8 cm,宽2.5~6 cm,先端圆形或微凹,基部圆形或阔楔形,全缘,两面或尤其叶背显著被灰色柔毛,侧脉6~11对,先端常叉开;**圆锥花序被柔毛**;花杂性,径约3 mm;花梗长7~10 mm,花萼无毛,裂片卵状三角形,长约1.2 mm,宽约0.8 mm;花瓣卵形或卵状披针形,长2~2.5 mm,宽约1 mm,无毛;雄蕊5,长约1.5 mm,花药卵形,与花丝等长,花盘5裂,紫褐色;果肾形,长约4.5 mm,宽约2.5 mm,无毛。

主要分布:产于河北、山东、河南、湖北、四川,生于海拔700~1 620 m的向阳山坡林中。间断分布于东南欧。

生长习性:性喜光,也耐半阴。耐寒,耐干旱瘠薄和碱性土壤。不耐水湿,宜植于土层深厚、肥沃而排水良好的沙壤土中。生长快,根系发达,萌蘖性强。对二氧化硫有较强抗性。

观赏特性及园林用途:黄栌花后久留不落的不孕花的花梗呈粉红色羽毛状,在枝头形成似云似雾的景观,远远望去,宛如万缕罗纱缭绕树间,历来被文人墨客比作"叠翠烟罗寻旧梦"和"雾中之花",故黄栌又有"烟树"之称。夏赏"紫烟",特别是深秋,叶片经霜变,色彩鲜艳,美丽壮观,其果形别致,成熟果实色鲜红、艳丽夺目。著名的北京香山红叶、济南红叶谷、山亭抱犊崮的红叶树就是该树种。黄栌在园林造景中最适合城市大型公园、天然公园、半山坡上、山地风景区内群植成林,可以单纯成林,也可与其他红叶或黄叶树种混交成林,在造景宜表现群体景观。同样还可以应用在城市街头绿地、单位专用绿地、居住区绿地以及庭园中,宜孤植或丛植于草坪一隅、山石之侧、常绿树树丛前或单株混植于其他树丛间以及常绿树群边缘,从而体现其个体美和色彩美。同时由于极其耐瘠薄的特性,更使其成为石灰岩营建水土保持林和生态景观林的首选树种。

其他用途:黄栌木材可提取黄色的工业染料;木材还是制作家具或用于雕刻的原料;树皮和叶片还可提栲胶;叶片可作调香原料。

10.35.3 杧果属 *Mangifera*

常绿乔木;单叶互生,全缘,具柄;圆锥花序顶生,花小,杂性,4~5基数,花梗具节,花瓣4~5,稀6;核果多形,中果皮肉质或纤维质,果核木质;种子大。

杧果 *Mangifera indica*(别称:马蒙、抹猛果、莽果、望果等)

形态特征:常绿大乔木,高10~20 m;树皮灰褐色,小枝褐色,无毛;叶薄革质,常集生枝顶,叶形和大小变化较大,通常为长圆形或长圆状披针形,长12~30 cm,宽3.5~6.5 cm,先端渐尖、长渐尖或急尖,基部楔形或近圆形,边缘皱波状,无毛,叶面略具光泽,侧脉20~25对,斜升,两面突起,网脉不显,叶柄长2~6 cm,上面具槽,基部膨大;**圆锥花序**长20~35 cm,**多花密集**,被灰黄色微柔毛,分枝开展,最基部分枝长6~15 cm;苞片披针形,长约1.5 mm,被微柔毛;花小,杂性,黄色或淡黄色;花梗长1.5~3 mm,具节;萼片卵状披针形,长2.5~3 mm,宽约1.5 mm,渐尖,外面被微柔毛,边缘具细睫毛;花瓣长圆形或长圆状披针形,长3.5~4 mm,宽约1.5 mm,无毛,里面具3~5条棕褐色突起的脉纹,开花时外卷;花盘膨大,肉质,5浅裂;雄蕊仅

1 个发育,长约 2.5 mm,花药卵圆形,不育雄蕊 3~4,具极短的花丝和疣状花药原基或缺;**核果大,肾形**(栽培品种其形状和大小变化极大),压扁,长 5~10 cm,宽 3~4.5 cm,**成熟时黄色**,中果皮肉质,肥厚,鲜黄色,味甜,果核坚硬。

主要分布:产于云南、广西、广东、福建、台湾,生于海拔 200~1 350 m 的山坡、河谷或旷野的林中。分布于印度、孟加拉国、中南半岛和马来西亚。

生长习性:性喜温暖,不耐寒霜。喜光,充足的光照可促进花芽分化、开花坐果和提高果实品质,改善外观。对土壤要求不苛。

观赏特性及园林用途:杧果树冠球形,常绿乔木,郁闭度大,为热带良好的庭园和行道树种。

其他用途:杧果为重要的经济果树;叶和树皮可作黄色染料;木材宜作舟车或家具等;种子可提取蛋白质、淀粉(可作饲料)。

10.35.4 黄连木属 *Pistacia*

乔木或灌木,落叶或常绿,具树脂;叶互生,无托叶,奇数或偶数羽状复叶,稀单叶或 3 小叶,小叶全缘;总状花序或圆锥花序腋生,花小,雌雄异株;核果近球形,无毛,外果皮薄,内果皮骨质;种子偏扁。

黄连木 *Pistacia chinensis*(别称:木黄连、木萝树、黄儿茶、鸡冠木、烂心木等)

形态特征:落叶乔木,高达 20 余米;树干扭曲;树皮暗褐色,呈鳞片状剥落,幼枝灰棕色,具细小皮孔,疏被微柔毛或近无毛;**奇数羽状复叶互生**,有小叶 5~6 对,叶轴具条纹,被微柔毛,叶柄上面平,被微柔毛;小叶对生或近对生,纸质,披针形或卵状披针形或线状披针形,长 5~10 cm,宽 1.5~2.5 cm,先端渐尖或长渐尖,基部偏斜,全缘,两面沿中脉和侧脉被卷曲微柔毛或近无毛,侧脉和细脉两面突起;小叶柄长 1~2 mm;花单性异株,先花后叶,**圆锥花序腋生**,雄花序排列紧密,长 6~7 cm,雌花序排列疏松,长 15~20 cm,均被微柔毛;花小,花梗长约 1 mm,被微柔毛;苞片披针形或狭披针形,内凹,长 1.5~2 mm,外面被微柔毛,边缘具睫毛;雄花:花被片 2~4,披针形或线状披针形,大小不等,长 1~1.5 mm,边缘具睫毛;雄蕊 3~5,花丝极短,长不到 0.5 mm,花药长圆形,大,长约 2 mm;雌蕊缺;雌花:花被片 7~9,大小不等,长 0.7~1.5 mm,宽 0.5~0.7 mm,外面 2~4 片远较狭,披针形或线状披针形,外面被柔毛,边缘具睫毛,里面 5 片卵形或长圆形,外面无毛,边缘具睫毛;不育雄蕊缺;**核果倒卵状球形**,略扁,径约 5 mm,**成熟时呈紫红色**,干后具纵向细条纹,先端细尖。

主要分布:产于长江以南各省区及华北、西北,生于海拔 140~3 550 m 的石山林中。菲律宾也有分布。

生长习性:喜光,幼时稍耐阴。喜温暖,畏严寒。耐干旱瘠薄,对土壤要求不严,微酸性、中性和微碱性的沙质、黏质土均能适应,以在肥沃、湿润而排水良好的石灰岩山地生长最好。深根性,主根发达,抗风力强。生长较慢,寿命可长达 300 年以上。对二氧化硫、氯化氢和煤烟的抗性较强。

观赏特性及园林用途:黄连木先叶开花,树冠浑圆,枝叶繁茂而秀丽,早春嫩叶红色,入秋叶又变成深红或橙黄色,红色的雌花序也极美观,是城市及风景区的优良绿化树种,宜作庭荫树、行道树及观赏风景树,在园林中植于草坪、坡地、山谷或于山石、亭阁之旁配植无不相宜。

若要构成大片秋色红叶林,可与槭类、枫香等混植,效果更好。

其他用途:黄连木是优良的木本油料树种;种子油可用于制肥皂、润滑油、照明;油饼可作饲料和肥料,嫩叶可食用;树皮及叶可入药,根、枝、叶、皮还可制农药。

10.36 冬青科 Aquifoliaceae

乔木或灌木,常绿或落叶;单叶,互生,稀对生或假轮生,叶片通常革质、纸质,稀膜质,具锯齿、腺状锯齿或具刺齿,或全缘,具柄;花小,辐射对称,花瓣4~6;果通常为浆果状核果。

本科4属,400~500种,其中绝大部分种为冬青属,分布中心为热带美洲和热带至暖带亚洲,仅有3种到达欧洲,北美、非洲均无分布。我国产1属约204种,分布于秦岭南坡、长江流域及其以南地区,以西南地区最盛。本科植物多为常绿树种,树冠优美,果实通常红色光亮,长期宿存,为良好的庭园观赏和城市绿化植物,园林上常用的种有枸骨、冬青等。

冬青属 *Ilex*

常绿或落叶乔木或灌木;单叶互生,稀对生;花序为聚伞花序或伞形花序,花小,白色、粉红色或红色,辐射对称,雌雄异株;果为浆果状核果,通常球形,成熟时红色,稀黑色,外果皮膜质或坚纸质,中果皮肉质或明显革质,内果皮木质或石质。

1)枸骨 *Ilex cornuta*(别称:猫儿刺、老虎刺、八角刺、鸟不宿等)

形态特征:常绿灌木或小乔木,高(0.6)1~3 m;幼枝具纵脊及沟,沟内被微柔毛或变无毛,二年枝褐色,三年生枝灰白色,具纵裂缝及隆起的叶痕,无皮孔;叶片厚革质,二型,四角状长圆形或卵形,长4~9 cm,宽2~4 cm,**先端具3枚尖硬刺齿,中央刺齿常反曲**,基部圆形或近截形,两侧各具1~2刺齿,有时全缘(此情况常出现在卵形叶),**叶面深绿色,具光泽**,背淡绿色,无光泽,两面无毛,主脉在上面凹下,背面隆起,侧脉5或6对,于叶缘附近网结,在叶面不明显,在背面凸起,网状脉两面不明显;花序簇生于二年生枝的叶腋内,基部宿存鳞片近圆形,被柔毛,具缘毛;苞片卵形,先端钝或具短尖头,被短柔毛和缘毛;花淡黄色,4基数,雄花;花萼盘状;直径约2.5 mm,裂片膜质,阔三角形,长约0.7 mm,宽约1.5 mm,疏被微柔毛,具缘毛;花冠辐状,直径约7 mm,花瓣长圆状卵形,长3~4 mm,反折,基部合生;雄蕊与花瓣近等长或稍长,花药长圆状卵形,长约1 mm;雌花:花梗长8~9 mm,果梗长达13~14 mm,无毛,基部具2枚小的阔三角形苞片;花萼与花瓣像雄花;退化雄蕊长为花瓣的4/5,略长于子房,败育花药卵状箭头形;**果球形**,直径8~10 mm,**成熟时呈鲜红色**。花期4—5月,果期10—12月。

主要分布:产于江苏、上海、安徽、浙江、江西、湖北、湖南等省区市,云南昆明等城市庭园有栽培,欧美一些国家植物园等也有栽培。生于海拔150~1 900 m的山坡、丘陵等的灌丛中、疏林中以及路边、溪旁和村舍附近。

生长习性:耐干旱。喜肥沃的酸性土壤,不耐盐碱。较耐寒,长江流域可露地越冬,能耐-5 ℃的短暂低温。喜阳光,也能耐阴,宜放于阴湿的环境中生长。夏季需在荫棚下或林荫下养护。冬季需入室越冬。

观赏特性及园林用途:枸骨枝叶稠密,叶形奇特,深绿光亮,入秋红果累累,经冬不凋,鲜艳美丽,是良好的观叶、观果树种。宜作基础种植及岩石园材料,可孤植于花坛中心,对植于前庭、路口,或丛植于草坪边缘。同时又是很好的绿篱(兼有果篱、刺篱的效果)及盆栽材料,选其老桩制作盆景饶有风趣。果枝可供瓶插,经久不凋。

其他用途:枸骨具有药用价值。

2)冬青 *Ilex chinensis*

形态特征:常绿乔木,高达13 m;树皮灰黑色,当年生小枝浅灰色,**圆柱形,具细棱;**二至多年生枝具不明显的小皮孔,**叶痕新月形,**凸起;叶片薄革质至革质,椭圆形或披针形,稀卵形,长5~11 cm,宽2~4 cm,先端渐尖,基部楔形或钝,边缘具圆齿,或有时在幼叶为锯齿,叶面绿色,有光泽,干时深褐色,背面淡绿色,主脉在叶面平,背面隆起,侧脉6~9对,在叶面不明显,叶背明显,无毛,或有时在雄株幼枝顶芽、幼叶叶柄及主脉上有长柔毛;雄花:花序具3~4回分枝,总花梗长7~14 mm,二级轴长2~5 mm,花梗长2 mm,无毛,每分枝具花7~24朵;**花淡紫色或紫红色,4~5基数;**花萼浅杯状,裂片阔卵状三角形,具缘毛;花冠辐状,直径约5 mm,花瓣卵形,长2.5 mm,宽约2 mm,开放时反折,基部稍合生;雄蕊短于花瓣,长1.5 mm,花药椭圆形;雌花:花序具1~2回分枝,具花3~7朵,总花梗长3~10 mm,扁,二级轴发育不好;花梗长6~10 mm;花萼和花瓣同雄花,退化雄蕊长约为花瓣的1/2,败育花药心形;**果长球形,成熟时呈红色,**长10~12 mm,直径6~8 mm。花期4—6月,果期7—12月。

主要分布:产于江苏、安徽、浙江、江西、福建、台湾、河南、湖北、湖南、广东、广西和云南等省区;生于海拔500~1 000 m的山坡常绿阔叶林中和林缘。

生长习性:亚热带树种,喜温暖气候,有一定耐寒力。适生于肥沃湿润、排水良好的酸性土壤。较耐阴湿,萌芽力强,耐修剪。对二氧化碳抗性强。

观赏特性及园林用途:冬青枝繁叶茂,四季常青。由于树形优美,枝叶碧绿青翠,是公园篱笆绿化首选苗木,可应用于公园、庭园、绿墙和高速公路中央隔离带,也适宜在草坪上孤植,门庭、墙边、园道两侧列植,或散植于叠石、小丘之上,葱郁可爱。冬青采取老桩或抑生长使其矮化,用作制作盆景。

其他用途:冬青具有药用价值。

10.37 卫矛科 Celastraceae

常绿或落叶乔木、灌木或藤本灌木及匍匐小灌木;单叶对生或互生,少为三叶轮生并类似互生;花两性或退化为功能性不育的单性花,杂性同株,较少异株;聚伞花序,花4~5数;多为蒴果,也有核果、翅果或浆果;种子多少被肉质具色假种皮包围。

本科约有60属850种,主要分布于热带、亚热带及温暖地区,少数进入寒温带。我国有12属201种,全国均产,其中引进栽培有1属1种。园林植物造景常用的种有冬青卫矛等。

卫矛属 *Euonymus*

常绿、半常绿或落叶灌木或小乔木,或倾斜、披散以至藤本;叶对生,极少为互生或三叶轮生;花为3出至多次分枝的聚伞圆锥花序;花两性,较小,直径一般5~12 mm;花部4~5数,花萼绿色,多为宽短半圆形,花瓣较花萼长大,花药“个”字着生或基着;蒴果近球状、倒锥状,不分裂或上部4~5浅凹,或4~5深裂至近基部。

冬青卫矛 *Euonymus japonica*(别称:大叶黄杨)

形态特征:灌木,高可达3 m;小枝4棱,具细微皱突;**叶革质,有光泽,倒卵形或椭圆形,**长3~5 cm,宽2~3 cm,先端圆阔或急尖,基部楔形,边缘具有浅细钝齿;**聚伞花序5~12花,**花序梗长2~5 cm,2~3次分枝,分枝及花序梗均扁壮,第三次分枝常与小花梗等长或较短;小花梗长3~5 mm;**花白绿色,**直径5~7 mm;花瓣近卵圆形,长宽各约2 mm,雄蕊花药长圆状,内向;花丝长2~4 mm;**蒴果近球状,**直径约8 mm,**淡红色。**花期6—7月,果熟期9—10月。

主要分布:原产于日本南部,海拔1 300 m以下山地有野生。中国长江流域及其以南各地多有栽培。

生长习性:阳性树种,喜光耐阴。要求温暖湿润的气候和肥沃的土壤,酸性土、中性土或微碱性土均能适应。萌生性强,适应性强。较耐寒,耐干旱瘠薄。极耐修剪整形。

观赏特性及园林用途:冬青卫矛春季嫩叶初发,满树嫩绿,十分悦目,是家庭培养盆景的优良材料。枝叶密集而常青,生性强健,耐整形扎剪,园林中多作为绿篱材料和整形植株材料,植于门旁、草地,或作大型花坛中心。冬青卫矛对多种有毒气体抗性很强,抗烟吸尖功能也强,并能净化空气,是污染区理想的绿化树种。

其他用途:冬青卫矛具有药用价值。

10.38 槭树科 Aceraceae

乔木或灌木,落叶稀常绿;冬芽具多数覆瓦状排列的鳞片,稀仅具2或4枚对生的鳞片或裸露;叶对生,具叶柄,无托叶,单叶稀羽状或掌状复叶,不裂或掌状分裂;花序伞房状、穗状或聚伞状,由着叶的枝的顶芽或侧芽生出;花序的下部常有叶,稀无叶,叶的生长在开花以前或同时,稀在开花以后;花小,绿色或黄绿色,稀紫色或红色,整齐,两性、杂性或单性;果实系小坚果常有翅又称翅果。

本科共2属(槭树属和金钱槭属),160余种,主产欧、亚、美三洲的北温带地区。我国2属140余种,南北均产,为森林中常见树种。本科落叶种类在秋季落叶之前变为红色,果实具长形或圆形的翅,冬季尚宿存在树上,非常美观;树冠冠幅较大,叶多而密,遮阴良好,是有经济价值的绿化树种之一,宜引种为行道树或绿化城市的庭园树种。园林植物造景常用的种有鸡爪槭、色木槭、元宝槭、复叶槭等。

槭属 *Acer*

乔木或灌木,落叶或常绿;冬芽具多数覆瓦状排列的鳞片,或仅具2或4枚对生的鳞片;叶对生,单叶或复叶(小叶最多达11枚);花序由着叶小枝的顶芽生出,下部具叶,或由小枝旁边的侧芽生出,下部无叶;花小;果实系2枚相连的小坚果,凸起或扁平,侧面有长翅,张开成各种大小不同的角度。

1) 鸡爪槭 *Acer palmatum*

形态特征:落叶小乔木;树皮深灰色;小枝细瘦;当年生枝紫色或淡紫绿色;多年生枝淡灰紫色或深紫色;叶纸质,外貌圆形,直径 7~10 cm,**基部心脏形或近于心脏形稀截形,5~9 掌状分裂,通常 7 裂**,裂片长圆卵形或披针形,先端锐尖或长锐尖,边缘具紧贴的尖锐锯齿;裂片间的凹缺钝尖或锐尖,深达叶片的直径的 1/2 或 1/3;上面深绿色,无毛;下面淡绿色,在叶脉的脉腋被有白色丛毛;主脉在上面微显著,在下面凸起;叶柄长 4~6 cm,细瘦,无毛;花紫色,杂性,雄花与两性花同株,生于无毛的伞房花序,总花梗长 2~3 cm,叶发出以后才开花;萼片 5,卵状披针形,先端锐尖,长 3 mm;花瓣 5,椭圆形或倒卵形,先端钝圆,长约 2 mm;雄蕊 8,无毛,较花瓣略短而藏于其内;花盘位于雄蕊的外侧,微裂;**翅果嫩时紫红色,成熟时淡棕黄色**;小坚果球形,直径 7 mm,脉纹显著。花期 5 月,果期 9 月。

主要分布:产于山东、河南南部、江苏、浙江、安徽、江西、湖北、湖南、贵州等省,生于海拔 200~1 200 m的林边或疏林中。朝鲜和日本也有分布。

生长习性:弱阳性树种,耐半阴,在阳光直射处孤植夏季易遭日灼之害。喜温暖湿润气候,耐寒性强。喜肥沃、湿润而排水良好的土壤,酸性、中性及石灰质土均能适应。生长速度中等偏慢。

观赏特性及园林用途:鸡爪槭是优秀的"四季"绿化树种。春季鸡爪槭叶色黄中带绿,夏季叶色转为深绿,呈现出冷色系特征,给炎炎夏日带来清凉。秋季鸡爪槭叶色转红,是观赏性最佳季节。冬季鸡爪槭凋零光秃的枝干呈棕褐色,曲折古面轮廓分明,如附上层层白雪,枝条的轮廓被衬托得更加飘逸多姿。在园林绿化中,常将不同品种配植于一起形成色彩斑斓的槭树园;也可在常绿树丛中杂以槭类品种,营造"万绿丛中一点红"的景观,植于山麓、池畔,以显其潇洒、婆娑的绰约风姿,配以山石,则具古雅之趣。另外,还可植于花坛中作主景树,植于园门两侧,建筑物角隅,装点风景;以盆栽用于室内美化,也极为雅致。

其他用途:鸡爪槭具有化学价值。

2) 色木槭 *Acer mono*(别称:地锦槭、五角枫、五角槭)

形态特征:落叶乔木,高达 15~20 m,树皮粗糙,常纵裂,灰色,稀深灰色或灰褐色;小枝细瘦,无毛,当年生枝绿色或紫绿色,多年生枝灰色或淡灰色,具圆形皮孔;冬芽近于球形,鳞片卵形,外侧无毛,边缘具纤毛;**叶纸质,基部截形或近于心脏形**,叶片的外貌近于椭圆形,长 6~8 cm,宽 9~11 cm,常 5 裂,有时 3 裂及 7 裂的叶生于同一树上;裂片卵形,先端锐尖或尾状锐尖,全缘,裂片间的凹缺常锐尖,深达叶片的中段,上面深绿色,无毛,下面淡绿色,除了在叶脉上或脉腋被黄色短柔毛外,其余部分无毛;主脉 5 条,在上面显著,在下面微凸起,侧脉在两面均不显著;叶柄长 4~6 cm,细瘦,无毛;花多数,杂性,雄花与两性花同株,多数常成无毛的顶生圆锥状伞房花序,长与宽均约 4 cm,生于有叶的枝上,花序的总花梗长 1~2 cm,花的开放与叶的生长同时;萼片 5,黄绿色,长圆形,顶端钝形,长 2~3 mm;**花瓣 5,淡白色**,椭圆形或椭圆倒卵形,长约 3 mm;雄蕊 8,无毛,比花瓣短,位于花盘内侧的边缘,花药黄色,椭圆形;**翅果嫩时紫绿色,成熟时淡黄色**;小坚果压扁状,长 1~1.3 cm,宽 5~8 mm;翅长圆形,宽 5~10 mm。花期 5 月,果期 9 月。

主要分布:产于东北、华北和长江流域各省。生于海拔 800~1 500 m 的山坡或山谷疏林中。俄罗斯西伯利亚东部、蒙古、朝鲜和日本也有分布。

生长习性:稍耐阴,深根性,喜湿润肥沃土壤,在酸性、中性、石灰岩上均可生长。萌蘖性强。干旱山坡,河边,河谷,林缘,林中,路边,山谷栎林下,疏林中,谷水边,山坡阔叶林中、林缘、阴坡林中,杂木林中。有人工引种栽培生于海拔 800~1 500 m 的山坡或山谷疏林中。

观赏特性及园林用途:色木槭叶色、叶型变异丰富,其中秋季紫红变色型红叶期长、观赏性强,是优良的乡土彩色叶树种资源。

其他用途:色木槭树皮可作人造棉及造纸的原料,叶和种子可供工业方面的用途,也可作食用,木材可供建筑、车辆、乐器和胶合板等制造用。

3)元宝槭 *Acer truncatum*(别称:元宝树、五脚树、槭)

形态特征:落叶乔木,高 8~10 m;树皮灰褐色或深褐色,深纵裂;小枝无毛,当年生枝绿色,多年生枝灰褐色,具圆形皮孔;冬芽小,卵圆形;鳞片锐尖,外侧微被短柔毛;叶纸质,长 5~10 cm,宽 8~12 cm,常 5 裂,稀 7 裂,**基部截形稀近于心脏形;裂片三角卵形或披针形,**先端锐尖或尾状锐尖,边缘全缘,长 3~5 cm,宽 1.5~2 cm,有时中央裂片的上段再 3 裂;裂片间的凹缺锐尖或钝尖,上面深绿色,无毛,下面淡绿色,嫩时脉腋被丛毛,其余部分无毛,渐老全部无毛;主脉 5 条,在上面显著,在下面微凸起;侧脉在上面微显著,在下面显著;叶柄长3~5 cm,稀达 9 cm,无毛,稀嫩时顶端被短柔毛;**花黄绿色,**杂性,雄花与两性花同株,**常成无毛的伞房花序,**长 5 cm,直径 8 cm;总花梗长 1~2 cm;萼片 5,黄绿色,长圆形,先端钝形,长 4~5 mm;花瓣 5,淡黄色或淡白色,长圆倒卵形,长 5~7 mm;雄蕊 8,生于雄花者长 2~3 mm,生于两性花者较短,着生于花盘的内缘,花药黄色,花丝无毛;花盘微裂;**翅果嫩时淡绿色,成熟时淡黄色或淡褐色,常成下垂的伞房果序;**小坚果压扁状,长 1.3~1.8 cm,宽 1~1.2 cm;翅长圆形,两侧平行。花期 4 月,果期 8 月。

主要分布:产于吉林、辽宁、内蒙古、河北、山西、山东、江苏北部(徐州以北地区)、河南、陕西、甘肃等省区。生于海拔 400~1 000 m 的疏林中。

生长习性:温带阳性树种,喜阳光充足的环境,能抗-25 ℃左右的低温。怕高温暴晒,又怕下午西射强光,稍耐阴,幼苗幼树耐阴性较强,大树耐侧方遮阴,在混交林中常为下层林木。根系发达,抗风力较强,喜深厚肥沃土壤,在酸性、中性、钙质土上均能生长,且较耐移植。耐旱,忌水涝,生长较慢。对二氧化硫、氟化氢的抗性较强,具有较强的吸附粉尘的能力。

观赏特性及园林用途:本种树形优美,枝叶浓密,叶色富于变化,春叶红艳,秋叶金黄,秋色叶变色早,且持续时间长,多变为黄色、橙色及红色,园林片栽或山地丛植,是优良的观赏树种。在城市绿化中,适于建筑物附近、庭院及绿地内散植。在郊野公园利用坡地片植,也会收到较好的效果。元宝槭还可数次摘叶,摘叶后新叶小而红,是很有特色的桩景材料。

其他用途:本种木材坚韧细致,可作车辆、器具,供建筑用等;种子可榨油,供食用及工业用;树皮纤维可造纸及代用棉。

4)梣叶槭 *Acer negundo*(别称:复叶槭、美国槭、白蜡槭、糖槭)

形态特征:落叶乔木,高达 20 m;树皮黄褐色或灰褐色,小枝圆柱形,无毛,当年生枝绿色,多年生枝黄褐色;冬芽小,鳞片2,镊合状排列;羽状复叶,长10~25 cm,有3~7(稀9)枚小叶;小叶纸质,卵形或椭圆状披针形,长8~10 cm,宽2~4 cm,先端渐尖,基部钝一形或阔楔形,边缘常有3~5个粗锯齿,稀全缘,中小叶的小叶柄长3~4 cm,侧生小叶的小叶柄长3~5 mm,上面深绿色,无毛,下面淡绿色,除脉腋有丛毛外其余部分无毛;主脉和5~7对侧脉均在下面显著;叶柄长5~7 cm,嫩时有稀疏的短柔毛其后无毛。雄花的花序聚伞状,雌花的花序总状,均由无叶的小枝旁边生出,常下垂,花梗长1.5~3 cm,花小,黄绿色,开于叶前,雌雄异株,无花瓣及花盘,雄蕊4~6,花丝很长,子房无毛。小坚果凸起,近于长圆形或长圆卵形,无毛;翅宽8~10 mm,稍向内弯,连同小坚果长3~3.5 cm,张开成锐角或近于直角。花期4—5月,果期9月。

主要分布:原产于北美洲。近百年内始引种于我国,在辽宁、内蒙古、河北、山东、河南、陕西、甘肃、新疆、江苏、浙江、江西、湖北等省区的各主要城市都有栽培,在东北和华北各省市生长较好。

生长习性:适应性强,可耐绝对低温-45 ℃,喜光,喜干冷气候,暖湿地区生长不良,耐寒、耐旱、耐干冷、耐轻度盐碱、耐烟尘,生长迅速。

观赏特性及园林用途:本种生长迅速,树冠广阔,夏季遮阴条件良好,可作行道树或庭园树,用以绿化城市或厂矿。

其他用途:本种早春开花,花蜜很丰富,是很好的蜜源植物。

10.39 苦木科 Simaroubaceae

落叶或常绿的乔木或灌木;树皮通常有苦味;叶互生,有时对生,通常成羽状复叶,少数单叶;花序腋生,成总状、圆锥状或聚伞花序,很少为穗状花序;花小,辐射对称,单性、杂性或两性;花瓣3~5,分离,少数退化;果为翅果、核果或蒴果,一般不开裂。

本科约20属120种,主产热带和亚热带地区,我国有5属,11种,3变种。园林植物造景常用的种有臭椿。

臭椿属 *Ailanthus*

落叶或常绿乔木或小乔木;小枝被柔毛;叶互生,奇数羽状复叶或偶数羽状复叶;小叶13~41,纸质或薄革质,对生或近于对生,基部偏斜,先端渐尖,全缘或有锯齿,有的基部两侧各有1~2大锯齿,锯齿尖端的背面有腺体;花小,杂性或单性异株,圆锥花序生于枝顶的叶腋;花瓣5,镊合状排列;翅果长椭圆形。

臭椿 *Ailanthus altissima*

形态特征:落叶乔木,高可达20余米,树皮平滑而有直纹;嫩枝有髓,幼时被黄色或黄褐色柔毛,后脱落;叶为**奇数羽状复叶**,长40~60 cm,叶柄长7~13 cm,有小叶13~27;小叶对生或近对生,纸质,卵状披针形,长7~13 cm,宽2.5~4 cm,先端长渐尖,基部偏斜,截形或稍圆,两侧各具1或2个粗锯齿,齿背有腺体1个,叶面深绿色,背面灰绿色,**柔碎后具臭味;圆锥花序长10~30 cm;花淡绿色**,花梗长1~2.5 mm;萼片5,覆瓦状排列,裂片长0.5~1 mm;花瓣5,

长 2~2.5 mm,基部两侧被硬粗毛;雄蕊 10,花丝基部密被硬粗毛,雄花中的花丝长于花瓣,雌花中的花丝短于花瓣;花药长圆形,长约 1 mm;**翅果长椭圆形**,长 3~4.5 cm,宽 1~1.2 cm。花期 4—5 月,果期 8—10 月。

主要分布:我国除黑龙江、吉林、新疆、青海、宁夏、甘肃和海南外,各地均有分布。世界各地广为栽培。

生长习性:喜光,不耐阴。适应性强,除黏土外,各种土壤和中性、酸性及钙质土都能生长,适生于深厚、肥沃、湿润的沙质土壤。耐寒,耐旱,不耐水湿,长期积水会烂根死亡。

观赏特性及园林用途:臭椿树干通直高大,春季嫩叶紫红色,秋季红果满树,是良好的观赏树和行道树。可孤植、丛植或与其他树种混栽,适宜于工厂、矿区等绿化。枝叶繁茂,春季嫩叶紫红色,秋季满树红色翅果,颇为美观。在印度、英国、法国、德国、意大利、美国等常常作为行道树,颇受赞赏而称为天堂树。

其他用途:臭椿木材是建筑和家具制作的优良用材,也是造纸的优质原料;叶可饲养蚕,丝可织椿绸。

10.40 葡萄科 Vitaceae

攀缘木质藤本,稀草质藤本,具有卷须,或直立灌木,无卷须;单叶、羽状或掌状复叶,互生;花小,两性或杂性同株或异株,排列成伞房状多歧聚伞花序、复二歧聚伞花序或圆锥状多歧聚伞花序,4~5 基数;果实为浆果,有种子 1 至数颗。

本科有 16 属 700 余种,我国有 9 属 150 余种。园林植物造景常用的种有葡萄、地锦等。

10.40.1 葡萄属 *Vitis*

木质藤本,有卷须;单叶、掌状或羽状复叶;有托叶,通常早落;花 5 数,排成聚伞圆锥花序;果实为肉质浆果,有种子 2~4 颗。

葡萄 *Vitis vinifera*

形态特征:木质藤本;小枝圆柱形,有纵棱纹,无毛或被稀疏柔毛;卷须 2 叉分枝,每隔 2 节间断与叶对生;**叶卵圆形,显著 3~5 浅裂或中裂**,长 7~18 cm,宽 6~16 cm,中裂片顶端急尖,裂片常靠合,基部常缢缩,裂缺狭窄,间或宽阔,基部深心形,基缺凹成圆形,两侧常靠合,边缘有 22~27 个锯齿,齿深而粗大,不整齐,齿端急尖,上面绿色,下面浅绿色,无毛或被疏柔毛;基生脉 5 出,中脉有侧脉 4~5 对,网脉不明显突出;叶柄长 4~9 cm,几无毛;托叶早落;**圆锥花序密集或疏散**,多花,与叶对生,基部分枝发达,长 10~20 cm,花序梗长 2~4 cm,几无毛或疏生蛛丝状绒毛;花梗长 1.5~2.5 mm,无毛;花蕾倒卵圆形,高 2~3 mm,顶端近圆形;萼浅碟形,边缘呈波状,外面无毛;花瓣 5,呈帽状黏合脱落;雄蕊 5,花丝丝状,长 0.6~1 mm,花药黄色,卵圆形,长 0.4~0.8 mm,在雌花内显著短而败育或完全退化;花盘发达,5 浅裂;雌蕊 1,在雄花中完全退化;**果实球形或椭圆形**,直径 1.5~2 cm;种子倒卵椭圆形。花期 4—5 月,果期 8—9 月。

主要分布:原产于亚洲西部,现世界各地都有栽培。

生长习性：葡萄生长时所需最低气温为12~15 ℃，最低地温为10~13 ℃，花期最适温度为20 ℃左右，果实膨大期最适温度为20~30 ℃。葡萄对水分要求较高，严格控制土壤中的水分是种好葡萄的一个前提。葡萄在生长初期或营养生长期时需水量较多，生长后期或结果期，根部较为衰弱需水较少，要避免伤根免影响品质。葡萄在正常生长期间必须要有一定强度的光照，但光照太强时特别是葡萄进入硬核期较易发生日灼病，这时可采取套袋或植株留叶尽量留住能遮住葡萄果实的叶。而日照不足时，易造成开花期花冠脱落不良、受精率低等。葡萄在各种土壤（经过改良）均能栽培，但以壤土及细沙壤土为最好。

观赏特性及园林用途：葡萄在园林中多以搭架栽培，观果赏叶，现在很多改良盆栽品种深受人们喜爱。

其他用途：葡萄为著名水果，生食或制葡萄干、酿酒；根和藤药具有药用价值。

10.40.2 地锦属 *Parthenocissus*

木质藤本；卷须总状多分枝，嫩时顶端膨大或细尖微卷曲而不膨大，后遇附着物扩大成吸盘。单叶、3小叶或掌状5小叶，互生；花5数，两性，圆锥状或伞房状疏散多歧聚伞花序；浆果球形，有种子1~4颗。

地锦 *Parthenocissus tricuspidata*（别称：红葡萄藤、爬山虎、趴墙虎）

形态特征：木质藤本；小枝圆柱形，几无毛或微被疏柔毛；卷须5~9分枝，相隔2节间断与叶对生；**卷须顶端嫩时膨大呈圆珠形，后遇附着物扩大成吸盘；叶为单叶，通常着生在短枝上为3浅裂，**时有着生在长枝上者小型不裂，**叶片通常倒卵圆形，**长4.5~17 cm，宽4~16 cm，顶端裂片急尖，基部心形，边缘有粗锯齿，上面绿色，无毛，下面浅绿色，无毛或中脉上疏生短柔毛，基出脉5，中央脉有侧脉3~5对，网脉上面不明显，下面微突出；叶柄长4~12 cm，无毛或疏生短柔毛；花序着生在短枝上，基部分枝，形成多歧聚伞花序，长2.5~12.5 cm，主轴不明显；花序梗长1~3.5 cm，几无毛；花梗长2~3 mm，无毛；花蕾倒卵椭圆形，高2~3 mm，顶端圆形；萼碟形，边缘全缘或呈波状，无毛；花瓣5，长椭圆形，高1.8~2.7 mm，无毛；雄蕊5，花丝长1.5~2.4 mm，花药长椭圆卵形，长0.7~1.4 mm，花盘不明显；**果实球形，**直径1~1.5 cm，有种子1~3颗。花期5—8月，果期9—10月。

主要分布：原产于亚洲东部、喜马拉雅山区及北美洲，后引入其他地区，朝鲜、日本也有分布。我国的河南、辽宁、河北、山西、陕西、山东、江苏、安徽、浙江、江西、湖南、湖北、广西、广东、四川、贵州、云南、福建都有分布。

生长习性：地锦适应性强，性喜阴湿环境，但不怕强光，耐寒，耐旱，耐贫瘠，气候适应性广泛，在暖温带以南冬季也可以保持半常绿或常绿状态。耐修剪，怕积水，对土壤要求不严，阴湿环境或向阳处，均能茁壮生长，但在阴湿、肥沃的土壤中生长最佳。它对二氧化硫和氯化氢等有害气体有较强的抗性，对空气中的灰尘有吸附能力。

观赏特性及园林用途：地锦是垂直绿化的优选植物，密集的绿叶覆盖了建筑物的外墙，春夏郁郁葱葱，秋天地锦的叶子变成橙黄色，使得建筑物的色彩富于变化。地锦不仅可达到绿化、美化效果，同时也发挥着增氧、降温、减尘、减少噪声等作用，是藤本类绿化植物中用得最多的材料之一。

其他用途：具有药用价值。

10.41 杜英科 Elaeocarpaceae

常绿或半落叶木本;单叶,互生或对生,具柄;花单生或排成总状或圆锥花序,两性或杂性,花瓣4~5片,镊合状或覆瓦状排列;果为核果或蒴果,有时果皮外侧有针刺。该科共有12属,中国有2属。园林植物造景常用的种有杜英。

杜英属 *Elaeocarpus*

乔木;叶通常互生,边缘有锯齿或全缘,下面或有黑色腺点,常有长柄;总状花序腋生或生于无叶的去年枝条上,两性;花瓣4~6片,白色,分离,顶端常撕裂,稀为全缘或浅齿裂;果为核果。

杜英 ***Elaeocarpus decipiens***

形态特征:常绿乔木,高5~15 m;嫩枝及顶芽初时被微毛,不久变秃净,干后黑褐色;**叶革质,披针形或倒披针形,**长7~12 cm,宽2~3.5 cm,**上面深绿色,干后发亮,**下面秃净无毛,幼嫩时亦无毛,先端渐尖,尖头钝,基部楔形,常下延,侧脉7~9对,在上面不很明显,在下面稍突起,网脉在上下两面均不明显,边缘有小钝齿;叶柄长1 cm,初时有微毛,在结实时变秃净;总状花序多生于叶腋及无叶的去年枝条上,长5~10 cm,花序轴纤细,有微毛;花柄长4~5 mm;**花白色,**萼片披针形,长5.5 mm,宽1.5 mm,先端尖,两侧有微毛;花瓣倒卵形,与萼片等长,上半部撕裂,裂片14~16条,外侧无毛,内侧近基部有毛;雄蕊25~30枚,长3 mm,花丝极短,花药顶端无附属物;花盘5裂,有毛;核果椭圆形,长2~2.5 cm,宽1.3~2 cm,外果皮无毛,内果皮坚骨质,表面有多数沟纹。花期6—7月。

主要分布:产于广东、广西、福建、台湾、浙江、江西、湖南、贵州和云南。

生长习性:喜温暖潮湿环境,耐寒性稍差,稍耐阴。根系发达,萌芽力强,耐修剪。喜排水良好、湿润、肥沃的酸性土壤。适生于酸性之黄壤和红黄壤山区,若在平原栽植,必须排水良好,生长速度中等偏快。对二氧化硫抗性强。

观赏特性及园林用途:杜英秋冬至早春部分树叶转为绯红色,红绿相间,鲜艳悦目,"绯红"与深绿相衬十分耀眼,具有观赏价值,加之生长迅速,易繁殖、移栽,长江中下游以南地区多作为行道树、园景树广为栽种。

其他用途:杜英树皮可作染料;木材为栽培香菇的良好段木;果实可食用;种子榨油可做肥皂和润滑油;根具有药用价值。

第3部分

园林植物与造景应用

11

公园绿地植物配植与造景

本章案例

公园是供大众游览、休息、观赏，开展科普、文化教育、娱乐、社交和体育活动环境优美的场所，也是反映城市园林绿化水平的重要窗口，在城市公共绿地中常居首要地位。2002 年，中华人民共和国建设部颁布实施的《城市绿地分类标准》规定，城市公园绿地是指在城市中向公众开放的、以游憩为主要功能，有一定的游憩设施和服务设施，同时兼有健全生态、美化景观、防灾减灾等综合作用的绿化用地。它是城市建设用地、城市绿地系统和城市市政公用设施的重要组成部分，是表示城市整体环境水平和居民生活质量的一项重要指标。根据各种公园绿地的主要功能、内容、形式与主要服务对象的不同，公园绿地分为综合性公园、社区公园、专类公园、带状公园和街旁绿地 5 类。

综合性公园和社区公园内容丰富，设施齐全，适合于公众开展各类户外活动的规模较大的绿地，包括以往的市、区居住区级公园。专类公园包括儿童公园、动物园、植物园、历史名园（古典园林）、风景名胜公园、游乐公园等。社区公园、儿童公园、游乐公园、带状公园和街旁绿地的植物配植与造景可以根据其功能性质、服务对象等参照综合性公园不同区域的植物配植与造景。

11.1　综合性公园植物配植与造景

城市综合性公园是城市公园的"核心"，不仅提供了大面积的种植绿地，还提供了丰富的游憩活动空间和设施，是城市居民共享的"绿色空间"。综合性公园作为城市主要的公共开放空间，是城市绿地系统的重要组成部分，对于城市景观环境塑造、城市生态环境调节、居民社会生活起着极为重要的作用。

根据国际上对现代公园系统分类的相关情况，各地区城市的综合性公园面积从几万平方米到几十万平方米不等。在中小城市中多数设1~2处，在大城市中分设全市性和区域性公园多处。在我国，根据城市中的服务对象与服务范围，综合性公园分为市级公园和区级公园两类。

11.1.1　综合性公园植物配植造景原则

1）全面规划、重点突出，近期、远期结合

全园的植物规划必须结合公园的性质、功能，合理布置。首先，应该适地、适树，根据公园的立地条件和植物的生态习性，选择合适的种类，使植物能健康生长，在近期、远期均能达到良好的景观效果。其次，应该以乡土植物为主、外地珍贵的驯化后生长稳定的植物为辅，利用公园用地内原有树木，尽快形成公园的绿地景观骨架。最后，速生与缓生植物结合，常绿与落叶植物结合，针叶与阔叶植物结合，乔、灌、草结合，对重点景观区域利用大苗进行密植，尽快形成稳定的植物景观效果。

所种植的植物需要有一定的抗逆性和少病虫害的特点，林下部分种植耐阴性植物以适宜下层阳光较少的特点，藤本攀缘植物可以根据小品中的廊架、篱笆等物体的具体形式来种植。主要树种为2~3种，落叶树占50%~70%，混交林占70%左右。

2）全园风格统一，区域各具特色

综合性公园植物景观应该遵循一个共同的主题，植物配植形式与造园风格统一。利用基调树种统一全园风格，形成各区域之间的合理过渡。各区域除选用全园基调树种以外，可以另选主调树种或营造专类园，突出各区域特色。

3）满足各区域功能要求，符合美学原理

综合性公园作为城市公园绿地的一个重要组成部分，其功能之一就是满足市民业余时间休憩、社交等需求，同时，又要运用艺术构图原理，创造优美雅致的公园景观。公园的植物配植应该充分考虑绿地功能，通过植物配植使空间有开有合，种植有疏有密。开阔空间适合一些开放性、集体性活动；封闭空间适合私密活动和独处。在季风比较明显、冬季寒风侵袭的地区，需要设置防风林带；主要景观节点要重视观赏功能，配植观赏性高的植物；在人群活动多的地方，应更多地考虑遮阴。在安静休息区和老人活动区，可利用绿、蓝、紫等冷色调植物营造清雅幽静的环境，同时，满足春季观花、夏季遮阴、秋季红叶的季相动态；在娱乐、儿童区，应该注重色彩的运用和变化，尽量使用色彩鲜艳、活泼多变的植物，突出活泼热烈的气氛；在纪念区及庄严肃穆地区，选用深绿色的常绿针叶树种，给人以沉静庄重的感觉。

11.1.2　综合性公园出入口植物配植造景

公园出入口一般包括主要出入口、次要出入口和专用出入口3种。主要出入口临城市主干道，交通方便；次要出入口一般与城市次干道相邻；专用出入口主要供园区管理及体育运动区使用。公园出入口的植物景观营造主要是为了更好地突出、装饰、美化出入口，使公园在出入口处就可以向游人展示其特色或造园风格。公园出入口植物配植常采用色彩鲜艳、层次丰富、形体优美的植物，起到引导游人的作用。同时，利用植物景观弱化出入口处的墙基、建筑角落的生硬，或与出入口广场、山石、水体等结合组景，共同点缀出入口景观。

主要出入口人流量较大,面积也较大,常涉及集散功能的广场设计,因此,主要出入口的植物配植应充分考虑与广场景观的呼应;次要出入口规模较小,应注意植物配植选择体量与空间尺度相协调的品种;专用出入口的植物配植要注意绿化的遮挡作用以及方便消防、管理的车辆出入,功能性占主要。如果出入口内外有较开阔的空间,园门建筑比较现代、高大,宜采用花坛、花境、花钵或以灌丛为主,突出园门的高大、华丽;如果内外空间较狭小,出入口的景观营造应以高大乔木为主,配以美丽的观花灌木或草花,营造郁闭优雅的小环境。出入口前的停车场四周可以用乔木、灌木结合配植,便于隔离环境和夏季遮阴。公园出入口的植物景观还应与出入口区域的城市街道景观相互协调,丰富城市街景,展示公园特色。

11.1.3　综合性公园园路植物配植造景

园路是公园的重要组成部分之一,它承担着引导游人、连接交通运输、人流集散、分割空间、联系各景区景点等功能,园路依据地形、地势和文化背景而作不同形式的布置。按照作用和性质不同,园路一般分为主要道路、次要道路、游步道和小径4种类型。

园路的植物配植要根据地形、建筑和风景的变化而变化,既不能妨碍游人视线,又要起到点缀风景的作用。园路两侧可用乔灌木树丛、绿篱、绿带分隔空间,使游步道时隐时现,产生高地起伏之感。在有风景可赏的园路外侧,宜种植矮小的花灌木或草花,不影响游人赏景;在无景可观的园路两侧,可以密植或丛植乔灌木,使道路隐蔽在丛林之中。园路转弯处和交叉口是游人视线的焦点,也是植物造景的重点部位,可用乔木、花灌木形成层次丰富的树丛、树群。公园机动车辆通行的道路两侧不得有低于4 m的枝条;方便残疾人使用的园路边缘不得使用有刺或硬质叶片的植物;植物种植点距离园路边缘不得小于0.5 m。

1)主要道路

主要道路构成园路的骨架,引导游人欣赏景色,道路面宽度为4~6 m,道路纵坡不大于8%,横坡为1%~4%。我国园林常以水面为中心,主要道路沿水面和地形蜿蜒延伸,布局呈自然式。主要道路两侧可列植高大、荫浓的乔木,配以较耐阴的花灌木;如果不用行道树,可以结合花境、花丛布置成自然式树丛和树群。道路两边设置座椅供游人休息,座椅附近种植高大阔叶树种以利于遮阴。

2)次要道路

次要道路是公园各区内连接各景点的道路,是主要道路的辅助,可在主干道不能形成环路时,补其不足。次要道路路面宽度为2~4 m,地形起伏可比主要道路大,坡度大时可以平台、踏步处理。在植物配植时,可沿路布置林丛、灌丛或花境美化道路景观,做到层次丰富、景观多变,达到步移景异的效果。

3)游步道

游步道分布于全园各处,是园林中深入山间、水际、林中、花丛,供人们漫步游赏使用的园路,其布置形式自由,行走方便,安静隐蔽,路面宽度为1.2~2 m。游步道两旁的植物景观配植应给人以亲切感,可布置一些小巧的园林小品,也可开辟小的封闭空间,结合各景区特色不同而细腻布景,乔、灌、草结合形成色彩丰富的树丛。

4)小径

小径是考虑游人的不同需要,在园路布局中常为游人由一个景区(点)到另一个景区

(点)开辟的捷径,一般供单人通行,宽度小于 1 m。小径两侧植物配植宜简单、开阔,可种植一些低矮的花灌木或草花,让道路容易被游人发现,并且方向明确。

11.1.4　综合性公园分区及其植物配植造景

城市综合性公园面向不同年龄、不同爱好的游人开放,园内设施多种多样,必须进行科学合理的功能分区。综合性公园一般分为文化娱乐区、安静休息区、儿童活动区、老人活动区、体育运动区和公园管理区等。

公园各功能分区相对独立,植物配植应该在全园统一规划的基础上,根据各区域不同的自然条件和功能要求,与环境、建筑合理搭配,展现各区域的特点,使各个功能区各尽其能,满足游客游览、休憩、交往等不同需求。种植设计时应注意考虑各个区域的性质、功能要求、游人量、公园用地要求,以及乔、灌、草的比例,因地制宜,实现各个区域植物最优化配植。

1)文化娱乐区

文化娱乐区主要通过游玩的方式进行文化教育和娱乐活动,属于综合性公园里面的动区(闹区),相对集中地布置的设施主要有展览室、展览画廊、露天剧场、游戏、文娱室、阅览室、音乐厅、电影场、俱乐部、歌舞厅、茶座等。该区接近公园出入口或与出入口有方便的联系,常位于公园的中部,是全园布局的重点,园内一些主要园林建筑设置在这里。该区活动场所多、活动形式多、人流量大、集散的时间集中、热闹喧哗、建筑密度大,布置时要注意妥善地组织交通,避免区内各项活动之间的相互干扰,使有干扰的活动项目之间保持一定的距离,并利用树木、建筑、山石等加以隔离。

在营造文化娱乐区的植物景观时,重点是如何利用植物分隔活动区域。可以配植高大的乔木形成围合、半围合空间把区内各项娱乐设施分开,形成各自独立的空间,减少各个活动项目之间的相互干扰。

文化娱乐区要便于人流集散和游乐活动的开展。文化娱乐区经常开展人数众多、形式多样的活动,人流量大,植物配植应以规则式或混合式为主,在局部一些文化广场等公共场所,游人活动集中的地方设置开阔的草坪和低矮花灌木,适当配植高大常绿乔木,枝下高不小于 2.2 m,保证视线通透,以免影响游人通行或阻挡交通安全视距。

2)安静休息区

安静休息区是全园中景色最优美、占地面积最大、游人密度小、与喧闹的文化娱乐区有一定隔离的区域,该区通过营造宁静、自然的环境,供游人散步、赏景等。其用地选择以原有树木较多、地形起伏变化大的高地、谷地、湖泊、河流等风景理想的区域为宜,结合自然风景,适当设置亭、廊等园林建筑。

该区植物配植以自然式为主,植物宜素雅,不宜华丽,塑造自然幽静的休憩空间。可以采用密林方式,尽量多用高大乔木,林内分布自然式小路,铺装空地、草地等;也可以直接设置为疏林草地,以草坪为游人提供大面积自由活动空间,将盛花植物配植在一起形成花卉观赏区、专类园或利用植物组成不同外貌的群落体现植物群体美。

3)儿童活动区

综合性公园的儿童活动区与儿童公园的功能一致,是为促进儿童的身心健康而设立的专门区域。该区在全园占地面积小(3%),各种活动设施复杂,多布置在公园出入口附近或景色开阔处，一般可以根据不同年龄段分成不同的区域，设有不同年龄段儿童喜爱的各种游乐、科普教育设施。学龄前儿童活动范围小，幼儿区面积较小，可布置安全、平稳的项目；学龄儿童区面积大，可安排大中小型游乐设施，设置便于识别的雕塑小品。儿童活动区的建筑、设施、小品宜选择造型新颖、色彩鲜艳的作品，以引起儿童对活动内容的兴趣，同时也符合儿童天真烂漫、好动活泼的特征，其尺度、造型、色彩要富有教育意义；道路的布置应安全、简洁明确、容易辨认，最好不要设台阶或坡度过大，以保证安全，便于活动；活动地周围不宜用铁丝网或其他具伤害性的物品，以保证活动区内儿童的安全。有条件的公园，在儿童活动区内需设小卖部、盥洗台、厕所等服务设施。该区在植物景观营造时，应考虑以下 3 个方面：

①儿童活动区周围应有紧密的林带、绿篱或树墙与其他区隔离，为儿童提供单独的活动区域，提高安全性。

②植物种类应比较丰富，种植形式多样。该区植物配植以自然式为主，一些具有奇特的枝叶花果、色彩绚丽的植物比较适宜，可创造童话般色彩艳丽的境界，引起儿童对自然界的兴趣，使儿童在游玩中增长知识。在儿童游乐设施附近配植生长健壮、萌芽力强的大中型乔木，把游乐设施分散在疏林之下，为儿童活动和家长看护提供庇荫之处（枝下高不小于 1.8 m），夏季庇荫面积应大于活动范围的 50%；在家长看护、等候区，不宜配植妨碍视线的植物；活动区内铺设草坪，选用耐践踏的草种。

③该区应选择无毒、无刺、无异味、不引起过敏的安全植物品种。在儿童活动区避免使用有强烈刺激、黏手、种子飞扬的植物，忌用容易招致病虫害和浆果类的植物。

4）老人活动区

综合性公园里的老人活动区是供老年人活跃晚年生活，开展文化、体育活动的场所。随着我国城市人口老龄化速度的加快，老年人在城市人口中所占比例日益增大，公园中的老人活动区在公园绿地中的使用率也日趋增大。很多老年人已养成了早晨在公园中晨练，白天在公园绿地中活动，晚上和家人、朋友在公园绿地散步、谈心的习惯，因此，公园中老人活动区的设置不可忽视。

老人活动区设在观赏游览区或安静休息区附近，背风向阳、环境幽雅、风景宜人，地形以平坦为主，不应有较大的地形变化。老人活动区内建筑布局紧凑，有厕所、走道扶手、无障碍通道等必要的服务性建筑或设施，可以适当安排一些简单的体育健身设施，注意安全防护要求，道路、广场注意平整防滑，道路不宜太弯和太窄。该区在植物景观营造时，应考虑以下 3 个方面：

①营造时间的永恒感。该区植物配植以落叶阔叶林为主，保证场地内夏季遮阴，冬季有充足的阳光，有丰富的季相变化。同时，适当选用长势强劲、苍劲古朴的大树，点明岁月的主题。

②选择有益健康的植物。老人活动区应多选用一些银杏、柑橘等有益于身心的保健树种，香樟、松树等分泌杀菌物质的树种和栀子、桂花等香花植物，营造干净、静谧、舒适的园林空间。

③选择有指示、引导作用的树种。在老人活动区的一些道路转弯处，应配植色彩鲜明的树种起到提示作用，帮助老年人辨别方向。

5）体育运动区

在比较完整的综合性公园里往往会设置开展各项体育活动的体育活动区，一般设有体育场馆、游泳池以及各种球类活动的场所和生活服务设施。该区域人流量大,集散时间短,干扰大,宜布置在靠近城市主干道,离入口较远的公园一侧。一般专门设置出入口,以利人流集散。用地选择时可以充分利用地形设立游泳池、看台和水上码头;还要考虑与整个公园的绿地景观相协调;注意活动的场地、设施应与其他各区有相应分隔,以地形、树丛、丛林进行分隔较好;注意建筑造型的艺术性;可以缓坡草地、台阶等作为观众看台,增加人与大自然的亲和性。该区在植物景观营造时,应考虑以下 3 个方面:

①便于场地内开展比赛和观众观看比赛。体育活动区的植物配植以规则式为主,植物选择应以速生、强健、发芽早、落叶晚的阔叶树为主,种植点离运动场至少保持 6~10 m 的距离,以成林后树冠不伸入运动场上空为宜。植物叶色以单纯的绿色为好,不能有强烈的反光,以免影响运动员和观众的视线。运动场地内尽量用耐践踏的草坪覆盖,场周应设座椅、花架以供运动员休息。

②选择安全的树种。该区内不宜种植落花、落果、飞絮的植物,也不要种植带刺、易染病虫害、树姿不齐的树种。

③利用植物与其他区域形成隔离。体育活动区外围用乔灌木组成隔离绿带,减少运动区对外界的影响,也防止运动区受外界的干扰。

6)公园管理区

综合性公园的管理区是公园工作人员管理、办公、组织生产、生活服务的专用区域,包括公园管理办公室、苗圃、仓库和生活服务管理部门等。该区与城市街道有方便联系,设有专用的出入口,供内部使用;比较隐蔽,不与游人混杂,以树林等与游人活动区域分隔,不暴露在风景游览的主要视线上。管理区内部有车行道相通,便于运输和消防。

公园管理区有专用出入口,多同公园其他区域相隔离,景观独立性较强。办公楼或其他建筑朝向公园游览区的一侧用高大的乔木进行屏蔽。植物配植应与办公建筑风格协调,如办公楼现代、高大,则管理区植物配植多以规则式为主,多用花坛;若办公楼为古式建筑,则可以配植为中式园林,有假山水景。

11.2　植物园植物配植与造景

植物园是植物科学研究机构,也是以采集、鉴定、引种驯化、栽培实验为中心,同时可供游人观赏和游览,具有一定科普功能的公园。

植物园有悠久的历史,现在公认的植物园起源于 5—8 世纪。当时一些修道院的僧侣们建起菜园和药草园,其中,药草园除有药用植物以外,还有观赏植物可供品评、识别,这应该是西方植物园的雏形。16 世纪中叶,意大利帕多瓦城诞生了第一座药用植物园,它被认为是世界上现存最古老的植物园之一。之后又出现了意大利佛罗伦萨植物园、芬兰莱顿植物园、荷兰阿姆斯特丹植物园、法国巴黎植物园、英国爱丁堡植物园和英国皇家植物园邱园等世界著名的植物园。17—18 世纪,药用植物园转化为普通植物园后在欧洲各国纷纷兴起。我国现存最早的植物园是 1929 年建的南京中山植物园,后来相继建成的比较著名的植物园有北京植物园、上海植物园、杭州植物园、西安植物园、武汉植物园和华南植物园。

11.2.1 植物园的功能

1)科学研究

科学研究是植物园的首要任务之一。植物园的主要任务有:研究植物的生长发育规律,植物引种后的适应性、经济性及遗传变异规律,总结和提高植物引种驯化的理论和方法;发掘野生植物资源,引进国内外重要的经济植物,调查、收集稀有、珍贵和濒危植物种类,以丰富栽培植物的种类或品种,为生产实践服务。大型的、专业的植物园还收集、保护野外濒危、珍贵物种。

2)科学普及

植物园通过露地展区、温室、标本室等室内外植物材料的展览,结合植物挂牌介绍、图表说明和解说员讲解,丰富广大群众的自然科学知识。人们最常见的就是植物园的科普功能,园内建立了具有园林外貌和科学内容的各种展览和试验区,作为科研、科普的园地。

3)科学生产

科学生产是植物园科学研究的最终目的。植物园通过科学研究得出的技术成果将推广应用到生产领域,创造社会效益和经济效益。

4)观光游览

植物园应结合植物的观赏特点、亲缘关系及生长习性,以公园绿地的形式进行规划和分区,创造优美的植物景观环境,供人们观光游览。

11.2.2 植物园的分类

植物园按性质可以分为综合性植物园和专业性植物园。

1)综合性植物园

综合性植物园兼具科研、科普、生产和游览等多种功能,一般规模较大,它将科学研究和对外开放结合起来,把植物的生态习性与美学特性融为一体。

我国现有植物园中有归科学系统、以科研为主结合其他功能的植物园,如北京植物园、武汉植物园、昆明植物园和南京中山植物园;也有归园林系统、以观光游览为主要功能并结合科研、科普和生产功能的植物园,如青岛植物园、上海植物园、杭州植物园、厦门植物园、深圳仙湖植物园等。

2)专业性植物园

专业性植物园也称附属植物园,多隶属于科研单位、大专院校。它是根据一定的学科、专业内容布置的植物标本园、树木园和药圃等,如浙江农业大学植物园、武汉大学植物园等。

11.2.3 植物园植物配植与造景

植物园植物配植,应在满足其性质和功能需要的前提下,讲究园林艺术构图,使全园具有绿色覆盖,形成较稳定的植物群落。形式上以自然式为主,创造各种密林、疏林、树群、树丛、孤植树、草地、花丛等景观,注意乔、灌、草相结合的立体、混交绿地。具体收集多少种植物,每种收集多少,每株占面积多少,应根据各地各园的具体条件而定。

一般将植物园分为植物科普展览区、科研实验区、职工生活区 3 个部分。其中,植物科普展览区需要再进行布置,以此来表达园区的主旨。

1)植物科普展览区

该区主要展示植物界的客观自然规律,以及人类利用植物和改造植物的最新知识。可根据当地实际情况,因地制宜地布置植物进化系统展览、经济植物、抗性植物、水生植物、岩石植物、树木、温室、专类园等。

(1)按照原植物的观赏特性及园林艺术的表现方式布置展区

专类花园:世界植物资源丰富,观赏植物种类众多,这为建立各类观赏专园提供了良好的物质条件。目前,大多数植物园都有专类园,它是按照分类学的内容丰富的属或种专门扩大收集,辟成专园展出,常选择观赏价值高、种类和品种资源较丰富的花灌木。在植物景观营造时,要结合当地生态、小气候、地形等条件设计种植,还可以利用花架、花池、园路等组成丰富多彩的植物景观。常见的专类花园有山茶园、杜鹃园、月季园、丁香园、牡丹园、樱花园、梅花园、槭树园、荷花园等。

专题花园:是指将不同科属,具有相似观赏特性的植物配植在一起的展示区,如芳香园、彩叶园、观果园、春景园等。有时也可以按照植物对污染物质的抗性布置抗性植物区,展示对大气污染物质有较强抗性和吸收能力的植物,如抗 SO_4 植物专题展区、抗 HF 植物专题展区等。该展示区在植物配植时,首先要考虑各种植物的观赏特性是否与主题相符,其次要注意植物季相的变化。

园林应用示范区:是指在植物园中设立的可为园林设计及建设起示范作用的区,向游人展示园林植物的绿化方法及其他用途,达到推广、普及的目的。一般包括花坛花镜展示区、庭院绿化示范区、绿篱展示区、整形修剪展示区等。这类展示区在种植设计时既要有普遍性,又要有新颖性。普遍性是指植物材料要有一定的代表性,取材较为普遍;新颖性是指绿化的方法及造景方式要有创新,至少要与当地常见的应用方法有所区别。

园林形式展览区:展示世界各国的园林布置特点及不同流派的园林特色。常见的有中国自然山水园林、日本式园林、英国风致式园林、欧洲整形园林,以及近几年出现的后现代主义园林、解构主义园林等。这类展区面积不一定很大,重点是抓住各流派的特色。

(2)按照植被类型布置展区

世界范围的植被类型很多,如热带雨林、季雨林、亚热带常绿阔叶林、温带针叶林、亚高山针叶林、寒带苔原、草甸草原灌丛、温带草原、热带稀树草原、荒漠带等。要在某一地点布置很多植被类型的景观,只有借助于人工手段创造植物所需的生态环境,目前常用展览温室和人工气候室结合的方法。展览温室在我国可以布置热带雨林景观,也可以布置以仙人掌及多浆植物为主题的荒漠景观;人工气候室在国外多有应用,可用来布置高山植物景观。

(3)按照植物的经济用途布置展区

该区展示野生和栽培的有经济用途的植物,可分为纤维植物区、橡胶植物区、药用植物区、油脂植物区、香料植物区、淀粉植物区及糖类植物区等展区,各区域用绿篱或园路进行隔离。

(4)按照植物的生态习性布置展区

该类展览区根据植物对光照、温度、水分、土壤等生态因子的需求特点将植物布置成不同生境的群落,如旱生、沙生、湿生、水生、岩生、盐生等植物群落,并通过人工模拟自然群落进行植物配植,表现出不同生境下特有的植物景观。由于园区立地条件的限制,一般根据当地气候特点,突出表现一两种生态类型的植物群落景观,不可能面面俱到。在水生植物区,展示水生、湿生、沼生等不同特点的植物;岩石区布置色彩丰富的岩石植物和高山植物;树木区展示本地或外地引进露地生长良好的乔灌树种;专类区集中展示一些具有一定特色、栽培历史悠久的品种变种;温室区则展示在本地区不能露地越冬的优良观赏植物。

(5)按照植物进化原则和分类系统布置展区

该区域一般称为植物系统展览区或植物进化展览区,按植物进化系统分目、分科,反映植物由低级向高级进化的过程,使参观者不仅能得到植物进化系统方面的知识,还能对植物的分类和各科、属、种的特征有概括的了解。此类展区要考虑植物生态习性要求和园林艺术效果。首先,要考虑生态相似性,即在一个系统中尽量选择生态上有利于组成一个群落的植物。其次,尽量克服群落的单调性进行布置,把观赏特性较好的植株布置在展区的外围,以增加展区的美观性。另外,使反映进化原则的不同植物尽量按照不同的生态条件配植成合理的人工群落,以增加该区物种的多样性。

(6)按照植物的地理分布和植物区系原则布置展区

此类展区一般面积较大,按植物原产地的地理分布或植物区系进行营造。如苏联莫斯科植物园的展览区分为远东植物区系、俄欧植物区系、中亚细亚植物区系、西伯利亚植物区系、高加索植物区系、阿尔泰植物区系和北极植物区系。

(7)按照植物的形体布置展区

此类展区按照植物的形态分为乔木区、灌木区、藤本植物区、球根植物区、一二年生草本植物区等展区。这类展区在归类和管理上比较方便,美国阿诺德植物园等建立比较早的植物园展览区就采用这种方式。但是形态相近的植物对环境的要求不一定相同,如果绝对按照这种方法分区,养护和管理上会出现矛盾。

2)科研实验区

该区的主要功能是科学研究或科研与生产相结合,如温室区主要作引种驯化、杂交育种、植物繁殖储藏等,另外还有实验苗圃、繁殖苗圃、移植苗圃、原始材料圃等。该区域一般不向游人开放,仅供专业人员参观学习。该区在植物配植时,除科研要求种植的植物种类外,办公区域参考后面章节的附属绿地植物配植与造景。

3)职工生活区

植物园一般都选址在城市郊区,为了方便职工,一般在园内设有隔离的生活区,植物配植参照后面章节的居住区植物配植与造景。

11.3 动物园植物配植与造景

动物园是集中饲养、展览和研究野生动物及少量优良品种家禽、家畜,也可供人们观赏、游憩的城市公园。

11.3.1 动物园的功能

1)科学研究

动物园是研究动物习性与饲养、驯化和繁殖、病理和治疗方法,并进一步揭示动物变异进化规律,创造新品种的试验基地。其收集、记录、分析动物资料所得的科研成果可用于解决动物人工饲养、繁殖和改善饲养管理的问题,并为野生动物的保护提供科学依据。

2)科普教育与教育基地

动物园应向游人普及动物科学知识,宣传生物进化论,使游人认识动植物,了解动物种类、动物区系、生活习性,了解动物的发展演化过程以及动物的经济价值;了解动物、人与环境的相互关系等,从而起到教育人们热爱自然,保护动物资源的作用。同时,动物园还可以作为中小学生学习动物知识的直观教材和相关专业大专院校学生的实习基地。

3)实现异地保护

动物园是野生动物(尤其是濒临灭绝的珍稀动物)的庇护场所,建立动物园是保护野外趋于灭绝的动物种群,并使之在人工饲养的条件下,长期生存繁衍下去的有效措施。动物园还起到动物种质资源库的作用。

4)供观光、游览及休憩的园林绿地

动物园属于城市园林绿地的一种,它以公园绿地的形式,让丰富多彩的植物群落和千姿百态的动物相映成趣,构成生机盎然、鸟语花香的园区景观,为游人观光、游览及休憩提供良好的景观与环境。

11.3.2 动物园的分类

根据动物园的位置、规模和展出的方式,一般将动物园划分为城市动物园、人工自然动物园和自然动物园3类。

1)城市动物园

城市动物园一般位于大城市的近郊,展出的动物品种和数量相对较多,展出形式集中,以人工兽舍与动物室外活动场为主。按其规模大小又可以分为全国性大型动物园、综合性中型动物园、特色性动物园及专类动物园和小型动物园4类。

2)人工自然动物园

该类型动物园一般位于大城市的远郊,用地面积较大,动物的展出种类不多,通常为几十种。一般将动物封闭在范围较大的人工模拟的自然生存环境中,以群养、敞开放养为主,富有自然情趣和真实感。

3)自然动物园

自然动物园一般位于自然环境优美、野生动物资源丰富的森林、风景区和自然保护区,用地面积大,以大面积动物自然散养为主要展出方式。游人可以在自然状态下观赏野生动物,富有野趣。非洲、美洲和欧洲许多国家公园里均是以观赏野生动物为主要内容。需要说明的是,此类动物园在绿地分类标准中不属于公园绿地,而是属于风景游览绿地中的自然保护区。

11.3.3 动物园植物配植与造景原则

1）安全性原则

首先，注意避免某些动物破坏植物或利用某种植物攀缘或跳跃逃跑，植物栽植时应采取一定的防护措施，要避免被动物利用，造成动物逃逸，对人畜构成伤害。比如，猴子园应避免在院内种植高大乔木和在靠近围墙的区域种植植物。

其次，利用植物配植阻隔动物间的视线，尤其是存在捕食关系的动物，以减少动物之间相互攻击的可能性，保障动物安全。

最后，动物园在配植动物活动范围内的植物时，不仅要选择有较高观赏价值的植物，还要考虑这些植物对动物是否安全。应种植萌发力强、病虫害少和对动物无毒的植物种类，不能种植叶、花、果有毒或枝条有尖刺的植物，以免动物受到伤害。如茄科的曼陀罗、天南星科的海芋、石蒜科的水仙、夹竹桃科的夹竹桃等均对动物有伤害，构树对梅花鹿有毒害，熊猫误食槐树种子容易引起腹泻，核桃对食草动物有害等。

2）生态相似性原则

动物园配植的植物应与动物原产地相同或具有相似的生境特点，以增加动物异地生存的适应性，提高展出的真实感和科学性。如水生动物可以大致集中在同一区域，种植湿生植物，营造湿地环境；骆驼园、鸵鸟园中铺沙子，结合地形地势造出沙丘、绿洲、小溪等原产地自然景观，种植旱生植物，营造出良好的栖息环境。

3）美观性原则

动物园展览区的目的是供游人参观，植物配植要充分把握美观性原则，注意植物形、色、量之间的协调，为建筑创造出优美的衬景，为游人创造出参观休息时良好的游览环境。在植物配植时，要照顾游人在欣赏动物时良好的观赏视线、背景和遮阴条件，如可以在兽舍附近的安全栏里种植乔木或与兽舍组合成花架等。兽舍外环境能绿化的也尽量绿化，其绿化风格及色调使兽舍内外连成一片，形成一个风格。另外，动物粪便、尿液和垃圾的处理都需要经过设计者精心设计考虑，减少影响园区的不利因素。

4）植物的实用性与长期性原则

动物园植物的实用性是指所选植物应对动物生活有利，不能有毒副作用，同时，所选植物应为动物所喜欢，如灵长类展馆多配植柔韧的藤本植物。长期性是指所选植物的茎叶是该区域动物不喜欢吃的种类，否则很快就会被动物食用，破坏园区本来的植物景观设计。但是有些果实受鸟兽喜爱的植物也可以布置在相应展区以增加自然气息，也有利于鸟类并保持其野性。

5）卫生防护隔离原则

卫生防护隔离原则就是要利用植物隔离某些动物发出的噪声和异味，避免相互影响和影响外部环境。动物园周围要设立卫生防护林带（宽度可达 30 m），组成疏透式结构林带，起防风、防尘、杀菌、消毒作用，在园内还可以利用园路的行道树作为防护林副带。按照有效防护距离为树高的 20 倍左右计算，必要时园内还可以设一定的林带，以真正解决动物园的风害问题。在一般情况下，利用植物作为隔离来解决卫生问题是有效的，但对于一些气味很大的动物房舍，只有绿化隔离带是不行的，还应在规划时把笼舍安排在下风向，并在其周围栽植密林来适当隔离。

11.3.4　动物园植物配植与造景

首先,动物园植物造景要维护动物生活,结合动物生态习性和生活环境,创造接近自然的生态环境,以保证来自世界各地的动物能安全、舒适地生活;其次,植物还为动物笼舍和陈列创造衬托背景,应注意植物在形、色、量上的协调,以及植物与其他景观要素的协调,以形成动物、建筑、自然环境相协调的景致的一个良好的景观环境;再次,植物景观营造应考虑为游人观赏动物创造良好的视线、遮阴条件,为游人休息提供山林、河湖、鸟语花香的美好境地(动物园的外围应设置宽 30 m 的防风、防尘、杀菌林带);最后,动物园植物造景应适当结合动物饲料的需要,结合生产,节省开支。

在动物园的规划布局中,植物种植起着主导作用,不仅创造了动物生存的环境,也为游人游览创造了良好的游憩环境,统一了全园的景色。动物园通常分为动物展区,宣传教育、科学研究区,服务休息区,经营管理区和职工生活区 5 个部分。动物园园路绿化要求达到一定的遮阴效果,可布置成林荫路的形式,建筑广场道路附近应作为重点美化的地方,充分发挥花坛、花境及观赏性强的乔灌木的风景装饰作用。

1)动物展区

该区可以按照动物的进化顺序(无脊椎动物—鱼类—两栖类—爬行类—鸟类—哺乳类)、生活习性、地理分布、游人爱好、地方珍贵动物、建筑艺术等统一规划,形成数个与动物笼舍相结合的、既有联系又有绿化隔离的动物展览区;也可以按照动物地理分布安排,如欧洲、亚洲、非洲、美洲、大洋洲等,创造不同特色的景区,给游人以动物自然分布的概念;还可以按照动物生活环境安排,如水生、高山、疏林、草原、沙漠、冰山等,有利于动物生长和园容布置。按动物生活环境配植的主要景观形式如下:

丛林式:高大茂密的乔木丛林可以营造出一定的自然环境,这类景观形式适用于喜欢安静的动物,为它们提供理想的藏身之处。

湖泊溪流式:适用于两栖动物、水生动物及一些水鸟展区,岸边植低矮的灌丛,为动物提供休息场所。

沼泽式:用于鳄鱼等沼生动物展区,以沼生植物为主,用石块把深水、浅水区分开,也可以完全模仿自然滩涂地景观,种植野生植物,营造出大自然荒凉的景观。

开阔疏林式:用于性情温顺的食草动物展区,植物配植应有利于空间的通透,一般以草本植物为主,再配植分枝点较高的乔木。

总之,动物园的植物造景要满足动物的生活需要,结合动物的生理特性和环境特点,营造出近似的自然园区,又要满足游客的观赏需要,有完善的休息林地、草坪作间隔,便于游人参观动物后休息,给人以美的享受。

2)宣传教育、科学研究区

该区是科普、科研活动中心,由动物科普馆组成,设在动物出入口附近,方便交通,但一般不向游人开放,仅供专业人员参观学习。

3)服务休息区

该区为游人设置休息亭廊、接待室、饭馆、小卖部、服务点等,便于游人使用,可结合当地特色,适当选择色彩鲜艳的观叶植物、时花或观赏树丛结合假山、溪流等组成各种自然景观。

4）经营管理区

该区由行政办公室、饲料站、兽疗所、检疫站等组成，应设在隐蔽处，利用绿化与展区、科普区相隔离，但又要交通方便，植物配植与造景参照综合性公园管理区。

5）职工生活区

为了避免干扰和保持环境卫生，该区域一般设在动物园外，植物配植参照后面章节居住区植物配植与造景。

11.4 儿童公园植物配植与造景

11.4.1 儿童公园概述

儿童公园是城市中儿童游戏、娱乐、开展体育活动并从中得到文化科学知识的专类公园。其主要任务是使儿童在活动中锻炼身体、增长知识、热爱自然、热爱科学、热爱祖国等，培养优良的社会风尚。它是一个融知识性、休闲性、参与性为一体的主题公园，是一个风格独特、内容新奇有趣、互动性高的休闲娱乐场所，是自然的也是生态的，符合儿童爱好的环境。它具有与时俱进的功能与设施，是儿童成长的好课堂。

按照规模和功能，儿童公园分为综合性儿童公园、特色性儿童公园、小型儿童乐园等。在儿童公园内部，按不同年龄儿童使用、心理及活动特点，可以划分为幼儿区、学龄儿童区、少年活动区及办公管理区等。

儿童公园作为孩子的娱乐场所，在植物配植上应该谨慎选择。儿童公园应该有充分的绿化，保证良好的自然环境，要求绿化用地占全园用地的50%以上，保持全园绿化覆盖率在70%以上，并注意通风、日照。在植物配植原则的指导下，应对儿童公园的植物进行合理配植，使植物充分发挥其自然美，为儿童创造优美舒适的环境。这个环境应适合儿童，让他们感受其中的乐趣，又让他们学到知识，通过各种叶形、叶色、花形、花色、果实、树形丰富孩子们的植物知识，培养他们树立热爱植物、保护植物的意识。

11.4.2 儿童公园配植与造景

1）指导思想

一般来讲，专门的儿童公园规模比综合性公园的儿童活动区大，但植物配植造景的原则和手法基本相同。应根据分区特征、青少年心理特点和生态群落的稳定性等各方面因素进行植物设计，通过科学的配植，突出其自然生态与游乐相结合的主题，融科普性和趣味性为一体。

2）植物配植形式

公园周围需栽植浓密乔灌木形成屏障，保证公园良好的环境，避免儿童公园的喧闹对周围环境造成影响。公园内部可以布置密林和大草坪，大草坪保证儿童有充分的活动场地，且阳光充足；同时，周围种植遮阴效果好的乔木形成密林，为孩子们提供庇荫地，还可以结合搭建森林小屋、游憩设施等，满足少年儿童的好奇心。公园道路两侧可以布置花坛、花带或花境等装饰性小景,用花草的色彩引起孩子们的兴趣,激发他们对自然和生活的热爱。

3) 植物选择

选择儿童公园的植物时,应注意以下几点:忌用有毒植物,这类植物威胁少年儿童的健康及生命的安全;不选用有刺的植物,这类植物容易刺伤儿童皮肤或刮破衣物;不选用多病虫害及易落浆果的植物,这类植物不易养护管理,植株上的虫类及浆果落下后会污染场地,影响儿童活动;不选用有刺激性和异味的植物,这些植物容易引起儿童过敏。

4) 各分区植物配植要点

幼儿区、学龄儿童区、少年活动区的植物种类应比较丰富,色彩鲜艳,具有奇特的枝叶花果,容易引起儿童对自然界的兴趣,创造童话般色彩艳丽的境界;游乐设施周围应有高大的乔木遮阴,或把游乐设施分散在疏林之下;办公管理区设有办公管理用房,与活动区之间设有一定的隔离设施,其植物造景参照综合性公园的公园管理区。

11.5　纪念性公园植物配植与造景

11.5.1　纪念性公园概述

纪念性公园是人类以技术和物质为手段,通过形象思维而创造的一种精神意境,从而激起人们的思想情感,如革命活动故地、烈士陵墓、灾难性纪念地、历史名人活动旧址及墓地等,其主要任务是供人们瞻仰、凭吊、开展纪念性活动和游览、休息、赏景等。

纪念性公园总体规划一般采用规划式布局手法,不论地形高低起伏或平坦,都形成明显的主轴线,主体建筑、纪念形象、雕塑等布置在主轴的中上部或视线的交点上,突出主体,点明主题,其他附属性建筑物、构筑物,一般也受主轴线控制,对称布置在主轴两旁。

11.5.2　纪念性公园植物配植与造景

纪念性公园的植物配植应与纪念主题相协调。在种类选择上,多选用常绿植物,乔木多选用松、柏等常绿针叶植物,叶色墨绿,象征精神长青、永存,灌木也以冷色系植物为主。植物配植形式多采用对植、列植等规则式,以烘托庄严、肃穆的气氛;纪念碑等表达主题的纪念小品周围以常绿乔木片植、林植为背景,突出主题。

1) 出入口

公园的出入口常有大量游人集散,需要视野开阔,多用铺装和草坪广场结合,保证交通和视线通畅。同时,出入口广场中心的雕塑或纪念形象周围可以采用花坛衬托主体。

2) 墓地环境

该区域多用常绿的松柏作背景,显得稳重庄严,象征精神万古长青。

3) 纪念碑、纪念馆

在纪念性园林中,常用纪念碑、纪念牌、雕塑等具有主题性的小品来表现情感的寄托,多用常绿的松柏作背景,显得稳重庄严,象征精神万古长青;纪念碑前用黄、白、蓝色的花卉体现后人的思念或点缀红叶树或红色的花卉寓意烈士鲜血,激发后人奋发图强的爱国主义精神。纪念馆外围绿化,形式和植物种类、树形都应与其主题和建筑体量相协调,多采用乔灌结合种植。纪念馆的游人休息区多采用庭院式配植,形式简单,以常绿的针叶树种或竹类为主,结合花坛、树坛、草坪点缀花灌木,形成优美、安静的休息环境,应与纪念性建筑主题思想协调一致。如邓小平故里景区中铜像广场、陈列馆的植物配植均以草坪、银杏、桂花为主,辅以雪松、水杉、蜡梅、罗汉松等。其中,雪松、桂花、罗汉松常绿乔木及开阔的草坪突出主题雕塑和建筑,银杏、水杉等落叶乔木点缀景观的季相变化,蜡梅寒冬开放,满园芬芳。小平故居周围以慈竹和乡土树种为主,辅以其他各种竹类、罗汉松、枫叶树等,真实体现了川东民居周边树竹风格。

4)园林区

该区域以绿化为主,因地制宜地采用自然式布置。树木花卉种类的选择应丰富多彩,在色彩上的搭配要注意对比和季相变化,在层次上要富于变化。如广州起义烈士陵园大量使用了凤凰木、木棉、刺桐、扶桑、红桑等,南京雨花台烈士陵园多用红枫、茶花等,以表现革命先烈的鲜血,同时也满足了游客游览、休息、观赏的功能需要(见图 11.1)。

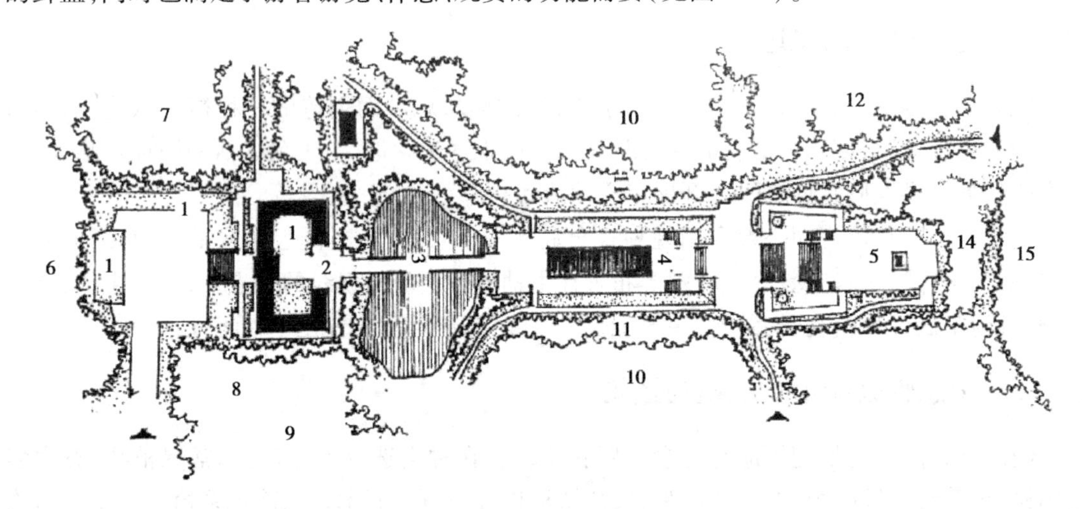

1—草坪;2—馆;3—桥;4—水池;5—碑;6—红花檵木;7—茶;8—竹;
9—松;10—雪松;11—红枫;12—春花林;13—柏;14—秋色林;15—松

图 11.1 南京雨花台烈士陵园中心区绿化设计

在国外一些纪念性公园案例中,园林区的设计还会结合更多的主题表现人文关怀,以互动的形式将植物设计和人行体验结合在一起。如纽约高线公园,它的植物设计灵感来源于对自然、艺术和时间三者关系的一种动态处理。在植物设计师特·奥多夫的概念中,高线公园中的“时间”这一概念是一种由内而外的观察模式,植物随着季节的变化呈现出不同的形态,从萌芽,绽放,直到枯亡,都是一种对时间的具象表现,而这种四季交替、生老病死则成为高线公园植物群落所展现的属于自己的故事线。这种设计理念使得高线公园在尊重原生植物的基本前提之下,保持了植物自然生长的野生状态,形成了一个四季有景、自然野趣的植物景观。由此，纽约高线公园的景观区以主题的形式被分为不同区块，每一个区块的植物设计都是由场地的实际情况与区块内容所决定的(见图 11.2)。

甘斯沃尔特林地：主要由桦树和花楸树组成的灌木丛，位于甘斯沃尔特林地中甘斯沃尔特楼梯的顶部。为了适应树木的根系，一系列高架式的结构为种植者提供了足够的种植深度。在下面的行人街道穿行时，可以看到葡萄藤攀缘在高线栏杆上形成的郁郁葱葱绿色阳台的景象。

华盛顿草地：从小西十二街延伸到西十三街，野草在微风中摇摆。位于十四街道南面，设置一个野樱莓、美洲檫木和金缕莓的保护区，其中混合生长着许多喜阴的多年生植物。

迪勒平台：位于十四至十五街的迪勒日光浴平台是高线公园一块最受欢迎的聚集地。大尺度的户外家具与历史悠久的铁路轨道和周边草地、多年生植物以及灌木形成一线，一系列混合着不同湿地植物的高架种植景观与水景并存。在相对较低的一层中，由野花、杂草和黄芦树组成的日光浴平台呈现出清晰惊人的哈德森河和新泽西天际线剪影。

十街广场：当参观者到达第十街广场(切尔西市场街道)时，一片枫叶林勾勒出一座景象特别的州立图书馆和爱丽丝岛。一个木质的圆形露天竞技场切入已有的结构，给第十街的到访者一种特别的感受。

北山保护区：在高线野生景观区建立之前，北山保护区是一个由树木、灌木、多年生植物和草地结合的园林公园。在一个私人的观测甲板上看到与城市街景相对应的狂野粗放的种植区是此地独特的景象。

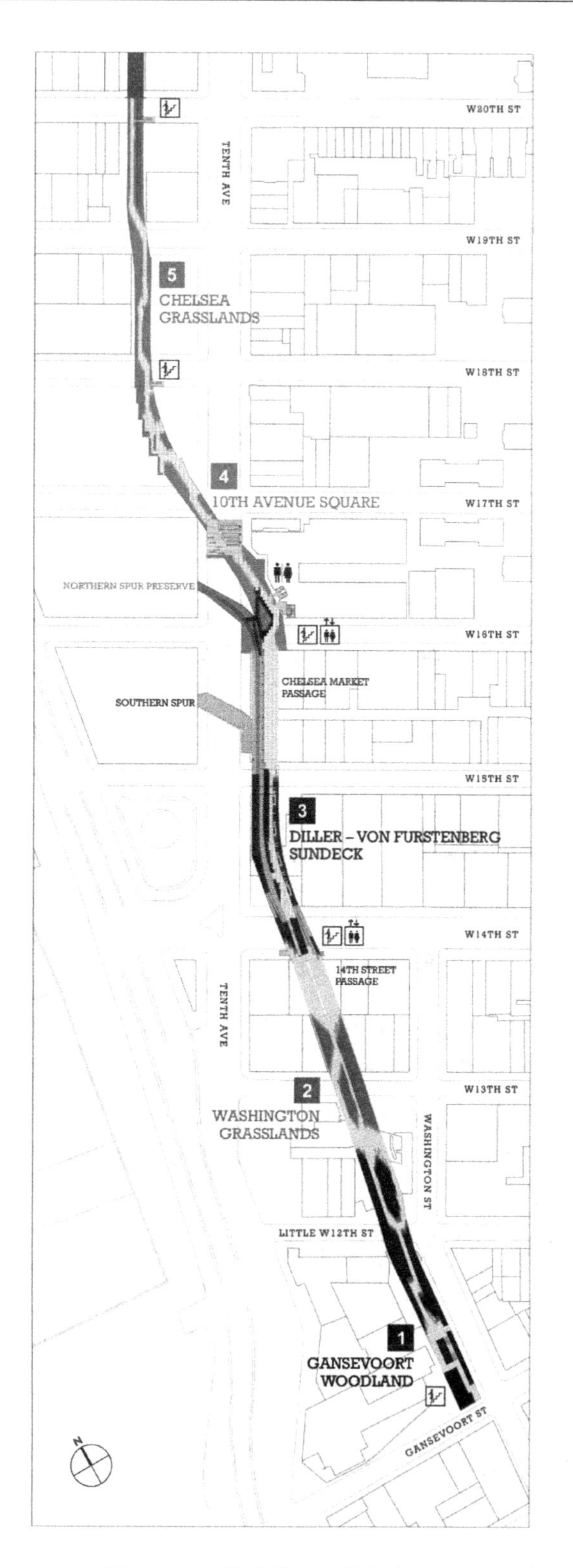

图 11.2 纽约高线公园植物分区图

切尔西草地:漫步在切尔西第十街广场的草地上,常年有不同颜色混合的草地和多年生植物给人留下深刻的印象。在这里种植的色彩丰富的草地和多年生植物是由设计师派特·奥多夫培养出来的物种。这些植被物种像菊科系植物草原之星,雏菊、松香草、鼠尾草等是美国大草原上典型的当地植物。

5)道路

主干道两旁多用排列松柏类整齐、姿态竖直向上的常绿乔灌木配植,引导游人视线向上,对主体景观形成仰视视角,创造庄严肃穆的气氛。

11.6 郊野公园植物配植与造景

“郊野公园”这个名称源于英国。郊野公园与一般意义上的公园有较大的区别,是给游人带来郊游乐趣,展示大自然魅力的公园。随着城市化的发展和人民生活水平的提高,长期居住在城市的居民已不满足于城市里高强度人工管理下的一般绿地设施和城市公园。位于城市郊区的郊野公园以其宁静的自然环境优势和便利的地理位置,满足了人们踏青郊外、回归自然的需要,成为当前旅游和休闲的新热点。

郊野公园是指在城市的郊区、城市建设用地以外、划定有良好的绿化及一定的服务设施并向公众开放的区域,以防止城市建成区无序蔓延为主要目的,兼具有保护城市生态平衡、提供城市居民游憩环境、开展户外科普及自然教育活动场所等多种功能的绿化用地。2002年我国建设部颁布的《城市绿地分类标准》中,将郊野公园归为其他绿地,是位于城市外围的绿化层,是对城市生态环境质量、居民休闲生活、城市景观和生物多样性保护有直接影响的绿地。

11.6.1 郊野公园设计原则

在目前高强度的城市发展和旺盛的土地需求的情况下,城市郊野要保持青山隐隐、绿意盎然,需要法律法规的制订和完善;在郊野公园内,应划定不同生态敏感区域,对生态敏感地点加强巡逻、执法和保护,确保其可持续性发展,并重在保护生态,提供动植物的庇护场所,使物种自然繁衍。借鉴我国香港建设郊野公园的成功经验,设计和建设郊野公园的时候应遵循以下原则:

1)重视历史,原样保留

郊野公园在设计和建设时,应该尊重历史,保留历史的痕迹。这些保留的东西,让经历过的人勾起回忆,与场地空间有情感的共鸣;而未经历过的人可以学习了解这段历史,了解其包含特殊的人文史迹,如反映香港实业变迁史的太古糖厂,反映香港百年英租界历史的太平山旧港督别墅、维多利亚城界石等,这些构筑物大多都是原样保存,仅作简单的游赏指引。

2)完善的路径体系

现代人生活节奏快,为舒缓压力,郊野公园内应设郊游路径、缓跑路径、健身路径、无障碍路径等各种不同类型、长度和难度的郊游路径,切合不同类型游人的需求。在郊野公园游客中心处应有详细资料备游人索取,详细介绍各段的长度、景观点及难易程度。路径的标志系统应完善,兼顾安全标志、越野定位系统以及对各种配套设施作详细的指引。

3）人工构筑量少

游客中心是郊野公园里最主要的建筑，为游客提供各种服务。有的游客中心还兼顾展览、科教的功能。游客中心大多采用与环境相协调的石材、木材、混凝土等，层数一般不超过3层，建筑外观自然、朴实，有浓郁的山野气息。建筑内装饰也应以游览观赏功能为主，装饰风格实用简洁。郊野公园根据不同地点和游赏内容，设有桌椅、野餐地点、烧烤炉、废物箱、儿童游戏设备、凉亭、营地和厕所等，在健身路径中可设各种健康器械。上述设施均经过精心设计，与自然环境互相协调。仅在低山地带公交车可抵达，部分设双向机动车道，道路的建设以不破坏自然景观为原则，穿越高山的路径及登山道在行人易发生危险处可以当地石材垒步级，尽可能减少人工构筑设施。

4）安全措施齐备

郊野公园内应设置报警应急求救系统，供游客使用。同时，游客中心内可提供无线对讲设备出租服务及手机加油站业务，在山区范围较大的区域建设有移动通信设施站，方便对游人进行救护；应有完善的语言（可以是多语种）标志系统，要求造型简洁、材质生态环保；设沿游览线设置指示牌，以防游客迷路，当游客被困时可明确指出所在地点。很多郊野公园内气候变化无常，游客中心还应对特殊季节的特殊游客作特殊安全装备指引，以防造成人身伤害。郊野公园管理处和游客中心应为游客提供野外生存远足活动指引，如有必要先进行体能测试，引导游客选择适合自己游赏的路线，不要盲目冒险，并对游客充分诠释安全条款、提供通信装备。

在郊野公园内修建直达山顶的消防车道，园内山火的防护工作由护理员完成，一般在管理处设便携式灭火器，一旦有火情发生，小范围火情由灭火队员携带灭火器进行扑救。在山顶区域设置消防水池，以供应灭火器水泵用水。在山头设山火观测点，一旦发现大范围火情，可调集直升机就近采集海水灭火。

5）利用郊野公园发展生态旅游

当城市化率超过50%以后，传统的乡村文化、田园风光、农业景观都会变成稀缺资源，乡村郊野旅游越来越受到人们的青睐。因此，可以借郊野公园为市民带来郊游乐趣，同时培养市民对本地自然生态的认知和爱护的心态。具体方式可以有：

雀鸟巢箱：在郊野公园范围内设置鸟巢，方便雀鸟在公园内栖息，同时方便游人对雀鸟进行观察。

生态探索：通过一系列活动，提高市民保护自然环境的意识。

野外研习：在野生动植物的栖息地，设置解说设施、导赏团等服务。

生态日记：拍摄各种各样本地的植物、昆虫及雀鸟照片，编辑成网站。

海洋保育：与珊瑚礁专项调研保护基金会合作，对珊瑚礁及近岸海底进行水域调查。

伙伴关系：与当地旅游管理部门、旅游资源开发类公司及地方村民加强合作，使本地生态旅游向良性方面发展。为保障村民利益，适当划定居住区域建设房屋，并就近安排村民入郊野公园就职，避免村民因个体利益受损而对环境造成破坏。

设置管制区：将生态敏感地区列为管制区，商业旅游团只能进入交通较方便的生态边缘地带。

举办各种各样具有乡土气息的节日，如桃花节、梨花节等，不仅可以赏花，市民还可以带上食材到郊野公园户外休闲烧烤区，一边赏花一边烧烤，体验返璞归真的乐趣。

11.6.2 郊野公园植物配植与造景

郊野公园不仅有效地保护了城市与乡村交界处良好的自然资源，同时也使遭受破坏的资源得到修复，并很好地满足市民的游憩需求。公园内应尽量保留原有植被，并根据自然生态群落的原理，在需要修补的地区选用乡土树种，营造混交林或封山育林，恢复自然植被、保护珍稀濒危植物和古树名木，形成有地方特色的植物生态群落。

郊野公园可以借鉴自然保护区的模式划分为核心区（荒野区）、缓冲区（宽广区）和发展控制区（游憩区）3 个部分。核心区以保持自然生态环境为主，严禁砍伐捕猎和毁林开荒，防止自然资源遭受破坏；缓冲区在科学论证的基础上，以提高生物多样性为目的进行适当改造，经过批准可以进行科学试验、参观考察和教学实习等；发展控制区主要为市民提供休闲娱乐场所，开展观光、游览、徒步旅行、野餐等活动。郊野公园的人工植物造景主要针对发展控制区。

1）入口区域

入口作为郊野公园的标志性景观，应突出其标志性。但区别于城市公园多采用规则式种植形式加大量硬质小品的手法，在设计郊野公园入口时，应更注重突出其自然的属性，多用大尺度的自然式植物形式，采用结合带有导向图的标志牌的圆木栅栏，或带有标志牌的石塔，力求简单、古朴、传达信息性强。植物多选择代表其郊野公园所属地域性特色的主题树种，同时考虑结合种植部分灌木起到障景的作用。

2）停车场周边

郊野公园若有停车场的必要，应将其限制至适当的规模，并使用适当的植物绿化和其他设计材料，以减少对视觉和环境的不利影响，停车场环境特殊，在种植植物时往往限制条件很多。由于停车场周围地面土质坚硬，土壤缺少氧气、水分，地面辐射热强烈等不利条件，常引起树木焦叶和不正常的蒸腾作用。在选择树种时，应优先考虑适时适地的抗性树种，在停车场周围单株或群植均可。同时，为了避免汽车倒车时撞在树上，或汽油泄漏入土污染植物根部，一般建议设计树池。

3）园路

郊野公园园路的曲线一般都很自然流畅、不拘一格，游人漫步其中，可体会步移景异的效果，因此，路旁植物景观的优劣直接影响全园的景观。路缘景观大致可分为非对称型路缘景观和对称型路缘景观两大类。非对称型路缘景观，即路缘两侧的景物是不对称的，如一侧是高大的乔木，另一侧是小乔木或灌木；对称型路缘景观，即路缘两侧界面是由相同种类、体量和结构的林木构成的。

主园路是连接各活动区的主要道路，游人量大，往往设计成环路。平坦笔直的主路两旁常用对称型路缘景观，植以观花乔木为主，并以花灌木作下木，以丰富园内色彩。如果主园路前方有漂亮的建筑作对景时，两旁植物可密植，使道路成为一条甬道，形成夹景，以突出建筑主景。次园路是园中各区内的主要道路，小路则供游人在宁静的景区中漫步。次园路和小路两旁的种植可更灵活多样。由于路窄，有的只需在路的一旁种植具有拱形枝条的大灌木或小乔木，形成拱道，游人穿行其下，富有野趣，起到既遮阴又赏花的效果；有的植成复层混交群落，让游人感到非常幽深；或长江以南地区在小径两旁配置竹林，组成竹径，让游人循径探幽。

李白有诗云“绿竹入幽径,青萝拂行衣”说明要创造曲折、幽静、深邃的园路环境,用竹来造景是非常适合的。但难以透视的密林,易使人产生单调感或压抑感。为此,在主要游览线路两侧,植物配植要疏密适当。

4)游憩区

郊野公园能大量地制造人类生存所必需的氧气,有效地降低太阳辐射和紫外线对人类健康的危害。当前,以恢复健康为主要目的的旅游越来越受到人们青睐,为了满足人们的需求,在郊野公园中开辟活动及休憩区非常必要。根据郊野公园所在场地条件,游憩区可以设置散步、野营、烧烤等不同游憩项目,在有足够水域的环境中还可以结合游泳、划船、垂钓等活动。

人们到郊野公园追求的是一种山林的野趣,在此区域不必设计过多的人工景观,但必须有一定的植物景观作衬托。游憩区植物覆盖率应为40%~70%,疏林和草地相结合进行休憩区的植物景观营造是最理想的野营地。由于疏林密度稀疏,常把疏林与草地结合起来形成一个独立的审美对象。疏林大都由人工种植而成,林相茂盛,一般选择平地或地势平缓之处。疏林的树木种类应选择树冠开展、枝叶疏朗、生命力旺盛的树种,树的花色、叶色、冠形及枝干也需要有较高的观赏价值。疏林不宜均匀分布,最忌成行或整齐配植,否则会使景观生硬单调。宜在落叶树内适当地掺杂一些常绿树种,宜丛状或团状分布,疏中有密,密中有疏,时断时续,力求灵活生动,参差有致。疏林的边缘,利用开敞的林缘空间及植物季相变化的特色,有计划地营造或改造各种季相特色的风景林,能显著提高郊野公园森林景观的质量,增加对游客的吸引力。季相特色风景林主要有观叶类和观花类。观叶类的风景林包括银杏、黄连木、五角枫、三角枫、黄栌、火炬树、金钱松等叶片在不同季节具有不同颜色的风景林和鸡爪槭、红枫、红叶李等叶片始终是红、紫等颜色的风景林。观花类风景林主要是指杜鹃、紫薇、广玉兰、白玉兰、梅花等由木本花卉组成的风景林。考虑人们野餐和宿营的要求,配植林下的草地时应选草皮有观赏价值,且草质坚韧、生长旺盛、耐践踏的草种。

在郊野公园中,水是构成景观的重要因素,无论为主景、配景或小景,无一不借助植物来丰富水体的景观。水中、水旁植物的姿态、色彩所形成的倒影,均加强了水体的美感。在水体景观旁配置植物景观可从以下两个方面考虑:一是注重植物的线条,平直的水面通过配植具有各种树形及线条的植物可丰富线条构图,如在平直的水面旁植上高耸的钻天杨、柳或雪松,形成强烈的对比;二是利用透景和借景,水边植物切忌等距离种植及整形式修剪,以免失去画意,栽植片林时,留出透景线,利用水边片林中留出透景线及倾向湖面的地形,引导游客很自然地步向水边欣赏对岸的风景。

5)建筑物周边

在郊野公园游憩设施相对比较集中的区域,为了公众的使用会布局一些公园建筑,应根据景观周围的自然特色来决定建筑的选址。同时,建筑规模不宜太大,应外观简朴、乡土,内部设备先进。令人满意的效果是建筑成为环境中的风景,从任何角度看其存在都是合理的、有益的。在建筑物旁配置植物景观时,首先要注意两者之间体量的协调性,如在高大的建筑物前可用几十棵紧密丛植的乔木来修饰,一些粗糙质地的建筑墙面可用粗壮的紫藤等植物来美化,但对于质地较细腻的瓷砖墙面,则应选择纤细的攀缘植物。其次应注意色彩的搭配。服务区中的建筑物一般为浅色,在其前面配置浓绿的大叶植物将使整体气氛雅静,夏日里更感凉意,最受旅游者欢迎。最后应注意建筑物与植物景观的线条对比。建筑物的线条比较硬直,在配植植物时应选较柔和、活泼的。另外,在用植物来美化建筑的层顶时,可以让建筑与植物更紧密地融为一体,丰富建筑的美感,便于游客观赏,减少游览区压力。

总之,建设郊野公园,在规划过程中,应根据公园与城市的空间关系和自身优势的具体情况设置相应的游憩与配套设施,以方便游客集散与游玩;制订出符合生态承载力的开发强度,在生态保护与产业开发之间取得一个良性平衡,以达到双赢的效果。在建设过程中,郊野公园中大多数是采用顺其自然的手法,尽可能保留原始状态,以简朴为好,建材多是就地取材,以延续当地文脉,是展示当地文化资源的窗口。

11.7 湿地公园植物配植与造景

湿地公园是指以保护湿地资源为目的,兼具科普教育、科学研究、休闲游览等功能的公园绿地。与一般意义上按尺度区分的公园种类不同,湿地公园是以湿地景观作为核心景观基础与表现手段的专项公园,主要以湿地的功能利用、湿地的自然观赏以及其生态人文宣教作为主题输出,并建有一定规模的旅游休闲设施,供人们旅游观光与休闲娱乐。

湿地公园与湿地自然保护区、保护小区、湿地野生动植物保护栖息地以及湿地多用途管理区等共同构成了湿地保护管理体系,同时也是我国作为《湿地公约》缔约国在践行公约中包括保护湿地及其生态环境,尤其是保护水禽及其栖息地相关内容中的重要一环。

从这个角度上来说,保护好湿地不仅具有重大的生态意义,还具有重大的国际影响。湿地公园的建设模式是现阶段维护和扩大湿地保护面积直接而行之有效的途径之一,对湿地公园的植物配植与造景不仅是对景观与游人观赏体验的一种优化,还是对落实国家湿地分级分类保护管理策略的一项具体措施,也是在当前形势下对改善区域生态状况,促进经济社会可持续发展,实现人与自然和谐共处的重要手段。

11.7.1 湿地公园建设历史

1)国外

世界历史上第一部系统介绍沼泽湿地系统的专著是1940年苏联发表的《苏联与西欧的沼泽类型及其地理分布》。而从20世纪70年代开始,随着全球工业化加快引起的诸多环境问题,在湿地系统不断被污染蚕食的这一趋势下,湿地研究进入了一个全新的篇章,以1971年国际签署的《湿地公约》作为节点,昭示了国际合作保护生态湿地的决心。此后,以美国、日本及欧洲等国家为首开始以被破坏湿地的生态系统重建与退化湿地修复作为重点突破口,从生态学的角度将生态湿地系统进行规划设计。美国的奥兰塔基河道项目的研究开始将湿地保护纳入公园建设思维,开创性地将协调湿地的生态性与功能性、艺术性之间的关系作为湿地公园的主要表现内容,自此,北美在世界范围内成为研究湿地公园建设的领先地区。

2)国内

中国目前拥有《湿地公约》中所列举的所有湿地类型,根据不同行政部门的管理与划分,我国的湿地公园分林业系统主管的湿地公园和住房与城乡建设部门主管的城市湿地公园两类。

从数据上来说，截至 2014 年年底，我国已经建立各类湿地公园 900 个；2015 年，我国批准试点国家湿地公园达到 136 个，截至 2015 年年底，我国共有各类湿地公园 1 036 个。我国是亚洲拥有湿地面积最大的国家。

从类型上来说，我国的湿地公园在数量上以国家湿地公园为主体。国家湿地公园有 705 个，其数量占湿地公园总数的 68.1%。国家湿地公园在我国大陆 31 个省市区都有分布，但分布地区并不均匀，主要是在湖南、山东、湖北、黑龙江、新疆、贵州、内蒙古、陕西、河南和江西等省(区)，这 10 个省(区)的国家湿地公园之和分别占国家湿地公园总数、湿地公园总数的 61%和 41.5%。

我国湿地公园的发展主要经历了以下 3 个阶段：

第一阶段始于 2004 年，国务院办公厅下发了《关于加强湿地保护管理的通知》，标志着我国湿地公园正式试点起步。在此之后，各地开始积极响应推进，广东省林业厅批准建立了我国第一个湿地公园。一年之后，国家林业局出台了《关于做好湿地公园发展建设工作的通知》，批准了两个试点国家湿地公园。这些文件的出台，为湿地公园的发展提供了政策依据和行业指导。

这一个阶段中，湿地公园建设还处于摸索时期，推广度还不算高，影响力也不算大。对于大众来说，湿地公园这个概念还是比较陌生的，这导致各级部门与相关业界的设计团队对于湿地公园的建设意义与方法认识还有所欠缺，湿地公园发展的速度相对缓慢。截至 2006 年，国家林业局只批准了 4 个试点国家湿地公园。

第二阶段以 2007 年后我国批准了 12 个试点国家湿地公园项目作为标志开始，从此掀起了建设湿地公园的一个高潮。在之后的 6 年中，全国共批准国家湿地公园 423 个，在这一阶段，国家湿地公园发展迅速。数据显示，除了 2010 年湿地公园建设速度略有下降外，总体上呈快速上升的趋势。同时，为了保障国家湿地公园健康有序地发展，国家林业局下发了一系列规程规范，并于 2011 年开始对试点国家湿地公园进行验收。

第三阶段始于 2014 年，国家湿地公园的发展速度依然迅速，同时也加强了对已批建的国家湿地公园的管理。规范湿地公园的建设行为、保障湿地公园的健康持续发展成为一个新的重点。国家林业局出台了《关于进一步加强国家湿地公园建设管理的通知》，对国家湿地公园规范建设、提质和规范管理等作了明确要求。2015 年，国家林业局取消了四川彭州湔江国家湿地公园试点资格，这是国家湿地公园建设以来取消试点资格的首例，彰显了国家对于规范湿地公园建设的决心。

11.7.2 湿地公园建设的原则

湿地公园的建设是推动区域社会经济可持续发展的催化剂，强调的是湿地生态系统特性和基本功能的保护、展示，突出湿地特有的科普教育功能和自然文化属性，同时，也加强了人文景观和与之相匹配的旅游设施。因此，湿地公园的建设必须与景观规划结合起来，这就要求需要开展深入细致的前期摸底调研工作，从不同层面、不同角度入手，如地下水位高度、不同位置的土壤结构、不同层面的构成材料等地下状况，及其动植物在地面上形成的痕迹、动物的活动习性、景观要素的变化规律等基本特征。掌握这些信息，可以为后期生态景观设计打好坚实的基础，从而也达到由表及里的规划深度。最重要的一点是，规划应紧紧围绕“水”的主题，将湿地公园作为生物与能量交换的生态廊道，联系周边的绿地、林地、农田、城市、乡村等各类生态系统，共同形成新的景观整体。

由上，城市湿地公园规划的核心就是将构成湿地整个物质循环圈中的各种要素，如水体、农田、土壤、植被、动物、自然状况、生态系统等，作为规划的基本要素，融入形成整体性的领土景观规划要求之中。而在国内外诸多建成的湿地公园经验中，湿地公园建设逐渐形成了一套通用的设计原则。

1）生态优先，因地制宜，协调发展

依托原有的生态环境和自然群落，顺应与尊重自然，这是湿地景观规划设计的首要任务。湿地公园建设的首要保证就是要达成保持湿地的完整性这一目标，要求对原有湿地环境进行充分的了解与调查，在准确掌握了基本的资料后，做到科学配置并与湿地原生态系统相互结合，同时，通过综合保护与系统设计以此来保障与周边环境共生共荣，起到相得益彰的景观效果。例如，对水体面积大小有了详细了解之后，可以在水面开阔处营造水生植物群落景观，植物配置可整体大而绵延不断，以量取胜，给人以壮观之感。而了解水体深浅这个数据之后，在水体较浅的地方可着重栽植挺水、浮水、漂浮类植物，以增加观赏效果。在离岸较远或是水体较深的地方可选用一些沉水、漂浮植物，以实现净化水质的作用。由此，对湿地资源进行生态整合，根据不同的情况采取相应的景观与生态处理手法是湿地公园建设的重要原则。

2）实现人与自然的和谐统一

在考虑人的需求之外，湿地景观设计还要综合考虑各个因素之间的整体和谐。通过调查周围居民对该景观的影响、期望等情况，在设计时才能统筹各个因素，包括设计的形式、内部结构之间的和谐，以及它们与环境功能之间的和谐。例如，在湿地公园中增强景观的趣味性，增强游人的体验性，这样才能在保持自然生态不受破坏的同时，发挥湿地公园的科教功能、游憩功能及娱乐功能。从这个角度上来讲，才是达到真正意义上的保持湿地网络系统的完整性，实现人与自然的和谐统一。

3）保持生物多样性

在植物配植方面首先应考虑植物种类的多样性，因为单一植物的效果会使得水体景观大打折扣。一旦发生病虫害，单一植物的相同生物特征会因无法抵挡病虫害而导致大面积死亡。而多种类植物的搭配不仅在视觉效果上相互衬托，形成丰富而又错落有致的效果，而且与水体污染物的处理功能也能够互相补充，有利于实现生态系统的完全或半完全（配以必要的人工管理）的自我循环。因此，其原则是在保留原有乡土植物的基础之上，适度增加植物品种，开发特色优势植物，从而完善并且营造适宜的植物群落。

4）注重植物生态效果

植物的配置设计要以水生植物作为植物配置的重点元素，注重湿地植物群落生态功能的完整性和景观效果的完美体现。从生态功能考虑，应选用茎叶发达的植物以阻挡水流、沉降泥沙，采用根系发达的植物以利于吸收水系污染物。从景观效果上考虑，有灌木与草本植物之分，要尽量模拟自然湿地中各种植物的组成及分布状态，将挺水（如芦苇）、浮水（如睡莲）和沉水植物（如金鱼草）进行合理搭配，形成更加自然的多层次水生植物景观。从植物特性上考虑，应以乡土植物为主，外来植物为辅，保持生物的多样性。

5）植物设计与湿地排水应互相联系

湿地公园的排水系统方法广义上分为两类，分别是地表流湿地系统（free water surface

system)和地下流湿地系统(subsurface flow system)。但凡水流面暴露在外环境下的湿地系统,都被定义为地表流湿地系统;不会与外环境直接接触,水流系统被设计为经过颗粒状介质的湿地系统,则被定义为地下流湿地系统。

进一步分类,地表流湿地系统分为挺水植物湿地系统、漂浮植物湿地系统和水下植物湿地系统,而地下流湿地系统则依据其竖向或者横向的水流方向而被归类。由此可知,植物的选种与湿地系统模式也有着巨大的联系。

(1)地表流湿地系统

挺水植物湿地系统:是地表流湿地系统中最常见的湿地系统。在这个系统中,众多的通道与基底平行排列在一层不渗透的材料两侧(如黏土)。具体来说,一层用于栽植挺水植物(香蒲或者芦苇)的土壤被置于不可渗透层之上。水流应处在相对平缓的流率以保证相应略浅的深度,而在可沉降固体沉降的过程中,营养成分充足的沉淀物在这一个湿地层面逐渐形成,而挺水植物通过根部给这些沉淀物提供氧气,利用微生物将污染物的需氧消耗能力提高,达到逐渐消解污染物从而净水的最终目的。

漂浮植物湿地系统:是利用水面漂浮植物(如浮萍或者水葫芦)来去除和控制污水中的营养成分和盐分。在此湿地系统之中,浮动的制动栅用以栽植与固定漂浮植物,以防止大风吹拂的影响。在浮动的制动栅中,植物垫能够阻隔阳光,防止光合作用的发生,同时抑制藻类的生长。浮动的制动栅、植物垫减少了外部环境的影响,能够使悬浮颗粒的沉淀效率更高。

水下植物湿地系统:水下植物既漂浮于水体之下,也植根于底层的沉淀层。它们的光合作用发生于水体之下,虽然在理论上排污能力很强,但受制于海藻的生长与厌氧环境,其实际效果大大受损。

(2)地下流湿地系统

地下流湿地系统与地表流湿地系统的排污去除机制相似,同样是利用"化学沉淀""过滤"与"微生物降解"3 种主要方法。在此系统中,由于污水的流动低于水平面,因此,与过滤介质的接触更直接,造成了更高的有机负荷。

横向水流湿地系统:在此系统中,介质是可渗透的,在连续不断进入的废水水流之下,氧气则通过挺水植物传递进入湿地。底座的垫层在入水口和出水口之间通常会有1%~3%的坡度。

竖向水流湿地系统:在此系统中对污水的处理是间隙式的。污水在时间间歇中被注入湿地系统中。在此体系中,介质不是时刻可渗透的,氧气转入湿地的难度更低。从普及度来讲,竖向水流湿地系统没有横向水流系统普遍。

11.7.3 湿地公园植物配植与造景

湿地公园建设是模拟自然湿地的特点,按照野生的状态对其进行塑造,这样既能满足湿地的水文、土壤的要求,也使得公园湿地具有一定的观赏性。也就是说,湿地公园在进行建造的过程中,需要充分利用植物进行景观营造,将植物作为湿地公园建设的重要构成方面,通过借助植物个体本身与植物群落,营造出较为美观的湿地植物形象。

在对湿地公园进行植物景观设计之初,应先了解公园场地周边自然植被状况,在尽可能保留现有资源的前提下,按照功能定位差异对不同区域加以丰富和完善,以求达到保持生态群落的稳定性与良性循环。由此可知,在不同的区域中,湿地公园的植物配植具有不同的特点。

1)生态核心保护区

该区域以恢复和保护原有的湿地生态系统植被群系为主要目的,保留自然风貌,以达到维护生态系统稳定性的根本目标。在生态核心保护区中,植物景观的搭配重点不在观赏与游憩,而是着重实现湿地的生态效益。因此,在该区域必须要对原有湿地环境的土壤、地形、地势、水体、植物、动物等构成状况进行充分了解,以提高湿地环境中土壤与水体的质量作为核心目标,在准确掌握原有湿地情况的基础上,科学地配植该区域的植物景观。值得注意的是,设计人员必须根据该区的生态环境状况,科学地确定该区域的大小、边界或者联通廊道的形态、周边隔离防护措施等。

2)湿地缓冲区

该区域的设立是为了避免游人的活动对保护区及恢复区的影响,起到缓冲衔接的作用。在植物景观的构建上应保留自然湿地风貌,进行植物种类与数量的充实和完善,在生态敏感性较低的区域内可合理展开以生态湿地功能、生物种类和自然景观为重点的科普教育活动。要充分考虑该区域内的植物种类的多样性,同时在尽量采用本地植物的基础上适度增加植物品种。但要注意的是,植物引入要尽量避免引进过度繁殖的植物种类,以造成生物入侵。

3)游憩活动区

该区域以乡土植物为背景植物材料,在满足生态效益的前提下,更加注重景观效果的表现,植物种类结合湿地类型应尽可能丰富,合理配置观赏价值比较高的陆生、沼生、湿生、水生植物,并结合公园旅游项目的开展,使游客能够更多地参与活动。比如,游客在游览时,水体岸边植物季相的变化往往最为直接深刻,配置时应尽量使岸边四时有景,具有特色,可安排不同花期、叶色的乔灌木分层种植,在最下层可配置草本花卉或地被植物,以延长、丰富木本植物的观赏期。此外,还需注意岸边沼生植物的入水处理与水边挺水植物的上岸处理,以形成完整的水陆交错带,丰富植物景观效果。

4)服务设施区

该区域人流活动最为集中,同时,在景观方面人工气息也最为浓重,一般位于公园的入口处或一些景观节点附近。比如,在水体堤岸附近的植物配置,大多采用片植或群植的形式,应做到有疏有密,留出相应的透景线。同时,岸边植物与水面有近有远,竖向处理上应高低错落,力求自然并且完整。而不同种的大量栽植宜注意种类、高低与观赏特性的搭配,做到协调统一,有主有辅。总的来说,在该区域内的植物景观应结合游客服务设施,以引导、围合与创造开敞大气的景观特色为宜,注重乔、灌、草、地被不同层次植物的搭配,以丰富空间效果。

总之,在建设湿地公园的规划过程中,应该首先明确湿地公园中的植物景观有别于其他类型公园的植物景观这一观念。湿地公园的生境类型丰富,植物种类多样,这便决定了其设计时自身的独特性与复杂性。在考虑植物造景时,设计师往往不仅要将其生态效益与社会效益作为景观表达的基础,还应结合游憩学、美学等思想,以增强湿地公园的服务功能。

习题

1.综合性公园各分区植物配植与造景的要点分别有哪些?
2.植物园各分区植物配植与造景的要点分别有哪些?
3.动物园植物配植有什么原则?各分区植物造景的要点分别有哪些?
4.儿童公园植物选择有什么原则?各分区植物造景的要点分别有哪些?
5.纪念性公园各分区植物配植与造景的要点分别有哪些?
6.郊野公园植物配植与造景有什么原则?各分区植物造景的要点分别有哪些?
7.湿地公园植物配植与造景有什么原则?各分区植物造景的要点分别有哪些?

12

居住区绿地植物配植与造景

居住区绿地是指在居住区范围内，住宅建筑、公共设施和道路用地以外，通过现场踏勘，结合实际情况，合理设计地形山水，种植花草树木，布置居民游憩活动场地和园林建筑小品等，为居民创造优美、整洁、宁静生活环境的用地。居住区绿地形成住宅建筑必需的通风采光和景观视觉空间，以绿化为主，能有效改善居住区的生态环境，通过植物与建筑物的配合使居住区的室外开放空间富于变化，形成居住区赏心悦目、富有特色的景观环境。居住区广泛分布在城市建成区中，因此，居住区绿地构成了城市绿地系统点、线、面网络中面上绿化的重要部分，是居民在生活中接触最为广泛的绿地类型，其规划设计直接表现居住区的面貌和特色，同时也直接影响居民的生活质量。

12.1 居住区绿地的作用

1）营造绿色空间

居住区绿地以植物为主体，在净化空气、减少尘埃、吸收噪声等方面起着重要作用。绿地能有效地改善居住区建筑环境的小气候，包括遮阳降温、防止西晒、调节气温、降低风速，在炎热的夏季静风状态下，绿化能促进由辐射温差产生的微风环流的形成等。居住区中较高的绿地标准以及对屋顶、阳台、墙体、架空层等闲置或零星空间的绿化应用，为居民多接近自然的绿化环境创造了条件，对居民的生活和身心健康都起着很大的促进作用。

2）塑造景观空间

进入 21 世纪，人们对居住区绿化环境的要求，已不仅是多栽几排树、多植几片草等单纯“量”方面的增加，而是在“质”的方面提出了更高的要求，居住区的发展和进步，使入住者产生家园的归属感。

绿化环境所塑造的景观空间具有共生、共存、共荣、共乐、共雅等基本特征，给人以美的享受，它不仅有利于城市整体景观空间的创造，而且大大提高了居民的生活质量和生活品位。另外，良好的绿化景观空间还有助于保持住宅的长远效益，增加房地产开发企业的经济回报，提高市场竞争力。

居住区绿地是形成居住区建筑通风、日照、采光、防护隔离、视觉景观空间等的环境基础，富于生机的园林植物作为居住区绿地的主要构成材料，起着绿化、美化居住区环境的作用，使居住建筑群显得更加生动活泼、和谐统一，同时，绿地还可以遮挡不雅观的因素。

3）创造交往空间

社会交往是人的心理需求的重要组成部分，通过社会交往，可使人的身心得到健康发展，这对于处于信息时代的人们而言显得尤为重要。居住区绿地优美的景观环境和方便舒适的休息游憩设施、交往场所吸引居民在就近的绿地中休憩观赏和进行社交，使居民在住宅附近能进行运动、游憩、散步、休息和社交等活动，既满足居民在日常生活中对户外活动的要求，又有利于人们的身心健康和邻里交往。

此外，居住区公共绿地在地震、火灾等非常时期有疏散人流和隐蔽避难的作用。

12.2　居住区绿地植物配植造景的原则

居住区绿地包括公共绿地、宅旁绿地、公建绿地和道路绿地等，既要能满足居民的生活、工作、户外活动、社交的需要，又要求具有安全感、私密性或开放性及一定的美学意义，突出小区特色和时代感。

1）注重生态效益

居住区绿地是城市绿地系统的重要组成部分，对城市生态平衡及居住区内部小气候的调节有很大作用，因此，居住区绿化应该以把生态效益放在首位，重视绿量。

2）绿化与美化、香化相结合，尽量做到四季有景、三季有花，创造丰富的季相变换

自然界的植物色彩非常丰富，四季的色彩变化也不同。大多数植物的基本色调是绿色，但绿色也有深、浅、浓、淡之分，同时，绿色植物不同的高低、大小、姿态等使得植物的层次更加丰富。色彩美是构成园林美的主要成分，嗅觉美是园林艺术不同于其他艺术形式的特点，在居住区植物造景时除了大量使用绿色植物，还应适当点缀彩叶植物和香花植物，增加景观的美感和居民的舒适度。园林工作者应充分学习、掌握各种植物的生物学特性，在居住区绿地植物配植时利用植物叶、花、果实、枝条和皮干等的观赏特性进行色彩组合与协调，做到一带一个季相或一个组团一个季相。

3）留有一定的活动空间，利用植物导风或挡风，调节居住区内部环境小气候

居住区绿地的绿量关系居住区绿地的生态效益高低，但并不是一味地追求绿量让居住区绿地成为密密的森林，而应在植物配植时做到疏密有致，留出居民活动、锻炼、交往等空地，其面积大小与服务半径相适应，一般不超过绿地面积的10%。

4)乔、灌、草、藤合理搭配,常绿和落叶植物比例适当,速生植物与缓生植物相结合

将植物配植成高、中、低各层次;在南方的居住区绿地中,为了抵挡炎炎烈日的直晒,常绿植物常多于落叶植物,而在北方的居住区绿地中,为了增加冬天暖阳的照射,常绿植物应适当少于落叶植物;居住区绿地植物配植时应考虑植物景观的稳定性和长远性,速生植物与缓生植物相结合。

5)尽量保存原有树木、古树名木

在植物配植设计前期,设计师应对居住区现状植物情况了解清楚,设计时尽量保留现状中可利用的植物,尤其是大树或珍稀植物,营造丰富的植物景观。

12.3 居住区绿地植物选择的原则

居住区绿地植物的选择应以对人体无害、有助于生态环境的改善为目的,应遵循以下原则:

1)以乡土植物为主

乡土植物具有材料来源广、运输方便、经济、抗性强、适应性强、管理粗放、能很好地体现地方特色的优点,居住区植物造景时应该以乡土植物为主,适当配植外地引种植物。

2)选择抗污染树种,起到净化空气的作用

污染及抗污染植物种类详见本书第4章。

3)选用具有多种效益的植物

以植物的生态效益为主,兼顾社会效益和经济效益,如一些果树和经济植物也可用于居住区绿化。

4)选择无飞絮、无毒、无刺激性和无污染的树种

在居住区绿地中,尤其是儿童游戏场,为了安全起见,忌用带刺或有毒的植物,如道路边沿不选用枝叶有毒的夹竹桃、黄杜鹃、天南星科植物和带刺的红叶小檗等。

5)选用耐阴树种

居住区建筑往往布置在光照条件好的位置,绿地常处于建筑的阴影中,因此,应选用较耐阴的植物,尤其是灌木和地被植物。

6)注意竖向空间绿化的配植

居住区绿地植物造景可以通过竖向空间绿化大大提高绿化覆盖率,乔灌草藤结合、墙面和屋顶绿化结合的植物配植可增强绿化、美化效果。

7)选择根系较为发达的园林植物

根系发达的植物抗风能力较强,能有效吸收土壤的水分和营养,并且可以起到净化土壤和保持水土的作用。

12.4 居住区绿地定额指标

《城市居住区规划设计规范》(GB 50180—1993)(2016 年版)规定:新建居住区绿地率不应低于 30%,旧居住区改造不宜低于 25%;低层住宅区(2~3 层为主)的绿地率为 30%~40%,多层住宅区(4~7 层)的绿地率为 40%~50%,高层住宅区(以 8 层以上为主)的绿地率为 60%。

居住区公共绿地的具体指标:居住区公共绿地面积应占居住区总用地面积的 7.5%~15%,居住小区公共绿地应占居住小区用地面积的 5%~12%,组团公共绿地应占组团用地的 3%~8%,并要求至少一边与相应级别的道路相邻。在人均指标中,根据居住人口规模,组团公共绿地不少于 0.5 m^2/人,小区公共绿地(含组团绿地)不少于 1 m^2/人,居住区公共绿地(含小区公共绿地与组团绿地)不少于 1.5 m^2/人。在不同类型的公共绿地中,居住区公园不小于 1.0 hm^2,居住小区公园不小于 0.4 hm^2,组团公共绿地不小于 0.04 hm^2,旧居住区改造可视具体情况降低,但不应低于相应指标的 70%。在这些公共绿地中,绿化用地面积(含水面)不宜小于 70%,其他块状、带状公共绿地应同时满足宽度不小于 8 m,面积不小于 400 m^2。近年来,我国正在开展“绿色生态住宅小区建设”活动,在“绿色生态住宅小区”中,要求绿地率达到 35%以上,公共绿地中绿化用地面积不应小于 70%,并要求大力发展居住区建筑环境垂直绿化。

根据城市气候生态方面的研究,在占城市建成区用地约 50%的城市居住生活用地中,居住区绿地的规划面积应占居住区总用地的 30%以上,使居民人均有 5~8 m^2 的居住区绿地,当居住区内的绿化覆盖率达到 50%以上时,居住区小气候才能得到全面有效的改善,从而与郊区自然乡村气候环境相接近,形成舒畅自然的居住区室外空间环境。

12.5 居住区绿地植物配植与造景

居住区绿地包括居住区或居住小区用地范围内的公共绿地、公共设施绿地、宅旁绿地和道路绿地等。居住区植物配植应与其他造园要素有机结合,以满足不同功能和艺术要求,创造丰富的居住区园林景观(见图 12.1);植物配植要主题统一;除了道路等必要的行列栽植,其余区域避免等距离栽植。居住建筑与道路之间可多行乔灌木密植,以起到防尘隔声、保护底层住户私密性的作用。乔木距离外墙 5~7 m,灌木作为基础种植起着柔化建筑僵硬的线条作用,草坪、地被植物与道路衔接。

图 12.1 植物与地形有机结合

12.5.1 公共绿地

居住区公共绿地是指居住区内居民公共使用的绿地,其位置适中,靠近小区道路,适宜于各年龄段居民使用。居住区公共绿地集中反映居住绿地质量水平,要求有较高的设计水平和艺术效果,是居住区植物造景的重点。为便于居民休息、散步和交往,公共绿地应多采用开敞式布局,可用绿篱或通透式栏杆分隔空间,成行种植大乔木以减弱喧闹声对周围住户的影响;老年人和儿童使用率较大,植物配植与空间划分要注意他们的使用特点;居民游园时间多集中在早晚,应注意香花植物的应用。居住区公共绿地还有防灾避灾的作用,结合活动设施布置疏林地,选用夏季遮阴效果好的落叶大乔木。按照居住区公共绿地的面积大小和设置的内容分为居住区公园、小游园及组团绿地。

1)居住区公园

居住区公园是为整个居民区服务的。为了方便居民使用,居住区公园常规划在居住区中心地段,服务半径不宜超过800~1 000 m(居民步行10 min左右)。居住区公园面积比较大,一般在1 hm^2以上,其布局与城市小公园相似,设施比较齐全,内容比较丰富,有一定的地形地貌、小型水体。居住区公园有功能分区、景区划分,除了花草树木以外,有一定比例的建筑、活动场地、园林小品、活动设施,可与居住区的公共建筑、社会服务设施结合布置,形成居住区的公共活动中心,以利于居民心理、生理的健康和提高使用效率,节约用地。

功能上,居住区公园与城市公园不同,它是城市绿地系统中最基本而活跃的部分,是城市公共绿化空间的延续。为满足居民对游戏、休息、散步、交往、娱乐、运动、游览、防灾避难等方面的需求,居住区公园设施要齐全,布置要紧凑,各功能分区或景区间的节奏变化快,有体育活动场所、适应各年龄组活动的游戏场及小卖部、茶室、棋牌、花坛、亭廊、雕塑等活动设施和丰富的四季景观的植物配植。

人们在居住区公园户外活动时间较长,使用频率较高的是老年人和儿童,在规划中内容的设置、位置的安排、形式和植物的选择都要考虑他们的使用方便。老人活动休息区及运动场地内可适当多种一些冠幅较大、生长健壮的常绿树种遮阴。专供儿童活动的场地植物避免选择带刺或有毒、有刺激性气味的植物,可适当选择夏季遮阴效果好的落叶大乔木,结合活动设施布置疏林地,方便家长和孩子活动、休息。居住区公园游园时间比较集中,多在一早一晚,应加强照明设施、灯具造型、夜香植物的布置。

2)小游园

居住区小游园是居住小区中最重要的公共绿地,比居住区公园更接近居民,面积相对较小,一般为4 000 m^2左右,其服务半径一般为400~500 m,均匀分布在居住区各组群之中,可集中设置,也可分散设置。小游园功能较简单,主要提供一定的健身设施和社交游憩场地(见图12.2)。以植物造景为主,不种植带刺、有毒、有臭味的植物;以落叶大乔木为主,考虑四季景观,形成优美的园林绿化景观和良好的生态环境;可因地制宜,设置花坛、花境、花台、花架等,有很强的装饰效果和实用效果。游园形式可采用规则式、自由式、混合式布置。

3)组团绿地

组团绿地是指结合居住建筑组成的不同组合而形成的公共绿地。结合住宅组团布局,随组团的布置方式和布局手法的变化,其大小、位置和形状均相应地变化。组团绿地用地规模一般不大于400 m^2,服务半径为100~250 m,距离住宅入口最大步行距离为100 m左右,居民步行几分钟可到达,与居民接触更为紧密。在组团绿地设计规划中,应特别注重老人和小孩的休息和活动场所,精心安排不同年龄层次居民的活动范围和活动内容,绿地内园林建筑小品不宜过多,慎重采用假山石和大型水池,应以花草树木为主,适当设置桌、椅、简易儿童游戏设施等,绿地内以小路或种植植物进行分隔,避免相互干扰(见图12.3)。

(a)

(b)

图 12.2 居住区小游园

(a)

(b)

图 12.3 组团绿地

组团绿地是本居住区居民室外活动、邻里交往、儿童游戏、老人聚集等良好的室外环境，它距离居民居住环境较近，便于使用，人流量大，利用率高，而且使用者多是老人和儿童或携带儿童的家长，因此，植物配植时需充分考虑他们的生理和心理的需要。植物配植要选择有益居民身心健康的保健植物和消除疲劳的香花及招引鸟类的植物，如芸香科植物、银杏、栀子、桂花、茉莉、火棘、海棠等。同时，可利用植物围合空间，配植时采用乔、灌、草、藤等多层次、多种类、多组合合理搭配植物群落，形成良好的组团景观和生态环境。

组团绿地面积较小且零碎，要在同一块绿地里兼顾四季序列变化，不仅杂乱，而且难以做到，可以一片一个季相或者一块一个季相。居住区的文化内涵是丰富住区生活、创造住区活力的重要因素，因此，绿地景观营造时要充分渗透文化因素，形成各自的特色。

组团绿地是居民的半公共空间，是宅间绿化的扩展或延伸，增加了居民室外活动的层次，也丰富了建筑所包围的空间环境。按照其布置方式可以分为开放式、封闭式和半开放式。

开放式：居民可以自由进入该类型组团绿地，不用分隔物，实用性较强，组团绿地较多采用这种形式。

封闭式：该类型组团绿地具有一定的观赏性，但被绿篱、栏杆所隔离，不设活动场地，居民不可入内活动和游憩。封闭式绿地便于养护管理，但实用效果较差，不宜过多采用该类型。

半开放式：该类型绿地以绿篱或栏杆与周围有隔离，留有出入口，但绿地中设置的活动场地较少，部分是禁止居民进入的装饰性区域，常在紧临城市干道为追求街景效果时使用。绿地内要有足够的铺装地面，以方便居民休息活动，也有利于绿地的清洁卫生。一般绿地覆盖率在 50%以上，游人活动面积率为 50%～60%。为了有较高的覆盖率，并保证活动场地的面积，可采用铺装地面上留穴来种乔木的方法。

12.5.2 公共设施绿地

居住区会所、医院、学校等各类居住区公共建筑和公共设施四周的绿地称为公共设施绿地。该类绿地绿化设计要满足各公共设施的功能要求，并考虑与周围环境的关系，对改善居住区小气候、美化环境及丰富生活内容等方面发挥着积极作用。会所附属绿地可以适当增加彩色叶植物，结合绿地尺度组成美丽的图案。医院附属绿地可多采用常绿植物并适当增加能杀菌、吸附有害气体、净化空气的植物，这样既能给病人提供安静的修养环境，也能提高绿地的生态效益。学校附属绿地可根据不同年龄段孩子的特点，选择树形优美、色彩鲜艳、少病虫害、季相变化明显的植物，营造活泼的校园环境；考虑孩子户外活动时间多，不能选择飞毛飞絮、多刺、有毒、有恶臭味和引起过敏的植物；学校出入口可配植儿童喜爱的、色彩造型都易被识别的植物，也可利用藤本植物做棚架、座椅，为接送孩子的家长提供休息场所。

12.5.3 宅旁绿地

宅旁绿地是指住宅前后左右周边的绿地，包括屋顶绿化、居民家庭附属庭院，其大小和宽度取决于楼间距。宅旁绿地虽然面积小，功能不突出，不像组团绿地那样具有较强的娱乐、休闲的功能，但却是居民邻里生活的重要区域，是居住区绿地中总面积最大、分布最广、最常使用的部分。

居住区某些面积较小的角落，可设计成封闭绿地，以提高绿地利用率，减少居住区灰色空间（见图12.4）。宅旁绿地植物配植应考虑建筑物朝向，如华北地区南向植物不能种植过密，会影响建筑通风和采光。近窗户不宜种植高大灌木，建筑物西面可种植高大阔叶乔木，以利于夏季遮阴。居住建筑宅旁绿地按照住宅的类型可分为低层行列式住宅宅旁绿地、高层塔楼式住宅宅旁绿地和别墅私宅庭院绿地3种类型。

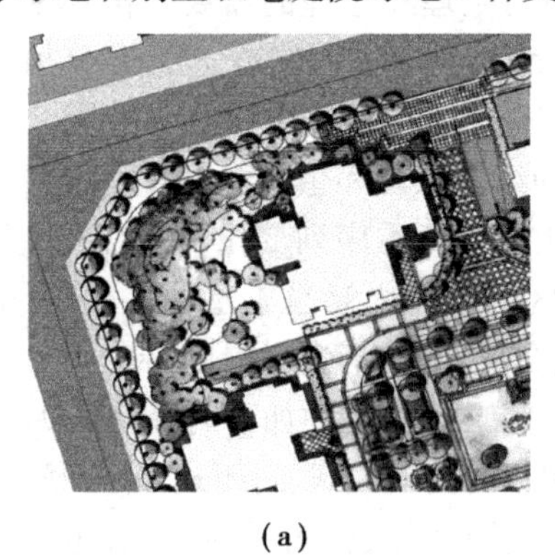

(a)

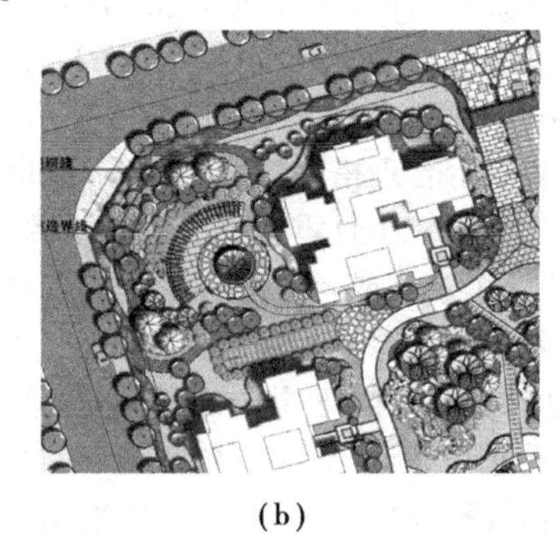

(b)

图12.4 居住区小面积角落处理

(1)低层行列式住宅宅旁绿地

植物可选用树冠无方向性的乔木，配植灌木及地被。其住宅向阳面以落叶乔木为主，以利采光；住宅背阴面采用耐阴花灌木及草坪，以绿篱围合。

(2)高层塔楼式住宅宅旁绿地

乔木多配植树形高耸的树种与建筑相呼应协调，草坪面积不宜过大，因建筑阴影面积大，多选用耐阴地被,尤其是建筑的阴面。

(3)别墅私宅庭院绿地

其面积相对较小,庭院之间用花墙分隔,院内可根据用户喜好进行绿化设计。庭院景观结构紧凑,植物不必复杂多样,但要求具有较高的观赏价值,讲究精妙细腻,与别墅建筑风格协调;窗台一侧局部空间可用各种结构独特的棚架绿化,架下形成活动空间。

12.5.4 道路绿地

居住区道路绿地是指居住区内道路红线以内的绿地。道路绿地有利于行人的遮阴、保护路基、美化街景、增加居住区植物覆盖面积,能发挥绿化多方面的作用。在居住区内根据功能要求和居住区规模的大小,道路一般可分级,道路绿地则应按不同情况进行绿化布置。

居住区内的道路系统一般由居住区级道路、居住小区级道路、组团道路和宅间小路 4 级道路构成,联系住宅建筑、居住区各功能区、居住区出入口至城市街道,是居民日常生活和散步休息的必经通道。居住区内的道路面积一般占居住用地总面积的 8%~15%,道路空间在构成居住区空间景观、生态环境,增加居住区绿化覆盖率,发挥改善道路小气候、减少交通噪声、保护路面和组织交通等方面起着十分重要的作用。

(1)居住区级道路绿地

居住区级道路为居住区主路,宽度不宜小于 20 m,其植物配植应根据小区公共绿地性质和特点进行小环境绿化,注意与环境协调,可种植落叶乔木行道树,行道树栽植注意遮阴与交通安全,选用体态雄伟、树冠宽阔的树木。如距车行道较近,行道树保证分枝点最低 3 m;如距车行道较远,行道树保证分枝点 2 m。人行道与居住建筑之间可多行乔灌木密植,以起到防尘、隔声、防护等作用。

(2)居住小区级道路绿地

居住小区道路是联系各小区或组团与城市街道的主要道路,宽度为 6~9 m,兼有人行和车辆交通的功能,其道路和绿化带的空间、尺度可采取城市一般道路的绿化布局形式,行道树的布置要注意遮阳和不影响交通安全。其中,通行自行车和行人交通是居住小区道路的主要功能,是居民散步的地方,植物配植要活泼多样,树种选择可选用小乔木及花灌木结合布置,高低错落,尤其是开花繁密、叶色多变的种类。每条路可选择不同的植物种类、不同的种植形式,但以一两种为主体形成具有可识别性的特色道路景观。

(3)组团道路绿地

居住组团级道路以人行为主,宽度为 3~5 m,离建筑较近,植物配植多以开花灌木为主。

(4)宅间小路绿地

居住区宅前小路是通向各住户或单元入口的道路,宽度不小于 2.5 m,两侧以灌木、花卉、地被植物和草坪为主,可布置一些儿童喜爱的或对儿童有益的植物。

12.5.5 室外消防通道及消防登高场地

居住区室外消防通道主要是指能满足消防车行驶的道路,要求最小宽度为 4 m。高层建筑周围应设环形消防道,当设环形消防道有困难时,可沿高层建筑的两个长边设置消防车道。根据火场实际作战经验,车道距建筑物不应小于 5 m,距建筑的最大距离由建筑高度、当地消防部队登高云梯车的装备情况确定。当高层建筑的沿街长度超过 150 m 或总长度超过 220 m

时,应在适中位置设置穿过高层建筑的消防车道。消防车道下的管道和暗沟等,应能承受消防车辆的压力。另外,对于高层建筑的灭火扑救来说,除了有较好的登高面外,必须具备足够大的消防车的转弯半径以及登高消防车的操作空间。尽头式消防车道应设有回车道或回车场,一般回车场不宜小于 15 m×15 m。大型消防车的回车场不宜小于 18 m×18 m。居住区道路可以同时作为建筑室外消防通道使用,居住区道路两侧绿化带或停车位不得影响施救。

高层建筑消防登高面又称消防平台,是指登高消防车靠近高层主体建筑,开展消防车登高作业、消防队员进入高层建筑内部抢救被困人员和扑救火灾的建筑立面。按照国家《建筑防火设计规范》(GB 50016—2014),高层建筑都必须设消防登高面,且须满足下列标准:高层建筑至少两个边长设消防车道,其中一侧结合消防车道设置不少于一块的消防登高场地,每块消防登高场地面积不得小于 15 m×8 m;消防登高场地距离住宅外墙不宜小于 5 m,其最外一点至消防登高面的边缘的水平距离不应大于 10 m;设有坡道的消防登高场地,其坡道坡度不应大于 15%;在登高作业场上空举高车作业幅度范围内不能有架空管线和高大树木、路灯等障碍物;消防登高面不能作其他用途。

在居住区植物造景实践中,室外消防通道和消防登高场地如何处理才能既满足国家规范要求又能呈现优美的植物景观呢?这是目前很多园林设计师在居住区植物造景中思考的问题。

居住区内的道路分为 4 级:居住区级道路、居住小区级道路、组团道路、宅间小路。其中,居住区级道路、居住小区级道路为车行道,宽度和荷载均能满足消防车道的要求;组团道路和宅间小路为步行道,宽度低于消防车道宽度要求,当它们被利用作为消防车道时可以从路面承压和通行宽度两个方面来满足要求。对于多层建筑来说,消防车只要求能够到达住宅的端部,可以利用组团道路达到,而对于高层建筑来说,规范要求设置环形消防车道,可能会利用组团道路、宅间小路及部分绿地。

由上可知,在居住区受消防车道和消防登高场地影响最大的是宅间小路和宅旁绿地。宅间小路作为进出住宅的最末一级道路,这一级道路基本上是人行交通,平时主要供居民出入。为了营造舒适的居住环境,设计宽度基本为 2.5 m 左右,但这个宽度作为消防车道远远不够。宅间绿地是居住区邻里生活的重要区域,是居住区绿地中总面积最大、分布最广、最常使用的部分,这个区域景观环境以植物造景为主,其植物造景的质量直接影响居民的生活品质。

根据消防规范会出现以下情况:为满足消防车道要求,将宅间小路扩宽至 4 m;在消防车道上扩展设置消防登高场地,在消防登高场地上及消防登高场地与建筑之间不能有任何“妨碍登高消防车操作的树木、架空管线等”,2015 年 1 月 1 日起实施的消防新规中规定消防通道及登高场地必须全硬化才能通过消防验收;“供消防车停留的空地,其坡度不宜大于 3%”。这 3 条相加的结果对宅前空间环境的影响是致命的,没有舒适宜人的尺度、不能栽种高大植物、不能做微地形,而且消防登高场地及消防通道都设计得比较方正,显得生硬,没有美感。

由于消防车道只在建筑物发生火灾需要施救时才会用到,绝大部分时间里不会发挥作用,在这种情况下人们对其道路面层处理可有多种选择,只要其能够承受消防车的荷载,这样就有了隐形消防车道的说法。必须强调一点,这里的“隐形”,是指消防车道可以不以单调的形式出现,但隐形消防车道需要一定的识别性,并不能彻底地“隐形”,不能让消防驾驶人员难以辨识,否则,当发生火灾时,如果消防车不能有效识别车道就有可能使沉重的车轮深陷普通绿地的土壤中无法前进而耽误救灾。同时,高层建筑居住区的地面大部分都在地下车库顶板上,建筑设计的时候会在规划消防车道的地方额外加密钢筋以便能承受消防车的荷载。在消防车道基层构造做法上有着严格要求，如果满载的消防车开到普通顶板上，也会由于荷载太大，对地下车库顶板造成损害。

在满足规范的前提下，设计居住区景观时，消防车道和消防登高场地可以这样处理：利用广场砖、各种石材、洗石米或鹅卵石、透水混凝土或透水砖等装饰材料拼接成各种线条或图案，并可以将边缘处理成不规则状，隐去硬质铺装的生硬感；过宽的路面摆放一些易于移动的盆栽和小品等；组团道路或宅间小路兼作消防车道时，设置 2.5 m 宽人行道路，其余部分基础作强化处理，满足消防车道设计要求，上面覆土并种植不妨碍消防车通行的草坪花卉，平日作为绿地使用，应急时供消防车使用，有效弱化单纯消防车道的生硬感，同时，利用植物造景的手法，消防车道两侧多层次地列植、丛植乔灌木作为消防车道导向，并人为地设置识别标志；有效利用各种功能空间并结合场地的二次设计，将消防登高场地融合到广场里，使之成为居住区整体景观的一部分（见图 12.5）。

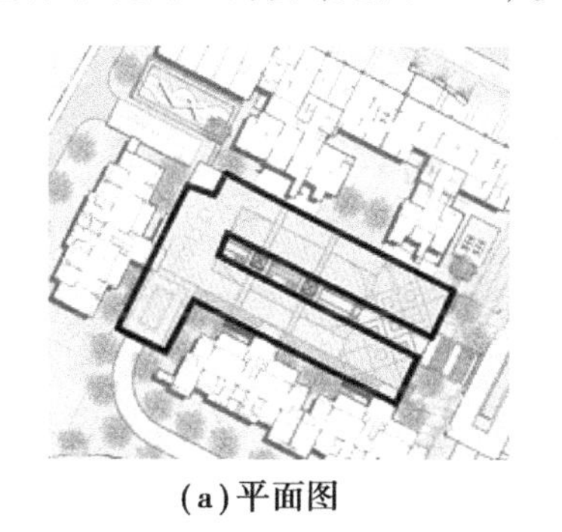

(a)平面图

(b)效果图

图 12.5 居住区消防登高场地植物处理

12.5.6 居住区外围绿地

居住区外围绿地是指在居住区外围设置的区域性绿地，既是内外绿地的过渡，也是居民休憩娱乐的场所，同时形成绿色隔离带，美化、净化居住区环境。居住区外围绿化时，要注意保持树木的连续性和完整性，结合造园艺术，为人们提供晨练、散步的场所。居住区外围绿地应充分与周围环境相协调，有的居住区临近城市主干道、工矿企业或者喧闹场所，车辆多、噪声大、灰尘重，植物配植可种植 3~5 行乔灌木形成防护林带（见图 12.6）。

图 12.6 居住区外围绿地

习题

1.居住区植物配植与造景有什么原则？

2.居住区植物选择的原则有哪些？

3.居住区各种绿地造景有哪些要点？

13

工厂(矿山)植物配植与造景

工厂(矿山)工作环境大多恶劣,往往还有高温、噪声、粉尘等,这些都对劳动者身心健康有害。工厂(矿山)绿化则是可以将恶劣环境改造成适合于劳动和工作的良好环境的重要手段。工厂(矿山)绿地是城市绿地系统的有机组成部分,搞好工厂(矿山)的园林绿化,可以改善厂(矿)区环境条件、美化厂容厂貌、保障安全生产。

13.1 工厂(矿山)绿地立地条件

工厂(矿山)多地处荒山、秃岭、盐碱地等地区,加上工业三废的污染,对植物生长发育不利;工厂(矿山)建筑用地多,绿化用地少、狭小、分散;工厂(矿山)车间四周经常有自来水管道、煤气管道、蒸汽管道等各种管线,这些管线在地上、地下及高空纵横交错;生产车间的周围往往是原料、半成品、备件或废料的堆积场地,视线范围内景观质量较差,对工厂(矿山)绿地景观影响较大;工矿企业的发展用地不久就会用于建设,只能进行短期绿化。工厂(矿山)的以上立地条件因素给植物造景造成了很大困难。

13.2 工厂(矿山)植物造景的要点

工厂(矿山)是职工生产、劳动的场所,其绿化景观质量关系工厂(矿山)各区、各车间内外生产环境和厂(矿)区容貌的好坏,在植物造景时应注意以下 3 个方面:

1)为生产服务,为职工服务,自成特色和风格

工厂(矿山)类型不一,在进行植物配植之前,要了解工厂(矿山)及其车间、仓库、料场等区域的特点,综合考虑生产工艺流程、防火、防爆、通风、采光以及产品对环境的要求,使绿化服从或满足这些要求,有利于生产和安全。同时,设计工厂(矿山)绿地时,应充分发挥植物净化空气、美化环境、消除疲劳、振奋精神、增进健康等作用,创造有利于职工劳动、工作和休息的环境,有益于工人的身体健康。工厂(矿山)绿地以放松和调节使用者的精神状态为目的,为职工营造舒适、安静、稳定的氛围;工厂(矿山)绿地多以本单位职工为使用主体,职工休息时间较少、比较疲惫,休息时间又基本相同,在设计时多考虑多人同时使用的绿地空间。另外,工厂(矿山)绿化应为设备检修留好余地。

工厂(矿山)绿化是以建筑为主体的环境净化、绿化和美化,要体现本厂(矿)的绿化特色和风格,充分发挥绿化的整体效果,以植物与工厂(矿山)的建筑形态、体量、色彩相衬托、对比、协调,形成别具一格的工业景观和独特优美的厂区环境,体现工厂(矿山)的特点和风格。

2)保证有足够的绿地面积,合理布局,形成系统

工厂(矿山)绿量直接影响绿地功能和景观,建设部发布的《城市绿化规划建设指标的规定》第五条规定:工厂(矿山)的绿地率不小于20%,产生有气体及污染工厂(矿山)的绿地率不低于30%,并根据国家标准设立不少于50 m的防护林带。同时,由于工厂(矿山)性质不同,绿化率的要求也不同:重工业20%、化学工业20%~25%、轻纺工业40%~50%、精密仪器工业50%、其他工业25%。

工厂(矿山)绿地规划设计应与工厂(矿山)的总体规划同步进行,合理布局,形成系统,与周边环境相联系衔接,过渡自然,确保和改善工厂(矿山)及周边环境的效益得以有效发挥。

3)克服不利条件,采用多种绿化形式

工厂(矿山)绿地的土壤成分和其环境条件一般较为恶劣,对植物的生长极为不利,因此,能选择的植物种类较少,由于树种的单一,致使植物景观容易单调。为避免单调感,结合不同绿地的使用要求,应将乔木、灌木、花卉和地被相结合,采取多种形式的栽植。

工厂(矿山)地上地下管道线路多,应妥善处理绿地与管线的关系,绿化时要考虑合适的植物类型和种植方式。建筑密度高的区域可以采用垂直绿化、立体绿化等方式来扩大植物覆盖面积,丰富绿化的层次和景观。

工厂(矿山)的发展用地宜布置简单、经济的植物,便于以后改造利用;工厂(矿山)的备件场地和原料堆场对绿地景观影响较大,可以利用植物遮挡;矿山的尾矿坝、采矿点要与水土保持工程措施相结合进行绿化。

13.3　工厂绿化树种的选择

1)选择原则

要使工厂(矿山)绿地树种生长良好,取得较好的绿化效果,必须认真选择绿化树种,原则上应注意以下4个方面:

(1)识地识树,适地适树,选择乡土树种

识地识树是指要求园林工作者对拟绿化的工厂(矿山)绿地的生态条件(温度、湿度、光照、土层厚度、土壤结构和肥力、土壤 pH 等)及各种园林植物的生物学和生态学特征有清晰的认识和掌握。适地适树是指根据绿化地段的环境条件选择适宜的园林植物,使环境能满足植物正常生长,也使植物能适合栽植地环境。应尽量选择当地自然生长的植物种类,它们成活率高,生长茁壮,抗性和耐性强,绿化效果和经济性好。

(2)选择防污能力强,又有利于观赏和人体健康的植物

多数工厂(矿山)对环境有或多或少的污染,因此,要在调查研究和测定的基础上,选择防污能力较强的植物,尽快取得良好的绿化效果,发挥工厂(矿山)绿地改善和保护环境的功能。同时,注重选择树形美观、色彩、风韵、季相变化上有特色的树种,以更好地美化厂区,有利于工人的身心健康。

(3)生产工艺的要求

工厂(矿山)的性质不同,其生产工艺流程和产品质量对空气洁净程度、防火、防爆等环境条件的要求也不同,选择绿化植物时要充分了解和考虑这些限制因素。

(4)易于繁殖,便于管理,力争经济效益

工厂(矿山)绿化管理人员有限,为省工节支,宜选择繁殖、栽培容易和管理粗放的树种。

2)常用植物选择

在工厂(矿山)植物造景时,应注意选择抗二氧化硫、氯气、氟化氢、乙烯、氨气、烟尘等有害气体和防火的树种。对部分有害气体抗性强弱不同的常用植物如下:

(1)抗二氧化硫气体或对二氧化硫气体敏感的植物(钢铁厂、大量燃煤的电厂等)

抗性强的植物:大叶黄杨、雀舌黄杨、黄杨、海桐、蚊母、山茶、女贞、小叶女贞、棕榈、凤尾兰、夹竹桃、枸骨、金橘、构树、无花果、枸杞、青冈栎、白蜡、木麻黄、相思树、榕树、十大功劳、九里香、侧柏、银杏、广玉兰、鹅掌楸、柽柳、梧桐、重阳木、合欢、皂荚、刺槐、国槐、紫穗槐、黄杨等。

抗性较强的植物:华山松、白皮松、云杉、赤杉、罗汉松、龙柏、桧柏、石榴、月桂、冬青、珊瑚树、柳杉、栀子、飞鹅槭、臭椿、桑树、楝树、白榆、榔榆、朴树、黄檀、蜡梅、榉树、毛白杨、丝棉木、木槿、丝兰、红背桂、芒果、椰树、蒲桃、米仔兰、菠萝、沙枣、印度榕、苏铁、厚皮香、枫杨、红茴香、凹叶厚朴、含笑、杜仲、细叶油茶、七叶树、八角金盘、日本柳杉、花柏、丁香、卫矛、无患子、玉兰、八仙花、地锦、泡桐、连翘、紫荆、柿树、垂柳、胡颓子、紫藤、三尖杉、杉木、紫薇、银杉、蓝桉、乌桕、杏树、枫香、加杨、旱柳、美人蕉、紫茉莉、九里香、唐菖蒲、郁金香、菊花、鸢尾、玉簪、仙人掌、三色堇、雏菊、金盏花、福禄考、金鱼草、蜀葵、半枝莲等。

反应敏感的植物:苹果、梨、羽毛槭、郁李、悬铃木、雪松、油松、马尾松、云南松、湿地松、落地松、白桦、贴梗海棠、梅花、玫瑰、月季等。

(2)抗氯气或对氯气敏感的植物

抗性强的植物:龙柏、侧柏、大叶黄杨、海桐、蚊母、山茶、女贞、夹竹桃、凤尾兰、棕榈、构树、木槿、紫藤、无花果、樱花、枸骨、臭椿、榕树、九里香、小叶女贞、丝兰、广玉兰、柽柳、合欢、

皂荚、国槐、黄杨、白榆、红棉木、沙枣、椿树、苦楝、白蜡、杜仲、厚皮香、桑树、柳树、枸杞等。

抗性较强的植物:桧柏、珊瑚树、栀子、朴树、无花果、罗汉松、桂花、石榴、紫薇、紫荆、紫穗槐、乌桕、悬铃木、水杉、天目木兰、凹叶厚朴、银杏、丁香、假槟榔、江南红豆树、细叶榕、蒲葵、枇杷、黄杨、刺槐、毛白杨、石楠、榉树、泡桐、银桦、云杉、柳杉、梧桐、重阳木、榕树、木麻黄、天竺葵、卫矛、接骨木、地锦、米仔兰、芒果、君迁子、月桂、大丽菊、蜀葵、百日草、紫茉莉等。

反应敏感的植物:池柏、核桃、木棉、樟子松、赤杨等。

(3)抗氟化氢气体的树种或对氟化氢气体敏感的植物(铝电解厂、磷肥厂、炼钢厂、砖瓦厂等)

抗性强的植物:大叶黄杨、海桐、蚊母、山茶、凤尾兰、龙柏、构树、朴树、石榴、桑树、香椿、青冈栎、侧柏、皂荚、国槐、柽柳、黄杨、木麻黄、白榆、沙枣、夹竹桃、棕榈、杜仲等。

抗性较强的植物:桧柏、女贞、小叶女贞、白玉兰、珊瑚树、无花果、垂柳、桂花、枣树、樟树、木槿、楝树、臭椿、刺槐、合欢、白皮松、拐枣、柳树、山楂、胡颓子、滇朴、紫茉莉、白蜡、云杉、广玉兰、飞蛾槭、榕树、柳杉、丝兰、银桦、梧桐、乌桕、泡桐、油茶、小叶朴、鹅掌楸、含笑、紫薇、地锦、柿树、山楂、月季、丁香、樱花、凹叶厚朴、黄栌、银杏、天目琼花、金银花、金鱼草、菊花、百日草、紫茉莉等。

反应敏感的植物:葡萄、慈竹、榆叶梅、紫荆、白千层、梅、杏等。

(4)抗乙烯或对乙烯敏感的植物

抗性强的植物:夹竹桃、棕榈、悬铃木、凤尾兰等。

抗性较强的植物:黑松、柳树、重阳木、白蜡、女贞、枫树、罗汉松、红叶李、榆树、香樟、乌桕等。

反应敏感的植物:月季、大叶黄杨、刺槐、合欢、玉兰、苦楝、臭椿等。

(5)抗氨气或对氨气敏感的植物

抗性强的植物:女贞、石楠、紫薇、银杏、皂荚、柳杉、无花果、香樟、石榴、玉兰、朴树、丝棉木、杉木、紫荆、木槿、蜡梅等。

反应敏感的植物:紫藤、枫杨、悬铃木、刺槐、芙蓉、珊瑚树、杨树、杜仲、小叶女贞等。

(6)抗二氧化氮的植物

这类植物有龙柏、黑松、夹竹桃、大叶黄杨、棕榈、女贞、香樟、构树、广玉兰、臭椿、无花果、桑树、合欢、枫杨、刺槐、乌桕、石榴、酸枣、旱柳、垂柳、泡桐等。

(7)抗臭氧的植物

这类植物有枇杷、连翘、海州常山、黑松、银杏、悬铃木、八仙花、冬青、香樟、柳杉、枫杨、美国鹅掌楸、夹竹桃、青冈栎、刺槐等。

(8)抗烟尘的植物

这类植物有榉树、三角枫、朴树、珊瑚树、香樟、麻栎、悬铃木、重阳木、广玉兰、女贞、蜡梅、五角枫、苦楝、银杏、构骨、青冈栎、皂荚、构树、榆树、大叶黄杨、冬青、梧桐、桑树、紫薇、木槿、栀子、桃叶珊瑚、黄杨、樱花、泡桐、刺槐、石楠、乌桕、臭椿、桂花、桢楠、夹竹桃等。

(9)滞尘能力较强的植物

这类植物有臭椿、白杨、黄杨、石楠、银杏、麻栎、海桐、珊瑚树、朴树、凤凰木、广玉兰、榉树、刺槐、榕树、冬青、构骨、皂荚、悬铃木、女贞、槐树、柳树、青冈栎、夹竹桃等。

(10)防火的植物

这类植物有山茶、油茶、海桐、冬青、蚊母树、八角金盘、女贞杨树、珊瑚树、枸骨、罗汉松、银杏、榉树等。

13.4 工厂(矿山)绿地植物配植与造景

1)厂(矿)前区绿地

工厂(矿山)的厂(矿)前区是职工集散的场所,也是外来宾客的首到之处。厂(矿)前区的绿地状态在一定程度上体现了该工厂(矿山)的形象、面貌和管理水平,是工厂(矿山)绿地景观规划设计的重点。厂(矿)前区一般在工厂(矿山)上风向,污染及工程管线设施较少,绿地环境条件相对较好。厂(矿)前区绿地布置要考虑建筑物的平面布局、风格、主立面、色彩及其与城市道路的联系等,该区域绿化多采用自然式和规则式或两者相结合的混合式布局。大门内外可设小型广场,用于停放车辆和人流集散。大门区绿地要富于装饰性和观赏性,多采用规则式,可设花坛,配植低矮的常绿整形树,点缀色彩鲜艳的宿根花卉,也可设置喷泉、树石小景、大型盆景等。广场周边、道路两侧的行道树要选用冠大荫浓、耐修剪、生长快的乔木或树姿优美、高大的乔木。

2)公共建筑绿地

工厂(矿山)建筑包括办公楼、食堂、大礼堂、影剧院等,是人流集中和接待外单位客人的地方,该区绿地设计要求和厂(矿)前区基本一致,周围可作规则式种植,可以选择一些香花植物,布置于窗前、林下。

3)生产区绿地

生产区绿地主要是工人在工间、工余短暂休息以恢复体力和调剂心理和生理上的疲倦所用,同时也有阻挡噪声的作用。生产区绿地因绿化面积的大小、车间内生产特点不同而异。

(1)对环境绿化有一定要求的车间

有防尘要求的车间:食品加工、精密仪器、光学精密仪器制造车间等,产品对空气质量要求很高,空气中的尘埃、飞絮、种毛会降低产品正品率,这类车间的植物造景应选择滞尘能力强、不散发绒毛、无飞絮和种毛等的植物,最好营造乔灌草多层混交群落,并对墙面进行垂直绿化。

棉纺织厂车间:棉纺织厂车间对空气温、湿度要求较高,温度要求冬季22 ℃、夏季32 ℃,相对湿度为72%~75%。绿化布置应尽量采用多层次密植乔灌木,适当增加水池喷泉。

炼油、木材、服装车间:这类车间防火要求较高,周围种植五角枫、青杨、法国冬青等不易燃烧的植物,既防止外部火种进入,又可隔离火灾蔓延。

(2)对环境有污染的车间

这类车间往往排放出大量的烟尘、粉尘,烟尘中含有有毒有害的气体,对植物的生长和发育有不良的影响,对人体的呼吸道也有损害。根据污染程度,可分为重污区、中污区和轻污区。这些污染一方面可以通过工艺措施来解决;另一方面应通过绿化来减轻危害,同时美化环境。严重污染车间的周围绿化,其成败的关键在于树种的选择。

重污区:由于严重污染而使大部分植物难以生存,这一地段绿化的关键是要保证植物的成活,需选用耐污力很强的植物。

中污区:在中度污染区域能生长的植物种类较重污区有所增加,但植物的生长仍受到较大影响,这一地段绿化的关键是保持景观的稳定性,使植物少受危害。

轻污区:一般植物都能生长,抗性弱的植物会受轻微伤害,该地段绿化的目的是植物对污染的吸收与防治,可选用广玉兰、夹竹桃等可防尘、滞尘的植物。

(3)高温车间

由于高温车间光线强烈,炉前工人的精神长期处于紧张状态,眼睛也受到较强烈的刺激,因此,该类车间植物造景宜选用叶色柔和、枝叶茂密、有利于防火的大乔木和叶片厚、含水量高的灌木,避免使用含油脂的松柏类植物。绿荫下可设坐凳,并应设有饮水设备。

(4)产生强烈噪声的车间

产生强烈噪声的车间在植物造景时,尽量多选择叶面积大、枝叶茂密、减噪能力强的植物。根据噪声源的高低,采用合理的种植结构,车间周围栽植高大、树冠密集的乔木,并利用乔灌木组成复层混交群落,降低噪声的效果很好。

4)工厂休憩绿地

工厂(矿山)休憩绿地是指在工厂(矿山)中划定的区域内设置建筑小品、圆灯、凳椅,与植物形成恬静、清洁、舒适、优美的环境,为职工提供休息、散步、娱乐的场所。如果用地较大,休憩绿地可以结合厂(矿)前区一起布置,这样较为经济,效果也好;也可沿生产车间四周适当布置,这样的布置方便工人就近使用,但在植物配植时需注意管网的位置。该区域植物造景的要点如下:

①景观营造的方法多样,受环境影响较小,但应注意突出企业文化,可多用植物分割空间,形成适合不同年龄段、不同爱好的人活动的场所。

②绿地周围一般种植密林,与生产区相隔离,形成良好的局部环境。规模较大的工厂(矿山),该区域面积一般也较大,可建设游园、花园或小公园。

③该类绿地多采用自然式布局,厂内如有自然的小丘、山体、小溪、树林,则更应该在造景时充分利用。

④工厂(矿山)中的冷却水可引入绿地中用于灌溉或各类水景的营造;有污水产生的工厂(矿山)可以栽植芦苇、莲花、水葫芦等具有生物净化功能的各种水生植物,进行多重净化,形成可循环利用的水质。

5)露天作业区及原料堆场绿地

该类区域为原料和产品的堆放、保管和储运场所,分布着仓库和露天堆场,绿地与生产区基本相同,多为边角地带,不需要营造很复杂的植物景观。工厂(矿山)露天作业区周围种植多排乔木,外侧植灌木用以减低风速、减少扬尘的飞散,采矿场还应注意及时对植被受到破坏的区域进行生态修复;原料堆场绿化布置主要采用多层乔灌木混交密植形式,组成防护林带,以遮蔽杂乱环境。

6)道路绿地

道路是厂(矿)区的动脉,在满足工厂(矿山)生产要求的同时还要保证厂(矿)内交通运输的通畅。道路绿化的作用对于从厂(矿)容观瞻和职工身心陶冶都至关重要。道路两旁的绿化应本着“主干道美、支干道荫”的主导思想,充分发挥绿化阻挡灰尘、吸收废气和减弱噪声的防护功能,结合实地环境选择遮阴、速生、观赏效果较好的高大乔木作为主干树种,适当栽种一些观叶、观花类灌木、宿根或球根花卉及绿篱,形成具有季相变化及韵律节奏感的高、中、低复式植物结构,使行人可观赏到连绵不断的各种鲜花、异草,感受生机盎然的景象,同时起到遮阴、环保等多种功能。厂(矿)区道路绿地植物配植与造景应注意:

①道路两旁不宜种植成片过高过密林带,以疏林和草地为佳,以避免高密林带对污浊气流的滞留作用。

②种植乔木的道路,人行道应有较好遮阴效果。当道路较长时,可间植不同种类的灌木和花卉,也可覆盖草坪、地被,减少冗长和单调的感觉,人行道上可每间隔 80~100 m 适当布置椅子、宣传栏、雕像等,以丰富道路景观。

③一般道路两侧各种一行乔木,如受条件限制只能在道路的一侧种植树木时,则尽可能种在南北向道路的西侧或东西向道路的南侧,以达到庇荫的效果。

④道路绿化应注意地下、地上管网位置,相互配合使其互不干扰。

⑤道路交叉点或转弯处视距三角形内不得种植分枝点较低的乔木和高于 0.7 m 的灌木丛,以免影响视线,妨碍交通安全。

7)卫生防护绿地

工厂(矿山)卫生防护绿地的主要作用是保持厂(矿)区和周围居住环境的清洁、优美。林地布置在厂(矿)周围,依据当地常年盛行风向、风频、风速,其与厂(矿)区的位置关系不同。在风向频率分散、盛行风不明显的地区,如有两个较强风向呈 180°时,则在风频最小风向的上风向设工厂(矿山)生产区,在下风向设生活区,其间设防护林带;若两个盛行风向呈一夹角时,则在非盛行风向风频相差不大的条件下,生活区设在夹角之内,生产区设在对应的方向,其间设立防护林带(见图 13.1)。

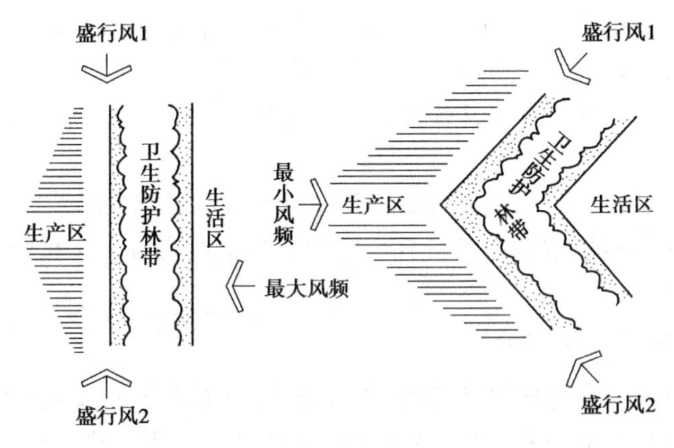

图 13.1　风向与卫生防护林设置示意图

防护带绿地的宽度随生产性质,污染源的位置、高度,有害气体的种类,排放形式、浓度及当地气象特点等因素而异,按国家卫生规范规定分为 5 级,其宽度分别为 50 m,100 m,300 m,500 m,1 000 m。当防护带较宽时,允许在其中布置仓库、浴室、车库等人们短时间活动的建筑物、构筑物,但其允许建造的建筑面积不得超过防护带绿地面积的 10%。在高架污染区(如烟囱),林带应设在烟体上升高度的 10~20 倍范围内,因为这是污染最重的地段。对于无组织排放的污染源,林带要就近设置,以便将污染限制在尽可能小的范围内。

根据《工业企业设计卫生标准》及我国工业企业生产性质、规模、排放污染物的数量、环境污染程度,对防护林带设计的宽度、数量、间距规定见表 13.1。

表 13.1　不同工业企业的防护林带设计要求

企业等级	防护距离总宽度/m	防护林带的数量/条	每条防护林带的宽度/m	防护林带间的距离/m
一级	1 000	34	2 050	200 400
二级	500	23	1 030	150 300
三级	300	13	1 030	150 200
四级	100	12	1 020	50
五级	50	1	1 020	—

防护林带位置不同,则植物配植需求不同,尤其应注意植物的疏密关系。在设计时应结合当地的气象条件,将透风的绿化布置在上风向,不透风的绿化布置在下风向。防护绿带位于厂(矿)区上风向,主要作用是引入新鲜空气,利于工厂(矿山)有害气体和烟尘的扩散,植物栽植需稀疏;位于厂(矿)区下风向,分隔居民区和厂(矿)区,主要功能是隔离工厂(矿山)有害物质、尘埃和噪声,植物需密植,以阻止有害气体通过对生活区造成污染。某些老工业企业,尽管多数没有留出足够宽度的防护林带绿地,但也应积极争取设置防护林带,即使种植一排树木,也会有一定的防护效果。防护林带防护效果的好坏,取决于林带的宽度、配植形式、结构、树种和造林类型。林带的结构类型一般分为 3 种,即稀疏林带、疏透林带和密集林带(见图 13.2)。根据当地气象条件、生产类别以及防护要求等,防护绿地的设计按照透风式(由乔木、地被植物组成)、半透风式(由乔木、灌木组成)和密闭式(由乔木、小乔木,灌木组成)3 种类型进行设置。

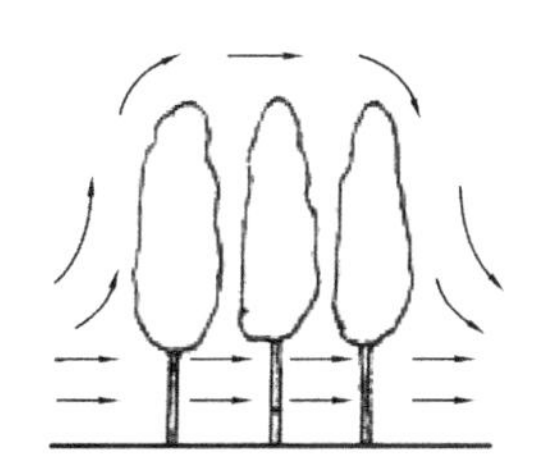
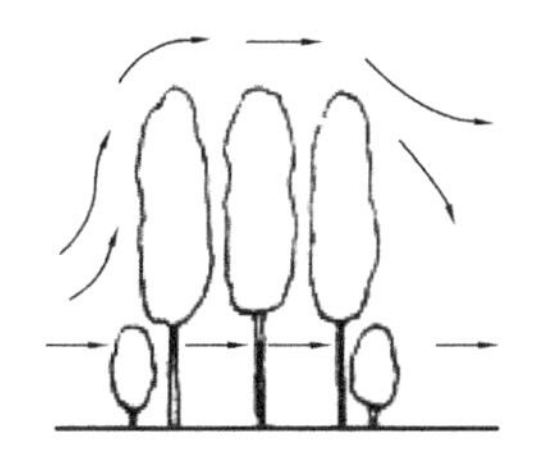
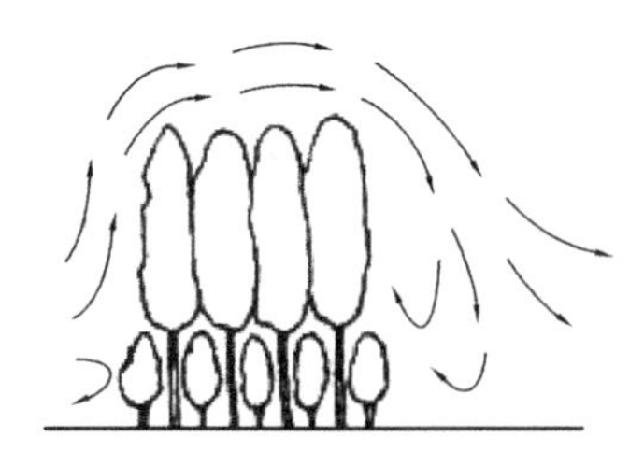

图 13.2　防护林带结构类型

防护绿带植物配植时还可以园林结合生产,在厂(矿)区和生活区间的防护绿带采取混交林带的形式,在林带内种植果树和观赏乔木,不仅能保护环境卫生,又有利于工厂(矿山)生产、工人休息,还能收获水果、木材。

此外,在设计时要注意地形的起伏、山谷风向的改变等因素的综合作用,使防护绿地起到真正的防护作用。

习题

1.简述工厂(矿山)绿地的立地条件。
2.工厂(矿山)植物配植与造景有什么原则?
3.工厂(矿山)植物选择有什么原则?
4.工厂(矿山)各种绿地造景要点有哪些?

14

医疗机构植物配植与造景

医疗机构主要有综合性医院、专科医院、小型卫生院所、休疗养院等几种类型。医疗机构绿地也是城市绿地系统的重要组成部分。医疗机构的园林绿地一方面应创造优美的疗养和工作环境,发挥隔离和卫生防护功能,有利于患者康复和医务工作人员的身体健康;另一方面也可以改善医院及城市的气候,保护和美化环境,丰富市容景观。

14.1　医疗机构绿地的功能

医疗机构绿地的功能可分为物理作用和心理作用两个方面。其物理作用是指通过调节气候、净化空气、减弱噪声、防风防尘、抑菌杀菌等,改善环境的物理性质,使环境处于良性的、宜人的状态;其心理作用是指病人处在绿地环境中,绿地对病人的感官刺激所产生宁静、安逸、愉悦等良好的心理反应和效果。医疗机构绿地的功能集中体现在以下 4 个方面。

1)改善医疗机构的小气候

医疗机构绿地对保持和创造医疗单位良好的小气候的作用具体表现在调节气温和空气湿度。夏季园林树木阻挡、吸收太阳的直接辐射热,遮阳和降温作用十分明显,同时,防风并降低风速,使人们感到凉爽、湿润;冬季树木落叶后,林下空间光照充分,且空气流动和散热比无树区域小,起到增温、保湿的作用。

2)为病人创造良好的户外环境

园林绿地作为医疗单位环境的重要组成部分,可以提高其知名度和美誉度、塑造良好的形象、有效地增加就医量、有利于医疗单位的生存和竞争。医疗单位优美、富有特色的园林绿地可以为病人创造良好的户外环境,提供观赏、休息、健身、交往、疗养多功能的绿色空间,有利于病人早日康复。植物通过光合作用吸收二氧化碳放出氧气;大大降低空气中的含尘量,吸收、稀释有害气体;许多植物可以分泌大量的杀菌素,杀死空气中的细菌、真菌。因此,绿地提供的新鲜空气对于身患疾病的人尤其重要。

3) 对病人心理产生良好的作用

医疗机构优雅安静的绿化环境对病人的心理、精神状态和情绪起着良好的安定作用。植物的形态色彩、芳香袭人的气味、植物的茎叶花果使病人置身于绿树花丛中,沐浴明媚的阳光,呼吸清新的空气,感受鸟语花香。这对稳定病人情绪、放松大脑神经、促进康复都有着十分积极的作用。随着科学技术的发展和人们物质生活水平的提高,人们对医疗机构绿地功能的认识逐步深化。近年来,各国相继兴起一种"园艺疗法",就是利用医疗机构中的园林绿地,让病人通过园林植物栽培和园艺操作劳动,调节大脑神经,忘却疾病和烦恼,促进病人早日康复。园艺疗法既是园艺操作与医疗卫生相组合的实践技术,又是园艺欣赏和精神心理相结合的文化,充分体现出医疗机构绿地的综合功能和新的价值。

4) 卫生防护隔离

医院中的一般病房、传染病房、制药间、解剖室、太平间之间都需要隔离,传染病医院周围也需要隔离。在园林绿地中以乔、灌木植物进行合理配植,可以起到有效的卫生防护隔离作用。

14.2 医疗机构绿地树种的选择

在医疗机构绿地设计中,要根据医疗机构的性质和功能,合理地选择和配植树种,以充分发挥绿地的功能作用。

1) 选择杀菌力强的树种

具有较强杀灭真菌、细菌和原生动物能力的树种主要有:侧柏、圆柏、雪松、油松、华山松、白皮松、红松、湿地松、火炬松、马尾松、黄山松、黑松、柳杉、黄栌、盐肤木、尖叶冬青、大叶黄杨、月桂、七叶树、合欢、刺槐、国槐、紫薇、广玉兰、楝树、大叶桉、蓝桉、柠檬桉、茉莉、女贞、丁香、悬铃木、石榴、枇杷、石楠、麻叶绣球、银白杨、钻天杨、垂柳、栾树、臭椿及蔷薇科的部分植物。

2) 选择经济类树种

应尽可能选用果树、药用等经济类树种,如山楂、核桃、海棠、柿树、石榴、梨、杜仲、国槐、山茱萸、白芍药、金银花、连翘、丁香、麦冬、枸杞、丹参、鸡冠花、藿香等。

14.3 医疗机构绿地植物配植与造景

1) 综合性医院绿地设计

综合性医院绿地一般分为门诊部绿地、住院部绿地和其他区域绿地。各组成部分功能不同,绿化形式和内容也有一定的差异。

(1)门诊部绿化设计

门诊部靠近医院主要出入口，与城市街道相邻，是城市街道与医院的结合部，一般空间较小，人流量大而集中。医院大门至门诊楼之间的空间组织和绿化不仅起到卫生防护隔离作用，还有衬托、美化门诊楼和市容街景的作用，也体现医院的精神面貌、管理水平和城市文明程度。因此，应根据医院条件和场地大小，因地制宜地进行绿化设计，以美化装饰为主。

入口广场的绿地：该区域适宜栽植整形绿篱、观花灌木和草坪，节日期间，也可用一二年生花卉作重点美化装饰或结合停车场栽植高大遮阴乔木。医院的临街围墙以通透式为主，使医院内外绿地交相辉映，围墙与大门形式协调一致，宜简洁、美观、大方、色调淡雅。若空间有限，围墙内可结合广场周边作条带状基础栽植。

门诊楼周围绿化：门诊楼建筑周围的基础绿带的风格应与建筑风格协调一致，美化衬托建筑形象。门诊楼前的绿化应以草坪、绿篱及低矮的花灌木为主，为避免影响室内通风、采光及日照，乔木与建筑距离保持在 5 m 以上。门诊楼后常因建设物遮挡形成阴面，光照不足，适当配植耐阴植物保证良好的绿化效果，如玉簪、八角金盘、麦冬等。门诊楼与其他建筑之间栽植乔灌木起到一定的绿化、美化和卫生隔离作用。

(2)住院部绿化设计

住院部常位于医院中部较安静的地段，一般面积较大，要求安静、舒适，庭院要精心布置。在植物造景时要根据场地大小、地形地势、周围环境等情况确定绿地形式和内容，结合道路、建筑进行合理设计，创造安静优美的环境，供病人室外活动及疗养。植物配植要有丰富的色彩和明显的季相变化，使病人感受到自然界季节的交替，调节情绪，提高疗效。常绿树与花灌木应各占 30%左右。

住院部周围小型场地在绿化布局时，一般采用规则式构图(见图 14.1(a))，绿地中设置整形广场，绿地中植草坪、绿篱、花灌木及少量遮阴乔木。这种小型场地环境清洁优美，可供病人休息、赏景、活动或兼作日光浴场，也是亲属探视病人的室外接待处。住院部周围有较大面积的绿化场地时，可采用自然式的布局手法，利用原地形和水体，稍加改造成平地或微起伏的缓坡和蜿蜒曲折的湖池、园路，点缀园林建筑小品，配植花草树木，形成优美的自然式庭园(见图 14.1(b))。

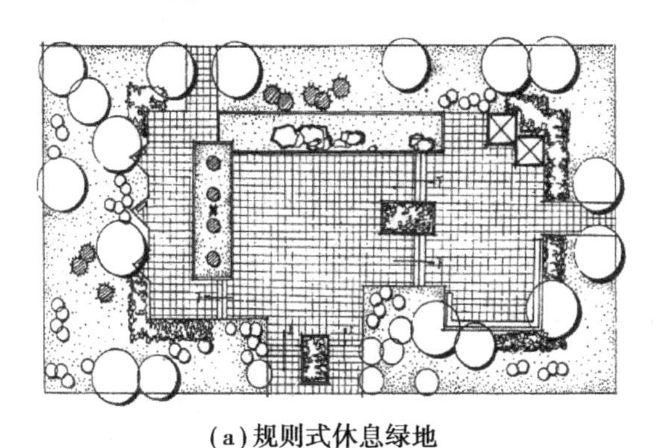

(a)规则式休息绿地

(b)自然式休息绿地

图 14.1　住院部绿化设计

在现代医疗理念指导下，如果有条件，可根据需要在较大的绿地中布置一些辅助医疗区域，如日光浴场、空气浴场、树林氧吧、体育活动场等。场地以树丛、树群隔离形成相对独立的林中空间,场地内以草坪为主,或做嵌草砖地面,适当位置设置座椅、花架等休息设施。为避免交叉感染,应为普通病人和传染病人设置不同的活动绿地,并在绿地之间栽植一定宽度的、以常绿及杀菌力强的树种为主的隔离带。

(3)其他区域绿化设计

其他区域包括辅助医疗的药库、制剂室、解剖室、太平间以及总务部门的食堂、浴室、洗衣房及宿舍区等。该区域往往在医院后部单独设置,绿化要强化隔离作用。太平间、解剖室应单独设置出入口,并处于病人视野之外,周围用常绿乔灌木密植隔离。手术室、化验室、放射科周围绿化需防止日晒、保证通风采光,不能种植有绒毛、飞絮的植物,也要用常绿乔灌木密植隔离。总务部门的食堂、浴室及宿舍区和住院区有一定距离,用植物相对隔离,为医务人员创造一定的休息和活动环境(见图 14.2)。

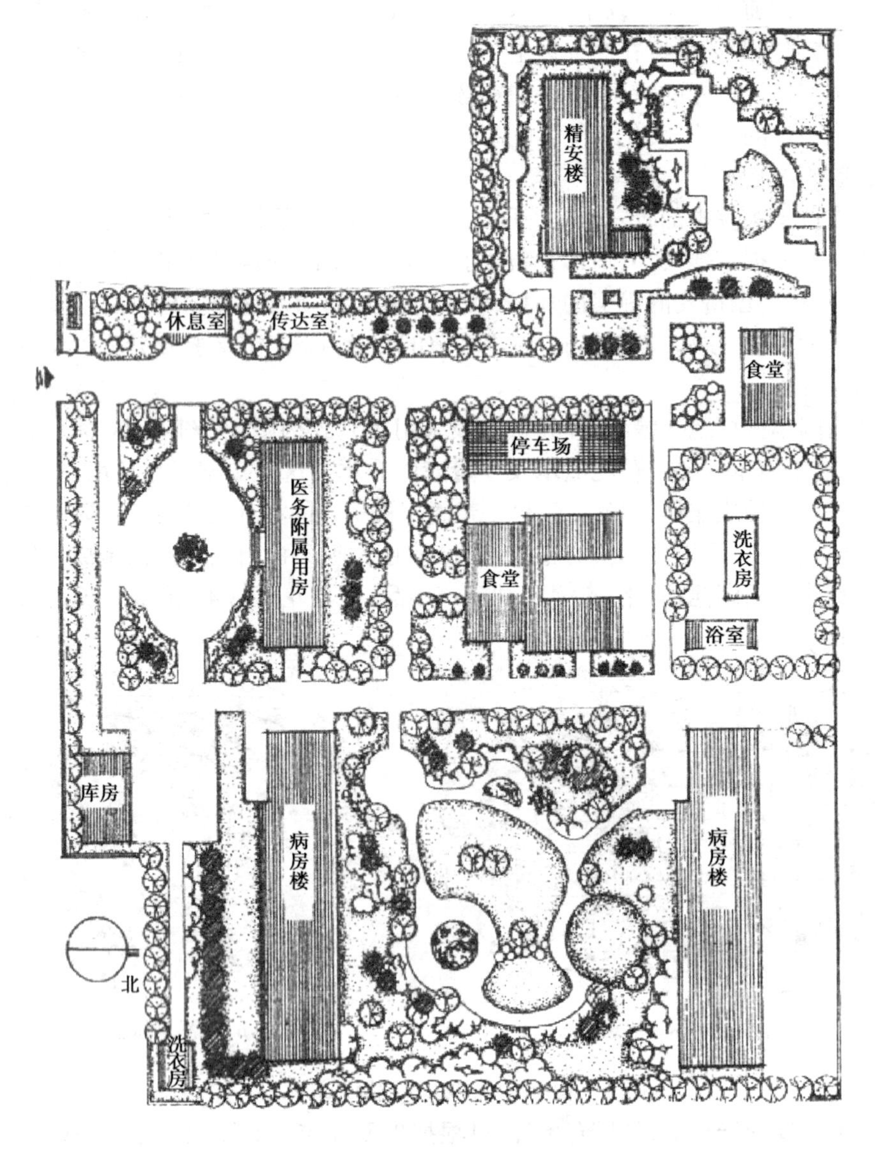

图 14.2　某医院环境设计平面图

2）专科医院绿地的特殊要求

（1）儿童医院绿地设计

儿童医院主要收治14岁以下的患者，其绿地除了具有综合性医院的功能外，还要考虑儿童的一些特点。例如，为避免阻挡儿童视线，绿篱高度不超过80 cm；绿地中适当设置儿童活动场地和游戏设施；在植物选择上，注意色彩效果，避免选择有毒、有刺、过敏等对儿童有伤害的植物。

（2）传染病医院绿地设计

传染病医院收治各种急性传染病的患者，更应突出绿地的防护隔离作用。防护林带要宽于一般医院，同时，为使其在冬季也具有防护作用，常绿树的比例要更大。不同病区之间要相互隔离，避免交叉感染。

（3）精神病院绿地设计

精神病院主要接收有精神病的患者，由于艳丽的色彩容易使患者精神兴奋、神经中枢失控，不利于治病和康复，因此，精神病院绿地设计应突出"宁静"的气氛，以白、绿色调为主，多种植常绿植物，少种花灌木。在病房区周围面积较大的绿地中，可布置休息庭园，让患者在此感受阳光、空气和自然气息。

3）疗养院的绿地设计

疗养院是具有特殊治疗效果的医疗保健机构，主要治疗各类慢性病，疗养期一般较长。疗养院与综合性医院相比，规模和面积较大，有较大的绿化区，因此，更应发挥绿地的功能作用，院内不同功能区应以绿化带加以隔离。疗养院内树木花草的布置要衬托美化建筑，使建筑内阳光充足、通风良好，并防止西晒，留有风景透视线，以供病人在室内远眺观景。为了保持安静，在建筑附近不应种植如毛白杨等树叶摩擦声大的树木。疗养院内的露天运动场地、舞场、电影场等周围也要进行绿化，形成整洁、美观、大方、宁静、清新的环境。疗养院内绿化应在不妨碍卫生防护和疗养人员活动要求的前提下，注意种植与结合生产，开辟苗圃、花圃、菜地、果园，让疗养病人参加适当的劳动。

习题

1.医疗机构绿地有哪些功能？

2.医疗机构绿地植物选择有什么原则？

3.医疗机构各种绿地造景要点有哪些？

15

校园植物配植与造景

学校绿化的主要目的是营造绿草浓荫、花团锦簇、安静清幽的校园绿地，为师生们的工作、学习和生活提供良好的环境景观和场所。幼儿园、中小学和大专院校，因学校规模、教育阶段、学生年龄的不同，绿地特色也有所不同。

15.1 大学校园植物配植与造景

大学优美的校园绿地环境不仅有利于师生的工作、学习和身心健康，同时也为社区乃至城市增添了一道靓丽的风景。我国许多环境优美的校园都令国内外广大来访者赞叹不已、流连忘返，令学校广大师生员工引以为荣、终生难忘。大学一般规模较大，有的学校甚至相当于一个小城镇，校园内建筑密度小、绿化率高，有明显的功能分区。

15.1.1 校前区绿地

学校大门、出入口与办公楼、教学主楼组成校前区，是行人、车辆的出入之处，具有交通集散功能和展示学校、校容校貌的作用。校前区往往形成广场和集中绿化区，为校园重点绿化美化地段之一。

学校大门的绿地要与大门建筑形式相协调，以装饰观赏为主，衬托大门及立体建筑，突出庄重典雅、朴素大方、简洁明快、安静优美的高等学府校园环境。

学校大门绿地以规则式绿地为主，以校门、办公楼或教学楼为轴线；门外绿地使用常绿花灌木形成活泼开朗的门景，两侧花墙用藤本植物进行配植，与街景协调又体现学校特色；门内绿地与教学科研区衔接过渡，轴线上布置广场、花坛、水池、喷泉、雕塑和主干道，轴线两侧对称布置装饰或休息性绿地，体现庄重效果。学校四周围墙选用常绿乔灌木自然式带状布置或以速生树种形成校园外围林带。在开阔的草地上种植树丛，点缀花灌木，或种植草坪及整形修剪的绿篱，自然活泼、低矮开朗，富有图案装饰效果。主干道两侧植高大挺拔的行道树，外侧适当种植绿篱、花灌木，形成开阔的绿荫大道。

15.1.2 教学科研区绿地

教学科研区是学校的主体，包括教学楼、实验楼、图书馆以及行政办公楼等建筑，该区也常常与学校大门主出入口综合布置，体现学校的面貌和特色。教学科研区绿地主要满足全校师生教学和科研的需要，提供安静优美的环境，也为学生创造课间进行适当活动的绿色室外空间。

在不影响楼内通风采光的条件下，教学楼周围的基础绿带要多种植落叶乔灌木。教学楼之间的广场空间，为满足学生休息、集会、交流等活动的需要，应具有良好的尺度和景观，以乔木为主，花灌木点缀。绿地平面上的布局要注意图案构成和线型设计，以丰富的植物及色彩形成适合在楼上俯视的鸟瞰画面；立面要与建筑主体相协调，并衬托美化建筑，使绿地成为该区空间的休闲主体和景观的重要组成部分。

图书馆、大礼堂人流集中，也是学校标志性建筑。正面入口前设置集散广场，绿化可同校前区，该类广场空间较小，内容相对简单。周围植物基调以绿篱和装饰树种为主；外围可根据道路和场地大小，布置草坪、树林或花坛，以便于人流集散。

实验楼绿地在选择树种时应综合考虑防火、防爆及空气洁净程度等因素。

15.1.3 生活区绿地

为方便师生的学习、工作和生活，校园内设置有生活区和各种服务设施，该区域绿地以校园绿地基调为前提，根据场地大小，兼顾交通、休息、活动、观赏诸功能，因地制宜地进行设计。

1）学生生活区绿地

学生生活区为学生生活和活动的区域，该区绿地一般沿建筑、道路分布，比较零碎、分散。结合学生“三点一线”的生活方式，学生宿舍区绿地结合行道树形成封闭式的观赏性绿地或布置成庭院式休闲绿地，铺装地面、花坛、花架、基础绿带和庭荫树池结合，形成良好的学习、休闲场地；食堂、浴室、商店、银行、邮局前要留有一定的交通集散及活动场地，周围可种植绿带和花草树木，活动场地中心或周边可设置花坛或种植庭荫树。

2）教工生活区绿地

教工生活区为教工生活和居住的区域，植物配植与造景参照居住区绿地设计。

3）后勤服务区绿地

后勤服务区分布着为全校提供水、电、热力及各种气体动力站及仓库、维修车间等设施，占地面积大、管线设施多，既要有便捷的对外交通联系，又要离教学科研区较远，避免干扰。绿地一般沿道路两侧及建筑场院周边呈条带状分布，要注意根据水、电、气、热等管线和设施的特殊要求，在选择配植树种时应综合考虑防灾因素。

15.1.4 体育活动区绿地

体育活动区是校园的重要组成部分,包括大型体育场馆和风雨操场、游泳池、各类球场及器械运动场地等。

体育活动区场地四周栽植高大乔木,下层配植耐阴的花灌木,形成一定层次和密度的绿荫,能有效地遮挡夏季阳光的照射和冬季寒风的侵袭,减弱噪声对外界的干扰。为保证运动员及其他人员的安全,运动场四周可设围栏。可在适当之处设置坐凳,供人们观看比赛,设坐凳处可植乔木遮阳。室外运动场的绿化不能影响体育活动和比赛,以及观众的视线,应严格按照体育场地及设施的有关规范进行。体育馆建筑周围应因地制宜地进行基础绿带绿化。

15.1.5 道路绿地

校园道路系统分隔各功能区,具交通和运输功能。道路绿地位于道路两侧,除行道树外,道路外侧绿地与相邻的功能区绿地相融合。校园道路两侧行道树应以落叶乔木为主,不同道路选择不同树种,形成鲜明的功能区标志和道路绿化网络,校园道路绿地也成为校园绿化的主体和骨架,行道树外侧可植草坪或点缀花灌木,形成色彩和层次丰富的道路侧旁景观。

15.1.6 休息游览绿地

大学校园面积一般较大,常在校园的重要地段设置花园式或游园式绿地,其质高境幽,创造出优美的校园环境,供学生休息散步、自学阅读、交往谈心;校园中的花圃、苗圃、气象观测站等科学实验园地及植物园也可以园林形式布置成休息游览绿地。该区绿地呈片状分布,是校园绿化的重点区域,植物配植与造景参照公园绿地。

15.2 中小学校园植物配植与造景

中小学绿地以中小型为主,一般主要分为建筑用地和体育场地的附属绿地,绿化树种宜选择形态优美、色彩艳丽、无毒、无刺、无过敏和无飞毛的植物,并注意通风采光,树木应挂牌标明树种名称,便于学生学习科学知识。

建筑用地包括办公室、教学及实验楼、广场道路和生活杂务场院等用地。建筑用地附属绿地往往沿道路两侧以及广场、建筑周边和围墙边呈条带状分布,植物配植注意美化和采光,四季色彩丰富。大门出入口、建筑门厅及庭院可作为校园绿化的重点,建筑物前后配植低矮的植物,距离建筑墙基 5 m 内不配植高大乔木,两侧山墙外配植高大乔木以防日晒。庭院中可植乔木形成庭荫环境。校园道路绿地以遮阳为主,可混合种植乔灌木。

体育场地一般较小或以教学楼前后的庭院代替,中间留出较大空地供开展活动。为保证学生安全和体育比赛的进行,要求空间通视性好。体育场地周围种植高大遮阳落叶乔木为主,少种花灌木,除道路外,地面多铺草坪,尽量不要硬化。

学校周围沿围墙可以通过种植绿篱或乔灌木复式林带与外界环境相对隔离,避免相互干扰。

15.3　幼儿园绿地规划设计

幼儿园一般包括室内活动和室外活动两部分，根据活动要求，室外活动场地又分为公共活动场地、自然科学基地和生活杂务用地。幼儿园绿地规划设计的重点是室外活动场地，应以遮阳落叶乔木为主，尽量铺设耐践踏的草坪，在周围种植成行的乔灌木，形成浓密的防护带，起防风、防尘和隔离噪声的作用。

公共活动场地是儿童游戏活动的场地，也是幼儿园重点绿化区。该区在活动器械附近以遮阳的落叶乔木为主，角隅处适当点缀花灌木，场地应开阔通畅，不能影响儿童活动。菜园、果园及小动物饲养地是培养儿童热爱劳动、热爱科学的基地，有条件的幼儿园可将其设置在全园一角，用绿篱隔离，里面可种植少量花卉和蔬菜，或饲养少量家畜家禽。

幼儿园绿地植物的选择应考虑儿童的心理特点和身心健康，尽量选择形态优美、色彩鲜艳、适应性强、便于管理的植物，禁用悬铃木、漆树、小檗等有飞毛、毒、刺以及易引起过敏的植物。同时，在建筑周围要注意通风和采光，距离建筑墙基 5 m 内不能种植高大乔木。

习题

1.大学校园各种绿地植物配植造景要点有哪些？
2.中小学各种绿地植物选择有什么原则？造景要点有哪些？
3.幼儿园各种绿地植物选择有什么原则？造景要点有哪些？

16

道路绿地及防护林带植物配植与造景

城市道路绿地是指建筑红线范围以外的人行道、分隔带、交通岛以及附设在道路红线范围以内的游憩林荫路等的绿地。城市道路绿地是城市道路的重要组成部分，在城市绿地系统中占较大比例。道路景观是一个城市甚至某个区域的生产力发展水平、公民的审美意识、生活习俗、精神面貌、文化修养和道德水准的真实反映，也成为认识一个城市的重要窗口。植物景观构成城市道路景观最重要的要素，它在减少环境污染、保持生态平衡、防御风沙与火灾等方面都有重要作用，并有相应的社会效益和一定的经济效益。随着城市机动车辆的增加，交通污染日趋严重，利用道路绿地庇荫、滤尘、减弱噪声、改善道路沿线的环境质量和美化城市已成当务之急。

16.1 道路绿地

16.1.1 道路绿地的作用

城市用地紧张，留给道路绿地的区域有限，如何利用城市道路绿地体现出应有的绿地的功能显得非常重要。依据绿化地所能产生的物理和心理功能，结合道路绿地自身的特点，城市道路绿地主要有以下4个方面的作用。

1）提高交通效率、保障交通安全

道路、交通岛、立体交叉口、广场、停车场等地段都有相应的绿地，利用交通绿地可以将道路分为上下行车道、机动车道、非机动车道和人行道等，起到组织城市交通、保障行人、车辆交通安全的作用。科学研究表明，绿色植物可以减轻司机的视觉疲劳，在一定程度上减少交通事故的发生。因此，结合城市道路进行绿地设计不仅可以改善交通状况，还可以减少交通安全隐患。

2）改善城市环境

城市道路绿地线长、面宽、量多，可以吸收城市各方面排放的大量废气，在改善城市环境质量方面起着重要的作用。街道上茂密的行道树、建筑前及街道旁各种绿地对于调节道路附近的温度、增加湿度、减缓风速、净化空气、降低辐射、减弱噪声和延长街道使用寿命等方面有明显效果。根据测定，在植被良好的街道上，距地面1.5 m处的空气含光量比无植被的地段低56.7%，具有一定宽度的绿化带可以明显地将噪声减弱5~8 dB，夏天树荫下水泥路面的温度要比阳光下低11 ℃左右。

3）营造城市景观

城市道路交通绿地不仅可以美化街景、软化建筑硬质线条、优化城市建筑艺术特征，还可以遮掩城市街道上有碍观瞻的地方。现代城市不仅需要气势雄伟的高楼大厦、纵横交织的立交桥、绚丽多彩的色彩灯光，也需要绿树和鲜花。道路绿地就是利用不同植物采用不同的艺术造景手法，结合立交桥、高层建筑等不同的交通地段进行道路植物造景，形成明显的园林化绿地景观效果，使城市面貌更加优美。国内外一些著名的城市，如美国的华盛顿、德国的波恩、澳大利亚的悉尼及中国的深圳等，由于街道绿地绿量大、园林化程度高、空气清新而被人们誉为“国际花园城市”。

4）其他功能

道路绿地可以起到防火、备战的作用，是城市公园绿地的有益补充。平时，由于道路绿地距离居住区较近，较宽的道路绿地内通常设有园路、广场、坐凳、宣传设施、建筑小品等，可以给居民提供健身、散步、休息和娱乐的场所，弥补城市公园分布不均造成的缺陷；道路绿地可以作为防护林带，防止火灾等灾害；遇到公共安全事故时，可以充当疏散人流的场地；战时，道路绿地还可以起到伪装掩护的作用。

此外，由于交通道路绿地在城市绿地系统中占有很大比例，很多植物不仅观赏价值高，而且具备一定的食用、药用和商用价值，如黄檗、杜仲、银杏等。道路绿地除了首先要满足街道绿化的生态、美学功能要求外，同时还可以结合生产，创造一定的经济效益。

16.1.2 道路绿地植物造景的原则与要求

道路绿地应以乔木为主，并与灌木、地被植物相结合形成丰富的植物景观层次，追求防护效果最佳、地面覆盖最好，以便更好地发挥其各项功能的作用。

1）确定道路绿地率

道路绿地率是指道路红线范围内各种绿带面积之和占总面积的百分比。百分比越大园林绿地面积越大，所呈现的园林景观层次也越丰富，美化空间也越大。应根据实际情况，尽可能提高道路绿地率,使城市风貌与景观特色更好地展现。在规划道路红线宽度时,应同时确定道路绿地率。我国建设部《城市道路绿化规划与设计规范》(GB 50180—1993)中规定:园林景观路绿地率不得小于40%;红线宽度大于50 m的道路绿地率不得小于30%;红线宽度为40~50 m的道路绿地率不得小于25%;红线宽度小于40 m的道路绿地率不得小于20%。

2)合理布局道路绿地

在城市道路绿地中,应根据道路宽度、等级等实际情况合理布局各类道路绿地。主、次干路的中间分车绿带和交通岛绿地一般不能布置成开放式绿地,交通岛忌常绿乔木和灌木,多以嵌花草坪为主;路侧绿带尽可能与相邻的道路红线外侧其他绿地相结合,如人行道毗邻商业建筑的路段,商业建筑附属绿地可与人行绿带合并;当道路两侧环境条件差异较大时,路侧绿带可集中布置在道路条件较好的一侧。

3)体现道路景观特色

城市道路绿地应与街景结合,配植观赏价值高、有地方特色的植物;同一条道路的植物景观应有统一的风格,不同路段的植物配植形式可有所变化;同一路段上的各类道路绿地,在植物配植上应相互配合并协调空间层次、树形组合、色彩搭配和季相变化等的关系。

市区道路主要要求遮阴好、树形美、少污染、防污染,重点路段可以选择珍贵观赏树种;城市主干路应体现城市道路绿化景观的风貌;郊外公路应注重遮阴、护路,同时结合副产品生产,注意不同区段选择不同树种;林荫路、风景区道路应注重花果枝叶色彩与姿态优美的观赏树;毗邻山、河、湖、海的道路,其绿地应结合自然环境突出自然景观特色。

4)树种和地被植物选择

道路绿化应尽量选择适应道路环境条件、生长稳定、观赏价值高和环境效益好的植物种类。乔木应选择深根性、分枝点高、冠大荫浓、生长健壮、适应城市道路环境条件且无飞絮、少虫害、少落果,不会对行人造成危害的树种;花灌木应选择花繁叶茂、花期长、生长健壮和便于管理的种类;绿篱植物和观叶灌木应选用萌芽力强、枝繁叶茂、耐修剪的种类;地被植物应选择茎叶茂密、生长势强、病虫害少和易管理的木本或草本观叶、观花植物种类,草坪应选择萌蘖力强、覆盖率高、耐修剪和绿色期长的种类。

16.1.3 道路断面布置的形式

城市道路绿地的布置形式取决于车行道横断面的构成,目前,我国车行道断面以一块板、二块板和三块板等形式为主,与相对应的道路绿化带结合形成了一板二带式、二板三带式、三板四带式、四板五带式等多种类型的道路断面布置形式。

1)一板二带式

我国城市中最为常见的道路断面形式是一板二带式。车行道为一块板,即所有车辆在一个道路空间行驶,不区分车辆类别,也不区分车行方向。车行道与两侧人行道之间各种植一条行道树绿带,与车行道共同组成一板二带式道路断面(见图16.1)。在人行道较宽或行人较少的路段,行道树下也可设置狭长的树池种植适量的低矮灌木、花卉或地被植物。一板二带式道路绿地的优点是用地经济、管理方便且规则整齐。缺点是使用单一乔木，景观比较单调，而且两侧绿地中乔木树冠冠幅有限，当车行道过宽时，行道树的遮阴效果较差。

图 16.1　一板二带式道路绿地断面图

2）二板三带式

当道路红线较宽或相向行驶的机动车较多时，为保证安全就在车行道中间用障碍物（植物或栏杆等）予以分隔，形成单向行驶的两股车道。这种车行道断面形式被称为二块板，与其相应的道路绿地由机动车道中间分车带和道路两侧各一条行道树绿化带组成，这样的道路断面形式被称为二板三带式（见图 16.2）。当绿带超过 8 m 时可设置林荫带，使道路绿地生态效益显著。二板三带式道路绿地的优点是用地较经济，采用了分车绿带，可消除相向行驶的车流干扰，避免机动车事故发生，绿地下面还可埋设各种管线，方便铺设和检修。缺点是与一板二带式道路绿地一样，依旧不能解决机动车与非机动车争道的矛盾，当不同性质的车辆同向混合行驶时，交通隐患较大。这种道路断面形式主要用于城市入城道路、环城道路等机动车流量较大、非机动车流量小的区域。

图 16.2　二板三带式道路绿地断面图

为了使驾驶员能观察到相向车道及横向通过的行人的情况，在二板三带式道路绿地的中间分车绿带中，不宜种植乔木，一般可用草坪以及不高于 70 cm 的灌木组合，利用不同灌木的叶色花形，分隔绿带能够设计出各种装饰性图案，大大提高了城市道路景观效果。如果在中间分车带种植乔木，则应选择树形高大、分枝点高的种类，并将种植间距增大，保证驾驶视线通透。

3）三板四带式

为解决机动车与非机动车行驶混杂的问题，利用障碍物（植物或栏杆等）将机动车道与两侧非机动车道分开，车行道中间作为机动车行驶的快车道，两侧为非机动车的慢车道。机动车道与非机动车道之间、非机动车道与人行道之间均用绿化隔离形成 4 条绿带，道路断面呈现出三板四带的形式（见图 16.3）。这种道路断面布置形式是城市道路较理想的形式，适用于非机动车流量较大的路段。对应的三板四带式道路绿地中快、慢车道间的绿化带既可以使用灌木、草皮的组合，也可以间植高大乔木，尤其是在 4 条绿化带上都种植高大乔木，不仅可以形成层次丰富的植物景观,道路的遮阴效果也较为理想,夏季行人和各种车辆的驾驶者都能感觉到凉爽和舒适。该类型道路绿地的优点是绿量大、环境保护和庇荫效果较好,组织交通方便、安全可靠,解决了不同类型车辆混合互相干扰的矛盾,街道风貌形象整齐美观。缺点是占地面积较大,双向行驶的机动车混行,仍存在一定的交通隐患。

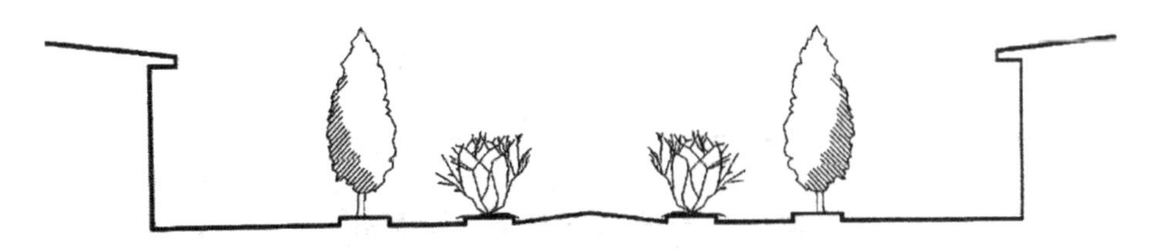

图 16.3　三板四带式道路绿地断面图

4)四板五带式

四块板车行道形式是利用 3 条分隔带将车道分为 4 条,不仅同向行驶的不同机动车与非机动车辆分开,而且相向行驶的机动车上行、下行互不干扰。车行道上以 3 条绿化带隔离,加上两条非机动车道外侧的各一条行道树形成 5 条绿化带,呈现出四板五带式城市道路断面形式(见图 16.4)。这种道路断面形式多在宽阔的街道上应用,是城市中比较完整的道路断面形式。四板五带式道路绿地的优点是保证交通安全、绿化景观效果和生态效益明显。缺点是道路占地面积增加,不宜在用地较为紧张的城市中应用。当道路宽度不宜布置五带时,可用栏杆代替绿带,以节约用地。

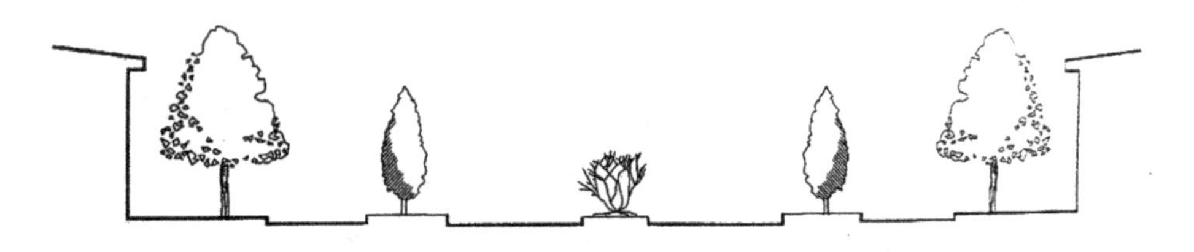

图 16.4　四板五带式道路绿化断面图

5)其他形式

随着城市化建设速度的加快,原有城市道路已经不能适应城市面貌的改善和车辆日益增多的需要,因此,必须改善传统的道路行驶,因地制宜地增设绿带。根据道路所处的地理位置、环境条件的特点,灵活采用一些特殊的绿化形式,如在建筑附近、宅旁、山坡下、水边等地多采用一板一带式的一条绿化带设计,即经济美观,又实用适用(见图 16.5)。

图 16.5　一板一带形式

16.1.4　道路绿地立地的条件

相对于自然环境,行道树的生存条件非常恶劣。光照不足,通风不良,土壤板结、透气性较差,供水、供肥都难以保证,长年承受汽车尾气、城市烟尘的污染,时常可能遭受人为损伤,加上地下管线对植物根系的影响等,都会有害于植物的生长发育。因此,对环境要求不十分挑剔、适应性强、生命力旺盛的植物才能在道路环境顽强地生存。

16.1.5 城市街道绿地设计

城市街道绿地设计包括人行道设计，分车带绿地设计，交叉路口绿地设计，交通岛绿地设计，停车港、停车场绿地设计等。

1）人行道绿地设计

当城市道路的人行道宽度大于 2.5 m 时就应种植行道树。

（1）行道树树种选择

树种的选择应考虑适应性，乡土植物是较好的选择。乡土植物在当地经历了长时间的适应过程，产生了较强的耐受各种不利环境的能力，抗病、抗虫害力强，生长健壮，移植时易成活，苗木来源较广。在能生存的基础上，道路绿地尽量选择滞尘、吸毒、消声强的植物，能提高净化效果。尽量选择有以下特性的树种：树干挺拔、端正，树形优美；树冠冠幅大、枝叶茂密、遮阴效果好；分枝点高，主干道枝下高要求不小于 3.5 m；根系发达，无根蘖，不破坏路基路面；树种发芽早、展叶早、落叶晚，且落叶期整齐；耐修剪，发枝能力强，愈合能力强；花、果、絮、毛无污染。

（2）行道树的种植

行道树绿地的布置形式多采用对称式，道路横断面中心线两侧绿带宽度相同；同一街道采用同一树种、同一株距对称栽植，若要变换树种，最好从道路交叉口或桥梁等地方变更；在一板二带式道路上，当路面较窄时，注意两侧行道树树冠不要在车行道上衔接；在车辆交通流量大的道路上及风力很强的道路上，应种植绿篱。行道树是道路绿地最基本的绿化形式，种植方式有多种，常用树带式（带植）和树池式（穴植）两种。

树带式（带植）：是指人行道和车行道之间常留出一条不加铺装的种植带。这种形式有利于树木生长，一般在交通、人流量不大的情况下采用。树带式种植带宽度一般不小于 1.5 m，以 4~6 m 为宜，可植一行乔木和绿篱或视不同宽度可多行乔木和绿篱结合（见图 16.6）；当宽度足够时，可营造出多层次、壮观的绿地景观效果。

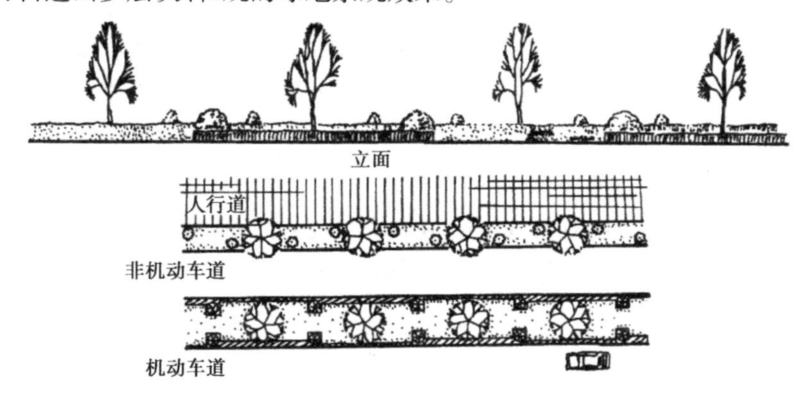

图 16.6 树带式种植

行道树绿带应该与路缘绿地、建筑物、道路相结合进行布置。基础绿地应结合道路旁边建筑特点设计，注重建筑或铺装的材质、纹理、色彩，不影响建筑内部通风和视线；在种植带树下铺设草皮或地被，以免裸露的土地影响路面的清洁；在适当的距离（一般为 30 m）要留出铺装过道，以便人流通行或汽车停站。

树池式(穴植):在交通流量比较大、行人多而人行道又狭窄的街道上,宜采用树池的方式种植(见图 16.7)。一般树池以正方形、大小 1.5 m×1.5 m 为宜;若为长方形,以 1.2 m×2 m 为宜;还有圆形树池,其直径不小于 1.5 m。行道树宜栽植于几何形的中心。为保护树木根部,树池的边缘一般高出人行道 10~15 cm;为行人走路方便,树池的边缘也有和人行道等高的,但在树池上应覆盖特制混凝土或铁花盖板,与路面齐平。

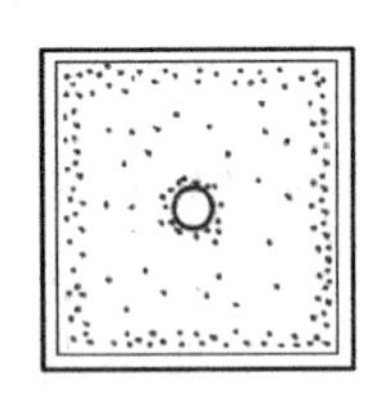
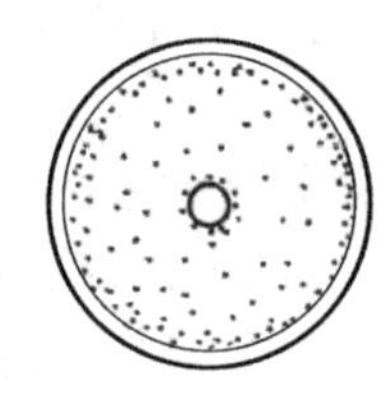
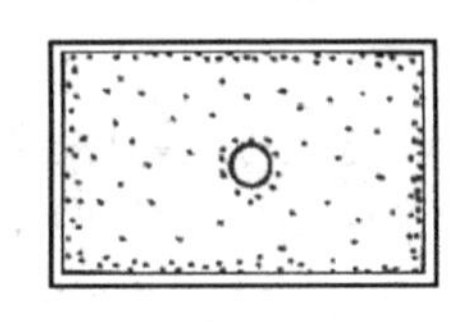

图 16.7　常用树池式种植示意

(3)行道树株距及定干高度

行道树的定干高度,应根据其功能要求、交通状况、道路的性质、宽度及行道树距车行道的距离、树木分枝角度而定。一般分枝点不能低于 2 m,弯道上或道路交叉口,分枝点距相邻机动车道路面高度为 0.7~3 m,否则会影响交通。

行道树的株距根据冠幅大小来定,以成年树冠郁闭效果好为准,在实际情况中影响因素较多,有 4~8 m 不等,视具体条件而定,行道树苗木胸径,快长树不小于 5 cm,慢长树不小于 8 cm。

(4)街道的宽度、走向与绿化的关系

街道宽度与绿化的关系:人行道绿带的宽度一般不得小于 1.5 m,行道树树干中心至路缘石外侧最小距离为 75 cm,当人行道宽度为 2.5 m 以下时很难种植乔灌木,只能考虑进行垂直绿化。随着街道、人行道的加宽,绿化的宽度也逐渐增加,种植方式也可随之丰富。

街道走向与绿化的关系:行道树的种植不仅对行人、车辆起到遮阳的效果,而且对临街建筑防止强烈的西晒也很重要。全年内要求遮阳时期的长短与城市所在地区的纬度和气候条件有关。我国一般在 4—9 月约半年的时间内都要求有良好的遮阳效果,低纬度的城市则更长。一天内上午 8:00—10:00、下午 1:30—4:30 是防止东晒、西晒的主要时间。因此,我国中部、北部地区东西向的街道,在人行道的南侧种树,遮阳效果良好,而南北向的街道两侧均应种树。在南方地区,无论是东西向、南北向的街道均应种树。

城市中地上、地下管网等各种管线不断增多,各种管道一般多沿道路走向布设,易与城市街道绿地产生矛盾。一方面要在城市总体规划中考虑;另一方面要在详细规划中合理安排,尽量为树木生长创造有利条件。

(5)人行道绿地设计

从车行道边缘至建筑红线之间的绿化地段统称为人行道绿带。它是道路绿地中的重要组成部分。一般街道或遮阴要求高的道路人行道绿带可种植两行乔木;商业街要突出建筑物立面或橱窗,绿带设计宜以观赏效果为主,可种植常绿树、开花灌木、绿篱、花卉、草坪或设计成花坛群、花境等。为了保证车辆在车行道上行驶时车中人的视线不被绿带遮挡,能够看到人行道上的行人和建筑,人行道绿带上种植树木必须保持一定的株距。一般来说,其株距不应小于树冠直径的两倍,栽种雪松、柏树等易遮挡视线的常绿树,为使其不遮挡视线,其株距应为树冠冠幅的4~5倍。

在人行道绿带上种植乔木和灌木的行数由绿带宽度决定。当地上、地下管线影响不大时,宽度在2.5 m以上的绿化带,种植一行乔木和一行灌木;当宽度大于6 m时,可考虑种植两行乔木,或将大、小乔木和灌木以复层方式种植;宽度在10 m以上的绿带,其株行数可多些,树种也可多样,甚至可以布置成游园式的林荫道。当路侧绿地与毗邻的其他绿地一起为街旁游园时,其设计应符合现行行业标准《公园设计规范》的规定。临江河、湖海等水体的路侧绿地,应结合水面与岸线地形设计成滨水绿带,滨水绿带的绿化应在道路与水面之间留出透景线。

人行道绿带是街道景观的重要组成部分,对街道面貌、街景的四季变化均有显著的影响。人行道绿带设计为街道整体设计的一部分,应进行综合考虑,与道路环境协调,一般可分为规则式(见图16.8)、自然式(见图16.9)和混合式。自然式种植是在绿带上用自然式布置手法种植乔木、灌木、花卉和草坪,树木三五成群、高低错落地布置在车行道两侧,外貌自然活泼而新颖,自然式种植又分为带状与块状两种类型;规则式为有规律地种植。人行道绿化带的设计以规则与自然相结合的混合形式最为理想。

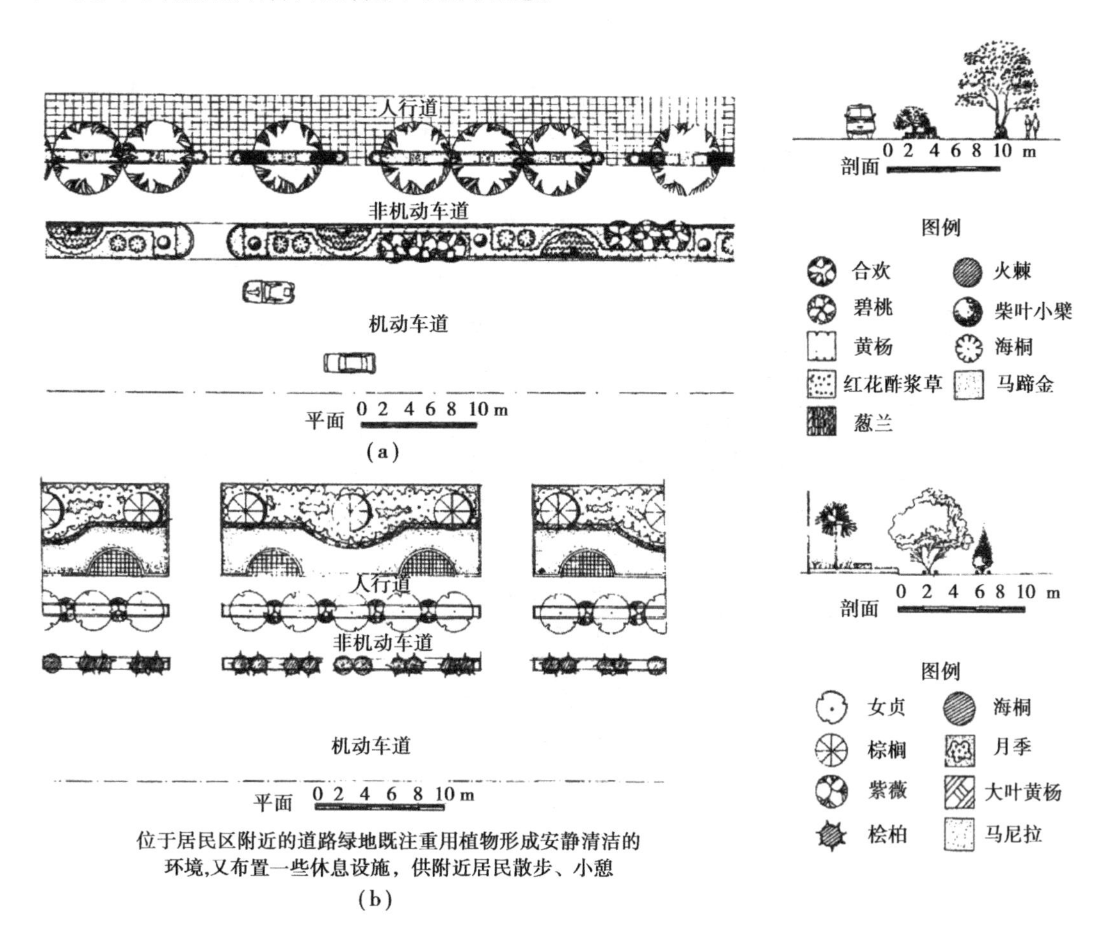

图16.8 规则式人行道绿化带(实例)

2)分车带绿地设计

在分车带上进行绿化形成的绿地称为分车绿带或隔离绿带。分车带的宽度没有固定的尺寸,依行车道的性质和道路的宽度而定,最低宽度不能小于 1.5 m,常见的分车绿带为 2.5~8 m,大于 8 m 宽的分车绿带可作为开放式绿地设计。分车绿带种植一行乔木的最小宽度为 1.5 m,两株乔木中间可种植灌木;当宽度小于 1.5 m 时,绿带只能种植灌木、地被植物或草坪;当绿带宽度大于 2.5 m 时,可采取落叶乔木、灌木、常绿树、绿篱、草地和花卉相互搭配的种植形式。

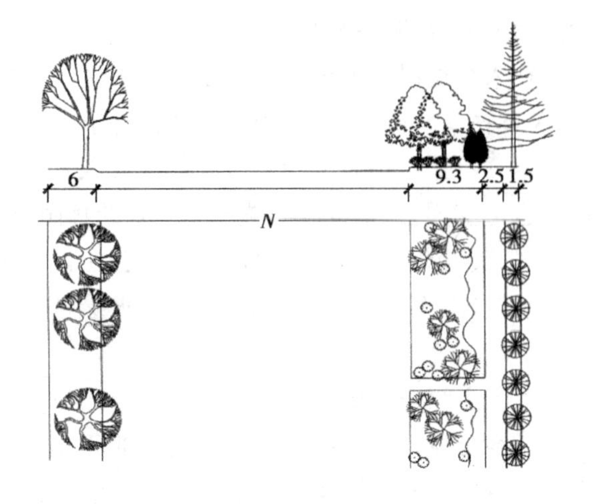

图 16.9 自然式人行道绿化带(单位:m)

分车带应进行适当分段,一般以 75~100 m 为宜,分段尽可能与人行横道、停车站、大型商店和人流集中的公共建筑出入口相结合。当人行横道线在靠近绿带端部通过时,在人行横道线的位置上进行铺装,在绿带顶端剩余位置种植低矮灌木,也可种植草坪或花卉;当人行横道线在分车绿带中间通过时,在人行横道线的位置上进行铺装,铺装两侧不要种植绿篱或灌木,以免影响行人和驾驶员的视线(见图 16.10)。大型公共汽车每一路大约要 30 m 长的停靠站,在停靠站上需留出 1~2 m 宽的地面铺装为乘客候车使用。绿带尽量种植乔木为乘客提供遮阴。当分车绿带在 5 m 以上时,可种绿篱或灌木,但应设护栏进行保护。

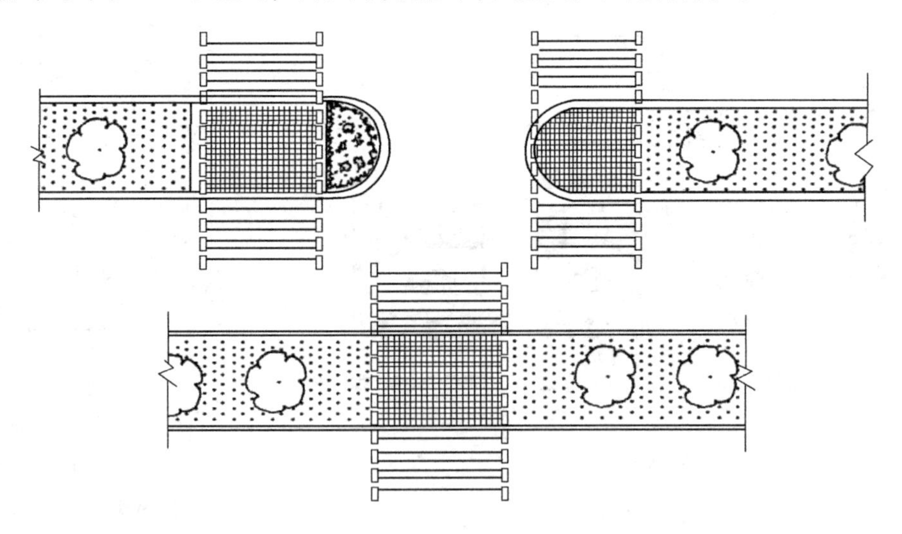

图 16.10 分车绿带与人行道

分车绿带位于道路中间,位置明显而重要,在设计时要注意技术与艺术效果,可以造成封闭的感觉,也可以创造半开敞、开敞的感觉。分车带的绿化设计方式有 3 种,即封闭式、半开敞式和开敞式(见图 16.11)。

封闭式分车

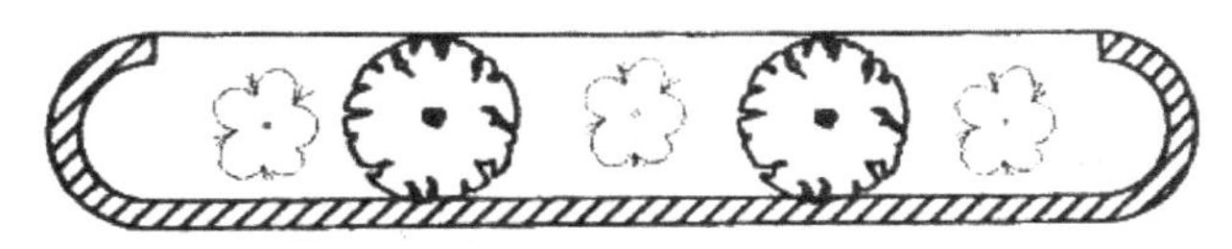

半开敞式分车带

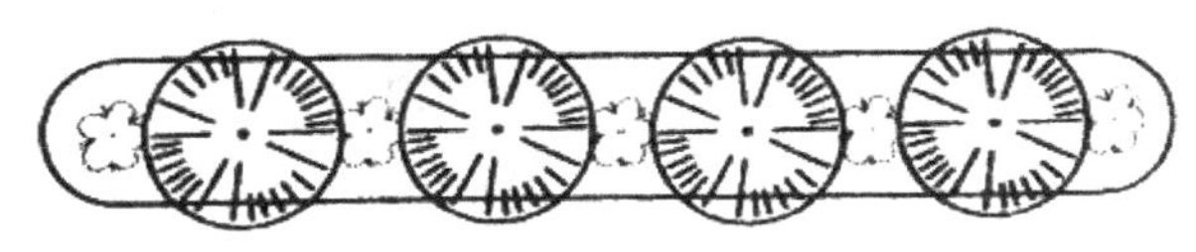

开敞式分车带

图 16.11　分车带的种植形式

分车绿带的植物配植应形式简洁、树形整齐、排列一致。因为靠近机动车道距交通污染源最近,光照和热辐射强烈,土壤干旱,土层深度不够,并且土质较差(垃圾土或生土),养护困难,分车绿带应选择耐瘠薄、抗逆性强的树种。

分车带绿地起到分隔、组织交通与保障安全的作用,其种植形式针对不同道路使用者的视觉要求考虑树种与种植方式也不同。机动车道的中央分车绿带尽可能进行防眩种植,在距相邻机动车道路面高度 0.6~1.5 m 的范围内种植灌木、灌木球、绿篱等枝叶茂密的常绿树,能有效地阻挡夜间相向行驶车辆前照灯的眩光,其株距不大于冠幅的 5 倍。机动车两侧分隔绿带种植应尽量考虑防尘和噪声,采取复层混交配植,扩大绿量,提高保护功能。

3)交叉路口绿地设计

两条或两条以上道路相交之处是交通的咽喉,种植设计需先调查地形、环境特点,并了解“安全视距”及有关符号。为了保证行车安全,道路交叉口转弯处必须空出一定距离,使司机在这段距离内能看到对面或侧方来的车辆,并有充分的时间刹车或停车,不致发生撞车事故。根据两条相交道路的两个最短视距,可在交叉口平面图上绘出一个三角形,称为“视距三角形”。在此三角形内不能有建筑物、构筑物、广告牌以及树木等遮挡司机视线的地面物。在视距三角形内布置植物时,其高度不得超过 0.70 m,宜选矮灌木、丛生花草种植(见图 16.12)。

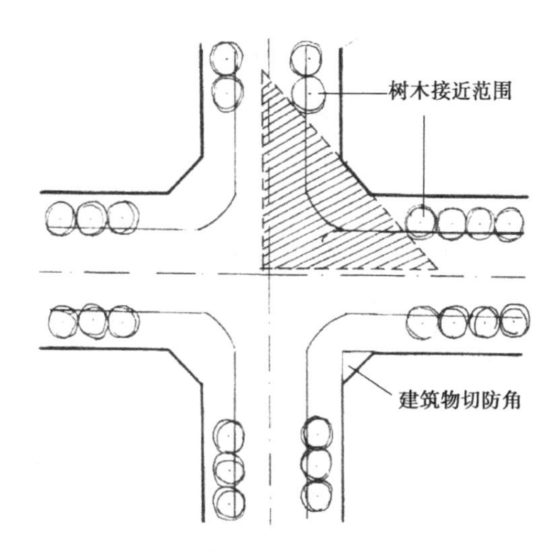

图 16.12　视距三角形示意图

4)交通岛绿地设计

交通岛绿地是指可绿化的交通岛用地,分为中心岛绿地、导向岛绿地和立体交叉绿地。其主要功能是诱导交通、美化市容,通过绿化辅助交通设施显示道路的空间界限,起到分界线的作用。

(1)中心岛

中心岛俗称转盘,设在道路交叉口处。其主要用以组织环形交通,使驶入交叉口的车辆,一律绕岛作逆时针单向行驶。一般设计为圆形,其直径的大小必须保证车辆能按一定速度以交织方式行驶,由于受到环道上交织能力的限制,中心岛多设在车辆流量大的主干道或具有大量非机动车通行,行人众多的交叉口。目前,我国大中城市所采用的圆形中心岛直径一般为40~50 m,一般城镇的中心岛直径不能小于 20 m。

中心岛绿地要保持各路口之间的行车视线通透,不宜栽植过密乔木,应布置成装饰绿地,方便绕行车辆的驾驶员准确快速识别各路口。交通岛必须封闭,不可布置成供行人休息用的小游园或吸引游人的地面装饰物;市中心或人流量较大的交通广场,可以在其间增设喷泉、雕塑等丰富立体景观;植物配植常以嵌花草坪花坛为主或以低矮的常绿灌木组成简单的图案花坛,曲线优美、色彩明快,切忌用常绿小乔木或大灌木,以免影响视线(见图 16.13)。交叉口外围有高层建筑时,图案设计还应考虑俯视效果。

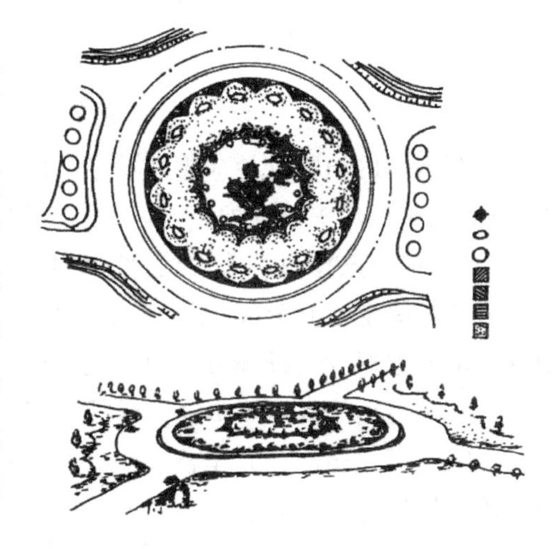

图 16.13　中心岛设计示意图

(2)导向岛

导向岛用以指引行车方向,约束车道,使车辆减速转弯,保证行车安全。导向岛绿化布置常选用地被植物、花坛或草坪,不可遮挡驾驶员视线。视距三角形内不能有任何阻挡视线的东西,但个别伸入视距三角形内的行道树株距在 6 m 以上,树干分枝点在 2 m 以上,树干直径在 40 cm 以下是允许的。若种植绿篱,株高要低于 70 cm。为强调主要车道,可选用圆锥形常绿树,栽在指向主干道的角端,次要道路的角端可选择其他形状的树形以示区别。

(3)立体交叉

立体交叉主要分为两大类,即简单立体交叉和复杂立体交叉。简单立体交叉又称分立式立体交叉,纵横两条道路在交叉点相互不通,这种立体交叉一般不能形成专门的绿化地段,只作行道树的延续。复杂立体交叉又称互通式立体交叉。

立体交叉绿地设计,首先,要服从立体交叉的交通功能,使行车视线通畅,突出绿地内交通标志,诱导行车,保证行车安全。其次,要服从于整个道路的总体规划要求,要和整个道路的绿地相协调。要与道路绿化及立体交叉口周围的建筑、广场等绿化相结合,形成一个整体。最后,应以植物为主,发挥植物的生态效益。

立体交叉绿地植物配植要考虑其功能性和景观性，尽量做到常绿树与落叶树结合、快长树与慢长树结合，以及乔、灌、草相结合（见图 16.14）；注意选用季相不同的植物，利用叶、花、果、枝条形成色彩对比强烈、层次丰富的景观，提高生态效益和景观效益。

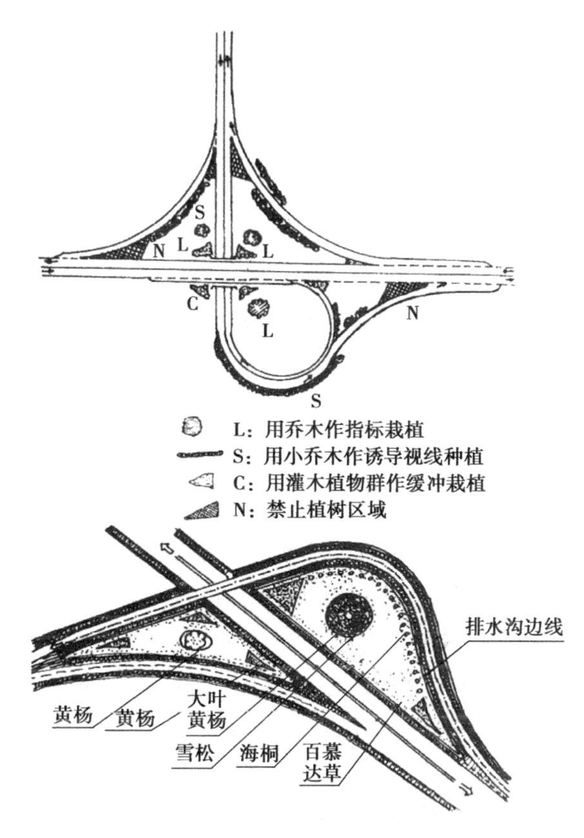

图 16.14　立体交叉绿地设计示意图

在闸道和主次干道汇集的地方不宜种植遮挡视线的树木，出入口可以种植植物作为指示标志，使司机看清入口，弯道外侧最好种植成行的乔木，诱导行车方向。匝道附近的绿地，由于上下行高差造成坡面，可采取 3 种方法处理：桥下至非机动车道或桥下人行上步道修筑挡土墙，使匝道绿地保持在同一平面，便于植树、铺草；匝道绿地上修筑台阶形植物带；匝道绿地上修低挡墙，墙顶高出铺装面 60~80 cm，其余地面经人工修整后做成坡面（坡度 1∶3以下铺草；1∶3种草皮、灌木；1∶4可铺草，种植灌木、小乔木）。绿岛多设计成开阔的草坪，点缀一些有较高观赏价值的孤植树、树丛、花灌木等形成疏朗开阔的绿地效果。桥下宜种植耐阴地被植物，墙面进行垂直绿化。在绿地设计时，要和周围的建筑物、道路和地下管线等密切配合。立体交叉形成的一些阴影部分，连耐阴植物和草皮都不能正常生长的地方应改为硬质铺装，作自行车、汽车的停车场或修建一些小型服务设施。

4）停车港、停车场绿地设计

（1）停车港的绿化

在城市中沿着路边停车会影响交通，也会使车道变窄，可在路边设凹入式“停车港”，并在周围植树，使汽车在树荫下可以避晒，既解决停车问题，又增加了街景的美化效果。

（2）汽车停车场的绿化

随着人们生活水平的提高和城市发展速度的加快，机动车辆越来越多，对停车场的要求越来越高。一般在较大的公共建筑物（如剧场、体育馆、展览馆、影院、商场、饭店等）附近，都应设停车场。停车场可分为多层、地下和地面停车场，这里讲的停车场绿地主要指地面停车场绿地，具体又可分为以下 3 种形式：

周边式：面积不大，车辆停放时间不长的停车场可用该类型绿地。绿地可与行道树结合，沿停车场四周种植落叶乔木、常绿乔木、花灌木等，用绿篱或栏杆围合，场地内地面全部铺装或用草坪砖。周边式停车场对城市道路防尘和减弱噪声有一定作用,但有时场地内没有树木遮阴,夏季烈日暴晒,对车辆损伤较大。

树林式:面积较大的停车场可用该类型绿地,也可兼作一般城市绿地。场地内种植成行、成列的落叶乔木,常利用双排背对车位的尾距间隔种植干直、冠大、叶茂的乔木。停车位最小净高要求如下:微型和小型汽车 2.5 m;大型、中型客车 3.5 m;载货汽车 4.5 m。绿化带形式有条形、方形和圆形 3 种,各类绿化带的尺寸分别为:条形绿化带宽度为 1.5~2.0 m,方形树池边长为 1.5~2.0 m;圆形树池直径为 1.5~2.0 m。树木株距应满足车位、通道、转弯、回车半径的要求,一般为 5~6 m。树池(带)的高度应适当加高,增设保护设施,以免汽车撞伤或汽车漏油流入土中,影响树木生长。停车场与城市干道之间设置绿化带,可以和行道树结合,种植落叶乔木、灌木、绿篱等,起到隔离作用,以减少车辆对周围环境的污染,并有遮阴的作用。

建筑物前绿化带兼停车场:建筑入口前的景观可以增加街景的变化,衬托建筑的艺术效果,当建筑物前绿化带兼停车场时,须防止因车辆组织不好使建筑物正面显得凌乱。该类停车场绿地包括基础绿地、前庭绿地和部分行道树,一般采用乔木和绿篱或乔木和灌木结合的方式。

(3)自行车停车场

该类停车场应结合道路、广场和公共建筑布置,划定专门用地合理安排,一般为露天设置,利用道路行道树进行遮阴,也可根据实际情况加盖雨棚。

16.1.6　林荫道植物配植与造景

林荫道是指与道路平行并具有一定宽度的带状绿地,也称为带状街头休息绿地,其最小宽度不应小于 8 m。林荫道利用植物与车行道隔开,在其内部不同地段辟出各种不同的休息场地,有简单的园林设施供行人和附近居民作短时间休息之用。在城市绿地不足的情况下,林荫道可起到小游园的作用,它扩大了群众活动的场地,增加了城市绿地面积,对改善城市小气候、组织交通、丰富城市街景起着重要的作用。林荫道与车道之间要有浓密的植篱或高大的乔木绿色屏障,保持安静,立面上外高内低,70~100 m 分段设置出入口。

1)街道中间的林荫道

此类林荫道是指两边为上下行的车行道,中间有一定宽度的绿化带。这种类型较为常见,主要供行人和附近居民作暂时休息用,多在交通量不大的情况下采用,出入口不宜过多。这种类型的林荫道可以有以下 3 种布置形式:

(1)简式

简式林荫道,包括一条宽 3 m 的人行步道,两侧可安放休息椅凳,道旁还需每边布置一条宽 2.5 m 的绿化种植带,以便栽种一行乔木和一行灌木。该类型形式较为简单,但基本满足了与相邻的车道相互隔离的要求。

(2)复式

当林荫道用地面积较宽裕时,可以采用两条人行步道和 3 条绿化带的组合形式。中间一条绿化带布置花坛、花境、灌木、绿篱,也可以间植乔木;两条步道分置于花坛的两侧,沿其外缘安放休息座椅。步道之外是分隔绿带，为保持复式林荫道内部的宁静和卫生，与车行道相邻的绿带内至少应种植两列乔木以及灌木、绿篱，以使车辆的影响降到最低的程度，植物一般从道路中心由低到高向外种植（见图16.15）。如果林荫道的一侧为临街建筑，则应栽种较矮小的树丛或树群，这样既可以避免建筑遮挡树木，又能够增加复式林荫道的层次感。采用这样的布置形式，林荫道的总宽度应在 20 m 左右，甚至更宽。

图 16.15　林荫道断面轮廓外高内低示意图

（3）游园式

如果林荫道的用地宽度在 40 m 以上，可以进行游园式布置。形式可选择规则式或自然式，需要具有一定的艺术性要求。其中，除了应设置两条以上的游憩步道和花坛、喷泉、雕像等要素外，还可以布置一些亭、廊、花架以及服务性小品，以便更大程度地满足休憩、游览的需求。

2）街道一侧的林荫道

这类林荫道设于道路一侧，减少行人与车行道的交叉，在交通比较频繁的街道上多采用此种类型，也往往受地形影响。例如，傍山一侧滨河或有起伏的地形，可利用借景将山、林、河、湖组织在内，创造安静的休息环境和优美的景观效果，如上海外滩绿地、杭州西湖畔的公园绿地等。

3）街道两侧的林荫道

设在街道两侧的林荫道与人行道相连，可以使附近居民不用穿过道路就可到达林荫道内，既安静又使用方便。此类林荫道占地过大，目前使用较少，如北京阜外大街花园林荫道。

16.1.7　步行街植物配植与造景

步行街是由普通街道转化而来的，只是当其完全禁止车辆通行之后，原来的车行道就转变成为供行人漫步、休息的空间，主要包括商业步行街、历史街区步行街及居住区步行街等类型。自 20 世纪 50 年代以来，步行街的兴起为市民提供了更多的游憩、休闲空间，其在优化城市环境、美化城市景观方面起到了积极的作用。商业区设置步行街有利于促进销售，历史文化地段的步行街可以有效地对历史风貌进行必要的保护。

步行街的绿地植物配植要注意遮阳与日照，同时，植物的形态和色彩应与街道环境相协调。要求乔木树形整齐、冠大荫浓、挺拔雄伟，花灌木无刺、无异味、花艳、花期长。步行街不仅要满足人们的出行、散步、游憩、休闲，还应满足商业活动，因此，增加软质景观的运用，利用乔木的遮阴作用创造宜人的环境，延长人们的逗留时间是绿地设计的重点。与林荫道不同的是步行街需要更多地显现街道两侧的建筑形象，还需展示商业、文化中心区域的各种店面的橱窗，因此，绿化尽可能少用或不用遮蔽种植，要注意在步行街的规划设计中忽视植物景观的倾向。

16.1.8 滨河路植物配植与造景

滨河路绿地是城市中临近河流、湖沼、海岸等水体的道路绿地，其一面临水，空间开阔，环境优美，加上植物的绿化和美化，是城市居民休息的良好场所。

滨河绿地的绿化配植要保证游人的安静休息和健康安全，靠近车行道一侧的植物可采用乔、灌、草立体复层种植，减少噪声和污染，临水一侧不宜闭塞，林冠线要富于变化。当滨河绿地较宽、地势有起伏、河岸线曲折时，可配植成草坪、花境、树丛结合的自然式；岸线整齐与车道平行者，可布置成规则式。滨河绿地除采用一般街道绿化树种外，在低湿的河岸或一定时期水位可能上涨的水边，应特别注意选择能适应水湿和耐盐碱的树种，同时，植物配植还要兼顾防浪、固堤、护坡等功能。

16.1.9 公路植物配植与造景

公路（这里主要指市郊、县、乡等不封闭公路）形成了联系城镇乡村及风景区、旅游胜地等的交通网。为保证车辆行驶安全，在公路的两侧进行合理的绿化，可防止沙化和水土流失对道路的破坏，增加城市的景观性并改善生态环境条件。公路距居民区较远，常常穿过农田、山林，一般不具有城市内复杂的地上、地下管网和建筑物的影响，人为损伤也较少，便于绿化和管理。但公路绿化设计往往有其特殊之处，主要应注意以下6个方面：

①适地适树，配植以乡土树种为主，注意乔灌木树种结合、常绿树与落叶树结合、速生树与慢生树结合。

②根据公路等级、路面宽度决定公路绿化带的宽度及树木种植的位置。当路面宽度在9 m以下时，公路植树不宜在路肩上，而应种在边沟以外，距外缘0.5 m处。当路面宽度在9 m以上时，树种可种植在路肩上，距边沟内缘不小于0.5 m处，以免树木的地下部分破坏路基（见图16.16）。

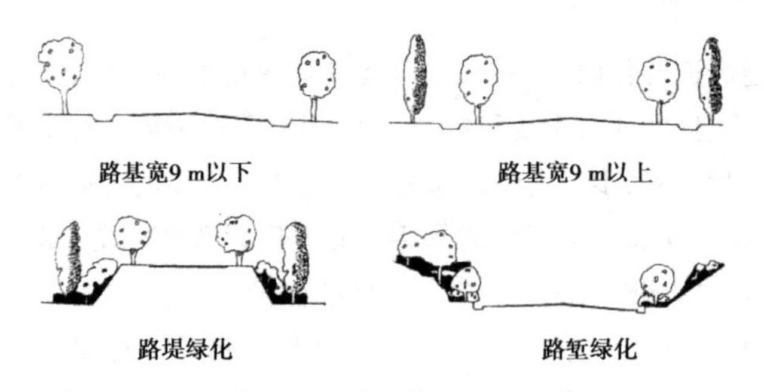

图 16.16 公路绿化断面示意图

③公路线较长时，配植树种需种类多样、富于变化。植物配植时，2~3 km 变换树种，既可加强景色变化，也可防止病虫害蔓延。树种起始位置，需结合路段的具体环境而定。

④公路交叉口应留出足够的视距。平交视距三角形（边长不小于 50 m）的地方 50 m 公路视距范围内不得种植阻挡视线的乔灌木。距离桥梁、涵洞 5 m 以内不得种乔木。

⑤快速路弯道需留有足够的安全视线，内侧不宜种植乔木，弯道外侧栽植成行乔木引导方向，并有安全感。引导视线的种植主要设置在曲率半径在 700 m 以下的小曲线部位，可以使用连续的树阵，并有一定的高度。

⑥公路绿化可与农田防护林、护渠林、护堤林及郊区的卫生防护林相结合。少占耕地，一林多用，除观赏树种外，还可选种经济林木，如核桃树、乌桕树、柿树、花楸树、枣树等。

16.1.10　高速公路植物配植与造景

高速公路与高等级公路在许多方面存在一定的相似性，但为了提高车行速度，也要设置一些独特的设施来保证车辆在高速行驶中的安全性以及长途行进中的舒适性。高速公路是有中央分隔带和 4 个以上车道的交通设施，专供快速行驶的现代公路。高速公路上行车速度较快，一般为 80~120 km/h。高速公路绿化与一般街道不同，由于功能与景观的结合十分突出，因此，高速公路设计必须适应地区特征、自然环境，合理确定绿化地点、范围和树种，高速公路绿地规划设计内容为高速公路沿线、互通式立交区、服务区等公路范围内的绿化。设计时要注意以下 3 个方面。

1）断面的布置形式

高速公路的横断面包括中央隔离带（分车绿带）、行车道、路肩、护栏、边坡、路旁安全地带和护网（见图 16.17）。

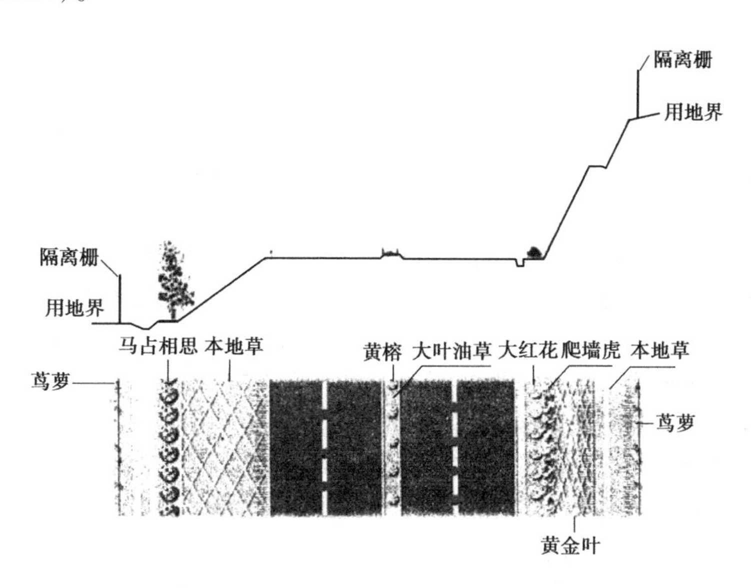

图 16.17　高速公路绿化断面与平面布置图

2）种植设计类型

（1）视线引导种植

通过绿地种植来预示线形变化，引导驾驶员安全操作，尽可能保证快速交通下的安全，这种引导表现在平面上的曲线转弯方向、纵断面上的线形变化等。种植要有连续性才能反映出这种线形变化。同时，树木也应有适宜的高度和位置等要求才能起到提示作用。

(2)遮光种植

遮光种植也称防眩种植,车辆在夜间行驶时常因相向车辆灯光引起眩光,在高速道路上这种眩光容易引起司机操纵上的困难,影响行车安全,因此,采用遮光种植的间距、高度与司机视线高和前大灯的照射角度有关。树高根据司机视线高决定,从小轿车的要求看,树高需在150 cm以上,大货车需在 200 cm 以上。但过高则影响视界,同时也不够开敞。

(3)适应明暗的栽植

当汽车进入隧道时明暗急剧变化,眼睛瞬间不能适应,看不清前方。一般在隧道入口处栽植高大树木,以使侧方光线形成明暗的参差阴影,使亮度逐渐变化,缩短适应时间。

(4)缓冲栽植

目前,路边防护设有路栅与防护墙,但往往在发生冲击时,车体与司机均受到很大的损伤,如采用有弹性的、具有一定强度的防护设施,同时种植又宽又厚的低树群时,可以起到缓冲的作用。

(5)其他栽植

高速公路其他的种植形式有:防止危险而禁止出入穿越的种植;坡面防护的种植;遮挡路边不雅景观的背景种植;防噪声种植;点缀路边风景的修景种植等。

3)高速公路绿化的要点

①在保证高速路行车安全的前提下,高速公路的绿化应协调自然环境、丰富景观、改善沿线景观环境,使沿线景观更具美学价值。

②高速公路行车一般不考虑遮阳的要求。绿化种植要近花草、中灌木、远乔木(隔离栅除外),突出草、花、灌木,乔木只作为陪衬。

③高速公路穿越市区时采用立交,为防止车辆产生的噪声和排放的废气对城市环境的污染,在干道的两侧要留出 20~30 m 宽的安全防护地带,可优先种植草坪和宿根花卉,然后为灌木、乔木,其林型由低到高,既起到防护作用,也不妨碍行车视线。

④为保证安全,高速公路不允许行人和非机动车穿行,因此,隔离带内需考虑安装喷灌或滴灌设施,采用自动或遥控装置。路肩作为故障停车使用,不能种植树木,可以草皮为主,间植花卉,护栏内外可种植常绿花灌木。边坡及路旁安全地带可种植树木花卉和绿篱,但要注意大乔木和路面保持足够的距离,一般在隔离栅以外,但不可使树影投射到车道上。

⑤高速公路的平面线型有一定要求,一般直线距离不应大于 24 km,在直线下坡拐弯的路段应在外侧种植树木,以增加司机的安全感,并可引导视线。

⑥高速公路超过 100 km,需设休息站,一般在 50 km 左右设一休息站,供司机和乘客停车休息。休息站包括减速车道、加速车道、停车场、加油站、汽车修理房、食堂、小卖部、厕所等服务设施,应结合这些设施进行绿化。

高速公路的停车场应种植具有浓荫的乔木,以防止车辆受到强光照射,场内可根据不同车辆停放地点,用花坛或树坛进行分隔。加油站、管理站区周围以草坪为主,适当种植若干常绿树及一些花灌木。在最边缘区,种植一排常绿树,为界定服务区范围,并起到防护作用。在预留地区种植果树林,形成富有特色的绿化区域。出入口按功能和环境,在各部位栽植相应植物。出入口的种植设计应充分把握车辆在这一路段行驶时的功能要求。便于车辆出入时的加速或减速,回转时车灯不会阻碍其他司机视线,应在相应的路侧进行引导视线的种植;驶出部位利用一定的绿化种植,以缩小视界,间接引导司机减低车速。另外,在不同的出入口还应该栽种不同的主题花木,作为特征标志,以示与其他出入口的区别。

⑦分车绿带主要位于车道中间,其位置明显且重要,主要起到组织交通和保证安全的作用,当双向会车时,多选用 90~120 cm 的常绿灌木防止相向行驶车辆的眩光。高速公路的分车绿带的宽度可达 5~20 m,可种植花灌木、草皮、绿篱、矮性整形的常绿树,以形成简洁、有序和明快的配植效果。同时,分车带种植也要因地制宜,作分段变化处理,以丰富路景和有利于消除视觉疲劳。当隔离带较窄时,为安全起见,往往需要增设防护栏;较宽的隔离带,也可以种植一些自然的树丛。分车带常采用 4 种形式:a.单行篱墙式,定型高度在 1.2~1.5 m;b.单行球串式,按修剪定型的冠球直径 3~4 倍的株距,单行布局形成一串圆球状绿带;c.错位圆球式,按修剪定型后树冠直径的 4~5 倍的株距双行错位布局,要求材料定型后冠幅大于 1 m,适用于 2 m 宽分隔绿化带设计;d.图案式,选用 1 种绿色灌木为基色材料,选择 1~2 种彩叶植物图案材料,用彩色粗线条配植成各式图案。

⑧边坡绿化。高速公路边坡常见以草类为主,网格式边坡绿化,在漫流排水路段,可将满铺浆砌片石改为满铺预制空心草砖,铺砌后再用草,这样的形式既可以节约成本也可以达到环保的需求,增大边坡的绿化面积。高速公路的边坡主要以固土护坡为主,防止下雨冲刷土壤。由于生长条件受限制,因此,应该以耐贫瘠、耐干旱的树种为主。

16.1.11 铁路植物配植与造景

铁路绿地是沿铁路延伸方向种植的,目的是保护铁轨枕木少受风、沙、雨、雷的侵袭,保护路基。在保证火车行驶安全的前提下,在铁路两侧进行合理的绿化,还可以形成优美的植物景观(见图 16.18)。

图 16.18 铁路绿化断面示意图

1)铁路植物配植要求

①铁路两侧近灌木远乔木。种植乔木应距铁轨 10 m 以上,距离 6 m 以上可种植灌木。

②铁路平交视距三角形(边不小于 50 m)的地方 400 m 铁路视距范围内不得种植阻挡视线的乔灌木;铁路拐弯内径 150 m 内不得种乔木,可种植小灌木及草本地被植物;在距机车信号灯 1 200 m 内不得种乔木,可种小灌木及地被植物;铁路的边坡上不能种乔木,可采用草本或矮灌木护坡,防止水土冲刷,以保证行车安全。

③通过市区的铁路左右应各有 30~50 m 以上的防护绿化带阻隔噪声,以减少噪声对居民的干扰。绿化带的形式以不透风式为好;火车的运行有一定的污染,铁路绿地植物可适当选择抗污染的植物。

2)火车站广场及候车室植物配植与造景

火车站是城市的门户,站前广场绿地应体现城市的特点。在不妨碍交通运输、人流集散的前提下,可适当设置花坛种植庭荫树及其他观赏植物与水池、喷泉、雕像、座椅等设施结合,既改善城市形象,增添景观,又可供旅客短时休息观赏。

16.2 防护林带

防护林带主要是指城市、工业区或工厂周边的环形绿地以及伸入城市的楔形绿地。由于功能的差异，防护林带的规划与设计具有各自不同的要求。

16.2.1 防风林

适度的风力可以带走城市中的高温，改善空气质量，使人感到舒适。风力超过一定的程度就会带来破坏，干旱地区强风会引起扬沙天气，甚至形成沙尘暴，严重威胁人们的正常生活。因此，在有强季风通过的地区，需要了解和把握当地的风向规律，确定可能对城市造成危害的季风风向，在城市外围盛行风向的垂直方向设置防风林带，以减轻强风袭击造成的危害及沙尘对空气的污染。若有其他因素影响，防风林带允许与风向形成30°左右的偏角，偏角最好不可大于45°，以免失去防风效果。在一些夏季炎热的城市，为促进城市空气的对流、降低城区内的温度，可以设置与夏季主导风向平行的楔形林带，将郊外、自然风景区、森林公园、湖泊水面等的新鲜、湿润、凉爽的空气引入城市中心，以缓解由建筑辐射、人的活动以及各种设备产生的热量积聚造成的热岛效应。

1）防风林的结构

依据风力来确定林带的结构和设置量，一般防风林带的组合有三带制、四带制和五带制等。每条林带的宽度不应小于10 m，而且距城市越近林带要求越宽，林带间的距离也越小。防风林带降低风速的有效距离为林带高度的20倍，因此，林带与林带间一般相距300~600 m，其间每隔800~1 000 m还需布置一条与主林带相互垂直的副林带，其宽度应不小于5 m，以便阻挡从侧面吹来的风。

防风林带按照结构形式可分为透风林、半透风林和不透风林3种林带结构（见图16.19）。不透风林带由常绿乔木、落叶乔木和灌木组合而成，其密实度大，能够阻挡大风前行，防护的效果也好，据测定，在林带的背后能降低风速70%左右，但大风遇到阻挡会产生湍流，并很快恢复原来的风速；半透风林带只在林带的两侧种植灌木；透风林带则由枝叶稀疏的乔、灌木组成，或只用乔木不用灌木，以便让风穿越时不受树木枝叶的阻挡而减弱风势。林带树种的选择应以深根性或侧根发达的为首选，以免在遭遇强风时被风吹倒。株距视树冠的大小而定，初植时大多定为2~3 m，随着以后的生长逐渐予以间伐性移植。

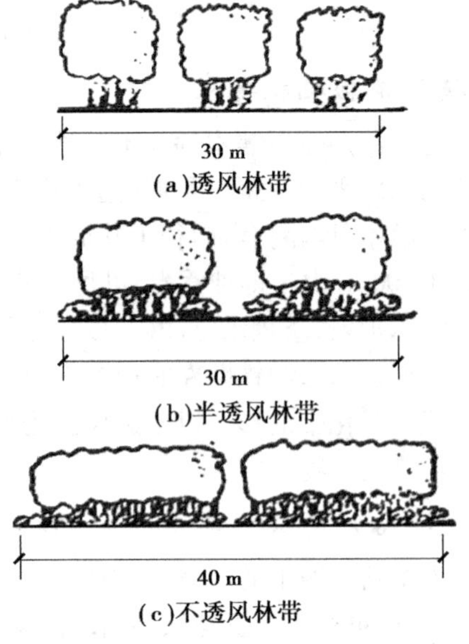

图16.19 防风林带结构示意

2)防风林组合

在城市外围设立一道结构合理的防风林体系,可使城市中的风速降低到最小的程度。防风林带的组合一般是在迎风面布置透风林,中间为半透风林带,靠近城市的一侧设置不透风林。

当然仅以城市周边的防风林带还不足以完全改善城市内部的风力状况。因为与主导风向平行的街道、建筑会形成强有力的穿堂风,众多的高层建筑又会产生湍流及不定的风向,有时多股气流的叠加,会使风速加剧,所以在城市内的一定区域以及高楼的附近还须布置一定数量的折风绿地,以改变风向及削弱有害气流的强度。

单一的防风林带可以承担相应的物理功能,经过合理设计也可以形成兼防风功能与景观功能为一体或集防风功能与游憩功能为一体的综合性绿地。

16.2.2 卫生防护林

工矿企业散发的煤烟粉尘、金属碎屑,以及排放的有毒、有害气体,是当今世界环境污染的来源之一,对人们的伤害极大,甚至还会危及人的生命。许多植物能利用其枝叶沉积和过滤烟尘,有些还可以吸收一定浓度的有毒、有害气体。因此,利用植物的这些特性在工厂及工业区的周围布置卫生防护林带,对于保护环境、净化城市的空气具有积极的意义。

卫生防护林具有一定的净化空气的能力,却无法根治这些污染,即使以最大防护宽度2 000 m设置林带,也难以将某些工厂产生的污染物吸收干净,因为有的化工厂散发的异味可以随风传到10 km以外。消除污染是一项综合性的治理,首先,从工厂本身的技术工艺、设备条件予以改进,采取措施,尽量杜绝或回收不符合排放标准的废物、废水及废气,使进入自然环境的污染物减少到最低的水平;其次,在规划上进行调整,根据风向、水流、地形环境等情况,合理调整或规划工业区的布局,以减少工业污染对城市的直接影响;最后,利用植物对不同污染物的抵御、吸收能力,在城市与工业区之间、各工厂的外围建立一条适当宽度的绿带。卫生防护林带具体植物配植参照“工厂(矿山)植物配植与造景”部分。

习题

1.道路绿地有什么作用?

2.道路绿地植物造景有什么要求?

3.绘图说明道路绿地的断面形式。

4.城市道路立地条件有哪些? 行道树选择有什么原则? 城市道路各种不同绿地植物配植与造景分别有哪些要点?

5.林荫道植物配植与造景有哪些要点?

6.步行街植物配植与造景有哪些要点?

7.滨河路植物配植与造景有哪些要点?

8.公路植物配植与造景有哪些要点？

9.高速公路植物配植与造景有哪些要点？

10.铁路植物配植与造景有哪些要点？

11.防风林有哪几种结构？城市防风林配植有哪些要点？

12.卫生防护林配植有哪些要点？

参考文献

[1] 北京林业大学园林系.园林树木学[M].北京:北京林业大学出版社,1990.
[2] 理查德·L.奥斯汀.植物景观设计元素[M].北京:中国建筑工业出版社,2005.
[3] 李文敏.园林植物与应用[M].北京:中国建筑工业出版社,2006.
[4] 朱钧珍.中国园林植物景观艺术[M].北京:中国建筑工业出版社,2003.
[5] 丁绍刚.风景园林概论[M].北京:中国建筑工业出版社,2008.
[6] 陈其兵.风景园林植物造景[M].重庆:重庆大学出版社,2012.
[7] 胡长龙.园林规划设计理论篇[M].3 版.北京:中国农业出版社,2010.
[8] 尹吉光.图解园林植物造景[M].北京:机械工业出版社,2015.
[9] 熊运海.园林植物造景[M].北京:化学工业出版社,2009.
[10] 齐海鹰.园林树木与花卉[M].北京:机械工业出版社,2008.
[11] 周维权.中国古典园林史[M].北京:清华大学出版社,2008.
[12] 赵艳岭.城市公园植物景观设计[M].北京:化学工业出版社,2011.
[13] 毛自强.道路绿化景观设计[M].北京:中国建筑工业出版社,2010.
[14] 苏雪痕.植物造景[M].北京:中国林业出版社,2008.
[15] 赵胤,张克.湿地公园植物景观设计初探[J].北京农学院学报,2012,27(1):78-79.
[16] 吴后建.我国湿地公园建设的回顾与展望[J].林业资源管理,2016(2):41-42.
[17] 张东伟.以美国纽约市高线公园为例论公共空间种植设计[J].现代农业科技,2012(7):246.
[18] 白鹤.自然野趣的植物景观营造——以纽约高线公园为例[J].云南农业大学学报,2015,9(6):118-120.